ZHONG-OU ZHUANLI CHUANGZAOXING LILUN YU SHIJIAN

中欧专利创造性理论与实践

国家知识产权局专利局专利审查协作北京中心　组织编写

知识产权出版社
全国百佳图书出版单位
—北京—

图书在版编目（CIP）数据

中欧专利创造性理论与实践/国家知识产权局专利局专利审查协作北京中心组织编写.
—北京：知识产权出版社，2021.8
ISBN 978-7-5130-7586-2

Ⅰ.①中… Ⅱ.①国… Ⅲ.①专利制度－研究－中国 ②专利制度－研究－欧洲 Ⅳ.①D923.424
②D950.344

中国版本图书馆 CIP 数据核字（2021）第 127382 号

内容提要

本书详细列出了中国和欧洲在专利制度的整个发展过程中对创造性的法律法规、重要评判要素、评判方法的具体规定和演变过程，并以上百个中国实际审查案例、复审决定、无效决定、法院判决以及欧洲审查案例、上诉委员会判决诠释了中欧对专利创造性的理论研究和实践判断。本书适合专利审查相关人员阅读使用，也可供专利申请、运维等相关人员参考。

责任编辑：彭喜英　　　　　　　　　　**责任印制**：刘译文

中欧专利创造性理论与实践

国家知识产权局专利局专利审查协作北京中心　组织编写

出版发行：知识产权出版社 有限责任公司	网　　址：http://www.ipph.cn
电　　话：010－82004826	http://www.laichushu.com
社　　址：北京市海淀区气象路 50 号院	邮　　编：100081
责编电话：010－82000860 转 8539	责编邮箱：laichushu@cnipr.com
发行电话：010－82000860 转 8101	发行传真：010－82000893
印　　刷：天津嘉恒印务有限公司	经　　销：各大网上书店、新华书店及相关专业书店
开　　本：787mm×1092mm　1/16	印　　张：29.25
版　　次：2021 年 8 月第 1 版	印　　次：2021 年 8 月第 1 次印刷
字　　数：638 千字	定　　价：148.00 元

ISBN 978-7-5130-7586-2

本书编委会

主　编　郭　雯

副主编　朱晓琳　刘　彬

编　者　仲惟兵　刘文霞　姚　云　彭晓琦　裴少平
　　　　　　戴年珍　康　蕾　封志强　吴　燕　马　骅
　　　　　　李　�　周付科

编写具体分工

编写人员	撰写内容
仲惟兵	第 1 章
康 蕾	第 2 章、第 3 章 3.1 节
封志强	第 3 章 3.2 节
彭晓琦	第 3 章 3.3 节
周付科	第 3 章 3.4 至 3.5 节
刘文霞	第 3 章 3.6 至 3.8 节
李 顾	第 4 章 4.1 至 4.2 节
戴年珍	第 4 章 4.3 至 4.4 节、第 5 章 5.1 节
李 顾	第 5 章 5.2 至 5.3 节
仲惟兵	第 6 章
马 骅	第 7 章 7.1 至 7.3 节
裴少平	第 7 章 7.4 节
康 蕾	第 8 章 8.1 至 8.3 节
封志强	第 8 章 8.4 至 8.5 节
姚 云	第 8 章 8.6 至 8.8 节
周付科	第 9 章 9.1 至 9.2 节
吴 燕	第 9 章 9.3 至 9.4 节、第 10 章 10.1 节
彭晓琦	第 10 章 10.2 至 10.3 节

序　言

在专利制度建立以来的数百年间，该制度对人类社会技术的进步、经济的发展起到了重要的推动作用，并且已经成为各国参与国际竞争和国际贸易的重要手段。在专利的创造、运用、保护和管理过程中，专利授权确权程序中有关创造性的评判无疑是其中最重要、最复杂的问题之一。专利的创造性评判标准抽象而晦涩，如何将那些抽象而晦涩的标准适用于具体的案件中，并呈现相对客观并一致的判断结果，是对评判者准确理解其中涉及的法律概念，准确把握不同类型、不同领域案件特点的考验。

专利法作为市场经济的产物，其专利权授予标准与国家的经济发展水平息息相关。对于创造性而言，尽管其评判标准相对稳定，但随着时代的发展、市场的变迁，以及评判者对影响专利创造性的诸多因素不断加深的认识和理解，专利创造性的评判尺度、评判方法也得以不断完善和修正。

中国于 1985 年正式施行专利法，30 多年来，伴随着改革开放的步伐，在科技兴国、创新强国的指导思想引领下，专利制度得到不断发展和进步。在《中华人民共和国专利法》的历次修改中，对于发明创造性的规定仅有涉及评判对象的一次修改，对于创新高度，始终规定要求同时满足"突出的实质性特点"和"显著的进步"。在实践中，尽管有《专利审查指南》对具体的法律规定予以支撑，有"三步法"作为首选评判方法予以指引。然而，法律规定和部门规章并不能囊括评判者在实际案例中遇到的所有问题，在实务中亟待一本能够综合法律变迁、概念解释，涵盖实质审查、复审、无效和法院判例详析的作品出现。

欧洲是世界上最早建立专利制度的地区，伴随着欧洲共同体（欧共体）的产生，1977 年 10 月，欧洲专利局（EPO）正式成立，《欧洲专利公约》（EPC）正式生效，为各缔约国提供了一个共同的法律制度和统一授予专利权的程序。EPC 的修改较为频繁，但各条款在十余次的更新中，关于创造性的规定却并未修改，始终要求发明满足"非显而易见性"。在实践中，《EPO 审查指南》和《EPO 上诉委员会判例法》相结合，为评判者提供关于评判要素的解释和评判方法的指引。然而，现有文献中对于欧洲专利制度的研究要么注重程序规定，要么注重判例。仍缺乏一部详细总结 EPO 关于创造性的法律规定、评判方法、实践案例的综合类出版物。

随着"一带一路"倡议的推进，中国和欧洲各国国际贸易不断升温，中国企业在欧洲投资与经营发展日益深入，越来越多的中国企业在欧洲设立了研发中心、制造工厂，中国创新主体在欧洲的专利保护和运用需求也随之不断增长。尽管在专利创造性的评判中，中国和欧洲的评判标准最为接近，但毫无疑问在细节规定方面仍然存在非常多的不同点。本书详细列出了中国和欧洲在专利制度的整个发展过程中关于创造性的重要评判要素、评判方法，并以上百个中国实际审查案例、复审决定、无效决定、法院判决及欧洲审查案例、EPO上诉委员会判决对其具体规定和演变过程进行诠释。尺有所短、寸有所长，本书并无孰优孰劣的对比之意，只希望读者从中能整体了解法律的变迁、制度的更替及评判者的思路历程。

　　本书的编写人员均为国家知识产权局专利局专利审查协作北京中心的资深审查员，他们了解专利制度的发展过程，熟知有关创造性法规的立法渊源，并具有丰富的审查实践经验。希望本书的出版有助于专利审查员、专利代理师、企业专利管理人员及其他从业人员对于创造性相关规定的深入理解和灵活运用，为提高我国专利申请和专利审查的质量、提升创新主体对于专利保护和运用的能力尽一份绵薄之力。

目　录

上篇　中国篇

下篇　欧洲篇

上篇

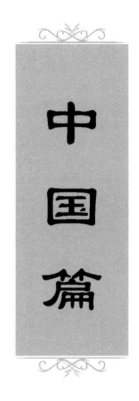

中国篇

第1章 法律规定及历史演变

我国现行专利制度的建立始于 1978 年。1978 年 7 月，党中央在批示一份报告中第一次提出了"我国应当建立专利制度"❶。1979 年 3 月，国务院批准起草《中华人民共和国专利法》（以下简称《专利法》）。1984 年 3 月 12 日，全国人民代表大会通过《专利法》并于 1985 年 4 月 1 日起正式施行。1984 年《专利法》共包含八章六十九条。根据《专利法》规定，中国专利分为发明、实用新型和外观设计三种类型，并对授权的发明或者实用新型专利提出了应具备新颖性、创造性和实用性的要求。该版《专利法》同时规定了发明专利权的期限为十五年，自申请日起计算；实用新型和外观设计专利权的期限为五年，自申请日起计算，期满前专利权人可以申请续展三年。1985 年，中国专利局成立，由其授予的专利权在中国大陆地区生效。

专利制度是一个与国家科技和经济发展水平密切相关的法律制度。随着技术的进步、经济的发展，国家的专利制度也必须适时作出调整。1992 年，我国对《专利法》进行了第一次修改，将发明专利权的期限延长为二十年，自申请日起计算；实用新型和外观设计专利权的期限延长为十年，自申请日起计算，不再设立续展期。其后又历经 2000 年、2008 年和 2020 年三次修改。2020 年 10 月 17 日，全国人民代表大会常务委员会第二十二次会议通过了《关于修改〈中华人民共和国专利法〉的决定》，修改后的《专利法》自 2021 年 6 月 1 日起施行，以前所未有的力度提出要健全惩罚性赔偿机制，提高侵权成本，鼓励发明创造。

1.1 专利法及其实施细则

1984 年《专利法》第二十二条第三款规定，发明专利的创造性是指其"同申请日以前已有的技术相比"具有"突出的实质性特点和显著的进步"，而实用新型专利只需具有"实质性特点和进步"即可。对于"申请日以前已有的技术"，在 1985 年《中华人民共和国专利法实施细则》（以下简称《专利法实施细则》）中并未作出具体说明；在 1992 年《专利法实施细则》第三十条中，首次规定了其范围是"申请日前在国内外出版物上公开发表、在国内公开使用或者以其他方式为公众所知的技术，即现有技术"；在 2001 年《专利法实施细则》第三十条中进一步补充说明了，当待审查的专利

---

❶ 张海志,崔静思,刘阳子,等.创业维艰——国家知识产权局(中国专利局)创建史话[M].北京：知识产权出版社,2016:213.

申请有优先权日的情况，规定"申请日以前已有的技术"中所谓的申请日在待审专利申请有优先权的情况下指优先权日。可见，"申请日以前已有的技术"即现有技术，其覆盖范围与技术的公开时间、公开地域和公开方式均密切相关。

2008 年《专利法》的修改包括将第二十二条第三款中"申请日以前已有的技术"的表述变更为"现有技术"，并将"现有技术"是指"申请日以前在国内外为公众所知的技术"写入《专利法》第二十二条第五款。自 2008 年《专利法》起，现有技术不再受限于技术的公开地域和公开方式；对于国内外出版物公开、使用公开和以其他方式公开的技术，只要其内容在申请日之前为国内外公众所知，均被视为现有技术。这一修改从适应国家的经济发展和科技进步的角度出发，提高了新颖性和创造性的评价标准，有助于提高我国的授权专利含金量。2020 年《专利法》的修改未涉及创造性条款。

1.2 审查指南

1985 年，中国专利局依据专利法及其实施细则制定了第一版《审查指南》，1989 年 12 月对其进行了修订，作为指导专利审查实践的内部操作规范，并于 1993 年向社会公开发布。1993 年版《审查指南》在创造性一章施以重墨，详细阐述了用于评价创造性的现有技术的范围、评价主体和评价方法。例如，其中规定了评判创造性的主体为"所属技术领域的普通技术人员"，"他"是一种假想的人，发明"不是其所属技术领域的普通技术人员由现有技术不加分析和思考就能得出的，也不是通过逻辑分析、推理和试验必然获得的，它应当反映出人在智力上的独到之处"[1]。可以看出，在第一版《审查指南》中，对于创造性的评价更强调发明人的灵感。

为适应法条的修改，规范审查员的审查行为，并指导专利申请人的申请行为，国务院专利行政部门于 1993 年、2001 年、2006 年、2010 年、2013 年、2014 年、2017 年、2019 年和 2020 年多次对审查指南进行修订。通过历次修订，专利创造性评价的客观性、一致性被逐步提升。

以下简要说明历年修订审查指南对于创造性章节的影响。

(1) 1993 年版《审查指南》：该版《审查指南》第一次对创造性的评定主体、评定标准和评定方法做出说明。①对于评定主体，引入"所属技术领域的技术人员"的概念，但对其所具备的知识水平并未作出清晰的界定，仅指出他知晓发明所属技术领域所有的现有技术，具有该技术领域中普通技术人员所具有的一般知识和能力，他的知识水平随着时间的不同而不同；并明确了设定这一概念的目的在于统一创造性审查的标准，尽量避免审查员主观因素的影响。②对于评定标准，引入了"非显而易见"的概念，将"突出的实质性特点"等同于非显而易见；规定了"显而易见"是指发明是其所属技术领域的技术人员在现有技术的基础上通过逻辑分析、推理或者试验可以得

---

❶ 和育东,方慧聪.专利创造性客观化问题研究[J].知识产权,2007(2):76－81.

到的，但对于如何评定"显而易见"并未给出具体的方法。在审查原则中，重点指出对于对比文件的组合，审查员应考虑的问题包括组合的难易、技术领域和对比文件的数量，并列举了可视为组合是"显而易见"的几种情形。明确评定发明有无创造性的审查基准是《专利法》第二十二条第三款，并给出了一些参考性判断基准，如发明解决了人们一直渴望解决但始终未能成功的技术难题，发明克服了技术偏见，发明取得了预料不到的技术效果，发明在商业上获得成功。③规定"显著的进步"是指发明与最接近的现有技术相比具有"长足的进步"，这种进步表现在发明克服了现有技术中存在的缺点和不足；或者表现在发明所代表的某种新技术趋势上。④鉴于化学领域的特殊性，对该领域的创造性审查标准作出特殊说明，规定了何时需要申请人提供对比试验以及何种对比试验能被接受，并特别指出，若不是绝对必要，审查员应尽量不要求申请人做对比试验，而允许申请人用其他证据来证明新的意想不到的效果。

(2) 2001 年版《审查指南》：在第一版的基础上作了细化规定。①对于"所属技术领域的技术人员"的知识水平，尤其对于是否具备创造能力和从其他技术领域获取知识的能力作出了更为明确的规定，涉及其对于所属技术领域所有的普通技术知识、现有技术、常规实验的手段和能力、创造能力、从其他技术领域中获知该申请日或优先权日之前的相关现有技术、普通技术知识和常规实验手段的能力的掌握程度。②对于突出的实质性特点和显著的进步的审查基准作出具体说明，首次引入"三步法"判断发明是否具备突出的实质性特点，并指出显著的进步主要考虑发明是否相对于最接近的现有技术产生有益的技术效果，并将前一版《审查指南》中"参考性判断基准"的表述改成"辅助性判断基准"。③对"三步法"的各步骤进行具体说明，对最接近的现有技术给出选取标准、对如何确定发明的区别特征和其实际解决的技术问题进行阐释，并详细分析了哪些情形下通常认为现有技术对发明存在"技术启示"。④弱化"显著的进步"在创造性评判中的地位❶，将其从前一版《审查指南》中"长足的进步"修改为"相比最接近的现有技术能够产生有益的技术效果"，从而降低了其要求；新增"提供了一种技术构思不同的技术方案，其技术效果能够基本上达到现有技术的水平"或"尽管发明在某些方面有负面效果，但在其他方面具有明显积极的技术效果"为具有有益的技术效果的证明；特别强调了"非显而易见"与"预料不到的技术效果"在判断发明创造性中的关系。⑤为适应中国的科技发展水平，增加了对微生物、遗传工程技术领域的创造性审查规定。

(3) 2006 年版《审查指南》：对某些规定进行了澄清和修正。①将 2001 年《审查指南》中"突出的实质性特点和显著的进步的审查基准"的表述修改为"突出的实质性特点的一般性判断方法和显著的进步的判断标准"，从而对创造性判断中的审查基准、判断方法、判断标准的用语进行了准确区分。②将"三步法"中"发明实际解决

---

❶　国家知识产权局专利局审查业务管理部.审查指南修改导读［M］.北京：知识产权出版社，2002：79.

的技术问题"的定义修改为"是指为获得更好的技术效果而需对最接近的现有技术进行改进的技术任务",即将"对最接近的现有技术进行改进"和"为获得更好的技术效果"的前后顺序进行调换;在"三步法"第三步判断是否存在技术启示时明确要求该技术启示会使本领域技术人员在面对所述技术问题时"有动机"改进最接近的现有技术并获得要求保护的发明。上述修改体现出是否存在"动机"在判断显而易见性中的重要性,强调判断创造性时不应当根据本领域技术人员是否"能够"采用某技术方案,而应当根据现有技术所给出的技术启示是否引导本领域技术人员采用该技术方案做出判断。❶③将"有益的效果"的参照对象由"最接近的现有技术"修改为"现有技术",即要求"发明与现有技术相比能够产生有益的技术效果",对于"显著的进步"的要求进一步降低。④删除了化学领域创造性审查中"若不是绝对必要,审查员应尽量不要求申请人做对比试验"的规定;但在该领域关于实施例的相关规定中加入了"判断说明书是否充分公开,以原说明书和权利要求书记载的内容为准,申请日之后补交的实施例和实验数据不予考虑"。⑤将判断发明创造性的"辅助性审查基准"修改为判断发明创造性时"需考虑的其他因素"。

(4) 2010 年版《专利审查指南》:相对前一版改动不大。①基于 2008 年《专利法》对创造性相关概念进行了适应性修改,删除了"已有的技术"的表述及相关定义,统一表述为"现有技术"。②进一步明确所属技术领域的技术人员为得到"显而易见的技术方案"所进行的分析、推理应是"合乎逻辑的分析、推理"。

(5) 2013 年版、2014 年版《专利审查指南》:未涉及创造性部分的修改。

(6) 2017 年版《专利审查指南》:对于创造性部分的修改仅涉及化学领域。增加了对于补交的实验数据如何进行审查的规定,澄清了前版审查指南中关于"不予考虑"申请日之后补交的实验数据的误解,明确了"对于申请日之后补交的实验数据,审查员应当予以审查",保障了申请人举证的正当权利。并规定"补交实验数据所证明的技术效果应当是所属技术领域的技术人员能够从专利申请公开的内容中得到的",明确了对于补交实验数据的审查应当以原始申请文件公开的内容作为基础。

(7) 2019 年版《专利审查指南》:2019 年国家知识产权局对审查指南进行了两次修改,对创造性相关部分作出了较大的完善。①进一步完善"三步法"评述的一般规定,将确定发明的区别特征和发明实际解决的技术问题中"然后根据该区别特征所能达到的技术效果确定发明实际解决的技术问题"修改为"然后根据该区别特征在要求保护的发明中所能达到的技术效果确定发明实际解决的技术问题"。强调了在确定发明实际解决的技术问题时,不应仅仅基于区别特征本身固有的功能或作用,而应当根据区别特征在要求保护的整个方案中所能达到的技术效果。并增加"对于功能上彼此相互支持、存在相互作用关系的技术特征,应整体上考虑所述技术特征和它们之间的关

---

❶ 国家知识产权局专利局审查业务管理部.审查指南修订导读 2006[M].北京:知识产权出版社,2006:160.

系在要求保护的发明中所达到的技术效果"的要求。②为确保审查员认定申请事实、客观评价创造性，进一步规范审查员理解发明的一般路径，明确审查员在理解发明时应当充分了解背景技术整体状况、理解发明的技术方案所能带来的技术效果、明确发明相对于背景技术所作出的改进。③为规范创造性评述中对公知常识的使用，强化审查员的公知常识举证责任，要求"如果申请人对审查员引用的公知常识提出异议，审查员应当能够提供相应的证据予以证明或说明理由。在审查意见通知书中，审查员将权利要求中对技术问题的解决作出贡献的技术特征认定为公知常识时，通常应当提供证据予以证明"。④进一步明确涉及人工智能等新业态新领域的专利申请审查规则。对于既包含技术特征又包含算法特征或商业规则和方法特征的发明专利申请，规定了何时应当考虑算法特征或商业规则和方法特征对技术方案的贡献，并提供了审查示例，指出应将与技术特征功能上彼此相互支持、存在相互作用关系的算法特征或商业规则和方法特征与所述技术特征作为一个整体考虑这些特征对技术方案做出的贡献。

（8）2020 年版《专利审查指南》：对于化学领域和生物技术领域的专利申请的创造性审查规则作出完善，并丰富或替换了审查示例。①明确对于申请日之后申请人为满足《专利法》第二十二条第三款、第二十六条第三款等要求补交的实验数据，审查员应当予以审查。②不再以与已知化合物结构"不接近"或"接近"的方式阐述化合物专利申请的创造性审查规则，改为以"三步法"方式进行创造性分析；明确应基于结构改造所获得的用途和/或效果确定发明实际解决的技术问题，该用途和/或效果可以是获得与已知化合物不同的用途，也可以是对已知化合物某方面效果的改进；如果所属技术领域的技术人员在现有技术的基础上仅仅通过合乎逻辑的分析、推理或者有限的试验就可以进行这种结构改造以解决所述技术问题，则认为现有技术存在技术启示；如果这种用途的改变和/或效果的改进是预料不到的，应当认可其创造性；反之，如果要求保护的技术方案的效果是已知的必然趋势所导致的，则该技术方案没有创造性。③指出在生物技术领域发明创造性的判断过程中，需要根据不同保护主题的具体限定内容，确定发明与最接近的现有技术的区别特征，然后基于该区别特征在发明中所能达到的技术效果确定发明实际解决的技术问题，再判断现有技术整体上是否给出了技术启示，基于此得出发明相对于现有技术是否显而易见；需要考虑发明与现有技术的结构差异、亲缘关系远近和技术效果的可预期性等。

第2章 创造性判断的基本要素

2.1 本领域技术人员

作为创造性的判断主体，1993 年版《审查指南》对"本领域技术人员"作出定义，并在 2001 年进行修订，即所属技术领域的技术人员，也可称为本领域的技术人员，是指一种假设的"人"，假定他知晓申请日或者优先权日之前发明所属技术领域所有的普通技术知识，能够获知该领域中所有的现有技术，并且具有应用该日期之前常规实验手段的能力，但他不具有创造能力。如果所要解决的技术问题能够促使本领域的技术人员在其他技术领域寻找技术手段，他也应具有从该其他技术领域中获知该申请日或优先权日之前的相关现有技术、普通技术知识和常规实验手段的能力。

本领域技术人员的产生，使创造性的判断有了一个尽可能统一的标准，不至于因审查员个人的经验和知识水平差异而产生差异较大的判断结果。

2.2 现有技术

现有技术的概念始于 2008 年《专利法》第二十二条第五款的规定：现有技术是指申请日以前在国内外为公众所知的技术。

2010 年版《专利审查指南》对现有技术的涵盖范围，以及如何区分现有技术作出具体说明❶，即

现有技术包括在申请日（有优先权的，指优先权日）以前在国内外出版物上公开发表、在国内外公开使用或者以其他方式为公众所知的技术。

现有技术应当是在申请日以前公众能够得知的技术内容。换句话说，现有技术应当在申请日以前处于能够为公众获得的状态，并包含有能够使公众从中得知实质性技术知识的内容。

对于保密状态下的技术是否能被认定为现有技术，2010 年版《专利审查指南》指出：

应当注意，处于保密状态的技术内容不属于现有技术。所谓保密状态，不仅包括受保密规定或协议约束的情形，还包括社会观念或者商业习惯上被认为应当承担保密义务的情形，即默契保密的情形。

---

❶ 《专利审查指南 2010》，第二部分第三章第 2.1 节至第 2.1.2.3 节；第十章第 5.1 节。

然而，如果负有保密义务的人违反规定、协议或者默契泄露秘密，导致技术内容公开，使公众能够得知这些技术，这些技术也就构成了现有技术的一部分。

从时间节点来看，一项技术是否属于现有技术，其时间界限是申请日，享有优先权的，则指优先权日。需要注意的是，申请日当天公开的技术内容并不包括在现有技术范围内。

从公开方式来看，现有技术的公开方式包括出版物公开、使用公开和以其他方式公开三种，并无地域限制。这也就是说，在全世界范围内任何地方公开的现有技术在评价创造性时其地位均是相同的。

专利法意义上的出版物，是指记载有技术或设计内容的独立存在的传播载体，并且应当表明或者有其他证据证明其公开发表或出版的时间。其可以是各种印刷的、打字的纸件，例如，专利文献、科技杂志、科技书籍、学术论文、专业文献、教科书、技术手册、正式公布的会议记录或者技术报告、报纸、产品样本、产品目录、广告宣传册等，也可以是用电、光、磁、照相等方法制成的视听资料，例如，缩微胶片、影片、照相底片、录像带、磁带、唱片、光盘等，还可以是以其他形式存在的资料，例如，存在于互联网或其他在线数据库中的资料等。需要注意的是，任何地方、任何语言、任何方式、任何年代发行的出版物，只要其公开时间和公开状态满足要求，均可用于评价创造性，而不论其发行量有多少、是否有人阅读过、申请人是否知道。但需要注意的是，出版物要求是公开发行的，那些印有"内部资料""内部发行"等字样的出版物，确系在特定范围内发行并要求保密的，不属于公开出版物。

对于出版物公开日期的判断非常重要，在通常情况下，出版物的印刷日视为公开日，有其他证据证明其公开日的除外。印刷日只写明年月或者年份的，以所写月份的最后一日或者所写年份的 12 月 31 日为公开日。如果审查员认为出版物的公开日期存在疑义的，可以要求该出版物的提交人提出证明。

对于使用公开，这种方式是由于使用而导致技术方案的公开，或者导致技术方案处于公众可以得知的状态。使用公开的公开日是公众能够得知该产品或者方法之日。使用公开的方式包括能够使公众得知其技术内容的制造、使用、销售、进口、交换、馈赠、演示、展出等，其公开与否仅取决于公众是否想知道就能知道，而并不取决于是否有公众已经得知。如果使用公开的是一种产品，即使所使用的产品或者装置需要经过破坏才能够得知其结构和功能，也仍然属于使用公开。当然，未给出任何有关技术内容的说明，以致所属技术领域的技术人员无法得知其结构和功能或材料成分的产品展示，不属于使用公开。此外，使用公开还包括放置在展台上、橱窗内，公众可以阅读的信息资料及直观资料，如招贴画、图纸、照片、样本、样品等。

除此之外，还有公众所知的其他方式公开，主要是指口头公开等。例如，口头交谈、报告、讨论会发言、广播、电视、电影等能够使公众得知技术内容的方式。口头交谈、报告、讨论会发言以其发生之日为公开日。公众可接收的广播、电视或电影的报道，以其播放日为公开日。

在化学领域，还有一类"推定"现有技术公开的情况。在 2010 年版《专利审查指南》第二部分第十章第 5.1 节规定了：专利申请要求保护一种化合物的，如果在一份对比文件里已经"提到"该化合物，即"推定"该化合物不具备新颖性，但申请人能提供证据证明在申请日之前无法获得该化合物的除外。这里所谓"提到"的含义是：明确定义或者说明了该化合物的化学名称、分子式（或结构式）、理化参数或制备方法（包括原料）。主要情形包括但不限于：①如果现有技术公开的通式化合物中只有一个变量，并且该变量的可选项均是具体取代基，则对于从中选择每个具体取代基而得到的具体化合物，均可认为其已被现有技术"提到"；②作为一个特例，如果现有技术公开的化合物虽然用通式表示，但是该通式中只有两个变量，每个变量仅有两个可选项，并且可选项均是具体取代基，则可以认为所述通式包括的四个具体化合物已被该现有技术"提到"。

2.3　公知常识

公知常识的概念是伴随着"三步法"而产生的。但时至今日，审查指南中还没有关于公知常识的准确定义。

2001 年版《审查指南》把"所述区别特征为公知常识"列为"三步法"中第一类认为存在"技术启示"的情形，并给出了公知常识的例子，即公知的教科书或者工具书披露的解决该重新确定的技术问题的技术手段，本领域中解决该重新确定的技术问题的惯用手段。且认为审查员在检索技术方案时，当已经检索到可用于评价独立权利要求新颖性或创造性的对比文件时，对于属于公知常识的从属权利要求，可不做进一步检索。❶ 并指出：技术词典、技术手册、教科书为公知常识证据的载体。❷

2006 年版《审查指南》中删除了"公知的教科书或者工具书"中的"公知的"一词，并将其重新表述为：本领域中解决该重新确定的技术问题的惯用手段，或教科书或者工具书等中披露的解决该重新确定的技术问题的技术手段。❸

在 2010 年版《专利审查指南》中，对实质审查过程中的公知常识举证问题做出了规定，指出：审查员在审查意见通知书中引用的本领域的公知常识应当是确凿的，如果申请人对审查员引用的公知常识提出异议，审查员应当能够说明理由或提供相应的证据予以证明。❹ 同时指出：在前置审查意见中，原审查部门可以对驳回决定和前置审查意见中主张的公知常识补充相应的技术词典、技术手册、教科书等所属技术领域中的公知常识性证据。❺ 在复审程序中也对公知常识的举证问题做出规定，指出：在合议

---

❶ 《审查指南 2001》，第二部分第四章第 3.2.1 节和第七章第 3.3 节。
❷ 《审查指南 2001》，第四部分第三章第 3.2 节。
❸ 《审查指南 2006》，第二部分第四章第 3.2.1.1 节。
❹ 《专利审查指南 2010》，第二部分第八章第 4.10.2.2 节。
❺ 《专利审查指南 2010》，第四部分第二章第 3.3 节。

审查中，合议组可以引入所属技术领域的公知常识，或者补充相应的技术词典、技术手册、教科书等所属技术领域中的公知常识性证据❶；同时，合议组可以依职权认定技术手段是否为公知常识，并可以引入技术词典、技术手册、教科书等所属技术领域中的公知常识性证据❷。在无效宣告程序中规定：对于技术词典、技术手册和教科书等所属技术领域中的公知常识性证据，专利权人可以在口头审理辩论终结前补充❸；对于公知常识举证责任，指出：主张某技术手段是本领域公知常识的当事人，对其主张承担举证责任。该当事人未能举证证明或者未能充分说明该技术手段是本领域公知常识，并且对方当事人不予认可的，合议组对该技术手段是本领域公知常识的主张不予支持。当事人可以通过教科书或者技术词典、技术手册等工具书记载的技术内容来证明某项技术手段是本领域的公知常识。❹

在 2019 年版《专利审查指南》中，对实质审查过程中的公知常识举证问题进一步做出了规定：在审查意见通知书中，审查员将权利要求中对技术问题的解决作出贡献的技术特征认定为公知常识时，通常应当提供证据予以证明。也就是说审查员将"发明点"认定为公知常识时，通常应当提供证据，从而进一步规范了创造性评述中对公知常识的使用。

由此可见，中国始终把公知常识的载体限定在教科书、技术词典、技术手册等工具书中，没有明确提到专利文件和科技期刊中公开的技术内容是否可以被认定为公知常识的情形。但是，随着科技的不断进步、新兴技术的崛起，很多技术内容可能在已有的工具书、教科书中并无相关的介绍，而仅记载于专利文件或科技期刊中，体现了科学技术的创新和发展，而随着技术的进步，属于公知常识的知识或技术手段也应当处于不断增加、不断更新的状态。因此，在发明所属的技术领域属于新兴领域时，将专利文件或者科技期刊中公开的技术内容认定为公知常识也具有一定的合理性。

2.4　权利要求保护范围的解释

2.4.1　相关规定

《专利法》第二十六条第四款规定：权利要求书应当以说明书为依据，清楚、简要地限定要求专利保护的范围。

《专利法》第六十四条第一款规定：发明或者实用新型专利权的保护范围以其权利要求的内容为准，说明书及附图可以用于解释权利要求的内容。

2010 年版《专利审查指南》规定：按照性质划分，权利要求有两种基本类型，即

---

❶ 《专利审查指南 2010》，第四部分第二章第 4.1 节。
❷ 《专利审查指南 2010》，第四部分第三章第 4.1 节。
❸ 《专利审查指南 2010》，第四部分第三章第 4.3.2 节。
❹ 《专利审查指南 2010》，第四部分第八章第 4.3.3 节。

物的权利要求和活动的权利要求，或者简单地称为产品权利要求和方法权利要求。❶

在类型上区分权利要求的目的是为了确定权利要求的保护范围。通常情况下，在确定权利要求的保护范围时，权利要求中的所有特征均应当予以考虑，而每一个特征的实际限定作用应当最终体现在该权利要求所要求保护的主题上。例如，当产品权利要求中的一个或多个技术特征无法用结构特征并且也不能用参数特征予以清楚地表征时，允许借助于方法特征表征。但是，方法特征表征的产品权利要求的保护主题仍然是产品，其实际的限定作用取决于对所要求保护的产品本身带来何种影响。

对于主题名称中含有用途限定的产品权利要求，其中的用途限定在确定该产品权利要求的保护范围时应当予以考虑，但其实际的限定作用取决于对所要求保护的产品本身带来何种影响。例如，主题名称为"用于钢水浇铸的模具"的权利要求，其中"用于钢水浇铸"的用途对主题"模具"具有限定作用；对于"一种用于冰块成型的塑料模盒"，因其熔点远低于"用于钢水浇铸的模具"的熔点，不可能用于钢水浇铸，故不在上述权利要求的保护范围内。然而，如果"用于……"的限定对所要求保护的产品或设备本身没有带来影响，只是对产品或设备的用途或使用方式的描述，则其对产品或设备例如是否具有新颖性、创造性的判断不起作用。例如，"用于……的化合物X"，如果其中"用于……"对化合物X本身没有带来任何影响，则在判断该化合物X是否具有新颖性、创造性时，其中的用途限定不起作用。

2.4.2 权利要求中的技术特征

通常，对产品权利要求来说，应当尽量避免使用功能或者效果特征来限定发明。只有在某一技术特征无法用结构特征来限定，或者技术特征用结构特征限定不如用功能或效果特征来限定更为恰当，而且该功能或者效果能通过说明书中规定的实验或者操作或者所属技术领域的惯用手段直接和肯定地验证的情况下，使用功能或者效果特征来限定发明才可能是允许的。

对于权利要求中所包含的功能性限定的技术特征，应当理解为覆盖了所有能够实现所述功能的实施方式。对于含有功能性限定的特征的权利要求，应当审查该功能性限定是否得到了说明书的支持。如果权利要求中限定的功能是以说明书实施例中记载的特定方式完成的，并且所属技术领域的技术人员不能明了此功能还可以采用说明书中未提到的其他替代方式来完成，或者所属技术领域的技术人员有理由怀疑该功能性限定所包含的一种或几种方式不能解决发明或者实用新型所要解决的技术问题，并达到相同的技术效果，则权利要求中不得采用覆盖了上述其他替代方式或者不能解决发明或实用新型技术问题的方式的功能性限定。

---

❶ 《专利审查指南2010》，第二部分第二章第3.1.1节，第3.2至第3.3节；第三章第3.2.5节。

2.4.3　权利要求的清楚要件

权利要求书是否清楚，对于确定发明或者实用新型专利要求保护的范围是极为重要的。权利要求书应当清楚，一是指每一项权利要求应当清楚，二是指构成权利要求书的所有权利要求作为一个整体也应当清楚。首先，每项权利要求的类型应当清楚。权利要求的主题名称应当能够清楚地表明该权利要求的类型是产品权利要求还是方法权利要求。其次，由所有权利要求构成的整个权利要求书也应当清楚。权利要求清楚与否，应当由所属领域的技术人员从技术含义的角度进行分析判断。

对于产品权利要求，通常应当用产品的结构特征来描述。在特殊情况下，当产品权利要求中的一个或多个技术特征无法用结构特征予以清楚地表征时，允许借助物理或化学参数表征；当无法用结构特征并且也不能用参数特征予以清楚地表征时，允许借助于方法特征表征。使用参数表征时，所使用的参数必须是所属技术领域的技术人员根据说明书的教导或通过所属技术领域的惯用手段可以清楚而可靠地加以确定的。

对于方法权利要求，通常应当用工艺过程、操作条件、步骤或者流程等技术特征来描述。

用途权利要求从实质上来说属于方法权利要求，需要注意从权利要求的撰写措辞上区分用途权利要求和产品权利要求。例如，"用化合物 X 作为杀虫剂"或者"化合物 X 作为杀虫剂的应用"要求保护用途，属于方法权利要求，而"用化合物 X 制成的杀虫剂"或者"含化合物 X 的杀虫剂"要求保护的主题是产品，因而是产品权利要求。

权利要求的保护范围应当根据其所用词语的含义来理解。在一般情况下，权利要求中的用词应当理解为相关技术领域通常具有的含义。在特定情况下，如果说明书中指明了某词具有特定的含义，并且使用了该词的权利要求的保护范围由于说明书中对该词的说明而被限定得足够清楚，这种情况也是允许的。但此时也应要求申请人尽可能修改权利要求，使得根据权利要求的表述可明确其含义。

通常，开放式的权利要求宜采用"包含""包括""主要由……组成"的表达方式，其解释为还可以含有该权利要求中没有述及的结构组成部分或方法步骤。封闭式的权利要求宜采用"由……组成"的表达方式，其一般解释为不含有该权利要求所述以外的结构组成部分或方法步骤。

对于含义不确定的用语，如"厚""薄""强""弱""高温""高压""很宽范围"等，除非这种用语在特定技术领域中具有公认的确切含义，如放大器中的"高频"，否则，应尽可能选择说明书中记载的更为精确的措辞替换上述不确定的用语。对于"例如""最好是""尤其是""必要时"等含义不确定的用语，会在一项权利要求中限定出不同的保护范围，导致保护范围不清楚。另外，当权利要求中同时出现上位概念和下位概念的并列选项时，也会导致权利要求的保护范围不清楚，此时应当修改权利要求，或者留其中之一，或将两者分别在两项权利要求中予以限定。对于"约""接近""等""或类似物"等类似的用语，通常会使权利要求的范围不清楚，但如果审查员针对具体情况判断使用该用语不会导致权利要求不清楚，则应允许。另外，一般不允许在权利要求中使用商标或商品名称，除非所用商标或商品名称在申请日前已具有已知的确切含义。

除附图标记或者化学式及数学式中使用的括号之外，权利要求中应尽量避免使用括号，以免造成权利要求不清楚，如"（混凝土）模制砖"。然而，具有通常可接受含义的括号是允许的，如"（甲基）丙烯酸酯""含有10%～60%（重量）的A"。权利要求中的技术特征也可以引用说明书附图中相应的标记，以帮助理解权利要求所记载的技术方案。这些标记应当用括号括起来，放在相应的技术特征后面，并不得解释为对权利要求保护范围的限制。

2.4.4 权利要求的新颖性

对于包含性能、参数、用途、制备方法等特征的产品权利要求新颖性的审查，主要原则如下。

2.4.4.1 包含性能、参数特征的产品权利要求

对于这类权利要求，应当考虑权利要求中的性能、参数特征是否隐含了要求保护的产品具有某种特定结构和/或组成。如果该性能、参数隐含了要求保护的产品具有区别于对比文件产品的结构和/或组成，则该权利要求具备新颖性；相反，如果所属技术领域的技术人员根据该性能、参数无法将要求保护的产品与对比文件产品区分开，则可推定要求保护的产品与对比文件产品相同，因此申请的权利要求不具备新颖性，除非申请人能够根据申请文件或现有技术证明权利要求中包含性能、参数特征的产品与对比文件产品在结构和/或组成上不同。例如，专利申请的权利要求为用X射线衍射数据等多种参数表征的一种结晶形态的化合物A，对比文件公开的也是结晶形态的化合物A，如果根据对比文件公开的内容，难以将两者的结晶形态区分开，则可推定要求保护的产品与对比文件产品相同，该申请的权利要求相对于对比文件而言不具备新颖性，除非申请人能够根据申请文件或现有技术证明，申请的权利要求所限定的产品与对比文件公开的产品在结晶形态上的确不同。

2.4.4.2 包含用途特征的产品权利要求

对于这类权利要求，应当考虑权利要求中的用途特征是否隐含了要求保护的产品具有某种特定结构和/或组成。如果该用途由产品本身固有的特性决定，而且用途特征没有隐含产品在结构和/或组成上发生改变，则该用途特征限定的产品权利要求相对于对比文件的产品不具有新颖性。例如，用于抗病毒的化合物X的发明与用于抗癌的化合物X的对比文件相比，虽然化合物X的用途改变，但决定其本质特性的化学结构式并没有任何变化，因此用于抗病毒的化合物X的发明不具备新颖性。但是，如果该用途隐含了产品具有特定的结构和/或组成，即该用途表明产品结构和/或组成发生改变，则该用途作为产品的结构和/或组成的限定特征必须予以考虑。例如，"用于治疗炎症疾病的X药物"和"用于杀灭植物害虫的X药物"相比，即便其活性成分相同，其药

物辅料的成分在通常情况下也不同，不能被认定为相同产品。

2.4.4.3　包含制备方法特征的产品权利要求

对于这类权利要求，应当考虑该制备方法是否导致产品具有某种特定的结构和/或组成。如果本领域的技术人员可以断定该方法必然使产品具有不同于对比文件产品的特定结构和/或组成，则该权利要求具备新颖性；反之，如果权利要求所限定的产品与对比文件公开的产品相比，尽管所述方法不同，但产品的结构和组成相同，则该权利要求不具备新颖性，除非申请人能够根据申请文件或现有技术证明该方法导致产品在结构和/或组成上与对比文件产品不同，或者该方法给产品带来了不同于对比文件产品的性能，从而表明其结构和/或组成已发生改变。例如，专利申请的权利要求为用 X 方法制得的乳胶海绵，对比文件公开的是用 Y 方法制得的乳胶海绵，如果两个方法制得的乳胶海绵的结构、形状和构成材料相同，则申请的权利要求不具备新颖性；反之，如果上述 X 方法包含了对比文件中没有记载的在特定温度下发泡的步骤，使得用该方法制得的乳胶海绵的弹性比对比文件的乳胶海绵有明显的提高，则表明要求保护的乳胶海绵因制备方法的不同而导致了微观结构的变化，具有了不同于对比文件产品的内部结构。

当申请文件没有公开可与对比文件公开的产品进行比较的物理化学参数以证明产品的不同之处，而仅是制备方法不同，也没有证据表明制备方法的区别能够为产品带来任何结构、功能、性质上的改变，在通常情况下，审查员可以推定由该方法表征的产品权利要求不具备新颖性，或者推定权利要求中包含的上述方法限定的产品特征与对比文件公开的相同。

对于包含性能、参数、用途、制备方法等特征的产品权利要求新颖性的审查基准同样适用于创造性判断中对该类技术特征是否相同的对比判断。

第3章 创造性的审查实践

专利法对于创造性的规定要求发明与现有技术相比具有突出的实质性特点和显著的进步，判断发明是否具有突出的实质性特点，即判断对于本领域技术人员而言，要求保护的发明相对现有技术是否显而易见。为保障创造性审查的客观性，2010 年版《专利审查指南》建议采用"三步法"作为评价非显而易见性的基准，并具体规定可按照以下三个步骤进行：①确定最接近的现有技术；②确定发明的区别特征和发明实际解决的技术问题；③判断要求保护的发明对本领域技术人员来说是否显而易见。同时，2010 年版《专利审查指南》第二部分第四章第 3.1 节中规定，在评价发明是否具备创造性时，审查员不仅要考虑发明的技术方案本身，而且还要考虑发明所属技术领域、所解决的技术问题和所产生的技术效果，将发明作为一个整体看待。可见，创造性评判的过程是本领域技术人员以发明实际解决的技术问题、解决所述技术问题的技术方案和该技术方案所带来的技术效果为脉络，把握发明对最接近现有技术的改进思路，进而评判发明所作出的贡献的过程。在这一过程中，任何一步的选择或认定错误都会使评判结论出现偏差。

3.1 最接近的现有技术

"确定最接近的现有技术"是创造性判断"三步法"的第一步，是准确判断一项发明创造是否具备创造性的基础。现实中可能存在多种与发明相关的现有技术，而最接近的现有技术的选择应能够代表现有技术的水平，还原本领域技术人员进行改进的起点。具体而言，2010 年版《专利审查指南》指出：最接近的现有技术，是指现有技术中与要求保护的发明最密切相关的一个技术方案，它是判断发明是否具有突出的实质性特点的基础。最接近的现有技术，例如，可以是与要求保护的发明技术领域相同，所要解决的技术问题、技术效果或者用途最接近和/或公开了发明的技术特征最多的现有技术；或者是虽然与要求保护的发明技术领域不同，但能够实现发明的功能，并且公开发明的技术特征最多的现有技术。❶ 这一规定提示了在确定最接近的现有技术时需考虑技术领域、技术问题、技术效果或发明用途、技术特征等多方面因素，选择最有希望获得本申请技术方案的现有技术。

---

❶ 《专利审查指南 2010》，第二部分第四章第 3.2.1.1 节。

3.1.1 技术领域

发明创造性的起源应当是本领域技术人员基于对现有技术存在技术问题的发现而提出解决或改进该技术问题的手段，从而形成发明创造。技术领域是发明产生的外部环境，在通常情况下，本领域技术人员在相同或相近的技术领域中经常面临相同的技术问题，经常应用相同或类似的技术手段。可见，最接近的现有技术经常存在于与发明相同或相近的应用领域中。因此，2010 年版《专利审查指南》规定：在确定最接近的现有技术时，应首先考虑技术领域相同或相近的现有技术。具体而言，技术领域的确定应当以权利要求所限定的内容为准。❶ 在通常情况下，应当根据专利的主题名称，结合技术方案所实现的技术功能、用途加以确定。相近的技术领域一般指与专利产品功能及具体用途相近的领域，相关的技术领域一般指专利与最接近的现有技术的区别技术特征所应用的功能领域。

在（2016）最高法行申 4779 号裁定涉及的案件中，涉案专利申请要求保护一种油气管道运输介质中放射性物质、毒气、爆炸物监测装置。现有技术对比文件 2 公开了一种多参数气体自动监测及处理系统。法院认为，对比文件 2 公开的城市下水道管网与涉案专利申请的油气管道均属于管道中危险物品监测领域，且从其发明内容部分也可看出，二者采用的监测装置的工作原理及监测手段均相同。因此，对比文件 2 与涉案专利申请属于相同或相关的技术领域，可以作为最接近的现有技术用以评价涉案专利申请的创造性。

在（2011）知行字第 19 号裁定涉及的案件中，涉案专利涉及一种"握力计"。现有技术证据 2 公开了一种手提式数字显示电子秤。法院认为，涉案专利的技术功能属于测力装置，具体用途为测人手的握力。虽然证据 2 公开的手提式数字显示电子秤是用于测重力的，与握力计具有不同的具体用途，不属于相同的技术领域，但二者的功能相同、用途相近，所使用测力传感器的测力原理基本相同，因此可以将证据 2 视为属于与涉案专利相近的技术领域。

确定一项专利或专利申请的技术领域时可以参考在《国际专利分类表》中的最低位置技术领域。但技术领域相同或相近是相对的，而不是绝对的，技术领域范围的划分与专利创造性要求的高低密切相关。由于实用新型专利的创造性标准要求相较于发明专利的低，能够用于评价其创造性的现有技术领域范围应当较窄，一般着重考察实用新型专利所属技术领域的现有技术，即实用新型技术方案所属或者直接应用的具体技术领域。

（2003）一中行初字第 535 号判决的涉案专利为实用新型专利，其保护一种微带型天馈电子避雷器。现有技术对比文件 2 公开了一种冲击保护装置。法院认为，涉案专利涉及一种电子避雷器，对比文件 2 涉及一种用于保护电气设备免受由雷击引起的来

---

❶ 《专利审查指南 2010》，第二部分第四章第 3.2.1.1 节。

自电源线和同轴线电压冲击的冲击保护装置。尽管发明目的不同，但二者均属于避雷装置，属于相同的技术领域。

（2009）一中行初字第 694 号判决的涉案专利同样为实用新型专利，其保护一种线材固定装置，适用于固定在一电路板上的线材。法院认为，涉案实用新型专利涉及一种线材固定装置，在权利要求书中明确限定了其保护的固定装置使用于固定电路板上的线材，在说明书中亦载明该固定装置主要是利用了表面安装技术来固定装设在电路板上的线材。而现有技术对比文件 1 涉及传统领域的电子装配技术，在使用夹线板固定线路时采用了传统的机械连接方式，需要通过使用螺钉、螺母、垫圈及相应的扳手工具来实现。对比文件 1 中的夹板或夹线板无法适用于印刷电路板技术领域，更没有证据说明其可以应用于表面安装技术领域。因此，对比文件 1 与涉案专利技术领域既不相同也不相近。

必须明确的是，技术领域不等同于发明目的。发明目的是基于各自不同的背景技术而提出的技术解决方案。如果所属的技术领域相同，即使发明目的不同，仍可能作为最接近的现有技术进行创造性的评价，但技术领域是否相同或相近并不是确定最接近的现有技术的绝对限制因素。

3.1.2 技术问题

发明创造是为解决现有技术中存在的技术问题所提出的发明构思，以及为实现该发明构思而采用的技术手段的集合。"三步法"的实质是重构发明并判断该重构过程对本领域技术人员而言是否显而易见，即本领域技术人员应沿着技术问题指明的方向定位"三步法"的最佳起点，以技术问题作为内在驱动力寻找并确定技术启示。因此，确定最接近的现有技术需要以技术问题为引领，即作为改进起点的现有技术应该与申请人所关注的技术问题具有合理的关联。只有当本领域技术人员面对发明要解决的技术问题时，通过对该现有技术整体呈现的信息进行研究，能够确定该现有技术与发明所关注的目标之间在技术上存在内在的联系，才能确定该现有技术是发明最接近的现有技术。这样的内在联系，既可以体现为该现有技术中明确或者含蓄地记载了发明所关注的问题，如该现有技术中存在、提出希望解决或者已经解决了相关问题；也可以体现为在该现有技术中虽然没有记载，但本领域技术人员通过阅读现有技术的内容，能够理解其客观上存在相关的问题有待解决或者已经解决；还可以是二者要解决的技术问题虽然不同，但存在相关性使得该现有技术恰好处于发明解决技术问题的过程中的某必由环节。只有发挥技术问题对于确定创新基础的引领作用，才能使"三步法"的适用与实际创新的正向方向相契合。❶ 基于这样的考量，对于相近技术领域或通用技术领域的现有技术，即使其没有明确记载解决与本申请相同的技术问题，如果其采用的技术手段、达到的技术效果能促使本领域技术人员产生相应的技术问题并针对该技

---

❶ 李越,等.创造性评判中最接近的现有技术的确定[J].审查业务通讯,2017,23(11):1—8.

术问题进行改进，这些现有技术仍可以作为最接近的现有技术。

第 196384 号复审决定的涉案申请请求保护一种物料颗粒大小分选及物料重力选矿的分选设备，说明书中载明其所要解决的是现有分选机吸力有限，无法对 0.5 毫米以上的较粗颗粒进行分选和重选的技术问题。现有技术对比文件 3 公开了一种利用喷气气流分选木片中杂质，尤其是重物杂质的喷气式气流分选机。经分析可知，对比文件 3 和涉案申请的工作原理和主要结构相同，均是利用物料的密度或比重的差异通过气流作用使运动距离和运动高度不同从而实现对不同物料的有效分选。虽然对比文件 3 没有记载对 0.5 毫米以上的较粗颗粒进行分选和重选的技术问题，但通过其披露的内容可知，对比文件 3 和涉案申请均是为了解决现有技术中筛分效果不佳的技术问题，因此，两者所面临的技术问题存在相应的关联性，而这种技术问题的内在关联性能够促使本领域技术人员基于自身具备的普通技术知识以及对整体筛分领域的现有技术状况的了解，在利用喷气气流分选木片中杂质的喷气式气流分选机的技术领域寻找相应的技术手段并将其运用到选矿领域的分选机以实现一定粒径杂质的筛分，这种技术手段在相近技术领域之间的应用，不需要克服技术困难，因此，对比文件 3 可以作为现有技术的起点。复审合议组也以对比文件 3 为最接近的现有技术做出维持驳回的复审决定。

第 135849 号复审决定的涉案申请要求保护一种表面涂有高反射膜层的玻璃，由申请文件的内容可知，该玻璃是用作太阳能电池中的背板，故要求其具有高反射率、高导热性和高耐候性。现有技术对比文件 2 公开了一种用于涂布玻璃表面的涂料组合物。二者的区别特征为具体的粉体、成膜物质、黏结剂的选择不同。复审合议组认为，虽然对比文件 2 与涉案申请都涉及表面有涂层的玻璃，但涉案申请所要解决的技术问题是提供具有高反射性能的涂层玻璃；而对比文件 2 的目的是将该涂层玻璃用于建筑大楼、汽车玻璃等日常用途，所要解决的技术问题是提供一种减少光污染、降低光的反射率的涂层玻璃，为此其选择了特定纳米粉体、成膜物质和黏结剂来降低光反射率。可见，将对比文件 2 作为涉案申请最接近的现有技术并不适合。

3.1.3　技术启示

最接近的现有技术对本领域技术人员而言是能够达到发明技术方案的最有希望、最符合逻辑得到发明技术方案的起点，本领域技术人员站在这个起点上，能够产生合理的技术问题作为改进目的或目标，并从现有技术中获得足够的教导和指引使本领域技术人员将发明与最接近现有技术的区别特征顺利地结合到最接近的现有技术中。

第 138214 号复审决定的涉案申请要求保护一种公路养护保湿土工布的生产工艺。现有技术对比文件 1 涉及一种土工布生产工艺，公开了开清、梳理、铺网等工艺步骤，但未公开土工布应用于公路养护，也没有公开保湿的相关技术特征。现有技术对比文件 2 涉及一种用于树木养护的土工布，公开了采用浸渍或喷洒方法添加保湿剂，但没有公开土工布用于公路养护，也没有公开开清、梳理和铺网等具体工艺。复审合议组比较了两篇现有技术作为最接近的现有技术时与涉案申请的区别特征：如果选用对比文件1作为最接近的现有技术，则区别特征在于：①涉案申请为保湿土工布，②保湿土工布用于公路养护；如果选用对比文件2作为最接近的现有技术，则区别特征在于：①涉案申请为用于公路养护的土工布，②没有公开生产土工布的具体工艺，如开清、梳理、铺网。复审合议组认为，在最接近的现有技术已经给出通过添加保湿剂制备保湿土工布的基础上，本领域技术人员利用"开清、梳理、铺网"等土工布常规生产工艺的动机明显强于本领域技术人员通过"添加保湿剂制备保湿土工布"的动机，因此以对比文件2作为最接近的现有技术更容易从现有技术整体上获得改进的技术启示。❶

如果在最接近的现有技术中给出了相反的技术教导，则该相反技术教导往往导致本领域技术人员没有动机或需求对最接近的现有技术进行改进，表明该最接近的现有技术并不是该发明合适的改进起点。

在（2015）京知行初字第4002号判决涉及的案件中，涉案专利保护一种装备有一电极并且包括一个钼基的导电层Mob的透明基片，所述基片配备有至少一个阻挡层用于阻挡碱金属元素，该阻挡层被插入到所述基片和所述电极之间。现有技术对比文件1公开了钠对CIGS基底吸收层的结构特性产生有益效果，可以增大晶粒，平整表面，并对电学特性产生有益影响。具体地，向CIGS层补给钠有两种方式：一是从钠钙玻璃基底使钠穿过钼薄膜补给，或者通过钠前驱体在钼薄膜上沉积后再向沉积在钠前驱体上的CIGS层补给。法院认为，涉案专利在钼基导电层与透明基片之间设置阻挡层的目的在于阻挡钠进入钼基导电层及吸收剂层，从而避免钠对于上述两层产生侵蚀作用。但对比文件1作为一篇学术论文所得出的结论为钠对于吸收剂层的生长具有有益作用，因此不应阻挡钠进入该层。相应地，对比文件1给出的技术方案是在吸收剂层下增加钠前驱层以提供更多的钠。至于钠对于钼基电极层是否具有损坏作用，在对比文件1中并未涉及。可见，涉案专利强调减少钠，对比文件1强调增加钠，对比文件1相对于涉案专利来说显然具有相反的技术教导。如果不付出创造性劳动，本领域技术人员通常会沿着该技术的教导，按照增加钠的角度进行思考，基于对比文件1所给出的技术教导显然没有动机或需求减少钠。

进一步地，如果现有技术明确排除了在技术方案中采用某种技术手段，构成了与发明相反的教导，则本领域技术人员没有动机以其作为最接近的现有技术并将其明确排除的技术手段纳入以解决相同的技术问题。

专利申请CN201610071789.9涉及一种提高餐厨垃圾厌氧发酵产生沼气的方法，其主要通过向餐厨垃圾发酵体系中添加适宜浓度的二价铁离子以有效促进甲烷菌的活性，提高有机质降解率并增加沼气产量。现有技术对比文件1与该专利申请所要解决的技

---

❶ 张娴,等.浅论基于"三步法"全过程确定最接近的现有技术[J].审查业务通讯,2018,24(5):26－32.

术问题相同，也公开了一种餐厨垃圾厌氧消化处理方法，二者的区别特征在于：该专利申请中使用铁盐作为添加剂，而对比文件 1 中使用废铁屑作为添加剂。通过全面考察其公开的内容可知，对比文件 1 明确提及采用铁盐作为微生物的微量营养元素添加剂的主要缺点在于在整个厌氧消化过程中无法大范围控制铁盐添加的量且容易造成微生物铁元素不足和铁中毒等现象，为了克服上述缺陷，对比文件 1 特别选择了废铁屑作为微量营养元素添加剂以解决上述使用铁盐作为微量营养元素出现的问题。可见，对比文件 1 已经明确记载了其要克服现有技术中采用铁盐作为添加剂的弊端而使用废铁屑的方式，本领域技术人员在对比文件 1 的基础上并没有动机再将其明确排除的技术手段纳入，即对比文件 1 实质上给出了与该专利申请相反的技术教导，其并不适合作为最接近的现有技术。❶

3.1.4　用途、效果、功能

发明用途即发明的应用领域或范围，与发明目的相关，和发明要解决的技术问题有一定的关联，代表了发明做出之前本领域技术人员努力解决技术问题的方向。发明效果是技术方案获得的客观技术效果，与发明要解决的技术问题、发明用途都有直接联系。相比仅核心技术手段相同的对比文件，发明的应用领域相同的对比文件更适合用作最接近的现有技术。❷

第 67231 号复审决定的涉案专利请求保护一种氟比洛芬酯眼用纳米乳－原位凝胶制剂。氟比洛芬酯是氟比洛芬的乙酰氧基乙酯，具有一定的亲脂性，可在体内羧基酯酶的作用下水解生成氟比洛芬而发挥抗炎作用。涉案申请所要解决的技术问题是氟比洛芬酯的溶解性、分散性问题。现有技术对比文件 1 公开了一种氟比洛芬的注射剂，现有技术对比文件 2 公开了一种环孢素 A 眼用微乳原位凝胶制剂。复审合议组认为，权利要求 1 与对比文件 1 共有的相同或者相应技术特征仅是活性成分，即权利要求 1 为氟比洛芬酯，对比文件 1 为水溶性氟比洛芬，前者为后者的前药。然而权利要求 1 为纳米乳-原位凝胶制剂，对比文件 1 为注射剂；权利要求 1 的制剂用于治疗眼前段疾病，发挥抑制炎症的功效，对比文件 1 的制剂用于治疗眼后段疾病。可见，二者解决的技术问题和达到的技术效果均不相同。而对比文件 2 和涉案申请涉及相同的制剂形式，活性成分均为脂溶性药物，且均用于治疗眼前段疾病，虽然活性成分不同，但是其治疗炎症的技术效果类似，以对比文件 2 作为最接近的现有技术更容易获得对现有技术的改进方案。

需要说明的是，不是只有明确记载与发明相同的用途或者效果的现有技术才有可能成为最接近的现有技术，只要本领域技术人员基于自身具备的普通技术知识及整体

---

❶　潘有礼.相反技术教导在最接近的现有技术选取时的考量[J].中国科技信息,2018(9):
18－19.

❷　刘洋.结合案例浅谈创造性判断中最接近现有技术的选择[J].审查业务通讯,2015,21(8):
49－54.

现有技术状况，足以确定该现有技术具有与发明相同的用途或效果即可。也就是说，本领域技术人员不需要从该现有技术文件所记载的文字描述的用途和效果中获得启示，只要该现有技术整体对本领域技术人员显示出这样的用途或效果，则它就有可能成为最接近的现有技术。例如，作为制备终产物过程中产生的半成品，"中间产物"既包括通过化学反应制备目标化合物过程中产生的中间体化合物，也包括制备混合物形态的终产物的过程中获得的"半成品"，例如，尚未添加终产物中所含的全部组分或尚未施加形成终产物所必需的条件，整个制备步骤尚未完成时得到的"半成品"。如果现有技术公开的"中间产物"组成与发明相似，且该"中间产物"本身具有某种直接的用途或使用效果而与被评价的发明存在合理的关联，则该"中间产物"可以作为创造性判断的出发点。❶

在（2016）最高法行申 2433 号裁定涉及的案件中，涉案专利涉及一种速效胰岛素溶液。现有技术对比文件 1 公开了中效胰岛素制剂和双相胰岛素制剂的制备方法，其中实施例 12 公开了在制备中效胰岛素制剂过程中得到的一种"中间溶液"，该"中间溶液"与涉案专利的速效胰岛素溶液的区别特征仅在于没有明确其中所含碱金属卤化物的浓度。而涉案专利将碱金属卤化物浓度限定至特定浓度范围是为了减少胰岛素的脱酰胺作用，解决胰岛素制剂的稳定性问题。法院认为，对比文件 1 实施例 12 中所公开的 pB28-人胰岛素类似物溶液，具有胰岛素制剂的技术特征，包含防腐剂、等渗剂、锌、缓冲剂等各种成分，符合溶液的定义，是药学意义上的制剂，即该中间溶液在充当制备中效胰岛素制剂的中间产物的同时，本身也是一种具备药效的速效胰岛素产品。基于此，并考虑到涉案专利的胰岛素溶液与该"中间溶液"的成分高度相似，该"中间溶液"适合作为"出发点"改进得到涉案专利的胰岛素溶液。

也有观点认为，现有技术与发明在技术问题和功能方面的相同或相似性足以引导本领域技术人员跨越技术领域的差异作出改进。虽然发明与现有技术的应用领域不同，但若二者基于同样的技术原理、以相同或相近的技术手段利用相同的功能解决相同或相似的技术问题，则应用领域不同的事实并不会阻碍本领域技术人员基于技术问题或功能的教导，到相关技术领域去找到该现有技术，并将其作为通向发明技术方案的起点。❷ 在审查实践中也有采用该观点的判例。

第 40592 号复审决定的涉案申请涉及一种微波陶瓷元器件制作的激光微调刻蚀方法。现有技术对比文件 1 公开了一种用激光照射对石英晶体进行微调的方法。石英和陶瓷在用途、材料性质和工作信号频段方面都存在差别，属于不同领域产品，二者在激光微调刻蚀方面，尤其是激光加工参数包括速度、电流、频率、加工方式、加工次数等也不同。复审合议组认为，虽然涉案申请与对比文件 1 加工对象的性质和具体应用领域有差别，但对于陶瓷和石英这样质地坚硬的材料而言，激光微调刻蚀技术在原

---

❶ 葛永奇,等.中间产物在创造性评价中的应用[J].中国专利与商标,2016(4):64—66.

❷ 李越,等.创造性评判中最接近的现有技术的确定[J].审查业务通讯,2017,23(11):1—8.

理和功能上是类似的，都是利用激光束可聚集成很小的光斑，当达到适当的能量密度时，有选择地汽化部分材料，以解决精密调节微电子元器件的问题，且涉及激光微调刻蚀技术的现有技术文献也已经给出该技术可通用于许多集成电路元器件的技术教导。故这种技术问题与功能上的一致足以教导本领域技术人员以对比文件 1 作为发明的起点，根据其公开的激光微调刻蚀石英的技术而想到并实现激光微调刻蚀陶瓷的技术。

相似的观点还认为，最接近的现有技术也可以是与要求保护的发明技术领域不同但能够实现发明的功能，并且包含发明的技术特征最多的现有技术。

在（2006）一中行初字第 630 号判决涉及的案件中，涉案专利保护一种反向地面刨毛机，包括电动机、传动装置、箱体、刨盘，由电动机连接传动装置带动前后刨盘运转，每个刨盘有若干个锯片。现有技术证据 2 公开了一种移动式表面处理装置，该装置用于除去旧的涂料，清洁混凝土面，处理地面的浅表残余物，该装置包括的两个反向转动的笼形旋转体、表面处理体、马达、在马达和两个旋转体的驱动轴上设有齿轮皮带轮、机架。法院认为，虽然证据 2 与涉案专利的技术领域不同，但其能够实现涉案专利的功能，并且公开的涉案专利的技术特征最多，就可以作为判断涉案专利创造性的最接近的现有技术。

3.1.5 技术手段

作为评价专利创造性的最接近的现有技术的技术方案应与要求保护的发明密切相关。技术方案是对要解决的技术问题所采用的利用了自然规律的技术手段的集合，技术手段通常是由技术特征来体现的。因此，包含一个或多个与发明相同的技术手段的技术方案可以作为最接近的现有技术。

在（2017）京 73 行初 4514 号判决涉及的案件中，涉案专利保护一种在含有 0.001%~1%（摩尔分数）SO_2 的废气中脱除 SO_2 的方法，其中通过将 H_2O_2 的水溶液喷雾到废气中而使 SO_2 氧化成 H_2SO_4。被诉第 31076 号无效决定引用现有技术证据 1 作为最接近的现有技术，其中记载了技术特征"将 H_2O_2 溶液喷雾到管道中从而将废气中 SO_2 氧化得到 H_2SO_4"。法院认为，证据 1 涉及一种 H_2O_2 作为静电沉淀器的调节剂，同时也公开了直接将 H_2O_2 溶液喷雾到废气管道中使 SO_2 氧化为 H_2SO_4，即证据 1 明确公开了与涉案专利相同的技术手段，其解决了相同的技术问题，并能实现基本相同的技术效果。因此，可以将证据 1 中独立的一个技术手段的集合作为最接近的现有技术。

如果现有技术与发明采用了类似的技术手段，但两者在各自的技术方案中以不同的工作原理实现不同的功能，则不能将这种技术手段与其所在技术方案中的其他技术特征割裂看待。第 131807 号复审决定的涉案申请涉及一种背光模组。现有技术对比文件 1 公开了一种场发射背光装置。复审合议组认为，涉案申请的发明实质是基于传统线光源和点光源进行改进，其采用发光器件阵列发出的光子直接激发荧光粉层发光，即使没有荧光粉层的背光模组也能发光，荧光粉层的作用只是通过与能够发光的原件，即发光器件配合改进发光效果和简化结果；为此，涉案申请在第一基板上设置发光器件阵列，在与其对置第二基板上涂覆荧光粉层，形成了发光器件阵列与荧光粉层的间隔，确保了荧光分层上的每一个点都可以收到来自发光器件阵列的电子与空穴对在复合过程中所产生光子轰击而发光，使发光器件发出的光经荧光粉层均匀射出，极大地改善了发光面的均匀度。对比文件1则是弃用传统线光源和点光源的场发射背光设备，采用电能直接转换为光能的发光原理，需要有提供电场的电极及发射电子的发射器，其荧光粉层需要与CNT发射器、第一至第三电极配合并作为一个整体才能实现发光。虽然涉案申请与对比文件1都具有间隔设置的两个基板且都在上面的基板侧设置有荧光粉层，但二者的场发射背光原理不同，背光装置的结构不同，荧光粉层所起的作用也不相同。本领域技术人员没有动机以对比文件1作为起点。

3.1.6 发明构思

发明构思是发明为解决现有技术中存在的技术问题而提出的技术思想，它体现了发明要做什么（技术问题）、怎么做的（技术方案）及做得怎么样（技术效果）的整体思路。发明构思同时涵盖了技术领域、技术问题、关键技术手段及技术效果四要素并将其有机地结合起来，从整体上反映了发明的实质。因此，准确把握发明构思能够使评判主体更为准确、更为客观地确定最接近的现有技术，从而准确评判创造性。在审查实践中，评判主体通常会优先选择与要求保护的发明的发明构思相同或相近的现有技术作为最接近的现有技术；个别情形下会谨慎选择与要求保护的发明的发明构思不同的现有技术；避免选择与要求保护的发明的发明构思相悖和不兼容的现有技术。

当证据的设计构思越符合发明的技术发展脉络，则越容易成为判断发明创造性的起点。如果现有技术不但涉及与发明相同或相近的技术问题，还采用了相同或相近的关键技术手段，那么通常认为其与发明的发明构思相同或相近，以此为基础重构发明只需要设计辅助手段完善技术方案即可，所需要克服的障碍是最小的，更符合实际的发明创造过程，这样的现有技术更适合作为最接近的现有技术。

第134723号复审决定的涉案申请请求保护一种脂肪族生物降解共聚酯的生产方法。现有技术对比文件1公开了一种制备脂肪族聚酯的工艺方法。复审合议组认为，涉案申请要解决的技术问题是现有技术中存在分步酯化经济性差、扩链法导致产品毒性的问题；为解决该问题，涉案申请提供了一种脂肪族生物降解共聚酯的生产方法，采用的关键技术手段为制备脂肪族生物降解共聚酯的时候采用一步酯化法并且不使用扩链剂，该方法无须分步酯化，不使用有毒扩链剂。对比文件1所要解决的技术问题在于提供一种可工业化的、高反应速率的、无须扩链反应的合成脂肪族二元酸二元醇聚酯的工艺方法，其所采用的技术手段也是先酯化，然后预缩聚，最后再进行缩聚的方式，且在整个工艺方法中仅进行了一次酯化，并且在缩聚过程中未添加扩链剂，客观上提高了生产经济性并避免了生物毒性。可见，对比文件1公开了涉案申请通过采用一步酯化法且不使用扩链剂的方法来制备脂肪族生物降解共聚酯来提高生产经济性避免生物毒性这一发明构思，适合作为最接近的现有技术。

第 133621 号复审决定的涉案申请请求保护一种具有透水功能的纤维大空隙沥青混凝土，由以下重量份的原材料制成：矿料 100 份，其中粗集料 88 份，细集料 8 份，矿粉 4 份；改性沥青 5 份；纤维 0.4 份。复审合议组认为，涉案申请所要解决的技术问题是普通沥青混凝土不透水，导致路面抗滑性能下降，产生的水雾影响交通安全。为解决该问题，涉案申请利用上述沥青混凝土具有较大空隙的结构特点实现迅速排除路表积水，不产生溅水和水雾。现有技术对比文件 1 在其背景技术中提及普通沥青混凝土路面积水来不及排走，且引起水雾影响行车安全；为此，对比文件 1 采用透水沥青路面以排掉积水消除水花飞溅，同时，为减少石灰岩的消耗，对比文件 1 采用了钢渣。由此可见，对比文件 1 也是利用沥青混凝土的大空隙率来解决其技术问题，具体采用钢渣集料、石灰石矿粉、沥青和纤维构成的钢渣透水沥青混合料，通过调整集料的级配来控制沥青混凝土的空隙率。由此可见，对比文件 1 与涉案申请解决的技术问题相同、采用的技术手段和达到的技术效果相同，因而属于相同的发明构思，适合作为最接近的现有技术。

反之，第 135894 号复审决定的涉案申请请求保护一种复方丹参滴丸浸膏中水分含量的控制方法，包括如下步骤：①建立复方丹参滴丸浸膏中糖度与水分的线性回归方程；②将糖度测定作为复方丹参滴丸浸膏生产节点控制方法，根据提取物目标水分范围，通过线性回归方程制定糖度控制参数范围；③用糖度法测定复方丹参滴丸浸膏的糖度，并通过浓缩将糖度控制在参数范围内。现有技术对比文件 1 公开了关于红豆馅中水分与糖度的设定，包括从红豆馅水分活度角度出发，分别测定红豆馅的糖度、水分和水分活度，发现三者之间的关系，以此来保持红豆馅的口感。复审合议组认为，虽然红豆也是一种药材，但是在对比文件 1 中红豆是作为食品原料用于制作红豆馅，利用了红豆的食物属性而非中药药材属性，因此对比文件 1 属于食品领域。而涉案申请涉及中药浸膏制作中的水分控制问题，属于中药制剂领域，因此两者的技术领域是不同的。涉案申请想要解决的技术问题是避免现有技术中采用相对密度法控制水分所存在的烦琐、受温度或气泡影响等缺陷，为此其通过测定糖度将中药浸膏中的糖度控制在一定范围内，从而将水分也控制在一定范围内。而对比文件 1 则是为了解决红豆馅的品质和口感问题，从水分活度出发，对水分和糖度进行测定，并得到了水分和糖度之间的线性关系。可见，两者的技术领域、解决的技术问题均不相同，因而属于不同的发明构思。

同样地，第 51172 号复审决定的涉案申请请求保护一种肠溶性长效涂覆芯。由其申请文件的记载可知，涉案申请是由特定比例的疏水性高分子和肠溶性物质形成的单层膜衣层包覆"不含崩解剂"的含药核芯以制备出兼具肠溶性及缓释特性的长效涂覆芯，其发明构思是采用"及早启动"且持续"长效控制释放"的机制，一旦"启动"，则追求"持续地长效控制释放"，属于打"持久战"。而对比文件 1 公开的是一种根据"时辰药理学"原理而设计的阿司匹林脉冲片，其通过选择不同的脉冲时间，从而"滞后启动"药物的"快速释放",即对比文件1的发明构思是要求药物"在短期内立即大量地释放",属于"快攻强攻"。因此,二者的发明构思不同,本领域技术人员不会由对比文件1的"快攻强攻"而得到涉案申请的"持久战"。❶

此外,如果现有技术与发明出于不同的发明目的,采用了不同的发明构思,甚至由于发明构思的不同而导致在对某些技术手段的选取上存在相悖的情形,则本领域技术人员在试图改造该现有技术以获得发明的技术方案时,将会导致该现有技术无法解决其本身所要解决的技术问题并获得相应的技术效果,因此该现有技术不适合作为最接近的现有技术。

第132587号复审决定的涉案申请请求保护一种基于条码数据的功能逻辑跳转方法。现有技术对比文件1公开了一种实现动作指令的方法,用于移动终端通过读取二维码中的动作指令信息,安全、便捷地实现动作指令。复审合议组认为,对比文件1中所要解决的技术问题是在移动终端如何快速便捷地执行动作指令。为了解决该问题,只需要在移动终端侧扫码执行动作指令,移动终端完全不需要与后台服务器交互认证,从而能够减少服务器端与移动终端交互时间,最终获得快速便捷地执行动作指令的技术效果;而涉案申请为了解决"增强条码的跳转能力从而扩宽条码的应用场景和使用范围"的技术问题,其将与客户端条码数据对应的功能逻辑信息存储于服务器,并将功能服务器端的功能逻辑信息返回给客户端执行相应逻辑处理。因此,对比文件1中解决快速便捷地执行动作指令的关键在于移动终端与后台服务器不需要交互,而涉案申请中解决扩宽条码的应用场景和使用范围问题的关键在于将功能逻辑信息存储于服务器,客户端和服务器之间进行相应的数据交互。可见,涉案申请与对比文件1在解决各自技术问题时对于客户端和服务器之间是否需要数据交互采取的是完全相悖的方式。如果本领域技术人员尝试改变对比文件1在其中设置服务器处理数据并与移动终端进行数据交互,那么移动终端必然要等待服务器的响应及数据的网络传输,这样会延长移动终端的处理时间,从而无法解决移动终端快速便捷地执行动作指令的技术问题,也无法获得快速便捷执行动作指令的技术效果,因此对比文件1不适合作为最接近的现有技术。

同样,第131234号复审决定的涉案申请请求保护一种显示装置。对比文件1公开了一种液晶模组。复审合议组认为,涉案申请通过将电路驱动板上的导电嵌扣和背板上的嵌孔嵌合,实现将电路驱动板和背板贴合固定和电性连接电路驱动板和背板的技术效果。而对比文件1明确记载了,在现有技术中,驱动板1通过螺钉铆合定位的方式固定在背板11上,由于积水或雾气冷凝导致背板11的底面易形成积水,积水会通过背板11流至驱动板15上,尤其由于驱动板15与背板11通过螺钉铆合连接,会造成积水烧坏驱动板15上的驱动电路,导致电视烧机现象。为此,在对比文件1的实施例

---

❶ 魏征,等.浅谈"最接近的现有技术"与"三步法"的关系及相关答辩策略[J].中国发明与专利,2014(3):62—65.

中，驱动板 25 安装在固定支架 27 上，使驱动板 25 相对背板 21 间隔一定间距，而非如涉案申请所述使驱动板和背板贴合固定。由于固定支架 27 的间隔，即便背板 21 上有雾气冷凝水滴出现，背板 21 上的积水也不易导致驱动板 25 的短路烧机现象，而非如涉案申请所述通过导电嵌扣和嵌孔使驱动板和背板电性连接。因此，对比文件 1 的发明构思是通过在铆合贴合并有可能电性连接的背板和驱动板之间设置固定支架，使背板和驱动板之间形成间隔并绝缘，而涉案申请的发明构思为通过导电嵌扣和嵌孔使驱动板和背板贴合并电性连接，可见，二者的发明构思完全相反，且对比文件 1 采用了与涉案申请相悖的技术手段。因此，本领域技术人员无法以对比文件 1 作为改进的起点实现该申请的技术方案。

综上可知，选取最接近的现有技术不是孤立的步骤，需要将该步骤置于"三步法"过程中，分析其与现有技术的结合动因以及结合后的改造难度，考察现有技术是否足以教导和指引本领域技术人员将现有技术中披露的技术手段顺利地结合到最接近的现有技术以解决发明实际解决的技术问题，且这种结合符合本领域技术人员的惯常思维逻辑和普通技术改进路径。

3.2　权利要求的解释

正确认定权利要求的保护范围是专利申请授权、确权及保护的基础，因此需要对权利要求中的用语和概念进行解释。权利要求的解释即确定权利要求的含义、界定权利要求保护范围的过程，这一过程应当包括对权利要求的含义进行"理解、澄清和特殊情况下的修正"。

3.2.1　以权利要求的内容为准

2010 年版《专利审查指南》规定，发明或者实用新型专利权的保护范围应以权利要求的内容为准。在审查实践中，在现有技术可能破坏该申请或专利的新颖性和创造性的情况下，申请人或专利权人常常依据说明书中发明内容、实施例、附图等部分公开的内容或揭示的特征试图对权利要求的保护范围进行限缩性解释。但是，对权利要求的解释并不等于对权利要求的修改。解释权利要求时要以权利要求中限定的技术特征为准，通常不允许将权利要求书中没有记载而仅在说明书及附图中描述的内容附加到权利要求中。如果将仅反映在说明书及附图中而未记载在权利要求书中的技术特征或者技术方案通过"解释"纳入权利要求的范围中，则超出了解释的功能，对权利要求构成了实质修改，损害了权利要求的公示作用，对社会公众利益产生不正当的影响。

具体而言，在权利要求中的某技术特征被明确记载为上位概念，且该权利要求的范围也是清楚的情况下，不能将权利要求中的上位概念解释为说明书中具体的下位概念，也不能解释为以仅在说明书中记载的方法特征进行限定的特定概念。权利要求的保护范围通常是分层次递进的，其通常也对应多个分层次递进的技术效果，能否依据说明书中某个局部的或是更优的技术效果对权利要求进行更具象化的理解或者限缩，关键是要确定权利要求是否记载了实现该更优技术效果的对应技术特征。

在（2016）京73行初4427号判决涉及的案件中，涉案专利涉及一种插销固定座，案件焦点之一在于如何理解权利要求1中"圆形通孔与插销键紧密套嵌配合"这一特征。原告认为，所谓"紧密套嵌"在涉案专利中特指圆形通孔与插销键紧密配合的嵌套方式，即插销键的锥形部分插出通孔，通过锥形部分弹性扩张，卡住通孔下端实现固定。法院认为，涉案专利权利要求1并没有限定插销键具有锥形部分，所谓锥形部分系涉案专利权利要求3的附加技术特征，而"紧密套嵌配合"在本领域内有公知的通常含义，涉案专利权利要求1的上述特征仅能理解为插销键紧密地插入通孔。

在（2011）知行字第29号判决涉及的案件中，涉案专利权利要求1保护一种无轨电动伸缩门。再审申请人认为，为了区别于涉案专利背景技术中"每根横杆上要铰接2～4根连接管"，应当将权利要求1解释为包含特征"每根横杆上仅铰接一根连接管"（特征a），结合权利要求1的前序部分"连接各主框架的连接管"（特征b）与特征部分"每两个主框架之间通过连接管（3）连接有一个装饰用副框架"（特征c），可以明确"连接管通过副框架且两端分别连接在两个主框架上"（特征d）。法院认为，权利要求1中并未要求保护每根横杆铰接连接管的结构连接关系，也没有相关的文字表述，因此特征a不属于对权利要求1的解释。由特征b与特征c并不能必然得出"连接管"与"副框架"之间存在直接连接关系，更不能说明"连接管"与"副框架"的具体连接方式。基于上述分析，特征a、特征d均不属于权利要求1的保护范畴，也不能视为对权利要求的解释而纳入保护范围中。

在（2016）最高法行再70号判决涉及的案件中，针对涉案权利要求1中记载的技术特征"油泵（3）通过管路向泵轮（6）与涡轮（7）内供压力油"，法院认为，基于权利要求的记载不能做出其技术方案中包括了技术特征"油泵必须设置于耦合器箱体外部"的判断，权利要求涵盖的范围至少包括油泵设置于耦合器内部和外部两种情况。尽管说明书记载了"在液力耦合器外部安装一台特制的与之配套的由单独电动机直接驱动的主油泵"，说明书所附结构示意图中亦显示"油泵（3）"位于液力耦合器系统之外，但是将说明书及附图的前述内容解释为权利要求技术方案所包含的技术特征属于实质修改权利要求书的做法。

在（2016）最高法行再14号判决涉及的案件中，涉案专利涉及一种U形混凝土板桩，案件的焦点在于如何理解权利要求1中"所述第一连接部和所述第二连接部形状相抵靠配合的配合面之间留有一个空隙"的技术特征。法院认为，权利要求1并未限定形状相抵靠配合的所有配合面之间均留有空隙的情形，其关于相邻板桩相互抵靠的位置部件以及相互抵靠部的形状及所留空隙的关系等特征有清楚的表述，不存在本领域技术人员会认为有歧义的情形。将从属权利要求中的优选实施方式纳入将不合理地限制权利要求1的保护范围。

（2011）行提字第 8 号判决的涉案专利权利要求 1 为"一种抗 β-内酰胺酶抗菌素复合物，其特征在于它由舒巴坦与氧哌嗪青霉素或头孢氨噻肟所组成，舒巴坦与氧哌嗪青霉素或头孢氨噻肟以 0.5～2.0∶0.5～2.0 的比例混合制成复方制剂"。法院认为，从权利要求 1 中记载的全部技术特征来看，其仅限定了将舒巴坦与氧哌嗪青霉素或者头孢氨噻肟以特定比例混合制成复方制剂，并没有限定复方制剂的具体剂型。复方制剂是本领域中具有确定含义的上位概念，其范围涵盖了包括（冻干）粉针剂在内的各种具体剂型。（冻干）粉针剂为仅在说明书中记载的具体下位概念，因而，不能将权利要求 1 中的复方制剂解释为（冻干）粉针剂。

类似地，在（2011）知行字第 91 号裁定涉及的案件中，涉案专利权利要求 1 为"一种立体孔洞装饰陶瓷砖，设置为平板状，包括胚体层、形成在所述胚体层上一个表面的表面层，其特征在于，所述陶瓷砖表面层设置有孔洞和/或裂沟"。对于技术特征"孔洞和/或裂沟"，法院认为，涉案专利权利要求 1 中仅限定了在"陶瓷砖表面层设置有孔洞和/或裂沟"，并没有记载任何有关孔洞和/或裂沟的制造方法特征，以仅在专利说明书中记载的相关制造方法为依据，将权利要求 1 中的孔洞和/或裂沟解释为"经抛光后呈现出加入成孔剂烧制发泡而成的大大小小的孔洞和/或裂沟"是错误的。

在（2012）知行字第 59 号裁定涉及的案件中，涉案专利涉及一种强化木地板。对于权利要求 1 中包含的技术特征"耐磨纸层"，法院认为，涉案专利权利要求 1 对"耐磨纸层"的具体材料并未限定，不能依据方法权利要求及说明书实施例的记载将产品权利要求 1 的"耐磨纸层"限缩解释为"本专利中的耐磨纸层是由原纸浸渍过三聚氰胺胶液后制得"。况且，在木地板上设置三聚氰胺胶液浸渍制得的纸不是涉案专利特有的，现有技术中的木地板表面也有耐磨纸层。

第 31693 号复审决定涉及的案件中，涉案申请涉及一种风压开关，该案的焦点之一在于如何理解权利要求 1 中包含的特征"瞬动开关"进而确定该特征是否被对比文件 1 公开。申请人主张，权利要求 1 中的"瞬动开关"仅指说明书实施方式特别限定的结构（即附图 3、附图 4 所示的结构），其具有简洁、故障率低的效果，不同于对比文件 1 中的"微动开关"。复审合议组认为，"瞬动开关"与"微动开关"均是本领域常见的行程开关类型，都具有速动、瞬动的特性，都能够解决电路开关切换控制的技术问题。涉案权利要求 1 中并未限定瞬动开关的具体结构，不应将说明书瞬动开关具体结构带来的局部更优效果纳入权利要求 1 的保护范围予以考虑。因此，"瞬动开关"已被对比文件 1 公开。

在第 15058 号无效决定涉及的案件中，涉案专利涉及一种软管灯改良结构，争议焦点在于如何理解权利要求 3 中记载的特征"横向孔"，进而确定现有技术附件 2 是否公开了该特征。请求人认为，涉案专利芯线中的孔与散光体的高度和宽度进行配合，与附件 2 中的孔不同，附件 2 中的孔没有达到连续的效果，仅起到对灯泡固定的作用。合议组则认为，首先，权利要求 3 中仅限定了横向孔的位置，以及横向孔在条状体上均匀分布，而未限定该孔与散光体的高度和宽度进行配合；其次，说明书中也没有关于横向孔与散光体的高度和宽度进行配合的记载，涉案专利权利要求 3 中的横向孔所起的作用仅是容纳 LED 灯泡等元件并将其固定，而附件 2 中记载了将发光体 2 塞入芯线 1 的横向孔中，可见，附件 2 中的横向孔所起的作用也是容纳发光元件并将其固定，二者所起的作用相同。

3.2.2　权利要求中的隐含特征

在解释权利要求时，发明或实用新型专利权的保护范围一般应以其权利要求所记载的内容为准，说明书及附图是用于解释权利要求，而不应通过解释将说明书及附图中记载而未在权利要求中所明确的技术特征纳入专利权的保护范围，但应予考虑权利要求中的隐含特征。权利要求中的隐含特征是指未明确记载在权利要求的文字表述中，但本领域技术人员在根据原始申请文件和技术常识，能够合理、客观、直接、毫无疑义地确定的技术特征。此种情形应当严格适用，否则容易造成申请人或专利权人不规范撰写权利要求书，从而影响社会公众对专利权保护范围的准确理解。

（2015）高行（知）终字第 540 号判决的涉案专利保护一种 U 形管锁紧装置。该案的争议焦点在于权利要求 1 的表述是否限定了其请求保护的技术方案中只有一个定位轴（36），且左、右斜槽（34、25）的倾斜分别以各自所在的左、右夹块（31、32）为参照。法院认为，权利要求 1 中记载了"所述的夹紧装置（3）包括设置在基座（1）上的定位轴（36），在定位轴（36）上铰接有两个对称的左、右夹块（31、32）"，本领域技术人员由此可知在定位轴（36）上铰接两个对称的左、右夹块（31、32），以本领域技术人员对语言文字的认知能力可以确定，左、右两个夹块（31、32）均是铰接在定位轴（36）上的，即一个定位轴（36）上应当铰接有两个夹块（31、32）。此外，说明书附图中也记载了定位轴（36）为一个。因此，本领域技术人员通过阅读权利要求 1 即可以得知定位轴（36）在权利要求 1 中要求保护的技术方案中应当是一个，而不是两个。根据权利要求 1 中"在左、右夹块（31、32）上分别倾斜的左、右斜槽（34、35），所述左、右斜槽（34、35）的倾斜方向相反"的记载，本领域技术人员可得知，权利要求 1 中的左、右斜槽（34、35）位于左、右夹块（31、32）上，其各自在所在的夹块上倾斜，也就是说左、右斜槽（34、25）的倾斜应分别以各自所在的夹块为参照，而且左、右夹块（34、35）的倾斜方向是相反的，即可理解为左斜槽在左夹块上往左倾斜，右斜槽在右夹块上往右倾斜。

（2015）高行（知）终字第 4184 号判决的涉案专利保护一种排水泵永磁同步电机。对于权利要求 1 中所记载的"所述铝漆包线绕组（7）被密封在容器（10）中"是否应当解释为"铝漆包线绕组被单独地密封在容器中"，法院认为，首先，根据权利要求 1 记载的文字的字面解释，容器（10）是对铝漆包线（7）绕组进行密封的限定，而不是其他部件进行整体密封的限定。其次，根据说明书背景技术载明的内容可知，涉案专利所要解决的技术问题就是避免铝漆包线被氧化和腐蚀的技术问题，且实施例中也是对铝漆包线绕组单独进行的密封，由此亦能得出容器（10）是对铝漆包线（7）绕组进行密封的限定。最后，根据原告第三人的陈述，涉案专利权利要求 1 的技术贡献就是有效避免了铝漆包线绕组的易氧化和易腐蚀的问题，延长了其工作寿命，故将权利要求 1 限定为容器（10）是对铝漆包线（7）绕组进行密封的限定也符合涉案专利的技术贡献和专利权人自身的解释。

3.2.3　说明书和附图对权利要求的解释作用

2010 年版《专利审查指南》规定：一般情况下，权利要求中的用词应当理解为相关技术领域通常具有的含义。❶ 在特定情况下，如果说明书指明了某词具有特定的含义，并且使用了该词的权利要求的保护范围由于说明书中对该词的说明而被限定得足够清楚，这种情况也是允许的。在审查实践中，可能存在如下情况：①权利要求书中某个术语在所属技术领域具有通常含义，含义清楚，并不存在歧义，并且说明书中也不存在特别定义，则该术语应当被理解为该通常含义。如果当事人主张该用语应理解为其他含义，则当事人应承担必要的举证责任或对其进行合理解释。②权利要求中的某个术语在所属技术领域有通常含义，而在说明书中有特别定义，如果该特别定义是清楚的，本领域人员能够明白其含义，则应当采用说明书中的特别定义来确定该术语的含义，但申请人应尽可能修改权利要求，使得根据权利要求的表述即可明确其含义。③权利要求中的某个术语在所属技术领域有通常含义，在说明书中也有特别定义，但整体考虑说明书上下文发现，该特别定义不清楚，采用该定义无法贯彻说明书的始终，则该术语应当被理解为所属技术领域的通常含义。需要注意的是，若说明书中对某术语仅给出了示例性的具体实施方式或仅进行了泛泛的说明，则不应当认为说明书对该术语做出了特别定义。对于字面含义存在歧义的技术特征，应当结合说明书及其附图中的有关内容，对该技术特征进行解释。④当权利要求书中存在自造词，其在所属技术领域没有确定的含义，且权利要求书中亦未给出明确的定义时，一般按照说明书对该用语的特别界定进行解释。如果说明书未作特别界定，则应当根据本领域普通技术人员的通常理解，结合说明书的文字记载和附图确定其在整体技术方案中的含义。

需要特别指出的是，当采用说明书和附图解释权利要求中有争议的技术特征或术语时，不能局限于说明书中某一特定部分，而应当将说明书各部分内容作为一个整体，把上述特征或术语融入发明整体构思中加以综合考虑，说明书中载明的背景技术、发明内容、发明目的、技术效果等都可用来解释。解释权利要求时应以事实为依据，权利要求的保护范围应与说明书公开的范围相适应。解释方式应当符合涉案专利的发明目的，不应违背说明书的整体内容，且不得与所属领域的公知常识矛盾。

（2008）一中行初字第 1290 号判决的涉案专利权利要求 1 要求保护一种单体胰岛素类似物－鱼精蛋白复合物。对于权利要求 1 是否应理解为该复合物的四种成分形成结晶这一争议焦点，原告认为，根据说明书中的定义，权利要求 1 的复合物中固体相

---

❶ 《专利审查指南 2010》，第二部分第二章第 3.2.2 节。

为赖脯胰岛素、鱼精蛋白、锌和苯酚衍生物形成的结晶。法院则认为，"复合物"对于本领域技术人员来说是一个具有清楚含义的词语，而权利要求 1 中并未限定"复合物"为"结晶状"，说明书中对"复合物"也没有给出如原告上述的特别定义或说明。因此，权利要求 1 的复合物不仅限于上述四种成分构成结晶的情形。

（2010）知行字第 53 号裁定的涉案专利要求保护一种装于喷墨打印设备的托架上的墨盒。对于权利要求 1 中特征"存储装置"能否认定为"半导体存储装置"这一争议焦点，法院认为，对本领域技术人员而言，"存储装置"是用于保存信息数据的装置，是包含磁芯存储器、半导体存储器和其他磁表面存储器及光盘存储器等的上位概念，这一含义是清楚、明确的。经核实，说明书各部分内容，其上下文没有明确或者隐含排除其他类型的存储装置，也未对"存储装置"给出不同于通常理解的特殊限定。虽然在发明目的部分明确提及了半导体存储装置的数据丢失等问题，仅凭这一点尚不足以认定此处的"存储装置"仅指"半导体存储装置"。因此，"存储装置"应理解为作为通常含义的泛指而非特指半导体存储装置。

在（2015）京知行初字第 6269/6704 号判决涉及的案件中，涉案专利要求保护一种基于荧光粉提高光转换效率的光源结构。对于权利要求 1 中"所述激发光源面对分光滤光片，使激发光线斜射向分光滤光片"的表述，原告主张"面对"一词不仅包括直接面对，还应包含本领域常用的经一次或多次反射后，光线射向分光滤光片的情形，以及激发光源与分光滤光片错位情况下的位置关系。法院认为，"面对"并非涉案专利的自造词，需基于其通常含义并将其置于权利要求中的具体语境进行理解。基于权利要求 1 文字表述并结合"面对"一词的通常含义可知，此处的"面对"是指"激发光源"与"分光滤光片"两个部件位置上的面对关系。因为在错位关系下，两部件之间的位置关系通常不会被理解为"面对"关系。此外，权利要求 1 还对"面对"这一位置关系的技术效果做了进一步限定，即足以"使激发光线斜射向分光滤光片"。由于上述限定中对于激发光线在射向分光滤光片之前是否可以有光路转换并未进行限定，因此无论激发光源所发出的激发光线是否经过光路转换，只要其最终是斜射向分光滤光片，且激发光源与分光滤光片属于面对而非错位的位置关系，均符合权利要求 1 的上述限定。

（2016）京行终 5347 号判决的涉案申请请求保护含 E-1,3,3,3-四氟丙烯和氟化氢的共沸组合物及其应用，该案的争议焦点在于如何理解权利要求 1 中的术语"E-HFC-1234ze"。该术语在本领域有公认的通常含义，但是说明书对该术语做出了特别限定，即"本文使用的 E-HFC-1234ze 是指异构体 E-HFC-1234ze 或 Z-HFC-1234ze 的混合物，其中占据多数的异构体是 E-HFC-1234ze"。从语义上分析，这一段表述的含义是不清楚的，本领域技术人员无法明确其具体的含义，且将"或"理解为"和"的理解方式无法贯彻说明书的始终，也和该术语在说明书中的其他部分的含义矛盾。据此，法院认为，综合说明书的上下文来看，说明书对权利要求中的术语 E-HFC-1234ze 的特别限定的含义不清楚，本领域技术人员根据说明书的记载无法确定该特别限定的具体含义。在此情况下，内部证据不足以确定权利要求的含义，应当借助外部证据来确定权利要求的含义。由于该术语在本领域有公认的通常含义，故对该术语的理解应当采用其通常含义。

(2005) 高行终字第 20 号判决的涉案专利要求保护一种名片型扫描器，权利要求 1 中包括技术特征"一枢设于支承架并与光学扫描元件平行且具有一定间隔距离的滚杆"。对于权利要求 1 中的滚杆是否可以理解为上下浮动这一焦点，法院认为，权利要求 1 中并未明确指出滚杆是否可以上下浮动，但在说明书明确提到，滚杆两端设有枢接套和枢接孔，并且枢接孔大于枢接套的外径，使得滚杆可以上下做有限距离的浮动。此外，对本领域技术人员来说，因纸张厚薄的不同使滚杆或光学扫描元件移动是设计扫描仪时必然考虑的因素，否则扫描仪只能适用于特定厚度的纸张，限制了产品的适用范围。因此，应当认定权利要求 1 中的滚杆可上下浮动。

(2013) 行提字第 17 号判决的涉案专利要求保护一种容错阵列服务器，权利要求 1 包含技术特征 b"键盘、鼠标、显示器、网卡和电源通过整体插头和整体插座连接"。该技术特征 b 中使用了"和……和……连接"的表述，其字面含义存在歧义，包括不同的解释方式：解释 1 为电源是键盘、鼠标、显示器和网卡的连接对象，即通过整体插头、整体插座，将键盘、鼠标、显示器和网卡与电源连接在一起；解释 2 为电源与键盘、鼠标、显示器、网卡为并列关系，所述部件均通过整体插头和整体插座连接。法院认为，首先，根据说明书中关于发明目的和技术效果的记载可知，其技术方案中的集中容错电源是为了给容错阵列服务器中各个服务器集中供电而设置的，而不是仅为键盘、鼠标、显示器、网卡供电而设置电源。各个服务器是通过整体插头和整体插座的一次插拔，实现键盘、鼠标、显示器、网卡及电源的连接和断开，而不仅仅是将键盘、鼠标、显示器、网卡与电源相连接。另外，在本领域中，鼠标、键盘和网卡通常无须单独连接电源，而是通过接口的插拔同时实现电力及信号的传输。因此，如果将技术特征 b 仅理解为解释 1，既不能实现涉案专利所要解决的"一次插拔"的发明目的，亦有悖于本领域的公知常识。因此，技术特征 b 应理解为解释 2。

第 10110 号无效决定的涉案专利要求保护"镍钛形状记忆合金肠道吻合器"，权利要求 1 中限定吻合器 A 环 (1)、吻合器 B 环 (2) 连接共同形成"日"字形。对于如何理解权利要求 1 中的"日"字形，合议组认为，由于"'日'字形"一词并非本领域中规范的技术术语，根据涉案专利说明书及附图公开的内容，"'日'字形"应当理解为该肠道吻合器为椭圆形且该连接线位于短轴位置。

(2016) 京 73 行初 3882 号判决的涉案专利涉及一种按摩机，权利要求 1 中包含技术特征"安装施疗件的支承臂 (26) 能自如摇动地支承着"。该案的焦点之一在于如何理解"自如摇动"。法院认为，该"自如摇动"在本领域没有确定的含义，权利要求书中亦未给出明确的定义，故需要本领域技术人员结合说明书及附图，同时考虑发明目的进行界定。涉案专利中设置支承臂摇动的目的是使安装在支承臂上的施疗件能够很好地贴合人体，以准确地反映人体背部以及肩部曲线的变化，从而使得摇动检测传感器能够准确检测肩部的位置。因此，只要该支承臂在背部及肩部曲线发生变化时，能够通过摇动贴合人体并响应曲线的变化直至检测出肩部的位置，则该摇动即为自如摇动，支承臂是否自如摇动与支承臂是否受到力的驱动没有联系。

（2016）京行终 1619 号判决的涉案专利涉及一种基于即时通讯系统的文件传输方法，权利要求 1 中包括特征 a "发送端按规则计算目标文件的第一标识"，该案的焦点之一在于如何理解特征 a 的含义。法院认为，对特征 a 含义的理解涉及 "按规则计算"和 "第一标识"两个关键术语。首先，对于 "按规则计算"的含义，涉案专利未作限定，但说明书明确记载了 "优选的，通过消息摘要算法 5 对目标文件的数据进行计算，生成一个 32 字节的唯一标识作为第一标识。当然，本领域技术人员在实施该发明时也可采用其他方法设置目标文件的第一标识，该发明对此不做限制，只要第一标识能够唯一标识一个目标文件即可"。对于 "第一标识"，其为自定义词，说明书中对该术语未做出特别界定，仅在 "具体实施例"部分提及 "所述第一标识能够唯一标识目标文件，并且在任何环境下同一目标文件的第一标识相同"。其次，关于对涉案专利背景技术、发明目的的理解。根据对说明书的记载和理解可知，涉案专利解决的技术问题并不限于多个用户同时在线的即时通信系统因文件传输导致的系统不稳定及运营成本增加的问题，也包括两个用户之间的即时通讯因文件重复传输导致的前述问题。最后，根据权利要求 1 及说明书理解特征 a 的功能、效果及其在整体技术方案中的含义。从权利要求 1 的整体来看，特征 a 的作用在于，在发送目标文件之前，通过发送计算得到的第一标识确定接收端是否存储有与该第一标识相应的目标文件；根据说明书的记载和理解，特征 a 的功能和效果在于在发送端与接收端之间唯一标识目标文件，其限定语境是发送端与接收端之间。综上，特征 a 应理解为 "发送端按一定规则计算得到目标文件的第一标识，该标识用来在发送端与接收端之间唯一标识目标文件"。

（2010）知行字第 6 号裁决的涉案专利涉及一种钢砂生产方法，权利要求 1 中包含技术特征 "多棱形"。法院认为，结合说明书的记载可知，涉案专利系针对现有技术中传统钢珠破碎生产的钢砂总带一些弧面、棱角不够锋利的缺陷，提出采用非球状块片料破碎生产钢砂，使钢砂具有较多的锋利棱角。基于上述对钢砂棱角问题的提出和解决，权利要求 1 中的多棱形应当作除球状（钢珠）料破碎后存在弧面的多棱形以外的通常理解，即除此之外的具有多个棱角的形状均应当被认定为属于权利要求 1 中多棱形的概念范围。

第 10275 号无效决定的涉案专利涉及一种车辆运输车的上层踏板举升机构，权利要求 1 中包含技术特征 "上层踏板下方设置两对立柱"。对于权利要求 1 中 "下方"的理解，合议组认为，涉案专利说明书记载了 "本实用新型的目的在于设计一种上层踏板高度可调节的、便于操作的车辆运输车上层踏板举升机构。本实用新型是在上层踏板下方设置两对立柱，立柱支撑在车身上；由于在上层踏板四周设置举升机构，使得上层踏板的高度可以根据运载不同高度的车辆给予调节；在只设一个上层踏板的挂车车身 13 的前后端各设置四根直立的立柱 1、7"。综合上述内容并结合附图 1 可知，立柱并不是位于上层踏板的正下方的，而是位于上层踏板的四周并支撑在运输车的车身上，相对于上层踏板而言是位于其下方的。因此，权利要求 1 中的 "下方" 不应理解成正下方，而应理解为 "侧下方"。

（2013）知行字第 110 号裁定的涉案专利涉及作业车的履带行走装置，权利要求 1 中限定了 "与环形履带的上侧接触限制环形履带下沉的上从动轮"。对于权利要求 1 中 "上从动轮" 是否排除了 "上下侧均与履带接触的从动轮" 这一争议，法院认为，权利要求书中对此没有明确记载，只是要求 "下侧要比滚轮架（T）的下面更向下张出"，逻辑上包括向下张出直至与环形履带接触的情形。但根据说明书记载的上从动轮的设置目的及技术效果可以看出，上从动轮在没有遇到路面突出物时，下侧是不与环形履带接触的。假设在没有遇到路面突出物时，上从动轮的下侧也同时与履带接触，由于涉案专利权利要求书明确限定上从动轮的上侧与履带接触限制环形履带下沉，而上下侧同时接触的方案显然不存在遇到突起物时供突起物进入的容纳空间，不符合涉案专利的发明目的，无法解决涉案专利所要解决的技术问题，难以取得涉案专利所欲取得的技术效果。因此，权利要求 1 中的 "上从动轮" 应当排除下侧也与环形履带接触的情形。

第 7052 号无效决定的涉案专利要求保护一种果蔬周转箱，权利要求 1 中未明确限定周转箱的材料。对于是否能够认定权利要求 1 限定的 "果蔬周转箱" 材料为弹性材料，合议组认为，权利要求 1 所要解决的技术问题是提供一种柔软并可避免果蔬外皮挤擦损伤的果蔬周转箱。根据说明书的记载，现有技术的果蔬周转箱采用的是塑料、纸、木、竹和藤等具有一定弹性的材料，并没有考虑采用类似金属这样的刚性材料。另外，说明书中也明确说明 "本实用新型是一种塑料制成的果蔬周转箱" "本实用新型涉及果蔬周转箱，由注塑成型"。因此，涉案专利中果蔬周转箱的材质应当是塑料这样的弹性材料。对于权利要求 1，虽然未明确限定周转箱及辅筋的材料，但其必然应当是塑料这样的弹性材料。

在（2012）知行字第 58 号裁定涉及的案件中，涉案专利涉及一种不含结晶水的氧化镍矿经高炉冶炼镍铁的工艺，该案的焦点在于如何理解权利要求 1 中的技术特征 "氧化镍矿" 和 "萤石添加量"。法院认为，对于氧化镍矿，涉案说明书未对其作特别定义。根据一般理解，含有氧化镍的矿均属于氧化镍矿，氧化镍矿覆盖了含有氧化铬的氧化镍矿和不含有氧化铬的氧化镍矿。尽管说明书中提到 "但由于红土镍矿常伴生有 Cr_2O_3 成分，而铬的熔点很高，使熔化后的铁水黏度大，含镍铬铁水不能顺利流出，造成冻炉、毁炉的严重后果" 等，但是涉案专利的说明书中并未记载任何有关萤石添加量、氧化铬含量及铁水流动性三者之间关系的内容，未记载再审申请人在解决铁水流动性方面针对氧化铬的特殊性付出了哪些创造性的劳动。利用说明书和附图解释权利要求时，也应当以说明书为依据，使其保护范围与说明书公开的范围相适应。从这个意义上讲，也不应将专利权利要求 1 中的氧化镍矿解释为仅限于含有氧化铬的氧化镍矿并将其中的萤石添加量解释为是根据氧化镍矿中氧化铬的含量计算得到的。

3.2.4　站位本领域技术人员

解释权利要求的主体应是本领域技术人员，即权利要求书中术语的含义和整个权利要求的最终含义的确定必须站位本领域技术人员，对于权利要求中双方当事人的理解存在争议的技术特征，应基于本领域技术人员的知识和能力，在阅读专利文件后基于对权利要求的理解对该技术特征做出解释。

在（2016）京73行初5740号判决涉及的案件中，涉案专利权利要求1要求保护一种浆料，该案的争议焦点在于将权利要求1中"表面粗糙度"理解为是对金刚石表面所具有尖端的描述进而对金刚石表面特定样貌进行限定是否成立。法院认为，尽管说明书中无直接记载，但涉案专利的说明书将表面粗糙度明确限定为金刚石表面凸起周长与周长之间的比值。对于本领域技术人员而言，金刚石只要表面并非光滑，便存在该计算公式中所称的凸起周长及周长两个数值，相应地便可以计算出涉案专利所称表面粗糙度。但仅依据上述限定，本领域技术人员无法判断金刚石表面样貌。因此，上述理解不成立。

3.2.5　方法、用途特征对产品权利要求保护范围的影响

2010年版《专利审查指南》规定了在确定权利要求的保护范围时，通常权利要求中的所有特征均应予以考虑，但每一个特征的实际限定作用应当最终体现在该权利要求所要求保护的主题上。❶ 基于上述规定，产品权利要求中包含的方法和/或用途特征是否具有实际限定作用取决于该方法特征最终是否导致产品具有某种特定的结构和/或组成，该用途特征是否隐含了产品具有某种特定结构和/或组成。如果该技术特征的引入并未导致或隐含产品结构和/或组成上的改变，则无须考虑该用途特征的限定作用。

（2014）一中行（知）初字第10270号判决的涉案专利权利要求1与对比文件1存在两点差异：①权利要求1的主题名称为"一种干煎炸锅"，即权利要求1所保护的产品限定使用于"干煎炸"烹饪方式，而对比文件1的"自动烹调装置"未作此特别限定。②权利要求1以"用于通过在所述容纳器装置（5）内将所述食物与油脂混合而给所述食物自动涂覆油脂膜"来限定"所述容纳器装置（5）和所述搅拌器装置（6）被设计成在所述主体（2）内相对于彼此运动"，而对比文件1未公开"给所述食物自动涂覆油脂膜"。法院认为，涉案专利权利要求1为产品权利要求，而上述差异均表现为用途或方法特征，均无法明确具体地反映出权利要求1与对比文件1在产品本身的结构上具有何种区别，因此无法构成权利要求1相对于对比文件1的区别特征。

在（2017）京73行初3385号判决涉及的案件中，涉案申请权利要求1要求保护"一种柔性灯条的堵头结构"，其中"柔性灯条"是"堵头结构"的用途特征。结合权利要求1中"所述槽口的另一端的位置与所述柔性灯条的内芯的位置相匹配，所述堵

---

❶ 《专利审查指南2010》，第二部分第二章第3.1.1节。

头本体的设有槽口的表面设有胶合层，且通过所述胶合层与所述柔性灯条的端面胶合"的记载可知，"柔性灯条"与"堵头结构"通过胶合层进行端面胶合，其对"堵头结构"本身并不产生影响，故不具有实际限定作用。

在第 14134 号无效决定涉及的案件中，权利要求 1 保护一种吸收发热源产生的热量的散热器，其包括技术特征：（d）一对压紧块，所述压紧块被安置以将散热器片叠层的吸热部分设置在其间，并挤压吸热部分；以使得各散热器片的散热部分从中心呈放射状伸展开，使散热器具有椭圆柱形状；（e）各散热器片具有至少一个垫片，当散热器片通过所述一对压紧块紧紧结合在一起时所述垫片允许各散热器片的散热部分通过施加在垫片上的力而径向呈辐射状伸展开。专利权人认为，对比文件未公开压紧块起紧紧挤压的作用，权利要求 1 中的压紧块与对比文件中的螺杆、螺帽完全不同。合议组认为，涉案专利权利要求 1 属于产品权利要求，并非保护一种方法，如果产品权利要求中撰写了通过某种方法来制造该产品的技术特征，该技术特征只对该产品的最终状态起限定作用，中间发生的过程不起限定作用，"一对压紧块"在最终的该散热器产品中只是起到固定散热器片的作用，与对比文件 1 中的螺杆螺帽的作用相同。

3.2.6　用途特征对方法权利要求的保护范围的影响

方法权利要求中的用途特征可以是描述基于发现产品新的性能而做出的特定用途，也可以仅是对机理的分析阐释或描述已知产品或组分的某种固有性质或使用效果。如果是后者，对比文件是否明示该固有性质或使用效果不构成与方法权利要求的区别特征。

在（2018）京行终 2194 号判决涉及的案件中，权利要求 1 请求保护一种抑制滴眼液中他氟前列素含有率降低的方法，限定了在含有他氟前列素作为活性成分的滴眼液中，通过加入非离子性表面活性剂抑制了他氟前列素在树脂类容器上的吸附，且通过配合抗氧化剂，抑制了他氟前列素的分解，从而抑制该滴眼液中他氟前列素含有率的下降。证据 1 中公开了含有非离子表面活性剂聚山梨酯 80 的他氟前列素滴眼液，但未对表面活性剂聚山梨酯 80 抑制他氟前列素含有率降低效果进行明确说明。该案的焦点之一在于特征"非离子性表面活性剂抑制他氟前列素在容器上的吸附"是否构成涉案申请与证据 1 的区别。法院认为，争议特征系基于所加入物质本身的特性，因此不论证据 1 是否测定了活性成分的存余率，或者揭示其原因或机理与否，由于证据 1 已经加入了非离子表面活性剂聚山梨酯 80，其同样会产生涉案专利所述滴眼液中聚山梨酯 80 的效果，可见证据 1 客观上已经公开了与涉案专利相同的抑制他氟前列素含有率降低的技术手段，并带来了相应的技术效果。不能因为现有技术未明确说明物质本身所固有的作用机理而使披露该作用机理的技术方案产生新颖性或创造性。况且，证据 2 明确公开了表面活性剂还能抑制或阻止容器壁对前列腺素的吸附，这说明表面活性剂能抑制或阻止容器壁对前列腺素的吸附并非该专利技术方案的新用途。因此，争议特征不构成区别。

3.2.7　药品毒副作用、给药特征对权利要求保护范围的影响

药品毒副作用的改变可能由多种因素造成，活性成分的结构和形态、杂质的多少、药物组合物配比的改变、给药剂量的调整、剂型的变化等均可能对药品的毒副作用产生影响。给药特征一般包括对药物的给药剂量、时间间隔等的描述。

对于制药用途权利要求，通常认为能直接对制药用途权利要求具有限定作用的是原料、制备步骤和工艺条件、药物产品形态或成分及设备等。若药品毒副作用、给药特征实质上属于在实施制药方法并获得药物后，将药物施用于人体的具体用药方法，与制药方法之间并不存在直接、必然的关联，这种仅体现于用药行为中的特征对权利要求请求保护的制药方法本身不具有限定作用。对于产品权利要求，则需要考虑药品毒副作用、给药特征能否改变产品的组成、含量和性能，若这些特征并未给产品带来任何功能、含量、性质上的改变，则对产品没有实际限定作用。

在（2012）知行字第 75 号裁定涉及的案件中，涉案申请的权利要求 1 请求保护"潜霉素在制备用于治疗有此需要的患者细菌感染而不产生骨骼肌毒性的药剂中的用途，其中用于所述治疗的剂量是 3～75mg/kg 的潜霉素，其中重复给予所述的剂量，其中所述的剂量间隔是每隔 24 小时一次至每 48 小时一次"。对于涉及药品毒副作用的特征"不产生骨骼肌毒性"，法院认为，"不产生骨骼肌毒性"不是患者在潜霉素施用之前呈现的症状，而是患者在施用潜霉素之后身体中某些指标发生变化的结果，体现的是药物本身是否具有毒副作用。"不产生骨骼肌毒性"仅改善了潜霉素的不良反应，并没有改变潜霉素本身的治疗对象和适应证，更没有发现药物的新性能。因此，上述限定没有使权利要求请求保护的制药用途与现有技术公开的已知用途产生区别，对权利要求 1 并未产生限定作用。对于涉及给药剂量、时间间隔的特征，法院认为，权利要求 1 中并未限定所述 3～75mg/kg 的治疗剂量是单位剂量还是给药剂量，说明书也没有记载该剂量对制药过程及制药用途种类具有影响。对此，本领域技术人员通常理解为所限定的是给药剂量。给药剂量的改变并不必然影响药物的制备过程或导致药物含量的变化。同样，通过时间间隔形成的给药方案是用药过程中如何使用该药物的方法特征，没有对潜霉素的制备方法产生改变而影响药物本身。因此上述给药特征对制药过程也不具有限定作用。

第 87170 号复审决定的涉案申请权利要求 1 请求保护一种用于免疫人类患者以抵抗脑膜炎奈瑟球菌引起的疾病的试剂盒，其中限定了患者已经用下述破伤风类毒素和/或除脑膜炎奈瑟球菌外的生物的荚膜糖和破伤风类毒素的偶联物预先免疫过。复审合议组认为，这种针对给药对象的限定没有对试剂盒的组成、结构或含量产生影响，也没有为试剂盒带来任何功能和性质上的改变，因此对产品不具有实际限定作用。

3.2.8　物理、化学参数对权利要求保护范围的影响

涉及物理、化学参数的特征对权利要求请求保护的主题并不必然具有实际限定作

用。对于产品权利要求，如果该参数特征是由产品特定的结构导致的，参数特征不同暗含了要求保护的产品具有某种特定结构和/或组成，则其对权利要求的保护范围具有限定作用。如果该参数特征是由权利要求中记载的其他特征必然导致的结果，则其实质上并未对要求保护的产品产生限定作用。

第 4659 号复审决定的涉案申请权利要求 1 请求保护一种热收缩性多层薄膜，限定其包括含聚酯树脂的外表面层（a）、含聚酰胺树脂的中间层（b）和含可密封树脂的内表面层（c）的至少三层，并限定多层薄膜在 50℃下在纵向和横向的热收缩应力均为至多 3MPa 且在 90℃下的热水收缩率为至少 20%。对比文件 1 限定其热收缩性薄膜在 98℃下的热水收缩率为至少 20%。复审合议组认为，虽然权利要求 1 要求保护热收缩性薄膜产品在宏观的层状结构上与对比文件 1 相同，但不能认定在微观结构上也相同。对比文件 1 是涉案申请说明书中陈述的背景技术，综合考虑涉案申请和对比文件记载的内容，可知权利要求 1 的技术方案正是为了克服作为背景技术的对比文件的技术缺陷而提出的，即权利要求 1 中的参数特征体现了涉案申请的发明点，其导致了产品具有特定的结构和/或组成。

3.2.9 纯化产品的权利要求

纯化产品的权利要求中涉及纯度的特征可以是直接描述目标化合物含量的特征。通常认为纯度特征并不能对化合物的结构产生影响，即没有赋予化合物新的特征使之区别于现有技术已知的化合物。如果现有技术公开了相同化学结构的化合物，且本领域技术人员无法将权利要求涉及的产品与现有技术的产品区分开，则推定该产品与现有技术公开的产品相同。除非申请人能够提供证据证明在申请日之前所属技术领域的技术人员无法获得该纯度的化合物。

在专利申请 CN200980111738.2 中，权利要求 1 请求保护化学纯度超过 96% 的戊霉素，对比文件 1 公开了纯度 95% 的戊霉素和具体的纯化方法。针对"化学纯度超过 96%"的纯度限定并没有给产品的结构和性能带来变化，且本领域技术人员能够基于对比文件 1 根据需要采用常规提纯方法进一步提纯的审查意见，申请人在意见陈述中提交了多个证据表明现有技术不存在化学纯度超过 96% 的戊霉素，且对比文件 1 所公开方法也不可能获得纯度超过 96% 的戊霉素；并充分陈述了基于戊霉素的分子结构及现有技术可知其纯化非常困难，列举了采用常规提纯方法时存在的技术障碍，如采用结晶法时，存在与戊霉素结构接近的杂质与戊霉素一起结晶析出，并强调该申请是通过戊霉素与小的极性杂环如吗啉形成特定的溶剂合物，将该溶剂合物反复重结晶达到所限定的高纯度。上述陈述获得了审查员的认可。

纯化产品的权利要求中涉及纯度的特征可以是直接描述目标化合物含量的特征，也可以是杂质种类和/或含量、吸光度、活性参数、微观形态（如晶体形态）等间接反映产品纯度水平的特征。对于采用新发现的杂质种类和/或其含量限定的纯化产品权利要求，本领域技术人员还需判断现有技术的产品是否客观上存在所述杂质及其含量，以及是否落入了该权利要求请求保护的范围内。

在第 19578 号无效决定涉及的案件中，权利要求 1 保护一种高纯度乌司他丁，其与对比文件 2 的区别在于：（a）对比文件 2 中没有记载权利要求 1 中的如下技术特征：浓度为 50000 单位/mL 时，在 405nm 处的光吸收值不超过 0.03，人尿激肽原酶的含量不超过 0.0002PNAU；（b）对比文件 2 中公开的比活性为 2000～3000 单位/mg 蛋白，而权利要求 1 中明确限定"采用凯氏定氮法测定蛋白含量，抑制胰蛋白酶的活性不低于 3500 单位/mg 蛋白"。区别特征（a）采用浓度为 50000 单位/mL 时 405nm 处的光吸收值限定了产品中的一般杂质含量，"不超过 0.03"表明其中的杂质含量应尽可能少，即纯度应达到一定的要求；区别技术特征（b）虽然表明两者的比活性存在一定的差异，但在通常情况下，产品纯度越高，其比活性越高，比活性与产品纯度紧密相关。因此，虽然涉案专利权利要求 1 用包括吸光度、比活性、特定杂质含量等不同参数对经纯化的乌司他丁产品作了限定，但这些参数共同体现所得的乌司他丁产品纯度高、杂质含量低。

在第 31555 号无效决定涉及的案件中，权利要求 1 保护一种药物组合物，其技术特征之一为：包含作为活性成分的氯维地平或其任何药用盐，并且包含降低水平的一

种或多种选自由以下物质组成的组的降解物：

物质 **25** (1,6 反式)　　物质 **23** (1,6 顺式)
　　　　　　　　　　　物质 **24** (1,6 反式)

，其中

基于重量-比-重量，所述降解物的量等于或低于 0.2%。该案的焦点之一在于如何认定降解物质 **23**、**24**、**25** 的含量对权利要求保护范围的影响，以及对比文件 1 是否公开了该含量。合议组认为，该案中物质 **23**、**24**、**25** 是作为危害氯维地平药物纯度的降解杂质而存在的，并且根据说明书的记载，物质 **23**、**24**、**25** 的含量是随着药物储存温度、时间等外部环境参数而动态变化的，因此，在权利要求 1 的技术方案中，物质 **23**、**24**、**25** 的含量水平实质上体现的是组合物产品中氯维地平药物纯度的动态变化，而并非组合物的固定组成。在此基础上，虽然证据 1 理论上可能在某一温度下、某一时刻或时段内，物质 **23**、**24**、**25** 为零，但证据 1 并没有明确公开所述乳剂具有如权利要求 1 所限定的纯度。但是，就组成而言，权利要求 1 的药物组合物与证据 1 的乳剂，其组分均包含作为活性成分的氯维地平、脂相、乳化剂、水或缓冲剂，并且含量范围也部分重叠，可见，两者在组成上相同；就制备方法而言，经分析可见，两者在制备方法上也基本相近；就所能达到的技术效果而言，涉案专利说明书和证据 1 都提到了稳定性，经分析两者稳定性方面相当，稳定性在一定程度上体现的正是氯维地平化合物的降解水平。因此，在根据涉案专利说明书的记载无法确定组合物组成和制备方法中何种控制措施能够影响物质 **23**、**24**、**25** 的含量，且专利权人没有提供其他证据的情况下，无法否定证据 1 中组成相同、制备方法相近、技术效果相当的乳剂同样能够达到权利要

求 1 所限定的纯度水平。

在（2015）京知行初字第 6000 号判决涉及的案件中，权利要求 1 要求保护含有不超过 10% 的任何其他形式利托那韦的非晶形利托那韦。对比文件 1 已经公开了以如下形式存在的化合物利托那韦：分别是残留物和淤料（二次结晶前体）、熔点为 61～63℃ 的固体、白色泡沫。法院认为，在利托那韦属于一种已公开的化合物的前提下，涉案专利实际所要保护的是一种利托那韦限定含量的非晶形物理状态。对比文件 1 中的残留物、泡沫及淤料等物理形态是利托那韦晶体的可能性很低，通常是非晶形状态，原告也没有提出任何有力的试验证据证明权利要求 1 所保护的产品与对比文件 1 所公开的前述 4 种产物存在不同。因此，推定请求保护的产品与现有技术公开的产品相同。

3.2.10　意见陈述的解释作用

申请人在专利申请的审批过程中提交的意见陈述书属于审查档案，可以作为解释权利要求的依据，但其优先顺序在申请文件之后。在专利授权确权程序中，申请人在审查档案中的意见陈述通常只能作为理解说明书及权利要求书含义的参考，而非决定性依据。意见陈述与发明内容的关联程度、意见陈述的一致性都将影响其作为权利要求解释依据的证明力。在当事人或其代理人在不同案件中针对同一事实存在相反意见陈述的情况下，若无充分的相反证据，法院将采用其中对其不利的陈述。

在（2010）知行字第 53－1 号裁定涉及的案件中，涉案专利的多个权利要求中包含特征"记忆装置"。再审申请人在意见陈述中指出，"记忆装置"是指说明书及附图中记载的电路板及设置在其上的半导体存储装置。法院认为，意见陈述对理解说明书及权利要求书含义的参考价值的大小取决于该意见陈述的具体内容及其与说明书和权利要求书的关系。从该意见陈述的内容看，上述解释在说明书中找不到有说服力的根据，且陈述的内容与专利授权文本的权利要求书的记载存在不和谐之处。因此，该案中不宜采用再审申请人的意见陈述作为解释专利授权文本中"记忆装置"含义的依据。

在（2016）京 73 行初 4355 号判决涉及的案件中，涉案专利权利要求 1 保护一种圆柱形导针同向引出束腰封口的锂离子动力电池，其中包含特征"导针孔"。第三人在意见陈述中主张"导针孔"具有防爆功能，对权利要求 1 的主题的形状或构造产生影响。经核实，原告提交的其他案件的庭审笔录及民事判决书中显示，在该第三人作为原告的涉及涉案专利的几起专利侵权案件中，第三人在庭审中均表示导针孔的防爆功能不会对其专利权的保护范围产生影响。上述表述意味着第三人自认防爆功能并不会对涉案专利权利要求 1 请求保护的主题的形状或构造产生影响，与其在该案中的陈述相反，必然存在不实陈述。基于这点，法院判定采用对于该第三人不利的陈述，即防爆作用对于涉案专利的保护范围不会产生任何影响。

3.3 对比文件的事实认定

对比文件是客观存在的技术资料。当引用对比文件判断发明或实用新型的创造性时，应当以对比文件公开的技术内容为准，站位本领域技术人员，准确认定对比文件客观公开的事实，而不应引入通过无依据的主观猜测和推断得到的内容。

3.3.1 整体考虑对比文件来认定对比文件公开的内容

现有技术是以完整的技术方案呈现在本领域技术人员面前的，因此在认定其公开的内容时也应整体考虑对比文件，不能脱离该技术方案的整体环境而对技术方案中的某一技术特征或技术手段进行单独考量，尤其不能割裂该技术特征或手段在整体技术方案中所起的作用及其与其他特征之间的关系。具体而言，不能仅根据对比文件中某个组成部分或者记载的某一段话来认定其公开的事实，而应当综合考虑对比文件要解决的技术问题、采用的技术手段、技术效果、相关参考文献公开的内容等，充分考虑各技术特征之间的联系，从而对技术手段及其起到的作用得出合理的解释。

在（2016）京73行初5191号判决涉及的案件中，争议的焦点之一在于涉案申请的技术特征"第二内磁铁滑块位于百叶帘之另一侧"是否被对比文件3公开。对比文件3说明书中载明了"边轮6设在长轴1的任一端……"，按照字面解释，"任一端"的含义包括了"同侧"和"对侧"，即隐含公开了边轮6可设在长轴1的同侧或对侧的情形。虽然说明书实施例附图显示闭合装置和升降装置位于同一侧，但是附图只是一种示例，不应当以附图记载的内容否定说明书和权利要求的记载。因此法院认为，根据对比文件3整体的技术方案理解，对比文件3公开了"所述第二内磁铁滑块位于百叶帘之另一侧"。

在（2015）京知行初字第6269/6704号判决涉及的案件中，争议的焦点在于涉案申请权利要求2限定的分光滤光片是否被公开。法院认为，虽然证据3中的光路设置方式与权利要求2均为激发光源与受激材料分别处于分光镜两侧，但分光镜的设置与光线的透射及反射相互配合，光线的透射与反射关系对于分光镜本身具有限定作用。可见，虽然权利要求2引用权利要求1，且权利要求1中的分光滤光片已被公开，但权利要求2实际上对于权利要求1中的分光滤光片已做出进一步限定，符合该限定条件的分光滤光片不仅未被证据1所公开，也与证据3中的分光亦不相同，因此，权利要求2中的分光滤光片并未被公开。

第114921号复审决定的涉案申请权利要求1与对比文件2存在如下区别特征：权利要求1中螺杆接于齿轮转盘的通孔上，对比文件2中螺杆通过滚珠螺接于螺母的通孔上。复审合议组认为，对比文件2虽然公开了螺杆通过滚珠螺接于螺母的通孔上并实现了将旋转运动转换为往复的直线运动。但是，涉案申请通过螺杆与齿轮转盘通孔的螺接，在实现将旋转运动转换为往复的直线运动的同时，还实现了"当条形螺杆带动所需驱动的相关结构到达所需位置后，即使驱动单元停止工作，条形螺杆也会可靠地保持在相应的位置上"。相较于对比文件 2 需要单独设置锁定机构并通电才能发挥作用，涉案申请不存在专门的锁定机构，不需要通电就能使螺杆停在需要的位置上。因此，对比文件 2 并未给出使用上述区别特征以解决相关技术问题的启示。

3.3.2　对比文件隐含公开的内容

2010 年版《专利审查指南》明确规定了对比文件公开的技术内容不仅包括明确记载在对比文件中的内容，而且包括对于所属技术领域的技术人员来说，隐含地、可直接地、毫无疑义地确定的技术内容。[1] 可见，隐含公开的内容应是本领域技术人员基于对比文件记载的内容可以明确得出的唯一合理解释，不能随意将对比文件的内容扩大或缩小。若引用的现有技术内容来自对比文件中的附图，则只有能够从附图中直接地、毫无疑义地确定的技术特征才属于公开的内容，由附图中推测的内容，或者无文字说明、仅是从附图中测量得出的尺寸及其关系，不应当作为已公开的内容。

在（2015）京知行初字第 6429 号判决涉及的案件中，争议的焦点在于是否可认定对比文件 1 中"衍生自对苯二甲酸、1,10-二氨基癸烷和己二胺的聚酰胺"为共聚酰胺 10T/6T。法院认为，对比文件 1 明确记载了其聚酰胺或聚酰胺混合物衍生自对苯二甲酸、1,10-二氨基癸烷和己二胺，而根据聚合物聚合机理，本领域技术人员可以确定对苯二甲酸和 1,10-二氨基癸烷可形成 10T 单元，对苯二甲酸和己二胺可形成 6T 单元。可见，本领域技术人员可知衍生自对苯二甲酸、1,10-二氨基癸烷和己二胺必然会形成共聚酰胺 10T/6T，即对比文件 1 隐含公开了共聚酰胺 10T/6T。

在（2016）最高法行申第 3828 号裁定涉及的案件中，对于能否将对比文件 1 附图 3 结合公知常识所得的附图 3 等效图中的部件与涉案专利的权利要求 24 进行对比这一争议，法院认为，对比文件 1 附图 3 结合公知常识所得到的等效图不是对比文件 1 直接公开的技术内容，从对比文件 1 附图 3 中也不能直接地、毫无疑义地确定得到该等效图，故不能使用该等效图来进行特征对比。

3.3.3　对比文件中引证文件公开的内容是否可认定为该对比文件公开的内容

对比文件引证其他文件的目的及其作用并不相同。所引证的文件可能是对比文件的"背景技术"部分中罗列的现有技术文献，用于说明现有技术中存在的缺陷；也有可能是为了简便地描述对比文件的技术方案而在所描述的技术方案中引用的现有技术文献。引证文件公开的内容能够被认定为该对比文件公开的内容需同时满足两个条件：第一，所属领域的技术人员在阅读该对比文件时能够直接地、毫无疑义地结合引证文件中公开的技术内容；第二，结合后能得到唯一、明确的技术内容。如果引证文件公

---

[1]　《专利审查指南 2010》，第二部分第三章第 2.3 节。

开的技术内容在对比文件中没有被明确限定，所属领域的技术人员也不能从对比文件中直接地、毫无疑义地确定时，将该部分内容增加到对比文件会改变对比文件客观公开的技术方案。

在（2015）知行字第67号裁定涉及的案件中，对比文件1在说明书中引证了背景技术文献对比文件2。无效请求人主张，对比文件1在权利要求1特征部分记载了与对比文件2相区别的技术特征，在说明书部分针对对比文件2的改进点做出文字叙述和附图说明，省略对比文件2不需要改进的其他部分，因此，应当将对比文件2省略的该部分技术内容增加到对比文件1中。法院对此持相反意见，法院认为，对比文件1将针对对比文件2的改进在特征部分进行限定后，在说明书中没有对对比文件2的其他技术特征是否保留做出任何说明，也没有对所做的改进是否仅局限于其权利要求1特征部分的内容做出任何说明，因此，对比文件1所引证的背景技术的内容并不必然属于实现对比文件1所采用的技术特征。

（2013）知行字第57号裁定的涉案专利涉及一种加热水壶，权利要求1中包含特征"加热元件在侧壁"。该案的争议焦点之一在于对比文件1引用的对比文件1A是否公开了上述特征。法院认为，对比文件1A说明书背景技术部分引证的文献GB－A－1401954的说明书中提及了上述特征，但该处引证的目的在于反映背景技术的状况，并不属于对比文件1A向公众披露的为解决其所要解决的技术问题而采取的技术方案的内容。该案的争议焦点还包括在认定对比文件1实施例公开的内容时是否可引入对比文件1A的内容。法院认为，对比文件1记载了"图8B中所示的过温断开装置是一个GB－A－2194099（即对比文件1A）中描述的关于3A、3B、3C的设备的改进形式"，可见对比文件1是为了说明其具体实施方式的改进基础而引入对比文件1A，因此是以省略的方式介绍该具体实施方式的部分内容。只有引入对比文件1A的内容以后才能完整地了解该技术方案本来的面目。且对比文件1A和对比文件1的申请人相同，从还原发明创造过程的角度来看，有可能是同一个公司对于自己已有技术的进一步改进，因此，在申请专利时引入自己前一个专利的内容并不再赘述。因此就该案而言，只有引入了对比文件1A内容的实施例才能完整地说明对比文件1公开的加热水壶的整体方案。

3.3.4　技术特征是否被现有技术公开需考虑其技术效果

权利要求中的技术特征被对比文件公开，不仅要求该对比文件中包含相应的技术特征，还要求该相应的技术特征在对比文件中所起的作用和该技术特征在权利要求中所起的作用实质相同。确定技术特征在对比文件中所起的作用需从整体上关注各技术特征之间的联系，应当以本领域技术人员可直接地、毫无疑义地确定的该技术特征在该对比文件中所客观、实际发挥的作用为准，既不能仅限于对比文件"文字记载"的作用，也不应当扩展至该技术特征客观上具备的所有作用（包括阅读了该申请后才获知的能够起到的作用）。前者违背了以本领域技术人员为创造性判断主体的基本规则；后者则会割裂技术特征在整体技术方案中相互配合、衔接等关系，从而容易导致将相应的技术特征作为孤立存在予以对待，属于"事后诸葛亮"。

在（2017）京行终第 738 号判决涉及的案件中，权利要求 1 包括技术特征（b）"电磁力与推动卡产生的推动力的合力方向在触点闭合方向上"。对于对比文件 2-2 是否公开了区别特征（b）这一争议，法院认为，对比文件 2-2 已经公开了致动臂 25a、25b 推动接触元件 15a、15b 进入其在第二终端 14a、14b 上的闭合的终端位置，由此产生的推动力，与电流从接触元件 13a、13b 流经 15a、15b 时产生的电磁力均朝向触点闭合方向，进而形成朝向触点闭合方向的合力；且对比文件 2-2 的上述设置能够起到与涉案专利权利要求 1 相同的技术效果。据此可认定对比文件 2-2 公开了区别特征（b）。

在（2016）京 73 行初 4427 号判决涉及的案件中，争议焦点在于对比文件 2 是否公开了"锥形插销键"。法院认为，尽管本领域技术人员通过阅读对比文件 2 可以推知对比文件 2 中的凸起端 24 和插销 64 在形态上属于"锥形插销键"，但涉案专利和对比文件 2 的整体技术方案并不相同，涉案专利为了解决插销键插入固定、锁住立柱，使立柱不易脱落，防止脏物落入的技术问题，采取的是在底座设置圆形通孔，是圆形通孔与插销键紧密套嵌配合的技术方案；对比文件 2 采取的技术方案是通过衬套、插入衬套的凸起端、凸起端上的凹轴肩等部件的配合，利用弹力使直径略大于衬套的凸起或插销插出衬套，并卡住衬套下端来实现固定功能。对比文件 2 中立柱与底座的配合方式是：座椅支撑有一个凸起端 24 可以插入衬套。对比文件 2 并没有明确记载上述结构为通孔，本领域技术人员从其说明书和附图中也无法毫无疑义地确定衬套是通孔，并且衬套是在立柱的内部。因此，上述"锥形插销键"的技术特征在对比文件 2 中所起的作用与其在涉案专利所起的作用实质并不相同。据此可知对比文件 2 并未公开"锥形插销键"。

3.3.5 有缺陷的公开

对对比文件公开内容做出的认定不能与该对比文件的发明目的和本领域的公知常识相悖。因此，对比文件中可以被本领域技术人员明显识别的错误信息不宜认定为对比文件公开的内容。但是，如果本领域技术人员对于该错误信息能够根据该对比文件记载的内容直接地、毫无疑义地进行修正，则修正后的内容属于对比文件的公开内容。主张对比文件存在错误的当事人需承担举证责任，其必须提供足够的证据或理由。

常见的缺陷包括：①对比文件中出现不清楚的表述而造成对这种表述存在不同的理解。此时需要站位本领域技术人员，整体考虑对比文件，结合其他证据对对比文件公开的技术内容进行全面和准确的事实认定，不宜直接简单地将任何可能的理解方式都纳入其公开的技术内容，认定的内容也不应当包括在原表述中未包含的信息。②对比文件出现了前后不一致等错误表述。如果本领域技术人员阅读其整体内容后，能够根据该文件记载的内容直接地、毫无疑义地将该错误进行修正，则应以修正后的内容作为对比文件的公开内容，而不能直接、简单地基于不一致的事实进行认定。③作为对比文件的外观设计专利在某些视图中存在瑕疵。此时需结合对比文件中所有视图及其对相关产品的常识性认识综合分析，若可以明确排除瑕疵而得到确定的产品结构，则应当认为该对比文件已经公开了一般消费者可以确定的产品结构。

需要强调的是，对缺陷的识别、修正均应站位本领域技术人员，即基于本领域技术人员在该申请的申请日或优先权日以前所知晓的本领域普通技术知识和阅读该对比文件能够获知的内容，并且会忽略本领域技术人员能够明显识别的错误信息（即对比文件中的任何明显错误均不会构成妨碍专利授权的现有技术）。如果本领域技术人员不能判定其为错误的技术信息，或者没有证据或理由认定对比文件的技术教导不完整或错误，或没有证据或理由对所获得的结果产生怀疑，则这些技术信息应当被视为对比文件公开的内容。

在第 110518 号复审决定涉及的案件中，当对比文件 1 的说明书描述现有技术背景时确实记载了 "245fa 与 1233zd 和过量的 HF 形成共沸混合物" 的内容，但该句内容既可理解为 245fa、1233zd 和 HF 三者共同形成了三元共沸混合物，也可理解为 245fa 与 1233zd 分别和 HF 形成了二元共沸混合物。双方的争议焦点之一在于对比文件 1 是否公开了由 1,1,1,3,3-五氟丙烷（245fa）、1-氯-3,3,3-三氟丙烯（1233zd）和 HF 组成的三元共沸物。经核实，对比文件 1 的上述记载是为了概括其引用的参考资料 1 的内容，而综合考虑参考资料 1 可知，参考资料 1 的发明目的不在于获得三元共沸物，而在于由 1233zd 底物生成 245fa 产物，在该反应过程中也未记载三者的共沸物，没有证据显示参考资料 1 涉及任何三元共沸物的内容。因此，复审合议组认为，对比文件 1 及其引用的参考资料 1 实际上均未明确记载上述三元共沸物的相关信息。

在第 129397 号复审决定涉及的案件中，涉案申请权利要求 1 请求保护一种乙烯齐聚方法，限定采用式（Ⅰ）所示的正丙酰基取代的 1,10-菲咯啉缩胺合铁（Ⅱ）配合物

为主催化剂。　　　对比文件 1 公开了一种乙烯齐聚方法，主催化剂为式

（Ⅰ）

（Ⅰ）所示异丁酰基取代的 1,10-菲咯啉缩胺合铁（Ⅱ）配合物。

对比

文件 1 的配合物结构式与涉案申请的配合物结构式完全相同，对比文件 1 的文字表述显然存在化合物名称与其结构式不一致的错误。该案的争议焦点在于对比文件 1 是否公开了其结构式所示的与涉案申请相同的主催化剂。复审合议组查明，虽然对比文件 1 中主催化剂的结构式为正丙酰基取代的 1,10-菲咯啉缩胺合铁（Ⅱ）配合物，但是其文字记载为 "异丁酰基取代的 1,10-菲咯啉缩胺合铁（Ⅱ）配合物"，且对比文件 1 说明书通篇一致使用化学名称 "异丁酰基取代的 1,10-菲咯啉缩胺合铁（Ⅱ）配合物"，并

未提及"正丙酰基取代",同时对比文件 1 还记载了正确的结构式

实施例 1 催化剂分子量表征也证实其为"异丁酰基取代"。复审合议组认为,基于对比文件 1 的整体内容,本领域技术人员能够识别不一致的错误在于结构式有误,并非名称有误,根据对比文件 1 的内容能够直接地、毫无疑义地将结构式

修正为。因此,对比文件 1 未公开涉案申请的主催化剂。

　　在 (2011) 知行字第 29 号裁定涉及的案件中,涉案申请权利要求 1 请求保护一种无轨电动伸缩门。该案的争议焦点包括证据 1—2 是否公开了权利要求 1 中的副框架。法院认为,虽然证据 1—2 某些视图中的部件交叉部分存在制图瑕疵,如结合主视图、右视图可见,仰视图中部件 5 的上部不可能被连接管部件 3 遮挡,此处将部件 5 绘制成被部件 3 遮挡存在瑕疵,但一般消费者结合证据 1—2 的六面视图及涉案专利申请日前对伸缩门的常识性认识可以进一步明确该部件 5 为拱形框架结构。因此,证据 1—2 已经公开了权利要求 1 中的副框架。

3.3.6　对比文件是否需充分公开

　　2006 版《审查指南》删除了 2001 版《审查指南》的如下规定:"一份清楚、完整地公开了发明或者实用新型专利申请的技术方案的对比文件,是损害该发明或者实用新型专利申请的新颖性的文件。"❶ 其修订说明中指出:"原来的表述方式容易使人误解只有满足了专利法意义上的充分公开要求的对比文件,才能作为评价新颖性的对比文件……只需按照新颖性的审查原则判断两者的技术方案、技术领域、所解决的技术问题和预期效果是否实质上相同,无须首先将对比文件视作一份专利申请对其进行是否充分公开的审查。"❷ 在 2010 版《专利审查指南》中,除规定被推定新颖性的化合物权利要求可通过申请人提供证据证明在申请日之前无法获得该化合物以克服不具备新颖性的问题外,对用于评价新颖性、创造性的现有技术是否需要符合充分公开的条件并无明确规定。

　　目前,中国在审查实践中通行的做法是并不强制性地要求现有技术必须能够实施

---

❶　《审查指南 2001》,第二部分第三章第 2.3 节。

❷　国家知识产权局专利局审查业务管理部.审查指南修订导读 2006 [M].北京:知识产权出版社,2006.

或实现，即认为现有技术是否公开充分，与其是否能够作为证据评价发明的新颖性、创造性之间没有必然联系。审查员依据对比文件已明确公开的内容来评价新颖性、创造性，并无审查对比文件公开充分与否的义务。即使对比文件存在缺陷而导致其部分技术方案可能无法实施或实现，但如果该对比文件已公开了与发明实质相同的技术方案，或者明确给出了进行改进的技术启示，且为能够获得实质性知识的内容，就可以作为评价新颖性、创造性的现有技术。

在第 9377 号无效决定涉及的案件中，专利权人主张，无效宣告请求人用来质疑创造性的对比文件 1 公开不充分，不能作为对比文件，更不能作为无效专利的证据使用。合议组认为，对比文件自身是否公开充分与其是否能够作为证据评价的新颖性和创造性之间没有必然联系，合议组仅依据其已明确公开的内容来评述涉案专利的新颖性和创造性。由于对比文件 1 为专利文献，属于公开出版物，其公开日早于涉案专利的申请日，因此上述证据构成涉案专利的现有技术，可以用于评价涉案专利的新颖性和创造性。

在（2010）一中知行初字第 977 号判决涉及的案件中，原告主张，证据 1 公开的技术方案中未在系统中设置出水口，水分会在系统中累积并循环，最终导致无法产出二甲醚，因此证据 1 的技术方案无法实施，存在明显缺陷，不能作为评价涉案专利创造性的对比文件。法院认可证据 1 存在缺陷的事实，但指出判断涉案专利是否具有创造性的关键是现有技术中是否存在技术启示。现有技术中的一项技术内容存在缺陷，并不影响该现有技术中其他技术内容所给出的技术启示。此外，虽然证据 1 中图 1 所描绘的技术方案存在未给出排出水分的技术内容的缺陷，但正是由于该技术缺陷的存在，本领域技术人员有动机寻求技术改进，从而在证据 1 的基础上结合证据 3 的技术方案寻找解决该技术问题的技术方案。

3.3.7 对比文件公开的技术方案是否需具备实用性

在中国审查实践中，选取对比文件时对其技术方案的实用性并未做出规定，即能否构成可评价新颖性、创造性的对比文件与其公开的技术内容是否具备实用性没有必然联系。实用性是指发明或者实用新型申请的主题必须能够在产业上制造或者使用，并且能够产生积极效果。即使对比文件不符合专利法关于实用性的规定，其仍有可能公开了本领域技术人员容易理解的清楚、完整的技术方案。只要对比文件在涉案申请的申请日以前处于能够为公众获得的状态，并包含有能够使公众从中得知实质性技术知识的内容，即可作为评价发明的新颖性和创造性的现有技术，无须考虑其是否具备实用性。

在（2015）知行字第 75 号裁定涉及的案件中，涉案申请权利要求 1 请求保护一种电位型漏电保护插头。再审申请人主张，对比文件 3 不能作为涉案申请的对比文件，因其信号灯无效，没有技术效果，其双向可控硅不可能触发，继电器无法工作，不能解决发明所要解决的技术问题，而不具有实用性的技术不是现有技术。法院认为，对比文件 3 的公开日在涉案专利申请日以前，构成涉案专利申请的现有技术。在对比文件 3 公开了权利要求 1 的相关技术特征的情况下，对比文件 3 是否具备实用性，其中的可控硅具体如何动作，指示灯是否真实有效，与评价涉案专利申请的新颖性或者创造性没有必然关联。

3.4 区别特征

"三步法"评价创造性的第二步为"确定发明的区别特征和发明实际解决的技术问题"。该步骤中，首先是将要求保护的发明与最接近的现有技术进行对比，从而客观确定发明不同于现有技术之处（即区别特征），这样的不同体现了发明相对于现有技术做出了哪些创新。可见"三步法"第二步的设立意义在于，以有形的区别特征抓住发明的创新所在。❶ 第二步在"三步法"的运用中起到了承上启下的作用，区别特征确定的正确与否，将直接影响对于要求保护的发明的创造性的判断。

3.4.1 对比的对象

2010 年版《专利审查指南》规定："分析要求保护的发明与最接近的现有技术相比有哪些区别特征。"❷ 表明对比的对象应当是最接近的现有技术，即现有技术中与要求保护的发明最密切相关的一个技术方案，而非任意一项现有技术。

（2017）最高法行申 6017 号裁定的涉案专利要求保护一种排种器，包括排种盒、窝眼排种轮、阻塞套、毛刷，其特征是：排种轮外圆转动与排种盒摩擦处有护罩，护罩是弹性的，并有断开口，其外圆有凹槽。被诉第 23951 号无效宣告决定中以证据 1 作为最接近的现有技术，认定在证据 1 的基础上结合证据 3 获得涉案专利的技术方案，对于本领域技术人员是显而易见的，涉案专利不具备创造性。原告主张，第 23951 号无效宣告决定中事实认定错误，证据 3 中没有窝眼轮，没有护罩，挡圈与护罩不能互换通用。对此，法院认为，证据 3 公开的技术方案并不是被诉决定所确定的涉案专利最接近的现有技术，因此，证据 3 公开的技术"全功能播种轮"是否具有窝眼轮、护罩等技术特征，并不影响被诉决定对涉案专利的无效认定。

区别特征的确定，不是要求保护的发明与两项或两项以上技术方案的对比，只能是发明的技术方案与作为最接近现有技术的一个完整的技术方案之间一对一的比较。这意味着作为最接近现有技术的技术方案，既不能是一份对比文件中的多项技术方案的组合，也不能仅因为对比文件的撰写方式就简单认定是一项还是多项技术方案。

在（2015）京知行初字第 64 号判决涉及的案件中，针对原告提出的被诉第 23584 号无效决定将两个不同的实施例一并作为最接近的现有技术的问题，法院认为，被诉

❶ 李越,等.问题导向下的我国创造性评判标准研究 [J].审查业务通讯,2017,23(3):1—17.
❷ 《专利审查指南 2010》,第二部分第四章第 3.2.1.1 节。

决定在描述最接近的现有技术公开的内容时，在记载了证据1说明书第6页第8～24行的实施例（称前一实施例），同时又记载了证据1第6页第25行～第7页第2行的另外一个实施例（称另一个实施例），这种写法确实容易造成本领域技术人员无法唯一确定最接近的现有技术的问题。但是，经过法庭释明，被告明确其确定的最接近现有技术是另一个实施例记载的内容，即另一个实施例的内容系基于前一实施例进行了进一步的改进，要实现其完整的技术方案，还需要结合前一实施例的相关步骤来完成。对本领域技术人员来说，另一个实施例的完整技术方案的实施必然需要前一实施例。本领域技术人员能够理解最接近的现有技术是另一个实施例的技术方案。因此，被诉决定关于证据1中最接近现有技术的认定不存在法律适用的错误。

（2015）京知行初字第3887号判决的涉案专利请求保护一种发酵乳的制造方法。原告认为，被诉第84250号复审决定在进行创造性评述时，将涉案申请的权利要求1的技术方案与对比文件1中第0021段和实施例1所公开的内容进行了对比，而对比文件1中第0021段和实施例1是对比文件1中两个独立的技术方案，导致被诉决定对区别特征的认定有误。法院认为，对比文件1第0021段是对技术方案的整体描述，而实施例1则是该技术方案的具体实施方式，因此，在对对比文件1实施例1进行理解时，应将第0021段的相关描述引入实施例1。

3.4.2 对比的范围

在确定区别特征时，应当以发明的权利要求所记载的技术特征为准，将权利要求中记载的技术特征与最接近的现有技术公开的技术特征进行逐一对比，未记载在权利要求中的技术特征不能作为对比的基础，也不可能构成区别技术特征。

（2013）知行字第77号裁定的涉案专利保护一种治疗乳腺增生性疾病的药物组合物。原告主张被诉第15409号无效决定对区别特征的认定有误，遗漏了涉案专利中丹酚酸b的含量，该特征构成了权利要求1与证据1的区别特征。法院认为，涉案专利权利要求1限定了原料药的组分、配比、制备方法，并未限定最终制备形成的药物组合物产品中各的活性成分及含量。而且，涉案专利权利要求及说明书中也未记载丹酚酸b的功能、效果等技术内容。因此，在阅读涉案专利权利要求和说明书后，本领域的技术人员无法得知涉案专利请求保护的技术方案是提高丹酚酸b的提取物含量，以及该含量与涉案专利解决的技术问题有关联。因此，被诉决定对区别特征的认定无误。

3.4.3 全面对比

在确定发明与最接近的现有技术的区别特征时，应当将发明权利要求的技术方案的全部技术特征与最接近的现有技术公开的技术方案的技术特征进行比对，既要考虑技术特征本身，也要考虑技术特征所起到的作用及技术特征之间的相互关联，然后再确定哪些技术特征被最接近的现有技术公开，哪些技术特征未被公开，从而确定二者的区别特征。

第 30208 号无效决定的涉案专利要求保护一种改进的雾化电子烟。无效宣告请求人认为，证据 1 是最接近的现有技术文件，其中仅有一个实施方式，但是可以采用多种对比方式：一种方式是将证据 1 中的存油器 7 相当于权利要求 1 中的储液部件、油存储器 14 相当于液体渗透件 6，另一种方式是将暂时油存储器 15 相当于权利要求 1 中的液体渗透件 6；可以认为证据 1 中的电热膜丝 16 相当于权利要求 1 中的电加热体 5，也可以认为电热膜丝 16、暂时油存储器 15、固定电热膜丝的部件以及从证据 1 附图 1 看出的暂时油存储器 14 内部筒形结构整体相当于电加热体。证据 1 中的油存储器 14 所围成的圆周被暂时油存储器 15 和电热膜丝隔成了两个半圆，这两个半圆形成了两个通孔，即相当于涉案专利中的通孔 51。合议组认为，在一个实施方式中，部件自身结构、作用、功能与其他部件之间相互关系均是明确且不变的，在对比时，应当将部件的结构、位置关系、作用等全部特征考虑在内，即应当将证据 1 中与权利要求 1 中结构、位置关系、作用等相同或最为相近的部件进行对应。因此，在将证据 1 上述实施方式与涉案专利权利要求 1 中技术方案进行对比时，基于功能特定的对应关系，也不应出现多种不同的结果。

（2017）京 73 行初 4514 号判决的涉案专利涉及一种在具有 30～150℃ 的温度和含有 0.001%～1%（摩尔分数）SO_2 的废气中脱除 SO_2 的方法，其中通过将双氧水溶液喷雾到废气中而使 SO_2 氧化成 H_2SO_4。证据 1 涉及一种过氧化氢作为静电沉淀器的调节剂。被诉决定确定权利要求 1 与证据 1 的区别特征在于：①废气温度为 30～150℃；②废气通过气溶胶过滤器将产出的硫酸从废气中脱除。原告主张，涉案专利为去除二氧化硫的方法，而证据 1 是提高静电沉淀器工作效率的方法。法院认为，权利要求 1 请求保护的技术方案与证据 1 所公开内容的区别特征是将权利要求 1 限定的技术方案与证据 1 所公开的具体技术方案进行对比。涉案专利通过将双氧水溶液喷雾到废气中而使 SO_2 氧化成 H_2SO_4，虽然证据 1 整个技术方案的最终目的是利用 H_2SO_4 改善静电沉淀器的工作效率，但是证据 1 作为现有技术，其中确实客观公开了将双氧水溶液喷雾到管道中从而将废气中 SO_2 氧化得到 H_2SO_4，即明确记载了喷入过氧化氢转化为硫酸。据此，法院支持被诉决定中对于区别技术特征的认定。

3.4.4　反向对比

在将缺省某技术特征视为区别特征时需要判断现有技术是否给出省略该技术特征的启示。需要注意的是，在确定区别特征时，应当是用发明与最接近的现有技术的技术方案进行对比，而不是以相反的方式进行。❶

（2008）高行终字第 708 号判决的涉案专利要求保护一种金属长杆件热处理方法，热处理工艺包括淬火加热、淬火冷却、回火加热、回火冷却。被诉第 10268 号无效决定认为，涉案专利权利要求 1 的技术方案与证据 1 的区别特征在于权利要求 1 中的热处

---

❶　石必胜.专利创造性判断研究[M].北京:知识产权出版社,2012:256.

理工艺包括回火冷却、旋转进给，回火感应加热的加热功率为 $40\sim60\text{kW}$，不包括机械校直。法院认为，创造性判断中区别特征的认定是以涉案专利技术方案与对比文件的技术方案进行比对，而不是以相反的方式进行。"机械校直"是证据 1 具有而涉案专利权利要求 1 不具有的技术特征。被诉决定认定涉案专利"不包括机械校直"并将其作为涉案专利与证据 1 的区别技术特征之一，违反了 2006 年版《审查指南》关于创造性判断方法的要求。

3.4.5 整体考量

2010 年版《专利审查指南》规定，技术方案是对要解决的技术问题所采取的利用了自然规律的技术手段的集合，技术手段通常由技术特征来体现。[1] 也就是说，多个技术特征的集合构成了技术手段，多个技术手段的集合构成了技术方案，这些技术特征之间可能具有不可分割的技术关联性。对权利要求而言，区别特征是在发明所界定的特定技术环境中实现了技术效果、解决了技术问题的技术特征，可见区别特征是在整体中发挥作用，其不能离开整体的环境而孤立存在，因此对区别特征的确定，需要遵循整体考虑原则，具体表现为在技术领域的基础上，兼顾多个特征相互之间的关系来考虑特征，不能忽视特征在整体技术方案中发挥的作用。

遵循整体考虑原则，往往需要预先对权利要求涉及的技术特征或技术特征的组合进行分析，从而对权利要求中的技术特征进行准确分类。如果技术方案中多个技术特征之间紧密联系、相互依存，共同解决同一技术问题、产生关联技术效果，则在将发明与最接近的现有技术进行对比时，应当将其作为一个或一组技术特征来整体考虑。

在第 24576 号无效决定涉及的案件中，涉案专利保护一种电磁水泵的组合式保持架装置，包括有容纳电磁水泵活塞组件的圆柱管，在所述圆柱管外侧设有框形保持架和电磁线圈，其特征在于：该框形保持架由左 L 形框板和右 L 形框板卡接而成，在左 L 形框板的左侧板上冲压一体成型有左套管，在右 L 形框板的右侧板上冲压一体成型有右套管，左 L 形框板和右 L 形框板卡接后左套管和右套管具有间隙，装配后，左套管和右套管套接在所述电磁水泵圆柱管外圆周表面，电磁线圈套接在左套管和右套管上。无效宣告请求人将权利要求 1 与证据 1 的区别特征确定为：①该框形保持架由左 L 形框板和右 L 形框板卡接而成；②在左 L 形框板的左侧板上冲压一体成型有左套管，在右 L 形框板的右侧板上冲压一体成型有右套管。对此，合议组认为，涉案专利所要解决的技术问题是现有技术中由于零件多和现有的保持架装置的结构设置所导致的"安装较麻烦和结构不够小巧"。在进行技术特征划分时，如果仅考虑框架由两块 L 形框板卡接而成，而不将相应的 L 形框板与套管一体冲压成型一起予以整体考虑的话，不仅不能解决上述技术问题，反而增加了零件数量，不利于解决涉案专利所要解决的技术问题。因此，涉案专利采用套管与 L 形框板一体成型和框架由两块 L 形框板卡接而成共

---

[1] 《专利审查指南 2010》，第二部分第一章第 2 节。

同解决了保持架安装方便和结构小巧的技术问题，上述结构改进对于发明所要解决的技术问题"安装麻烦和结构不够小巧"而言是不可分割的，应当作为一个整体来考虑。

对区别技术特征的归纳和划分应考虑到技术特征之间的关联性、技术特征所解决的技术问题及所实现的技术效果，不能割裂原本彼此关联、共同作用的整体技术特征。涉及机械结构领域的发明创造，可能由于两个技术方案整体的技术构思、工作方式、技术效果不同，结构或者位置等形式上看似类似的部件在整个技术方案中实际上起到完全不同的功能或作用。因此，在确定现有技术中的某技术特征与该申请的相应技术特征是否具有相当性时，要考虑它们在各自技术方案中所起的功能或作用是否相同。对于功能上相互支持或相互排斥这一关系，不能片面地仅通过该申请或对比文件的陈述来确定，而是需要本领域技术人员结合该申请或该对比文件所对应的现有技术，通过对技术方案的分析来客观地认定。

第 28914 号无效决定的涉案专利涉及一种便携式备用电源。考虑到技术特征之间的关联性、技术特征所解决的技术问题及所实现的技术效果的不同，合议组将权利要求 1 与对比文件 1 间存在不同之处划分为 3 个区别特征，其中区别特征 3 是"为防止汽车应急启动的时候正负极夹子短路或者反接引起电池发烫，电路中串接了一个 150～250A 的保险丝，用于汽车启动的大电流输出电路输出端采用防反接插头，外部连接线正负极线采用不同长度的硅胶线"，主要涉及电池组应急启动时的使用安全。而无效宣告请求人将上述区别特征 3 的技术手段机械地割裂成多个零散的技术特征"大电流输出端""正负极夹子""为防止短路而设置的保险丝""外部连接线正负极线是不同长度的"和"外部连接线正负极线是硅胶线"，然后寻找到分别公开了这些零散的技术特征的对比文件 1、对比文件 4—7，并由此认为对比文件 1、对比文件 4—7 已经给出可以结合得到区别特征 3 的技术启示。合议组认为，构成区别特征 3 的技术特征具有不可分割的关联性，共同解决电池应急启动时的使用安全的技术问题，并共同产生相应的技术效果，因此区别特征 3 作为最小的技术单元不应再进行技术特征的机械割裂。

专利申请 CN200710135616.X 的权利要求 1 请求保护一种锅盖上有旋翻手的连体式电压力锅，锅盖由金属锅盖和塑料盖或塑料柄等件构成，锅盖与锅身进行铰链连接，金属锅盖可以绕其自身中心旋转，锅盖可以绕锅身上的转轴上下翻转，塑料盖有外盖和中环，塑料盖和塑料柄在金属锅盖上面，其特征是锅盖上有旋翻手，旋翻手穿过塑料柄紧固连接在金属锅盖上或中环范围内的锅盖上同时有安全放气阀和旋翻手。显然权利要求 1 中的特征"锅盖上有旋翻手"和"旋翻手穿过塑料柄紧固连接在金属锅盖上"是有相互联系的，其联系分为三个层次：第一个层次是锅盖上有旋翻手，第二个层次是旋翻手穿过塑料柄，第三个层次是旋翻手在穿过塑料柄之后紧固连接在金属锅盖上。正是它们之间的这种相互的关系使得旋翻手旋转时金属锅盖旋转而塑料柄不转，当旋翻手旋转一定角度后顺手一翻即可把锅盖打开翻挂在锅身侧。故在对权利要求 1 的技术特征进行划分并确定区别特征时，应该考虑将上述具有紧密联系的"技术特征团"作为一个不可拆分的整体来考虑。

如果技术方案中的多个技术特征之间彼此独立，通过各自所发挥的不同作用分别解决不同的技术问题，产生不同的技术效果，则应当将其划分为不同的技术特征。

（2015）京知行初字第 6004 号判决的涉案专利保护一种测量立体物件的系统。原告认为，被诉第 26058 号无效决定中对于区别特征 1～6 的归纳和划分不准确，仅机械地进行对比，割裂了涉案专利中原本彼此关联、共同作用的整体技术特征，应当从整体上考量该权利要求的技术方案所实现的功能和获得的技术效果；并主张区别技术特征归纳应为：①光源发射装置不同，具体表现在数量、镜头和位置关系均不同（对应被诉决定中的区别技术特征 1、3、4）；②影像撷取装置不同（对应被诉决定中的区别技术特征 2）；③光源投射方式和扫描取像方式不同（对应被诉决定中的区别技术特征 5、6）。法院认为，区别特征 1、3、4 及区别特征 5、6 是否应分别作为一个技术特征划分，关键在于认定区别技术特征实际解决的技术问题时要充分考虑区别技术特征之间的关系，防止割裂技术特征来认定问题。该案中区别特征 1、3、4 分别涉及光源发射装置的设置（数量）、镜头及与影像撷取装置的配合，虽然上述特征均与涉案专利的光源发射装置有关，但是技术特征之间并不产生影响或相互作用，即并不存在技术意义上的相互关联和相互作用。区别特征 5 是关于两个光源的配合关系，区别特征 6 则是关于平面扫描装置的移动方式，区别特征 5 与区别特征 6 之间也不存在互相影响或作用，二者同样不具有技术上的关联性。因此，法院并未支持原告的上述主张。

在（2014）知行字第 43 号裁定涉及的案件中，对于证据 1 中的凹口 24A、杠杆 11A 延长到凹口 24A 之外的延伸部分能否相当于涉案专利权利要求 1 中所述接合表面、延长段这一争议，法院认为，根据涉案专利权利要求 1 的文字记载可知，所述接合表面和延长段均设置在杠杆 11 的一个自由端上，在工作时，延长段与第二部分协同作用，提供初始闭锁杠杆作用，接合表面与第二部分相接触，提供最终的杠杆闭锁作用。虽然权利要求 1 没有进一步限定延长段和接合表面实现上述作用的具体结构和方式，因此不能引入其他权利要求和实施例进一步限定的结构、方式特征与证据 1 进行比对，但权利要求 1 中已有的位置关系和作用限定则必须予以考虑。所述延长段和接合表面均是设置在可以脱离于第二部分而自由运动的杠杆的一端的限定服从于涉案专利的整体技术方案、服务于发明目的，进而决定了延长段和接合表面的工作方式和功能作用。由于证据 1 的技术方案所要解决的技术问题和所要实现的技术效果与涉案专利不同，证据 1 中设有凹口 24A 和延长到凹口 24A 之外的延伸部分的杠杆 11A 的这一端通过枢轴 9A 与第二部分 B 相连，无法与第二部分分离，其运动轨迹是固定的。因此证据 1 中凹口 24A 和延长到凹口 24A 之外的延伸部分相对于其他部件的位置关系与涉案专利权利要求 1 中的接合表面及延长段和其他部件的位置关系明显不同，而且在各自的整体技术方案中所起作用也不同。

3.4.6 区别特征的概括

在对区别特征进行认定时，所认定的区别特征应当客观、具体，既不能概括，也不能对其进行任意提炼。❶ 过度概括容易导致对实现技术方案的具体手段的忽视，低估发明对现有技术的贡献。

在（2004）高行终字第 352 号判决涉及的案件中，涉案专利要求保护一种数控剥线机。法院认为，技术方案的构成是发明的最重要因素，发明的目的和效果都是通过具体的技术手段或技术特征来实现的，判断一项技术方案是否具有创造性，应以构成这项技术方案并且区别于现有技术的具体技术特征或技术手段作为基础，对于双方存在争议的区别特征更应结合具体的事实和证据逐一加以客观分析。被诉决定忽略了涉案专利权利要求 1 与对比文件之间的具体区别特征，采取了简单抽象的办法将其概括为"自动"与"数控"的区别，进而认定选择"数控方式"为公知常识，由"自动"到"数控"显而易见，这一做法有失科学严谨，其结论也不能令人信服。就该案而言，虽然数控方式本身属于可广泛用于众多技术领域的现有技术，但无效宣告请求人提供的对比文件未公开将数控技术应用于剥线机领域的具体方案，对于该领域的本领域技术人员而言，采用何种技术手段将数控技术与现有技术的剥线机相结合并非显而易见。

3.4.7　措辞不同

在确定区别特征时，应对技术特征进行实质性比较，即这种特征的对比并不受文字表述的限制，而只考虑其实质含义是否异同。如果要求保护的技术方案的某一技术特征与最接近的现有技术的相关技术特征文字表述不同，此时需要考虑二者在各自的技术方案中所起的作用、所具备的功能、所达到的目的或效果，从而进一步判断二者是否构成区别特征。❷ 当专利的技术方案中的技术特征与对比文件所公开的特征虽然文字表述不同，但本领域技术人员能够确定其代表的含义是相同的，则认为二者并未构成区别特征；反之，则认为构成了区别特征。

第 10497 号无效决定的涉案专利保护一种星轮传动装置，包括中心齿轮 1、行星齿轮 2 和转臂 3。合议组对照涉案专利的权利要求 1 与证据 1 公开的技术方案确定，二者仅采用的技术术语略有不同，具体而言，在涉案专利的权利要求 1 中，中心齿轮（1）与证据 1 的内齿轮（19，1）对应，轴承（4）与证据 1 的转臂轴承（22）对应，侧双曲柄轴（7）与证据 1 的星轮轴（15）对应，轴承（8，9）与证据 1 的星轮轴承（3，4）对应，通轴（10）与证据 1 的支承轴（20）对应，二者均为空心轴，并且，两个技术方案中各个技术特征的结构与连接关系也完全相同，可见涉案权利要求 1 与证据 1 之间并不存在区别特征。

在（2011）一中知行初字第 1742 号判决中，涉案专利的权利要求 1 保护一种电机定子的薄型化爪片结构。被诉第 15322 号无效决定中认定涉案专利权利要求 1 与证据 1 的区别技术特征在于斜状缘边的斜角比例值 X 符合下述公式：$X=(A-B)/A\times100\%$，其中

---

❶　石必胜.专利创造性判断研究［M］.北京:知识产权出版社,2012:257.

❷　石必胜.专利创造性判断研究［M］.北京:知识产权出版社,2012:159.

$2.5\% \leqslant X \leqslant 9.0\%$。无效宣告请求人认为涉案专利权利要求 1 与证据 1 实质上并无差异，因为该斜角比例值实际是本领域技术人员在解决转子启动死角问题时通常会实施的角度范围，如果这个比例太小，则爪片大径处与小径处的区别太小，无法提供启动偏向力矩；如果这个比例太大，则将使小径处与转子的距离过大，进而影响马达转动中的效率。因此该角度范围实际是本领域技术人员的必然选择。对于上述争议，法院认为，证据 1 虽然揭示了电机定子的一个齿要形成一侧面积比另一侧面积稍大的非对称结构，且这种差值要处于一定的合理范围，但是并未具体公开权利要求 1 限定的斜状缘边的斜角比例值的上述公式。而且，对本领域技术人员而言，该技术特征并不是简单的文字变换，因此构成了涉案权利要求 1 与证据 1 的区别特征。

3.4.8 主题名称的考量

主题名称本质上不是一个单独的技术特征，其代表的技术方案通常能够通过权利要求的全部技术特征体现。因此，在进行创造性判断时是否需要额外考虑主题名称的限定作用需要考察该主题名称体现的技术内容能否被权利要求的其他全部必要技术特征具体指代，如果能被指代，则该主题名称对界定权利要求的保护范围没有额外贡献，无须额外考虑该主题名称的限定作用。

在（2017）京行终 738 号判决的涉案专利中，权利要求的主题名称为"抵抗电动斥力的电磁继电器"，权利要求中进一步限定其具有接触系统、电磁系统及推动卡。对于该主题名称构成了涉案专利权利要求 1 与证据 2－2 的区别技术特征这一争议，法院认为，主题名称中所包含的应用领域、用途或者结构等技术内容对权利要求所要保护的技术方案产生影响的，该技术内容对专利权的保护范围才具有限定作用。在该案中，虽然证据 2－2 未明确记载其用于抵抗电动斥力，但从其披露的结构来看，基于本领域技术人员的知识和能力，能够认识到其同样具有抵抗电动斥力的技术效果，故该主题名称不构成二者的区别技术特征。

在（2016）京 73 行初 639 号判决涉及的案件中，对于涉案权利要求 1 的主题名称"一种端子标记或线号或电缆标牌的实现方法"是否构成区别技术特征这一争议，法院认为，首先，权利要求 1 的主题中并不能反映涉案专利直接在电缆上打标，该主题涉及的是一种"实现方法"，具体来说是端子标记、线号、电缆标牌的实现方法，并未涉及在电缆上打标。对比文件 1 公开了在管 3 的预定区域印刷所期望的线号、记号、标记等标识，亦属于一种线号的实现方法，即公开了权利要求 1 中线号的实现方法。其次，权利要求 1 的主题名称中，端子标记、线号、电缆标牌之间是"或"的关系，其保护范围并不是三个产品同时存在，因此，该主题名称不构成二者的区别特征。

当主题名称涵盖了不能被权利要求的其他必要技术特征体现的技术内容时，主题名称中不能为其他技术特征涵盖的技术内容在确定权利要求的保护范围时具有限定作用，但是否产生实际的限定作用，还应当视该部分技术内容对主题具有何种限定。

（2018）京行终 2767 号判决的涉案专利要求保护一种干煎炸锅。上诉人主张，证据 2—1 的设备本质为烘烤设备，其中所称干煎炸本质为烘烤煎炸，并未记载加入油脂和具体装置；而涉案专利权利要求 1 的"干煎炸"在说明书中有特别界定，因此，涉案专利权利要求 1 主题名称"干煎炸锅"构成与证据 2—1 的区别特征。法院认为，涉案专利的权利要求 1 为产品权利要求，其主题为"锅"，判断其主题名称"干煎炸锅"是否产生实际的限定作用，首先应当正确理解"干煎炸"的含义。由于"干煎炸"是涉案专利文件中的自定义词汇，对其含义的理解应当使用涉案专利说明书中的定义，即"干煎炸"表示一种在烹调循环期间不将食物（部分以及/或者临时）浸入油或者油脂中的烹调食物的方式，也即食物虽然被烹调介质（如油）"弄湿"，但并不浸入或者浸泡在该介质中。由此可知，"干煎炸"是一种食物的烹饪方式，该烹饪方式是对使用者的要求而非对锅本身的限定，因此"干煎炸锅"的主题名称是一种使用方法的限定，对于"锅"这一产品主题，关于油与食物的接触方式的要求已经通过加入油及涂覆油的结构特征加以体现。因此，"干煎炸"本身对涉案专利权利要求 1 的产品结构特征没有产生实际的影响，该主题名称对于该产品专利要求是否具备创造性的判断不起作用。

3.4.9　功能性限定的考量

功能性限定是权利要求中常见的技术特征形式，其通过所采用部件或步骤所起的作用、功能或产生的效果来限定发明。在判断其是否构成发明与最接近的现有技术的区别特征时，需要考虑功能性限定是否隐含了请求保护的发明具有某种特定结构和/或组成，同时注意不能割裂该功能性限定与其他技术特征之间的关联性。

（2015）京知行初字第 2324 号判决的涉案专利要求保护一种空调器的连接线弹性卡扣结构。对于附件 3 的支脚 6 是否相当于涉案专利的"倒 U 形弹性卡扣件"。法院认为，基于权利要求 1 中的记载，涉案专利对于卡扣件从以下两个角度进行了限定：其一为形状，该卡扣件应为倒 U 形；其二为功能，该卡扣件的邻近面及远离面分别具有不同的功能，两个邻近面共同起固定连接线的作用，远离面则起到对卡扣件的支撑作用。对比附件 3 中的弹性支脚 6 可以看出，弹性支脚 6 虽然也可用以固定连接线，但其仅有一个支脚固定在护底板上；而涉案专利卡扣件的邻近面及远离面均固定在支撑件上，即其与支撑件具有两个固定点。上述区别是由二者的邻近面与远离面的不同功能导致的。涉案专利的邻近面与远离面之间为空心结构，邻近面依据自身的弹性形状可以起到固定作用，而支撑作用则由远离面实现。而附件 3 的支脚具有"刚性"，在夹紧管子时，"不必自身同时变形"，通过支脚与护底板之间的夹紧槽的设置使得支脚具有一定活动幅度从而实现固定管线的作用。由此可知，附件 3 中弹性支脚的固定作用通过其夹紧槽而非涉案专利的邻近面实现，其支撑作用则是由弹性支脚整体而非涉案专利的远离面实现的。可见，涉案专利与附件 3 在上述功能的具体实现方式上具有区别，而上述区别也使得附件 3 不具有涉案专利权利要求 1 的倒 U 形这一形状特征。

（2016）京 73 行初 4355 号判决的涉案专利保护一种圆柱形导针同向引出束腰封口的锂离子动力电池，其中的导针（4）前段由橡胶端盖（7）的导针孔（8）引出。被诉第 28849 号无效决定认为，该导针孔不仅起到使导针引出的作用，同时还起到释放电池产生的气体防止爆炸的作用；而对比文件 1 仅公开了正负导针 4、5 由端盖 3 或橡胶塞 9 穿过，并未公开其具有释放气体防止爆炸的作用，且对比文件 1 中专门设置有防爆压痕 6 用于释放气体防止爆炸，因此不能认为对比文件 1 公开了涉案专利中的 "导针孔"。对此，法院认为，由对比文件 1 说明书的具体记载可知，对比文件 1 在电池头部所设置的泄气口实际上相当于涉案专利的导针孔，该泄气口具有防爆作用，可见，涉案专利与对比文件 1 都具有能防爆的导针孔，因此被诉决定根据功能将 "橡胶端盖的导针孔" 认定为涉案专利与对比文件 1 的区别特征属于事实认定错误。

3.4.10　下位概念与上位概念

2010 年版《专利审查指南》规定：如果要求保护的发明或者实用新型与对比文件相比，其区别仅在于前者采用一般（上位）概念，而后者采用具体（下位）概念限定同类性质的技术特征，则认为该具体（下位）概念公开了一般（上位）概念限定的技术特征。可见，对比文件中的具体（下位）概念与要求保护的发明或者实用新型的一般（上位）概念不构成区别特征。❶

（2018）京行终 1138 号判决的涉案专利保护一种用于煸炒的烹调设备。涉案专利权利要求 1 中限定翻转机构带动锅体沿翻转轴线在支架上转动，包括动力装置及传动装置，动力装置通过传动装置带动锅体翻转；证据 3 公开了侧向轴上的机电传动装置控制和拖动锅体框架及带尾球瓶锅做上下一定角度转动，以实现装料和出菜的动作。法院认为，证据 3 中 "带尾球瓶锅上下一定角度的转动" 与涉案专利权利要求 1 中的 "翻转" 是具体概念与一般概念之间的关系，即证据 3 已公开了涉案专利权利要求 1 中的 "翻转"，相应地证据 3 侧向轴上的机电传动装置即已公开了涉案专利权利要求 1 中的翻转机构。

对比文件中一般（上位）概念的公开并不影响要求保护的发明或者实用新型中的具体（下位）概念，二者仍然构成区别特征。

在第 16312 号无效决定的涉案专利中，权利要求 7 保护一种压敏黏合剂胶带，限定所述压敏黏合剂网点状分布，以多个胶点一组横向排列，胶点的形状是正方形、长条形、三角形、椭圆形、圆形或网状胶点。无效宣告请求人认为，证据 1 公开了胶点可以形成任意形状，包括但不限于圆形、三角形、正方形、星形及新月形，尽管证据 1 中没有完全相同的文字描述长条形、椭圆形或网状的胶点，但基于证据 1 的记载，本领域技术人员完全可以根据需要从自然界存在的各种几何形状中随意选择胶点的形状，如长条形、椭圆形、网状等，可见权利要求 7 中的特征 "胶点的形状是正方形、长条形、三角形、椭圆形、圆形或网状胶点" 已经被证据 1 所公开。对此，合议组认为，证据 1 公开了权利要求 7 中胶点为正方形、三角形、圆形的技术方案，但未公开胶点

---

❶ 《专利审查指南 2010》，第二部分第三章第 3.2.2 节。

为长条形、椭圆形和网状胶点的技术方案，而证据 1 中所记载的"胶点可以形成为任意形状"属于一般概念，该一般概念并不能破坏权利要求 7 中的具体概念"胶点为长条形、椭圆形和网状胶点"的新颖性。

3.4.11　数值和数值范围

对于以数值或者连续变化的数值范围限定的技术特征，如部件的尺寸、温度、压力及组合物的组分含量，2010 年版《专利审查指南》于"新颖性"一章第 3.2.4 节中列举了四种对比文件存在的情形，并对其能否破坏要求保护的发明或者实用新型的新颖性给出了结论，该判断标准与判断技术特征是否被对比文件所公开的标准一致，即对比文件公开的数值或者数值范围落入权利要求限定的数值范围，与权利要求限定的数值范围部分重叠或者有一个共同的端点，则权利要求的数值范围技术特征已被公开；对比文件公开的数值范围的两个端点未公开权利要求限定的技术特征为该两端点之间任一数值的技术特征；对比文件公开的数值范围也未公开限定的技术特征的数值或者数值范围落在对比文件公开的数值范围内，并且与对比文件公开的数值范围没有共同的端点的技术特征。

(2018) 京行终 4760 号判决的涉案申请请求保护一种珊瑚菜的种植方法，播种步骤包括开沟播种，沟深 2～3 公分（编者注：1 公分＝1cm，公分这个计量单位已被淘汰）。对比文件 1 公开了一种珊瑚菜的高产栽培技术，并公开了整地做成宽 1.3m 的高畦，按行距 20cm 开沟，沟深 3～5cm。法院认为，对比文件 1 所公开的"沟深 3～5cm"与涉案申请权利要求 1 中的数值范围"沟深 2～3 公分"有相同的端点值，可见该数值范围已经被对比文件 1 所披露。

(2018) 京 73 行初 2722 号判决的涉案专利权利要求 2 请求保护一种超声波金属工件表面渗透工艺，包括在金属工件表面涂覆一层所需的金属或非金属粉末，所述金属或非金属粉末的细度至少为 1000 目（即≤13000nm）。对比文件 1 公开了一种制备新型变压器电钢片绝缘涂层的新工艺，包括采用等离子喷涂机将纳米陶瓷涂层均匀地喷涂在电钢片的表面。法院认为，对比文件 1 已公开了采用的陶瓷涂层粉末直径为纳米级别，该直径落入了权利要求 2 中至少为 1000 目的范围内，故该特征并未构成二者的区别特征。

(2016) 京 73 行初 592 号判决的涉案申请权利要求 1 请求保护一种光学玻璃，所述光学玻璃具有 1.89～1.95 的折射率（nd）并且具有 $(2.36-nd)/0.014$ 或更高但小于 38 的阿贝数（vd）并且具有 660℃ 或更高的玻璃转化温度 T_g。对比文件 1 公开了一种光学玻璃，并具有超过 1.86 的折射率 9（nd）、小于 35 的阿贝数（vd）和 630℃ 或更低的玻璃转变温度（T_g）。上诉人确认相关组分的数值范围确有重合部分，但认为未重合的部分应构成二者的区别特征。法院认为，涉案申请权利要求 1 请求保护的光学玻璃与对比文件 1 公开的光学玻璃，相同组分的含量或者数值范围相同、或者数值范围交叉重叠、或者数值范围端点重合、或者对比文件 1 的组分含量的数值范围落入权利要求 1 的对应数值范围，因此相关组分的数值并未构成二者的区别特征。

第 10606 号复审决定的涉案专利请求保护一种洗涤剂颗粒，其中阴离子磺酸盐表面活性剂和水溶助长剂的重量比率为 50∶1～1∶1。复审合议组在复审通知书中指出，在对比文件 1 公开的洗涤剂组合物中，磺酸盐与水溶助长剂的重量比为 15∶1～0.002∶1，与权利要求 1 要求保护的 50∶1～1∶1 的数值范围部分重叠，导致上述技术特征被对比文件 1 所披露。为此，复审请求人在答复复审通知书时将阴离子磺酸盐表面活性剂与水溶助长剂的重量比限定为 10∶1～2∶1。基于该修改，复审合议组认为修改后的这一数值范围落在了对比文件 1 公开的 15∶1～0.002∶1 范围内，并且与对比文件 1 公开的数值范围没有共同的端点，因而二者构成了区别特征。

3.4.12　开放式权利要求

当请求保护的发明为开放式权利要求时，如果其并没有明确排除权利要求中所未指出的某些特征，如组分、部件或步骤等，那么现有技术中所具有但权利要求中未限定的特征不能构成发明与现有技术的区别特征。

在（2012）行提字第 20 号判决涉及的案件中，对于涉案专利权利要求 1 是否因不具有多孔件而构成与附件 1 灭火器的区别特征，法院认为，涉案专利权利要求 1 中没有记载该部件，但是该权利要求采用"包括"的表述撰写。根据《现代汉语词典（第 5 版）》，"包括"是指包含（或列举各部分，或着重指出某一部分）。涉案专利权利要求 1 使用的"含有""包括"措辞的本身含义就应当理解为没有排除未指出的结构组成部分。开放式的权利要求并没有排除还可能包含除了其中明确限定的部件以外的部件，因此，"多孔件"并不能构成涉案专利权利要求 1 与附件 1 的区别特征。

3.4.13　非技术特征

一项权利要求的技术方案中可能既包括技术特征，也包含非技术特征。发明的技术特征是指对发明的技术性质做出贡献的特征，而非技术特征是指涉及专利法排除主题的非发明的特征或未对发明做出技术贡献的特征。在将请求保护的技术方案与"最接近的现有技术"相比较来确定区别特征时，应当从本领域技术人员的视角出发，对该区别特征进行分析，确定该区别特征是否对发明产生了技术贡献，非技术特征不构成区别特征。

第 109209 号复审决定的涉案专利请求保护一种制造品，其包含药物组合物，并另外包含标签，该标签显示给予患者的化合物 I 的周剂量为 50 毫克至 250 毫克，其中每周一次给予该周剂量。对比文件 1 公开了一种制品，它包含至少一种 DPP-Ⅳ 抑制剂的组合物与包装材料的组合，包装材料可以包含容纳组合物的容器，容器可以包含标签，指示接受组合物给药的疾病状态、贮存信息、剂量信息和/或关于如何给予组合物的说明。在判断二者的区别特征时，复审合议组认为，权利要求 1 中的"该标签显示给予患者的化合物 I 的周剂量为 50 毫克至 250 毫克，其中每周一次给予该周剂量"，只是记载在该制造品的标签上的文字信息，即对比文件 1 已公开了含有相同的药物组合物和标签结构的制品情况下，权利要求 1 的上述描述仅体现在标签上所记载的具体文字信息，该文字含义不属于技术特征，故文字含义上的区别并非技术特征上的区别，从而其不构成限定产品的技术特征，因此不能对制造品的组成/结构产生影响，即对制造品没有限定作用。

第 118812 号复审决定的涉案专利权利要求 1 请求保护一种航母舰载机火药速推起飞推进器。对比文件 1 公开了一种航母舰载机火药速推起飞推进器。在判断二者的区别特征时，复审合议组认为，权利要求 1 保护的主题是一种用于航母舰载机起飞的推进器，其中对该主题做出了实质性限定的技术特征仅涉及"利用火药筒里边按比例配装的火药作为助推动力，点火后速推起飞"；其他内容并未对权利要求 1 请求保护的主题做出限定，具体指：①航母舰载机机身下方配装一个或两个火药筒作助推器，该内容仅是对助推器使用位置的限定，其并没有对助推器结构本身做出任何限定，即未对权利要求 1 请求保护的主题构成影响；②"为制造、操作简便，使用机动灵活方便；该发明只许在中国航母舰载机和军用；当前，世界各国一贯追求高科技，却忽视了'洋为中用，古为今用'；特别是拥有航母舰载机蒸汽助推器的国家，急需航母舰载机蒸汽助推器的替代品，本人发明的航母舰载机火药速推起飞推进器"，上述这些非技术特征属于申请人认定的有关该申请所解决的问题、技术效果及应用的描述，这些描述并没有对助推器结构做出任何限定，从而不构成其与对比文件 1 的区别特征。

3.5　技术效果与技术问题的确定

3.5.1　技术效果

3.5.1.1　申请技术方案的技术效果认定

3.5.1.1.1　断言的技术效果

2010 年版《专利审查指南》规定，确定技术问题的依据是区别技术特征所能达到的技术效果。❶ 在化学、医药等可预期性相对较低的技术领域中，通过实验数据对所声称的技术效果进行验证尤为重要，用于表征技术效果的实验数据是评判创造性的重要基础。如果专利申请中仅有断言的技术效果，即仅在说明书中声称，但本领域技术人员根据说明书的记载无法判断其是否能够实现，同时该申请说明书又缺乏相应证据予以证实的情况，该断言的技术效果不足以作为确定发明实际解决技术问题的基础，更不足以证明技术方案具备创造性。

需要说明的是，没有实验数据证明的效果并不等同于断言的技术效果。2010 年版《专利审查指南》规定，在发明或者实用新型技术方案比较简单的情况下，如果说明书

---

❶ 《专利审查指南 2010》，第二部分第四章第 3.2.1.1 节。

涉及技术方案的部分已经就发明或者实用新型专利申请所要求保护的主题做出了清楚、完整的说明，说明书就不必在涉及具体实施方式部分再作重复说明。❶ 因此，如果通过对技术方案的分析即可获得相应的技术效果，申请文件中无须提供实验数据再加以证明。

（2015）高行（知）终字第 3504 号判决的涉案专利权利要求 1 要求保护双（异丙氧基羰基氧甲基）PMPA［简称 Bis（POC）PMPA］的复合物或盐。说明书载明 Bis（POC）PMPA 成盐的有益效果为 Bis（POC）PMPA 富马酸盐相比游离碱和其他盐具有高熔点、不易吸湿，具有良好的固态稳定性、良好的水溶性和水稳定性，并且这些特性使药物在人和动物中具有良好的口服生物利用度。说明书提供的效果实施例为实施例 3，该实施例比较了 Bis（POC）PMPA 富马酸盐晶体和 Bis（POC）PMPA 柠檬酸盐的固态化学稳定性，结果表明在温度和相对湿度较高的条件下，Bis（POC）PMPA 富马酸盐晶体更稳定。对此法院认为，从涉案发明说明书公开的信息看不出单单选择柠檬酸盐进行比较的理由，由此无法得出富马酸盐相比游离碱和其他盐具有出人意料的最佳物理化学性质的效果，更无法证实 Bis（POC）PMPA 富马酸盐具有"良好的口服生物利用度"的效果。本领域技术人员通过说明书的记载仅能预料 Bis（POC）PMPA 富马酸盐具有成盐化合物通常所具有的性质，包括具有与化合物相同的活性，且相对于化合物具有相对较高的溶解度和稳定性等。在此基础上，法院认为，权利要求 1 相对于公开了 Bis（POC）PMPA 的现有技术证据 1 实际解决的技术问题仅能确定为在保持相同活性的情况下，通过将化合物 Bis（POC）PMPA 转化为盐的形式从而获得成盐化合物通常所具有的相对较高的溶解度和稳定性等性质。

3.5.1.1.2 充分证明的技术效果

在中国审查实践中，确认发明技术效果最重要的手段之一是采用对比实验数据。采用对比实验数据可以使本领域技术人员明确所采用的技术手段与最终所取得的技术效果之间的对应关系。

（2011）一中知行初字第 675 号判决的涉案专利要求保护一种治疗乳腺增生性疾病的药物组合物，并限定了其组分和制备方法。证据 1 为药典记载的乳块消片剂。法院确认了二者的区别特征包括剂型不同，由此导致制剂步骤（3）有所不同，具体为与证据 1 相比，权利要求 1 在制备颗粒剂的过程中在加入辅料之前省去了"减压干燥成干浸膏，粉碎"的步骤，并具体规定了加入的辅料为蔗糖 500g 及淀粉和糊精适量。法院认为，由于制备工艺发生改变，涉案专利权利要求 1 的最终药物组合物产品实际上已经是一种在结构与组成上并不同于证据 1 的乳块消片的新的药物组合物的化学产品。现有技术并未给出省略"减压干燥成干浸膏，粉碎"工艺的教导。涉案专利说明书实施例载明其颗粒剂的总有效率为 95.70%，所用阳性对照组乳块消片即证据 1，而对照例的证据 1 片剂的总有效率为 89.32%，对照比较可知，涉案专利的产品在临床疗效上

---

❶ 《专利审查指南 2010》，第二部分第二章第 2.2.6 节。

高于证据 1 的乳块消片剂 6.38%。因此涉案专利具有突出的实质性特点和显著的进步，具备创造性。

技术效果的证明力还包含了对于技术效果的可信性的要求。如果说明书中记载的实验数据存在明显瑕疵，如前后矛盾、实验效果不符合常理等，即申请文件记载的实验数据本身存在缺陷，则依据所述实验数据所声称的技术效果不能被采信，由此也不能作为认可发明具备创造性的理由和依据。

第 139494 号复审决定的涉案申请请求保护一种茯苓乳液和茯苓面贴膜，其与最接近现有技术的区别特征在于使用了组成成分为现有技术中已有防腐剂种类的特定复合。涉案申请说明书具体实施方式部分检测了实施例 1－8 的微生物水平，实验结果显示 6 个月内实施例 1－3 微生物均达标，实施例 4、5、7 第 6 个月微生物超标，实施例 6 第 5 个月起微生物超标，实施例 8 第 3 个月起微生物超标。复审请求人同年提交了多篇系列申请，复审合议组考察了与涉案申请相关的系列申请后发现，在活性成分不同、辅料和用量也不完全相同的情况下取得了完全相同的实验结果。结合该申请行为及说明书整体记载的内容，复审合议组认为涉案申请实验数据所反映的情况不符合实验科学的一般性规律，在活性成分、辅料及用量均不相同的情况下得到相同的实验结果，这种情况是极为罕见的，由此导致涉案申请说明书所提供的实验数据的真实可信度降低，因此，其所证明的技术效果不能被采信。据此复审合议组将涉案申请的复合防腐剂所能达到的技术效果确定为本领域技术人员根据现有技术可预期的一般性效果，在上述分析的基础上，得出了涉案申请不具备创造性的结论。

3.5.1.1.3　说明书未记载但是能够确认的技术效果

2010 年版《专利审查指南》规定，发明是否具备创造性，应当基于所属技术领域的技术人员的知识和能力进行评价。而所属技术领域的技术人员"知晓申请日或者优先权日之前发明所属技术领域所有的普通技术知识，能够获知该领域中所有的现有技术，并且具有应用该日期之前常规实验手段的能力"[1]。因此，对于发明要求保护的技术方案应从充分知晓本领域现有技术状况的能力水平去理解，不能局限于发明说明书所记载的内容。对于发明技术方案中记载的技术手段，本领域技术人员可以根据本领域的普通技术知识通过合理预期或推断的方式来确认其给发明所要保护的技术方案带来的技术效果。2010 年版《专利审查指南》强调："作为一个原则，发明的任何技术效果都可以作为重新确定技术问题的基础，只要本领域的技术人员从该申请说明书中所记载的内容能够得知该技术效果即可。"[2] 此处所说的"得知"除了指根据发明申请文件记载的实验数据、理论分析等方式得知外，还包括本领域技术人员根据本领域的普通技术知识能够确认的技术效果。

在（2003）一中行初字第 535 号判决涉及的案件中，涉案专利权利要求 1 要求保

---

[1]　《专利审查指南 2010》，第二部分第四章第 2.4 节。

[2]　《专利审查指南 2010》，第二部分第四章第 3.2.1.1 节。

护一种微带型天馈电子避雷器，限定其电路连接中包含电容 C2，电容 C2 两端分别连接天馈地和设备地，微带传输线输入端和输出端同时分别接两同轴微带转换头的内导体。被诉无效决定认为，从涉案发明权利要求书以及说明书对电容 C2 的描述中（特别是实施例部分并未提及权利要求中所述的"天馈地和设备地之间设置的电容 C2"），无法认定在两个地之间设置电容给涉案发明的电子避雷器整体技术方案带来了专利法意义上的实质性特点。对此，法院认为，对于"连接在天馈地与设备地之间的电容 C2"的技术特征，对比文件 2 没有公开在天馈地和设备地之间连接电容 C2 的技术特征，也没有给出在天馈地和设备地之间可以连接电容 C2 的技术启示。该电容 C2 因阻抗大而对接地电流予以阻断，可以使两个接地端互不干扰，避免接地电流从一个接地端瞬间流入另一个接地端而使连接在该接地端的设备带电，从而达到提高设备安全性的目的。虽然涉案发明说明书中没有关于设置电容 C2 的技术效果的记载，但对于本领域普通技术人员来说，该技术效果可以理解到，故该效果在评判涉案发明创造性时应予考虑。因此，该区别特征为涉案发明的技术方案带来了实质性特点和进步。

3.5.1.1.4 权利要求所要求保护的技术方案的技术效果

在判断发明的创造性时，无论是确定发明实际解决的技术问题，还是判断发明是否产生了预料不到的技术效果，都需要考察权利要求的技术方案所能取得的技术效果与说明书中所证明的技术效果的匹配性。这种匹配性主要体现在两个方面：①体现说明书中所证明的技术效果的技术手段应当体现在权利要求中；②权利要求的概括应当合理，不能纳入本领域技术人员无法预期可以实现说明书中所证明的技术效果的技术方案。

对于上述第①点，《专利法》第六十四条规定："发明或者实用新型专利权的保护范围以其权利要求的内容为准，说明书及附图可以用于解释权利要求的内容。"尽管说明书及附图可以用于解释权利要求的内容，但这仅仅是起到一种解释作用，目的是更准确地理解权利要求，而说明书中记载的具体技术手段在考察权利要求的技术方案的创造性时不能代入权利要求中。

对于上述第②点，其强调的是权利要求的概括范围应该合理。在考察权利要求所要求保护的技术方案的创造性时，所依据的技术效果应当是在权利要求的整体范围内都能够实现的效果，通俗地说，是以该权利要求中所涵盖的所有实施方式里效果最差的方案作为考察标准。如果说明书中证明了优异的技术效果，但该技术效果仅能代表小范围内技术方案的技术效果，则该技术效果不能作为评判涵盖大范围技术方案的权利要求创造性的基础。

（2002）一中行初字第 502 号判决的涉案专利的权利要求 1 保护一种握力计，限定其结构中具有外握柄安装于外握柄内的内握柄与内握柄连接的测力传感器及装于外壳内的检测显示装置，且所述测力传感器是具有多个凸台的弹性体梁，并通过握距调整装置与上述内握柄连接。法院认为，第三人所强调的涉案发明具有提高精度的技术效果，一方面是电子测力机构相对于机械测力机构本身所固有的特性，另一方面是因为内握柄两侧边框的外侧带有定位凸台，该定位凸台在外握柄的滑槽内移动的结构能够使精度提高，然而该结构并未体现于涉案发明的权利要求 1 中，故不足以证明涉案发明的权利要求 1 具有创造性。

第 136180 号复审决定的涉案申请的权利要求 1 要求保护一种组分 A 和组分 B 复配而成的着色硬化性组合物。复审合议组认为，该申请实施例所采用的组分 A 特定染料均为涉案申请说明书中所记载的通式化合物的下位概念。而审查文本的权利要求 1 限定的组分 A 涵盖了大量相互间结构和性质相差巨大的化合物。基于本领域的技术常识可知，化合物的发光特性与其具体的络合结构关系密切，且涉案申请说明书公开的内容表明组分 A 与组分 B 相互作用的原理并不明确，因此，在实施例仅验证了符合特定通式结构的色素染料能与组分 B 相互作用从而提高亮度和对比度的情况下，本领域技术人员无法预见目前权利要求 1 所涵盖的所有技术方案都可以实现相同的效果，即该申请实施例所验证的效果并不能等同于权利要求 1 整体范围内均能实现的效果。复审请求人在答复复审通知书时，对组分 A 做了进一步限定。通过上述修改，使得权利要求 1 所涵盖的所有技术方案都能取得和实施例相同或相近的技术效果。基于上述修改，复审合议组做出了撤销驳回的复审决定。

3.5.1.1.5　补交实验数据证明该申请的技术效果

中国专利法及其实施细则中均没有涉及补充实验数据的规定，相关内容都在专利审查指南中予以阐述。关于对补交实验数据的处理，中国经历了很长时间的探索，为充分理解中国对于补交实验数据的处理方式，需要先简要了解一下这个探索过程。

1993 年版《审查指南》规定："补入实验数据，以说明发明的有益效果和/或补入实施方式和实施例以说明在权利要求保护范围内发明能够实施。但是这些补充内容可以放入申请案卷中，供审查员审查专利性时参考。"❶ 而在 2006 年版《审查指南》和 2010 年版《专利审查指南》中，在上述 1993 年版《审查指南》的对应章节处删除了"但是这些补充的信息可以放入申请案卷中，供审查员审查新颖性、创造性和实用性时参考"的内容。

1993 年版《审查指南》还规定："用途和效果可允许在申请日之后补充的条件是必须符合专利法第 33 条的规定。具体地说，它必须是那些在原始说明书中已经有含蓄地提示，从而使所属领域的普通技术人员能直接推论出来的用途或效果；或者是那些能直接从现有技术中推论出的用途和效果。"❷ 而在 2001 年版《审查指南》中将该部分内容整体删除，补充了"……应当提供对本领域技术人员来说，足以证明发明的技术方案可以达到预期要解决的技术问题或效果的实验室实验（包括动物实验）……"的内容。

2006 年版《审查指南》和 2010 年版《专利审查指南》将对应的章节进一步修改为"如果所属技术领域的技术人员无法根据现有技术预测发明能够实现所述用途和/或使

---

❶ 《审查指南 1993》，第二部分第八章第 5.2.3.1 节。
❷ 《审查指南 1993》，第二部分第十章第 4.1 节。

用效果,则说明书中还应当记载对于本领域技术人员来说,足以证明发明的技术方案可以实现所述用途和/或达到预期效果的定性或者定量实验数据"及"对于新的药物化合物或药物组合物应当记载其具体医药用途或者药理作用,同时还应当记载其有效量及使用方法。如果本领域技术人员无法根据现有技术预测发明能够实现所述医药用途、药理作用,则应当记载对于本领域技术人员来说,足以证明发明的技术方案可以解决预期要解决的技术问题或效果的实验室实验(包括动物实验)……",这次修改的重点在于将原先的表述"提供"变为"记载",修改的目的是鼓励申请人在提交专利申请时在说明书中记载更加完整的技术信息,而不是在申请日后才补交这些信息。

1993 年版《审查指南》规定:"不能允许申请人将申请日后补交的实施例写入说明书,更不允许写进权利要求。"❶ 2006 年版《审查指南》和 2010 年版《专利审查指南》删除了上述内容,将其表述为"(2)判断说明书是否充分公开,以原说明书和权利要求书记载的内容为准,申请日之后补交的实施例和实验数据不予考虑"。2017 年和 2020 年,国家知识产权局对《专利审查指南》做出修改,删除了"不予考虑"的表述,明确了审查员应当审查补交的实验数据。

1993 年版《审查指南》还规定:"发明效果的证据可以在申请日之后提交,但如果所提交的效果已有他人公开于提交日之前,则不能被承认。"❷ 2001 年版、2006 年版《审查指南》和 2010 年版《专利审查指南》将该内容删除。2017 年❸,国家知识产权局对《专利审查指南》做出修改,规定补交的实验数据所证明的技术效果应当是所属技术领域的技术人员能够从专利申请公开的内容中得到的;2020 年❹对《专利审查指南》进一步给出涉及药品专利申请的审查示例。

由上述变迁过程可以看出,中国对在后补交的实验数据采取了逐步收紧的政策,其目的主要是保障先申请制原则,避免由于过多地考虑申请日后提交的实验数据而承担更多的违反先申请制原则的风险,申请人不当获利。所以在审查指南中出现"不予考虑"这样的表述,其本意在于强调"以原说明书和权利要求书记载的内容为准"。在一段时间里,对于补充实验数据的法律效力的不同理解导致了在审查实践中很多案件的处理出现了不同做法,有的审查员在遇到申请日后证据时,对于非现有技术的申请日后证据不予考虑或不予接受,所依据的理由是申请人提交的实验数据实验未记载于说明书中,因此不能作为认定权利要求是否具备创造性的依据,这一做法是将说明书中对于实验证据的记载作为满足专利法某些规定的形式要件。而在另外一部分案件中,有的审查员又接受了申请人在申请日后发现的一些新效果,由此导致一定数量的发明专利申请在被授予专利权后继而被宣告无效。❺

---

❶ 《审查指南 1993》,第二部分第十章第 4.3 节。

❷ 《审查指南 1993》,第二部分第十章第 5.4 节。

❸ 2017 年第 74 号国家知识产权局令,《专利审查指南 2017》,第二部分第十章第 3.5 节。

❹ 2020 年国家知识产权局第 391 号公告,《专利审查指南 2020》,第二部分第十章第 3.5.2 节。

❺ 复审和无效审理部课题"实验证据与创造性判断",课题组成员:李越、何炜等。

　　然而，从司法的角度讲，完全不考虑申请日后的证据是缺乏合理性的，所以在复审、无效及法院诉讼中，很多案件在不违反先申请制原则的情况下还是考虑了补充实验数据的。因此，在 2017 年对《专利审查指南》最新的修改中，于第二部分第十章第 3 节中做如下规定："3.5　关于补交的实验数据　对于申请日后补交的实验数据，审查员应当予以审查。补交实验数据所证明的技术效果应当是所属技术领域的技术人员能够从专利申请公开的内容中得到的。"❶

　　作为以公开换保护的专利制度，对专利权的保护应当与发明人相对于申请日前的现有技术所做出的技术贡献相称，其技术贡献应当充分公开，并记载在说明书中。未记载在说明书中的技术贡献不能作为要求获得专利权保护的基础。如果申请日后补交的实验证据所证明的技术效果从争议专利的申请文件及其现有技术中均不能得到教导，那么该技术效果不属于在评价创造性时应当考虑的技术效果。

　　(2011) 知行字第 86 号裁定的涉案专利保护溴化替托品的结晶单水合物，其制备方法和药物组合物。专利权人认为，反证 1 表明，在微粉化之后，涉案发明的结晶性单水合物能够产生细分颗粒级分在压力下基本保持不变的技术效果，这是证据 1 的溴化替托品晶体和证据 5a 的溴化替托品的 X 水合物产品均不具有的。据此专利权人主张涉案专利具备创造性。法院认为，专利权人认可，反证 1 所述"粒径稳定"是指粒径的物理稳定性。而涉案专利说明书第 1 页最后一段仅笼统地提及"起始物料在多种环境条件作用下的活性稳定性、药物制剂制造过程的稳定性及最终药物组合物的稳定性"，第 2 页第 5 段则对前述的"药物制剂制造过程的稳定性"进一步描述为"另一项制造所需药物制剂的研磨过程可能发生的问题为这种过程造成的能量输入以及对晶体表面产生应力。这种情况可以导致多晶形变化，导致非晶形形成的改变、或导致结晶晶格的变化"。可见涉案专利说明书关于物理稳定性的表述部分仅提及晶形、晶格，并未涉及反证 1 所述"粒径"，亦未给出相关的技术教导和启示。而且，根据 2000 年版《中华人民共和国药典》(以下简称"中国药典")的规定，"加速实验"期间，需按稳定性重点考察项目检测，而该药典附表列明的"吸入气（粉）雾剂"考察项目并未包括反证 1 述及的"粒径"或粒度。可见，2000 年版中国药典的有关规定也不足以确定反证 1 所述"粒径稳定"的技术效果。因此，本领域技术人员通过阅读说明书及 2000 年版中国药典关于"加速实验"的规定，无法得出反证 1 所述"粒径稳定"的技术效果已被说明书记载的结论，反证 1 所述的技术效果在评价权利要求 1 创造性时不应被考虑。

　　(2012) 知行字第 41 号裁定的涉案专利保护用于预防或治疗糖尿病等疾病的药物组合物，其含有选自吡格列酮或其药理学可接受的盐，以及胰岛素分泌增强剂磺酰脲的胰岛素敏感性增强剂。在无效宣告程序中，专利权人基于涉案专利具有预料不到的技术效果主张其具备创造性，用于证明该效果的证据为反证 7 的两部分实验报告：第

---

❶　第 74 号国家知识产权局令。

一份实验报告是证明吡格列酮与格列美脲联用具有意料不到的技术效果，该实验报告在涉案专利的审查过程中曾经提交给国家知识产权局，并被接受和认可；第二份实验报告是证明吡格列酮和格列美脲的联用与其他格列酮类化合物和格列美脲的联用相比，具有意料不到的技术效果。案件的争议焦点在于，①在实质审查程序中对比实验数据已经被采纳，在无效宣告程序中其真实性是否能够同样获得认可；②如果实验证据所证明的技术效果超出了争议专利的申请文件的记载，在评价创造性时是否应当考虑该技术效果。

法院认为，①反证 7 存在于涉案发明专利审查档案和欧洲同族专利审查档案的事实仅能证明专利权人在涉案发明被授予专利权的实质审查阶段曾提交过上述材料，而由于反证 7 并非实验记录的原件，没有出处，其内容也没有显示是由哪一机构或个人做出的实验，也没有任何公证手续，对反证 7 未予采信并无不当。②涉案专利说明书仅通过吡格列酮与伏格列波糖联用及吡格列酮与优降糖联用的实验结果，证明胰岛素敏感性增强剂与胰岛素分泌增强剂联用相对于其中一类药物单独用药有更好的降血糖效果，并没有提及各种不同的药物联用方案之间效果的优劣。反证 7 的实验数据所要证明的技术效果是原始申请文件中未记载，也未证实的，不能以这样的实验数据作为评价专利创造性的依据。因此，对于专利权人以申请日后补交的实验证据是在证明客观存在的技术效果为由提出的申请再审，法院不予支持。

若申请人或专利权人通过在申请日之后提交技术文献来证明未在要求保护的发明说明书中记载的技术内容，如果该技术内容不属于专利申请日之前的公知常识，或不是用于证明本领域技术人员的知识水平与认知能力的，则一般不应作为判断能否获得专利权的依据。

（2013）知行字第 77 号裁定的涉案专利保护一种治疗乳腺增生性疾病的药物组合物。再审申请人（专利权人）提交的反证 3 是一篇发表于涉案专利申请日之后的期刊文献，其以丹酚酸 b 为指标，比较了减压干燥、喷雾干燥两种干燥方式制备的乳块消片提取物的含量差异，结论为，喷雾干燥制备的乳块消片中提取物丹酚酸 b 的含量比较高。法院认为，反证 3 虽然在一定程度上解释了制备工艺与丹酚酸 b 含量之间的关系，但其系涉案专利申请日之后公开的技术文献，所述技术内容并非本领域技术人员在申请日前所具有的知识水平与认知能力，故不应当以反证 3 记载的内容作为判断涉案专利技术效果的基础。在涉案专利说明书没有记载提高丹酚酸 b 含量及其技术效果的情况下，也不应当将反证 3 作为对比实验数据使用。退一步而言，即便考虑反证 3 的有关内容，由于专利权人主张的发明的技术效果表现在丹酚酸 b 含量的提高可以有效改善乳块消片临床效果这部分内容未记载在原始申请文件中，并且，涉案专利与证据 1 的区别并非在于用喷雾干燥替换减压干燥，因此反证 3 所证明的内容也与判断涉案发明是否具备创造性缺乏直接关联。

可见，对于申请人/专利权人针对说明书没有提及的效果提交补交实验数据，并以此作为发明具有创造性的抗辩理由的情形，虽然补交的实验数据所证明的技术效果可能是客观真实的，但无法确定所证明的技术效果是申请人在申请日时就已经发现的还是在申请日后继续研发后发现的。即使申请人举出充足的证据证明这些效果是在申请日之前就已经做了相关实验验证了相关效果，但是判断发明是否具有创造性应当是以申请日时提交的申请文件记载的内容为准，这些未记载的效果实际上已经超出了申请文件记载的范围。

在有些情况下，虽然说明书没记载其效果，但是如果本领域技术人员能够根据说明书中所公开的原理、规律及根据本领域的公知常识推知该技术方案的效果会与说明书中公开的其他方案的效果相近似，且其他技术方案有实验数据予以证实，则可以允许申请人提交请求保护的技术方案的实验数据来证实该技术方案的效果。这种补充的实验数据实际上是一种补强型实验证据，用以佐证本领域技术人员的推断。

第 74723 号复审决定的涉案申请权利要求 1 要求保护具体化合物 N-(2-氨基苯基)-4-{1-[(1,3-二甲基-1H-吡唑-4-基)甲基]哌啶-4-基}苯甲酰胺或其药学上可接受的盐，即说明书实施例 2A/7A/7B 的化合物。涉案申请说明书记载了所述化合物是 HDAC 的有效抑制剂，具有良好的药用特性，包括有利的细胞或体内效能、有利的 DMPK 特性（例如，良好的生物利用度方面和/或良好的游离血浆水平和/或良好的半衰期和/或良好的分布体积）以及良好的或增强的溶解性；还记载了多种测试方法及实施例 4 化合物 [N-(2-氨基苯基)-4-{1-[(1,3-二甲基-5-甲氧基-1H-吡唑-4-基)甲基]哌啶-4-基}苯甲酰胺] 和对比化合物 1 抑制 HDAC1 的体外实验（方法 a）和抑制全细胞中增殖的体外实验（方法 b）的 IC_{50} 对照的实验结果；没有明确记载实施例 2A/7A/7B 化合物的 HCT116 细胞药物活性数据。

为了证明其技术效果，复审请求人补充提交了根据前述测定方法 b 采用 HCT116 细胞测得的涉案申请实施例 2A/7A/7B 化合物及对比化合物 1 的对比实验数据，如下表所示：

化合物	用 HCT116 细胞的测定（b）平均 pIC_{50} /（$\mu mol/L$）
N-(2-氨基苯基)-4-[1-(吡啶-2-基甲基)哌啶-4-基]苯并酰胺（对比化合物，D1）	5.844
实施例 2A/7A/7B	6.396

复审合议组认为，在上述补充数据中，对比化合物 1 的 pIC_{50} 经换算为 IC_{50} 值是 $1.433\mu mol/L$，该数据与涉案申请说明书记载的通过相同方法得到的数据一致，实施例 2A/7A/7B 的 pIC_{50} 值换算为 IC_{50} 值是 0.402，与说明书表 A 中实施例 4 化合物的结果相近。由于化合物 2A/7A/7B 与实施例 4 化合物的结构非常相似，区别仅在于实施例 4 中咪唑基进一步被甲氧基取代，本领域技术人员根据说明书记载的实施例 4 化合物的效果数据能够预期实施例 2A/7A/7B 化合物的效果，补充的对比实验结果也进一步验

证了二者效果确实基本相当。因此，在无相反证据的前提下，本领域技术人员首先可以确认上述补充数据是采用与涉案申请说明书记载的实验数据通过相同的测定方法 b 在相同的条件下得到的实验数据，并且正如本领域技术人员所预期的，涉案申请中实施例 2A/7A/7B 化合物具有与实施例 4 化合物类似的效果，因此该补充数据可作为涉案申请权利要求创造性的评价依据。

补充实验证据能否被接受，通常取决于该证据本身或者其实验结论是否与要求保护的发明原申请文件的记载相一致，或者是否属于本领域人员能够根据原申请文件记载的信息能够直接确定的内容。但也存在根据说明书对效果的描述直接认可该申请具有该效果，并进而接受补充的实验数据的情形。

第 53337 号复审决定的涉案申请权利要求 1 要求保护通式I的化合物或其可药用盐：

$$R_1 \overset{\displaystyle R_3}{\underset{\displaystyle R_2}{\overset{\displaystyle |}{\underset{\displaystyle X}{\bigvee}}}}\overset{\displaystyle Y}{\underset{\displaystyle N^+}{\overset{\displaystyle \|}{C}}}O-R_4 \qquad Z^- \qquad （Ⅰ）$$

涉案申请说明书提及其化合物具有两方面更优的活性效果，即裂解活性和更低的毒性，但仅给出了裂解活性的实验数据，没有提供证明其毒性的实验数据。复审请求人补充提交了关于更低毒性的实验数据，其中采用本领域常规的 MTT 法评价了涉案申请实施例 1、3 至 5 与对比文件 2 化合物 ALT-711 的细胞毒性，以证明涉案申请化合物不仅在裂解活性方面具有优异的效果，而且具有更低的毒性。该案的争议焦点实质上在于在原始申请文件中缺乏关于毒性效果的实验数据的前提下，在后提交的用于证明更低毒性的补充实验证据能否得到说明书的支持和确认。

复审合议组认为，需要全面考虑补充实验证据与所涉及的毒性效果以及裂解活性效果之间的关系。首先，依据说明书的记载"本发明人发现，通式 1 化合物在体外和体内多种模型上有比 US5656261 中披露的优选化合物 AUF7H 更好的 AGES 裂解活性和更低的毒性"可知，涉案申请说明书中已经明确提及其要提供的是比 ALT-711 毒性更低的 AGES 小分子裂解剂，而不是提供具有其他药理性能的 AGES 小分子裂解剂，表明涉案申请在申请日前至少已经关注 AGES 小分子裂解剂的毒性问题而不是其他药理学性能，且与目标比较对象 ALT-711 相比已经达到了更低毒性的效果；其次，对于毒性的测定而言，本领域技术人员依据其掌握的现有技术，通过常规的 MTT 法即能获取该毒性的药理学实验及实验结果，本领域技术人员重复该毒性实验无须付出过度劳动；最后，复审请求人所提交的毒性实验针对的对象是涉案申请实施例的具体化合物，而实施例的具体化合物通常是发明优选的化合物，进一步说明涉案申请在申请日前已经高度关注这几个优选的化合物。同时，从复审请求人补充的实验数据中也进一步佐证了该技术问题已经得到解决，在此基础上，不应仅根据补交的毒性实验在原始申请文件中没有记载就不予考虑毒性的实验结果。

在补交实验数据时，允许申请人在必要时以中间态产物作为比较实验对象。如果要证明该发明的效果，则对比实验的实验对象通常应落入权利要求的保护范围。

第 57819 号复审决定的涉案申请权利要求 1 请求保护无规共聚物组合物在制备用于治疗受试者中的由 TH1 细胞介导的自身免疫性疾病的药物中的应用。虽然涉案申请在发明详述部分具体给出了多种优选的无规共聚物的氨基酸组成及摩尔比，但是说明书中未具体披露实施例 1 和实施例 2 中 Co-14（YFAK）与 CopaxoneTM 的具体组成及相应的氨基酸摩尔比。复审请求人在答复复审通知书时补充提交了两份对比实验结果：实验一采用本领域公知的方法测试了说明书实施例 1 的化合物 Co-14 对 CXCL10 能够产生免疫应答，而相关但不相同的 Co-23（具有 Y、F、A 和 K 的组成，但是输入比为 1∶1∶1∶1 的无规共聚物，不同于涉案申请的输入产出比）则对 CXCL10 不产生任何应答，从而说明无规共聚物特定摩尔比组成对于治疗效果的重要意义；实验二采用本领域公知的方法证明了通过皮下给药及增加给药间隔能够有效地提高对 TH2 的应答反应，而不是一般的 TH1 应答反应。

复审合议组认为，实验一用于代表涉案申请的无规共聚物 Co-14 是仅在说明书实施例 1 和实施例 2 中泛泛提到的无规共聚物，并没有指明其所采用的具体氨基酸摩尔比，涉案申请说明书表 1 中列出了优选的无规共聚物 YFAK 的摩尔比，其中部分无规共聚物并不包括在权利要求 1 所述的氨基酸摩尔比的范围内，本领域技术人员根据说明书的记载无法确定上述实验结果对应的具体无规共聚物，无法作为认定涉案申请权利要求限定的特定摩尔比的无规共聚物产生预料不到的技术效果的有效实验证据。也就是说，尽管实验一的无规共聚物 Co-14 能够引起 CXCL10 的免疫应答，但并不能确定其是否具有涉案申请权利要求 1 所限定的特定摩尔比，可能其并未落入权利要求 1 的保护范围内，因此，Co-14 所具有的效果不能代表涉案申请权利要求 1 的效果。

在审查实践中也存在需要验证对比文件的技术效果的情形，这时应当确保所实施的实验对象可以代表最接近的现有技术的水平。

第 52187 号复审决定的涉案权利要求 1 请求保护大黄酸类化合物或其盐在制备预防和治疗胰岛 β 细胞功能衰退的药物中的应用，所述药物是用 0.1% 纤维素钠溶解的大黄酸溶液。复审请求人提交了补充实验证据 1 用于证明不同辅料对生物利用度的影响，补充实验证据 2 用于证明不同辅料对葡萄糖耐量和胰岛 β 细胞含量的影响。复审合议组认为，由于涉案申请原说明书中没有提及采用不同辅料会导致对生物利用度提高，补充实验证据 1 所反映的技术效果在说明书中没有根据，因此不能用于证明其创造性。涉案申请权利要求 1 限定的辅料为 0.1% 纤维素钠，对比文件 1 引文 16 为 0.5% 羧羟基纤维素钠，引文 17 为 0.5% 羧甲基纤维素钠，而补充实验证据 1 和 2 中比较对象是 0.1% 纤维素钠、0.1% 乙基纤维素和 0.1% 羟丙基纤维素，没有将纤维素钠与现有技术中最接近的羧羟基纤维素钠和羧甲基纤维素钠进行比较。由于补充实验证据 1 和 2 中三种比较接近的辅料 0.1% 纤维素钠、0.1% 乙基纤维素和 0.1% 羟丙基纤维素所产生的技术效果存在较大差异，本领域技术人员能够合理预期的是 0.1% 乙基纤维素或 0.1% 羟丙基纤维素的效果并不等同于对比文件 1 中 0.5% 羧羟基纤维素钠和 0.5% 羧甲基纤维素钠的效果，因此补充实验证据 1 和 2 的比较对象均不能代表最接近的现有技术，无法证明权利要求请求保护的技术方案相对于最接近的现有技术取得了预料不到的技术效果。

3.5.1.2 技术效果的常见类型

在创造性判断中，有几种典型的技术效果值得关注。因为这些效果的判定往往与是否能够认可专利申请的创造性密切相关。

3.5.1.2.1 改进的技术效果源于显而易见的测试或实验

2010 年版《专利审查指南》规定："如果发明仅是从一些已知的可能性中进行选择，或者发明仅仅是从一些具有相同可能性的技术方案中选出一种，而选出的方案未能取得预料不到的技术效果，则该发明不具备创造性。"❶ 在审查实践中常见的情形包括利用常规的实验手段寻求最佳反应条件，或者在有限的几种常规填料中选择一种对特定体系改性效果好的技术方案，或者在给定的若干实施例中选择效果较好一点的实施例来进行专利保护。在上述情形中，虽然技术方案体现出了较好的技术效果，但对于本领域技术人员来说仍然是显而易见的。

在专利申请 CN201410268644.9 的案件审查中，权利要求 1 要求保护一种籽瓜皮中果胶的提取方法，包括籽瓜皮的预处理、酸液提取和过滤干燥三步骤，并限定了各步骤的具体工艺参数。说明书记载了"响应面分析法是一种优化工艺条件的有效方法，可用于确定各因素及其交互作用在工艺过程中对指标（响应值）的影响，精确地表述因素和响应值之间的关系。该申请选取提取温度、提取时间、料液比和 pH 这 4 个因素，利用响应面分析法优化籽瓜皮中果胶的最佳提取工艺参数"。说明书中还记载了一些与获得最佳提取工艺参数相关的技术内容，如"如图 1 所示，在提取温度为 85～90℃，提取时间为 60min，提取液酸度为 pH＝2 时，随着料液比的增大（33：1～47：1），果胶产率显著提高，在 43：1 时达到最大值 3.87%，再继续增大料液比，果胶产率有所下降"等。驳回决定认为该申请酸液提取步骤采用的酸提醇析法是本领域常规的用于提取果胶的方法，而提取温度、提取时间、料液比和 pH 均为本领域技术人员在进行果胶提取时注重的几个影响因素，响应面分析法是在多影响因素中选取适宜条件的常规方法，其原理和运用均为本领域的公知常识。因此，该申请的技术方案是本领域技术人员在现有技术的基础上通过常规方法并结合本领域公知常识即可获得的。

3.5.1.2.2 协同效果

协同效果通常可归入"预料不到的技术效果"的范畴。在创造性评判的审查实践中会对申请人声称的协同效果进行考量，如果想通过产生协同效果来证明发明的创造性，则必须有充分的证据证明发明的技术方案确实实现了该效果。

（2015）京知行初字第 3887 号判决的涉案申请权利要求 1 要求保护一种发酵乳的制造方法，所述发酵乳是凝固型酸乳，其工序中包括第一脱氧工序和超高温杀菌工序。原告认为，涉案申请采用超高温灭菌方法的作用在于灭菌的同时不影响发酵乳的硬度

---

❶ 《专利审查指南 2010》，第二部分第四章第 4.3 节。

和爽滑感，而对比文件 2 中超高温灭菌方法的目的则是延长保存期，二者所起作用并不相同，因此不存在将对比文件 2 中的超高温灭菌方法与对比文件 1 的技术方案相结合以获得涉案申请技术方案的启示。

法院认为，对于超高温灭菌方法在涉案申请中所起作用的认定首先应以说明书的记载为依据。涉案申请说明书中虽有关于"可获得具有足够硬度且非常爽滑的酸乳商品"这一技术效果的记载，但对于该效果与超高温灭菌之间的关系并未涉及，其背景技术中反而记载了超高温灭菌对发酵乳的硬度有影响，而涉案申请的发明点恰恰在于使用脱氧方法解决了该技术问题。可见，涉案申请所达到的不影响发酵乳的硬度和爽滑感这一技术效果与脱氧程序有关，与超高温灭菌方法并无直接关系。当然，即便如此，亦不排除该申请中脱氧程序与超高温灭菌方法协同作用产生上述效果的可能性。如果确实存在该协同作用，则意味着若不采用超高温方法，仅靠脱氧程序将不会得到这一技术效果。但由对比分析涉案申请与对比文件 1 的记载内容可知，无论是对比文件 1 采用的高温灭菌，还是涉案申请的超高温灭菌方式，两技术方案中均具有保持发酵乳硬度等效果。这一情形说明，无论是采用高温还是超高温灭菌方式，对该技术效果并无影响，相应地，这一技术效果并非脱氧程序与超高温灭菌方式之间协同作用而带来。据此，原告有关超高温灭菌方法在涉案申请中所起作用的主张并不成立。

3.5.1.2.3 预料不到的、奖励的技术效果

预料不到的效果可视为具备创造性的一项证据，然而必须满足一定的前提条件。如果根据现有技术的教导，权利要求范围内的某些内容对于本领域技术人员来说已经是显而易见的，则本领域技术人员已经存在动机得到权利要求的技术方案的情况下，即便该技术方案获得了（可能是预料不到的）额外的效果，该权利要求仍缺乏创造性。

中国专利局对于奖励的技术效果的处理方式借鉴自欧洲专利局。《EPO 审查指南2018 版》G 部第Ⅶ章 3.1（Ⅴ）节规定如果现有技术为解决某问题在多种可能性中别无选择只有一种途径，从而形成了该发明的技术方案，则该发明不具有创造性（单行道的情形）。❶ 例如，由现有技术已知，按照碳原子数排列的已知化合物同系物中，随着碳原子数的增加，杀虫效果也稳定增加，即该同系物中已知的在前成员其后的下一个成员的杀虫效果是可预料的。如果该同系物中的某个具体化合物除了表现出可预料的增强的杀虫效果外，还具有预料不到的选择性杀虫效果，则该具体化合物本身仍然是显而易见的。但该具体化合物对应于预料不到的选择性杀虫效果的用途具备创造性。中国的审查实践中尚缺乏相关的实例。

3.5.2 技术问题

3.5.2.1 技术问题的定义

2010 年版《专利审查指南》对实际解决的技术问题的定义为"为了获得更好的技

---

❶ 《EPO 审查指南 2018 版》，G－7－3.1（Ⅴ）。

术效果而需对最接近的现有技术进行改进的技术任务"❶。技术问题不同于经济问题、社会问题及审美问题。技术问题是为改造客观世界而提出的技术任务，其解决依赖符合自然规律的技术手段的运用，其目的在于获得技术效果，因此技术问题和技术效果具有相同的属性，即"客观性"。尽管使用了"更好的技术效果"和"改进"这样的表述，但在实际操作中，实际解决的技术问题未必是获得更好的技术效果，相对于现有技术也未必是改进，可能只是"改变或修改"。

实际解决技术问题的参照基准为最接近的现有技术。在发明的说明书中通常会描述其所要解决的技术问题（声称的技术问题），这个问题实际上是申请人根据自己所了解或掌握的"最接近的现有技术"，为了获得更好的技术效果而提出改进的技术任务。申请人声称的技术问题可能和审查员重新确定的实际解决的技术问题不一样，根本原因在于申请人与审查员认定的最接近的现有技术有时会不同。由于创造性的判断是对现有技术整体做出的智慧贡献的判断，因此，不具有创造性的结论不应局限于申请人声称的技术问题，更不能基于专利申请所声称但没有实现的效果，而应根据引用的现有技术合理确定实际解决的技术问题，并且基于现有技术判断请求保护的方案对于解决实际解决的问题是否显而易见。声称的技术问题更多的是在评判权利要求是否能够得到说明书支持、是否缺少必要技术特征或者说明书公开是否充分时扮演重要角色。在创造性评判过程中必须全面考察发明的技术效果，主要是根据要求保护的发明与最接近现有技术的效果差异来确定实际解决的技术问题，并以此来判定技术启示。2010年版《专利审查指南》规定："重新确定的技术问题可能要依据每项发明的具体情况而定。作为一个原则，发明的任何技术效果都可以作为重新确定技术问题的基础，只要本领域的技术人员从该申请说明书中所记载的内容能够得知该技术效果即可"。❷

如果通过该申请说明书记载的内容，无法确定区别特征中的技术手段能获得何种技术效果或者起到何种作用，则在确定实际解决的技术问题时不必将其纳入考虑，也即不认为其解决了技术问题。

（2003）一中行初字第 637 号判决的涉案专利权利要求 3 要求保护一种座钟。该权利要求与最接近的现有技术相比，在结构上存在如下两项区别技术特征：①权利要求3 中弹簧的上段呈由下至上逐渐缩小，顶部呈圆锥状，而对比文件中的弹簧上下一样粗细；②权利要求 3 中钟面下方的固定柱为锥形，而对比文件中的固定柱为圆柱形。就上述区别技术特征能否带来有益的技术效果，法院认为，从加工工艺的角度来看，对比文件的圆柱体要比圆锥体更容易加工，上下一样大小的弹簧也要比由下至上逐渐缩小的弹簧更容易加工；而在配件的装配方面，涉案专利的装配方法比对比文件更为复杂，即现有技术中的产品结构要比权利要求 3 所记载的产品结构更容易制作和装配，因此上述两项区别技术特征不能使涉案专利相比于对比文件的技术方案产生"配件制

---

❶ 《专利审查指南 2010》，第二部分第四章第 3.2.1.1 节。
❷ 《专利审查指南 2010》，第二部分第四章第 3.2.1.1 节。

作简单，装拆方便"的技术效果。可见，涉案专利权利要求 3 与对比文件虽然在个别部件的形状上存在区别技术特征，但这些区别技术特征并未解决现有技术中的具体技术问题，也没有使其与现有技术相比取得意想不到的技术效果，且本领域普通技术人员在对比文件公开的钟表基础上得出权利要求 3 所述技术方案不需要花费创造性劳动，因而该权利要求不具备创造性。

第 109715 号复审决定的涉案申请权利要求 1 要求保护一种制作刺绣艺术品的三散针法，限定其特征为以散参差排比、散扩展排列、散色彩镶嵌的三散针法刺绣。说明书载明该针法"使刺绣作品摆脱了传统刺绣的呆板、匠气的缺陷，实现了刺绣与绘画的深层次融合，让有痕迹的描摹化于无形的创造""用色彩学中的'空间混合'原理着眼于整体色彩的调整，通过色彩镶嵌，使色彩自然、柔和、协调、统一、完整、顺畅，且立体感强，而且最终获得紧致密实的效果"。问题的焦点在于上述方案是否解决了技术问题。复审合议组认为，通过分析"针法"的形成和定义可以看出人的思维活动参与其中的程度：首先，该案的针法是指刺绣中的运针方法，是将颜色、长短不同的线迹进行排列组合而获得的形成最终刺绣图案的基本单元，这些基本单元由绣线按照一定的规律排布形成，不同的排布规律会有不同的视觉效果。因此，针法是源于人的抽象思维，基于对美的认识，从无数刺绣创作中总结、提炼和抽象出来的基本创作规则，是用于指导人们创作出具有类似效果的刺绣作品的规则和方法。其次，针法的实施需要绣工在该针法的指导下，依据自己的经验，经过思维创作，才能在绣布上刺绣出具有预期美学效果的各种花纹图案。最后，根据说明书的记载可知，涉案申请要解决的是传统刺绣作品呆板、匠气、画面色彩陈旧、苍白等视觉效果上的问题，并非技术问题；其提出的方案"三散针法"是对长短不同的线迹进行排列组合并利用"空间混合"的色彩原理进行色彩搭配，这些针法布置属于人的思维活动以及"美学原理"的范畴，并非利用了客观存在的自然规律；"三散针法"取得的色彩自然、柔和、协调、统一、完整、顺畅且立体感强这些视觉效果和紧致密实的质感等效果都属于美学艺术效果，并非技术效果。

3.5.2.2　技术问题的确定

3.5.2.2.1　确定技术问题的原则

1）原则 1：不能超越本领域技术人员的认识水平

评价创造性的主体是本领域技术人员，所设定的本领域技术人员的能力和水平决定于涉案申请的申请日或优先权日，只能获知在该相关日之前所属领域的普通技术知识和现有技术、运用所属领域的常规实验手段。因此，在审查实践中不允许运用申请日以后的知识来参与选取最接近现有技术、提供技术启示或证明预料不到效果等创造性评价过程。本领域技术人员仅能依据申请日之前的技术水平或技术认识所能够产生的技术问题及可以做出的预期做出判断，申请日后所发现的原理或改进方向等各类技术信息不能成为确定实际解决的技术问题时的考量因素。

第 132302 号复审决定的涉案申请权利要求 1 要求保护一类含氮功能化稀土间规聚

苯乙烯，并限定了该聚合物的重均分子量、间规度和单体结构。对比文件 1 使用了和涉案申请相同的聚合催化剂，并且所得聚合物的参数也相同，区别仅仅在于权利要求 1 中所使用的聚合单体为 N,N-二烷基氨基苯乙烯，而对比文件 1 是苯乙烯。复审合议组在考察了涉案申请说明书中记载的各种技术效果，并将其与对比文件 1 进行对比后认为，基于上述区别特征，涉案申请实际解决的技术问题是提供一种立体结构和对比文件 1 相近的氨基官能化的聚苯乙烯。为证明其技术方案具备创造性，复审请求人提交了两篇在后公开的证据文献 4 和文献 7：文献 4 用以证明涉案申请的官能化单体在进行配位聚合时和对比文件 1 的苯乙烯单体遵从不同的机理，由于聚合机理的不同，本领域技术人员无法预见涉案申请的官能化单体也能遵从对比文件 1 的方式来聚合，并得到高立构规整度的官能化聚苯乙烯；文献 7 用以证明官能单体的官能团位置差异会导致配位聚合后所得聚合物的结构发生很大的变化。复审合议组认为，文献 4 和文献 7 都是申请日之后公开的现有技术，也是涉案申请的申请日后本领域技术人员深入研究以后发现的结果，其所反映的原理或规律在申请日前并不被本领域技术人员知晓，因此无法构成本领域技术人员的相反教导。而依据本领域技术人员申请日前的技术能力和技术知识，本领域技术人员有理由相信涉案申请的官能化单体可以和对比文件 1 的苯乙烯单体遵从相似的机理和聚合过程进行聚合，并且可以预期聚合后能够得到立体结构相似的产物，即使申请日前本领域技术人员所坚持的理论或者做出的判断被申请日后的研究工作证明是错误的。

2）原则 2：充分考虑技术问题的产生起点

在确定实际解决的技术问题时，经常会遇到以下的情形。例如，实际解决的技术问题的提出是否需要本领域技术人员局限于最接近的现有技术披露的内容（如最接近的现有技术所期望解决的技术问题或最接近的现有技术所意识到的缺陷或改进需求）？是否可以借助最接近的现有技术以外的其他对比文件来提出技术问题？

中国专利法及其实施细则及审查指南均没有对技术问题如何产生做出明确的相关规定。在审查实践中通常认为，技术问题的产生并不一定局限于最接近的现有技术所披露的内容，该技术问题可以是本领域技术人员结合本领域的普通技术知识或者是受其他现有技术的启发而产生的，只要该技术问题的产生具有一定的合理性即可，并且不与最接近的现有技术的目的相违背。需要注意的是，确定了实际解决的技术问题，并不等同于本领域技术人员站位最接近的现有技术就会想当然地意识到该技术问题。因为实际解决的技术问题是将要求保护的发明和对比文件进行对比以后得出的，而在还原发明做出的过程中，回归技术起点的本领域技术人员是看不到发明的技术内容的。

第 162310 号复审决定的涉案申请权利要求 1 要求保护一种用于医疗用途的无异氰酸酯的可发泡组合物，该组合物含有通过至少一种聚醚多元醇、一种多异氰酸酯和具有至少一个异氰酸酯反应性基团的一种 α-烷氧基硅烷的反应获得的 α-烷氧基硅烷封端预聚物和压力液化的推进剂气体，并限定了所述多异氰酸酯是脂族多异氰酸酯，所述 α-烷氧基硅烷封端预聚物含有三乙氧基-α-硅烷基团。对比文件 3 公开了一种预聚物混合物（M），其含有具有烷氧基硅烷端基的预聚物（A）。权利要求 1 与对比文件 3 的区别特征在于：①权利要求 1 采用脂族多异氰酸酯，对比文件 3 为异佛尔酮二异氰酸酯；②权利要求 1 限定了 α-烷氧基硅烷封端预聚物含有三乙氧基-α-硅烷基团，而对比文件 3 采用同样属于 α-烷氧基硅烷的 N-环己基氨基甲基二甲氧基甲基硅烷来封端预聚物，所得预聚物不含有三乙氧基-α-硅烷基团而含有二甲氧基甲基-α-硅烷基团；③权利要求 1 限定了组合物为用于医疗用途的可发泡组合物且含有压力液化的推进剂气体。复审合议组基于对比文件 3 的记载确定，对比文件 3 已经解决了涉案申请声称要解决的技术问题，确定涉案申请相对于对比文件 3 实际解决的技术问题是如何降低 α-烷氧基硅烷封端预聚物制备过程中产生的有害物质并寻求含有 α-烷氧基硅烷封端预聚物的组合物的用途。对于该技术问题的确定，从该复审决定对于区别特征③的评述可知，对比文件 4 公开了制备用于伤口处理的聚氨酯泡沫的方法。对比文件 3 和 4 均涉及制备硅烷封端的聚氨酯预聚物，本领域技术人员在对比文件 4 的基础上有动机将对比文件 3 所述的预聚物混合物（M）与发泡剂及其他任选的组分混合获得无异氰酸酯的可发泡组合物，并进一步用于制备伤口敷料，即用于医疗用途。可见，本领域技术人员是借助了对比文件 4 的指引，并基于对比文件 3 和对比文件 4 的组合物组成的相似性，才提出了用于医疗用途的技术改进需求，从而意识到了技术问题的存在。

技术问题的提出并不局限于对比文件中所披露的具体技术领域所面临的问题，本领域技术人员可以站在一个更上位的领域考虑现有技术中的技术缺陷或技术需求。

（2016）最高法行申 4779 号裁定的涉案专利权利要求 1 要求保护一种油气管道运输介质中放射性物品、毒气、爆炸物监测装置。最接近的现有技术对比文件 2 公开了一种下水管道中危险气体的监测装置，其工作原理及监测手段与该申请请求保护的监测装置相同。法院在肯定了二者属于相同技术领域、对比文件 2 可作为最接近的现有技术后，基于二者的区别特征确定涉案专利实际解决的技术问题是如何对油气管道运输介质中的包括放射性物品在内的各类危险物品进行实时监测。法院认为，油、气是易燃物质，防火是油气管道保护的重要内容，可燃物是造成燃烧的条件之一，应当控制可燃物、避免其他易燃易爆等危险物品接近油气管道内的运输介质，这是本领域已知的安全规则，因此为确保油气管道运输安全而对油气管道运输介质中的危险物品进行监测是本领域技术人员并不需要付出创造性劳动就能够意识到的技术问题。尽管对比文件 2 本身公开的内容不涉及对油气管道中放射性物品、毒气、爆炸物等的监测，但是由于只要是相同的技术领域就会面临相同的技术问题，因此本领域技术人员也会意识到并提出上述技术问题。

3）原则 3：技术问题中不应包含技术手段——不能有解决方案的指引

实际解决的技术问题是为实现某一或某些技术效果而提出的改进任务。通常来说，操作某一技术手段对于本领域技术人员来说是轻而易举的，难点在于本领域技术人员不会漫无目的、随意地进行某一操作，也就是说本领域技术人员能够对某现有技术进行改变的基础是必然存在一定的动机驱使本领域技术人员去做某一操作。因此，如果把技术手段也涵盖到技术问题中，就变成了本领域技术人员为了行使某一手段而行使某一手段（因为行使该技术手段本身已经成了他的改进任务的一部分），这在逻辑上是行不通的。从另一个角度说，通常技术问题是本领域技术人员能够意识到的，因为只有意识到该技术问题的存在才会去考虑如何解决该技术问题。如果确定的技术问题中包含了技术手段，则在意识到该技术问题的时候，解决该技术问题的方法也就同样意识到了，这就忽略了对于改进动机的考量。

第 170482 号复审决定的涉案申请权利要求 1 要求保护一种能通过不使用氟化乳化剂的水性乳液聚合得到的可固化含氟弹性体。权利要求 1 与对比文件 1 的含氟聚合物相比，区别特征为：①权利要求 1 的含氟弹性体在主链的末端碳原子处具有至少一个选自碘和溴的卤素原子，因此可固化；②改性剂的结构和对比文件 1 相比有微小差别；③权利要求 1 的含氟弹性体的门尼黏度为 1～28 单位。在确定实际解决的技术问题时，显然不能直接将区别特征③门尼黏度为 1～28 单位作为技术问题的一部分，而需要确定该特征在涉案申请中所起到的作用。对于区别特征③的作用，复审合议组通过考察涉案申请说明书表 2 可知，当门尼黏度在 4（实施例 4）到 28（实施例 2）的区间变动时，肖氏硬度 A、弹性模量、拉伸强度等参数变化很小，甚至有时不发生变化，而对于产生了变化的性能参数，也没有体现出任何与门尼黏度相关的变化规律。因此，从涉案申请的实验数据无法确定所限定的门尼黏度的范围带来了何种积极的技术效果。经过查证公知常识，复审合议组发现对于聚合物来说，门尼黏度低说明了聚合物的平均分子量小，可塑性大，生胶混炼时容易粘辊。据此，复审合议组确定，涉案申请在选择较小的门尼黏度后，所得的氟化聚合物的可塑性会增大，并基于上述分析将实际解决的技术问题确定为提供一种可塑性提高的具有可固化性能的含氟弹性体。

4）原则 4：技术问题的提出不能违反最接近现有技术的发明框架

本领域技术人员通常是将最接近的现有技术作为其创新活动的出发点，也就是说把最接近的现有技术作为改进的对象。但是，按照一个合理的逻辑，本领域技术人员通常会围绕该最接近的现有技术的设计构思进行改进，而不会提出一个完全背离该最接近的现有技术的全新的发明构思。

第 71808 号复审决定的涉案申请权利要求 1 要求保护一种太阳能电池用耐高温层压定位电子胶带。对比文件 1 公开了一种 EVA 胶带。权利要求 1 与对比文件 1 的区别特征在于：①PE 和 EVA 的用量不同，并且 EVA 作为增韧剂使用，从而得到一种适用于太阳能电池用的耐高温层压定位电子胶带；②权利要求 1 还加入了一定量的平均粒径为 5～500nm 的二氧化钛和聚酰胺，并且限定了基体层及改性聚乙烯薄膜的制备步骤。涉案申请说明书载明其所要解决的技术问题是提供一种具有良好耐候性、紫外线阻挡性和电绝缘性的太阳能电池用耐高温层压定位电子胶带。为满足太阳能电池制造行业所用胶带所需绝缘、耐高温并且能抗紫外线的需求，涉案申请使用的是电绝缘性好和耐化学药品好的聚乙烯，由于其具有一定的结晶性，因此也具有一定的耐热性；还加入了一定量的聚酰胺提高其耐热性，一定量的二氧化钛纳米粒子增加其抗紫外性能。而对比文件 1 所要解决的技术问题是提供一种环保并且具有柔韧性和弹性的胶带，为此对比文件 1 采用 EVA 作为胶带的基材主体，而 EVA 是本领域公知的一种具有类似橡胶弹性的热塑性塑料，其不符合涉案申请对定位电子胶带具有耐热性好的要求。而且，由对比文件 1 的使用场合（缠在羽毛球拍的把柄处的把胶）可以看出，对比文件 1 并不需要胶带的耐高温性能，而是需要其在常温时的橡胶弹性。因此，基于以上区别特征，权利要求 1 相对于对比文件 1 实际解决的技术问题是得到一种抗紫外线且耐高温的胶黏带。

复审合议组认为，涉案申请和对比文件 1 的用途和发明目的均不同，属于不同的发明框架。而如果站在对比文件 1 的技术原点上，本领域技术人员通常只会在对比文件 1 的框架结构内进行相应的改进，并不会完全颠覆对比文件 1 而重新建立一个发明框架，并且使原来对比文件 1 自身的目的也无法实现，即本领域技术人员在对比文件 1 的基础上根本提不出改善胶带抗紫外线且耐高温性能的技术问题，也就没有明显的动机在对比文件 1 的基础上进一步调节 PE 和 EVA 的含量及加入聚酰胺和二氧化钛以改善材料的耐候性、紫外线阻挡性、耐热性等。因此，在没有相应证据给出技术启示的基础上，本领域技术人员基于对比文件 1 无法显而易见地获得权利要求 1 请求保护的技术方案。最终复审合议组根据已查明的事实撤销了驳回决定。

3.5.2.2.2 基于区别技术特征提出技术问题

1）区别技术特征所能起到的作用

如果要求保护的发明通过其技术方案确实实现了说明书中声称的技术效果，且正是发明相对于现有技术的区别技术特征使发明达到了该预期的技术效果，则在确定发明实际解决的技术问题时需充分考虑说明书记载的该技术效果，即便所述区别技术特征带来的技术效果不是诸如"更好""更优"等改良的效果，亦不能忽略。同时，要避免将实际的解决技术问题确定为区别特征所代表的技术手段本身，即根据区别特征在要求保护的发明中所能达到的技术效果来确定发明实际解决的技术问题。

在（2017）京行终 3677 号判决涉及的案件中，涉案专利的权利要求 1 保护一种防水型温控器。被诉无效决定以对比文件 1 为最接近的现有技术，确定二者的区别技术特征为：①权利要求 1 的安装架与底壳是分离设置的，安装架卡在底壳凸出的包裹处，并且在套筒一端开口的内壁上设置内台阶，从而在套筒、壳体、底壳和安装架之间形成的内部空间填充密封胶，而对比文件 1 中用于将帽盖 16 安装在设备上的法兰 16a 与帽盖 16 是一体成型的；②在套筒上设置适配导线卡入的线槽。被诉决定确定权利要求 1 实际解决的技术问题是如何设置安装架及如何引出导线。对此，法院不予认同，原因在于：涉案专利说明书明确记载了其采用带有内台阶和线槽的套筒，在套筒、壳体、底壳和安装架之间共同形成内部空间填充密封胶，以及通过线槽一方面使导线横向接入接线端，增加爬电距离；另一方面将线槽内的开放空间填充密封胶，所要达到的技术效果均为更好地防止水进入壳体内部。而权利要求 1 与对比文件 1 相比，仍然存在内台阶、线槽等区别，本领域技术人员通过对比权利要求 1 和对比文件 1，结合阅读涉案申请说明书记载的技术效果，能够确定权利要求 1 实际解决的技术问题应是更好地防止水进入壳体内部。被诉决定所确定的实际解决的技术问题未考虑本领域技术人员可从涉案专利说明书中获知的技术效果，亦未说明在权利要求 1 与对比文件 1 的区别特征正是涉案专利说明书所记载的发明点的情况下，说明书中记载的技术效果为何不是权利要求 1 实际解决的技术问题，因此被诉决定对于涉案专利实际解决技术问题的认定依据不足。

2）特征之间相互作用在确定技术问题时的考量

若发明所要求保护的技术方案与最接近的现有技术相比存在多个区别技术特征，确定发明实际解决的技术问题时应当将发明的技术方案作为一个整体来考量，即需要考虑这些区别技术特征之间是否存在相互关联、相互作用，然后综合判断它们在发明的整体技术方案中所起的技术效果，在此基础上正确地确定发明实际解决的技术问题。

如果某区别技术特征离开其他的一个或者几个区别技术特征就不能实现其在发明整体技术方案中的功能和作用，则可认为该区别技术特征与其他区别技术特征之间是相互关联、相互作用的，在确定实际解决的技术问题时，应将这种相互作用所带来的技术效果考虑进去。如果该区别技术特征与其他区别技术特征之间相对独立，则可以分别对待，分别确定各自解决的技术问题。

在（2014）京知行初字第 160 号判决书中，涉案申请的权利要求 1 要求保护一种可以无障碍进出的汽车费用支付系统与方法，该系统包括取卡装置，进口减速装置与地感，进口摄像头、进口道闸、控制电脑、出口减速装置与地感、出口摄像头、刷卡装置、出口道闸、手机、服务器等多个部件。权利要求 1 与对比文件 1 的区别技术特征在于：①取卡装置，刷卡装置，进口减速装置，出口减速装置；②汽车触发地感前均通过减速装置减速；③对于汽车车牌识别失败的汽车则要求通过取卡装置取卡进入；④对于识别没有车牌的汽车，直接转入人工收费环节，进行现场刷卡收费；⑤车主开启手机程序后，如果在服务器的实时汽车信息表里具有与车主注册账号绑定的汽车车牌，即通知车主，车主据此决定是否进行扣费授权，此扣费授权将通过手机上运行的该程序反馈到服务器上；⑥在控制电脑与服务器定时进行的信息交换过程中，控制电脑可以实时获得车主的扣费授权；⑦对于识别有车牌的汽车，通过与从服务器获得的扣费授权比对，控制电脑可以甄别该车是否需要现场付费，对于没有扣费授权的汽车则转入人工收费环节。被诉复审决定将实际解决的技术问题确定为：①如何进行人工收费；②如何使得车辆在进出口处减速；③对于车牌识别失败的车辆如何处理；④对于识别没有车牌的车辆如何处理；⑤如何进行扣费操作；⑥如何获得授权信息；⑦如何甄别车辆是否需要现场付费。法院认为，创造性判断需要以整体技术方案为基础，并与对比文件的相关技术特征进行对比分析。如果各区别技术特征之间具有协同作用，则尤其注意不能割裂各技术特征的协同作用。在该案中，被诉决定中对于区别技术特征实际解决技术问题的认定未考虑相应区别技术特征之间的协同作用，亦未将其与对比文件进行对照分析，故对实际解决技术问题的认定不够准确。在整体收费过程中，区别技术特征③、⑤～⑦相互协同，故对实际解决技术问题的确定需要综合考虑上述技术特征。具体而言，区别技术特征③的存在使得涉案申请相对于对比文件 1 缺少一个与数据库信息的匹配过程，因此在相当程度上解决了在停车场入口处的拥堵问题。但需要强调的是，涉案申请整体解决的是停车场收费问题，故在解决进口拥堵的同时，需要同时兼顾后续的缴费程序。同时解决上述问题则需要区别技术特征⑤～⑦的配合，即车主需要开启手机程序完成缴费问题。当然，这一缴费过程亦存在绑定环节，只是这一绑定环节可以是在进入停车场后，而非如对比文件 1 所限定的必须在进入停车场之前完成绑定过程，从而使得在入口处仅需识别车牌即可，从而使得区别特征③的采用成为可能。不仅如此，这一手机程序的使用同时使车主具有了缴费的选择权。基于以上分析，法院将实际解决的技术问题重新确定为在缓解停车场入口拥堵问题的同时兼顾后续缴费程序的顺利进行，且使车主具有是否缴费的选择权。并基于该重新确定的技术问题最终确认了涉案申请的创造性。

3）已知问题的替代解决方案

虽然多版审查指南将技术问题定义为为获得更好的技术效果而进行的改进，但在审查实践中，很多专利申请相对于最接近的现有技术并未获得效果上的改进，尤其是有时技术效果非但没有改进，反而还可能变劣。因此，经常会在要求保护的发明相对于最接近现有技术没有取得任何效果提高或仅是效果类似的情况下将发明实际的解决问题确定为替代解决方案。

3.5.2.3　技术问题或技术问题切入点的可知性判定

在审查实践中，有这样一类发明，其相对于现有技术的贡献在于发现了导致某技术缺陷（现象）的原因，即发现该原因对于本领域普通技术人员来说在申请日前并不是显而易见的，而该原因一旦找出，其解决方案却是显而易见的。发现未知的技术问题本身也可能使技术方案具有创造性，尽管在发现这个技术问题后所提出的解决方案对于本领域技术人员而言非常显而易见。

对于这类发明的创造性审查，在确定发明实际解决的技术问题时，尤其需要注意，不能只考虑为基于所发现的原因而采用的技术手段（区别技术特征）本身固有的功能和效果，而需要全面考察该技术手段给作为一个整体的发明带来的技术效果，即这个效果是区别特征中的技术手段与发明中的其他技术手段共同实现的，而不是这个技术手段孤立产生的。否则会忽视发明人在发现产生这种缺陷（现象）的原因的过程中所做出的技术贡献，并导致超出了申请日前本领域普通技术人员的水平和能力。在这种情况下，确定发明实际解决的技术问题时应将"原因"和"技术手段"共同认定为发明人需要跨越的技术障碍，所确定的技术问题应为"如何解决该缺陷（现象）"。这一类技术特征即为解决技术问题的切入点。举例来说，一个案例中发明人发现了某印刷设备在进行印刷时纸张跑偏的问题（提出技术问题）；接下来，分析产生该缺陷的技术方面的原因，例如，发明人通过分析发现，上述纸张跑偏的原因是印刷机的部件 A 在使用一段时间后发生了变形；最后，基于该原因分析寻找解决该缺陷的技术手段，例如，发明人采用了一种不易发生变形的已知材料 B 来制造部件 A。在这个案例中，应将发明实际解决的技术问题确定为"如何解决纸张跑偏"，而不应是"如何解决部件 A 变形"的问题。

既然这些区别特征中的技术手段是解决技术问题的钥匙，在"三步法"中确定了实际解决的技术问题后，站位技术原点的技术人员就不能想当然地从区别技术特征入手，进而去查找现有技术中有没有使用该区别特征中的技术手段，因为"从区别特征入手来解决这个技术问题"本身实际上是要求保护的发明教导给创造性评判主体的。因此，在还原一个发明的创造过程时，创造性评判主体必须避免利用发明给出的"技术启示"直接使本领域技术人员以区别特征为突破点。

第 27939 号复审决定的涉案申请权利要求 1 要求保护一种制备 4-异丙氧基-4′-羟基二苯基砜的方法，其中在内壁上具有耐腐蚀层的容器用于生产 4-异丙氧基-4′-羟基二苯基砜的反应步骤中。驳回决定认为权利要求 1 与对比文件 1 的主要区别在于所述反应在内壁上具有耐腐蚀层的容器中进行，并认为无论是在反应过程还是提纯过程中，为了防止反应器中金属元素的溶出、提高产品的产率和纯度而采用防腐蚀容器，如使用反应器中具有含钛、玻璃或氟树脂等的耐腐蚀层的容器，是一种惯用的技术手段。复审合议组考察该申请说明书的记载后认为，涉案申请的提出是由于申请人发现反应容器溶出的杂质金属离子可以使二羟基二苯基单醚类化合物着色而影响产物的品质，进而提出通过在反应或提纯过程中使用"内壁上具有耐腐蚀层的容器"可以防止金属离子溶出从而避免产品被着色的技术方案。因此实际解决的技术问题应确定为提供一种未着色的 4-异丙氧基-4′-羟基二苯基砜化合物的制备方法。复审合议组认为，涉案申请方法和对比文件 1 方法欲除去的杂质不同，二者目的或者说实际解决的技术问题也不同：涉案申请使用在内壁上具有耐腐蚀层的容器以避免金属离子溶出，目的在于防止产物着色从而得到未着色的 4-异丙氧基-4′-羟基二苯基砜；对比文件 1 方法通过萃取、分离和重结晶等步骤从反应混合物中除去未反应的原料 4,4-羟基二苯基砜，其目的是提高产物的纯度。在对比文件 1 中并未对反应的容器做任何说明或要求，也没有任何关于二羟基二苯基单醚类化合物或者具体到涉案申请权利要求 1 涉及的 4-异丙氧基-4′-羟基二苯基砜产品中可能存在杂质金属离子或者杂质金属离子的存在可能影响产品色度的记载。本领域普通技术人员很难从理论上可能存在的众多杂质物质中意识到某杂质金属离子的存在及其带来的问题。

（2016）京 73 行初 132 号判决的涉案专利权利要求 1 要求保护一种由钢制的基体（1）和预镀层（2）构成的板材，所述预镀层由其上置有金属合金层（4）的金属间化合物合金层（3）构成，所述金属间化合物合金层与所述基体相接触，其特征在于，在所述板材的至少一个预镀表面上，位于所述板材周边的区域（6）被除去所述金属合金层。法院认为，结合涉案发明说明书中的相应记载可知，本领域普通技术人员足以认识到与涉案发明相比，对比文件 1 在后续的焊接、热处理过程中存在焊接接头容易破裂这一外在缺陷（这也就说明，技术问题本身是可以被技术人员发现的），但涉案发明则是认识到了导致该外在缺陷的内在原因在于预镀层中的金属合金层的存在，并采取了上述区别技术特征，从而克服了该外在缺陷。确定外在缺陷后，判断本领域技术人员是否可以发现导致该外在缺陷的内在原因，需要结合现有证据并以本领域技术人员的认知能力为基础。对比文件 1 的发明目的亦在于增加接合部分的牢固性，但对比文件 1 中所记载的破裂原因在于，现有技术中预镀层中的两层分别是有机层与金属层，焊接时由于内层表面锌层（即金属层）蒸发温度相对较低，外层表面涂层（即有机层）经由锌汽化形成的孔隙进入接合区域，从而使得接合部分的牢固性较差。对比文件 1 及原告提供的其他证据均未涉及金属合金层对于焊接接合部分牢固性的影响问题，可见，现有证据难以证明本领域技术人员可以认识到导致对比文件 1 相对于涉案发明所存在外在缺陷的内在原因。

3.6　技术启示

创造性判断"三步法"中第三步为"判断要求保护的发明对所属领域的技术人员来说是否显而易见"，即需要站位本领域技术人员判断现有技术是否给出了将第二步中确定的区别特征应用到第一步确定的最接近现有技术中以解决第二步中确定的发明实际解决的技术问题的技术启示。在专利审查或审判实践中，确定本领域技术人员获知教导或启示的水平、现有技术的教导或启示程度，都容易带入主观性的内容。为保障创造性判断结论的客观性，需要综合考量多方面的因素。❶

3.6.1　改进的动机

在创造性判断过程中，确定是否存在对现有技术改进的动机是确定发明是否具备创造性的关键因素之一。需要考察的是现有技术整体上是否存在某种技术启示，即现有技术中是否给出将上述区别特征应用到该最接近的现有技术以解决其存在的技术问题（即发明实际解决的技术问题）的启示，这种启示会使本领域的技术人员在面对所述技术问题时，有动机改进该最接近的现有技术并获得要求保护的发明，并对改进所获得的成功存在合理的预期。

（2003）高行终字第 23 号判决的涉案专利权利要求 1 涉及一种塑料管坯预热器，最接近的现有技术对比文件 2 公开了一种由型坯生产中空塑料瓶或其他类似物品的设备。二者的区别特征在于：权利要求 1 具有特定结构的管坯支撑件和均热链条或齿条固定在加热板所在的支架上，管坯支撑件中的均热链轮或齿轮与均热链条或齿条相互配合。另一现有技术对比文件 1 公开了一种由热塑性塑料制件型坯高速制备双轴取向制件的装置，该装置由本体、支撑芯、轴承、均热链轮或齿轮组成，支撑芯通过轴承

---

❶　国家知识产权局专利复审委员会.以案说法——专利复审、无效典型案例指引［M］.北京:知识产权出版社,2018:165.

安装在本体中，和均热链轮或齿轮相互配合实现型坯自转。法院认为，由于对比文件 2 中已有为避免型坯颈部被加热后变形，在加热前将型坯颈部朝上翻转为颈部朝下的技术启示，故型坯开口朝向不同对于本领域普通技术人员来讲并不构成实质性区别，本领域普通技术人员不经创造性劳动即可实现这个变换。另外，涉案专利是一个单独的塑料管坯预热装置，不包括拉伸和吹塑装置，也不存在间歇运动，当型坯进入吹塑阶段后，带动型坯公转的链条停止移动，而对比文件 1 则将热处理和吹塑成型等几个工序集合在一起，为保持型坯自转，均匀加热，当然需要引入另外的驱动装置，这也是本领域普通技术人员很容易想到的。在对比文件 2 的启示下，本领域普通技术人员将型坯开口由朝上改为朝下后，自然会省去对比文件 1 中的"夹持组件"和"屏蔽结构"。故在对比文件 1 和文件 2 的启示下，得到涉案专利的技术方案是显而易见的。

（2017）最高法行申 5053 号裁定的涉案专利涉及一种钙锌铁口服液，其由可溶性钙剂、可溶性铁剂、可溶性锌剂、维生素 B_2、去离子水配制而成。最接近的现有技术证据 3 公开了一种防止或治疗钙质缺损的口服溶液，含有可溶性钙剂 4～9 份，葡萄糖酸锌 0.1～0.4 份，盐酸赖氨酸 0.8～1.2 份。权利要求 1 与证据 3 的区别特征在于：权利要求 1 保护的口服液中还含有可溶性铁剂及维生素 B_2，而不含有证据 3 口服液中的盐酸赖氨酸。涉案专利实际解决的技术问题是提供一种增加补充铁和维生素 B_2 的微量元素补剂。另一现有技术证据 1 公开了一种复方钙锌铁颗粒，根据其公开的处方可以看出，证据 1 公开了涉案专利权利要求 1 的全部补充剂，即葡萄糖酸钙、葡萄糖酸锌、葡萄糖酸亚铁和维生素 B_2。

法院认为，证据 1 与证据 3 均涉及营养补益类药物，更具体的是都包含钙剂和锌剂，本领域技术人员为了使证据 3 公开的口服液适应证更加全面，容易想到引入证据 1 处方中的可溶性铁剂和维生素 B_2，证据 1 中四种活性成分的比例完全落入涉案专利权利要求 1 限定的数值范围。涉案专利中虽未包含证据 3 公开的盐酸赖氨酸，但证据 3 中记载"盐酸赖氨酸为小肠黏膜钙结合蛋白的主要组成部分，它可以使小肠钙结合蛋白含量增加，促进钙由小肠向血管内转移，增加钙在小肠的吸收"，即证据 3 公开的是盐酸赖氨酸增加常规补钙剂补钙效果的额外益处，但是缺少该成分并不影响补钙剂原本的补钙功效，而且也没有证据显示会影响铁、锌和维生素 B_2 的吸收。因此，在证据 3 公开的技术方案基础上，根据对微量元素和营养物质的补充需求，增加证据 1 中已施用的铁补剂和维生素 B_2，并缺省盐酸赖氨酸是本领域技术人员容易想到的方案。

（2012）行提字第 20 号判决的涉案专利涉及一种含有启动器和内装超细干粉灭火剂（冷气溶胶灭火剂）的壳体的脉冲超细干粉自动灭火装置，权利要求 1 限定了灭火剂的粒径及启动器的作用方式和相关部件。最接近的现有技术附件 1 公开了一种含有可分离式启动器的超跨音速灭火器。权利要求 1 与附件 1 的区别特征之一为权利要求 1 的启动器中采用由燃点大于或等于 135℃、并对火焰或温度敏感的热敏线和套在热敏线外的套管组成的启动组件，其传导速度大于 0.5m/s，并且采用扣压在铝板上用以包住产气剂的非金属薄膜，而附件 1 中公开的是经凹槽的带有双股导线的点火头，并且没有公开圆柱体（赛璐珞）的具体固定方式。

法院认为，附件 3 中公开了一种名称为安全自爆干粉灭火弹的装置，其中露在弹体外的微型安全引线为火敏元件，可以安全地自动引爆。附件 9 中公开了易燃的棉线自燃点 150℃，附件 10 中表 1 公开了棉花自燃点 150℃、燃点 210℃。另外，通常可用于引线的可燃物，如尼龙、麻绒、麻袋和赛璐珞的自燃点和燃点在附件 11～13 中公开，数据显示均大于 135℃。由此可见，热敏线的燃点大于 135℃这一技术特征已在现有技术中多次公开使用，而热敏线的燃点等于 135℃也未使权利要求 1 带来任何预料不到的技术效果。附件 6 公开了传导速度为 0.5m/s 的热敏线，并可直接地、毫无疑义地推知，热敏线装在套管内可以极大地提高燃烧速度。也就是说，根据附件 3、6、9～13 公开的内容，本领域技术人员容易想到将惯常使用的燃点大于或等于 135℃的热敏线或火敏线置于密闭空间中，提高其传导速度，而用于自动灭火器。

如果现有技术整体上没有披露解决实际解决的技术问题的具体技术手段，显然现有技术不存在改进的动机。

（2014）知行字第 6 号裁定的涉案专利权利要求 1 请求保护一种便携超声诊断仪，而证据 1 公开了一种便携式超声诊断仪。二者的区别特征之一是权利要求 1 限定了电源板竖直设置于所述主机架的一侧，主板与探头板竖直设置于主机架的另一侧；而证据 1 中，信号处理板 432、发射/接收板 430 竖直安装于金属结构 402 内，电源板 426 竖直安装于金属结构 402 后下部。权利要求 1 实际要解决的技术问题是在便携超声诊断仪中减小电源板对探头板的干扰以及避免机器重心的偏差。法院认为，证据 1 中防止各组件之间的电磁干扰主要是通过设置封闭的屏蔽隔室的技术手段来实现的；证据 2 公开了电子设备防干扰控制的空间分离方法、元器件布局技术；证据 11 记载了超声诊断设备的结构设计要尽量做到外形美观、整体轻便。可见，证据 2 和证据 11 并没有具体披露解决所述技术问题的具体技术手段，也即现有技术没有给出将该区别特征应用到证据 1 以实现涉案专利实际要解决的技术问题的技术启示。如何将主板、探头板、电源板从机架后部移动到机架两侧也并非本领域常规技术手段，因此涉案专利具备创造性。

3.6.2 技术启示中现有技术给出的教导及作用

现有技术的教导和作用包括三个方面：①证明区别特征为已知技术手段；②证明技术特征在要求保护的发明和现有技术的技术方案中所起的作用相同；③改进或替换的效果有合理的预期，即本领域技术人员会以合理的成功预期遵循现有技术的教导，但不必要求技术方案的成功必然可预测。

3.6.2.1 存在技术启示的情形

在审查和审判实践中，通常以下情形可以认为现有技术整体上存在技术启示：

（1）所述区别特征为公知常识，例如，所属领域中用于解决发明实际解决的技术问题的惯用手段，教科书或工具书等披露的解决发明实际解决的技术问题的技术手段，或者教科书、工具书中为解决相关技术问题而引用的其他文献披露的内容；

（2）所述区别特征为与最接近的现有技术披露的作用相同的相关技术手段；

（3）所述区别特征为其他对比文件中披露的作用相同的相关技术手段；

（4）其他对比文件中披露了不同于发明区别特征，但与区别特征作用相同或类似的技术手段，本领域技术人员能够通过公知的变化或利用公知的原理对该技术手段进行改型并预期其效果；

（5）现有技术中虽然没有教导，但出于解决本领域中公认的问题或满足本领域普遍存在的需求的目的，如出于更便宜、更洁净、更快捷、更轻巧、更耐久或更有效的考虑，使得本领域技术人员有动机并能够采用已知技术手段对最接近的现有技术进行改进而获得发明，并可以预期其效果。

3.6.2.1.1 相同对比文件的其他部分

区别特征可以是与最接近的现有技术相关的技术手段。在此种情形下，该技术手段在所述其他部分所起的作用与区别特征在要求保护的发明中为解决发明实际解决的技术问题所起的作用应相同。

（2015）知行字第 262 号裁定的涉案专利权利要求 1 涉及一种纯化的乌司他丁，并以在 405nm 处的光吸收值不超过 0.1，人尿激肽原酶的含量、SDS－PAGE 法或高效液相色谱法测定的分子量、凯氏定氮法测定的蛋白含量等参数限定其产品特性。对比文件 2 公开了用金属螯合树脂或疏水性单体处理含有乌司他丁的水溶液，可高效率地纯化乌司他丁，并且将其结合已知的方法组合使用可制造高纯度的乌司他丁，具体列举已知的作为乌司他丁的纯化方法有阴离子交换体处理、凝胶过滤、限外过滤等，对比文件 2 还公开了按照其方法制得的乌司他丁产品参数。权利要求 1 与对比文件 2 的区别特征在于：①对比文件 2 中没有记载浓度为 5 万单位/mL 时，在 405nm 处的光吸收值不超过 0.1，人尿激肽原酶的含量不超过 0.0005PNAU；②对比文件 2 中公开的比活性为 2000～3000 单位/mg 蛋白，而权利要求 1 中明确限定"采用凯氏定氮法测定蛋白含量，其抑制胰蛋白酶的活性不低于 3500 单位/mg 蛋白"。法院认为，对比文件 2 公开的比活性低于涉案专利限定的比活性，但对比文件 2 已经给出了纯化乌司他丁的技术启示，在其已经提示以血管舒缓素作为杂质控制目标的情况下，基于进一步提高纯度的需要，本领域技术人员容易想到利用其掌握的纯化方法来实现该目的。

3.6.2.1.2 相同或相近领域的其他对比文件

其他对比文件披露的相关技术手段可能就是区别特征所采用的技术手段，也可能是与发明的区别特征具有相同或类似的作用的技术手段。对于前者，该技术手段在该对比文件所起的作用与区别特征在要求保护的发明中为解决发明实际解决的技术问题所起的作用应相同；对于后者，本领域技术人员应能够通过公知的变化或利用公知的原理对该技术手段进行改型，将其应用于最接近的现有技术中获得发明，且可以预期其效果。

（2009）高行终字第 142 号判决的涉案专利涉及一种三角形钢构塔。涉案权利要求

1 与附件 2 的区别特征之一为附件 2 中没有公开"塔体内固定有爬梯横担，爬梯横担上固定有爬梯，爬梯由固定在爬梯横担上的爬梯固定板、固定在爬梯固定板上的爬梯主杆及固定在爬梯主杆上的爬梯步钉组成"。而附件 7 公开了涉案专利中的爬梯步钉，并给出了将爬梯通过底托和包箍固定到杆体上的技术启示。法院认为，在附件 7 给出的上述技术启示下，为了便于安装、检查，保证工作人员攀登时安全可靠，本领域技术人员容易根据附件 2 的三角形钢构塔的结构，想到在塔体内设置爬梯横担和爬梯固定板，并将爬梯主杆与之相固定，从而使得爬梯稳固，工作人员攀爬安全。这种根据具体结构而做出的适应性改变是显而易见的，且没有取得意想不到的技术效果，因而涉案专利权利要求 1 相对于附件 2 和附件 7 的结合没有实质性特点。

（2017）最高法行申 8803 号裁定的涉案专利权利要求 2 涉及一种幼苗移栽器，与证据 1 的区别特征在于锥形尖头为三棱锥。根据该区别特征所能达到的技术效果，确定其实际要解决的技术问题为易于打穴。法院认为，现有技术中存在证据 2 公开了一种玉米套种点播机，它由打穴杆 1、打穴锥头 2 等部位组成，锥头可以是圆锥或棱锥，其形状采用棱锥同样是为了易于打穴的效果，且证据 1 与证据 2 同属于种植工具领域。因此，本领域技术人员很容易将证据 2 中的锥形头选为常见的三棱锥形式引入证据 1，因而具备相应的技术启示。

（2012）高行终字第 349 号判决的涉案专利涉及一种整体式垃圾箱。权利要求 1 与证据 1 的区别特征在于：权利要求 1 要求保护的是一种包括贮存仓的整体式垃圾箱，其中贮存仓前端设有可打开的卸料门，后端与收集压缩仓相连，而证据 1 相应地仅公开了将收集压缩后的垃圾传送到容器 5 中，但没有明确说明容器 5 是作为垃圾处理装置整体的一部分的贮存容器且前端设有可打开的卸料门。证据 2 公开了一种散料处理系统，其中包括一个压实机、一个用于材料压实并包含往复传送平台的拱顶室、一个包含货箱和包含往复传送平台的公路车。法院在对权利要求 1 与证据 2 的相应部件及功能进行分析的基础上，认为涉案专利所要解决的技术问题是如何使垃圾压缩、贮存、卸料一体化，权利要求 1 所限定的技术方案是通过将垃圾压缩仓、贮存仓和卸料结构设置在一个箱体中，一次性完成垃圾压缩、贮存和卸料整个工作过程，贮存仓的作用是贮存压成块的垃圾，等待卸料作业。证据 2 公开了垃圾处理装置中，最初的垃圾材料 24 在活塞 18 和墙 64 之间的空间也即在箱体 26 的前部被压缩，随着新垃圾的加入和活塞 18 的运动该部分垃圾被存储至箱体 26 后部，之后越来越多的垃圾被存储并逐渐向箱体后部移动，直到到达卸料门 68。证据 2 的墙体 64、后门 68 即相当于权利要求 1 的闸板门、卸料门。因此，证据 2 给出了在一个箱体中利用可活动的隔挡将箱体区分为贮存和压缩部分的技术启示。证据 2 中的压缩活塞受力伸长，可将垃圾压缩并向后门 68 方向推动，与权利要求 1 的推铲装置具有基本相同的功能和技术效果，由于权利要求 1 并未对推铲装置的结构进一步限定，故与证据 2 中的活塞相比并无实质性特点。因此，证据 2 所公开的技术方案能够在不分离箱体的情况下同时实现垃圾的贮存和卸料，也即实现了垃圾收集压缩、贮存和卸料的一体化。权利要求 1 相对于证据 1 与证据 2 的结合不具备创造性。

在（2017）京行终 5143 号判决涉及的案件中，权利要求 6 要求保护一种双层蝌蚪形链齿拉链的拉链头。证据 7 公开了一种拉链，通过分析可知，证据 7 的双面齿拉链拉头的拉手、底板、盖板、连接底板与盖板的拉柱分别相当于涉案专利的拉片、上护板、下护板及连接上、下两护板的导引基心，在拉链头 A 内形成的分别供上链条 2 及下链条 3 嵌穿与容置的双轨道空间相当于涉案专利的上护板与下护板间形成的容纳双层链齿拉链的内部空间，固定在盖板的上面用于安装拉手的鼻梁相当于涉案专利中在上护板上方设有供装设拉片的连接部。权利要求 1 与证据 7 相比的区别技术特征为：①双层蝌蚪形链齿拉链；②在上护板和下护板近中间部位分别设有一贯穿槽……滚轴在轴座槽中滚动。法院认为，现有技术证据 6 公开了一种用于流体密封拉链的拉头，与涉案专利属于相同的技术领域，给出了在双层拉链的上下护板间、导引基心/导柱上形成楔形导板以对双层拉链的上、下两层进行引导、隔离和平衡的技术启示。基于上述技术启示，为了对证据 7 中的双层拉链进行引导、隔离和平衡，本领域技术人员容易想到在证据 7 中的底板和盖板间、连接底板和盖板的拉柱上形成证据 6 的楔形或舌形平衡导片，从而显而易见地获得权利要求 6 的技术方案。

（2014）知行字第 84 号裁定的涉案专利权利要求 4 涉及一种无铅钎焊料合金，其与最接近的现有技术证据 1 的区别特征在于权利要求 4 中还添加有 0.001%～1.000%（质量分数）的 Ge。法院认为，涉案发明说明书记载了 Ge 的作用，即锗在合金凝固时使晶粒细化。锗出现在晶界上，防止晶粒变得粗大。添加锗可以防止在合金溶解过程中氧化物发展。而现有技术证据 8 公开了一种焊料合金，披露了在钎焊料合金中添加 0.001%～0.050%（质量分数）Ge，以抑制该焊料在熔融时的氧化物的产生，并且改善钎焊性（润湿性、剪切性、伸缩性等）的技术效果。由此可见，证据 8 给出了在焊料中添加锗以防止合金在溶解过程中氧化物发展的技术启示，故在证据 8 中公开的也是 Sn 基钎焊料合金，并且其明确记载了 Ge 在该合金中所起的作用情况下，本领域技术人员能够从证据 8 中得到添加 Ge 可抑制氧化物产生并改善焊料合金钎焊性的技术启示，从而将证据 8 和证据 1 相结合得到权利要求 4 的技术内容。

如果区别特征与另一对比文件中披露的相关技术手段有所区别，则需要判断针对该区别，本领域技术人员是否容易想到以区别特征相同的技术手段解决技术问题。尤其是在对比文件的相关技术手段能够解决发明实际解决的技术问题的情况下，应当考察对本领域技术人员是否有动机以不同的技术手段解决相同的技术问题。

（2015）京知行初字第 5055 号判决的涉案专利权利要求 1 涉及一种采用气相沉积的渗铝方法，适用于金属涡轮机空心叶片 1 的高温氧化防护。最接近的现有技术对比文件 2 公开了一种涡轮机叶片。权利要求 1 中的金属部件与对比文件 2 中的冲击冷却插入件结构、位置及冷却作用均相同，二者的区别特征在于：权利要求 1 对部件为金属材料及装配方式作了进一步限定。发明实际解决的技术问题是金属涡轮机空心叶片的高温氧化防护问题。被诉决定认为冲击冷却插入件与涡轮机叶片内壁的距离比较近，本领域技术人员容易想到将冲击冷却插入件作为铝给体，以此说明区别特征与对比文件技术手段之间的差异对技术启示的影响。

法院认为，如果区别特征与另一对比文件中披露的相关技术手段有所区别，还需要针对该区别，对本领域技术人员是否容易想到以区别特征相同的技术手段解决技术问题加以证明或进行合理的说明。尤其是在对比文件的相关技术手段能够解决发明实际解决的技术问题的情况下，应当对本领域技术人员有动机以不同的技术手段解决相同的技术问题加以证明或进行合理的说明。根据发明权利要求 1 和对比文件客观记载的技术方案，对比文件 1 采用在待处理表面放置单独的包有金属涂层的铝给体的方式，解决在延伸的金属空腔内部进行渗铝的问题；而权利要求 1 与对比文件 2 之间的相关区别特征为对腔室内起扩散冷却剂作用的金属部件进行表面富铝处理，覆盖特定的铝层厚度，以起到铝给体的作用。可见现有技术并不足以说明本领域技术人员在对比文件 2 的基础上容易想到结合区别特征的技术手段来解决发明实际解决的技术问题。而且，由于对比文件 2 同样具有延伸的金属空腔，本领域技术人员在对比文件 2 的基础上结合对比文件 1 所公开的放置单独铝给体的技术方案，就可以解决该申请实际解决的金属涡轮机空心叶片的高温氧化防护问题，在没有进一步启示的情况下，本领域技术人员没有动机进行进一步改进，采用不同的技术手段解决相同的技术问题。因此，本领域技术人员在对比文件 2 的基础上结合对比文件 1，仍需要付出创造性劳动才能得出权利要求 1 的技术方案。

3.6.2.1.3　跨领域的现有技术

2010 年版《专利审查指南》在定义本领域技术人员时明确指出，本领域技术人员还"具有应用该日期之前常规实验手段的能力，但他不具有创造能力。如果所要解决的技术问题能够促使本领域的技术人员在其他技术领域寻找技术手段，他也应具有从该其他技术领域中获知该申请日或优先权日之前的相关现有技术、普通技术知识和常规实验手段的能力"[1]。因此，与发明领域不同的现有技术也可能对本领域技术人员给出教导，这样的技术领域例如可以是与发明的技术领域属于同一上位技术领域下的不同技术领域，还可以是发明技术领域的上位技术领域等。在此种情况下，领域的差异程度是否导致本领域技术人员存在改进的动机，以及在运用相同原理的技术手段时是否存在技术障碍是需要重点考查的因素。

（2010）高民终字第 643 号判决的涉案实用新型权利要求 1 保护一种一次性注式采血针，最接近的现有技术证据 1 涉及一次性使用无菌采血针，二者相比的区别特征仅在于固定在针柄内的针体上设有防松固定结构。现有技术证据 6 涉及一种纹眉机的径向接合纹针结构，借由径向接合方式限制纹针在轴向运动时所产生的轴向脱离作用力，使纹针在使用一段时间后，仍无松动和脱针之忧。纹眉机与采血针的结构差异较大，且各自应用的范围并不交叉，专利的使用者和适用的对象均不相同，属于不同的技术

---

❶ 《专利审查指南 2010》，第二部分第四章第 2.4 节。

领域。法院认为，虽然纹眉机不属于医疗器械，但是同样是解决针体松动的技术问题，本领域技术人员可以从中得到技术启示，将证据 6 中披露的在纹针的尾部设有一垂直弯部的结构，即防松固定结构，与证据 1 相结合得到权利要求 1 的技术方案，而不需要付出创造性劳动。

（2011）行提字第 8 号判决的涉案专利权利要求 1 请求保护一种抗 β-内酰胺酶抗菌素复合物，是由舒巴坦与氧哌嗪青霉素或头孢氨噻肟混合制成的复方制剂。对比文件公开了在临床上可以将舒巴坦与哌拉西林或者头孢氨噻肟分别以特定的比例联合用药，以克服细菌的耐药性问题，扩大抗菌谱；但并未公开将舒巴坦与氧哌嗪青霉素、头孢氨噻肟组成的复合物制备为复方制剂。该案的焦点就在于，由两种药物的联合用药到二者的复方制剂是否存在技术启示。

法院认为，首先，虽然临床联合用药与复方制剂虽属于不同的技术领域，性质有所不同，但亦具有十分紧密的联系，因此包括联合用药在内的临床医学实践，是研发及验证 β-内酰胺酶抑制剂抗生素复方制剂的重要基础和源泉；而将联合用药的多种药物制备为复方制剂，则是实现 β-内酰胺酶抑制剂与抗生素联合用药的具体方式。二者之间的密切关系，也正是俗语"医药不分家"在该技术领域中的具体体现。在临床联合用药公开了足够的技术信息的情况下，本领域技术人员能够从中获得相应的技术启示。其次，对比文件已经公开了关于两种药物联用的非常丰富、翔实的技术内容，本领域技术人员已能获得足够的启示并有足够的动机，想到采用常规工艺将舒巴坦与哌拉西林或者头孢氨噻肟制为复方制剂，以便于联合用药的用药方便。从舒巴坦与哌拉西林、头孢氨噻肟的本身性质来看，亦不存在不宜将其制为复方制剂的反面教导或者明显障碍。

3.6.2.1.4 本领域中用于解决发明实际解决的技术问题的惯用手段

（2006）一中行初字第 1157 号判决的涉案专利涉及一种制冰蒸发器，权利要求 1 限定其具有蒸发管（1）、至少两根平行排列的制冰管（2）及二者的连接方式，还限定了蒸发管（1）内腔的截面积大于制冰管（2）由隔片（5）分隔后形成的两个内腔的截面积。与最接近的现有技术证据 1 公开的制冰蒸发器的区别特征在于证据 1 未公开"蒸发管（1）内腔的截面积大于制冰管（2）由隔片（5）分隔后形成的两个内腔的截面积"。根据发明说明书的记载，通过使蒸发管（1）内腔的截面积大于制冰管（2）由隔片分隔后形成的两个内腔的截面积，使得制冷液在制冰管（2）内流动速度大于在蒸发管（1）内的速度，增加了制冰盒内的热交换速率。法院认为，由于涉案专利权利要求 1 中限定的蒸发管与制冰管由隔片分隔后形成的两个内腔系串联关系，要提高换热性能，根据"提高流速可以提高换热性能"这一普遍原理，很容易想到应提高制冷液在管腔中的流速。而提高流速，最常规的办法就是增加流体压力或者减小管腔截面积。因此，本领域普通技术人员在证据 1 的基础上，结合本领域的公知常识很容易想到通过使蒸发管（1）内腔的截面积大于制冰管（2）由隔片（5）分隔后形成的两个内腔的截面积这一手段来提高制冰盒的热交换效率，故权利要求 1 相对于证据 1 不具有创造性。

3.6.2.2　不存在技术启示的情形

考虑现有技术整体上是否存在技术启示时，不仅要考虑对比文件所公开的技术方案，还要注意其所属的技术领域、解决的技术问题、所达到的技术效果，以便从整体上理解现有技术所给出的教导。即使最接近的现有技术的对比文件的其他部分或其他对比文件公开了发明的区别特征，但这些特征在现有技术中所起的作用与在该区别特征在要求保护的发明中为解决发明实际解决的技术问题所起的作用不同，则认为不存在技术启示。

（2010）高行终字第 472 号判决的涉案专利权利要求 1 涉及一种新型扬声器系统，其包括扬声器（1），其特征在于在扬声器（1）振动体背向设内套管（2）、外套管（3），内套管（2）与外套管（3）形成传声套管；所要解决的技术问题为降低扬声器谐振频率、改善包括驻波在内的有害波的影响及提高振动体的动态反应速度。最接近的现有技术对比文件 1 公开了的一种能抑制音箱内驻波的扬声器装置包括扬声器单元，一个音箱，它用于在扬声器单元的后侧形成内部空间，该内部空间具有若干壁表面，其中有用于安装扬声器单元的障板；一根声管，它沿若干壁表面中的至少一个壁表面构成，并且具有一个大致均匀的中空部分，其一端有一个开口，开口端有吸音材料，并且该声管可以设置在 X、Y、Z 三个方向上。法院认为，首先，对比文件 1 所述的"声管"具有"其一端有一个开口，开口端有吸音材料"的特征，只有上述特征同时具备才能使其成为一个独立发挥所设功能的元件，不能把这个元件的各个构成特征割裂考虑。其次，对比文件 1 所述"声管"的功能用途是消除音箱内的驻波，而非传声，该声管不是传声元件。由此可见，对比文件 1 所述的"声管"与涉案权利要求 1 所述的"传声套管"无论在结构上还是在功能上均为截然不同的元件，对比文件 1 无法提供技术启示。

在（2013）行提字第 17 号判决涉及的案件中，涉案专利权利要求 1 保护一种容错阵列服务器。最接近的现有技术对比文件 3 公开了一种数据服务器 10。权利要求 1 与对比文件 3 区别在于：①权利要求 1 中背板为一块，对比文件 3 中是 4 块背板；②权利要求 1 中通过切换器实现光驱、软驱的共用，对比文件 3 中通过复用器及控制站实现光驱、软驱的共用。法院认为，对比文件 3 中公开的是在一个数据服务器 10 内部，实现多个数据移动器 20 和 2 个控制站 22 的热置换，并且两个控制站的其中一个为冗余控制站，或者可以是数据移动器。对比文件 3 与涉案专利的技术领域并不相同。而且，对比文件 3 中的电连接器 93 和 254a—254d，虽然确实具有电连接的作用和接收信号的作用，但其接收的信号是由以太网总线 24a 传输的、在数据移动器与控制站之间的通信信号。对比文件 3 中并未公开电连接器 93 和 254a—254d 还可以起到连接显示器、鼠标、键盘、网卡的作用。本领域技术人员基于对比文件 3 公开的技术内容，不能直接地、毫无疑义地获得有关技术内容，也不能获得相应的技术启示。

（2016）京 73 行初 908 号判决的涉案专利权利要求 1 涉及扩展接口模块，与对比文件 1 的区别在于：权利要求 1 中与线圈接头连接的是至少两根绞合线。基于该区别技术特征可以确定，发明实际解决的技术问题是提供接口模块与线圈的连接。法院认为，对比文件1公开了收纳于输入输出接线盒的电阻丝这一技术特征，也公开了接线盒可以将含有主触点的标准接触器和含有辅助触点的辅助开关连接在一起，虽然其在形式上也是通过一种导体完成了两部分组件的连接，与权利要求1扩展模块的技术效果看似相同。但需要注意的是，权利要求1中扩展模块本不属于电磁开关设备的一部分，本领域技术人员是为了解决电磁开关设备线圈接头不易触及、供电不便的问题设置了扩展接口模块，为了完成其与前者的连接，进而设置了起导流作用的双绞线；而对比文件1中标准接触器、辅助开关和接线盒三者共同构成了电容接触器，三者属于电容接触器不可分割的一部分，接线盒并没有起到"扩展"电容接触器的作用，其中的电阻丝虽然客观上可以导流，但其设置主要是为了过流保护，不能被随意取代或扩展，故"接线盒＋电阻丝"与"扩展接口模块＋双绞线"在各自的技术方案中发挥的作用不同，技术效果也不一样，本领域技术人员没有动机从对比文件1中获得将区别特征应用于解决所述技术问题的启示。

（2012）行提字第7号判决的涉案专利涉及一种裁剪机磨刀机构中斜齿轮组的保油装置。权利要求1与附件5−1的区别特征在于：①权利要求1针对的是裁剪机磨刀机构，附件5−1应用环境是绕线机；②权利要求1的中间齿轮是与外部的传动齿轮啮合，而附件5−1中的齿轮146是与带有螺纹的传动螺杆相配合工作的。法院认为，附件5−1公开的技术内容涉及绕线机润滑系统的润滑问题，涉案专利要解决的是裁剪机斜齿轮组的保油润滑问题。虽然绕线机属于纺织机械，裁剪机属于服装机械，在应用环境上有区别，但二者均涉及机械系统的润滑问题，属于相同的技术领域。从分析二者润滑系统的技术特征及其作用来看，附件5−1与涉案专利所要解决的技术问题并不相同，因此所达到的技术效果也不同。涉案专利的技术特征所达到的技术效果是将润滑油保持在齿轮周围不外漏，实现齿轮的良好润滑和防止润滑油污染布料；护罩200和挡板206所起到的技术效果是将润滑油输送出去，而不是保持在齿轮周围不外漏。附件5−1所要解决的主要技术问题是有效输送润滑油，以实现对绕线机的内部构件进行润滑，而不是防止润滑油飞溅污染布料。对于本领域技术人员来讲，在看到附件5−1所公开的技术方案基础上，无动机将其润滑系统中的护罩200和挡板206的技术特征加以改进后，应用到裁剪机磨刀机构中，以解决涉案专利所要解决的防止润滑油飞溅，将润滑油保持在斜齿轮周围的技术问题。

即使最接近的现有技术的对比文件的其他部分或其他对比文件公开了发明的区别特征，且这些特征在现有技术中所起的作用与在该区别特征在要求保护的发明中为解决发明实际解决的技术问题所起的作用相同，但如果将这些特征应用于最接近的现有技术时存在技术障碍，则认为现有技术不存在技术启示。

在（2012）行提字第18号判决涉及的案件中，权利要求1涉及一种快速活络扳手，其结构中有蜗杆；附件1涉及一种推拉式快速扳手，其结构中有螺杆。权利要求1与附件1的区别特征在于：权利要求1中蜗杆采用大螺距蜗杆，螺距为4～10mm。该案的争议焦点在于"蜗杆的螺距为 4～10mm"的技术特征是否使得权利要求 1 具备创造性。法院认为，蜗杆与螺杆是机械领域中的常用传动零件，都带有螺旋，都具有呈螺旋形状突出的齿牙。然而两者的根本区别在于，蜗杆的原始模型是齿轮，通常采用阿基米德蜗杆与涡轮组成交错轴齿轮副，而螺杆的原始模型是斜面，通常采用矩形螺纹或梯形螺纹与螺栓组成平行轴的传动副；蜗杆最基本的参数为模数和直径系数，其余参数均由此换算得出，而螺杆最基本的参数为螺距与螺纹中径。因此，涡轮与螺杆尽管外形相似，但其传动模式、加工方法等完全不同，二者分别属于机械领域中不同的传动领域，本领域技术人员在设计涡轮蜗杆传动时，不能直接采用螺杆的技术参数。因此，虽然现有技术附件 6 公开了螺纹螺距为 4～10mm，但本领域技术人员在设计蜗杆时不能因此而直接套用为蜗杆的轴向齿距，故附件 6 并未给出将 4～10mm 的轴向齿距蜗杆应用于活络扳手的技术启示。

作为最接近的现有技术的对比文件的其他部分，或者其他对比文件，给出了与发明相反的教导，则认为现有技术并不存在技术启示。但需要注意的是，判断现有技术是否给出相反的技术教导应考察现有技术整体，而非单一或几篇现有技术。因此尽管最接近的现有技术采用了一种不同于该申请的手段，并指出其他手段存在缺点，但仅凭该篇现有技术不足以排除本领域技术人员结合其实际需要选择实现相同功能的其他常用技术手段，不足以认定现有技术给出了相反的技术教导。

(2016) 最高法行申 2433 号裁定的涉案专利权利要求 1 涉及水性胰岛素制品，其中包含 5～100nmol/L 卤化物，所述卤化物是碱金属或碱土金属化合物。最接近的现有技术证据 6 公开了一种 Asp^{B28}-人胰岛素类似物溶液，其与权利要求 1 的区别在于证据 6 未公开碱金属卤化物的浓度。法院认为，在评价创造性时，应当对对比文件进行整体考量。本领域普通技术人员在阅读证据 6 时，会对证据 6 披露的技术内容进行全面考虑。因实施例 5 中"离子强度对赖脯胰岛素鱼精蛋白结晶作用的影响"得出的结论，即证据 6 公开了 NaCl 浓度的提高会影响到赖脯胰岛素鱼精蛋白结晶，而且浓度越高，结晶效果越差，故证据 6 存在不宜使用 NaCl 的教导，本领域技术人员不会有动机在证据 6 中使用 NaCl。而证据 4 公开了"在选择等渗剂的种类时，应使用 NaCl，而不使用甘油"，故证据 4 存在一定浓度范围的 NaCl 会导致胰岛素制品更为稳定的技术启示。由于证据 6 存在不宜使用 NaCl 的相反教导，本领域技术人员没有动机将证据 6 与证据 4 相结合以获得涉案专利的技术方案。

3.6.2.3 同时存在正向和反向教导的情形

相反技术启示是判断显而易见性的重要考虑因素。当现有技术存在相反技术启示时，通常会认为本领域技术人员会向着与要求保护的发明相反的方向前进，并认定发明具有创造性；除非有明确的证据证明本领域技术人员会沿着发明的方向探索，改进最接近的现有技术并获得要求保护的发明，从而可以认定发明不具有创造性。

(2014) 高行 (知) 终字第 2684 号判决的涉案专利权利要求 1 涉及一种口服剂型的药物组合物，该组合物含有屈螺酮作为第一活性成分和炔雌醇作为第二活性成分。

最接近的现有技术证据 1 公开了一种单阶段避孕方法及包含孕激素和雌激素组合物的药盒，其中具体公开了屈螺酮 3mg、炔雌醇 0.015mg，还公开了单位日剂量优选片剂或丸剂的给药形式、加入赋形剂或载体，推荐以片剂和丸剂作为以雌激素/孕激素联合避孕的给药单位，每个单位应提供全天的用药剂量。权利要求 1 与证据 1 的区别特征在于证据 1 没有公开"屈螺酮是微粉化的"。基于该区别技术特征，涉案专利实际要解决的技术问题是提供一种溶出速度快、生物利用度得到提高的制剂。

法院认为，首先，基于公知常识，微粉化可以提高难溶性药物溶出度，进而提高其生物利用度。对酸不稳定药物进行微粉化会导致胃肠道内的溶解量增加，降低生物利用度。对难溶性且酸不稳定药物实施微粉化会产生两个截然相反的后果，即一方面，溶解量增大导致其在胃肠道绝对吸收数量的增大，从而可提高生物利用度；另一方面，微粉化也会导致酸性环境下异构化的加速，从而降低生物利用度。因此，体内代谢与吸收是对难溶性且酸不稳定药物实施微粉化来提高生物利用度必须考虑的因素。其次，证据 11 给出了螺利酮与屈螺酮存在的 2 个相同特征：一是两者结构相似，只存在一个双键差，螺利酮系屈螺酮体内活性代谢物；二是两者在体外对于酸催化的内酯环异构化都是不稳定的。同时，证据 11 与证据 13 亦给出了螺利酮与屈螺酮存在的 3 个不同特征：一是酸敏感性不同，室温条件下，屈螺酮半数异构化时间约为 90 分钟，螺利酮半数异构化的时间约为 150 分钟，屈螺酮异构速度明显快于螺利酮；二是体内代谢不同，螺利酮在体内无明显累积，屈螺酮在体内积累较大；三是溶解度不同，螺利酮的溶解度 $<5\mu g/mL$，溶解度较低，屈螺酮的溶解度为 $15.1\mu g/mL$，为螺利酮的 3 倍。最后，证据 11、证据 13 都明确指出，由于螺利酮和屈螺酮具有酸敏感性，体外实验都会存在异构现象。基于一般常理，无论体内体外，当酸性条件相同时，同一药物的反应历程是相同的。而证据 11 的实验条件是"突击给水"（每 12 小时 3250mL），"突击给水"必然使胃液冲淡，胃内酸度降低，pH 升高，导致酸异构化速率降低，异构化产物减少。证据 13 的实验条件是"前一晚禁食"（即"空腹"），在空腹情况下服用药物必然使胃排空加快，药物在胃内停留时间较短，对于难溶性药物而言溶解量相应减少，异构化产物减少。因此，"突击给水"和"空腹"这些因素均会影响螺利酮在体内的异构化能及对异构化产物的检测。而证据 11 的实验结果仅显示"未在血液中检测到螺利酮产生的内酯重排产物"，既没有分析未检测到的原因，也没有得出未发生异构化的肯定性结论。

因此，综合上述分析在螺利酮与屈螺酮存在酸敏感性、体内代谢、溶解度等诸多差异的情况下，法院认为，仅依据螺利酮特定条件下（"突击给水"和"空腹"）的否定性实验结论（"未在血液中检测到螺利酮产生的内酯重排产物"）就得出屈螺酮也会具有相同或相似的代谢过程（即在体内并不会发生异构），进而认定本领域技术人员能够显而易见认为屈螺酮应该通过微粉化来解决其吸收受限的问题，缺乏事实依据。在该案中，微粉化存在相反的技术启示，即微粉化在酸性环境下会降低生物利用度，故生物利用度能否通过微粉化得到提高需要综合考虑其在胃肠道的溶解特性、消化和吸收等一系列因素，而证据 11 "未在血液中检测到螺利酮产生的内酯重排产物" 属于否定性的实验结论，并没有明确排除现有技术中的相反技术启示，使本领域技术人员向着与涉案专利的方向探索。

3.7　公知常识

公知常识是创造性判断中的重要概念，但中国法律和行政法规对公知常识没有明确的定义，2010 年版《专利审查指南》中仅给出了公知常识的列举，包括：①本领域中解决该重新确定的技术问题的惯用手段；②教科书或者工具书中等中披露的解决该重新确定的技术问题的技术手段。在审查和审判的通常操作中，公知常识通常指众所周知的技术常识，以及本领域的普通技术知识。❶

3.7.1　公知常识的涵盖范围和证据时效

通常而言，公知常识可以分为以下几类（图 3-1）。❷

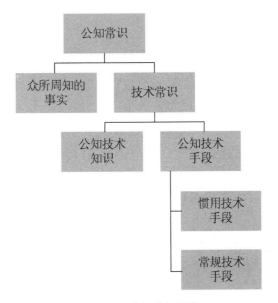

图 3-1　公知常识分类

教科书、技术词典、技术手册等工具书中记载的为解决某一技术问题所采用的技术手段被称为公知常识性证据，是证明该技术手段属于公知常识的证据。通常而言，若技术知识并非众所周知的技术知识和本领域的普通技术知识，也未记载在上述工具书中，则不属于公知常识。但不能仅因为技术知识未被记载在上述工具书中就认定其不属于公知常识。

---

❶ 《专利审查指南 2010》，第二部分第四章第 3.2.1.1 节。
❷ 石必胜. 专利创造性判断研究[M]. 北京：知识产权出版社，2012：237.

（2007）高行终第 403 号判决的涉案专利涉及一种抗裂保温腔体。该案中双方的争议焦点在于"面层是两道掺有纤维的抗裂砂浆层"是否属于公知技术。法院认为，在抗裂砂浆中掺入纤维从而达到抗裂效果的技术方法属于早已广泛应用的常用技术手段，即本领域早已广泛应用的常规技术手段属于公知常识。

在（2014）行提字第 17 号判决涉及的案件中，对于在涉案专利申请日之前相关学术刊物上公开发表的综述性文献 1－3，法院认为其对"全光纤电流互感器"的原理、结构和应用进行了一般性介绍，上述文献本身不属于公知常识性证据，不能直接用于证明该专利申请日之前本领域技术人员应当具有的知识水平和认知能力。

3.7.2 公知常识的证据形式

《中华人民共和国民事诉讼法》第六十三条第一款规定证据的形式有七种。至少能够用于证明相关技术内容属于公知常识的证据形式包括书证、物证、视听资料、证人证言及当事人陈述五种形式。……只要能够说明某一技术内容属于公知常识的证据，都可以作为证据提交。因此即便没有教科书等公认的公知常识性证据，当事人还可以提交其他形式的证据进行说明。❶

（2004）一中行初字第 470 号判决的涉案专利涉及一种风扇增压导流装置。最接近的现有技术证据 1－2 公开了一种能够双向进气的通风机。二者的区别特征在于导流叶片的弯曲程度明显不同。法院认为，被诉决定仅主张气流动力学原理是公知常识，没有指出其所依据的气流动力学原理的具体内容，也没有阐述为什么依据气流动力学原理所设计出的动叶与静叶的形状必然是相近似的，而只是简单地得出了二者必然近似的结论，没有阐明本领域普通技术人员如何将气流动力学原理应用到动、静叶片的设计中，并且不需要创造性的劳动就可以设计出形状相近似的动、静叶片以解决增加风压的技术问题。因此关于静叶和动叶根据气流动力学原理必然会设计成相近似形状的认定证据不足。

3.7.3 公知常识的举证责任和证据时效

3.7.3.1 举证责任

举证责任又称为证明责任，是指当事人对自己提出的主张有提供证据进行证明的责任。除法定举证责任倒置及免除举证责任的情况外，当事人对自己提出的主张所依据的事实或者反驳对方主张所依据的事实有责任提供证据加以证明；当没有证据或者证据不足以证明当事人的事实主张的，负有举证责任的当事人应当承担不利后果。❷ 因此在对于是否属于本领域的公知常识存在争议时，主张为公知常识的一方应当举证证

---

❶ 焦彦.专利法意义上的"公知常识"辨析[J].中国专利与商标,2013(1):15－25.

❷ 国家知识产权局专利复审委员会.以案说法——专利复审、无效典型案例指引[M].北京:知识产权出版社,2018:330.

明其主张。在审查和审判中的举证期限以及使用原则和其他证据一样，必须符合常规证据的举证期限以及听证原则。

公知常识是指该领域有经验的人员应该掌握的知识，或者至少当他需要时他知道能在手册中查到的知识。需要指出的是，信息不会通过在给定的手册或教科书中发表而成为公知常识；而是在它出现在上述作品中时已经众所周知。因此只有对方对某些信息是否属于公知常识的一部分进行质疑时，提出该主张的一方才需要对其进行证明。但也存在一些例外，如《最高人民法院关于行政诉讼证据若干问题的规定》第六十八条规定："下列事实法庭可以直接认定：（一）众所周知的事实；（二）自然规律及定理；（三）按照法律规定推定的事实；（四）已经依法证明的事实；（五）根据日常生活经验法则推定的事实。前款（一）、（三）、（四）、（五）项，当事人有相反证据足以推翻的除外。"

（2004）一中行初字第 866 号判决的涉案发明权利要求 2 要求保护一种单管塔，其包括中空杆体及爬梯；最接近的现有技术附件 2.1 公开了一种预应力管塔。被诉决定确定二者区别特征包括：所述爬梯由梯架及固定在梯架上的脚钉组成，所述梯架固定在杆体内壁；并认定该区别中的梯架上固定脚钉是现有技术中一种常见的爬梯形式，即属于生活常识。法院认为，在原告对上述公知常识认定提出异议的情况下，被诉决定没有提供确实、充分的证据予以支持，因此判断上述认定缺乏事实依据。

（2012）高行终字第 395 号判决的涉案专利权利要求 1 涉及柱塞煤泥输送泵。最接近的现有技术证据 1 公开了混凝土泵，与权利要求 1 的区别特征在于：①权利要求 1 限定的主题名称为煤泥输送泵，证据 1 是混凝土泵，二者泵送介质不同；②证据 1 未公开动力部分与执行部分是独立的分体结构。法院认为，涉案专利是针对现有技术中输送煤泥有上述技术难题，采用将动力和执行部分分体机构。上诉人虽然认为"动力部分与执行部分设置方式包括分体式结构和整体结构式结构，无论采用哪种设置方式都是本领域惯常采用的设计手段"，但是其未提交关联证据，因此不具备说服力。

在（2010）知行字第 6 号驳回再审申请通知书涉及的案件中，涉案专利权利要求 1 涉及一种钢砂生产方法，最接近的现有技术附件 1 公开了一种用钢颗粒生产磨粒的方法。再审请求人认为，原审判决在评判附件 1 和附件 3 的结合对涉案专利创造性的影响时，擅自引入附件 6，违反了审查规则。该案的争议焦点在于：法院在专利无效案件审理中，在无效宣告请求人自主决定的对比文件结合方式的基础上，是否可以依职权主动引入公知常识以评价专利权有效性。对此，法院认为，附件 6（1971 年 5 月出版的《中华人民共和国冶金工业部部标准》）属于工具书，因此属于公知常识类的证据。由于公知常识是本领域技术人员均知悉和了解的，因此，在专利无效案件行政诉讼程序中，法院在无效宣告请求人自主决定的对比文件结合方式的基础上，依职权主动引入公知常识以评价专利权的有效性，并未改变无效宣告请求理由，对双方当事人来说亦无不公，且有助于避免专利无效程序的循环往复，并不违反程序。但法院在依职权主动引入公知常识时，应当在程序上给予当事人就此发表意见的机会。

3.7.3.2 证据时效

根据 2010 年版《专利审查指南》的定义可知，现有技术严格以要求保护的申请的申请日/优先权日作为划分标准，但对于公知常识的证据时效，由于教科书、技术词典、技术手册等工具书出版通常存在一定程度的滞后性，因此不应仅以公知常识性证据的公开日期在发明的申请日或优先权日之后而否认公知常识的有效性。

（2013）知行字第 77 号裁定的涉案专利权利要求 1 涉及一种治疗乳腺增生性疾病的药物组合物，与最接近的现有技术证据 1 的区别特征仅在于二者的剂型不同，由此导致制剂步骤（3）有所不同。再审申请人提供了反证 7（《中国药典》，化学工业出版社，2005 年 1 月第 1 版）用于证明不同干燥方式对药物效果的影响。二审法院认为，反证 7 为中国药典，中国药典的属性表明其中载明的技术内容属于本领域的公知常识，即使反证 7 的公开日（推定为 2005 年 1 月 31 日）晚于涉案专利申请日（2005 年 1 月 11 日），也不能机械地认为药典中记载的技术内容不是公知常识。

3.8 辅助因素

3.8.1 长期未解决的技术难题

2010 年版《专利审查指南》规定：如果发明解决了人们一直渴望解决但始终未能获得成功的技术难题，这种发明具有突出的实质性特点和显著的进步，具备创造性。[❶]上述规定表明，解决了长期未解决的技术难题是判断创造性的一个重要的辅助性考虑因素，其重点在于是否可认定为"长期未解决的技术难题"，其判断标准在于考量是否存在有足够证明力的证据以证明针对某技术问题，在一段相对较长的时间内，本领域技术人员进行了普遍、反复和不成功的尝试。

在中国的审查实践中，通常认定满足"长期未解决的技术难题"需具备三点条件：第一，该难题是技术上而非商业上的难题；第二，该难题在一段相对较长的时间内是人们迫切希望解决的，它表现为一个领域，一个时期内的对该问题的关注以及为解决该问题所做出各种努力，如人力、物力和财力的投入等；第三，通过努力仍无结果。

在第 31088 号复审决定涉及的案件中，复审请求人主张其发明解决了人们一直渴望解决、但始终未能获得成功的技术难题，但经核查，其申请文件及复审请求人所提交的多份证据中都未给出现有技术中到底存在怎样的技术难题，为解决该技术难题做了何种努力而未有结果，即并不满足上述三点判断条件，因此复审合议组认为复审请求人的上述主张不成立。

是否属于"长期未解决的技术难题"需要有足够证明力的相应证据，且需综合考虑整个现有技术，不能仅局限于审查过程中采用的最接近的现有技术的记载。如果现

---

❶ 《专利审查指南 2010》，第二部分第四章第 5.1 节。

有技术中已经存在有效解决该技术问题的技术手段，或本领域技术人员有动机借鉴相关现有技术手段以解决该技术问题，则不应当认为其属于"长期未解决的技术难题"。

在第 120885 号复审决定涉及的案件中，最接近的现有技术是对比文件 2。复审请求人主张，对比文件 2 中的泥浆泵通常要处理非常粗糙的泥浆，常规维护困难的问题长达 75 年之久未解决。复审合议组认为，最接近的现有技术长久未解决的技术问题并不等于现有技术中不存在解决该技术问题的技术启示。对比文件 2 公开的泥浆泵维护困难的实质在于其中柱状轴端与柱状叶轮不容易自轴对准，而本领域技术人员有动机分析与叶轮装配至轴上相关的现有技术手段，并寻找便于轴与叶轮配合接合的装配结构以解决上述问题。

是否属于"长期未解决的技术难题"的认定结果应与"三步法"的判断结果相互印证，一般是在"三步法"认定为"非显而易见"的情况下才做出属于"长期未解决的技术难题"的正向认定，二者互为佐证。

在（2003）一中行初字第 427 号判决涉及的案件中，权利要求 1 保护一种灯盏花素粉针剂，其活性成分是灯盏花素碱性氨基酸盐或钾盐或钙盐。法院认为，尽管该领域技术人员依据灯盏花素已知的药用性质能够推导出灯盏花素盐的药用性质，但综合考虑现有技术，本领域技术人员没有动机将灯盏花素进一步制成灯盏花素盐用作药品。另外，将灯盏花素制成灯盏花素盐确实克服了现有技术的缺点（稳定性差、保存期短、批合格率低等）。因此，将灯盏花素制成灯盏花素盐的粉针剂，本领域技术人员需要付出创造性劳动。而且，灯盏花素作为治疗心血管疾病的药品在涉案专利申请日前的 1972 年和 1980 年就已为本领域技术人员所知，但在此后 20 年间没有人提出用灯盏花素盐作为治疗心血管疾病的药品，也说明将灯盏花素盐作为治疗心血管疾病的药品需要付出创造性劳动。

在（2010）高行终字第 1102 号判决涉及的案件中，法院认为，相比于对比文件 1 采用滑动嵌滑闩控制固定装置来升降，权利要求 4 采用螺旋升降面来升降，客观上要解决的技术问题是克服滑动嵌滑闩具有的费力、不稳定的缺陷。虽然对比文件 2 公开的螺旋传动方式是机械领域公知的一种传动方式，但无论对比文件 1 还是对比文件 2 均没有给出将螺旋升降面的具体螺旋传动方式应用于婴儿车前轮定位装置这一技术领域，以解决上述技术问题的启示。因此，本领域技术人员不经过创造性劳动很难在对比文件 1 的基础上结合对比文件 2 得到权利要求 4 的技术方案。在对比文件 1 提出的 1993 年至涉案专利申请提出的 2001 年之间的 8 年间，并没有人采用权利要求 4 的技术方案来解决对比文件 1 存在的技术缺陷，这也从一个侧面表明本领域技术人员不经过创造性劳动不可能在对比文件 1 的基础上结合对比文件 2 得到权利要求 4 的技术方案。

3.8.2　技术偏见

2010 年版《专利审查指南》指出：技术偏见，是指在某段时间内、在某个技术领域中，技术人员对某个技术问题普遍存在的、偏离客观事实的认识，它引导人们不去考虑其他方面的可能性，阻碍人们对该技术领域的研究和开发。如果发明克服了这种技术偏见，采用了人们由技术偏见而舍弃的技术手段，从而解决了技术问题，则这种发明具有突出的实质性特点和显著的进步，具备创造性。[1] 以发明克服了技术偏见而具备创造性的前提必须是提出该主张的当事人能够证明这种技术偏见是客观存在的，而不仅仅是对一定阶段的技术情况的一些反映。

（2013）知行字第31号裁定的涉案申请请求保护一种使用有效量的式（I）化合物和/或式（I）化合物的盐作为除草剂的技术方案。申诉人主张，对比文件1和对比文件2均明确教导或暗示了单独使用式（I）化合物在除草作用方面并不令人满意，表明式（I）化合物在除草方面的缺陷或不足已经成为本领域的共识。而涉案申请通过反复试验发现，式（I）化合物并非对所有杂草种类都具有缺陷，相反，对某些杂草体现出了很高的除草活性，单独使用足以有效地除去这些杂草，不需要与其他除草剂组合使用，故涉案申请克服了技术偏见，具备创造性。对此，法院认为，现有技术中是否存在技术偏见，应当结合现有技术的整体内容来进行判断。虽然对比文件2表A-2的数据表明，单独使用与涉案申请完全相同的式（I）化合物的钠盐（I-2，Na盐），与其和赛克津组合使用的协同作用效果相比，显示的效果差。但对比文件2并没有披露式（I）化合物的钠盐（I-2，Na盐）不能用于对比文件2所述的施用作物范围和除草范围。相反，对比文件2表A-2的数据表明，单独使用式（I）化合物的钠盐（I-2，Na盐）时，针对风草和狗尾草的药效百分比分别达到了60%和90%。由于其提交的证据尚不能证明单独选择使用单一化合物式（I）化合物（I-2，Na盐）作为谷类作物选择性的除草剂是本领域技术人员舍弃的技术方案，法院对申诉人的主张不予支持。

对于克服了技术偏见的发明，应当在说明书中对本领域存在的技术偏见有所记载，或者有其他证据证明存在技术偏见，并应解释为什么说该发明克服了技术偏见，新的技术方案与技术偏见之间的差距以及为克服技术偏见所采用的技术手段。

（2004）一中行初字第118号判决的涉案专利保护一种混铁车。被诉第5544号无效决定中认定涉案专利与证据1相比，证据1的盖板安装在圆锥筒内，涉案专利的端盖安装于支持圆筒的端部，该端盖位置的改进使得涉案专利罐体的中间圆筒、圆锥筒和支持圆筒三部分均可用于装纳铁水，由此扩大了装纳铁水空间，具有有益的技术效果，同时克服了技术上的偏见。法院认为，首先，涉案专利说明书并未记载现有技术中存在端盖不能安装于支持圆筒内的技术偏见，其发明目的亦不在于克服技术偏见。其次，被诉决定也没有举证证明确实存在这样的技术偏见，仅仅依据无效宣告请求人关于端盖不能安装于支持圆筒内的主张和证据1未采用此种技术方案不足以证明技术偏见的存在。最后，涉案专利的说明书也没有记载其技术方案与技术偏见之间的差距及克服技术偏见所采用的手段。因此，法院并未支持涉案专利克服了技术上的偏见的主张。

---

[1] 《专利审查指南2010》，第二部分第四章第5.2节。

判断是否存在技术偏见应考查发明申请日（如果有优先权的，指优先权日）之前现有技术的整体状况，判断在申请日或优先权日之前本领域中是否普遍存在该技术偏见，以至于阻碍了本领域技术人员对所涉及的技术问题进一步研究和开发。

（2012）知行字第 41 号裁定的涉案专利要求保护一种用于预防或治疗糖尿病等相关病症的药物组合物，其含有选自吡格列酮或其药理学可接受的盐的胰岛素敏感性增强剂，和作为胰岛素分泌增强剂的磺酰脲。该案的争议点在于公开日晚于涉案专利优先权日的证据能否证明现有技术中存在选择曲格列酮而避免选择吡格列酮和环格列酮作为胰岛素敏感性增强剂的技术偏见。专利权人认为，尽管相关证据在涉案专利的优先权日之后公开，但这恰恰证明了即使是在涉案专利的优先权日之后，还存在曲格列酮优于吡格列酮的技术偏见，也即说明在涉案专利的优先权日时该技术偏见更加根深蒂固。法院认为，①证据 2—3、5—6 公开于涉案专利的优先权日之后，即便考虑证据 2—3、5—6 的技术内容，其中也没有公开本领域认定曲格列酮优于吡格列酮因而在糖尿病的治疗中倾向于不选择吡格列酮的技术内容。况且，科学技术总是处在不断的发展变化之中，有时还会出现曲折反复，优先权日之后的技术状况不必然与之前的技术状况一致，仅因为一些文献中没有选择吡格列酮作为胰岛素敏感性增强剂而选择了其他类型的胰岛素敏感性增强剂，并不能说明吡格列酮具有副作用从而不适于作为人类药物。②涉案专利的优先权日之前公开的证据 4、7—8 不涉及吡格列酮的研究，不能表明吡格列酮不能用作胰岛素敏感性增敏剂，也不代表现有技术中没有对吡格列酮进行研究。综上，上述证据远不能形成吡格列酮不适用于人类药物的普遍认识，也不可能阻碍人们对相关技术领域的研究和开发，无法证明涉案专利由于克服了本领域的技术偏见而具备创造性。

（2015）京知行初字第 5431 号判决的涉案申请涉及一种利用脱硫废液生产一水硫酸镁的方法。原告认为，通过选择合适的脱硫剂和工艺参数将烟气脱硫的成本降低、运行稳定，可见涉案申请克服了"在氧化镁脱硫过程中，硫酸镁的生成将增加烟气脱硫成本"的技术偏见。法院认为，主张某项发明克服了技术偏见的一方当事人应当就存在技术偏见及如何克服该技术偏见等问题承担举证责任。由于该案中原告提交的证据并不能证明其所主张的技术偏见存在以及涉案申请克服了前述技术偏见，其主张法院不予支持。

对于技术偏见的举证责任，在专利授权行政纠纷中应当由专利复审委员会还是专利申请人来承担举证责任，在确权行政纠纷中应当由无效宣告请求人还是专利权人承担举证责任，在实践中存在不同的认识。

3.8.3　预料不到的技术效果

2010 年版《专利审查指南》规定，发明取得了预料不到的技术效果，是指发明同现有技术相比，其技术效果产生"质"的变化，具有新的性能；或者产生"量"的变化，超出人们预期的想象。这种"质"或者"量"的变化，对所属技术领域的技术人员来说，事先无法预测或者推理出来。当发明产生了预料不到的技术效果时，一方面说明发明具有显著的进步，另一方面也反映出发明的技术方案是非显而易见的，具有突出的实质性特点，该发明具备创造性。如果发明与现有技术相比具有预料不到的技术效果，则不必再怀疑其技术方案是否具有突出的实质性特点，可以确定发明具备创造性。如果通过三步法，可以判断发明的技术方案对本领域的技术人员来说是非显而易见的，且能够产生有益的技术效果，则发明具有突出的实质性特点和显著的进步，具备创造性，此种情况不应强调发明是否具有预料不到的技术效果。❶

上述规定反映了两个意思：第一，预料不到的技术效果是具有创造性的充分条件；第二，预料不到的技术效果并非具有创造性的必要条件，如果发明的技术方案已经是非显而易见的，则可以不必具有技术效果。究其原因，是因为预料不到的技术效果是指已经将发明的技术方案呈现给本领域技术人员之后，本领域技术人员根据呈现给他的技术方案结合本领域的普通技术知识无法预测出来的效果（这也是为什么预料不到的技术效果通常需要实验数据证明的原因），而创造性判定的落脚点是技术方案是否是显而易见的，也即本领域技术人员是否能够获得上述呈现给他的技术方案，而这样的方案当呈现给他时，技术效果可能已经无须验证非常明确了。这时就导致了虽然没有预料不到的技术效果，但由于技术方案本身的非显而易见性给发明带来了创造性的情形。只有在极个别的情况下，预料不到的技术效果才是具有创造性的必要条件。例如，2010 年版《专利审查指南》规定了结构上与已知化合物接近的化合物，必须有预料不到的用途或者效果。此预料不到的用途或者效果可以是与该已知化合物的已知用途不同的用途；也可以是对已知化合物的某一已知效果有实质性的改进或提高；还可以是在公知常识中没有明确的或不能由常识推论得到的用途或效果。❷

预料不到的技术效果有两种类型，类型Ⅰ：产生了质变，即产生了新的性能或用途；类型Ⅱ：产生的量变超出了预期。无论是何种类型，其判断的核心并不在于性质、用途或效果数量上的差异程度，而在于比较发明实际取得的效果和本领域技术人员基于其掌握的知识和能力对技术效果的预期效果，确认发明的技术效果是否超越了本领域技术人员的预期。

第 66943 号复审决定的涉案申请权利要求 1 要求保护一种含有环丙唑醇和苯醚菌酯的杀菌组合物在防治葡萄霜霉病和水稻纹枯病中的应用，其活性成分是重量比 8：1～1：16 的环丙唑醇和苯醚菌酯。对比文件 2 公开了一种对水稻纹枯病具有良好的防治效果且混配具有增效作用的苯醚菌酯与三唑类杀菌剂组合物，三唑类杀菌剂选自苯醚甲环唑、戊唑醇或己唑醇。二者的区别特征在于权利要求 1 活性成分之一为环丙唑醇，对比文件 2 活性成分之一为选自苯醚甲环唑、戊唑醇或己唑醇的三唑类杀菌剂，且权利要求 1 的组合物还可防治葡萄霜霉病。复审合议组查明，涉案申请说明书的实验数据表明，环丙唑醇和苯醚菌酯复配用于防治葡萄霜霉病和水稻纹枯病时，在重量比 8：1～1：16

---

❶ 《专利审查指南 2010》，第二部分第四章第 5.3 节、第 6.3 节。
❷ 《专利审查指南 2010》，第二部分第十章第 6.1 节。

之间具有增效效果，而用于防治葡萄霜霉病时的防效优于单剂，且有效成分用量少，对作物安全。而对比文件 2 并未提及所述杀菌组合物对葡萄霜霉病的药效，也未给出实验证据用于证明所述杀菌组合物对于水稻纹枯病的防治效果。涉案权利要求的技术方案具有预料不到的技术效果。

第 87949 号复审决定的涉案专利权利要求 1 要求保护一种用于下式化合物去苄基的方法，其包括在基于钯的催化剂存在下将所述化合物与甲酸反应，其中所述去苄基是在仲丁醇存在下进行的。

$$（Ⅱ）$$

权利要求 1 和对比文件 1 的区别特征为：权利要求 1 采用的有机溶剂为仲丁醇，氢源为甲酸，而对比文件 1 采用的溶剂为甲醇，氢源为甲酸铵。复审合议组查明，涉案申请实施例 3 记载了以仲丁醇为溶剂、甲酸为氢源 CTH 去苄基的合成方案，实施例 6A 记载了采用对比文件 1 实施例 10 公开的 CTH 方法去苄基的合成方案，二者对比显示实施例 3 的反应时间大大缩短，氢源等效物的用量大大减少，从而节约了成本、降低了环境污染，产物的收率和纯度也都有所提高，尤其是主要杂质 "de-F" 奈比洛尔的含量相比对比文件 1 的 0.196%（质量分数）降低为 0.0207%（质量分数），相差一个数量级。虽然对比文件 1 在优选实施方案中公开了氢源可以为甲酸，且仲丁醇是本领域的常规溶剂，但是对于本领域技术人员而言，基于普通技术知识所能得出的预期是权利要求 1 与对比文件 1 的技术效果相同或相似，而非涉案申请所证明的反应时间大幅度缩短、氢源用量大大减少且收率和纯度都有所提高的效果。因此，权利要求 1 相对于对比文件 1 取得了预料不到的技术效果，具有创造性。

如果技术效果虽然提高但并没有达到预料不到的程度，则不能将其作为发明具有创造性的抗辩理由。

（2013）知行字第 77 号裁定的涉案专利权利要求 1 要求保护一种治疗乳腺增生性疾病的药物组合物，和证据 1 的区别在于：①二者的剂型不同，由此导致制剂步骤三有所不同。权利要求 1 在制备颗粒剂的过程中，在加入辅料之前省去了 "减压干燥成干浸膏，粉碎" 的步骤，并具体规定了加入的辅料为蔗糖 500g 及淀粉和糊精适量。②与证据 1 规定的相对密度为 1.25～1.30 相比，权利要求 1 将相对密度进一步限定为 1.28。

法院认为，发明的技术效果是判断创造性的重要因素。如果发明相对于现有技术所产生的技术效果在质或量上发生明显变化，超出了本领域技术人员的合理预期，可以认定发明具有预料不到的技术效果。在认定是否存在预料不到的技术效果时，应当综合考虑发明所属技术领域的特点尤其是技术效果的可预见性、现有技术中存在的技术启示等因素。通常，现有技术中给出的技术启示越明确，技术效果的可预见性就越高。该案中，片剂和颗粒剂均为中药领域常见剂型，该领域对两种制备方法及所带来的技术效果的可预见性方面的研究较为充分。在对技术效果存在合理预期的情况下，面对涉案专利实际要解决的剂型改变的技术问题时，本领域技术人员容易想到结合证据 3 药典公开的将中药提取物制成颗粒剂的常规制法。在现有技术整体上存在明确的技术启示的情况下，由制备方法所必然产生的技术效果并未超出本领域技术人员的合理预期，其技术效果是可以预料到的。尽管涉案专利说明书实验例 3 的药物的总有效率为 95.70%，明显优于证据 1 的 89.32%，但由于涉案专利制备颗粒剂时省去了减压干燥步骤，此时减压干燥步骤对药物活性成分的影响也相应减少，本领域技术人员能够合理预期，省略减压干燥步骤将会使药物的整体有效率有所提高，即涉案专利总有效率提高是其权利要求限定的制备方法本身的特点导致的，并未超出本领域技术人员的合理预期，不属于预料不到的技术效果。

此外，在考察预料不到的技术效果时，需要明确预料不到的技术效果是来自发明要求保护的技术方案，而不是仅来自说明书中提及的某些特征。预料不到的技术效果还应该来自权利要求中特征部分的特征或这些特征与现有技术已知特征的组合，而不能仅来自已经包含在现有技术中的特征。

3.8.4 商业上的成功

2010 年版《专利审查指南》规定：当发明的产品在商业上获得成功时，如果这种成功是由发明的技术特征直接导致的，则一方面反映了发明具有有益效果，另一方面也说明了发明是非显而易见的，因而这类发明具有突出的实质性特点和显著的进步，具备创造性。但是，如果商业上的成功是其他原因所致，例如，由于销售技术的改进或者广告宣传造成的，则不能作为判断创造性的依据。❶

上述规定表明，商业成功只能作为判断创造性的辅助依据，不能仅仅由于取得了商业成功的原因而使发明具备创造性，而要分析商业成功的原因是否是由于发明的技术特征带来有益效果和非显而易见性；如果商业成功仅仅是由非技术特征本身所导致的，则发明即使取得了商业成功也不具备创造性。

3.8.4.1 提交了证据，但无法证明取得了商业成功

在（2012）行提字第 8 号判决涉及的案件中，专利权人在二审阶段提交了湖北、河南、黑龙江省人口与计划生育委员会分别就 Belson-700A，Belson-700D、Belson-700C 产品与专利权人签订的政府采购合同，载明采购了 116 台涉案专利产品。法院认为，从产品的销售量来看，尚不足以证明涉案专利产品达到商业上成功的标准，专利权人提交的销售量证据无法证明专利取得了商业上的成功，进而也无法依据商业成功作为理由判断专利具备创造性。在（2007）一中行初字第 540 号判决中也给出了相似的结论。

在（2015）京知行初字第 3075 号判决涉及的案件中，原告提交了乌鲁木齐市发展和改革委员会下发的文件，文件中记载了原告的"万吨级多晶硅冷氢化热能综合利用

---

❶ 《专利审查指南 2010》，第二部分第四章第 5.4 节。

改造项目，该项目拟通过对冷氢化技术进行改造，通过热能的分级利用，实现多晶硅生产副产品四氯化硅的密闭循环利用，以 3×12 万吨/年多晶硅副产物冷氢化处理的工艺生产装置为基础，进行热能回收改造，购置换热器、再沸器等主要设备约 18 台，建设必要的附属设施，项目建成后，年节能量 36452 吨标准煤"。法院认为，该证据中没有记载涉案专利的专利号、发明名称和技术方案等信息，证据中的多处信息也未记载在涉案专利中，因而无法确定该证据记载的技术与涉案专利的技术方案之间的关系，其与涉案专利缺乏关联性，不能用作证明涉案专利取得商业成功并进而得出其具有创造性的结论。在（2014）知行字第 84 号裁定中也给出了相似的结论。

3.8.4.2　取得了商业成功，但是无法证明商业成功是由发明的技术方案本身带来的

在（2010）知行字第 6 号驳回再审申请通知书涉及的案件中，涉案专利涉及一种钢砂生产方法。法院认为，再审申请人在钢砂销售收入、利税总额、产量等方面均居行业第一位仅能证明该产品在商业上获得了成功，但不能证明这种成功是由于发明的技术特征直接导致的。而且，申请再审人的钢砂产品在商业上获得的成功有多种影响因素，不排除与其钢砂生产方法受到涉案专利保护有一定关系。此外，棱角钢砂（不带球弧面的棱角形颗粒数量大于 80%）能够享受出口免税的政策，究其实质，是由于其没有采用钢珠破碎，不需熔炼造丸，降低了能耗，减少了环境污染；而附件 1 采用了相同的手段，同样不需熔炼造丸，同样是对钢废料进行破碎。因此，申请再审人提交的证据尚不能证明涉案专利产品由于发明的技术特征直接导致其在商业上获得了成功，进而证明涉案专利具备创造性。在（2012）知行字第 75 号、（2014）知行字第 120号、（2017）最高法行申 6017 号及（2017）京行终 738 号中也得出了相似的结论。

第4章 不同类型发明的创造性判断

4.1 组合发明

组合发明，是指将某些技术方案进行组合，构成一项新的技术方案，以解决现有技术客观存在的技术问题。在进行组合发明创造性的判断时通常需要考虑：组合后的各技术特征在功能上是否彼此相互支持、组合的难易程度、现有技术中是否存在组合的启示及组合后的技术效果等。

2010年版《专利审查指南》规定：如果要求保护的发明仅仅是将某些已知产品或方法组合或连接在一起，各自以其常规的方式工作，而且总的技术效果是各组合部分效果之总和，组合后的各技术特征之间在功能上无相互作用关系，仅是一种简单的叠加，则这种组合发明不具备创造性。如果组合的各技术特征在功能上彼此支持，并取得了新的技术效果；或者说组合后的技术效果比每个技术特征效果的总和更优越，则这种组合具有突出的实质性特点和显著的进步，发明具备创造性，其中组合发明的每个单独的技术特征本身是否完全或部分已知并不影响对该发明创造性的评价。❶

(2018) 京行终3382号判决的涉案申请保护一种交通运输轨道机动车辆防追尾、防碰撞方法。现有技术证据1公开了一种交通运输轨道机动车辆防追尾、防碰撞方法。权利要求1与证据1的区别特征在于：（1）应用于"除高速铁路列车以外的轨道运输车辆"。（2）轨道运输车辆按半自动闭塞法、电话闭塞法或其他非自动控制驾驶方式行车、临时减速行车或停车；或即将进入此类非正常运行状态前。（3）通知需得到对方明白确认。(4) 该车辆进入到下一闭塞区间、站区间或两车间的安全区间前，必须询问相邻前车是否已驶出该区间，并得到相邻前车尾端驾驶控制人员确认；其所在车辆已完全同向驶出该区间，之后方可缓速驶入；否则不得驶入，应继续联络，直至调度指令、站区指令和前车确认信息完全一致为止；车辆完全驶入该区间后，应立即通知相邻后车驾驶控制人员；车辆驶出该区间并完全驶入下一区间时，应立即通知到相邻后车驾驶控制人员。

关于区别特征（2）～（4），专利权人认为，涉案申请为组合发明，权利要求1是将被诉决定中所列的各项区别特征组合成一个整体，取得了预想不到的技术效果。对此，法院认为，区别特征（2）～（4）均为本领域的常规技术手段。权利要求1只是将这些常规技术手段简单连接在一起，区别特征（2）～（4）还是以其常规的方式工

---

❶ 《专利审查指南2010》，第二部分第四章第4.2节。

作，彼此之间在功能上并无相互作用关系，且总的技术效果是区别特征（2）～（4）的效果总和，并没有产生预料不到的技术效果。由于本领域技术人员容易想到将证据 1 中的方法应用于除高速铁路列车以外的轨道运输车辆，且区别特征（2）～（4）均为本领域的常规技术手段，其组合对本领域技术人员来说也是显而易见的。

（2005）高行终字第 234 号判决的涉案专利保护一种闪存盘手表，包括机芯、字面、指针和表壳，表壳由底盖、壳身、圈口和玻璃表面组成，其特征在于：在表壳内设有闪存盘，闪存盘位于机芯下方，闪存盘的 USB 接口镶嵌在表壳的侧端。现有技术证据 1 公开了一种手表式 MP3 随身听，可实现时间显示、MP3 播放及内置闪存盘，该闪存盘可以作为微型的移动硬盘使用；现有技术证据 2 公开了一种能无线地访问信息并装备有交互式用户接口的可戴部件、器具（手表），该手表能够通过无线通信机制从附属附件接受信息，并且内置闪存盘；现有技术证据 3 公开了一种个人化产品的更新方法与装置，该个人化产品可以为手表，其中的可烧录存储器可为闪存盘；现有技术证据 4 公开了一种荧幕轻触式电子计算手表，其中带有闪存盘。

专利权人认为，将手表和闪存盘两个不同技术领域的技术组合在一起，对该行业的普通技术人员来说是很难想到和做到的，这已经表明了涉案专利的创造性。对此，法院认为，如果组合的各技术特征在功能上彼此相互支持，并取得了新的技术效果，或者说组合后的技术效果比每个技术特征效果的总和更优越，这种组合则具有突出的实质性特点和显著的进步，发明具备创造性。但该案中，证据 1～4 所公开的技术方案中均已对闪存盘与手表的组合有技术启示。虽然专利权人强调将手表和闪存盘两个不同技术领域的技术组合在一起，对该行业的普通技术人员来说是很难想到和做到的，但是涉案专利的这种组合并未在功能上发生相互支持、补充作用，手表和闪存盘还是各自具有自身原有的单一功能，并无二者组合后的新的技术效果，仅解决了携带方便、有利于保管的问题。故涉案专利与现有技术相比没有实质性特点和进步。

（2004）一中行初字第 82 号判决的涉案专利保护一种鼠标，其由底部壳体和上盖壳体所构成，其特征在于：鼠标的尾部结合有一液体摆饰。涉案专利的目的是提供一种具有动感装饰的鼠标，此动感是通过液体摆饰器来实现的，该液体摆饰器能给人一种耳目一新的感觉，并提高鼠标的商业价值。现有技术证据 1 公开了一种具广告或装饰效果的指标器，其包含本体、透明表壳及展示片，展示片形成装饰图案、宣传文字或售后服务及联络方式，以提供装饰与广告效果，克服已有滑鼠在本体上标志商标而呈现出塑胶制品生冷的形态。权利要求 1 与证据 1 的区别特征在于：涉案专利鼠标的尾部结合有一液体摆饰器而不是展示片。

被诉无效决定认为，涉案专利的液体摆饰器与证据 1 的展示片之间的结构构成和装饰效果不同，证据 1 也没有公开这两种不同的实现方案之间存在等同替换的启示，因为两种方案对已有鼠标的结构改进要求不同，而且涉案专利的液体摆饰器具有的动感效果是证据 1 所不具备的，因而涉案专利相对于证据 1 具备创造性。对此，法院认为，鼠标本体和摆饰器均为公知产品，涉案专利在鼠标的尾部结合液体摆饰器，使两个公知产品结合在一起，摆饰器与鼠标本体仍然以各自常规的方式工作，两者在功能上没有彼此相互支持，仅是一种简单的叠加。同时，将摆饰器与鼠标本体组合，新鼠标总的技术效果只是摆饰器与鼠标本体的技术效果之总和，没有产生比两个技术特征效果的总和更优越的技术效果，因此，这种组合不具备创造性。

对于化学方法发明，如果发明的技术方案仅在于将已知方法组合在一起，组合后各方法之间在效果上没有相互促进的关系，则这种组合发明不具备创造性。

第45501号复审决定的涉案申请要求保护一种5,6-二氢-4-羟基-(S)-6-甲基噻吩[2,3-b]噻喃的制备方法，包括中间体噻吩-2-硫醇锂、5,6-二氢-(S)-6-甲基噻吩并[2,3-b]噻喃-4-酮的制备以及目标产物的制备共3步反应。

复审合议组决定认为，现有技术证据1公开了一种5,6-二氢-(R)-4-羟基-(S)-6-甲基-4H-噻吩[2,3-b]噻喃的制备方法，由5,6-二氢-(S)-6-甲基噻吩[2,3-b]噻喃-4-酮经氢化铝锂还原制备目标产物。该方法与权利要求1步骤（3）极为相近，二者的实质区别在于权利要求1步骤（3）采用冷冻析晶，而证据1采用的是浓缩结晶。现有技术证据2公开了由噻吩制备5,6-二氢-(S)-6-甲基噻吩[2,3-b]噻喃-4-酮的方法，该方法与权利要求1步骤（1）～（2）实质上相同。由此可见，权利要求1的方法实质上是证据1方法与证据2方法的组合，二者均以合成化合物MK-0507为目的，证据2援引证据1，且说明了其相对于证据1的改进在于利用（R）-β-丁内酯开环反应从而简化路线。在此基础上，本领域技术人员在合成该申请权利要求1所要求保护的5,6-二氢-4-羟基-(S)-6-甲基噻吩[2,3-b]噻喃时，将证据2与证据1的方法相组合是显而易见的。对于权利要求1与证据1在最终产物结晶方式的区别而言，冷冻析晶是利用高温、低温溶解度的差异而析出结晶，其为本领域最常用的结晶手段之一，并且从说明书中也看不出来该结晶方式的不同能给该申请带来何种预料不到的技术效果。综上，权利要求1的方案实质上是证据1与证据2的简单叠加。此外，虽然权利要求1较证据1与证据2组合后的方法存在些许差异，但这些差异属于本领域技术人员的常规实验选择，且并没有带来预料不到的技术效果。因此，权利要求1相对于证据1与证据2的结合不具备创造性。

对于组合发明的创造性，要根据每项发明的具体情况，客观地做出判断。如果现有技术中不存在组合的启示，且组合后的技术方案客观上解决了现有技术中存在的技术问题，则应认可其创造性。

第17633号无效决定的涉案专利保护一种热泵式火药烘干方法，与证据1均涉及烟火药的烘干方法，技术领域相同，二者的区别特征在于：①权利要求1的空气经过热泵进行升温干燥，并经过风管输送进入烘房，而证据1中仅列举了数种干燥方式如热水或低压蒸汽供暖干燥、热风干燥、红外线干燥或远红外线干燥；②权利要求1的方法中采用烘笼这一装置，并且烘笼设置安装在风管上，干燥的热空气从烘笼的底部向上穿过烘笼，而证据1中采用的是跺架装置。

无效宣告请求人认为，现有技术证据9公开了热泵、风机和管道，现有技术证据

10 公开了烘房内通过架柱、层架设有多层筛网状烘煽，其相当于烘笼，且烘笼安装在风管上，因此，涉案专利权利要求 1 的技术方案仅是将某些已知产品（热泵、风机、烘笼、烘房等）组合连接在一起，其总的技术效果是各组合部分效果之总和，组合后的各技术特征之间在功能上无相互作用关系，仅是一种简单的叠加。

对此，无效合议组认为，证据 9 虽提及了热泵干燥装置，但证据 9 系一种热泵、热风联合干燥装置，并非单独由热泵提供干燥的热空气，此外，证据 9 中虽也涉及管道，但证据 9 中的管道众多，有支路管道及旁路管道等，其与涉案专利权利要求 1 中的风管不同。且证据 9 系用于蔬菜脱水，未提及烟火药的干燥，当然也未提及烟火药干燥工艺中现有技术中存在的容易爆炸、不能快速烘干及烘干效率低的问题。由于烟火药容易爆炸，其必须将烘房的温度控制在一定范围内，故本领域技术人员能够确定烟火药的烘干工艺应不同于蔬菜的烘干工艺。因此，即使证据 9 中公开了热泵，由于证据 9 中未提及采用热泵能够解决烟火药烘干过程中的安全、经济及高效问题，因此，本领域技术人员也不能够将热泵用于涉案专利权利要求 1 的技术方案中。证据 10 涉及用于菊花、茶叶、烟叶等农产品烘制的热风烘干装置。本领域技术人员能够确定菊花、茶叶、烟叶等农产品烘制的工艺不同于容易爆炸的烟火药的烘干工艺。证据 10 中虽公开了烘房内通过架柱、层架设有多层烘煽这样的技术特征，但证据 10 未公开烘笼设置安装在风管上这一特征，并未给出将为解决烟火药烘干方法中快速烘干、安全和经济的技术问题而采用上述区别技术特征的技术启示。因此，本领域技术人员没有动机将证据 1、证据 9 和证据 10 组合，权利要求 1 的技术方案相对于对证据 1、证据 9 和证据 10 的结合具备创造性。

如果组合后的技术方案实现了新的技术效果，则该组合发明具备创造性。

第 15783 号无效决定的涉案专利保护一种烟酒的防伪结构，该结构主要由外包装盒、酒瓶、充值卡三个部分组成，其特征是：在酒瓶外的一侧，包装盒的内侧，设置有一张充值卡。

无效宣告请求人认为，酒盒中放充值卡仅是一种促销手段，不是为了防伪。涉案专利只是将外包装盒和手机充值卡这两种申请日前已知的产品进行了简单组合，组合后各自仍以其常规的方式工作，总的效果是两个产品的效果的简单叠加，不具备创造性。

对此，无效决定认为，涉案权利要求书明确记载要求保护的是一种烟酒的防伪结构，而不是烟酒的促销手段。其采用的防伪手段是在酒的包装盒中放入充值卡，酒的购买者如果能使用该充值卡顺利充值，则表明酒是真品，反之则为假冒产品。如涉案专利说明书所述，该充值卡是和手机网络运营商取得合作意向后定制的，依据常理分析手机网络运营商针对某一特定客户制作的充值卡应与普通的充值卡有所区别，假冒者想获得这种特制的充值卡必然存在一定困难，从而使得假冒行为不能轻易实施，因此采用如涉案专利所述的充值卡能够实现防伪的目的。涉案专利将外包装盒和手机充值卡组合起来后，不但起到了盛装酒瓶和给手机充值的作用，还能起到防伪的作用，即组合后实现了新的技术效果。因此这种组合具有实质性特点和进步，具备创造性。

如果组合后的各技术特征在功能上彼此支持，并取得了新的技术效果；或者说组合后的技术效果比每个技术特征效果的总和更优越，则这种组合具有突出的实质性特点和显著的进步，发明具备创造性。

第28012号复审决定的涉案申请要求保护一种圆盘形离心块压缩式内燃机，其由3组同样的工作机构、起动机系统、润滑系统及密封系统共同构成。复审合议组认为，权利要求1中的技术特征"进气道设置在内燃机定子上；燃烧室设置在定子上"并未被现有技术证据1～6公开。根据涉案申请说明书的记载可知，将进气道及燃烧室同时设置在定子上，可以配合设置在转子上的离心块与传力滑块完成自然吸气、压缩、爆炸、排气四个行程，并没有证据表明这种设置是本领域的公知常识。此外，涉案申请中的离心块与传力滑块的组合也并不是简单的叠加，二者在功能上彼此支持，能够共同完成自然吸气、压缩、爆炸、排气四个行程，并且这种组合结构使得压缩行程短，因此可以同时在定子和转子上设置3组工作机构。由此可见，这种组合取得了新的技术效果。在证据1～6的基础上得到权利要求1要求保护的技术方案对于本领域技术人员来说并不是显而易见的。

如果发明不是将现有技术中的技术方案进行组合，而是将技术方案中的个别技术特征进行组合，则不宜将发明认定为组合发明或按照组合发明进行创造性判断。

第36180号复审决定的涉案申请权利要求5要求保护一种可吞咽的漱口液，包括有效成分及其溶剂，其特征在于该漱口液的有效成分包括治疗男性勃起功能障碍的药物和薄荷醇，溶剂包括水，所述有效成分中含有咖啡因，所述咖啡因所占的质量百分比为0.45%～1.14%。

驳回决定认为，现有技术证据1公开了一种组合物，其包含有水、薄荷醇等，该组合物可用于牙膏、漱口水剂、饮料等，因此，证据1公开了一种含有薄荷醇并以水作为溶剂的漱口液。由于证据1公开了该组合物也可用于饮料，因此该组合物是可吞咽的，可见证据1实质上公开了一种可吞咽的漱口液；现有技术证据2公开了一种治疗男性勃起机能障碍的组合物，其包含有选自西地那非、他达那非和伐地那非组成的物质；咖啡因只是漱口剂的一种常用组分，咖啡因的添加及其用量是本领域的常规选择。由于涉案申请权利要求5只是证据1和证据2所公开的部分技术特征及本领域常规选择的简单叠加，叠加后的各部分仍然完成其各自的功能（清洁口腔以及治疗男性勃起机能障碍），其总的技术效果只是各部分效果之和，这种简单的叠加对本领域技术人员来说是显而易见的，没有产生预料不到的技术效果；由于本领域公知，相较于口腔黏膜吸收，药物通过胃肠道吸收能使药物更快地达到血浆浓度峰值。因此，本领域技术人员可以预期漱口剂中的药物比口服制剂中的药物吸收更快。因此该权利要求不具备创造性。

对此，复审合议组认为，首先，证据1仅公开了将含有薄荷醇的微乳混入漱口剂中，薄荷醇仍存在于微乳中而不是水中，因而证据1并未公开以水作为溶剂的漱口液。

其次，如果漱口剂中除微乳外的其他成分是不可以吞咽的，并且基于本领域的公知常识，漱口剂一般也是不可吞咽的，因而即便证据 1 中的组合物可以用于饮料，也不能说明含有该组合物的漱口剂必然是可吞咽的。综上，证据 1 实质上仅公开了权利要求中薄荷醇、漱口剂两个特征，其并未公开含有薄荷醇并以水作为溶剂的可吞咽的漱口液。证据 2 公开了一种局部施用的含有包封在脂质体中的活性成分的组合物，脂质体内部具有水性介质，其中活性成分选自西地那非、他达那非和伐地那非，根据说明书的记载，其技术方案是将西地那非等活性成分制成脂质体后外用或局部给药。由此可见，尽管证据 2 公开了西地那非等治疗男性勃起功能障碍的药物，但并未公开将治疗勃起功能障碍的药物加入漱口液中的技术方案。咖啡因是现有技术中公知的物质，但没有证据表明咖啡因是漱口剂的一种常用组分。综上所述，涉案申请权利要求 5 并非现有技术中技术方案的组合，而只是已知技术方案中的个别技术特征的组合，并且与证据 1 和 2 相比，权利要求 5 中可吞咽的特征、咖啡因的加入及其含量并未被现有技术公开，同时没有证据表明上述特征是本领域的常规选择。因此，不宜将涉案申请的技术方案认定为组合发明或按照指南中关于组合发明创造性的要求判断其创造性。经查，涉案申请说明书已经记载了加入咖啡因可以提高西地那非或类似物的溶解度，并且实施例中记载了咖啡因和西地那非或类似物的加入量，因而该技术效果应被认定为涉案申请技术方案所期望实现的技术效果，并在进行创造性判断时予以评价。基于以上分析，复审合议组认为，传统漱口液一般不能吞咽，而涉案申请试图提供一种可吞咽的漱口液用于递送西地那非等治疗男性勃起功能障碍的药物，该漱口液中加入咖啡因以增加西地那非及类似物的溶解度，利用在口腔停留的时间清新口气、增强药物吸收，从而通过口腔黏膜和胃肠道吸收使药物迅速起效，达到提高药物生物利用度和降低摄入量的效果，证据 1、证据 2 和本领域的常规选择从整体上并未给出获得该技术方案的教导。权利要求 5 并非证据 1、证据 2 和本领域常规选择的简单组合。

4.2　选择发明

选择发明，是指从现有技术公开的宽范围中，有目的地选出现有技术中未提到的窄范围或个体的发明。在进行选择发明创造性的判断时，选择所带来的预料不到的技术效果是考虑的主要因素。

如果发明仅是从一些已知的可能性中进行选择，或者发明仅是从一些具有相同可能性的技术方案中选出一种，而选出的方案未能取得预料不到的技术效果，则该发明不具备创造性。如果发明是在可能的、有限的范围内选择具体的尺寸、温度范围或者其他参数，而这些选择可以由本领域的技术人员通过常规手段得到，并且没有产生预料不到的技术效果，则该发明不具备创造性。

(2015) 高行（知）终字第 3504 号判决的涉案专利权利要求 1 保护如下式（1）结构的复合物或盐，其中 B 为腺嘌呤-9-基，两个 R 均为—CH_2—O—$C(O)$—O—$CH(CH_3)_2$。

$$\text{B} \diagdown \underset{\text{CH}_3}{\overset{}{\diagup}} \text{O} - \overset{\overset{\text{O}}{\|}}{\underset{\underset{\text{OR}}{|}}{\text{P}}} - \text{OR} \cdot \text{HO} - \overset{\overset{\text{O}}{\|}}{\underset{}{}} \diagup \overset{}{\diagdown} \overset{\overset{\text{O}}{\|}}{} \text{OH} \tag{1}$$

权利要求 1 与证据 1 的区别特征仅在于证据 1 公开了化合物本身，而权利要求 1 保护化合物的富马酸复合物或盐。

被诉无效决定认为，在化学领域，化学产品是否具有某种特性，在本领域技术人员根据其掌握的普通技术知识并结合现有技术无法推知的情况下，通常需要实验数据证明。对于说明书所声称的 "Bis(POC)PMPA 的富马酸盐相比游离碱和其他盐具有出人意料的最佳理化性质"，仅有实施例 3 将 Bis(POC)PMPA 富马酸盐晶体与 Bis(POC)PMPA 柠檬酸盐的固态化学稳定性进行比较，比较的对象只有柠檬酸盐这一种盐，且根据涉案专利说明书公开的信息也看不出单单选择柠檬酸盐进行比较的理由，这样的比较由于比较对象的单一，无法得出富马酸盐相比游离碱和其他盐具有出人意料的最佳理化性质的结论；对于说明书所声称的 "良好的口服生物利用度"，说明书中没有给出任何实施例或实验数据予以证明。综上，由于说明书中没有给出任何数据证明涉案发明的富马酸盐相对于游离碱或其他盐获得了何种预料不到的技术效果，本领域技术人员通过说明书的记载仅能预料 Bis(POC)PMPA 富马酸盐具有成盐化合物通常所具有的性质。例如，具有与化合物相同的活性，且相对于化合物具有相对较高的溶解度和稳定性等，即说明书实施例 1 所公开的 Bis(POC)PMPA 富马酸盐的性质。因此，权利要求 1 相对于证据 1 所解决的技术问题只是在保持相同活性的情况下，通过将化合物 Bis(POC)PMPA 转化为盐的形式从而获得成盐化合物通常所具有的相对较高的溶解度和稳定性等性质。

根据本领域的普通技术知识，一般而言，化合物的母体结构是化合物生物活性的决定性因素，成盐后的化合物通常会保有与原化合物类似的药理活性，不会导致药理活性的彻底颠覆或灭失。对于有药用价值的化合物而言，在获得该化合物的基础上，进一步研究和制备该化合物的各种盐，从中寻找更适合生产、储存及实际使用的盐的种类是本领域普遍存在的动机及随之作出的常规选择。证据 2 给出了与涉案专利结构相似的核苷酸磷酸酯衍生物与有机酸成盐的启示，并列出了可能与核苷酸磷酸酯衍生物成盐的十几种有机酸，其中就包括富马酸，在此基础上，将 Bis(POC)PMPA 与富马酸成盐并由此获得成盐化合物通常所具有的性质，是本领域技术人员基于本领域普遍存在的动机做出的常规选择。因此权利要求 1 相对于证据 1 和证据 2 的结合不具有创造性。法院对此予以支持。

(2013) 高行终字第 1754 号判决的涉案专利权利要求 1 保护一种耐间隙腐蚀性优良的铁素体系不锈钢，其特征在于，以质量计含有：C：0.001%～0.02%、N：0.01%～0.02%、Si：0.01%～0.5%、Mn：0.05～1%、P：0.04% 以下、S：0.01% 以下、Cr：12%～25%，按照 Ti：0.02%～0.5%、Nb：0.02%～1% 的范围含有 Ti、Nb 中的一种或两种，并且按照 Sn：0.005%～2% 的范围含有 Sn，剩余部分由 Fe 和不可避免的杂质构成。

被诉第 18653 号无效决定认为，证据 4 公开了一种高温强度优异的铁素体系不锈钢。涉案专利权利要求 7 与证据 4 的区别在于：权利要求 7 所述 Mn、Ti 的含量范围在证据 4 公开的范围之内。本领域公知 Mn 和 Ti 在铁素体不锈钢中的作用，且证据 4 公开了 "Mn 从脱氧、耐氧化性的观点出发，需要添加，不足 0.01% 的话，效果不足，添加超过 2%，其效果也达到饱和，因此添加 0.01%～2.0%"，"Ti 从脱氧、固定 C、N，以及改善高温强度的观点来看，可以根据需要添加，不足 0.01% 的话，无法获得上述效果，如果过量添加，则 C、N 的固定效果也达到饱和，此外，价格提高，因此上限为 1%"，同时证据 4 中多个实施例选用了 0.05%～1% 范围内的 Mn、0.02%～0.5% 范围内的 Ti，例如实施例 A 中所用 Mn 含量为 0.53%，实施例 V 中所用 Mn 含量为 0.84%、Ti 含量为 0.15%。因此，本领域技术人员在证据 4 的基础上容易想到根据实际性能需要、价格因素等综合考虑选用 0.05%～1% 范围内的 Mn、0.02%～0.5% 范围内的 Ti，涉案专利也不能证明该小范围的选择产生了意想不到的技术效果。因此，权利要求 7 不具备创造性。

对此，法院认为，涉案专利权利要求 7 的技术方案均落入证据 4 的技术方案之中。在此情况下，权利要求 7 具备创造性的前提是权利要求 7 属于证据 4 技术方案的选择发明。在进行选择发明创造性判断时，该选择所带来的预料不到的技术效果是考虑的主要因素。根据涉案专利说明书的记载，权利要求 7 的发明目的在于合成一种具有耐间隙腐蚀性铁素体系不锈钢，从涉案专利说明书载明的实验数据可知，其实施例中 C1 的最大侵蚀深度为 $516\mu m$，而对比例 C16 的最大侵蚀深度为 $925\mu m$。对比例 C16 属于落入证据 4 中而未落入权利要求 7 中的具体技术方案。从效果上看，涉案专利实施例的最大侵蚀深度比对比例 C16 的效果提高了 44%，可以认为涉案专利权利要求 7 取得了预料不到的技术效果，具备创造性。

(2013) 高行终字第 829 号判决的涉案专利权利要求 1 保护一种柴油机缸套。法院认为，在柴油机实际工作中，其缸套内径必然是一个确定的具体数值，本领域技术人员在确定缸径的具体数值后，根据证据 3 所公开的缸套各部位尺寸的设计标准进行计算，可以得到一个完整的技术方案，被诉第 18355 号决定及一审判决将该技术方案与涉案专利权利要求 1 的技术方案进行比对，进而判断涉案专利权利要求 1 的创造性并无不当。无论是将缸套内径为 $\phi100mm$ 或是为 $\phi102mm$ 时根据证据 3 的设计标准进行计算所得出的缸套各部位尺寸，与涉案专利权利要求 1 进行比对，除了缸套支承肩部位直径范围略大于权利要求 1 的限定外，其余缸套各部位的数值均与权利要求 1 的相应部位的尺寸范围重合，因此仅根据缸套支承肩部位直径范围的区别并不足以使得涉案专利具有创造性，本领域技术人员在计算得到缸套支承肩部位直径的尺寸范围的基础上，根据其技术常识及实际需要，也能够选择到 119～122.5mm 内的值，而无须付出创造性劳动，且根据涉案专利的记载，其亦未明确当缸套支承肩部位直径选择 119～122.5mm 时相对于根据证据 3 所计算出的尺寸范围内其他数值有任何预料不到的技术效果，因此涉案专利权利要求 1 所要求保护的技术方案不具备创造性。

（2015）京知行初字第 5977 号判决的涉案专利权利要求 1 保护一种袋式过滤器。权利要求 1 与证据 1 的区别特征之一为：权利要求 1 中所述抗氧化剂相对于聚酰胺的浓度介于 0.01%～10%（质量分数）之间，而证据 1 中公开了添加剂材料（未明确为抗氧剂）的用量宜为约 2%～25%（质量分数）。

法院认为，对于抗氧化剂剂量的限定，属于选择发明，在进行选择发明创造性的判断时，选择所带来的意料不到的技术效果是考虑的主要因素。如果发明是在可能的、有限的范围内选择具体的尺寸、温度范围或者其他参数，而这些选择可以由本领域技术人员通过常规的技术手段得到并且没有产生意料不到的技术效果，则该发明不具备创造性。首先，涉案申请权利要求 1 限定抗氧化剂的含量与证据 1 公开的范围有交叉。相关技术人员根据纤维所需要的抗氧化性能，可以通过本领域有限的常规试验确定抗氧化剂的量。其次，相关发明尤其是涉及对数值范围的选择，往往需要实验数据予以支持，相应地就需要进行大量科学实验对相关数据进行验证。涉案申请说明书中的表 1－4 显示，涉案申请的实施例仅能表明含抗氧化剂的样本比不含抗氧化剂的对照样本具有更为优异的效果，如热稳定性大大提高、拉伸强度保持率显著提高，有更好的高温耐久性。但是，对于在聚合纤维中添加了抗氧化剂的效果优于不含抗氧化剂的效果已在说明书中记载，双方并无争议。对于本领域技术人员而言，抗氧化剂的加入可以防止聚合物纤维的氧化变性、阻止其老化，这种效果是抗氧化剂固有性能的体现，是可以合理预期的。权利要求 1 中尽管限定了抗氧化剂是酚酰胺，但涉案申请中表 1－4 将酚酰胺抗氧化剂 Irganox1098 与无机盐抗氧化剂溴化铜相比，两者的抗氧化、抗老化效果在实验数据上并无明显差别，也就是说，根据目前的相关内容，选择酚酰胺并限定特定数值范围与其他种类的抗氧化剂相比并未体现出更好的优越性。

对于选择发明的认定至少需要同时考虑主、客观两方面因素。就客观方面而言，该选择所带来的技术效果应好于其他选择；就主观方面而言，这一技术效果对于本领域技术人员而言应不容易想到，且申请人在申请时应已知晓。

（2015）京知行初字第 4099 号判决的涉案专利权利要求 1 请求保护一种用于锂蓄电池的阳极活性材料。权利要求 1 与证据 2 的区别特征 3 在于：碳基材料核部与尖晶石型锂钛氧化物壳部的重量比被调节成使碳基材料：尖晶石型锂钛氧化物＝1：0.0055～0.02。

法院认为，在该案中，原告主张上述区别特征所带来的技术效果为表 1、表 2 中实施例 2、3 的相应效果数据。其中实施例 2 所取的 1.0 即为区别特征数值内的 0.01，实施例 3 中的 2.0 即区别特征数值内的 0.02。由表 1 可以看出，虽然实施例 2、3 在"第一次效率""比容量"等效果数据方面均优于实施例 4、5，但其基本属于等差递减的关系，其属于通过有限的实验可以获得的效果数据，不属于本领域技术人员预料不到的技术效果。不仅如此，对于表 1 中的"第一次充电"特性，实施例 2 的效果差于实施例 4、5，实施例 3 的效果仅与实施例 5 相同，无法看出实施例 2、3 具有优于实施例 4、5 的效果。表 2 中，实施例 2 在其中两个数据效果上低于实施例 4 或 5。综上可知，在仅考虑实施例 2、3 中所取的 1.0（即区别特征数值内的 0.01）及 2.0（即区别特征数值内的 0.02），尚且无法看出其相对于其他选择具有更好的技术效果或者预料不到的技术效果，更何况区别特征所选取的 0.0055～0.02 这一范围。可见，原告主张区别特征 3 可为发明带来预料不到技术效果的主张不能成立。此外，涉案申请的该数值范围系原告修改后限缩而得，原权利要求中所要求的范围为 0.0055～0.05，表 1 或表 2 中的实施例 2～5 均属于原权利要求的保护范围，也就是说，涉案申请中是将实施例 4、5 用作与实施例 2、3 并列的实施例，而非对比实施例。这说明申请时原告本身并不认为实施例 2、3 相对于实施例 4、5 可以带来预料不到的技术效果。因此，即便区别特征中数值范围的选择相对于该范围外的其他数值确实可以带来预料不到的技术效果，但在除表 1、2 外，说明书中并无其他效果数据的情况下，可合理认为原告在申请时对于该效果并无认知，其显然不能作为原告的选择发明予以保护。此外，原告还主张证据 2 解决的是高温放电问题，涉案申请解决的是低温放电问题，本领域技术人员基于证据 2 的教导，不会想到为解决低温放电问题可以选择区别技术特征中的数值范围。但原告并无证据证明区别技术特征与高温放电或低温放电问题之间存在必然联系，因此，无论涉案专利与证据 2 所解决问题是否存在上述不同，均不能证明在区别特征的使用上证据 2 给出了相反的技术教导，原告的上述主张不能成立。

4.3　转用发明

转用发明，是指将某一技术领域的现有技术转用到其他技术领域中的发明。在进行转用发明的创造性判断时通常需要考虑：转用的技术领域的远近、是否存在相应的技术启示、转用的难易程度、是否需要克服技术上的困难、转用所带来的技术效果等。

如果转用是在类似的或者相近的技术领域之间进行的，并且未产生预料不到的技术效果，则这种转用发明不具备创造性。

（2016）京行终 5734 号判决的涉案申请请求保护一种动态充电计费控制系统。申请人认为，利用网络收费实现不停车是燃油车领域的技术，且只能收过路费，而涉案申请涉及以"动态充电"方式运行的电容电动车和双电池电动车，因此具备创造性。法院认为，转用发明是指将某一技术领域的现有技术转用到其他技术领域中的发明。在进行转用发明的创造性判断时通常需要考虑：转用的技术领域的远近、是否存在相应的技术启示、转用的难易程度、是否需要克服技术上的困难、转用所带来的技术效果等。如果转用是在类似的或者相近的技术领域之间进行的，并且未产生预料不到的技术效果，则这种转用发明不具备创造性。就该案而言，涉案申请涉及一种动态充电计费控制系统，现有技术证据 1 公开了一种超级电容电车充电控制系统。二者的区别特征之一在于，涉案申请请求保护的动态充电计费控制系统还包括网络收费终端，网络收费终端部分的无线收/发器与网络终端连接成信号传输回路，车载计费控制部分与网络收费终端部分之间通过无线通信联系。对此，由于对电容电动车采用动态充电的模式将充电和行驶融为一体已经是本领域的公知常识，而充电后需要计费是本领域技术人员很容易想到的问题。在涉案申请的申请日之前，利用网络收费从而实现不停车收费是本领域技术人员惯用的技术手段。例如，高速公路上收费站即采用了不停车收费，将相应的工作原理、技术手段应用到涉案申请要解决的技术问题上，对于本领域技术人员是显而易见的，没有产生预料不到的技术效果。涉案申请将车载计费控制部分与网络收费终端之间通过无线通信连接起来，使得网络收费终端与无线收/发器之间连成信号传输回路，从而实现网络计费属于本领域技术人员惯用的技术手段。虽然该技术方案起到了节省人力物力、减少堵车、提高通行速度和效率的技术效果，但是上述技术效果是本领域技术人员在现有技术的基础上结合公知常识及本领域技术人员惯用的技术手段可以合理预见的，并不具有预料不到的技术效果。因此涉案专利不具备创造性

（2014）知行字第 52 号裁定的涉案专利保护一种将固体燃料熔制玻璃的方法。被诉第 17452 号无效决定认为，现有技术证据 1 公开了一种用于在玻璃熔化炉中供应和燃烧粉状燃料的方法和系统，涉案专利权利要求 1 与证据 1 的区别特征之一为权利要求 1 采用浓相气力输送方法，而证据 1 采用高固气比。涉案专利实际解决的技术问题是提高燃料输送效率、燃烧效率以及减少对设备的损害和对环境的污染。本领域技术人员在证据 1 中采用固体燃料的启示下，为了解决固体燃料的输送问题，容易想到将现有技术证据 2 中高炉炼铁领域的浓相气力法输送固体燃料的方法转用到玻璃熔窑的燃料输送中。对于专利权人提出证据 2 为炼铁高炉，其与涉案专利的玻璃窑炉在原料、结构、功能工艺等方面均有很大差异，证据 2 和证据 1 属于不同的技术领域，二者不能必然地结合的主张；被诉决定认为，虽然证据 1 和证据 2 属于不同的技术领域，但是两者均属于采用固体燃料作为加热源的领域，二者技术领域相近，因此，在证据 1 记载了采用石油焦作为玻璃熔炉的固体燃料的技术启示下，本领域技术人员在解决玻璃熔窑领域中燃料燃烧等问题时通常容易想到从冶金等相近的领域中寻找技术启示，将高炉炼铁中固体燃料的输送方法转用到玻璃熔窑领域，而且这种转用也未产生预料不到的技术效果，因此，涉案专利不具备创造性。法院认为，二审判决整体上肯定了被诉决定对涉案专利创造性的判断，并认为，即使不考虑转用发明问题，被诉决定对涉案专利创造性的判断结论也是正确的。

（2018）京行终 3382 号判决的涉案专利保护一种交通运输轨道机动车辆防追尾、防碰撞方法。证据 1 同样公开了一种交通运输轨道机动车辆防追尾、防碰撞方法。权利要求 1 与证据 1 的区别特征之一在于：涉案专利应用于"除高速铁路列车以外的轨道运输车辆"。关于该区别特征，专利权人认为，涉案专利为转用发明，将证据 1 中的高速铁路防追尾方法，转用于非高速铁路运输车辆防追尾、防碰撞，需克服许多技术上不同于高速铁路的特殊困难，并且取得了有益的技术效果和显著的进步。法院认为，涉案和证据 1 均属于轨道交通运输领域，技术领域相同，不属于转用发明，且虽然高速铁路列车和普通列车的运行环境不同，但证据 1 中的车辆防追尾、防碰撞方法同样

可适用于具有不同正常时速的轨道运输车辆，将证据 1 中的车辆防追尾、防碰撞方法应用到普通列车上，只是简单改变了应用对象，这种改变对于本领域技术人员来说并不存在技术障碍，不需要付出创造性劳动，也没有带来预想不到的技术效果。

如果这种转用能够产生预料不到的技术效果，或者这种转用需要克服原技术领域中未曾遇到的技术上的困难，则这种转用发明具有突出的实质性特点和显著的进步，具备创造性。

第 155213 号复审决定的涉案申请请求保护使包含具有正铁组分和溶解度比正铁组分更小的亚铁组分的有机酸铁配合物的水溶液稳定化的方法，所述溶液的 pH 为 3～5，其中使溶液至少部分地经受电解氧化。现有技术证据 1 公开了一种再生铝表面净洗剂的方法，该净洗剂含有水溶性酸溶液，用于清洁铝表面，将使用过的净洗剂循环通过电解槽并通过电解氧化过程氧化亚铁离子，从而再生净洗剂中的铁离子。优选该净洗剂的 pH 用硫酸和（或）硝酸调节为 0.6～2.0。

复审合议组认为，涉案申请涉及防结块剂，证据 1 涉及铝制品净洗剂，两者在不同的技术领域解决不同的技术问题，两者的发明构思不同，所采用的技术方案的区别特征在于 pH 不同。判断涉案申请权利要求 1 是否具备创造性的关键在于：是否存在技术启示将证据 1 的方法转用于其他技术领域并相应地调整溶液的 pH。首先，证据 1 并未提及其方法还可以适用于其他技术领域。虽然证据 1 的方法原理和涉案申请相同，都是将溶液中的亚铁离子氧化为铁离子，但是证据 1 并未提及其方法适用于任何存在亚铁离子和铁离子的溶液，其净洗剂中的三价铁是在清洁铝表面过程中还原为二价铁，也不存在有机酸铁盐储存不稳定的技术问题。因此本领域技术人员没有动机将证据 1 的方法转用于含有铁离子和亚铁离子的有机酸铁配合物溶液以解决该溶液储存不稳定的技术问题。其次，证据 1 并未记载该络合剂与净洗剂中的铁离子形成配合物，也未记载该络合剂与铁或亚铁形成的配合物的溶解性，因此，本领域技术人员无法确认证据 1 的 pH 范围对有机酸铁盐和有机酸亚铁盐的配合物有何种影响，是否需要调整。在此基础上，本领域技术人员若将证据 1 的方法转用于含有有机酸铁盐配合物的水溶液时，没有动机和技术启示改变溶液的 pH。此外，证据 1 是电化学氧化亚铁离子为铁离子，而涉案申请是电化学氧化有机酸亚铁配合物为有机酸铁配合物，两者的具体电化学反应不同，导致证据 1 的方法不能直接用于有机酸铁盐的防结块溶液，因此，找到适合于有机酸铁配合物的 pH 是将证据 1 的方法转用到含有有机酸铁盐配合物的水溶液时需要克服的技术上的困难。相应地，涉案申请将 pH 调整为 3～5 是能够实现转用的关键技术手段，而这一关键技术手段在证据 1 中并未记载，也没有证据表明调节 pH 在 3～5 范围内即可将电化学氧化亚铁离子的基本原理应用于含有亚铁离子和铁离子的有机酸铁盐配合物溶液解决其储存功能性降低的技术问题属于公知常识。因此涉案专利具备创造性。

权利要求请求保护的产品与现有技术公开的产品技术领域相去甚远，即使二者的工作原理和功能相同，也不意味着必然有相互转用的动机，如果本领域技术人员难以想到将该现有技术产品进行改进从而得到权利要求的技术方案，则该权利要求具备创造性。

第 27502 号无效决定的涉案专利保护一种新型圆弧建筑模板紧固件。证据 1 公开了一种管接头。涉案权利要求 1 与证据 1 的区别包括：权利要求 1 保护的是一种圆弧建筑模板的紧固件，证据 1 公开的则是一种管接头。对于上述区别，无效宣告请求人认为，权利要求 1 与证据 1 虽然领域不同，但二者都是紧固圆形部件的环形紧固件，紧固原理和功能相同，领域的转用对本领域技术人员是显而易见的。无效决定合议组认为，工作原理和功能相同并不意味着领域的转用就是显而易见的。证据 1 公开的管接头虽然也是紧固圆形部件的环形紧固件，但其是流体系统中管道和管道之间的连接元件，用于连接和固定两个相邻管道的相邻管端。而涉案专利的紧固件用在建筑施工中，是在将建筑模板围合成待浇注成型的形状后，用紧固件将这些建筑模板进行紧固。可见，证据 1 的管接头与涉案专利的建筑模板紧固件技术领域相去甚远，即使二者的紧固原理和紧固功能相同，本领域技术人员也难以想到对用于连接液压系统管道的管接头的结构进行改进，并将其应用在建筑模板的紧固中从而得到涉案专利权利要求 1 的技术方案。

4.4 要素变更发明

要素变更的发明，包括要素关系改变的发明、要素替代的发明和要素省略的发明。在进行要素变更发明的创造性判断时通常需要考虑：要素关系的改变、要素替代和省略是否存在技术启示、其技术效果是否可以预期等。

4.4.1 要素关系改变

要素关系改变的发明，是指发明与现有技术相比，其形状、尺寸、比例、位置及作用关系等发生了变化。

如果要素关系的改变没有导致发明效果、功能及用途的变化，或者发明效果、功能及用途的变化是可预料到的，则发明不具备创造性。如果要素关系的改变导致发明产生了预料不到的技术效果，则发明具有突出的实质性特点和显著的进步，具备创造性。

第 17114 号无效决定的涉案专利保护一种中央处理器的插座装置。现有技术证据 1 公开了一种用来承接微处理器芯片的插座连接器。涉案专利权利要求 1 与证据 1 的区别在于：权利要求 1 中限定了位于定位片两侧分别上凸形成凸块，滑动片下侧相对各凸块处分别设有对应的滑槽；而证据 1 中公开的是位于垫片两侧分别开设有导向槽，隔片下侧相对各导向槽处分别凸设有对应的导向块。无效合议组认为，由于证据 1 中已经公开了通过导向槽与导向块的配合实现垫片与隔片之间的相对滑移，本领域技术人员只需将证据 1 中导向槽与导向块的位置相对调换，即将证据 1 中设置于垫片两侧的导向槽改为设置于隔片的两侧，将设置于隔片两侧的导向块改为设置于垫片两侧相对各导向槽的位置处，即可得到权利要求 1 的技术方案，且对该位置关系变化引起的技术效果是可以预料到的。因此，权利要求 1 相对于证据 1 不具备创造性。

第 16596 号无效决定的涉案专利保护一种多动力源超音速干粉灭火装置。无效合议组认为，涉案专利与现有技术证据 1 属于相同的技术领域，二者的区别在于，涉案专利是将副动力药包设置在主动力药包上或直接放置在燃烧室内，而证据 1 是将无源启动器设置在顶盖内壁所具有的多个凹槽内，它们仅是在设置位置上存在差异。然而证据 1 中的无源启动器与涉案专利中的副动力药包所起的作用却是相同的，都是形成多个动力源，在主动力源产生大量燃气作用下，接替引发喷射，延长了动力装置的喷射时间，降低了后续的冲击力，减少了对建筑物造成的破坏。上述设置位置虽然存在不同，但它们的具体设置位置都位于燃烧室内，都能由主动力源所产生的大量燃气进行引发，上述不同并未使涉案专利权利要求 1 相对于证据 1 产生预料不到的技术效果，且本领域技术人员在证据 1 的基础上设置无源启动器时，将其设置在燃烧室内易于放置的位置（如主动力药包上），仅是一种常规的选择，故不具备创造性。

第 11199 号无效决定的涉案专利保护一种汽车中央门锁执行器。证据 1 公开了一种汽车门锁控制装置。权利要求 1 与证据 1 的区别在于权利要求 1 中大齿轮置于小齿轮的下方，而证据 1 中的大齿轮置于小齿轮的上方（以马达位于整体装置的下方为参照系）。

无效合议组认为，所述区别特征仅是将现有技术中由大齿轮和小齿轮所组成的从动齿轮组上下颠倒方向，使得大齿轮在下、小齿轮在上。但是这种变化并没有改变任何一个齿轮的形状，也没有改变齿轮副之间的传动关系，即仍然采用"马达齿轮啮合大齿轮转动，使得小齿轮与大齿轮同轴旋转，小齿轮再啮合齿条，最终实现齿条的往复移动"的传动方式。无论是从动齿轮组中的大齿轮在上、小齿轮在下，还是小齿轮在上、大齿轮在下，这仅是实现相同的传动功能的一种齿轮位置关系的改变，因此权利要求 1 的技术方案相对于证据 1 仅属于零部件位置关系改变的"要素关系改变的发明创造"。根据 2010 年版《专利审查指南》的规定，要判断权利要求 1 相对于证据 1 是否具备创造性，则需要考察上述区别特征是否导致涉案专利的技术效果、功能及用途产生变化，或者考察技术效果、功能及用途的变化对本领域技术人员来说是否可预料到，即专利权人主张的上述技术效果是否存在，或者即使存在但是对本领域技术人员来说否可预料。但是，关于专利权人所称的技术效果（1）结构紧凑、体积小，本领域技术人员公知，整体传动结构的体积只与单个传动部件的尺寸以及传动部件之间的传动关系相关，而涉案专利仅是颠倒从动齿轮组的上下方向，并未改变从动齿轮组的形状和尺寸，也未改变其与其他传动件之间的转动关系，因此并不能使整个传动装置的体积发生任何改变。关于专利权人所称的技术效果（2）齿轮啮合稳定、齿轮间不产生干涉，由于现有技术中从动齿轮组中的大齿轮在小齿轮上方时，借助于马达齿轮轴和中间齿轮轴的轴向固定作用，以及齿轮副之间清晰的空间位置设置和传动关系，现有技术完全可以实现啮合稳定、齿轮相互间不产生干涉的传动。而专利权人并不能证明仅颠倒从动齿轮组的上下方位就能使上述稳定的齿轮传动关系改善多少。关于专利权人所称的技术效果（3）齿条行程加大，本领域技术人员公知，门锁执行器中齿条的行程只与齿条上的齿长及门锁执行器的外壳体积对齿条位移的限制有关，而涉案专利仅颠倒从动齿轮组的上下方向，并未涉及齿条上的齿长以及门锁执行器的外壳体积的改变，因此并不能使门锁执行器的齿条行程发生任何改变。综上，专利权人并不能证明上述区别特征的引入给涉案专利带来了其所称的预料不到的技术效果。因此，涉案专利不具备创造性。

对于实用新型专利而言，一般应着重考虑该实用新型专利所属的技术领域的启示，除非现有技术中有明确的记载，促使本领域技术人员到相近或者相关的技术领域寻找有关技术手段。如果要素关系的改变产生了预料不到的技术效果，则该实用新型具有实质性特点和进步，具备创造性。

第 15133 号无效决定的涉案专利保护一种用于玩具的眨眼眼珠部件。现有技术证据 11 公开了一种驱动玩具娃娃的眼睛和舌头动作的装置及该装置的电控装置。涉案专利权利要求 1 与证据 11 的区别特征在于：涉案专利中采用了磁性材料片（10），而证据 11 的技术方案中采用了磁性材料环 19；涉案专利磁性材料片（10）使眼珠体（2）底部的磁铁（9）与线圈固定座相互吸引，使眼珠体（2）在未通电时保持睁眼或者闭眼的常态，证据 11 中未明确说明未通电时眼珠的状态。该案的争议焦点在于证据 11 中的铁磁性材料环 19 能不能如涉案专利中的磁性材料片（10）一样，在不通电时使眼珠保持睁眼或闭眼的状态。

对此，无效合议组认为，由于铁磁性材料环 19 的位置在图 5 中位于底部，其产生的是磁场是一个"弱"的轴向磁场，因此其只是起到稳定永久磁铁 13 运动的作用，证据 11 中并没有提到在不通电的时候铁磁性材料环 19 可以使眼睛保持睁开或闭合的常态。而在缺乏铁磁性材料环 19 的情况下，证据 11 中的其他实施方式也没有提到其可以使眼睛保持睁开或者闭合的常态。因此，虽然磁性材料片与铁磁性材料环形状的变化是本领域公知常识，但涉案专利权利要求 1 中的磁性材料片（10）与证据 11 中的铁磁性材料环 19 的作用不同，其不仅与线圈（7）、磁铁（9）相互作用，使眼珠体实现眨眼功能，而且可以在不通电的状态下使眼珠体保持睁眼或者闭眼的常态［即要求磁性材料片（10）能产生足够强的磁力］，这是本领域技术人员根据证据 11 中所公开的"铁磁性材料环起到稳定永久磁铁 13 运动的作用"难以预料的，因此权利要求 1 的技术方案基于要素关系（磁场强弱、作用关系）的改变相对于证据 11 的技术方案和公知常识的结合具有实质性特点和进步。

4.4.2　要素替代发明

要素替代的发明，是指已知产品或方法的某一要素由其他已知要素替代的发明。

对于要素替代的发明，如果现有技术存在为解决发明实际解决的技术问题而进行要素替代的技术启示，涉案证据也未能证明该要素替代能够使该发明产生意想不到的技术效果，则不能认定发明具备创造性。

第 8634 号无效决定的涉案专利保护一种提纯和分离富含 β-异头物的核苷的方法。

涉案专利权利要求 1 与现有技术证据 1 的区别特征在于：b）步骤所用的稀释溶剂不同，权利要求 1 中采用乙腈，证据 1 采用乙酸乙酯。

无效合议组认为，权利要求 1 的技术方案可以看作在证据 1 实施例 6 方案基础上的要素替代发明。首先，证据 1 不存在为提高产物中 β-核苷含量而优先选用乙腈的教导，虽然乙腈和乙酸乙酯都是常用溶剂，而且在证据 1 的其他实施例中被用于提纯核苷产物，但本领域技术人员并不必然想到为了更好地富集核苷产物中的 β-异头物而针对性的选用乙腈。其次，涉案专利实施例 1 表明该方法得到的产物中含有少于 1% 的 α-异头物核苷，并且这些 α-异头物核苷是不需要的，虽然证据 1 实施例 6 中记载了 "得到核苷产物重 3.62g，定量 HPLC 分析表明产物为保护的 β-异头物核苷盐酸盐，产率为 64.2%"，但是由于证据 1 实施例 6 所给出的信息仅限于用 HPLC 测得的 β-异头物核苷的产率，没有公开或暗示是否用 HPLC 测定 α-异头物核苷及其他杂质的含量；并且证据 1 实施例 6 仅提及了提纯前的 β-异头物核苷和 α-异头物核苷的比例为 7.2∶1，没有直接提到提纯后的 β-异头物核苷和 α-异头物核苷的比例，也不能确定提纯后得到的核苷产物中 β-异头物和 α-异头物的比例一定大于 7.2∶1。最后，无效宣告请求人计算得到证据 1 实施例 6 核苷产物的重量收率为 63%、理论收率为 57%，但是由于计算得到的收率均低于证据 1 实施例 6 记载的产率（64.2%），因此，如果推断核苷产物都为 β-异头物核苷并且产率为 β-异头物的收率，那么核苷产物中 β-异头物核苷的纯度已经超过了 100%，这不符合本领域技术人员的常识，因而根据证据 1 实施例 6 的描述以及无效宣告请求人的计算不足以得出其中所述的 3.62g 核苷产物就是 β-异头物核苷的结论，可见无效宣告请求人无法证明选择乙腈相对于乙酸乙酯作为稀释溶剂并未使涉案专利产生意想不到的技术效果。综上所述，在现有理由和证据的基础上，本领域技术人员不足以认定无效宣告请求人所述证据 1 实施例 6 存在为解决发明实际解决的技术问题而进行要素替代的技术启示，并且无效宣告请求人没有提供足够的证据表明上述要素替代未使该发明产生意想不到的技术效果。因而，涉案专利权利要求 1 不具备创造性的理由不能成立。

4.4.3　要素省略发明

要素省略的发明，是指省去已知产品或者方法中的某一项或多项要素的发明；但如果一项产品发明省去一个或多个零部件后，其功能也相应消失，则不属要素省略的发明。

（2012）行提字第 20 号判决的涉案专利保护一种脉冲超细干粉自动灭火装置。针对专利权人提出的涉案专利没有产气室、与证据 1 的带有产气室的超跨音速灭火器在结构和各个技术特征的数值范围限定上具有本质区别的主张，被诉第 14523 号无效决定认为，根据证据 1 说明书的记载，专利权人所述的产气室意指由灭火器中的多孔件 3 与顶盖 2 之间的腔室。该多孔件 3 用于产生超音速气流或跨音速气流，扩大了灭火器动力应用范围，涉案专利不使用多孔件 3，自然相应地不具备上述功能，减少灭火器装置中的功能并不能使权利要求 1 的技术方案具备创造性。

专利权人二审、再审时提出一审判决及被诉决定均遗漏了如下区别技术特征（4），即证据1的灭火装置有多孔件，而涉案专利中没有该部件，这属于要素省略发明。涉案专利具有有益效果，即权利要求1采用无产气室的内部结构，与有产气室的灭火器相比，在灭火剂相等的情况下，体积变小解决了小空间灭火设备匮乏的问题；而证据1由于有多孔件，体积大，无法满足在狭小空间使用小型灭火器的需求，延长了灭火剂喷出时间，造成灭火时间延迟。

对于区别技术特征（4）而言，二审法院认为，涉案专利权利要求1是开放式的权利要求，其并没有排除还可能包含除了其中明确限定的部件以外的部件，因此"多孔件"并不构成涉案专利权利要求1与附件1的区别技术特征，即使考虑权利要求1中没有"多孔件"这一部件，由于权利要求1中没有多孔件，相应地也就不具有证据1说明书中所述的上述功能，涉案专利不属于要素省略发明，缺失多孔件不能使权利要求1的技术方案具备创造性。因此，专利权人关于该专利属于要素省略发明的上诉主张不能成立。对于专利权人主张的有益效果，最高人民法院认为，所述有益效果不仅没有相应证据证明，而且在涉案专利原始说明书中没有记载；相反的是，涉案专利说明书明确记载其技术方案具有"满足重、特大空间火灾扑救需要"的优点。

（2017）最高法行申5053号判决的涉案专利保护一种钙锌铁口服液。涉案专利权利要求1与证据3的区别特征在于：权利要求1保护的口服液中还含有可溶性铁剂及维生素 B_2，而不含有证据3口服液中的盐酸赖氨酸。证据1公开了一种复方钙锌铁颗粒，其处方为葡萄糖酸钙400g、葡萄糖酸锌30g、葡萄糖酸亚铁100g和维生素 B_2 3g以及调味剂、着色剂、蔗糖、甜菊素、枸橼酸各适量，制成1000包颗粒剂，由此可以看出证据1公开了涉案专利权利要求1的全部补充剂，即葡萄糖酸钙、葡萄糖酸锌、葡萄糖酸亚铁和维生素 B_2。

法院认为，证据1与证据3均涉及营养补益类药物，更具体地都包含钙剂和锌剂，本领域技术人员为了使证据3公开的口服液适应证更加全面，容易想到引入证据1处方中的可溶性铁剂和维生素 B_2，证据1中四种活性成分的比例完全落入涉案专利权利要求1限定的数值范围。涉案专利中虽未包含证据3公开的盐酸赖氨酸，但证据3中记载"盐酸赖氨酸为小肠黏膜钙结合蛋白的主要组成部分，它可以使小肠钙结合蛋白含量增加，促进钙由小肠向血管内转移，增加钙在小肠的吸收"，即证据3公开的是盐酸赖氨酸增加常规补钙剂补钙效果的额外益处，但是缺省该成分并不影响补钙剂原本的补钙功效，而且也没有证据显示会影响铁、锌和维生素 B_2 的吸收。因此，在证据3公开的技术方案基础上，根据对微量元素和营养物质的补充需求，增加证据1中已施用的铁补剂和维生素 B_2，并缺省盐酸赖氨酸是本领域技术人员容易想到的方案。

（2003）高行终字第23号判决的涉案专利保护一种塑料管坯预热器。法院认为，涉案专利与证据1、2相比，涉案专利中型坯开口朝向与现有技术不同，在驱使型坯自转过程中无须另外的动力装置，现有技术则不然。由于证据2中已有为避免型坯颈部被加热后变形，在加热前将型坯颈部朝上翻转为颈部朝下的技术启示，故型坯开口朝向不同对于本领域普通技术人员而言并不构成实质性区别，本领域普通技术人员不经创造性劳动即可实现这变换。另外，涉案专利是一个单独的塑料管坯预热装置，不包括拉伸和吹塑装置，也不存在间歇运动，当型坯进入吹塑阶段后，带动型坯公转的链条停止移动，而证据 1 则将热处理和吹塑成型等几个工序集合在一起，为保持型坯自转，均匀加热，当然需要引入另外的驱动装置，这也是本领域普通技术人员很容易想到的。该案中，在证据 2 的启示下，本领域普通技术人员将型坯开口由朝上改为朝下后，自然会省去现有技术证据 1 中的"夹持组件"和"屏蔽结构"，故上诉人关于涉案专利属于要素省略发明，具备创造性的主张不能成立。

（2015）知行字第 362 号判决的涉案申请要求保护电动车车载蓄冰空调，其权利要求 1 与证据 1 的区别之一在于，权利要求 1 采用过冷水冷却，其中，车载蓄冰槽底部的过冷水经进水管、变频调速泵、释冷换热器、出水管流回车载蓄冰槽底部，而证据 1 采用封闭在循环管路中的由冰冷却的乙二醇作为冷却剂。对于申请人提出涉案专利申请不含有证据 1 的膨胀水箱、三通阀、释热水管，因省去了证据 1 中的多个零件，同时取得了预料不到的技术效果而具备创造性的主张，法院不予支持。法院认为，第一，涉案申请与证据 1 相比，其之所以缺少相应部件的根本原因在于两者所采用的载冷剂不同，致使相应蓄冰空调在结构上产生差异。涉案申请采用的载冷剂为过冷水，其由进水管从蓄冰槽中泵入后，再由出水管回流至蓄冰槽中，由于过冷水无腐蚀性而无须与蓄冰槽中的冰相隔离，故采用开放式的循环系统。而证据 1 采用的载冷剂为乙二醇溶液，由于有腐蚀性，不适宜应用在开放式系统中，故选择将作为载冷剂的乙二醇溶液与蓄冰槽之中的冰相隔离，采用封闭式的循环系统。且由于采用封闭式的循环系统在载冷剂温度变化时会产生热胀冷缩，造成循环管路内压力变化，故对后者增设了膨胀水箱、膨胀水管和三通阀，进行补水、稳压，从而克服上述封闭系统所产生的缺陷。由此可见，涉案申请和证据 1 的技术方案并非简单的要素省略关系，实质上是因载冷剂的不同选择而导致相应蓄冰空调结构上的替换。因此，涉案申请不属于在对比文件 1 公开的技术方案的基础上的要素省略发明。申请人声称的"省去对比文件 1 中的多个零件后，取得了结构简洁、重量轻、成本下降，消除了乙二醇对人体有害的安全隐患，杜绝了乙二醇对设备的腐蚀、延长设备使用寿命的有益技术效果"均是建立在涉案申请与证据 1 所采用的载冷剂不同，导致相应蓄冰空调在结构上产生差异这一基础上的。但由于涉案申请缺少了证据 1 中的膨胀水箱、膨胀水管和三通阀等部件，且其采用的载冷剂为无腐蚀性的过冷水而非具有腐蚀性的乙二醇溶液，故上述技术效果均是本领域技术人员能够预料得到的技术效果。

第5章 不同领域发明的创造性审查

5.1 化学领域

化学领域发明专利申请的审查存在许多特殊的问题。例如，在多数情况下，化学发明能否实施往往难以预测，必须借助试验结果加以证实才能得到确认；有的化学产品的结构尚不清楚，不得不借助性能参数和/或制备方法来定义；发现已知化学产品新的性能或用途并不意味着其结构或组成的改变，因此不能视为新的产品；因此，专利审查中对于化学发明中的某些特殊问题存在特别规定。

5.1.1 化合物的创造性审查

5.1.1.1 结构的相似性

当发明要求保护的化合物与最接近现有技术的化合物"结构不接近"时，发明对最接近现有技术所做的贡献其实应当被认定为至少提供了一种不同于现有技术的其他结构的化合物，只要这一贡献能够得到确认，相应的技术问题就已经得到解决，此时则无须再与现有技术进行用途或效果上的比对；相反，当二者"结构接近"时，通常意味着结构上的区别较小，此时需要依据该化合物的用途和/或效果，重新确定其对最接近现有技术的贡献。两种化合物结构上是否接近，应当结合其技术领域进行判断。

对技术特征的理解，应当基于其所在的整体技术方案进行，注意把握技术特征在整体技术方案中所起的作用及其与其他特征之间的关系，不能脱离技术方案的整体而对某一技术特征进行单独的考虑。

对于马库什权利要求，其创造性判断应当遵循创造性判断的基本方法，即 2010 年版《专利审查指南》所规定的"三步法"。意料不到的技术效果是创造性判断的辅助因素，而且作为一种倒推的判断方法，具有特殊性，不具有普遍适用性。因此，只有在经过"三步法"审查和判断得不出是否是非显而易见时，才能根据具有意料不到的技术效果认定专利申请是否具有创造性，通常不宜跨过"三步法"直接适用具有意想不到的技术效果来判断专利申请是否具有创造性。为此，2020 年修订的《专利审查指南》删除了原"化合物的创造性"一节下以结构上与已知化合物"不接近"或"接近"的方式分析化合物专利申请创造性的审查规则，改为以"三步法"方式进行创造性判断，即首先确定要求保护的化合物与最接近现有技术化合物之间的结构差异，并基于进行这种结构改造所获得的用途和/或效果确定发明实际解决的技术问题，在此基础上，判断现有技术整体上是否给出了通过这种结构改造以解决所述技术问题的技术启示。如果所属技术领域的技术人员在现有技术的基础上仅仅通过合乎逻辑的分析、推理或者有限的试验就可以进行这种结构改造以解决所述技术问题，则认为现有技术存在技术启示。

（2016）最高法行再 41 号判决的涉案专利权利要求 1 保护一种制备用于治疗或预防高血压的药物组合物的方法，该方法包括将抗高血压剂与药物上的可接受的载体或稀释剂混合，其中抗高血压剂为至少一种如式（Ⅰ）所示的化合物或其可用作药用的盐或酯：

（Ⅰ）

被诉第 16266 号无效决定认为，权利要求 1 的化合物与证据 1 的式（Ⅰ）化合物的区别在于：①权利要求 1 中定义的咪唑 5-位的 R^5 和咪唑 4-位的 $R^2R^3(OR^4)$ 这两项取代基不同于证据 1 中在咪唑 4-位和 5-位定义的 R^7、R^8 取代基；②权利要求 1 的 R^1、R^6、R^7 的定义范围、咪唑和苯环的连接 CH_2 数目、苯环上取代基的定义范围与证据 1 的通式Ⅰ化合物不同，证据 1 的式（Ⅰ）化合物涵盖了数量更庞大的化合物。证据 1 中既没有公开涉案专利权利要求 1 中结构（Ⅰ）的化合物，也没有公开无效宣告请求人所指出的具体化合物，而且在咪唑 4-位取代基的多种取代情况，即 R^7 和 R^8 定义的众多取代基选项中，甚至没有记载该通式化合物的咪唑 4-位可以被羟基支链烷基或烷氧基支链烷基取代。无效合议组认为，证据 1 中没有披露证据 1 的式（Ⅰ）化合物中咪唑 4-位的烷基与烷氧基支链烷基或羟基支链烷基之间可以互相替代，更没有披露互相替代之后的作用相同或相似，因此，本领域技术人员根据证据 1 公开的内容选择得到涉案专利权利要求 1 的技术方案需要花费创造性劳动，权利要求 1 相对于证据 1 并非显而易见的。涉案专利中不但记载了所述式（Ⅰ）化合物的多个具体化合物的活性数据，而且证明涉案专利中化合物相比于背景技术中最接近的化合物 A（参见涉案专利说明书第 1 面、107 面和 108 面）相比具有意外效果，作为降血压药是有效的。而专利申请文件中通常无须提供该专利的所有化合物与现有技术中的所有化合物进行对比的实验数据。如前所述，本领域技术人员不能从证据 1 的内容中得到涉案专利式（Ⅰ）化合物的技术启示。因此涉案专利相比于证据 1 具备创造性。法院认为，被诉决定和一审法院在对涉案专利权利要求 1 的创造性进行判断时，严格遵循了"三步法"，认定权利要求 1 的式（Ⅰ）化合物和证据 1 的式（Ⅰ）化合物相比较具有两项区别技术特征，然后对两项区别技术特征的非显而易见性进行了分析，从而认定涉案专利权利要求 1 具有创造性并无不当，予以支持。

（2018）京行终 6345 号判决的涉案专利权利要求 1 保护化合物[1S-[1α,2α,3β(1S 某,2R 某),5β]]-3-[7-[[2-(3,4-二氟代苯基)环丙基]氨基]-5-(丙基硫代)-3H-1,2,3-三唑并[4,5-d]嘧啶-3-基]-5-(2-羟基乙氧基)-环戊烷-1,2-二醇。证据 1 公开了与之具有相同用途的实施例 86 化合物。权利要求 1 与证据 1 的区别在于：（1）苯基上的取代基不同，权利要求 1 的化合物最右侧苯基上的取代基是 3,4-二氟；而证据 1 实施例 86 化合物相应苯基上的取代基为 4-氯；（2）最左侧环戊烷上的 R 取代基不同，权利要求 1 化合物最左侧环戊烷的 R 取代基为—OCH_2CH_2OH，而证据 1 实施例 86 化合物的相应 R 取代基为—$C(O)NH_2$。

法院认为，在确定专利技术方案相对于对比文件所解决的技术问题时，要考虑区别技术特征在专利技术方案中的作用。对技术特征的理解，应当基于其所在的整体技术方案进行，注意把握技术特征在整体技术方案中所起的作用以及与其他特征之间的关系，不能脱离技术方案的整体而对某一技术特征进行单独的考虑。对于上述区别特征（2），证据 1 公开的实施例 86 化合物应当在证据 1 整体技术方案中进行理解。证据 1 的权利要求 1 是一个马库什权利要求，众所周知，马库什权利要求包括不可变的骨架部分和可改变的马库什要素。在证据 1 的整体技术方案中，左上角与苯环相连的羰基属于不可变的骨架，并非可修饰的可变基团。根据证据 1 的整体教导，本领域技术人员会认为证据 1 中包括羰基在内的骨架部分是产生药理活性的化学结构片段。一旦改变了骨架部分中的任何一个部分，无论是环结构这样的较大部分，还是如羰基这样的较小部分，均无法预期是否还能够产生同样的药物活性，从而无法预期是否能够实现证据 1 所得到的技术效果。在此情况下，本领域技术人员根本没有动机去除证据 1 实施例 86 中的羰基并替换为其他基团。

第 38394 号无效决定的涉案专利权利要求 1 保护下式具体化合物：

证据 1 公开了具有相同治疗活性的化合物 0.0044：

权利要求 1 与证据 1 的区别特征在于：（1）中心部分不同，即权利要求 1 的化合物中心部分是五环稠合的结构（即异色烯并萘并咪唑），证据 1 化合物相应位置是稠合四环（即异色烯并萘）与咪唑环单键连接，并且二者异色烯并萘稠合四环的稠合位置也不同；（2）右臂吡咯烷环 5 位取代基不同：权利要求 1 中为甲基，证据 1 为氢（即未取代）；（3）左臂吡咯烷环的 4 位取代基不同：权利要求 1 中为甲氧基甲基，证据 1 为氢（即未取代）；（4）左臂 N—CO—CH—N 残基上的取代基结构不同：权利要求 1 中为（R）—苯基，证据 1 为（S）—异丙基。

无效合议组认为，当发明要求保护的化合物与最接近现有技术的化合物"结构不接近"时，发明对最接近现有技术所做的贡献应当被认定为至少提供了一种不同于现有技术的其他结构的化合物，只要这一贡献能够得到确认，相应的技术问题就已经得到解决，此时当然无须再与现有技术进行用途或效果上的比对；相反，当二者"结构接近"时，通常意味着结构上的区别较小，此时需要依据该化合物的用途和/或效果，重新确定其对最接近现有技术的贡献。具体到该案，首先，稠环是两个或多个环共用相邻两个碳或杂原子形成的环系，因彼此相互连接而成为一个整体骨架，在没有相反证据的情况下，通常作为一个整体环单元而不能被随意切分；其次，判断某一结构单元是否构成最接近现有技术化合物的基本核心部分还需要考虑最接近现有技术的整体教导。合议组进一步查明，除所记载的 J—Y—J 的通式之外，证据 1 还公开了式（Ⅰ）化合物的具体方案，其中包括 M0—W—M0、M0—W—M9、M9—W—M0 或 M9—W—M9、M10—W—M0、M0—W—M10、M10—W—M9、M9—W—M10、M10—W—M10。关于中心部分 W，证据 1 公开的式（Ⅰ）化合物中心部分的结构中，无论是四环还是五环稠合体系，均未涉及在多环稠合系统中稠合有咪唑环的情形。本领域技术人员按照证据 1 的整体教导可以确定，证据 1 化合物 0.0044 中，四环稠合的

应当是其结构的中心部分。关于中心部分 W 两侧的基团 M0 和 M9，证据 1 的相应记载是，在一个具体实施方案中，M0 为咪唑基且 M9 为苯并咪唑基，但其均应属于证据 1 定义的式（Ⅰ）化合物的两臂结构，其与前述中心部分是单键连接而非稠合关系。这与涉案专利中咪唑环构成五环稠合体系的一部分的结构是完全不同的。最后，在化学领域，涉案专利这种多环稠合体系与证据 1 公开的由单键连接的"稠环-芳环"或者"稠环-稠环"体系具有不同的电子排布和空间构型，化学性质通常也不同，本领域技术人员一般不会认为二者属于接近的结构，更何况无效宣告请求人也未提供其他的现有技术证据证明，就 HCV 抑制作用而言，涉案专利的五元稠合体系在结构上与证据 1 公开的四环稠合体系在本领域中会被认为是接近的结构。综上，涉案专利权利要求 1 化合物与证据 1 化合物 0.0044 在结构上不接近，在涉案专利说明书检测并验证了该化合物具有一定的泛基因 HCV 抑制活性等的情况下，以证据 1 为最接近的现有技术不足以破坏权利要求 1 的创造性。

对于结构上与已知化合物接近的化合物，必须有预料不到的用途或者效果，否则不具备创造性，申请人或者专利权人不能通过在后补交实验数据的方式来证明原专利申请文件中未得到确认的技术效果。

（2016）京 73 行初 1146 号判决的涉案申请请求保护式（Ⅰ）或（Ⅱ）的化合物：

对于其中式（Ⅰ）化合物的技术方案，其与证据1公开的实施例5或6化合物的区别特征在于：式（Ⅰ）中 R_2 是 C1～10 的卤代烷烃，而证据1相应的基团分别是 F 原子，另外，R_1、Ar_1 存在区别。对于式Ⅱ所示化合物的技术方案，其与证据1实施例1—3化合物的区别特征在于：式（Ⅱ）中 R_2 是 C1～10 的卤代烷基，而后者相应的是 F 原子；另外，R_1 存在区别。

对于区别特征，被诉决定认定其已经被证据1说明书其他部分内容所公开，申请人对此亦未提出异议；申请人主张涉案申请权利要求1限定的 R_2 取代基为 C1～C10 卤代烷基，这使得化合物与证据1的相应化合物（其中 R_2 取代基为卤素）相比具有改善的稳定性，这是从现有技术中预料不到的技术效果，足以证明涉案申请的创造性。

对此，法院认为，首先，涉案申请与证据1说明书均载明："现在已经发现特定的肟衍生物，如下所述，是稳定的并特别适合作为上述酸催化反应的催化剂。该发明具体化合物的光学吸收光谱在很宽的电磁波谱范围内是可调的，并特别适用于低 UV(deep UV) 范围。此外，包括该发明肟衍生物的化学放大型光致抗蚀剂组合物，甚至在加工期间的高温烘烤温度下，是热稳定的，并能提高感光度。"由此可见，二者的发明目的完全相同。其次，涉案申请与证据1说明书均有清除剂量（E0）的相关记载，且给出相关试验数据表明涉案申请与证据1所述化合物均适合于正性抗蚀剂的制备。再次，涉案申请说明书未明确记载 R_2 取代基为 C1～C10 卤代烷基是影响化合物热稳定性的主要因素，亦未比较 R_2 是卤素或 C1～C10 卤代烷基的化合物稳定性，申请人提交的对比实验数据缺乏事实和法律依据，法院不予采信。最后，证据1说明书公开了结构式Ⅴ、Ⅵ示化合物，并明确记载其中 R_2 是卤素或 C1～C10 卤代烷基，虽然没有给出化合物中 R_2 是卤素或 C1～C10 卤代烷基的技术效果的具体数据，但是给出了卤素与 C1～C10 卤代烷基均是 R_2 取代基的可选基团的技术启示，且 R_2 是卤素或 C1～C10 卤代烷基的相应技术效果也是通过有限次试验可以确定或合理预期到的。综上所述，鉴于涉案申请权利要求1与证据1的区别特征均已被证据1的其他部分内容所公开，证据1说明书亦给出了将该区别特征应用于证据1对比实施例所示化合物以解决相应技术问题的技术启示，故涉案申请权利要求1相对于证据1没有实质性的特点和显著的进步，不具备创造性。

（2012）一中知行初字第573号判决的涉案申请权利要求1请求保护式（Ⅰ）的联苯噻唑甲酰胺：

权利要求1与证据1公开的具体化合物3.7的区别特征在于：联苯环中"下"苯环上取代基个数 n 不同，权利要求1限定 n 为2或3，而证据1公开的化合物3.7中下苯环仅有一个取代基，相当于 n 为1。证据2公开了一种杀微生物剂联苯噻唑甲酰胺化合物，该化合物中联苯的"下"苯环上有两个取代基，并且说明书表 A－D 中记载了该化合物与 EP0545099A2 中与其差别仅在联苯的第二个苯环上有一个取代基的结构类似化合物 3.37 的杀微生物活性比较实验数据，实验数据显示，证据 2 中的联苯的"下"苯环上有两个取代基的联苯噻唑甲酰胺化合物相比仅有一个取代基的联苯噻唑甲酰胺化合物在活性化合物施用率都是 100g/ha 标准值的前提下，具有更高的药效。

申请人主张证据 1 没有给出寻找有关下苯环取代的进一步信息的技术启示；证据 2 没有给出对"上"苯环进行取代的技术启示；由于证据 1 和 2 的教导前提不同，且普通技术人员没有动机将证据 2 中采用的取代基用于证据 1 中，证据 1 和 2 的结合是非显而易见的。

对此，法院认为，首先，关于证据 1，在证据 1 公开的四个化合物中，"上"苯环具有单取代的 F 原子，当其"下"苯环未被取代或者被卤素、甲基等小分子取代基单取代时，化合物具有类似活性，因此并不能得出在联苯的两个取代基中，重要的是"上"苯环的取代而不是"下"苯环的取代这一结论。特别是现有技术中并未给出当采用多个取代基或者其他类型取代基对"下"苯环进行取代时，化合物也具有类似活性的相关教导，因此无法得出该化合物"下"苯环的取代与否并无区别的这一结论。其次，关于证据 2，在该案中，证据 1 作为与涉案申请最接近的现有技术，其已经公开了"上"苯环具有取代基这一技术特征，因此在考虑证据 2 是否给出解决上述技术问题的启示时，无须再要求证据 2 同时给出证据 1 中已经公开的"上"苯环具有取代基这一技术特征的启示。鉴于此，证据 2 虽未公开化合物"上"苯环具有取代基，但是其公开了当化合物"上"苯环相同时，"下"苯环取代基个数的增加会使化合物药效提高的技术启示，由此，本领域技术人员有动机对类似化合物"下"苯环取代基个数的进一步改进。最后，关于证据 1 和 2 的结合，鉴于对证据 1 和 2 的上述评述，证据 1 和 2 公开的内容并不存在给出教导的前提不同的问题。本领域技术人员在证据 1 的基础上，有动机结合证据 2 中给出的上述启示，从而获得涉案申请所请求保护的技术方案。综上，涉案申请权利要求 1 相对于证据 1 和 2 的结合，并不能获得预料不到的技术效果，不具备创造性。

5.1.1.2　生物电子等排体

尽管生物电子等排体理论是药物开发设计中的惯用手段，但在药物化合物创造性的判断过程中，如果发明采用生物电子等排体代替现有技术化合物结构中的基团并获得有益效果，并且现有技术没有给出这种具体生物电子等排体的替换结果是可以预见的启示，那么这种生物电子等排体的替换是非显而易见的，发明的创造性应当被认可；相反，如果本领域技术人员在进行结构修饰时，能够预期这些生物电子等排体之间替换后所获得的化合物具有类似的活性，则发明不具备创造性。

第 105086 号复审决定的涉案申请权利要求 1 请求保护如下化合物：

权利要求 1 与证据 1 或证据 2 相比，化合物结构相似，用途相同，区别在于涉案申请化合物末端基团为磺酸基，而证据 1 或证据 2 对应部位为羧基。

复审合议组认为，相对于证据 1 或 2，权利要求 1 的技术方案实际解决的技术问题是提供一种类似的胰高血糖素受体拮抗剂。在利用生物电子等排体理论进行药物开发与设计中，生物电子等排体之间的性质的相似程度，特别是酸性（pKa 值）的接近程度是本领域技术人员在选择电子等排体进行替换时需要考虑的重要因素。尽管证据 1 给出了用羧基的电子等排体四唑代替羧基的启示，羧基和四唑在 pKa 值上的非常接近，这是认可两者之间的相似性的重要基础；然而磺酸基和羧基的 pKa 值差异非常大，用磺酸基来替换羧基给所得化合物的理化性质带来不可预期的影响。因此，本领域寻找类似以高血糖素受体拮抗剂时，不会考虑到选择和羧基在酸性上差异较大的磺酸基，更不能预期这种替换会给化合物的活性带来何种影响。因此本领域技术人员没有动机将证据 1 或 2 公开的化合物上的羧基替换成磺酸基以得到涉案申请权利要求 1 的技术方案。由此可见，权利要求 1 是非显而易见的，具备创造性。

第 177271 号复审决定的涉案申请权利要求 1 请求保护式（Ⅰ）化合物：

权利要求 1 请求保护的技术方案与证据 1 的区别在于：权利要求 1 中式（Ⅰ）化合物的 Y 选自 O 或 S，而证据 1 所公开化合物（Ⅱ）在相应位置为 CH_2。证据 2 公开了具有相同活性的化合物：

其中，XY 可选择 N，D 可选自硫原子，A 可选自 CH，L 可选自 NR_5、O 和 S，R_5 选自 H。

复审合议组认为，在新药研发过程中，获取具有类似活性的化合物的最基本的方法是在已知化合物主要结构的基础上进行适当的官能团修饰，其中较为常用的方法是根据生物电子等排原理进行的结构修饰，其中—O—、—S—和—CH_2—是较常见的二价电子等排体，本领域技术人员在进行结构修饰时，能够预期这些基团之间替换后所获得的化合物具有类似的活性。证据 2 教导了具有 2 位芳基取代 4 位含氮杂环基氧或硫基取代噻吩[2,3-d]哒嗪-7-甲酰胺结构的化合物同样具有激酶 CHKl 抑制活性。因此，本领域技术人员在证据 1 公开的化合物的基础上结合证据 2 给出的技术启示，容易想到将哒嗪并噻吩 4 位上的—CH_2—替换为—O—或—S—，并预期能够获得类似活性的化合物。此外，根据涉案申请说明书及现有技术记载的内容并不能得出在相应于涉案申请式（Ⅰ）化合物 Y 位置上使用—S—或—O—替代—CH_2—所得的化合物具有优于该位置上为—CH_2—时的化合物的活性的结论。根据补充实验数据的结果，在体外抗肿瘤细胞实验的 IC_{50} 值较为接近，同样说明了在哒嗪并噻吩 4 位上的—CH_2—替换为—O—或—S—时，所得的化合物并不具有显著优于哒嗪并噻吩 4 位上为—CH_2—的化合物的活性。综上，权利要求 1 不具备创造性。

5.1.1.3　宽泛的权利要求

如果本领域技术人员根据说明书的记载，在现有技术的基础上，不能预见一项权利要求的部分技术方案能够解决其声称要解决的技术问题，获得预期的技术效果，即权利要求中存在未对现有技术做出贡献的技术方案，鉴于此，该权利要求不具备创造性。

第 182308 号复审决定的涉案申请权利要求 1 请求保护有效抑制 SecA 的量的一或多种式 X 或 Xa 的化合物在制备用于治疗感染的药物中的应用。权利要求 1 与证据 7 的区别在于：①权利要求 1 的化合物为有效抑制 SecA 的量，而证据 7 未公开；②权利要求 1 与证据 7 的化合物在嘧啶环上各位置的取代基不同。

复审合议组认为，涉案申请声称要解决的技术问题是寻找具有 SecA 抑制效果的化合物，从而在有效抑制 SecA 的量用于制备治疗感染的药物。在涉案申请说明书中实例 5 式（Ⅰ）～式（Ⅹ）化合物作为 SecA 抑制剂中记载了测试抑菌作用的实验方法和相应的测试结果，其结果显示在附图图 8 中。经分析，经涉案申请说明书中记载的抑菌效果测试证实，权利要求 1 通式范围内的化合物并不能都达到说明书中声称的抑菌效果。而对于这些经测试证实具有良好抑菌效果的化合物结构比较相近，从权利要求 1 的通式范围来看，这些化合物并未分散分布在通式范围内以支撑起通式定义的各个部分。而且，从测试结果来看，即使这些被测试化合物的结构相近，但所具有的活性却相差很大，这也说明此类化合物构效关系密切，结构上的微小改变会引起抑菌效果发生明显变化。因此，本领域技术人员难以预测具体化合物的具体抑菌作用。上述分析表明，由涉案申请说明书公开的内容可知，涉案申请化合物的构效关系密切，取代基的变化会导致活性发生较大变化，甚至无活性，本领域技术人员难以预期权利要求 1 所包含的所有技术方案都能解决说明书声称的技术问题。从现有技术来看，证据 7 公开了化合物式（Ⅰ）～式（Ⅵ）可用于制备治疗微生物感染的药物。但化合物式（Ⅰ）～式（Ⅵ）与涉案申请权利要求 1 的化合物存在嘧啶环上多处取代基团不同的差别，且证据 7 没有提及选择 SecA 作为靶点以克服现有抗菌剂的耐药性问题。因此，本领域技术人员由现有技术公开的内容无法推断出涉案申请权利要求 1 通式范围内的所有化合物均具有其说明书中声称的技术效果，即权利要求 1 中存在部分技术方案不能解决涉案申请声称要解决的技术问题，未对现有技术做出技术贡献，这部分未解决涉案申请声称要解决的技术问题的技术方案不具有突出的实质性特点和显著的进步，在此基础上，目前的权利要求 1 的整个技术方案不具备创造性。

5.1.1.4　预料不到的技术效果

发明对最接近现有技术化合物进行的结构改造所带来的用途和/或效果可以是获得与已知化合物不同的用途，也可以是对已知化合物某方面效果的改进。在判断化合物创造性时，如果这种用途的改变和/或效果的改进是预料不到的，则反映了要求保护的化合物是非显而易见的，应当认可其创造性。如果要求保护的技术方案的效果是已知的必然趋势所导致的，则该技术方案没有创造性。

（2014）高行（知）终字第 2662 号判决的涉案申请请求保护 2′-和 3′-核苷前药：

$$R^1O \overset{Base^*}{\underset{OR^2R^{13}}{\overset{X}{\rightthreetimes}}R^{12}} \qquad (\text{IX})$$

说明书中记载所述化合物用于治疗瘟病毒属、黄病毒属或肝病毒属病毒感染。证据 1 公开了一种与权利要求 1 的化合物结构类似的化合物，其用于治疗黄病毒和瘟病毒感染。涉案申请与证据 1 的区别仅在于 R^{13} 为氟而不是溴。

申请人主张涉案申请具备创造性的主要理由是证据 1 和涉案申请解决的技术问题不完全相同。证据 1 明确地表明其用于治疗黄病毒和瘟病毒感染，而不能治疗丙型肝炎病毒（HCV）感染，因为丙型肝炎病毒是一种不同于黄病毒属和瘟病毒属的病毒属病毒。涉案申请的技术方案不仅能够治疗丙型肝炎病毒感染，而且还能够治疗瘟病毒属、黄病毒属或肝病毒属病毒感染。

对此，法院认为，对于化合物专利来说，如果权利要求请求保护的化合物与现有技术中的已知化合物在结构上相近似，并且从说明书记载的内容也看不出该化合物与现有技术中的已知化合物相比具有任何预料不到的用途或者效果，则该权利要求不具备创造性。具体到该案，涉案申请与证据 1 公开的化合物的母核结构完全相同，二者区别仅在于某个取代基，但是，在本领域寻找具有相同或相似药理作用的新化合物的过程中，在保持母核结构不变的基础上对其结构中的可变取代基进行简单的结构改造属于本领域的常规技术手段。氟与溴同属卤素原子，二者作为取代基的性质通常相似，在证据 1 已公开了相同取代基位置上为溴的情况下，本领域技术人员自然可以想到用同属卤素一族的氟代替溴后的化合物也应具有相同或相似的性质；对于申请人主张用氟代替其他卤素原子如溴对化合物的性质产生了意想不到的技术效果，则需要通过实验数据加以证明，而申请人并未提供这样的证据来证明这种意想不到的技术效果。而且，证据 1 说明书已经明确记载了"瘟病毒和黄病毒与肝炎 C 病毒一样均属于黄病毒科"，本领域技术人员已知瘟病毒和黄病毒及肝炎 C 病毒一样均属于黄病毒科，在黄病毒科中，瘟病毒属和肝病毒属是密切相关的病毒组，且在证据 1 已经明确记载了所述化合物可用于瘟病毒和黄病毒的情况下，本领域技术人员可以预期证据 1 的化合物同样可以用于肝炎 C 病毒。因此，权利要求 1 不具有创造性的结论是恰当的。同样，制药用途权利要求也不具备创造性。

（2017）京行终 5278 号判决的涉案申请权利要求 1 请求保护一种噻吩衍生物：

证据 2 公开了可抑制细胞释放肿瘤坏死因子的吡咯啉衍生物：

该化合物能够治疗炎症性疾病、感染性疾病、免疫性疾病、恶性肿瘤类疾病，并具体公开了实施例 26 制备的化合物 3-(3-乙氧基-4-甲氧基苯基)-3-(1-氨基-4,6-二氧-4H 噻吩 [3,4-c] 吡咯-5(6H)-基) 丙酸甲酯。权利要求 1 与证据 2 的区别在于与乙基相连的官能团是 C1～C8 烃基磺酰基而不是甲氧羰基。

被诉复审决定认为，鉴于涉案申请和证据 2 中在测试化合物对 LPS 刺激单核细胞（PBMC）对 TNFα 的影响时，给出的结果的表达方式不一样，无法对二者进行直接比较；同时，证据 2 中未给出化合物的 PDE4 酶抑制活性和选择性。但是，根据给出的测试结果可以看出，涉案申请和证据 2 中化合物都通过对 TNFα 产生抑制作用从而能够治疗相关疾病。证据 2 中已经明确给出了在将 C(O)OC1～4 烃基替换为 SO$_2$C1～4 烃基之后，所得化合物具有相同的药物活性。因此，根据当前涉案申请和证据 2 给出的数据，并不能说明涉案申请化合物相对于现有技术具有预料不到的技术效果。因此，权利要求 1 的化合物相对于证据 2 不具有创造性。

法院认为，从技术效果上讲，PDE4 酶在抑制 PDE4 酶活性的同时必然能够引起 TNFα 水平的降低，但是 TNFα 抑制剂却未必能够抑制 PDE4 酶的活性。虽然证据 2 没有给出其中化合物的 PDE4 酶抑制活性和选择性，只公开了其对 TNFα 具有抑制作用，但是鉴于涉案申请和证据 2 的化合物结构非常接近、作用机制类似，证据 2 中的化合物很可能对 PDE4 酶也具有抑制性。对此，专利局没有能力也没有义务进行相关试验，而申请人应当提交相应的试验数据以支持其相应的主张。鉴于申请人提供的实验数据并不能说明涉案申请化合物相对于对比文件 2 具有预料不到的技术效果，被诉决定认定涉案申请权利要求 1 相对于证据 2 不具备创造性并无不当。

如果现有技术给出了为获取某种技术效果进行相关实验加以证实的启示，则认为涉及该技术效果的实际效果都是符合本领域技术人员预期范围的，不属于预料不到的技术效果。

（2016）京行终 1448 号的涉案专利权利要求 1 保护双（POC）PMPA 和富马酸的复合物或盐，它是通过将双（POC）PMPA 和富马酸接触制得的，其中双（POC）PMPA 与富马酸的摩尔比为 0.6∶1～1.4∶1；权利要求 2－3 分别对权利要求 1 进一步限定了摩尔比为 0.9∶1.1 和 1∶1。证据 1 公开了双（POC）PMPA 化合物本身。证据 2 公开了与涉案专利结构具有一定相似性的胺类化合物与酸成盐的启示，并列出了可能的十几种有机酸，其中包括富马酸。

关于 Bis（POC）PMPA 成盐的效果，涉案专利说明书中声称"Bis（POC）PMPA 的富马酸盐相比游离碱和其他盐具有出人意料的最佳理化性质"，但仅有实施例 3 将 Bis（POC）PMPA 富马酸盐晶体与 Bis（POC）PMPA 柠檬酸盐的固态化学稳定性进行比较。针对该技术效果，法院认为，如果现有技术给出了为获取某种技术效果进行相关实验加以证实的启示，则认为涉及该技术效果的实际效果都是符合本领域技术人员预期范围的，不属于预料不到的技术效果。同时，由于现有技术已给出了为获取该种技术效果进行实验证实的启示，本领域技术人员通过有限次的实验都能够最终发现和确认其实际效果，不需要付出创造性劳动。涉案专利中所述 Bis（POC）PMPA 和富马酸能够形成稳定的盐并具有固态化学稳定性的实际效果符合本领域技术人员的预期范围，不属于预料不到的技术效果。

（2009）高行终字第 122 号判决的涉案专利权利要求 1 保护一种制备谷氨酸衍生物或它的可作药用的盐的方法：

说明书中记载，涉案专利化合物对一种或多种使用叶酸、特别是使用叶酸的代谢衍生物作为作用物的酶有抑制作用。例如，化合物 C、化合物 B 对人的 T-细胞产生的淋巴细胞的白血病细胞的生长分别显示出 $0.007\mu g/mL$、$0.03\mu g/mL$ 的 IC_{50}。化合物 C 是 TS 抑制，而化合物 B 是 DHFR 抑制。

被诉第 9197 号无效决定认为，权利要求 1 与证据 4 公开的内容尤其是实施例 8 记载的内容比较，区别仅在于权利要求 1 中的化合物的连接亚苯基和吡咯并嘧啶环的是亚乙基，而证据 4 实施例 8 的化合物为亚丙基。根据上述区别特征，可以确定权利要求 1 实际解决的技术问题是提供一种连接亚苯基和吡咯并嘧啶环的是亚乙基而非亚丙基的化合物的制备方法及其化合物。证据 4 明确教导式（Ⅰ）化合物中相应的连接基团 n 可以是 2～4 之间的一个整数，而且证据 4 也给出了连接基团为亚乙基（$n=2$）的式（Ⅰ）化合物的实施例（如实施例 15），而且，基于证据 4 中关于包括实施例 8 化合物在内的式Ⅰ化合物具有显著的抗肿瘤作用的教导，本领域技术人员可以预期将连接亚苯基和吡咯并嘧啶环的亚丙基替换为亚乙基后的化合物也应当具有显著的抗肿瘤的活性。

在证据 4 已经公开化合物 B 并教导其具有很好的抗肿瘤效果的情况下，本领域技术人员对采用亚乙基取代亚丙基而获得的化合物 C 具有很好的抗肿瘤效果是可以预期的，且这种技术效果通过有限的试验即可得到，只要证据 4 给出技术效果的预期而本领域技术人员通过有限试验能够确定，就应当认为所述技术效果是本领域技术人员可以预料得到的。涉案专利说明书的实验证明化合物 B 对 TS 没有抑制而化合物 C 对 TS 有抑制，这只能说明化合物 C 抑制肿瘤细胞的作用机制（TS 抑制）不同于化合物 B 的作用机制（DHFR 抑制），但是并不表明化合物 C 相对化合物 B 在抗肿瘤活性方面取得了预料不到的效果。

一审法院认为被诉决定中认定涉案专利权利要求 1 实际解决的技术问题实质上是提供一种连接亚苯基和吡咯并嘧啶环是亚乙基而非亚丙基的化合物的制备方法及其化合物，而不是为获得更好的效果而对最接近的现有技术进行改进，也不是本领域技术人员从该申请说明书中所记载的内容中能够得知的技术效果。因此，被诉决定关于所要解决的技术问题认定有误，进而也就失去了对要求保护的发明的显而易见性进行判断的基础，不能对发明是否具有显著的进步进行评述。因此，一审法院判决撤销被诉决定。二审法院认为，涉案专利的具体化合物 C 与证据 4 实施例 8 记载的具体化合物 B 进行比较，其对白血病细胞的 IC_{50} 值差别为 4.3 倍。这样的数据是否能够证实化合物 C 与化合物 B 相比对白血病细胞具有显著改进的抑制活性，尚需要专利局结合涉案专利说明书及其他证据慎重考虑。一审判决仅根据区别技术特征便就实际解决的技术问题做出不同于被诉决定的认定，即涉案申请实际解决的技术问题是为获得更好的抗肿瘤活性的认定不够严谨，缺乏相应的依据。就该案而言，该区别技术特征所解决的技术问题是进行创造性判断的前提，这个问题还需要专利局在充分考虑相关证据后重新做出认定。因此，一审法院做出撤销无效决定的判决理由虽有不妥，但结论正确，不影响该案的处理结果。

专利局重新做出第 16419 号无效决定，维持涉案专利的专利权有效。该无效决定认为，涉案专利化合物 C 与化合物 B 在结构上的区别在于连接基团不同，化合物 C 中连接亚苯基和吡咯并嘧啶环的是亚乙基，而化合物 B 中该连接基团为亚丙基；化合物 C 与化合物 A 的区别在于稠合环不同，化合物 C 的稠合环为吡咯并嘧啶，而化合物 A 的稠合环为二氢吡咯并嘧啶。其中，化合物 A 是证据 4 中的实施例 15 的代表化合物，化合物 B 是证据 4 中实施例 8 制备产物的代表，化合物 C 是涉案专利权利要求 1 限定技术方案的产物化合物代表。涉案专利说明书记载了化合物 A、B、C 的 IC_{50} 值和它们在体内的活性分析，因此相对于现有技术证据 4 而言，涉案专利权利要求 1 限定的技术方案实际解决的技术问题在于提供一种将连接亚苯基和吡咯并嘧啶环的是亚丙基替换成亚乙基的 N-(吡咯并[2,3-d]嘧啶-3-基酰基)-谷氨酸衍生物的制备方法，使产物化合物具有更好的抗肿瘤活性。正如涉案专利说明书的记载如述："本发明的化合物对一种或多种用叶酸、尤其是用叶酸的代谢衍生物作为被用物的酶具有作用。例如，N-{4-[2-(4-羟基-6-氨基吡咯并[2,3-d]嘧啶-3-基)乙基]苯甲酰基}-L-谷氨酸显示出对人的 T-细胞产生的淋巴细胞的白血病细胞（CCRF-CEM）的生长具有很强的抑制作用，显示 $0.004\mu g/mL$ 的 IC_{50}。"证据 4 只教导了连接基团可以是 2～4 个碳原子的亚丙基，且连接基因是亚乙基时谷氨酸衍生物通过羧基保护基脱保护制备以及谷氨酸衍生物或它的可作药用盐的合成工艺方法和条件。但是，涉案专利说明书记载的化合物 A、B、C 的 IC_{50} 值分别为 $0.2\mu g/mL$、$0.03\mu g/mL$ 和 $0.007\mu g/mL$，化合物 C 比化合物 A、B 的 IC_{50} 值均小许多倍，其中化合物 B 是化合物 C 的 4.3 倍，化合物 A 是化合物 C 的 28.6 倍，涉案专利权利要求 1 限定的产物化合物 C 的抗肿瘤活性明显比现有技术证据 4 中公开的化合物 A、B 的高；并且涉案专利说明书第 47～49 页记载了活体内活性分析，在活体内化合物 A 无抗肿瘤活性，化合物 C 在活体内具有很高的抗肿瘤活性，根据上述内容可知涉案专利权利要求 1 限定的产物化合物例如化合物 C 具有较高的抗肿瘤活性是现有技术中没有教导的，即证据 4 并没有教导将连接亚苯基和吡咯并嘧啶环的亚丙基替换成亚乙基的 N-(吡咯并[2,3-d]嘧啶-3-基酰基)-谷氨酸衍生物的制备方法制备的产物必然具有更好的抗肿瘤活性。因此，涉案专利权利要求 1 限定的技术方案相对于现有技术证据 4 具有突出的实质性特点。同时，基于上述化合物 A、B、C 间 IC_{50} 值的差异，涉案专利权利要求 1 限定技术方案的产物化合物比现有技术记载的化合物具有较高抗肿瘤活性，具有显著的进步。综上，涉案专利权利要求 1 限定的技术方案相对于现有技术证据 4 具有创造性。

5.1.2 中间体的创造性审查

在化学领域中，作为制备终产物过程中产生的半成品，"中间产物"既包括通过化学反应制备目标化合物过程中产生的中间体化合物，也包括制备混合物形态的终产物的过程中获得的"半成品"。例如，尚未添加终产物中所含的全部组分或尚未施加形成终产物所必需的条件，整个制备步骤尚未完成时得到的"半成品"。如果现有技术公开的"中间产物"组成与发明相似，且该"中间产物"本身具有某种直接的用途或使用效果而与被评价的发明存在合理的关联，则该"中间产物"可以作为创造性判断的出发点。❶ 对于涉及中间体的发明，中间体具有创造性必须满足由中间体制备最终产品的制备方法是非显而易见的，具有创造性。

第 134596 号复审决定的涉案申请权利要求 1 请求保护用于制备化合物 13 或者其对映体或其混合物，或者其可药用盐的方法：

OH
OH
OH
OH
OH
OH

13
(2R,3R/2S,3S)-表儿茶素,
(2R,3R)-表儿茶素, 或
(2S,3S)-表儿茶素

其中，所述方法包括以下步骤：

---

❶ 葛永奇,等.中间产物在创造性评价中的应用[J].中国专利与商标,2016(4):64－66.

ⅰ．用一个或更多个保护基保护式（Ⅱ）化合物的羟基，以得到式（Ⅲ）化合物：

（Ⅱ）　　　　　　　　　　　　　　（Ⅲ）

其中 Y 是 H；R$_1$、R$_2$、R$_3$、R$_4$ 和 R$_5$ 是苄基；

ⅱ．用还原剂如 LiAlH$_4$ 处理所述式（Ⅲ）化合物以产生式（Ⅳ）、式（Ⅴ）化合物的混合物，其中 X 选自卤素、乙酸、三氟乙酸和甲磺酸：

（Ⅳ）　　　　　　　　　　　　　　（Ⅴ）

以及：

ⅲ．在催化剂的存在下对作为混合物或者单个化合物的式（Ⅳ）和式（Ⅴ）化合物进行氢化以产生化合物 13。

最接近的现有技术对比文件 5 公开了一种制备与涉案申请化合物 13 结构类似的化合物 9 的氢化方法：

复审合议组认为，现有技术的共同点只是在不同的氢化步骤中都采用了乙酰基或甲基作为羟基保护基，但是并未涉及涉案申请所使用的苄基保护基，并且对于涉案申请的方法在氢化步骤中同时完成还原双键和脱除保护基来获得表儿茶素的步骤，在上述现有技术中都没有教导。因而本领域技术人员从上述对比文件公开的信息中能够想到在将酮类化合物氢化还原时采用乙酰基或甲基作为羟基保护基，但是并没有获得明显动机将上述中间体用于制备表儿茶素中，更是缺少将已知的羟基保护基乙酰基或甲基替换为苄基的启示。虽然苄基是本领域常规的羟基保护基，但苄基作为羟基保护基与最接近的现有技术对比文件 5 所采用的乙酰基或甲基保护基差异较大，特别是位阻差异明显，在对比文件 8 中采用位阻更大、更容易脱掉的苄基是为了在多酚的特定位置上选择性地替代甲基，并未制得涉案申请的表儿茶素。同时，对比文件 8 和对比文件 5 的氢化过程中催化试剂及反应条件也不相同，由于要制备的表儿茶素中存在多个羟基及多个双键，其制备过程对反应条件敏感，因此在现有技术缺乏明确教导的情况下，本领域技术人员不容易想到将对比文件 5 中用于制备其他产物且反应条件不同的乙酰基或甲基保护的中间体用于制备表儿茶素，更不容易想到结合对比文件 8 将保护基全部替换成苄基。基于目前的现有技术中不能获得在表儿茶素的制备过程中应用苄基保护基的启示，本领域技术人员在解决涉案申请制备表儿茶素的技术问题时，由上述现有技术中无法获得明确的动机在对比文件 5 中采用涉案申请的反应路线及苄基保护基以获得权利要求 1 的制备方法。因此，现有技术并未公开获得相同中间体以制备表儿茶素，也没有技术启示和动机在现有技术基础上获得权利要求 1 要求保护的制备方法。

第 134726 号复审决定的涉案申请权利要求 1 涉及一种利用中间体（Ⅲd）制备通式（Ⅰ）的二羟基酸 HMG—CoA 还原酶抑制剂或其盐或其内酯的方法，其中通式（Ⅰ）为

$$\text{（Ⅰ）}$$

中间体（Ⅲd）的通式为

$$\text{（Ⅲd）}$$

其中 Y 为磷酸酯；X_1 为叔丁基二甲基硅烷基；所述的 X_2 为甲基；所述的 X_3 为氢；其特征在于，该方法为

A. 将所述中间体转化为化合物 e，化合物 e 的通式为

$$\text{（Ⅲe）}$$

其中 Y_1 和 Y_2 一起代表—O—Alk—O—且 Alk 为 1,1-二甲基亚甲基，Y_3 代表氢，并且 Y_1 和 Y_2 形成顺式二醇构型；

B. 将化合物 e 与醛 R—CH=O 发生 wittig 反应，形成化合物 g，化合物 g 的通式为

$$\text{（Ⅲg）}$$

其中 R 是选自下列环状基：

C. 将所述化合物 g 去羟基保护基，得到化合物 h，化合物 h 的通式为

$$\text{（Ⅲh）}$$

D. 将化合物 h 通过强碱水解得到反应混合物，其中强碱为氢氧化钠；

E. 将步骤 D 所得的反应混合物分离，得到产物为二羟基酸 HMG-CoA 还原酶抑制剂及其盐和内酯的混合物；

F. 通过常规的转化方法，将混合物中的三种物质转化为二羟基酸 HMG-CoA 还原酶抑制剂或其盐或其内酯；

其中，所述的步骤 A 中，转化包括还原和保护两个步骤；

其中，所述还原反应的还原剂为硼氢化钠。

最接近的现有技术对比文件 1 公开了一种制备 HMG 辅酶 A 还原酶抑制剂的制备方法，二者相比区别在于：①两者所使用的起始原料不同，即使用的中间体不同，其中权利要求 1 的中间体苯基-乙基酰胺部分具有 R 构型，而对比文件 1 中的具有 S 构型，由此导致各个步骤中涉及的具有苯基-乙基酰胺结构部分的中间产物的构型也不相同；②权利要求 1 中限定所述 Alk 为 1,1-二甲基亚甲基，而对比文件 1 中公开的相应 Alk 基团为 1-甲基-1,1-亚乙基。

复审合议组认为，在反应过程中，硼氢化钠作为还原剂，其还原位点为式（Ⅲd）

$$Y \underset{H}{\overset{O}{\underset{}{\parallel}}} \overset{OX_1}{\underset{(R)}{\overset{O}{\parallel}}} \overset{X_2}{\underset{}{}} X_3 \qquad (\text{Ⅲd})$$

结构中与 Y 基团相近的羰基和—OX_1 基团，而非 X_2 基团。由于 X_2 基团距离反应位点较远，因此其立体构型对还原反应的影响，并不能准确地通过现有反应理论预期。此外，从复审请求人提供的 3D 模拟图形中，也看不出所述 X_2 基团的构型不同对于通式（Ⅲd）中与 Y 基团相近的羰基和—OX_1 基团的反应能够产生较大的空间位阻。因此本领域技术人员从现有理论和所述 3D 图形不能够确定涉案申请所述 R 构型中间体有利于反应的目标立体选择性。并且涉案申请说明书未公开其相应各反应步骤所获得产品的具体光学纯度，因此本领域技术人员无法确认其取得了反应立体选择性更优、效率更高、对映体纯度更高的技术效果。虽然涉案申请与现有技术的中间体不同，但是没有证据表明其对于最终制备的产品具有何种影响，因此涉案申请对于中间体的选择不具备创造性。

第 133959 号复审决定的涉案申请权利要求 24 请求保护用于制备可用作杀虫剂和/或杀螨剂的相应的 N-芳基脒取代的三氟乙基硫化物衍生物的中间体，具体为式（ⅩⅩⅩⅧ）的化合物：

$$\overset{F}{\underset{F}{\overset{F}{\diagdown}}} S \overset{X^1}{\underset{X^4}{\bigcirc}} \overset{A}{\underset{X^2}{\overset{H}{N}}} \overset{H}{N} R^2 \qquad (\text{ⅩⅩⅩⅧ})$$

其中，X^1、X^2、X^3 和 X^4 定义如权利要求 1 所述；

A 表示 S 或 O；

R^2 表示（$C_2 \sim C_6$）—烯基或（$C_2 \sim C_6$）—炔基，

F 表示（$C_1 \sim C_6$）—烷基磺酰基或（$C_1 \sim C_6$）—卤代烷基磺酰基，上述基团任选地被相同或不同的选自以下的取代基取代：卤素，或表示—（CH_2）$_m$—R^6，其中 R^6 表示 3 元至 6 元饱和的、部分饱和的环或苯环，所述环可任选地含有 1～3 个选自 O、S 和 N 的杂原子，且可任选地被 C=O 间隔一次或两次且任选地被相同或不同的取代基单取代或多取代，所述取代基选自卤素或（$C_1 \sim C_6$）—卤代烷基，其中 m 表示数字 1、2 或 3。复审合议组认为：根据涉案申请说明书的记载，式（XXXVIII）化合物是作为中间体，用以合成式（Ia－g）、式（Ib－g）等化合物。但是基于创造性的评述，式（Ia－g）和式（Ib－g）化合物相对于对比文件 2 是显而易见的，且本领域公知噁唑烷酮类化合物可通过相应的硫脲类化合物转化而来。在此基础上，本领域技术人员容易想到以权利要求 24 所限定的式（XXXVIII）化合物作为中间体来合成式（Ia－g）、式（Ib－g）等化合物。在最终产品不具备创造性的前提下，在由中间体制备最终产品是通过本领域公知的反应类型进行转化的条件下，要求保护的中间体也不具备创造性。

第 131358 号复审决定的涉案申请权利要求 1 请求保护一种匹维溴铵中间体，其具有如下结构：

（Ⅲ）

最接近的现有技术对比文件 1 公开了一种匹维溴铵中间体的合成方法（参见对比文件 1 说明书第 2～3 页），具体公开了：a）将式（Ⅳ）的诺卜醇、钯碳和甲醇混合，经加氢催化还原反应 2～8 小时，滤除催化剂后，将滤液减压除去甲醇后得到式（Ⅴ）化合物；b）将式（Ⅴ）化合物、甲苯和氢氧化钠混合，加热回流 1～5 小时；c）加入式（Ⅵ）化合物和甲苯的混合液，60～100℃反应 30～150 分钟，冷却至室温；d）加水萃取，分离有机层，经减压回收甲苯后，将残留物在 260～410Pa 进行减压蒸馏，收集 130～170℃的馏分，即得到式（Ⅱ）的中间体。

（Ⅱ）　　　　　　（Ⅳ）　　　　　　（Ⅴ）　　　　　（Ⅵ）

复审合议组认为，虽然本领域公知羰基能够还原，但是对比文件 1 并没有给出明确的结构改造的启示，涉案申请式（Ⅳ）化合物的中间体上能够改造的位点很多，能够增加的基团也很多，现有技术并没有教导在与吗啉基相邻的位点增加羰基，同时利用酰卤与吗啉的缩合反应合成中间体。并且目前也无证据表明该合成路线是本领域的公知常识。因此，在中间体结构与现有技术结构差异较大，且没有公知常识性证据表明由该中间体合成最终产品的合成路线是公知常识时，该中间体具备创造性。

5.1.3 晶体的创造性审查

最高人民法院在（2011）知行字第 86 号行政裁定书中明确指出，虽然晶体化合物基于不同的分子排列，其物理化学参数可能存在差异，但其仍属化合物范畴，故 2010

年版《专利审查指南》关于化合物创造性的规定可以适用于新晶型化合物的创造性判断。晶体化合物的微观晶体结构变化多样，某一化合物在固体状态下可能基于两种或者两种以上不同的分子排列而产生不同的固体结晶形态，但并非所有的微观晶体结构变化均必然导致突出的实质性特点和显著的进步，故不能仅依据微观晶体结构的不接近而认定其结构上不接近，亦即《专利审查指南》所称"结构接近的化合物"，仅特指该化合物必须具有相同的核心部分或者基本的环结构，而不涉及微观晶体结构本身的比较。在晶体的创造性判断中，微观晶体结构本身必须结合其是否带来预料不到的技术效果一并考虑。

因此，对于晶体的创造性既可遵循 2010 年版《专利审查指南》第二部分第四章第 3 节规定的带有普遍性的创造性审查原则和审查基准，也可采用 2010 年版《专利审查指南》第二部分第十章对于化合物创造性的审查标准。在案件的具体审理过程中，有采用创造性一般评价方法即"三步法"的评价方法，也有直接判断是否为结构接近化合物的评述方法，两种评价方法的内在逻辑一致。由于在完成化合物产品的开发后，继续研究更具利用价值的晶体及在制备出该化合物的某种晶体后继续研究制备其他晶体是本领域技术人员普遍的研究思路，并且通常也是利用所属技术领域的技术人员所知晓的晶体所具有的一般性质和效果及利用常规的晶体制备的实验手段来完成的，因此，判断化合物新晶型是否具备创造性很大程度上取决于其相对于与之结构接近的已知化合物或已知晶体是否取得了预料不到的技术效果。当发明贡献仅在于提供一种新的晶体形态且不具有预料不到的技术效果时，该晶体不具备创造性。

根据 2010 年版《专利审查指南》的规定，此预料不到的用途或效果可以是与该已知化合物的已知用途不同的用途；或者是对已知化合物的某一已知效果有实质性的改进或提高；或者是在一般常识中没有明确的或不能由常识推论得到的用途或效果。[1] 对于新晶型来说，其技术效果通常从两方面考虑，第一层效果是源于晶体本身给化合物所带来的物理和化学性质的改变，如将化合物制备成晶体后，晶体相对于非晶体而言，通常表现在溶解度的改变、稳定性的提高、更易保存和运输，对于原料药多晶型而言，还可以表现出包括吸湿性、流动性和可压缩性等影响药物制剂的物理特性；第二层效果是由于化合物成为晶体以后对于化合物成药的影响，如化合物晶体作为药物相对无定形等非晶体形态而言，由于其溶解度的改变通常会影响药物制剂的生物利用度及生物等效性等。

若最接近的现有技术是非晶体化合物，目前的审查实践中普遍认为从纯度不高的无定形、油状物经制备获得纯度更高、稳定性更好、流动性及表观比重更好、熔点更高、过滤和干燥等操作及加工性能更好的晶体产品是本领域技术人员能够预期的技术效果。需要特别指出的是，此时需仔细甄别上述更好的技术效果的实现是否完全由从非晶型到晶型的转变带来，若还存在其他技术手段（如将该非晶型化合物转变为某特定的盐或某特定的溶剂化物），则需判断现有技术是否给出了相应的技术启示。在新晶

---

[1]　《专利审查指南 2010》，第二部分第十章第 6.1 节。

型创造性评判中能够被考虑的预料不到的技术效果，除了应当在原申请文件中明确记载以外，还应当是给出了相应实验数据予以证实的技术效果。在后补交的实验数据如果不能用于证明从原申请文件中得到的技术效果，则无法用于证明新晶型的创造性。另外，说明书记载的效果数据可能并非与最接近现有技术相比获得的效果数据，因而在审查实践中对于此类效果数据须仔细甄别，与最接近的现有技术进行对比后确定发明实际解决的技术问题。

第 13740 号无效决定的涉案权利要求 1 保护一种结晶形式的四苄基伏格列波糖，并使用 XRD、DSC 和 IR 图谱对其进行了限定。权利要求 1 与证据 1 的区别在于：权利要求 1 为特定的结晶形式，而证据 1 没有公开其白色粉末状四苄基伏格列波糖的堆积形态。经核实，涉案专利中并未提及现有技术中存在固体形态的四苄基伏格列波糖，更未提及权利要求 1 所述的结晶形式的四苄基伏格列波糖相对于证据 1 的固体形态具有何种积极效果，无法对二者的效果进行直接比较。涉案专利仅记载了其结晶形式的四苄基伏格列波糖相对于油状物更容易保存和运输、使用时取用和称量更方便、便于投料和生产操作，且具有更高的纯度和含量。无效合议组认为，证据 1 中白色粉末状四苄基伏格列波糖为固体形态，其与油状相比，当然具有更容易保存和运输、使用时取用和称量更方便、便于投料和生产操作的积极效果。至于比油状具有更高纯度的优点，证据 1 使用柱层析对反应产物进行分离纯化，本领域技术人员在重复证据 1 的方法时，即可获得四苄基伏格列波糖纯度较高的白色粉末。权利要求 1 相对于证据 1 实际解决的技术问题是，提供另一种固体形态的四苄基伏格列波糖，其具有确定的晶型。本领域技术人员在以四苄基伏格列波糖为目标产物时，有动机对四苄基伏格列波糖进行结晶操作，并且依据常规的结晶手段即可获得涉案专利权利要求 1 的结晶形式的四苄基伏格列波糖。因此，权利要求 1 是显而易见的。

第 21276 号无效决定的涉案专利权利要求 1 保护一种 2-甲基-2-三唑基甲基青霉烷-3-羧酸二苯甲酯 1,1-二氧化物(青霉素，TAZB)晶体，并用 XRD 图进行了限定。权利要求 1 与证据 1 区别特征仅在于：证据 1 未记载所得的 TAZB 的具体形式。涉案专利说明书中记载了证据 1 中所得的 TAZB 为无定形粉末，并提供了实施例表明相对于证据 1 的无定形粉末或 TAZB 油状物，涉案专利取得了储存稳定性提高的技术效果。无效合议组认为，相对于证据 1，发明实际解决的技术问题是提高 TAZB 的储存稳定性，所述技术问题是通过形成具有特定 X 射线衍射图的 TAZB 结晶实现的。但晶体是内部的构造质点(如原子、分子)呈平移周期性规律排列的固体，并具备晶格能，与具有相同化学成分的非晶体相比，晶体更具稳定性，本领域技术人员通常会尝试将药物活性物质转化为相应的晶体。而且，经分析，现有技术还存在其所属青霉素衍生物领域为克服无定形物纯度和稳定性不佳的技术问题而将其制成晶体的教导。基于说明书及现有技术给出的事实，本领域技术人员可以确认，涉案专利保存稳定性的提高是将化合物由纯度不高的无定形状态转化为纯度更高的晶体状态而必然产生的结果，该技术效果及据此确定的发明实际解决的技术问题是本领域技术人员可以预期的。因此，权利要求 1 不具备创造性。

第 12146 号无效决定的涉案专利权利要求 1 保护一种具有一定的 X 射线衍射图谱的 N-[4-[2-(2-氨基-4,7-二氢-4-氧代-3H-吡咯并[2,3-d]嘧啶-5-基)乙基]苯甲酰基]-L-谷氨酸二钠盐（MTA 二钠盐）的七水合物晶形，并用 XRD 图谱数据进行了限定。权利要求 1 与证据 1 的区别特征在于权利要求 1 中为特定的 MTA 二钠盐的七水合物晶形，而证据 1 仅公开了 MTA 二钠盐。根据涉案专利说明书的描述，MTA 能以一种七水合物的形式存在，该水合物比目前已知的 2.5 水合物的稳定性高得多，并提供了实施例进行了验证，表明较之 2.5 水合物，七水合物形式在 5℃，甚至在加热条件下都是稳定的，且没有明显降解。由此可见，权利要求 1 相对于证据 1 实际解决的技术问题是提供一种 MTA 二钠盐的更稳定形式，即具有上述特定 XRD 图谱的七水合物晶形。判断权利要求 1 是否具备创造性，关键在于判断现有技术中是否存在技术启示，促使本领域技术人员通过已知的 MTA 二钠盐，制备具有上述特定 XRD 图谱的七水合物，从而实现晶体稳定性更高、配制 API 的最终制剂更容易、API 的存储期更长的目的。经核实，现有技术不存在上述技术启示。因此，权利要求 1 具备创造性。

第 32325 号无效决定的涉案专利权利要求 1 保护(-)-6-氯-4-环丙乙炔基-4-三氟甲基-1,4-二氢-2H-3,1-苯并噁嗪-2-酮晶型Ⅰ，并且限定了 D-间隔。权利要求 1 与证据 3 的区别特征在于晶型不同，权利要求 1 为采用 D-间隔限定晶型的Ⅰ型结晶，而证据 3 未公开其具体结晶形式。专利权人主张，涉案专利的显著技术效果在于晶型Ⅰ比晶型Ⅱ稳定（即晶型Ⅱ可以转化为晶型Ⅰ），而晶型Ⅲ很难转化为晶型Ⅰ。晶型Ⅰ是现有技术中该化合物晶体中熔点最高的，因此稳定性高，具有预料不到的技术效果。经核实，说明书中记载了三种晶型Ⅰ、Ⅱ和Ⅲ，对于其中三种结晶形式的化学产品的用途或效果，说明书中并没有任何描述。仅在说明书介绍性说明"在冷却过程中通过成核作用而形成结晶，所形成的结晶是Ⅱ型，当在 90℃在真空下干燥时就转化成所需Ⅰ型"；并且，描述了Ⅲ型结晶较难转变为Ⅰ型。然而，熔点的高低并不是判断稳定性的考量因素，熔点是指同种物质由固相向液相转变的温度，是物质本身的属性；而物质晶型的稳定性是指该晶型是否稳定存在，是否容易向其他晶型转变。晶体稳定性是由分子内各个化学键作用力决定，与分子内的键能有关，共价键越牢固，化学性质越稳定。两者是不同的概念，因此熔点的高低并不能代表该晶型的稳定性。基于此，即使能够确定晶型Ⅰ的熔点高，也无法证明其具有更加优异的稳定性，熔点仅是物质固有属性，是物理性能的差异。可见，并没有任何证据表明涉案专利中的三种晶型相对证据 3 具有预料不到的技术效果。因此，权利要求 1 实际解决的技术问题仅是提供一种新晶体。对此，多晶型现象在有机药物化合物中广泛存在，对药物化合物进行晶体学研究，是药物设计研究的重要内容。因此，本领域技术人员在面对现有晶型不能令人满意的性能时，研发化合物的新晶体是本领域技术人员普遍的研究思路。证据 3 已经公开了获得化合物的白色结晶，并且教导了制备其结晶的一般方法，本领域技术人员有动机并且有能力利用常规的晶体制备的实验手段来完成其他晶型的实践尝试，继而对所获晶体的具体技术参数（如 X 射线 D-间隔峰）进行测定。权利要求 1 不具备创造性。

第 20290 号无效决定的涉案权利要求 1 保护他唑巴坦的无水结晶，并用 X 射线衍射峰进行了限定。权利要求 1 与证据 1 相比，区别特征仅在于证据 1 没有明确说明其他唑巴坦晶体是否含水，也没有公开其 X 射线衍射图。涉案专利声称所解决的技术问题是通过形成具有特定 X 射线衍射图的他唑巴坦无水结晶，提高他唑巴坦结晶的储存稳定性。经核实，说明书中记载了三个具体实施方式，分别为用于代表证据 1 结晶产品的参考例 1、用于代表涉案专利结晶产品的实施例 1 及对比二者保存效果的试验例 1，以期通过上述实施例表明涉案专利的他唑巴坦无水结晶在保存稳定性方面优于已知的他唑巴坦。但无效合议组认为，试验例 1 中只测定了保存 1 年后参考例 1 和实施例 1 的他唑巴坦结晶纯度，其分别为 95% 和 100%，并未测定保存前两种结晶的纯度，在无法得知保存前参考例 1 的结晶是否已经存在杂质的情况下，本领域技术人员难以确认参考例 1 晶体在保存过程中纯度是否降低及降低的确切程度。此外，实施例 1 中记载了涉案专利结晶产品的结晶原料为参考例 1 的结晶，即涉案专利的结晶产品是在与之对比的参照物基础上二次结晶的产物。本领域公知，实施例 1 中进行的溶解、过离子交换柱、重结晶等步骤，实际上都是对溶液的纯化过程，能够降低杂质含量，从而进一步提升结晶产品的纯度。而是否含有杂质及杂质含量的多少显然也是影响产品稳定性的重要因素。因此，本领域技术人员无法确认，试验例 1 中两种晶体保存 1 年后的纯度差异及该差异（如果存在的话）是否为晶型不同而导致的结果。因此，无效合议组认为，权利要求 1 实际解决的技术问题仅为提供了一种具有特定 X 射线衍射图谱的他唑巴坦无水结晶。而在本领域中，采用重结晶等方式进行结晶是常规手段，由于已知他唑巴坦是一种能够形成晶体的化合物，本领域技术人员有动机改变结晶条件以获得其另一种晶型，并随即测定其具体技术参数，如 X 射线颜色图谱及其是否含有结晶水等。因此，权利要求 1 不具备创造性。

第 29935 号无效决定的涉案专利权利要求 1 保护一种马来酸桂哌齐特晶型，并用 XRD 衍射峰进行限定。权利要求 1 与证据 3 的区别特征在于：权利要求 1 限定了特定的马来酸桂哌齐特晶型，而证据 3 没有公开其具体晶型，也没有相应的粉末衍射图谱。关于技术效果，说明书提供了以上市马来酸桂哌齐特作为对照，针对化学稳定性和质量均一性考察的相应实验数据，并记载了涉案发明马来酸桂哌齐特 B 晶型的化学稳定性、质量均一性显著优于上市马来酸桂哌齐特，具有更好的临床应用安全性。无效合议组认为，尽管该专利说明书提供了权利要求保护的 B 晶型在化学稳定性和质量均一性方面的实验结果，但其比较的对象是"上市马来酸桂哌齐特"，而关于"上市马来酸桂哌齐特"，除了给出信息"北京四环制药有限公司提供，国药准字 H20020124"之外，涉案专利并未给出其制备方法或任何具体物化性能参数，如晶型、粉末射线衍射图谱、熔点等信息。因此，不能认定所述上市马来酸桂哌齐特能够代表证据 3 的结晶产品，亦不能根据涉案专利提供的 B 晶型效果数据即认定其相对于证据 3 的已知晶体取得了更佳的技术效果。可见，较之证据 3，涉案专利权利要求 1 实际解决的技术问题是提供了马来酸桂哌齐特的一种特定晶型——B 晶型。在涉案专利保护的晶型与证据 3

公开的已知晶体在熔点、制备方法等方面非常接近，且涉案专利说明书也没有提供足以证明所述 B 晶型在稳定性或者其他方面较之证据 3 的已知晶体具有超出本领域技术人员预期的更佳效果的情况下，权利要求 1 的技术方案相对于证据 3 不具备创造性。

第 28122 号无效决定的涉案专利权利要求 1 保护(-)-(1*R*,2*R*)-3-(3-二甲基氨基-1-乙基-2-甲基丙基)-苯酚盐酸盐的晶型 A，并用 XRD 数据进行限定。权利要求 1 与证据 1 的区别特征仅在于晶型不同，权利要求 1 限定为晶型 A，而证据 1 没有明确其具体晶型，也没有公开 XRD 数据。说明书中记载了晶型 A 和晶型 B，晶型 B 即为证据 1 同族专利中记载的实施例 25 中获得的晶型。针对技术效果，说明书提到晶型 A 相比晶型 B 在外界环境条件下是更为稳定，对此，涉案专利实施例 16 记载了从 40～50℃晶型 A 转变为晶型 B，实施例 5 中记载了晶型 B 在−40℃存放 72h，生成晶型 A，但说明书中没有提及在−40～40℃的温度下晶型 A 和晶型 B 是否发生转变，因此不能确定在环境条件下尤其是室温下晶型 A 是否具有更好的稳定性。除此以外，涉案专利说明书中没有记载晶型 A 是否具有其他与效果相关的性能。专利权人主张，反证 9 显示了晶型 A 在高压下的稳定性，但反证 9 的压力试验在涉案专利原说明书中没有记载，关于晶型 A 在高压下的稳定性的效果属于申请日以后发现的性能，不能作为判断涉案专利所具有技术效果的依据，而且反证 9 中并没有指明所用样品晶型 A、晶型 B 所对应的化合物名称，也没有对所用的晶型 A 和晶型 B 样品进行表征，不能确定其实验样品与涉案专利中的晶型 A、晶型 B 之间的关系，因此反证 9 不能证明涉案专利所具有的技术效果。综上，权利要求 1 相对于证据 1 并未取得更好的效果，其实际解决的技术问题仅仅是提供一种具有不同晶型的可替代的盐酸他喷他多晶体。在证据 1 已经公开了盐酸他喷他多的一种晶体的基础上，为了获得适合药物生产和使用需要的盐酸他喷他多晶型，本领域技术人员根据证据 3 容易想到，将证据 1 的结晶条件进行具体化或者进行常规改变，并根据所得晶体的理化性能进行常规选择，即可得到涉案专利权利要求 1 的技术方案。涉案专利的晶型 A 与证据 1 公开的晶体相比并未取得预料不到的技术效果。权利要求 1 不具备创造性。

第 33975 号无效决定的涉案专利涉及三唑并[4,5-D]嘧啶化合物的新晶型和非晶型，其权利要求 1 保护结晶态形式为晶型Ⅱ的式（Ⅰ）化合物：

（Ⅰ）

并用 XRD 图进行了限定。权利要求 1 与证据 6 实施例 32 的化合物相比，区别特征在于：①化合物本身结构存在差异，权利要求 1 化合物的右侧苯环上具有 3,4-二氟取代基，证据 6 化合物的右侧苯环上无取代基；②权利要求 1 化合物为具有特定 X 射线粉末衍射图的晶型Ⅱ，证据6没有提及化合物的状态。通过涉案专利说明书内容可知，其声称相对于证据6实际解决的技术问题为提高具有作为（P2YADP或P2TAc）拮抗剂的效能、代谢稳定性和生物可利用率，并且使得化合物在药物制备中更方便操作和加工。关于药物化合物的效能、代谢稳定性和生物可利用率，除文字描述之外，涉案专利说明书并未提供任何实验数据以证实上述技术效果的存在。专利权人主张根据证据3和反证5可以确认上述声称的技术问题得以解决。证据3是专利权人在涉案专利之前的相关研究，其中实施例3制备的化合物即为涉案专利权利要求1保护的化合物本身（不考虑晶型）。经分析，证据3未记载涉案专利化合物在代谢稳定性和生物利用率方面具有何种技术效果，本领域技术人员从证据3获得的教导是其pIC$_{50}$应当大于5.0，即与证据6化合物处于相同的拮抗水平上。反证5涉及证据3实施例3化合物（即该专利化合物）与证据6实施例化合物32、68的比较实验数据，其针对P2T-Ki效力、人微粒体实验（相对于右美沙芬对氧化的稳定性）和人体外葡萄糖醛酸基转移酶实验（相对于齐留通对葡醛酸结合反应的稳定性），上述试验均为本领域用于测定稳定性的常规试验。经分析发现上述三个实施例化合物在不同的试验中表现各异，即没有证据表明本领域技术人员根据上述试验结果能够直接地、毫无疑义地确定哪个化合物的表现最佳。因此，上述试验结果不能用于证明涉案专利化合物相对于证据6化合物在代谢稳定性和生物利用率方面具有更好的技术效果。另外，证据6实施例68化合物事实上也被证据3定义的通式（Ⅰ）的化合物涵盖，即专利权人欲证明的内容相当于通式（Ⅰ）范围内的某具体化合物相对于另一具体化合物具有更好的技术效果，这实际上构成了一种"选择发明"，而且这种信息也是本领域技术人员通过阅读证据3所不能获得的。综上，没有证据能够表明涉案专利化合物相对于证据6化合物在拮抗水平、代谢稳定性和生物利用率方面具有更好的技术效果。因此，涉案专利权利要求1相对于证据6实际解决的技术问题仅为提供一种具有便于操作和加工的结晶化合物。证据6教导本领域技术人员当保留相同的核心单元，对周围的取代基进行不同的变化组合时，所获得的化合物通常应当具有类似的性能。且与具有相同化学成分的非晶体相比，晶体更具稳定性，流动性更好因而更加便于加工，本领域技术人员在面对现有化合物不能令人满意的性能时，有动机对该化合物进行结晶化的实践尝试，继而对所获晶体的具体技术参数（如X射线衍射图谱）进行测定。本领域技术人员有动机并且有能力利用常规的晶体制备的实验手段来完成将化合物转化为晶型的实践尝试。权利要求1不具备创造性。

5.1.4 高分子组合物的创造性审查

采用物理或化学参数来对权利要求进行限定是高分子组合物领域非常常见的一种权利要求撰写方式。物理或化学参数反映的是产品的内在或固有性质，因此，很难从文字上直接获知产品所具有的结构和/或组成，同时又难以和现有技术直接进行比较。根据参数所涉及的性能，参数可分为表征产品结构和/或组成的参数、表征产品功能和/或效果的参数等；根据参数通用程度，参数又可分为标准参数、通用参数、不常见参数等。参数本身的复杂性使这类专利申请的新颖性和创造性评价变得异常复杂，一个参数是否构成区别特征或者本领域技术人员是否有动机对该参数进行调节经常会成为决定一个专利申请能否授权的争议焦点。鉴于参数特征的复杂性，产品权利要求应优先用产品的组成和/或结构特征来限定。

具体而言，2010 年版《专利审查指南》在关于"权利要求的保护范围应当清楚"的相关规定中指出：产品权利要求适用于产品发明或者实用新型，通常应当用产品的结构特征来描述。❶ 在特殊情况下，当产品权利要求中的一个或多个技术特征无法用结构特征予以清楚地表征时，允许借助物理或化学参数表征。2010 年版《专利审查指南》中规定的允许用物理或化学参数来表征化学产品权利要求的情况是：仅用化学名称或者结构式或者组成不能清楚表征的结构不明的化学产品。参数必须是清楚的。❷

2010 年版《专利审查指南》对于包含性能、参数特征的产品权利要求的新颖性审查规定：对于这类权利要求，应当考虑权利要求中的性能、参数特征是否隐含了要求保护的产品具有某种特定结构和/或组成。如果该性能、参数隐含了要求保护的产品具有区别于对比文件产品的结构和/或组成，则该权利要求具备新颖性；相反，如果所属技术领域的技术人员根据该性能、参数无法将要求保护的产品与对比文件产品区分开，则可推定要求保护的产品与对比文件产品相同，因此申请的权利要求不具备新颖性，除非申请人能够根据申请文件或现有技术证明权利要求中包含性能、参数特征的产品与对比文件产品在结构和/或组成上不同。❸

2010 年版《专利审查指南》对于用物理化学参数表征的化学产品的新颖性的审查规定：对于用物理化学参数表征的化学产品权利要求，如果无法依据所记载的参数对由该参数表征的产品与对比文件公开的产品进行比较，从而不能确定采用该参数表征的产品与对比文件产品的区别，则推定用该参数表征的产品权利要求不具备《专利法》第二十二条第二款所述的新颖性。❹

2010 年版《专利审查指南》中还指出，上述基准同样适用于创造性判断中对该类特征是否相同的对比判断。

有学者认为，当要求保护的产品中的参数特征构成了发明与最接近的现有技术的区别技术特征时，首先，应确定该参数特征是倾向于反映产品的结构和/或组成的"结构参数"，还是倾向于反映产品的性能和/或效果的"效果参数"。如果是反映产品的结构和/或组成的"结构参数"，则需要分析该"结构参数"与发明所达到的技术效果之间的影响关系或分析它们之间是否存在对应关系，只有在存在影响关系或对应关系的情况下，才能根据该技术效果确定发明实际解决的技术问题。如果是反映产品的性能

---

❶《专利审查指南 2010》，第二部分第二章第 3.2.2 节。
❷《专利审查指南 2010》，第二部分第十章第 4.3 节。
❸《专利审查指南 2010》，第二部分第三章第 3.2.5 节。
❹《专利审查指南 2010》，第二部分第十章第 5.3 节。

和/或效果的"效果参数"特征，也不能直接根据该性能和/或效果特征确定发明实际解决的技术问题，而是需要先判断该"效果参数"特征表征的权利要求是否得到说明书的支持，在得到说明书支持的情况下，根据该"效果参数"确定发明实际解决的技术问题，进而判断显而易见性。❶

第128384号复审决定的涉案申请请求保护"一种热塑性弹性体组合物，其是将含有下述成分（A）～（D）的组合物交联而成的热塑性弹性体组合物，（A）聚丙烯类树脂100质量份、（B）具有以共轭二烯单体单元为主体、并且含有乙烯基芳香族单体单元的嵌段和以乙烯基芳香族单体单元为主体的嵌段至少各1个的嵌段共聚物的加氢物80～200质量份、（C）软化剂100～250质量份和（D）聚有机硅氧烷5～20质量份，所述热塑性弹性体组合物满足下述条件（1）～（5）：（1）所述（B）成分中的所述乙烯基芳香族单体单元的含量为40%～70%（质量分数），所述以共轭二烯单体单元为主体并且含有乙烯基芳香族单体单元的嵌段中，所述乙烯基芳香族单体单元的含量为10%（质量分数）以上且不足50%（质量分数），（2）基于ASTM D1238、230℃、1.2kg载荷的条件的熔体流动速率MFR为（35～85）g/10min，（3）JIS A硬度为60～90，（4）基于JIS K6262、100℃、22小时的条件的压缩永久变形为30%～70%，（5）－30℃的拉伸伸度为80%以上"。

对比文件1公开了一种热塑性弹性体及其成形体，但没有公开满足条件2～5，且没有公开以共轭二烯单体单元为主体的嵌段中乙烯基芳香族单体单元的含量。驳回决定认为，对比文件1所使用的苯乙烯-丁二烯/异戊二烯嵌段共聚物的氢化物中苯乙烯嵌段-丁二烯/异戊二烯嵌段可认为是以共轭二烯单体单元为主体的嵌段，其中虽然没有公开苯乙烯嵌段的含量，但本领域技术人员可以根据产品性能需要调节每一嵌段的含量。本领域技术人员可以根据需要适当调整组分的种类和用量达到合适的参数需求。因此，权利要求1不具备创造性。

复审合议组认为，根据涉案申请说明书的记载可知，（B）成分的含有共轭二烯单体单元为主体且含有乙烯基芳香族单体单元的共聚物嵌段对耐磨耗性、机械强度和耐冲击性的平衡产生影响。另外，复审请求人在答复复审通知书时提交了补充实验数据，该实验数据是采用该申请中（B-3）嵌段共聚物加氢物的制备方法制备了新的橡胶-8，并对比了分别由（B-3）（即橡胶-3）和橡胶-8制得的实施例8和追加比较例（橡胶-8）热塑性弹性体组合物的涉案申请说明书表3所涉及的性能，由比较可知，涉案申请实施例8在耐磨耗性、机械物理性能、成型流动性、外观、触感方面均优于比较例（橡胶-8）。可见，对于组分（B）而言，在整体乙烯基芳香族单体单元含量基本相同的情况下，通过在共轭二烯嵌段共聚物中含有一定量的乙烯基芳香族单体单元可以提高由其制得的热塑性弹性体组合物的耐磨耗性、机械物理性能、成型流动性、外观和触感。至于权利要求1中公开的参数条件（2）～（5），其是由热塑性弹性体组合物的组成和

❶ "高分子领域专利申请审查标准研究"，课题编号：Y110505，负责人：崔军。

含量决定的。而对比文件 1 关注的是乙烯基芳香族嵌段的含量对整个热塑性弹性体的机械物性、耐热性、柔韧性和橡胶弹性的影响，而并未关注过在共轭二烯单体单元的嵌段中再引入一定量的乙烯基芳香族单体单元会对整个热塑性弹性体的性能产生何种影响。因此，对比文件 1 没有教导在共轭二烯单体单元的嵌段中引入一定量的乙烯基芳香族单体单元能够提高热塑性弹性体组合物的耐磨耗性、机械物理性能、成型流动性、外观和触感。且从实验数据可以看出，权利要求 1 所要求保护的技术方案在耐磨耗性、机械物理性能、成型流动性、外观和触感方面均具有有益的技术效果。基于上述分析，复审合议组认为权利要求 1 具有创造性。

第 129487 号复审决定的涉案申请请求保护"一种耐寒性橡胶组合物，包含丁二烯橡胶、氯丁二烯橡胶和天然橡胶，所述丁二烯橡胶为顺式-1,4 键的含量高的高顺式丁二烯橡胶，该耐寒性橡胶组合物基于 JIS K6261 测量的脆化温度为等于或低于$-55\,^{\circ}\mathrm{C}$，该耐寒性橡胶组合物具有耐臭氧性，即当基于 JIS 标准：JIS K6259 进行耐臭氧性测试时，观察不到裂纹，其中相对于合计为 100 质量份的所述丁二烯橡胶、所述氯丁二烯橡胶和所述天然橡胶，所述丁二烯橡胶的含量为 10 质量份至 35 质量份，所述氯丁二烯橡胶的含量大于 60 质量份且小于等于 70 质量份，并且所述天然橡胶的含量为 10 质量份至 35 质量份"。

对于效果特征限定"基于 JIS K6259 进行耐臭氧性测试时，观察不到裂纹"，驳回决定认为本领域技术人员无法确定其是否隐含了权利要求 1 具有不同于对比文件 1 的橡胶组合物的组成，故推定其没有起到实际的限定作用，仅针对权利要求 1 与对比文件 1 在组成方面的区别特征进行了评述。

但复审决定中，复审合议组将权利要求 1 与对比文件 1 之间的区别特征认定为：①权利要求 1 中的丁二烯橡胶为高顺式丁二烯橡胶，而对比文件 1 为顺丁橡胶；②权利要求 1 中氯丁二烯橡胶的含量大于 60 质量份且小于等于 70 质量份，而对比文件 1 中为 60 质量份；③权利要求 1 限定了组合物的耐臭氧性，而对比文件 1 未公开。可见，复审合议组将权利要求 1 中的参数限定认定为区别并进行了分析。复审合议组查明，涉案申请提供的橡胶组合物能够适用于在寒冷气候中使用的车辆用空气弹簧中，具有优异的耐臭氧性（通过动态臭氧劣化测试测量）和优异的耐寒性，并且还具有优异的橡胶－橡胶接合力和黏合性；该橡胶组合物是通过将丁二烯橡胶（BR）、氯丁橡胶（CR）和天然橡胶（NR）混合、将 CR 设定为主要成分、并将其混合比设定在预定范围而获得的。其实施例的结果表明，为了获得满足可接受标准的耐寒性、耐臭氧性、黏合性和接合性，除了将 CR 的组成比设定为 50%～75%（质量分数）以外，应将 BR 的组成比设定在 10%～35%（质量分数）范围内，应将 NR 的组成比设定在 10%～35%（质量分数）范围内。而对比文件 1 公开的 BR 和 NR 含量均落在权利要求 1 限定的 BR 和 NR 的含量相应范围内，虽然权利要求 1 中 CR 含量排除了 60 份的点值而对比文件 1 恰好公开的是 60 份，但是涉案申请说明书中符合所有性能要求的实施例所用的 CR 用量均为 50 质量份或 60 质量份，均位于当前权利要求 1 限定的"大于 60 质量份且小于等于 70 质量份"的范围之外。因此，无法看出涉案申请权利要求 1 与对比文件 1 会因为 CR 含量的不同而导致何种性能上的差异。另外，本领域技术人员知晓，高顺丁橡胶（即高顺式含量的顺丁橡胶）具有优异的弹性和耐寒性，因此，可以预期，权利要求 1 与对比文件 1 相比，具有更好的耐寒性，即权利要求 1 实际解决的技术问题是如何改善橡胶组合物的耐寒性。

对此，复审合议组还查明，对比文件 1 制作的是耐寒胶料，即低温性能（耐寒性和低温挠曲性能）是该胶料的基本需求，根据对比文件 1 公开的各橡胶组分的性能优势，本领域技术人员有动机适当地提高氯丁橡胶的含量；根据本领域的公知常识，本领域技术人员有动机选用耐寒性最好的高顺式丁二烯橡胶作为对比文件 1 中顺丁橡胶以获得更好的耐寒性。同时，由于产品的性质由其结构和组成决定，在本领域技术人员有动机得到权利要求 1 所述组成的橡胶组合物的基础上，其必然也能够获得如权利要求 1 所述的耐臭氧性。因此，权利要求 1 相对于对比文件 1 不具备创造性。

第 130996 号复审决定的涉案申请请求保护一种"通过熔融共混下述组分得到的组合物：

"（a）10 至 70 质量百分数的部分结晶的聚酯组分，所述聚酯组分选自聚（对苯二甲酸丁二酯）、聚（对苯二甲酸乙二酯）、聚（对苯二甲酸丁二酯）共聚物、聚（对苯二甲酸乙二酯）共聚物以及它们的组合；

"（b）10 至 60 质量百分数的无定形聚碳酸酯，所述无定形聚碳酸酯具有大于 150ppm（编者注：ppm 相当于 $\times 10^{-6}$，本小节同此含义）至 10000ppm 的弗里斯重排的单体单元；

"（c）5 至 50 质量百分数的填料；以及

"（d）可选地，0.01%（质量分数）至 10%（质量分数）的抗氧化剂、脱模剂、着色剂、稳定剂或它们的组合；

"其中，熔融共混的所述组合物具有至少 300ppm 的聚碳酸酯芳基羟基端基含量；并且

"其中，当模制成具有 2.0mm 厚度的制品时，所述组合物在 960nm 处提供了大于 45% 的近红外透射。"

复审合议组认为，权利要求 1 所要求保护的技术方案与对比文件 1 所公开的技术内容相比，其区别技术特征在于：权利要求 1 限定了所述无定形聚碳酸酯具有大于 150ppm 至 10000ppm 的弗里斯重排的单体单元以及熔融共混的所述组合物具有至少 300ppm 的聚碳酸酯芳基烃基端基含量。根据说明书的记载，涉案申请的发明目的是对于激光可焊接的热塑性材料，尤其是包含玻璃纤维或其他提供耐热性的填料的组合物，以获得改善的 NIR 透射。由涉案申请表 4 和表 5 的对比数据可以看出：满足权利要求 1 限定的具有合适的聚碳酸酯芳基羟基端基含量和具有合适的弗里斯重排的单体单元的无定形聚碳酸酯，其组合物在 960nm 处的近红外透射大于 45%。而对比文件 1 实施例 8 已经公开了在 960nm 的透射率为 75%，由此可以确定该申请声称的技术效果已被对比文件 1 所公开。因此，权利要求 1 相对于对比文件 1 实际解决的技术问题是提供一种

具有相同或相似技术效果（即在 960nm 处的近红外透射大于 45%）的替代组合物。

驳回决定和前置审查意见均认为，对比文件 1 和对比文件 2 都公开了包含聚碳酸酯、聚酯、添加剂等成分的组合物，本领域技术人员在想要得到一种具有相同或相似技术效果的技术方案时，有动机将对比文件 2 公开的合适的弗里斯重排的单体单元及芳基羟基端基含量应用到对比文件 1 的无定形聚碳酸酯中，由此带来的技术效果也是可以预期的。

但复审合议组认为，首先，由对比文件 1 对比例和实施例的效果数据可知，并不是在组合物中添加任意种类的无定形聚碳酸酯（按照涉案申请说明书的定义，无定形聚碳酸酯包括 PC 和 PPC）均能达到在 960nm 的近红外透光率大于 45%，从整体趋势看，采用无定形 PC 的组合物在 960nm 的近红外透光率要小于无定形 PPC，且所有采用无定形 PC 的组合物在 960nm 的近红外透光率都小于 45%。基于此考虑，本领域技术人员在寻求对比文件 1 的替代技术方案时，不会采用对比文件 2 中的具有特定结构的 PC。其次，虽然对比文件 2 公开了该区别技术特征。但对比文件 2 还公开了：需要最大限度地提高用芳氧基封端的聚合物链的百分比，同时最大限度地减少使用羟基封端的聚合物链的百分比。尽管在通过熔融方法制备的聚碳酸酯产物中可以容许存在低含量的 Fires 产物，但存在高含量的 Fries 产物会对聚碳酸酯的性能特性，如模塑性和韧性造成不利影响。而涉案申请是通过使无定形热塑性聚碳酸酯具有大于 300ppm 的芳基羟基端基含量和/或大于 150ppm 的弗里斯重排单元含量从而显著提高聚合物共混物的近红外透明度。可见，该区别技术特征在对比文件 2 中所起的作用和其在涉案申请中所起的作用并不相同，因此本领域技术人员没有动机用对比文件 2 中的特定的弗里斯重排单元含量和聚碳酸酯芳基羟基端基含量的 PC 替代对比文件 1 中的 PPC 以使共混物具有在 960nm 的近红外透光率大于 45%。基于上述分析，权利要求 1 相对于对比文件 1 和对比文件 2 的结合具备创造性。

5.1.5 制药用途的创造性审查

如果本领域技术人员基于申请日前所具备的技术水平和认知能力，根据现有技术的教导有动机将产品用于治疗某种疾病，并对治疗结果的成功性具有合理的预期，则该权利要求不具备创造性。

(2016) 京 73 行初 985 号判决的涉案专利保护 4-(4-甲基哌嗪-1-基甲基)-N-[4-甲基-3-[(4-吡啶-3-基)嘧啶-2-基氨基]苯基]-苯甲酰胺或它的可药用盐在制备用于治疗胃肠基质肿瘤的药物组合物中的用途。证据 1 是发表于《柳叶刀·肿瘤学》的一篇综述性文献，在该文献中公开了如下内容："只要有可能，就应该使用临床试验中有前景的新药治疗这些患者。这类对初始化疗耐药的肉瘤包括，例如，胃肠基质肿瘤（GIST）……"以及"考虑到传统的采用细胞毒类化学疗法治疗软组织肉瘤的局限性，新的治疗途径应该会受到医生的欢迎，也会受到患者及其家人的欢迎。幸运的是，研究使人们对这类肿瘤的生物学和病理生理学有了全新的理解，而这可以应用于新的治疗策略。一个更有前景的例子是……其他的新疗法包括合理的靶点，如组成性激活的 c-kit 受体酪氨酸激酶，它表征众所周知的化疗耐药的胃肠基质肿瘤。在本文写作之时，一项选择性酪氨酸激酶抑制剂 STI571（即 4-(4-甲基哌嗪-1-基甲基)-N-[4-甲基-3-[(4-吡啶-3-基)嘧啶-2-基氨基]苯基]-苯甲酰胺的甲磺酸盐）针对 GIST 的试验已经刚刚在达纳－法伯癌症研究公司开始（与全球其他的研究中心合作），非常早期的结果看起来令人兴奋"。

法院认为，评价涉案专利权利要求 1 创造性的关键在于，判断现有技术是否给出了教导，使本领域技术人员想到将 STI571 用于治疗 GIST 患者，并对治疗结果的成功性进行合理的预期。进行上述判断要基于本领域技术人员在申请日前所具备的技术水平和认知能力。在该案中，首先，证据 2、5、6 均为涉案专利申请日前公开的相关领域的文献资料，根据上述现有技术所披露出的信息，本领域技术人员即便不能完全确定 GIST 产生的唯一病理原因就是 c-kit 的突变，但至少可以知晓二者之间有重要的联系。根据证据 1 的记载，传统细胞毒类化学疗法对 GIST 类的软组织肉瘤治疗效果不佳，因此，只要在临床试验中具有一定应用前景的新的治疗途径出现，本领域技术人员都会有动机去积极地尝试这一新的疗法。其次，证据 1 进一步提到"其他的新疗法包括合理的靶点，如组成性激活的 c-kit 受体酪氨酸激酶，它表征众所周知的化疗耐药的胃肠基质肿瘤。"这正是前述本领域技术人员在涉案专利申请日前已获知的信息，即相对于良性 GIST，c-kit 的突变优先出现在恶性 GIST 中，而不出现在平滑肌瘤或平滑肌肉瘤中，可能是临床上评价 GIST 的有用辅助标志物，这也印证了 c-kit 突变确实是 GIST 发病的重要原因，抑制 c-kit 的突变属于新的治疗途径。最后，证据 1 指出"在本文写作之时，一项选择性酪氨酸激酶抑制剂 STI571 针对 GIST 的试验已经刚刚在达纳－法伯癌症研究公司开始（与全球其他的研究中心合作），非常早期的结果看起来令人兴奋"。结合前述分析，这一表述直接明确了 STI571 可以治疗 GIST，由于证据 1 反复提及与临床试验相关的问题，且通常只有到了临床试验阶段才会涉及与全球其他的研究中心合作的问题，故"令人兴奋"的表述会带给本领域技术人员足够的动机，促使其将 STI571 用于 GIST 治疗的临床试验，并对这一途径的成功性具有合理的预期。专利权人认为"在世界范围内，肿瘤药物的研发成功率极低，但现实中的治疗需求极大。在此情况下，虽然在没有成功预期或成功预期极低的情况下，本领域技术人员仍可能会考虑尝试研发，但这种泛泛的、非基于技术启示的动机，不是专利法意义下的动机。在没有任何科学、实证依据（如试验数据）的情况下，无法使本领域技术人员产生合理的成功预期"。对此，法院认为，正是鉴于肿瘤药物研发的复杂性，本领域技术人员往往会对一些积极的信息产生极大的关注度，并据此进行有益的尝试，因此，虽然证据 1 中未明确公开具体的实验类型和实验数据，但结合其本领域技术人员的认知能力和证据 1 全文的描述，应认定其可以根据证据 1 所披露的信息，在不付出创造性劳动的基础上联想出该专利的技术方案。

（2013）高行终字第 1439 号判决的涉案申请请求保护一种香豆草醚类化合物或其药学上可接受的盐或酯的用途，其特征在于，被用于制备预防或治疗白细胞减少的组合物。证据 1 公开了旱莲草提取物的免疫调节活性，测定了吞噬指数、白细胞计数、抗体反应，其中明确公开了旱莲草提取物对环磷酰胺导致的骨髓抑制的作用，测定了白细胞的变化，其中提取物含 1.6% 的蟛蜞菊内酯，结果显示白细胞数显著升高。涉案申请权利要求 1 与证据 1 的区别在于：权利要求 1 要求保护的是化合物（包括蟛蜞菊内酯）的用途，而证据 1 公开的是含有所述化合物的旱莲草提取物的用途。法院认为，证据 1 明确指出了旱莲草提取物具有免疫调节活性的可能原因是因为存在酚性蟛蜞菊内酯，这对本领域技术人员而言，已经给出了一种明确的指引；且证据 1 明确指出蟛蜞菊内酯为旱莲草提取物的主要成分，且依据证据 1 的上述指引，本领域的技术人员只需要有限次实验即可检验出其是否为活性成分。

（2016）京 73 行初 583 号判决的涉案申请请求保护盐酸去亚甲基小檗碱在制备预防和/或治疗急、慢性酒精性肝病药物中的应用。证据 1 公开了小檗碱对于酒精性肝病具有治疗作用。证据 2 公开了去亚甲基小檗碱为小檗碱在体内的代谢产物。

法院认为，涉案权利要求 1 与证据 1 的区别为：（1）权利要求 1 中限定了活性化合物为盐酸去亚甲基小檗碱。（2）权利要求 1 中限定了酒精性肝病为急、慢性。申请人对于"区别技术特征（2）为本领域的常规选择"的认定，并未提出异议，故仅针对上述区别技术特征（1）是否使得该申请具备创造性进行评述。基于区别技术特征（1），权利要求 1 请求保护的技术方案实际解决的技术问题是提供一种小檗碱代谢物（去亚甲基小檗碱）用于制备酒精性肝病药物的制药用途。从上述发明实际解决的技术问题出发，虽然小檗碱与去亚甲基小檗碱在具体结构上存在不同，但二者均具有相同的基本核心部分，构成结构相近的化合物；同时，证据 2 已经公开去亚甲基小檗碱为小檗碱在体内的代谢产物，而尝试将已知活性药物的体内代谢物用于治疗相同的疾病是本领域技术人员基于药物代谢原理进行药物设计的常规技术手段，故基于上述事实，本领域技术人员显然有动机将小檗碱替换为去亚甲基小檗碱用于治疗酒精性肝病，从而得到涉案申请权利要求 1 所请求保护的技术方案。

申请人主张"本申请属于已知化合物的新用途发明，其首次发现了去亚甲基小檗碱能够用于预防和治疗酒精性肝病，且其取得了抗氧化活性强、毒性低的预料不到的技术效果，因而本申请具备创造性。"对此，法院认为，若新用途的出现是本领域技术人员基于该产品的物理、化学性能或现有用途即可预见到的或者该新用途并未产生预料不到的技术效果，均不宜认定已有产品的新用途具备创造性。首先，如上所述，本领域技术人员将去亚甲基小檗碱用于治疗酒精性肝病是显而易见、能够预见到的。其次，涉案申请说明书中的实验数据可以表明去亚甲基小檗碱具有很强的抗氧化活性，但上述比对数据的比对对象为 Vc 等物质，而非小檗碱，故说明书中并无直接数据表明去亚甲基小檗碱的抗氧化活性强于小檗碱这一预料不到的技术效果；且根据涉案申请说明书中的记载"在 $200\mu mol/L$、$400\mu mol/L$ 浓度下，盐酸去亚甲基小檗碱的抗氧化能力与 Vc 无显著差异；但在 $800\mu mol/L$、$1600\mu mol/L$、$3200\mu mol/L$ 浓度下，Vc 显示出了更强的抗氧化能力"，可见，去亚甲基小檗碱所具备的抗氧化活性与 Vc 相当或弱于 Vc，亦进一步说明上述技术效果对本领域技术人员来说是可以预期的。另外，虽然涉案申请说明书中明确记载了盐酸去亚甲基小檗碱的毒性低于盐酸小檗碱的毒性，但是，通常而言，药物在体内经代谢后其毒性会降低或与前药相当，而去亚甲基小檗碱为小檗碱的体内代谢物，故涉案申请说明书中所显示的"盐酸去亚甲基小檗碱（DMB）静脉注射（Ⅳ）毒性剂量 LD_{50} 的参考值为 30mg/kg，而盐酸小檗碱静脉注射（Ⅳ）毒性剂量 LD_{50} 的参考值为 9.0mg/kg"亦非本领域技术人员所预料不到的技术效果。

医药用途发明本质上是药物的使用方法发明，如何使用药物的技术特征，即使用剂型和剂量等所谓的"给药特征"，应当属于化合物的使用方法的技术特征而纳入其权利要求之中。

（2008）高行终字第 378 号的涉案专利权利要求 1 保护 17β-(N-叔丁基氨基甲酰基)-4-氮杂-5α-雄甾-1-烯-3-酮在制备适于口服给药用以治疗人的雄激素引起的脱发的药剂中的应用，其中所述的药剂包含剂量为约 $0.05\sim3.0$mg 的 17β-(N-叔丁基氨基甲酰基)-4-氮杂-5α-雄甾-1-烯-3-酮。涉案专利权利要求 1 与证据 3 的区别在于：（1）权利要求 1 限定了该药物的使用剂量为约 $0.05\sim3.0$mg；和（2）口服给药方式。

法院认为，医药用途发明本质上是药物的使用方法发明，如何使用药物的技术特征，即使用剂型和剂量等所谓的"给药特征"，应当属于化合物的使用方法的技术特征而纳入其权利要求之中。实践中还有在使用剂型和剂量等所谓"给药特征"方面进行改进以获得意想不到的技术效果的需要。此外，药品的制备并非活性成分或原料药的制备，应当包括药品出厂包装前的所有工序，当然也包括所谓使用剂型和剂量等"给药特征"。涉案专利即属于对剂量所做的改进而申请的医药用途发明专利。当专利权人在所使用的剂型和剂量等方面做出改进的情况下，如果不考虑这些所谓"给药特征"，将不利于医药工业的发展及人民群众的健康需要的，也不符合专利法的宗旨。权利要求 1 与证据 3 相比存在两个区别技术特征。针对区别技术特征 1，涉案专利说明书中公开了现有技术的剂量为 $5\sim2000$mg，而涉案专利选用的范围为 $0.05\sim3$mg。由此可见，现有技术最小使用剂量为 5mg，而涉案专利最大使用剂量为 3mg。作为一个公知常识，本领域普通技术人员均知晓要想确定药物的用量，只需根据教科书的教导找出引起药理效应的最小剂量及出现不良反应的最小剂量即可。因此，本领域普通技术人员在现有技术的基础上得到低剂量的技术方案无须创造性劳动，而且专利权人提交的证据尚不足以证明涉案专利取得了预料不到的技术效果。针对区别技术特征 2，涉案专利权利要求 1 中限定了给药方式为口服给药。在药物发明专利中，每种剂型都具有该剂型本身所赋予的特征、优点或性能，同时也具有该剂型本身所产生的不足或缺陷，选取何种剂型是本领域技术人员根据药物的特点及适应证等因素来确定。除非该剂型的选择为发明专利带来了意料不到的技术效果且该技术效果并非其他因素带来的，通常来说常规剂型的选择是没有创造性的。该案中，通过阅读涉案专利的说明书可以发现，非那甾胺在涉案专利中可以以所有本领域普通技术人员熟知的形式给药，口服剂型的选择是常规的，也没有任何证据证明该口服剂型的选择为涉案专利带来何种意想不到的技术效果。因此，涉案专利权利要求 1 相对于证据 3 不具备创造性。由此可见，口服给药这一区别技术特征并没有给涉案专利带来任何意料不到的技术效果。由上述分析可知，涉案专利权利要求 1 相对于证据 3 不具备创造性。

对于仅涉及药物使用方法的特征，如药物的给药剂量、时间间隔等，如果这些特征与制药方法之间并不存在直接关联，其实质上属于在实施制药方法并获得药物后，将药物施用于人体的具体用药方法，与制药方法没有直接、必然的关联性。这种仅体现于用药行为中的特征不是制药用途的技术特征，对权利要求请求保护的制药方法本身不具有限定作用。

（2012）知行字第 75 号裁定的涉案专利权利要求 1 保护潜霉素在制备用于治疗有此需要的患者细菌感染而不产生骨骼肌毒性的药剂中的用途，其中用于所述治疗的剂量是 3～75mg/kg 的潜霉素，其中重复给予所述的剂量，其中所述的剂量间隔是每隔 24 小时一次至每 48 小时一次。

证据 7 也公开了潜霉素作为治疗细菌感染的药物，患者单独用潜霉素与潜霉素加氨基糖苷类（庆大霉素或妥布霉素）治疗相比，取得了类似百分比的有利效果，还公开了潜霉素与阿米卡星的联合给药。证据 8 还公开了制药学纯化的 LY146032（即潜霉素）或其盐可以配制为口服或非胃肠给药的制剂用于治疗或预防细菌感染。

法院认为，涉案专利"不产生骨骼肌毒性"仅改善了潜霉素的不良反应，使得骨骼肌毒性降低，并没有改变潜霉素本身的治疗对象和适应症，更没有发现药物的新性能。涉案专利在撰写中采用"不产生骨骼肌毒性"的限定，没有使其与现有技术公开的已知用途产生区别，对药物用途本身不具有限定作用，对权利要求并未产生限定作用；虽然涉案专利权利要求 1 包括了给药剂量、时间间隔等特征，但这些属于给药方法的特征对制药过程不具有限定作用，不能使权利要求 1 的制药用途区别于已知制药用途，对权利要求 1 请求保护的药物制备方法不具有限定作用。涉案专利权利要求 1 与证据 7 或 8 相比，针对的药物用途是相同的。"不产生骨骼肌毒性"及给药剂量、重复给药和时间间隔特征对制药用途权利要求没有限定作用，因此，不能够使其所要求保护的技术方案具备创造性。

用药禁忌的作用在于指导医生的用药过程，而并未对产品本身的结构、组成产生实质性影响。

（2016）京行终字 1762 号判决的涉案专利权利要求 9 保护与 ErbB2 胞外结构域序列中的表位 4D5 结合的抗 ErbB2 抗体与塔克索德的组合物在制备治疗人患者中以 ErbB2 过度表达为特征的乳房癌的药物中的用途，其中所述抗体包含在制品的一种容器内，该制品还包含包装插页，该包装插页上有避免蒽环类抗生素化疗剂与所述抗体组合使用的说明。证据 1 实质上公开了采用与表位 4D5 结合的抗 ErbB2 抗体和塔克索德的组合物，而不使用蒽环类抗生素类化疗剂，从而治疗以 ErbB2 受体过度表达为特征的异种移植人类乳腺癌肿瘤的裸鼠的技术方案。

法院认为，权利要求 9 中在包装插页上记载了用药禁忌特征，即"该包装插页上有避免使用蒽环类抗生素化疗剂与所述组合物组合使用的说明"。对于本领域技术人员而言，该用药禁忌的作用在于指导医生的用药过程，而并未对产品本身的结构、组成产生实质性影响。因此，包装插页中的用药禁忌对于权利要求 9 没有实际限定作用，在确定保护范围时不应予以考虑。因此，它不构成权利要求 9 与证据 1 之间的区别特征。涉案专利权利要求 9 与证据 1 公开的上述技术方案相比，两者的区别技术特征仅在于：①权利要求 9 将药物组合物置于容器中；②权利要求 9 的药物用于治疗 ErbB2 过度表达的人类乳腺癌患者，而证据 1 中的药物用于治疗 ErbB2 过度表达的异种移植人类乳腺癌肿瘤的裸鼠。由此可以确定，权利要求 9 实际解决的技术问题是提供一种可方便使用的药物产品，并将其用于人类患者。在医药化学领域，将用于治疗的药品使用药盒等容器进行包装，并将适应症写于标签上，将药物的使用方法写于包装插页上放置于药盒等容器中，制作成可以方便使用的药物产品，是本领域技术人员的常规技术手段。且证据 1 中动物实验虽然治疗对象针对的是裸鼠，但是该动物实验方案是人类乳腺癌患者药物研发的前期实验阶段，其最终目的是为了提供治疗 ErbB2 过度表达的人类乳腺癌患者的药物。本领域技术人员在证据 1 中相同疾病模型的动物实验方案具有治疗效果的基础上，有动机将该药物进一步应用于 ErbB2 过度表达的人类乳腺癌患者，以继续验证该药物的疾病治疗效果，且根据涉案专利说明书中记载的内容，上述区别技术特征也没有产生预料不到的技术效果。因此，该权利要求相对于证据 1 不具备创造性。

5.1.6　制备方法的创造性审查

5.1.6.1　参数的优化

在化学领域，如果化学产品制备方法权利要求与最接近现有技术的区别仅在于选用了不同的参数，而现有技术整体上已经提供了可调整参数的技术启示，且该参数的调整并未取得预料不到的技术效果，则该制备方法相对于现有技术不具备创造性。

（2016）最高法行再 18 号判决的涉案专利保护一种含有甘油为至少 500g/kg 产物和甘油烷基醚的量为 0.001～5g/kg 产物的甘油基产物在生产二氯丙醇中的应用。法院认为，涉案专利权利要求 1 相对于证据 1 的区别特征在于其中用于生产二氯丙醇的甘油基产物的成分有所不同，即限定涉案专利作为生产原料的甘油基产物，特定杂质甘油烷基醚的含量为 0.001～5g/kg 产物。根据说明书的记载，在甘油反应生成二氯丙醇的同时，甘油基产物中的甘油烷基醚反应生成氯代烷氧基丙醇而污染二氯丙醇，当二氯丙醇作为原料反应生成表氯醇时，二氯丙醇中存在的该氯代烷氧基丙醇则同时反应生成烷基缩水甘油醚而污染表氯醇，因此，权利要求 1 相对于证据 1 实际解决的技术问题是提供一种在制备二氯丙醇过程中减少产物污染的方法。涉案专利通过使用甘油烷基醚杂质含量较小的甘油基原料解决上述技术问题。证据 2 基于含水粗甘油溶液中含有难以去除的甘油烷基醚杂质而提供制备纯化甘油的方法，具体公开了：一种粗甘油，其组成为甘油 51.4%、水 47.3%、3-甲氧基-1,2-丙二醇 1.0%、2-甲氧基-1,3-丙二醇 0.3%，合计 100%，经纯化后的甘油中 3-甲氧基-1,2-丙二醇和 2-甲氧基-1,3-丙二醇这两种甘油烷基醚杂质的含量分别降低到 0.06% 和 0.08%（质量分数），合计 0.14%（质量分数），即 1.4g/kg 产物，此时，纯化产物中甘油的含量显然已经大于粗甘油中 51.4% 的含量。因此，该纯化甘油产物的成分含量符合涉案专利权利要求 1 中限定的成分含量。由于证据 1 教了制备二氯丙醇时，既可以使用粗甘油也可以使用纯化甘油，并进一步指出使用纯度更高的甘油是优选的。在此情况下，本领域普通技术人员显然容易想到将证据 2 的纯化甘油产物用作证据 1 中制备二氯丙醇的原料，从而获得权利要求 1 的技术方案。因此，在证据 1 已明确教导在制备二氯丙醇时优选纯度更高的甘油的前提下，本领域普通技术人员容易想到用证据 2 公开的纯化甘油产物作为制备二氯丙醇的原料，至于原料中含有的杂质甘油烷基醚是否及如何带来副作用、带来何种副作用，即使未在证据 1、2 中明确公开，并不足以阻碍本领域普通技术人员基于证据 1 已经给出的明确教导，选用证据 2 中的纯化甘油制备二氯丙醇。况且，化工生产中，尽可能纯化的产物通常都是所期望的，即便是杂质不影响产品使用的情况下，也只是基于成本的考虑，才有可能不作进一步的纯化。因此，是否认识到甘油烷基醚杂质污染二氯丙醇以至表氯醇的反应原理，并不影响本领域普通技术人员结合证据 1 和证据 2，涉案专利权利要求 1 不具备创造性。

5.1.6.2　类似工艺——可预见的产品

在创造性判断中，对于用结构、物理化学性质相同或相近的化合物代替现有技术化学方法中的化学反应式的，在作用相同的前提下，该化学方法具有创造性的必要条件是要有意料不到的效果。此意料不到的效果可以是对已知效果有实质性的改进或提高，也可以是在公知常识中没有明确的或不能由常识推论得到的效果。

（2007）高行终字第 68 号判决的涉案专利的权利要求 1 保护一种从混合物中分离出氨氯地平的(R)-(＋)-和(S)-(－)-异构体的方法。权利要求 1 与证据 1 的区别在于分离使用的手性助剂不同，涉案专利是 DMSO-d6，证据 1 是 DMSO。证据 1 还公开了所使用的助溶剂是水或酮、醇、醚、酰胺、酯、氯代烃、腈或烃。法院认为，该案中对于氨氯地平对映体的拆分，其主要的效果体现在光学纯度和收率，而其中尤以光学纯度为最主要的效果指标。从涉案专利和证据 1 实施例来看，涉案专利实施例 1 和 4 的试验条件分别与证据 1 的实施例 9 和 10 相同，在进行效果的比较时最具有可比性。证据 1 的实施例 9 和 10 的光学纯度均为 99.5%，而涉案专利权利要求 1 和 4 对应的光学纯度分别为 99.9% 和 99.2%，证据 1 的实施例 9 的收率为 67%，而涉案专利实施例 1 的收率为 68%。由此可见，将 DMSO-d6 代替 DMSO 后，这种替换对其收率并没有显著提高，光学纯度也基本相同，涉案专利部分实施例的光学纯度还低于证据 1。因此，涉案专利权利要求 1 相对于证据 1 来说，部分实施例的光学纯度有一定的提高，但该种进步并没有产生新的性能，不是一种"质"的变化，且没有证据证明其所提高的量超出人们预期的想象。因此，涉案专利相对于证据 1 并未取得意料不到的技术效果。

（2015）知行字第 130 号裁定的涉案专利权利要求 1 保护一种制备头孢替安盐酸盐

的方法，其与证据 4 相比存在三个区别特征，其中，区别特征（二）为权利要求 1 步骤（2）涉及制备 7-ACMT 氟硼酸盐的具体工艺步骤及参数，而证据 4 仅提及 7-ACMT 氟硼酸盐，未公开制备 7-ACMT 氟硼酸盐的具体工艺步骤及参数。该案中，专利权人对被诉决定的争议主要在于区别特征（二），即证据 8 是否给出了如涉案专利步骤（2）制备 7-ACMT 氟硼酸盐的具体工艺步骤的技术启示，以将其用于证据 4 以提供 7-ACMT 氟硼酸盐的来源。

法院认为，在证据 4 公开了制备头孢替安二盐酸盐需要使用 7-ACMT 氟硼酸盐的情况下，为了制备得到 7-ACMT 氟硼酸盐，本领域技术人员不仅会想到直接从制备 7-ACMT 氟硼酸盐的文献中寻找技术手段，也会基于反应原理、反应原料、反应步骤、反应条件等的相似性，从一些近似的技术方案（如证据 8 所涉及的 7-ACMT 盐酸盐的制备工艺的文献）中寻找启示。涉案专利权利要求 1 步骤（2）的方法与附件 8 实施例 1 的方法所采用的反应原理完全相同，使用的原料及反应条件基本相同。被诉决定在评述涉案专利是否符合《专利法》第二十六条第三款的规定时认定："三氟化硼-乙腈络合物遇水能够形成氟硼酸，7-ACMT 化学结构上存在碱性基团即氨基，基于酸碱中和理论，本领域技术人员有理由相信氟硼酸能够与碱反应形成氟硼酸盐。"对于被诉决定的上述认定，再审申请人并无异议。因此，基于附件 8 实施例 1 公开的制备 7-ACMT 盐酸盐的反应原理、反应原料和反应条件等，本领域技术人员容易想到将 7-ACA、DMMT、三氟化硼络合物在存在水的条件下反应生成 7-ACMT 氟硼酸盐。而在 7-ACMT 氟硼酸盐制备完成后，考虑产物稳定性等需求而加入抗氧化剂，并选择适宜的温度、溶剂、pH 及时间等，均是本领域技术人员根据生产实际可以合理确定的。涉案专利权利要求 1 对其中一些反应参数、反应条件的具体限定也并未在诸如产品纯度和收率、生产成本、改善环境等方面相对于现有技术产生任何预料不到的技术效果。再审申请人认为，证据 8 实施例 1 中三氟化硼-乙腈络合物催化剂，不能确定反应结束后的反应混合液中加水时是否能够形成恰当数量的氟硼酸及 7-ACMT 氟硼酸盐。证据 8 制备 7-ACMT 盐酸盐的步骤没有给出制备 7-ACMT 氟硼酸盐的技术启示。加水、加抗氧化剂的区别使得涉案专利取得了意料不到的技术效果。法院认为，同一种物质在反应中是否起到催化剂的作用，基于反应的不同而有所不同。附件 8 实施例 1 的制备工艺目的是获得 7-ACMT 盐酸盐，三氟化硼络合物在此特定反应中的确可能起催化剂的作用，但这并不妨碍本领域普通技术人员基于相同的反应原理，容易想到将三氟化硼络合物用作提供氟硼酸的反应原料。至于 7-ACA、DMMT、三氟化硼络合物在存在水的条件下反应能否形成恰当数量的氟硼酸，以及进一步形成恰当数量的 7-ACMT 氟硼酸盐，涉及的是在实际生产中的工艺优化问题。如果反应的目的是制备 7-ACMT 氟硼酸盐，本领域技术人员容易想到基于该目的优化反应参数，以获得足够量的反应中间体氟硼酸和目标产物氟硼酸盐。而且，在反应的目的是制备 7-ACMT 氟硼酸盐的情况下，本领域技术人员容易想到省略添加盐酸及其之后的多余步骤，步骤自然相应地减少和优化。

5.1.6.3　常规实验

（2018）京行终 2529 号判决的涉案专利权利要求 1 保护一种头孢替安盐酸盐的制备方法。专利权人的主要上诉理由包括：（一）被诉决定在审查涉案专利的创造性时犯了"事后诸葛亮"的错误。被诉决定在认定权利要求 1 不具备创造性时对涉案专利创造性估计偏低，主观地认为本领域技术人员能够知道，某一反应物相对于另一反应物过量通常可以促使反应进行得更为充分，提高产物的收率，并且本领域技术人员能够采用常规后处理操作手段，优化后处理程序和相应条件，并预期产物收率因此得以提高。（二）HCl 的通入量以 12 倍于 ATA 摩尔数通入时比以 4 倍于 ATA 摩尔数通入时的收率高 8.87%，这种收率的提高属于出乎意料的技术效果，因此权利要求 1 具有创造性。一审法院未采信反证 II-1 的数据是错误的。

对此，终审法院认为，（一）证据 II-2 的实施例 1 和 2 均公开了使用 2-氨基噻唑-4-基乙酸（即 ATA）与氯化氢气体反应得到 ATA 盐酸盐，随后与氯化剂-五氯化磷进行酰氯化反应以制备 ATC. HCl 的方法。关于 HCl 的通入量，证据 II-2 虽未提及，但本领域技术人员能够知道，某一反应物（通常是价格更便宜、更容易获得的那些）相对于另一反应物过量，通常可以促使反应进行得更为充分，从而提高产物的收率，这是化学领域常规的操作方式，而过量到何种程度能够取得令人满意的效果，则是本领域技术人员可以通过常规实验手段确定的。因此，HCl 通入量的不同之处是本领域技术人员不需花费创造性劳动即可想到的，不足以使该专利权利要求 1 的技术方案具备创造性。（二）反证 II-1 是专利权人在涉案专利实质审查过程中提供的对比效果例，其中显示，当 HCl 以 4 倍于 ATA 摩尔数通入时，步骤（1）收率为 77.36%，8 倍时为 85%，12 倍时为 86.23%，16 倍时为 84.46%。该组数据系专利权人在申请日之后提交的实验数据，其所证明的技术效果应当是本技术领域技术人员能够从专利申请公开的内容中得到的。根据专利权人的陈述，收率在 HCl 通入量 12 倍于 ATA 摩尔数时是最高的，通入量不超过 12 倍时呈上升趋势，超过 12 倍时呈下降趋势。但根据涉案专利说明书记载的实例四和实例五，HCl 通入量相对于 ATA 的摩尔数分别为 10.08 倍和 11 倍，对应的收率为 85% 和 78%，与专利权人陈述的情况并不一致，其所补充的数据并不能从专利申请公开的内容中得到，故被诉决定对该组数据不予采信并无不当。

5.1.6.4　简化复杂工艺

（2016）京行终 4996 号判决的涉案申请权利要求 1 请求保护（1）2,3,3,3-四氟-1-丙烯的制备方法。权利要求 1 与证据 1 的区别在于步骤（iv），权利要求 1 对制备得到的 HFC-245eb 进行纯化，以获得纯度高于 98%（质量分数）的 HFC-245eb，证据 1 未公开该技术特征。

关于证据 1 是否给出技术启示的问题。法院认为，首先，根据涉案申请与证据 1 的区别特征可以认定，要解决的技术问题是如何对中间产物进行纯化以获得高纯度的最终产物 HFC-1234yf。而证据 1 公开了如下内容：反应体系中产生的杂质，无论是存在于最终产物中还是回流产物中，都可以通过常规的方式去除，如通过蒸馏进行去除。同时证据1还公开了将含有杂质的 HFC-245eb 蒸馏得到纯化的 HFC-245eb（S22 物流），纯化的 HFC-245eb 脱氟化氢可得到最终产物 HFC-1234yf。因此，证据1给出了如下技术启示：蒸馏是去除杂质的常规技术手段；HFC-245eb 可以纯化并获得最终产物 HFC-1234yf。在证据1已经给出与涉案申请权利要求1相同反应步骤的基础上，本领域技术人员为了获得纯度更高的最终产物 HFC-1234yf，有动机尝试对 HFC-245eb 进行纯化，并且由于涉案申请并未对纯化的手段等技术内容进行限定。因此，本领域技术人员无须付出创造性劳动就能够获得该申请权利要求1的技术方案。虽然证据1公开的是对最终产物和回流产物可以进行蒸馏，但中间产物与回流产物在能否进行蒸馏的问题上并无差别，且证据1并没有排除对中间产物进行蒸馏。因此，证据1能够给出对中间产物进行纯化的技术启示。

关于涉案申请权利要求1的技术方案是否取得了预料不到的技术效果。法院认为，该申请权利要求1的技术方案对于本领域技术人员是显而易见的，在无法进行换算进而比较该申请权利要求1与证据1实施例技术效果的情况下，申请人应当对所主张的预料不到的技术效果承担举证责任。申请人虽然在二审期间提交了新的实验数据，用于证明将证据1实施例1的技术方案替换为两次蒸馏仍然不能实现较好的技术效果，但其补充提交的实验数据是其公司工作人员用计算机软件模拟计算出来的，所用的部分真实试验数据的制作机构不明确，实验使用的样本也是由申请人提供的。因此，在无其他证据佐证的情况下，上述实验数据的真实性难以确认，仅凭上述实验数据尚不足证明涉案申请权利要求1的技术方案取得了预料不到的技术效果。而且，涉案申请权利要求1采用了两次蒸馏的技术方案，通常而言蒸馏的次数与纯度成正比。虽然，根据涉案申请说明书中的记载，现有技术中导致得不到高纯度 HFC-1234yf 的原因是在用于制造 HFC-1234yf 的方法的各步骤中产生的一些副产物（特别是沸点接近于 HFC-1234yf 的沸点的那些）难以与 HFC-1234yf 分离且通常需要昂贵的非常严格的条件，但涉案申请的上述记载并未排除对最终产物进行二次蒸馏从而影响最终产物纯度的可能性。因此，申请人关于涉案申请权利要求1取得的技术效果并非二次蒸馏带来的主张缺乏事实依据。

5.1.6.5 几个显而易见的步骤

（2017）京行终 4461 号的涉案专利权利要求1保护一种生产三氟甲氧基苯的方法，其以甲氧基苯为原料，采用先氯化得到中间产物三氯甲氧基苯，然后氟化制得目标产物。证据1公开了对三氯甲氧基苯进行氟化生产三氟甲氧基苯的方法。证据4公开了由甲氧基苯出发经氯化反应步骤制备三氯甲氧基苯。

法院认为，涉案专利权利要求1与证据1的区别技术特征为：①权利要求1从甲氧基苯出发经氯化制备三氯甲氧基苯，而证据1未公开此内容；②在三氯甲氧基苯的氟化中，权利要求1限定了反应时间为 2～6 小时，压力是 1～2MPa，而证据1中未披露反应时间，而反应压力是常压。涉案专利说明书及实施例仅表明采用两步法制得了三氟甲氧基苯成品，并没有任何实验数据能够表明权利要求 1 采用与证据 1 不同的起始物生产三氯甲氧基苯的方法能够带来改善稳定性、提高生产效率、实现工业化生产的技术效果，故涉案专利权利要求 1 作为整体技术方案相对于证据 1 实际解决的技术问题是提供一种由不同起始物生产三氟甲氧基苯的具体路线和方法。证据 4 公开了由权利要求 1 所使用的起始物甲氧基苯出发经氯化反应步骤制备三氯甲氧基苯，虽然证据 4 未明确公开在所述氯化反应步骤中加入催化剂及反应温度，但是，本领域技术人员熟知此类自由基反应常用的催化剂，以及每一种催化剂所对应的反应温度。在证据 1 已经公开了与该专利相同的氟化反应的基础上，本领域技术人员能够根据反应的进行选取适宜的反应时间。由此可见，将证据 1、证据 4 结合公知常识，得到权利要求 1 的技术方案对于该领域技术人员来说是显而易见的，同时从涉案专利说明书中也看不出所述两步法生产三氟甲氧基苯的方法能给涉案专利带来何种意料不到的技术效果。因此，权利要求 1 相对于证据 1、证据 4 和公知常识的结合不具有创造性。

5.2　生物领域

生物技术领域发明的创造性同样要判断是否具备突出的实质性特点和显著的进步。由于生物技术领域的发明创造涉及生物大分子、细胞、微生物个体等不同水平的保护主题。以涉及遗传工程的发明为例，其涵盖了基因、载体、重组载体、转化体、多肽或蛋白质、融合细胞、单克隆抗体等。在表征这些保护主题的方式中，除结构与组成等常见方式以外，还包括生物材料保藏号等特殊方式。创造性判断需要考虑发明与现有技术的结构差异、亲缘关系远近和技术效果的可预期性等。

5.2.1　保藏号限定的微生物的创造性

2010 年版《专利审查指南》规定：与已知种的分类学特征明显不同的微生物（即新的种）具有创造性。如果发明涉及的微生物的分类学特征与已知的分类学特征没有实质区别，则只有当该微生物产生了本领域技术人员预料不到的技术效果时，该微生物的发明具备创造性。[❶] 对于保藏号限定的菌株等微生物，由于微生物的各种生物学特性是微生物所固有的，将该微生物保藏后获得的保藏号对该微生物本身的组成或结构并未有任何影响。具体来讲，对于分离得到的微生物新种，其技术效果在相近菌种或菌株中未见公开，也不能合理预期，则应当认定其具备创造性。如果发明涉及的微生物的分类学特征与已知种的分类学特征没有实质区别，意味着发明涉及的微生物与已知种在分类学上属于同一菌种的不同菌株，该不同菌株若可通过常规方法（如筛分、诱变等）获得，其技术效果也可合理预期，则该发明不具备创造性。如果与已知的具有同样用途的同一个属的不同菌株相比，产生了本领域技术人员预料不到的技术效果，

---

❶　《专利审查指南 2010》，第二部分第十章第 9.4.2.2 节。

则该发明具备创造性。进一步地，对于突变获得的菌株，由于对菌株进行突变以获得改变的特性或用途是本领域的常规手段，因此判断突变菌株的创造性，关键在于是否获得了预料不到的技术效果。对于通过基因工程获得的菌株，则通常从制备方法入手采用常规的问题解决法来判定获得请求保护的重组菌株对本领域技术人员而言是否显而易见。由于基因工程操作的可重复性，对于现有技术中最接近的重组菌株，其是否保藏并不影响公众的可获得性。需要特别指出的是，若现有技术中最接近的菌株未保藏而公众无法获得，也无法通过现有技术公开的方法得到相同或性能相近的菌株，则该现有技术为不适格的现有技术，不宜基于该现有技术作出请求保护的菌株不具备创造性的结论。

第 132420 号复审决定的涉案申请涉及一株分离自番茄茎部的根结线虫生防细菌，权利要求 1 请求保护一株根结线虫生防细菌，它为雷氏普罗威登斯菌（Providencia rettgeri）菌株 UN06，该菌株的保藏编号为 CGMCC No. 10246。对比文件 1 公开的一种根结线虫生防细菌雷氏普罗威登斯菌 CD256 菌株，其 16S rRNA 基因序列号为 JX871330，全长 1439bp。经 NCBI blast 序列比较显示二者同源性为 96%。权利要求 1 与对比文件 1 的区别在于，菌株的 16S rRNA 不同，权利要求 1 中菌株保藏编号为 CGMCC No. 10246。复审合议组认为，本领域技术人员由上述 16S rRNA 比较数据可以判定两种菌株之间存在序列差异，并且基于 16S rRNA 在鉴别物种之间的作用，以及本领域已知的 98.65% 的 16S rRNA 基因序列相似性可用作区分物种的阈值。对于技术效果，本领域技术人员无法将基于对比文件 1 从牛粪中筛选而来的菌株 CD256 的杀虫活性推广至该种的其他菌株，且不能认为对雷氏普罗威登斯菌的一般筛选都能够显而易见地获得具有杀根结线虫挥发性物质和大田生防的技术效果的菌株。因此，涉案申请菌株 CGMCC No. 10246 是非显而易见的。

第 131611 号复审决定的涉案申请涉及一株产生杀螺活性物质的微白链霉菌，权利要求 1 请求保护一株产生杀螺活性物质的链霉菌属 Streptomyces albidus 放线菌，其包含如下技术特征：保藏号为 CGMCC No. 9785；所述菌 16S rDNA 的序列如 SEQ ID No. 1 所示。复审合议组认为，权利要求 1 中的 16S rDNA 序列属于对固定菌株的固有属性的描述，其与现有技术中已知的多种其他链霉菌的 16S rRNA 或 16S rDNA 序列的同源性均达到 99.7%，该特征无法作为确定链霉菌属微生物分类地位的标准。涉案申请说明书没有记载任何可以将权利要求 1 所述微白链霉菌与现有技术已知微白链霉菌种相区分的分类学特征，仅凭涉案申请说明书中提供的包括 16S rRNA 序列在内的特征并不能确定所述菌株属于链霉菌属的新种。权利要求 1 与对比文件 1 相比，其区别特征在于权利要求 1 所述菌株来自链霉菌属不同种的菌株。而链霉菌是现有技术中已经认识到的可能存在有效杀灭钉螺的微生物菌株的通常来源，虽然现有技术中并没有关于涉案申请保藏编号 CGMCC No. 9785 的特定菌株的记载，但链霉菌属内同种微生物之间通常具有类似的生长培养条件，仅是对其发酵产杀螺活性物质的能力上有一定差别，在此基础上，本领域技术人员容易想到利用常规的分离培养方法从土壤中筛选能产生杀螺活性物质的其他链霉菌菌株。此外，对比文件 1 所述杀螺活性物质同样存在于该链霉菌菌株的发酵产物中，同样具有较高的杀螺活性，涉案申请的微白链霉菌具有较高的杀螺效果是可以合理预期的。因此，权利要求 1 不具有创造性。

第 19903 号无效决定的涉案专利涉及微生物同步发酵生产长链 α, ω-二羧酸的方法，权利要求 2 保护热带假丝酵（Candida tropicalis）CGMCC 0239 菌株。附件 2 公开了利用基因改造的热带假丝酵母 H53 菌株对十二烷进行发酵，获得了产物十二碳二酸。附件 3 公开了多株从正十二烷生产十二烷二酸的突变菌株，优选热带假丝酵母的突变株 UH-2-48。权利要求 2 与附件 2—3 的区别在于：其所选用的具体菌株不同。由上可知，附件 2—3 教导了现有技术中存在已知的以十二烷为底物产生十二烷二酸的热带假丝酵母菌株，这些菌株均属于假丝酵母属的已知的热带假丝酵母种，在分类学上是属于同一个属、同一个种的菌株。由于涉案专利说明书中未记载权利要求 2 的菌株与现有技术菌株相互区别开的任何分类学特征，无法确认该专利权利要求 1 的菌株与附件 2—3 的菌株存在分类学上的区别。另外，涉案专利也没有证据表明权利要求 2 的菌株在发酵性能上产生了预料不到的技术效果，因此，权利要求 2 的菌株不具备创造性。

第 128390 号复审决定的涉案申请涉及一株耐重金属的多环芳烃降解菌；权利要求 1 请求保护一株耐重金属的多环芳烃降解菌，其特征在于，所述菌株为浅黄分枝杆菌（Mycobacterium gilvum），保藏号为 CGMCC No. 10941。权利要求 1 与对比文件 1 的区别在于：所述浅黄分枝杆菌的具体菌株不同。复审合议组认为，经核实，涉案申请与对比文件 1 中的菌株均经过了类似的驯化过程，涉案申请证实了其菌株对于初始浓度 50mg/L 的芘，在第 1、2、3 天降解率分别为约 20%、40% 和 45%，在第 4 天降解率可达 57.85%，这相比对比文件 1 中在含芘量 50mg/L 情况下，前 3 天均低于 10% 的降解率来说具有显著的提高，这一技术效果是本领域技术人员在对比文件 1 及公知常识的基础上难以预期的。因此，权利要求 1 具备创造性。

第 31667 号复审决定的涉案申请涉及抗大肠杆菌和沙氏门菌的禽类组合疫苗，权利要求 1 请求保护一种禽类疫苗组合物，其包含特征："免疫原性有效量的大肠杆菌的基因缺失突变微生物和鼠伤寒沙门氏菌的基因缺失突变微生物的组合，其中所述大肠杆菌基因缺失突变微生物是保藏于 ATCC 的保藏号为 PTA-5094 的微生物，所述鼠伤寒沙门氏菌的基因缺失突变微生物是 STM-1，其保藏于 AGAL，保藏号为 N93/43266"。权利要求 1 与对比文件 1 的区别特征包括：权利要求 1 所采用的大肠杆菌和沙门氏菌是经基因缺失突变减毒或灭毒的菌株，而对比文件 1 所采用的是经过甲醛灭活的大肠杆菌和沙门氏菌。对于上述区别，对比文件 2 公开了鼠伤寒沙门氏菌的基因缺失突变菌（STM-1 菌株）能够作为禽类（鸡）的沙门氏菌有效疫苗，所述 STM-1 菌株就是权利要求 1 中保藏于 AGAL、保藏号为 N93/43266 的鼠伤寒沙门氏菌的基因缺失突变微生物；同时，还提到了可以采用相同的基因缺失突变方法制备减毒或灭毒的其他微生物，如大肠杆菌减毒灭毒株，并明确指出可以选择在 aroA 基因上突变以使微生物减毒或无毒，其原理是上述突变影响芳香族生物合成途径，从而导致对氨基苯甲酸酯等芳香族代谢物的需要，这与涉案申请的突变原理完全一致。复审合议组认为，本领域技术人员在对比文件 2 的基础上，很容易想到将大肠杆菌 *aroA* 基因进行缺失突变，并按照本领域技术人员所掌握的常规缺失突变技术制备得到权利要求 1 中所述的保藏于 ATCC 保藏号为 PTA-5094 的缺失突变菌株，而且，上述突变菌株也没有取得其他的任何预料不到的技术效果。另外，无论是对比文件 1 中的甲醛灭活，还是对比文件 2 中的基因缺失突变减毒，其灭活减毒方式的不同并不影响其用作疫苗的用途。因此，本领域技术人员容易想到将对比文件 2 所公开的鼠伤寒沙门氏菌基因缺失突变株 STM-1 与在对比文件 2 启示下获得的大肠杆菌 *aroA* 基因缺失突变微生物一起制成联合疫苗。同时，涉案申请记载的 *aroA* 基因缺失的大肠杆菌的安全性和免疫有效性效果也是根据对比文件 2 可以预料到的。因此，权利要求 1 不具备创造性。

第 57953 号复审决定的涉案申请涉及一种提高动物繁殖力的抑制素 DNA 疫苗，权利要求 1 请求保护"一种减毒猪霍乱沙门氏菌 C500/pXAIS 的疫苗株，保藏在中国典型培养物保藏中心，保藏号为 CCTCC NO：M208195"。根据说明书的记载，所述保藏号的菌株是通过下述方法获得的：（1）将质粒 pVAX1 用 pVUII 内切酶进行消化，从质粒 PYA3493 中扩增得到天冬氨酸 β-半乳糖脱氢酶基因（asd 基因）的核苷酸序列插入到 pVAX1 质粒中，得到不含卡那霉素的 pVAX-asd 质粒；（2）从抑制素真核表达质粒 PCIS 中酶切回收得到乙肝表面抗原和抑制素 $\alpha(1-32)$ 的基因（INH 基因），将该融合基因插入到 pVAX-asd 质粒中，得到抑制素真核表达质粒 pXAIS；（3）用质粒 pXAIS 转化猪霍乱沙门氏菌 C500，得到所述菌株。对比文件 1 公开了一种无抗性抑制素基因疫苗的构建方法，制备以减毒沙门氏菌为载体的抑制素基因疫苗。根据权利要求 1 的重组菌株和对比文件 1 的重组菌株的制备方法可知，权利要求 1 与对比文件 1 公开的重组菌株的实质区别在于：1）对比文件 1 的菌株中包含的重组质粒在构建时使用的原始载体为 pVAX，而权利要求 1 的原始载体为 pVAX1，并具体公开了用 pVUII 酶切该载体；2）权利要求 1 明确限定了乙肝表面抗原和抑制素 $\alpha(1-32)$ 的融合基因来自于 PCIS 质粒。经核实，特征 1）和 2）分别被对比文件 2 和 3 公开，且所起的作用相同。因此，在对比文件 1 的基础上结合对比文件 2 和 3 从而获得权利要求 1 所述的重组菌株对本领域技术人员而言是显而易见的，而将该菌株保藏后获得的所述保藏号对该菌株本身的组成或结构并未有任何影响，因此用所述保藏号进行限定并不会给该技术方案带来创造性。综上，权利要求 1 不具备创造性。

第 29970 号无效决定的涉案专利权利要求 1 保护一种绿脓杆菌甘露糖敏感血凝菌毛株，保藏号为 CGMCC0190；说明书中记载了获得该菌株的具体过程。证据 1 记载了与其基本相同的菌株获得方法，并且该菌株也具有与涉案专利相同的关键特征，即具备甘露糖敏感血凝菌毛。但是证据 1 中并没有记载该菌株被保藏，无任何保藏信息。对于能否基于证据 1 否认权利要求 1 的创造性，无效合议组认为，专利法意义上的现有技术应当是在申请日以前公众能够得知的技术内容。在生物技术领域中，即使通过文字记载描述了特定生物材料，也存在无法通过这些描述而得到生物材料本身的情形。

"公众不能得到的生物材料"就包括了以下情形：虽然在说明书中描述了制备该生物材料的方法，但是本领域技术人员不能重复该方法而获得所述生物材料，如通过不能再现的筛选、突变等手段新创制的微生物菌种。涉案专利涉及具体的微生物菌株，其属于一种特定的生物材料，判断现有技术中相应内容的记载时，应当考虑这些内容记载是否属于即使通过文字记载描述了特定生物材料但也无法通过这些描述而得到生物材料本身的情形，才能够判断现有技术状况，继而才能够客观地得出该专利相对于最接近的现有技术是否具备创造性的结论。因此，该案应当考量证据 1 对其中所述菌株的公开程度和该菌株的可获得性，以判断该菌株是否通过证据 1 的描述而使得公众能够获得该菌株。首先，证据 1 中没有公开所述绿脓杆菌 MSHA 菌毛株的保藏信息，也未记载可购买的商业渠道或发放渠道，亦没有证据表明可根据证据 1 的描述使得公众可以获得所述甘露糖敏感血凝菌毛株。其次，尽管证据 1 记载了绿脓杆菌甘露糖敏感血凝菌毛株的制备方法，但是由于其中包括了产生随机突变的多个步骤，即使清楚记载了所述步骤的条件和过程等信息，也很难通过重复该步骤而得到相同结果。因此，本领域技术人员能够了解，重复该方法并非必然能够获得具有相同表型的甘露糖敏感血凝菌毛株。相应地，请求人也未能提供证据证明重复该方法可以得到具有所述甘露糖敏感血凝菌毛的特定菌株。因此，不能基于证据 1 否认权利要求 1 的创造性。

5.2.2　基因的创造性

基因发明的种类繁多，有各种天然存在的基因，由于生物领域的"预测性低"，这导致某个特定基因是否一定能通过通用的方法获得，以及该特定基因的功能往往都难以事先准确预期，因此此类申请对实验数据的依赖性强。

2010 年版《专利审查指南》关于基因的创造性有下述规定❶：

（1）如果在申请的发明中，某蛋白质已知而其氨基酸序列是未知的，那么只要本领域技术人员在该申请提交时可以容易地确定其氨基酸序列，编码该蛋白质的基因发明就不具有创造性。但是，如果该基因具有特定的碱基序列，而且与其他编码所述蛋白质的、具有不同碱基序列的基因相比，具有本领域技术人员预料不到的效果，则该基因的发明具有创造性。

（2）如果某蛋白质的氨基酸序列是已知的，则编码该蛋白质的基因的发明不具有创造性。但是，如果该基因具有特定的碱基序列，而且与其他编码所述蛋白质的、具有不同碱基序列的基因相比，具有本领域技术人员预料不到的效果，则该基因的发明具有创造性。

（3）如果一项发明要求保护的结构基因是一个已知结构基因的可自然获得的突变的结构基因，且该要求保护的结构基因与该已知结构基因源于同一物种，也具有相同的性质和功能，则该发明不具备创造性。

---

❶ 《专利审查指南 2010》，第二部分第十章第 9.4.2.1 节。

2020 年修订的《专利审查指南》进一步补充，如果某结构基因编码的蛋白质与已知的蛋白质相比，具有不同的氨基酸序列，并具有不同类型的或改善的性能，而且现有技术没有给出该序列差异带来上述性能变化的技术启示，则编码该蛋白质的基因发明具有创造性。

对于全新的基因，且在现有技术中没有任何教导或暗示其克隆或分离方法，通常具备创造性。

对于全长序列未知的新基因，根据已知相关基因的序列，如果通过常规的方法可以分离到，则不具备创造性。其中，物种来源是需要考虑的因素。

第 84614 号复审决定的涉案申请权利要求 1 请求保护一种 α-L-鼠李糖苷酶基因，其核苷酸序列如 SEQ ID No.1 所示。由说明书可知该基因分离自保藏号为 CGMCC No.3688 的链格孢 L1 菌株。由涉案申请说明书实施例的记载可知，涉案申请是采取以下方法获得基因编码的氨基酸序列的：提取链格孢 L1 菌株的总 RNA，然后从 GenBank 中检索不同菌株 α-L-鼠李糖苷酶基因的 cDNA 序列，设计一对简并 PCR 引物，进一步通过末端测序技术获得该 cDNA 的 5′末端和 3′末端序列，通过上述三段序列的拼接获得该基因的全长 cDNA 序列。

对比文件 1 公开了一种来自于 α-L-鼠李糖苷酶的链格孢 L1 菌株，该菌株保藏号为 CGMCC No.3688。由此可见，对比文件 1 中同样公开了保藏号为 CGMCC No.3688 的链格孢 L1 菌株能产生 α-L-鼠李糖苷酶。权利要求 1 与对比文件 1 相比的区别特征为如何获得编码所述链格孢 L1 菌株中 α-L-鼠李糖苷酶的核苷酸序列。

复审合议组认为，涉案申请实际解决的技术问题是如何获得特定来源的 α-L-鼠李糖苷酶的编码核苷酸序列。而通过扩增获得菌株总 RNA，再根据同源基因设计简并引物获得某基因的 cDNA 序列，进一步通过末端测序技术获得该 cDNA 的 5′末端和 3′末端序列，通过上述三段序列的拼接获得该基因的全长 cDNA 序列以及根据该 cDNA 序列获得其编码的氨基酸序列均是本领域的公知技术手段；并且，涉案申请请求保护 α-L-鼠李糖苷酶的基因序列与现有技术所报道的 α-L-鼠李糖苷酶的基因序列有共同的保守区序列。根据上述保守区序列，本领域技术人员能够通过上述公知技术方法设计简并引物并扩增获得相应的蛋白质基因序列，因此，涉案申请请求保护的基因序列不具备创造性。

如果一种基因或者蛋白质难以通过常规方法搜索鉴定出来，而需要克服技术困难，那么想到一种非常规的方法，并克服尝试过程中遇到的诸多困难而成功获得基因或蛋白质就足以使其具备创造性。❶

如果专利申请请求保护全长基因，现有技术已经提示了其可能具备的功能，基于现有基因功能验证方法，确认该基因具有现有技术已标引的功能对于本领域技术人员

---

❶ 欧阳石文等："生物技术领域特定主题的创造性判断"，国家知识产权局学术委员会 2013 年度自主研究项目。

而言是显而易见的。除非该全长基因的获得需要克服通常难以预料的技术困难，或者全长基因相对于标引的功能具有预料不到的效果，否则该全长基因不具备创造性。

第 34518 号复审决定的涉案申请 200810056041.7 请求保护一种来源于水稻的海藻糖-6-磷酸合成酶基因，所述基因编码的蛋白质的氨基酸序列为序列表中 SEQ ID NO：1 所示。在说明书中记载了 SEQ ID NO：1（全长 945 个氨基酸残基）的编码基因导入水稻，并验证了基因编码蛋白的海藻糖-6-磷酸合成酶活性。对比文件 1 公开了一种来源于水稻的假定的蛋白，该蛋白序列公开了涉案申请请求保护的多肽的部分氨基酸序列，并指出该蛋白 4－478（相当于涉案申请序列 1 的 44－518）或 4－469（相当于涉案申请序列 1 的 44－509）位氨基酸为海藻糖-6-磷酸合酶的结构域，524－739 位氨基酸为暂定的卤酸脱卤素酶样水解酶结构域。

基于序列的同源性比对，对比文件 1 公开了该蛋白中包含少数几种不同的酶的功能结构域，尽管并不能直接预期该酶准确的酶活性方向，但是对于一个大部分序列已知的蛋白质或多肽，对其标引的功能进行验证是本领域技术人员可以很容易实现的。对于仅有部分序列数据和通过与现有技术已知序列计算机比对标引了有限几种功能的基因或蛋白，本领域技术人员对其实际的功能在有限的范围内进行验证是很容易实现的。因此，该基因或蛋白不具备创造性。当涉案申请证明请求保护的基因或蛋白与现有技术标引的功能不同时，不同序列的基因或蛋白可以认可其创造性。但是，当通过验证，涉案申请的多肽或蛋白质的功能不在标引的功能范围之内，则该蛋白质具备创造性。

对于已知的完整的全长基因进行研究，分离或克隆其中部分片段（即截短的基因）的专利申请，除了要考虑本领域技术人员是否能够得知或容易预期该片段具有功能，如属于保守结构域等，还需判断是否获得了预料不到的技术效果，如其功能或效果超出本领域技术人员的预期。❶

第 133462 号复审决定涉及一种多肽及编码该多肽的核酸，其中，该多肽的序列为 SEQ ID No：1 所示的氨基酸序列。对比文件 1 公开了乳铁蛋白片段和/或水解物用于刺激骨骼生长，促进软骨细胞、成骨细胞增殖。其说明书实施例 1 中具体述及了乳铁蛋白水解物的制备方法，包括用胰蛋白酶水解乳铁蛋白，通过冻干回收所述肽片段，用 LC/MS/MS 鉴定所述肽片段的序列，其中片段 GSNFQLDQLQGR、KGSNFQLDQLQGR、NFQLDQLQGR、QLDQLQGR 为涉案申请权利要求 1 所述多肽的一部分，片段 ESPQTHYYAVAVVK、PQTHYYAVAVVK、YAVAVVK 的最后三个氨基酸与涉案申请权利要求 1 所述多肽的前三个氨基酸重叠，并且对比文件 1 的实施例还验证了乳铁蛋白部分片段和水解物能够促进成骨细胞有丝分裂。权利要求 1 与对比文件 1 的区别特征在于，权利要求 1 请求保护氨基酸序列为 SEQ ID NO：1 所示的多肽，相当于牛乳铁蛋白（对比文件 1 的 SEQ ID NO：2）的第 116～141 位氨基酸构成的片段。

---

❶　欧阳石文等："生物技术领域特定主题的创造性判断"，国家知识产权局学术委员会 2013 年度自主研究项目。

复审合议组将涉及申请实际解决的技术问题确定为提供一种能促进成骨细胞增殖和分化活性的乳铁蛋白片段。对于上述区别特征，复审合议组认为，①对比文件1公开了用胰蛋白酶水解牛乳铁蛋白（对比文件1的SEQ ID NO：2），从而获得了多种乳铁蛋白水解片段，冻干回收所述肽片段后用LC/MS/MS对所述肽片段的序列进行了鉴定。所述肽片段中不仅包括了与权利要求1所述多肽具有部分氨基酸残基重叠的片段，还包括了大量分布于牛乳铁蛋白不同位置的片段，如，第73～84位的片段、第657～669位的片段等。虽然对比文件1的实施例验证了牛乳铁蛋白的胰蛋白酶水解物能够促进成骨细胞的有丝分裂，但是对比文件1的实施例1中使用的是牛乳铁蛋白胰蛋白酶水解物，即对比文件1实施例中使用的是牛乳铁蛋白胰蛋白酶水解片段的混合物，并未具体公开起作用的片段究竟有哪些。因此，本领域技术人员无法预期所述肽片段中哪些具体的肽片段能够促进成骨细胞的有丝分裂。②涉案申请权利要求1所述多肽由26个氨基酸组成，仅相当于牛乳铁蛋白（对比文件1的SEQ ID NO：2）的第116～141位。对比文件1中具体验证了具有促进成骨细胞有丝分裂活性的乳铁蛋白片段，但它们或者是与涉案申请所述多肽的氨基酸残基数目差异较大的片段，或者与涉案申请所述多肽的位置相差较远，在现有技术尚未明确乳铁蛋白有哪些活性位点的情况下，本领域技术人员无法确定所述牛乳铁蛋白（对比文件1的SEQ ID NO：2）的第116～141位附近的片段是否能够促进成骨细胞的有丝分裂。综上所述，基于对比文件1公开的内容，从乳铁蛋白的片段中具体选择涉案申请权利要求1请求保护的多肽对本领域技术人员来说是非显而易见的。

即使一种新基因的获得并不需要本领域技术人员付出创造性劳动，但只要该新基因的结构特点使其具有预料不到的技术效果，那么该新基因通常具备创造性。

第118967号复审决定涉及一种来源于果胶杆菌的蛋白 *HrpNX*3 及编码该蛋白的 *hrpNX*3 基因，其中蛋白的氨基酸序列如SEQ ID NO.1所示。对比文件1公开了一种来源自果胶杆菌（Pectobacterium carotovorum subsp. Carotovorum）菌株BC1的 *hrpN* 基因及其编码的氨基酸序列，权利要求1与对比文件1的HrpNBC1的序列同源性为99%，二者的区别特征在于：对比文件1的氨基酸序列在第93～96位多了4个氨基酸残基GGLG。

复审请求人在提出复审请求时提供的对比试验显示，按照涉案申请实施例3所示的检测方法，涉案申请HrpNX3蛋白与涉案申请实施例3中对照HrpNPcc71蛋白、对比文件1的HrpNBC1蛋白、与对比文件1亲缘关系最近的HrpNBC8蛋白、对照PBS处理过的拟南芥和铁皮石斛发病情况对比，HrpNX3与HrpNBC1处理拟南芥病情指数差异为7.96%（$P=0.032<0.05$），处理铁皮石斛病情指数差异为4.79%（$P=0.023<0.05$）。

复审合议组认为，虽然，HrpN是Harpin家族组群之一，本领域公开了HrpN类蛋白的结构和功能，出于获得新HrpN蛋白并加以应用的目的，本领域技术人员有动机从不同果胶杆菌（如果胶杆菌X3）中分离获得新HrpN蛋白及其基因序列。对于新基因的分离方法，在多个同源基因序列已知的情况下，根据保守序列设计引物是容易的，即本领域技术人员有动机从不同的果胶杆菌菌株中扩增Harpin蛋白并能够通过常规技术手段加以实现。但是，不同种属，甚至相同种属不同菌株来源的 Harpin 蛋白的生物活性在质和量上可能存在明显差异，即结构与功能之间存在较大的不确定性。从涉案申请记载的内容以及结合补充试验证据看，HrpNX3 蛋白较之原始记载的比较例 HrpNPcc71 和对比文件 1 的 HrpNBC1 在抗软腐病方面的效果更优。对于发生在非保守区的氨基酸缺失、取代或替换，本领域技术人员的一般预期是不会对原蛋白的功能造成显著影响，这种更优的技术效果是本领域技术人员基于对比文件 1 的 HrpNBC1 结构及现有技术发展水平所无法事先预测或推断出来的。因此，该申请相对于对比文件 1 产生了预料不到的技术效果，具备创造性。

突变体是基因或蛋白专利申请的一种常见类型。现有技术中预测蛋白三级结构的方法已比较成熟，在人工突变基因的创造性判断中，除了要考虑突变位点、突变操作等因素外，还要考虑突变后所达到的技术效果。

对已知基因或其编码的多肽进行简单的或非保守区域的置换、增加或删除（包括末端的截短）已是当前非常成熟的技术，如果经过简单而常规的突变操作获得的仅是功能与已知基因相同或是变劣的基因，则该突变体相对于已知基因并未做出创造性的贡献。

第 111647 号复审决定涉及一种乙酰羟酸合酶（AHAS）基因在产生抗除草剂植物中的用途，其中所述基因编码蛋白，所述蛋白包含利用基因修复寡核苷碱基引入的突变，所述突变是：（i）在对应于 SEQ ID NO：1 的位置 205 的位置处丙氨酸置换为缬氨酸，和（ii）在对应于 SEQ ID NO：1 的位置 653 的位置处丝氨酸置换为天冬酰胺。

对比文件 1 公开了一种产生抗除草剂抗性的拟南芥细胞的方法，其是利用单链寡脱氧核苷酸突变载体（SSOMV）在拟南芥的乙酰羟酸合酶（AHAS）基因中进行靶突变，将 AGT 密码子转换成 AAT 密码子，进而使得 AHAS 蛋白的第 653 位氨基酸由丝氨酸突变为天冬酰胺（该蛋白中的突变就是利用基因修复寡核苷碱基引入的突变）。虽然对比文件 1 没有公开拟南芥的乙酰羟酸合酶（AHAS）基因及其编码蛋白的具体序列，然而涉案申请说明书记载了 SEQ ID NO：1 所示的序列是拟南芥乙酰羟酸合酶野生型的氨基酸序列，同时经过 Blastp 序列比对证实，野生型拟南芥 AHAS 蛋白序列确实为权利要求中的 SEQ ID NO：1。因此可推知对比文件 1 与涉案申请的基因及其编码蛋白的序列是相同的。因此，权利要求 1 所请求保护的技术方案与对比文件 1 公开的技术内容相比，其区别特征在于：（1）权利要求 1 中 AHAS 基因编码的蛋白还包括另一位点的突变，即在对应于 SEQ ID NO：1 的位置 205 的位置处丙氨酸置换为缬氨酸。涉案申请实际要解决的技术问题为：提供一种新的突变 AHAS 基因并将其用于产生抗除草剂植物。

复审合议组认为，对比文件 2 公开了对 AHAS 蛋白不同位点进行点突变从而赋予该突变 AHAS 蛋白以相应除草剂抗性的技术内容，其具体公开了：对应于野生型拟南芥 AHAS 蛋白中以下位点的突变可以使该 AHAS 蛋白获得抗磺脲除草剂抗性：A205（DV）。涉案申请说明书第 94 段记载了 SEQ ID NO：1 所示的序列是拟南芥乙酰羟酸合酶野生型的氨基酸序列，同时经过 Blastp 序列比对证实，野生型拟南芥 AHAS 蛋白序列确实为权利要求中的 SEQ ID NO：1。因此，对比文件 2 中公开的 A205（Ⅴ）即为权利要求中 SEQ ID NO：1 的位置 205 的位置处丙氨酸置换为缬氨酸。由此可知，当将编码具有上述突变位点的 *AHAS* 基因引入拟南芥细胞中时，这些突变 AHAS 蛋白的表达可以使拟南芥细胞获得对磺脲除草剂的抗性。即区别技术特征（1）已经被对比文件 2 公开，且其在对比文件 2 中的作用与其在涉案申请中的作用相同，都是用于使植物细胞获得抗磺脲除草剂的抗性。因此本领域技术人员根据实际需要，可以想到在对比文件 1 的基础上进一步将乙酰羟酸合酶（AHAS）的第 205 的位置处丙氨酸置换为缬氨酸。

如果现有技术没有教导突变的基因和/或突变位点，并且该突变获得了与现有技术相当或更好的技术效果，则这样的突变基因具备创造性。

第 121055 号复审决定涉及一种分离的编码 *EXT1* 突变体的核酸，其特征在于，所述核酸与 SEQ ID NO：1 相比，具有 c.1457－1458insG 突变。对比文件 1 公开了对一种家族性多发性软骨瘤病原基因筛选及突变基因的检测，对 *EXT1* 基因的外显子 1－11 进行扩增测序，并发现了在 *EXT2* 基因外显子 2 上存在 c.72－73insT 突变。二者的区别特征在于：突变基因和突变点均不同，即权利要求 1 要求保护的是 *EXT1* 突变体的核酸，所述核酸与 SEQ ID NO：1 相比，具有 c.1457－1458insG 突变；而对比文件 1 公开的是 *EXT2* 的突变体，在 *EXT2* 基因外显子 2 上存在 c.72－73insT 突变。基于该区别可以确定，权利要求 1 相对于对比文件 1 实际所解决的技术问题是提供一种新的与多发性软骨瘤相关的突变体。

复审合议组认为，首先，虽然对比文件 1 指出多发性软骨瘤主要与 *EXT1* 和 *EXT2* 的基因突变相关，70%～90% 多发性软骨瘤是由 *EXT1* 或者 *EXT2* 突变导致的，其中在 56%～78% 家族性多发性软骨瘤中检测到 *EXT1* 突变，21%～44% 存在 *EXT2* 突变，到目前为止，*EXT1* 上已发现 351 个突变位点，*EXT2* 上发现 166 个突变位点。然而，所述 *EXT1* 上已发现的 351 个突变位点并不包括涉案申请所述存在于 *EXT1* 基因外显子 8 上的具体突变，即与 SEQ ID NO：1 相比，具有的 c.1457－1458insG 突变。也没有证据表明该突变属于本领域已知的突变。其次，该突变的获得也不是显而易见的；由对比文件 1 的记载可知：*EXTs* 基因突变在不同种族中存在很大的差异，*EXTs* 突变分析显示 *EXT1* 突变大多发生在欧洲和北美的白种人中，而在中国人群中 *EXT2* 突变频率远远高于 *EXT1* 基因突变频率，对比文件 1 公开的从中国家庭中检测的致病突变也位于 *EXT2* 基因上。基于对比文件 1 公开的上述内容，本领域技术人员能够认识到从中国家庭样本中检测获得 *EXT1* 基因突变的概率相对较低，而涉案申请所述 *EXT1* 基因突变存在于一个特殊的遗传性多发性软骨瘤患者家系中，即不属于普遍存在于中国遗传性多发性软骨瘤患者中的常见突变。由于该突变体的获得取决于样本的选取，因而无法通过常规技术手段从常规患者样本中筛选获得该突变位点，即该突变位点的获得并不是显而易见的。

第 118862 号复审决定涉及一种用于控制植物栽培场所的非期望植物的方法。对比文件 1 公开了一种控制不想要的植被之生长的方法，包括向一个植物种群施用有效量的抑制原卟啉原氧化酶的除草剂。所述植物可含有一种分离的 DNA 分子，编码经修饰的原卟啉原氧化酶，所述 DNA 分子在所述植物中被表达，并赋予所述植物对抑制天然原卟啉原氧化酶活性之量的除草剂的耐受性。对比文件 1 具体公开了拟南芥、玉米、大豆、棉花、甜菜、油菜、水稻、高粱和小麦的原卟啉原氧化酶-1 的氨基酸序列，并教导了可以被修饰以产生抑制剂抗性的氨基酸位置。

根据涉案申请说明书记载，SEQ ID NO：2 是苋属（Amaranthus）*PPX2L* 基因的氨基酸序列。*PPX2L* 是与对比文件 1 所述原卟啉原氧化酶-1（即 *PPX*1）在进化程度上不同的异构酶，两者的氨基酸序列通常存在较大差异，如来自同一植物种属的糙果苋 PPX1 和 PPX2 之间的氨基酸序列同源性也仅为 26%。

权利要求 1 与对比文件 1 相比，区别特征在于：权利要求 1 限定的突变体是针对苯并噁嗪酮类除草剂具有抗性或耐受性的突变体；且在特定的位置 128 和 420 处具有特定氨基酸替换。

由此可知，权利要求 1 实际解决的技术问题在于提供含有特定突变的原卟啉原氧化酶的核苷酸序列的植物以控制非期望植物，其中特定突变导致对特定除草剂的抗性或耐受性。

复审合议组认为，一方面，对比文件 1 未公开涉案申请的来源于糙果苋的原卟啉原氧化酶突变体（mut-PPO）所涉及的 SEQ ID NO：2 所示的 PPX2L_WC，也未给出对 SEQ ID NO：2 所示的 mut-PPO 上位置 128 以及位置 420 的氨基酸进行替换的启示。虽然对比文件 2 公开了糙果苋原卟啉原氧化酶突变体基因 *PPX2L*，但是其中导致除草剂抗性的是 dG210 位的氨基酸缺失突变，且针对的是除草剂乳氟禾草灵，而非苯并噁嗪酮类除草剂，而不同除草剂与原卟啉原氧化酶相互作用的位点可能并不相同。在对比文件 1 和 2 均未教导针对苯并噁嗪酮类除草剂能够提供抗性或耐受性的突变，且均未给出涉案申请权利要求 1 所限定的位置 128 及位置 420 的氨基酸进行特定替换的启示下，本领域技术人员无法预期何种突变针对苯并噁嗪酮类除草剂能够提供抗性或耐受性，从大量无法预期其效果的突变中盲目筛选和鉴定出对苯并噁嗪酮类除草剂能够产生抗性或耐受性的突变需要付出过多劳动。再者，涉案申请说明书实施例 1 通过实验显示了野生型、变体 dG210（即对比文件 2 的变体）、由位置 128、420 的氨基酸替换（R128A，F420M，R128A，F420I，R128A，F420L）组成的双取代变体对于抑制剂苯并噁嗪酮 1．a．35 的 IC_{50}（M）值和酶活性（FU/min），结果显示：在抗性或耐受性方面，涉案申请所述双取代变体与对比文件 2 所述 dG210 变体基本相当，甚至优于对比文件 2 公开的 dG210 变体。但是，涉案申请所述双取代变体是对比文件 2 所述 dG210 变体的酶活性的约 3.5～4.7 倍。可见，涉案申请所述双取代变体在具备针对苯并噁嗪酮类除草剂的良好抗性或耐受性的同时，还相对于对比文件 2 所公开的 dG210 在酶活性方面具有更优的效果。因此，涉案申请的技术方案具备创造性。

对于涉及对已知基因进行密码子优化的发明，一方面需要考虑现有技术中是否给出了对密码子优化位点、偏爱密码子的选择和组合的技术启示，另一方面还需要关注技术效果及其可预期性。

第 125520 号复审决定涉及一种虹鳟鱼抗菌肽的重组表达载体，其含有 SEQ ID NO：2 所示的序列，所述表达载体为 pPICZαA-mhep，以及具有相应的图谱。对比文件 1 公开了从虹鳟肝脏中克隆获得了 883 bp 的虹鳟 *Hepcidin* 全长 cDNA 序列（GenBank 登录号 HQ711993）。

权利要求 1 与对比文件 1 的区别特征在于：权利要求 1 限定了虹鳟鱼抗菌肽 *Hepcidin* 基因是 SEQ ID NO：2 所示，所述表达载体为 pPICZαA-mhep，以及具有相应的图谱。结合涉案申请说明书的记载，SEQ ID NO：2 为虹鳟 *Hepcidin* 成熟肽 mhep 编码基因序列，其是利用毕赤酵母偏好型软件对对比文件 1 中公开的虹鳟全长 cDNA 序列（GenBank 登录号 HQ711993）分析并根据密码子简并性对不适宜表达氨基酸的碱基进行了优化调整后的基因序列。因此，基于上述区别技术特征可以确定，权利要求 1 相对于对比文件 1 实际解决的技术问题在于：提供了密码子优化的虹鳟 *Hepcidin* 成熟肽编码基因序列及相关表达载体。

复审合议组认为，首先，在对比文件 1 公开了虹鳟鱼抗菌肽 *Hepcidin*、信号肽、原肽、成熟肽的多肽序列及编码基因和各部分功能的基础上，本领域技术人员可以容易获得能发挥抗菌功能的 *Hepcidin* 的成熟肽的编码基因。其次，对比文件 2 公开了 *Hepcidin* 小肽分子具有 4 对二硫键，使得化学合成比较困难、收率低、不易纯化且价格昂贵，鉴于 *Hepcidin* 基因较小，故采用人工合成方法获得目的基因，再通过基因工程方法构建基因重组菌进行微生物发酵来大量生产 *Hepcidin* 可以有效解决上述问题；采用基因工程方法制备 *Hepcidin* 将具有很大优势，酵母表达具有高表达、高稳定、高分泌的优点。可见，对比文件 2 给出了利用毕赤酵母经 *Hepcidin* 的成熟肽编码基因密码子优化生产 *Hepcidin* 的成熟肽的技术启示，且毕赤酵母密码子优化技术已属于本领域成熟、常规的技术。在此基础上，本领域技术人员有动机想到并做到利用毕赤酵母系统生产 *Hepcidin* 成熟肽并基于提高表达水平的需求，遵循对比文件 2 的教导将对比文件 1 获得的发挥抗菌功能的 *Hepcidin* 成熟肽的编码基因进行密码子优化并获得优化后的具体序列。并且，对比文件 2 已公开表达载体 pPICZαA，基于对比文件 1 上述公开的 *Hepcidin* 原肽具有保护作用和生物活性调节作用，最终以成熟肽形式发挥作用，本领域技术人员有动机且容易选择该载体用于毕赤酵母系统生产 *Hepcidin* 成熟肽（mhep）或原肽＋成熟肽（hep）并获得相应的图谱。因此，在对比文件 1 的基础上结合对比文件 2 和本领域的常规技术手段获得涉案申请请求保护的技术方案对于本领域技术人员而言是显而易见的。

第 108599 号复审决定涉及一种核苷酸序列如 SEQ ID NO：1 所示的醛缩酶基因，该基因来源于 Pyrococcus kodakaraensis。对比文件 1 公开了一种源于 Pyrococcus kodakaraensis 的醛缩酶基因及其编码的多肽，该多肽仅缺少在 C 端末尾的两个氨基酸残基。二者的区别特征在于：通过比对该多肽在 Pyrococcus kodakaraensis 中的编码核苷酸序列与 SEQ ID NO：1 可知，涉案申请的 SEQ ID NO：1 对 Pyrococcus kodakaraensis 的野生型基因中的 173 个核苷酸残基进行了取代突变，这些取代都发生在密码子的第三个残基上，因而没有改变密码子编码的氨基酸残基。权利要求 1 实际解决的技术问题是：通过密码子优化编码核苷酸序列，提高所述醛缩酶在大肠杆菌中的表达量。

复审合议组认为，虽然为了实现或提高外源基因在大肠杆菌中的蛋白质表达量，对编码基因实施密码子优化是本领域的常规技术手段，但是，根据本领域公知的大肠杆菌密码子偏爱性可知，与所述野生型醛缩酶基因序列相比，涉案申请的 SEQ ID NO：1 的密码子改变并不都是从低频密码子修改为高频密码子。例如，SEQ ID NO：1 中将天冬氨酸（Asp）的密码子由 GAC 改为 GAT；将苏氨酸（Thr）的密码子由 ACG 改为 ACC，或者由 ACC 改为 ACT；将半胱氨酸（Cys）的密码子由 TGC 改为 TGT；将甘氨酸（Gly）的密码子由 GGT 改为 GGC；将苯丙氨酸（Phe）的密码子由 TTC 改为 TTT 等，都是将大肠杆菌基因中高频使用的密码子改为低频使用的密码子，上述取代修饰都是本领域技术人员为了提高表达量进行的修饰。但是，最终这些密码子的组合仍然实现了使醛缩酶蛋白的表达量从不可检测的水平提高至 56 mg/L。因此，即使现有技术中已经公开了该醛缩酶的氨基酸序列，本领域技术人员要从众多的密码子组合中获得该申请的 SEQ ID NO：1，也并非只是简单的选择和组合各种大肠杆菌高频使用的密码子。因此，涉案申请的技术方案相对于现有技术具备创造性。

5.2.3 抗体的创造性

根据抗体制备的原理和方法可分为多克隆抗体、单克隆抗体及基因工程抗体。在与抗体相关的专利申请中，绝大部分申请的主题集中于单克隆抗体或基因工程抗体。在我国审查实践中相应地占比最大的为单克隆抗体。

针对单克隆抗体的创造性，2010 年版《专利审查指南》规定：如果抗原是已知的，并且很清楚该抗原具有免疫原性（例如，由该抗原的多克隆抗体是已知的或者该抗原是大分子多肽就能得知该抗原明显具有免疫原性），那么该抗原的单克隆抗体的发明不具有创造性。但是，如果该发明进一步由其他特征限定，并因此使其产生了预料不到的技术效果，则该单克隆抗体的发明具有创造性。❶

2020 年修订的《专利审查指南》进一步补充，如果抗原是已知的，采用结构特征表征的该抗原的单克隆抗体与已知单克隆抗体在决定功能和用途的关键序列上明显不同，且现有技术没有给出获得上述序列的单克隆抗体的技术启示，且该单克隆抗体能够产生有益的技术效果，则该单克隆抗体的发明具有创造性。

我国在审查实践中主要是以上述规定为依据、采用"问题－解决法"来审查其创造性。具体来讲，对于具有免疫原性的已知抗原，采用杂交瘤技术等常规方法制备抗体，或现有技术给出了获得该抗体的技术启示，若该抗原的单克隆抗体没有产生预料不到的效果，那么该抗原的单克隆抗体不具备创造性。但是如果抗体进一步由其他特

---

❶ 《专利审查指南 2010》，第二部分第十章第 9.4.2.1 节。

征限定导致其功能基于现有技术无法预期，即产生了预料不到的技术效果，则即便该抗体是使用常规方法获得的，该抗体具备创造性。尽管在审查实践中需着重考虑抗体获得的技术效果，但如果请求保护的抗体获得方式技术难度较大，需要付出创造性劳动，即存在非显而易见性，则即使其取得的效果与现有技术差别并不大，改善并不显著，也应该认可其创造性。

第 1294492 号复审决定的涉案申请权利要求 1 请求保护一种在体内具有抗肿瘤活性的抗人 TROP-2 的抗体（a），并用 CDR 序列限定了抗体结构。复审合议组认为，对比文件 1 公开了抗人 TROP-2 单克隆抗体 AR47A6.4.2，可见权利要求 1 的抗体针对的抗原人 TROP-2 是已知的具有免疫原性的抗原。权利要求 1 要求保护的抗体（a）与对比文件 1 中的抗体 AR47A6.4.2 相比，区别在于抗体的序列不同。基于所述区别，权利要求 1 实际解决的技术问题是提供可替代的抗 TROP-2 抗体用于治疗肿瘤。在抗原 TROP-2 及其在肿瘤的发生形成中的作用已知的情况下，制备杂交瘤细胞，进而获得针对所述抗原的单克隆抗体的方法是众所周知的，同时，在获得的抗体中筛选出具有抗肿瘤活性的抗体或针对筛选得到的抗体进行测序确定氨基酸序列及其结合位点序列也属于常规技术。对于技术效果，从对比文件 1 和涉案申请都能看出，同一抗体对于相同组织来源的不同肿瘤细胞系结合性差异较大，因此不同抗体针对不同肿瘤细胞系的作用通常也不具备可比性。说明书中仅有实施例 17 能够作为与对比文件 1 进行效果比较的依据，该实施例也不能证明涉案申请的抗体表现出预料不到的技术效果。因此，权利要求 1 不具备创造性。

第 134961 号复审决定的涉案申请权利要求 1 请求保护一种双特异性抗体，其包含特异性识别磷脂酰肌醇蛋白多糖-3 的第一功能域，其氨基酸序列为 SEQ ID NO：5 的氨基酸序列；特异性识别人 T 细胞抗原 CD3 的第二功能域，氨基酸序列为 SEQ ID NO：7 的氨基酸序列；和连接上述功能域的接头。权利要求 1 与对比文件 1 的区别在于对比文件 1 没有公开两个功能域的氨基酸序列及二者的连接方式。基于该区别，权利要求 1 实际解决的技术问题是提供一种具体的 GPC3-CD3 双特异性抗体。基于其公开的内容可知，对比文件 1 给出了双特异性抗体中的两个具有结合特异性的功能域可为单链 Fv 且单链 Fv 由柔性连接体连接的 VH 和 VL 组成的技术启示。在该启示下，本领域技术人员有动机寻求构建单链双特异性分子的具体方式以获得可实际应用的 GPC3-CD3 双特异性抗体。进一步地，对比文件 2 公开了一种构建 CD19-CD3 单链双特异性抗体的具体方式，即 VL CD19-（G4S）3-VH CD19-G4S-VH CD3-（G2S）3GG-VL CD3。由此，本领域技术人员容易想到基于对比文件 2 公开的构建单链双特异性分子的具体方式，对其中特异性识别 CD19 抗原的第一功能域进行改造。具体地，利用 VL GPC3 替换 VL CD19、利用 VH GPC3 替换 VH CD19 以期获得 GPC3-CD3 双特异性抗体，并有动机寻求已知的 VL GPC3、VH GPC3 用于上述替换。同时，结合对比文件 3 公开的内容，本领域技术人员容易想到利用对比文件 3 公开的 VL GPC3、VH GPC3 序列进行上述替换，并通过有限的试验确定由此带来的技术效果。并且，基于对比文件 3

公开的活性相当的抗体的获得方式，本领域技术人员也可合理预期在对比文件 3 中 SEQ ID NO：191 所示氨基酸序列的 VL GPC3 片段的 C 末端添加一个氨基酸残基后仍然具有相当的活性。因此，权利要求 1 不具备创造性。

第 121505 号复审决定的涉案申请涉及针对人核仁素的人单克隆抗体，权利要求 1 请求保护一种分离的人或人源化 IgG 抗体或其片段，其中限定了 "其中所述抗体或片段是由选自下组的保藏号的永生化人 B 细胞产生的：PTA-11493、PTA-11495、PTA-11490、PTA-11496、PTA-11491、PTA-11492、PTA-11497 和 PTA-11494，其于 2010 年 11 月 17 日保藏到美国典型培养物保藏中心"。上述限定特征的引入使权利要求 1 实际解决的技术问题为：提供能够杀灭在细胞表面表达核仁素的癌细胞的具体单克隆抗体。对比文件 2 和 3 都未公开采用截短的重组核仁素作为抗原制备的具体的单克隆抗体，更没有提供关于具体的单克隆抗体的结合能力和治疗活性的实验数据。而涉案申请说明书也验证了如权利要求 1 限定的单克隆抗体的活性，其对白血病细胞 MV4-11 和乳腺癌细胞 MCF-7 具有强细胞毒性，而对正常乳房上皮细胞 MCF-10A 的细胞活性没有影响，该毒性不依赖于 ADCC 与 CDCC 的免疫机制，但可被血清补体强化。尽管根据单克隆抗体的制备原理，本领域技术人员可以在一定程度上预期一种单抗能够与其所对应的抗原相结合，但一种单抗能否有效用于治疗某种肿瘤是不确定的，其受到多种因素的调控，二者没有必然的联系。而单克隆抗体治疗肿瘤的机制涉及靶向免疫细胞、靶向肿瘤微环境、靶向实体肿瘤等多种方式，本领域技术人员即便能够预期单抗能够与肿瘤表面的抗原结合，但并不能预期某种具体单抗用于治疗肿瘤。虽然涉案申请使用的抗原与对比文件 2 公开的截短多肽基本相同，但该抗原涉及从第 284 至 707 位的氨基酸序列，抗原上的表位数目众多，针对相同抗原能够筛选获得多种针对不同抗原表位的单克隆抗体。本领域已知，在拥有众多抗原表位的抗原基础上筛选单克隆抗体的过程具有随机性。尽管重复筛选过程获得单克隆抗体是容易的，但筛选获得如权利要求 1 限定的具有一定结构、并被证实具有特异性的细胞杀灭活性的单克隆抗体却仍然具有不确定性和不可预期性，需要付出创造性劳动。

第 13810 号复审决定的涉案申请涉及突变的无激活作用的 IgG2 结构域和插入该结构域的抗 CD3 抗体。权利要求 1 要求保护一种突变的 IgG2 恒定区，其中按 EU 编号系统定义的残基第 234 位、第 235 位和第 237 位形成下述氨基酸区段之一：val ala ala，ala ala ala，val glu ala，以及 ala glu ala，其中含有一种抗 CD3 抗体的可变区与所述突变 IgG2 恒定区相连的抗体相对于含有所述抗 CD3 抗体的可变区与一种天然 IgG2 恒定区相连的另一种抗体而言，前者所诱导的人 T 细胞的促有丝分裂反应有所降低。对比文件 1 中检验了第 234 位至第 237 位间发生突变对 IgG3 与 FcγRII 的亲和性的影响，并由此认定第 234 位至第 237 位间的区域为 IgG 与 FcγRII 相互作用的位点，在第 234 位和第 237 位的突变将大大降低 IgG 与 FcγRII 的结合。权利要求 1 与对比文件 1 的区别在于：对比文件 1 中并未记载权利要求 1 中所具体限定的突变的 IgG2 恒定区。本领域公知，突变对多肽功能的影响不仅取决于突变的位点，还取决于替换的氨基酸类型、多个突变之间的组合方式以及多肽本身的结构，涉案申请说明书中实验结果就表明虽然同样是在第 234 位至第 237 位间发生突变，IgG4－AA 所显示出的促有丝分裂活性的变化就明显不同于 IgG2 突变体 2－5：所述 IgG2 突变体比 IgG4 突变体诱导的增殖作用更低，而且 IgG4 突变体在高浓度下与 IgG1 和未突变 IgG4 的增殖作用相当。因此，虽然对比文件 1 中提示 IgG2 的第 234 位至第 237 位间的区域是其与 FcγRII 相互作用的位点，但是本领域技术人员并不清楚在该区域发生何种突变能够有效地降低 IgG2 与 FcγRII 的结合，并由此降低其促有丝分裂活性，即权利要求 1 中所述第 234 位至第 237 位间的氨基酸基序能够导致相对于未突变的人 IgG2 和现有技术中已知的人 IgG4 突变体而言更低的促有丝分裂性的方案是非显而易见的。

　　第 55664 号复审决定的涉案申请涉及人源人血管内皮生长因子单克隆抗体及其制备方法。权利要求 1 要求保护一种人血管内皮生长因子单克隆抗体，所述的抗体为 IgM 型抗体，并且其与人血管内皮生长因子的亲和力为 $1\times10^{-9}\mathrm{M}\sim1\times10^{-8}\mathrm{M}$，所述的抗体由小鼠杂交瘤细胞系 V2 CCTCC NO：C200623 产生。权利要求 1 与对比文件 1 的区别包括：（a）权利要求 1 为一种完全人源抗体，对比文件 1 为一种人源化抗体；（b）二者的亲和力不同。基于以上区别，权利要求 1 实际解决的技术问题是提供一种完全人血管内皮生长因子单克隆抗体以克服人抗鼠抗体反应（HAMA 反应），且该抗体具有良好的抑制肿瘤效果。虽然本领域技术人员有动机在对比文件 1 基础上去改进人源化抗体，制备全人源抗体，并选择亲和力高且能够抑制癌症的中和抗体。但同时，抗原有众多的表位，不同的抗体结合不同的表位，结合表位后起到的空间位阻效应也各异，这就导致一部分抗体仅能结合抗原，但不影响抗原活性的发挥或者对抗原的活性影响较小，而另一部分抗体与表位结合后能显著的封闭抗原的活性，并进一步抑制肿瘤的发展。然而，目前 VEGF 的表位研究尚不清晰，本领域技术人员无法明确结合哪些表位的抗体仅作为结合抗体，结合哪些表位的抗体构成中和抗体。此外，现有技术中对于筛选针对某一特定表位的抗体也存在技术上的难度。也就是说在采用杂交瘤技术制备抗体株时，即使利用相同的抗原免疫动物，取动物脾细胞与骨髓瘤细胞融合，最终能分泌具有抑制肿瘤作用的抗体的杂交瘤细胞也并非必然能够获得。尽管亲和力的筛选具有单通道性，获得具有良好疗效的治疗性抗体却带有极大的偶然性。也就是说，高亲和力只是筛选单抗过程中的一个参考因素，而非决定性因素，在高亲和力单抗和良好治疗效果的治疗性单抗之间还存在漫长而又艰辛的筛选过程。这也正是现实中获得的治疗性单抗与检测性单抗在数量上相差巨大的一个原因。该案中，杂交瘤细胞系 V2 CCTCC NO：C200623 产生的单克隆抗体，其亲和力达到 $3.67\times10^{-9}\mathrm{M}(K_\mathrm{D}$ 值），接近天然鼠源单克隆抗体的亲和力级别。因此，权利要求 1 具备创造性。

5.2.4　引物的创造性

　　引物是一段短的单链 RNA 或 DNA 片段，可结合在核酸链上与之互补的区域，其功能是作为核苷酸聚合作用的起始点，核酸聚合酶可由其 3′端开始合成新的核酸链。

体外人工设计的引物被广泛用于 PCR、测序和探针合成等，在基因克隆、载体构建、物种鉴定、定量测定等诸多方面。

目前设计引物的思路已非常成熟，如果引物是针对已知基因根据常规设计可以获得的，且没有获得任何特别的效果，则该引物的相关发明往往不具备创造性。

第 124421 号复审决定的涉案申请权利要求 1 请求保护一种用于从被感染的禽样品中检测出是否感染禽流感病毒 N9 亚型的特异性引物对，其特征在于，一条引物的核苷酸序列如 SEQ ID NO：3 所示，另一条引物的核苷酸序列如 SEQ ID NO：6 所示。对比文件 1 公开了一种禽流感 H7N9 病毒检测试剂，包含 PCR 缓冲液、dNTPs、DNA 聚合酶，还包含第一引物对（SEQ ID NO：1 和 SEQ ID NO：2）、第一探针（SEQ ID NO：3）、第二引物对（SEQ ID NO：4 和 SEQ ID NO：5）及第二探针（SEQ ID NO：6）；上述禽流感 H7N9 病毒检测试剂可通过荧光定量 PCR 方法对待检测样本进行检测，该检测试剂中第一引物对及第一探针对应于禽流感病毒的 H7 亚型，第二引物对及第二探针对应于禽流感病毒的 N9 亚型。二者的区别特征在于：权利要求 1 检测 N9 亚型的引物对（SEQ ID NO：3 和 SEQ ID NO：6）和对比文件 1 的第二引物对不同；权利要求 1 还限定检测灵敏度为：RT-PCR 反应中仅需 0.1pg 总 RNA。基于区别特征确定实际解决的技术问题在于提供另一种检测禽流感病毒 N9 亚型的 PCR 引物对。

复审合议组认为，首先，针对同一基因，如禽流感 N9 亚型基因，设计获得不同的引物以进行检测，属于本领域常规技术和普遍追求。其次，对比文件 1 公开了 N9 亚型的阳性对照如 SEQ ID NO：12，根据序列分析可知，其含有第二引物对（SEQ ID NO：4 和 SEQ ID NO：5）扩增的靶序列。基于上述信息，本领域技术人员在常规的序列数据库中可以确定该靶序列在 N9 基因上的确切位置。将涉案申请权利要求 1 的引物对和对比文件 1 的 N9 亚型阳性对照序列进行序列分析可知，涉案申请上游引物位于对比文件 1 阳性对照序列的 3′端或下游引物的下游，结合本领域序列数据库已知的 N9 基因序列信息可知，涉案申请引物对扩增的靶序列仅相当于将对比文件 1 的引物扩增序列/阳性对照序列沿着已知 N9 基因序列向 3′端移动了一定位置。由此可见，对比文件 1 已经明确公开了对 N9 亚型基因的检测方法以及 RT-PCT 引物，在此基础上，本领域技术人员出于提供多种基因检测引物的普遍追求，在面对对比文件 1 公开的上述内容时，基于已知的靶区域和 N9 基因，是容易想到并选取上下游的其他检测靶位置，并且，结合本领域常规的引物设计方法获得该申请的引物是显而易见的，因此，涉案申请不具备创造性。

第 135326 号复审决定的涉案申请权利要求 1 请求保护一种用于检测待测样品是否携带番茄斑萎病毒的特异性 PCR 引物。对比文件 1 公开了一种用于 PCR 检测番茄斑萎病毒感染的引物，包括一对 TSWV 特异性 PCR 扩增引物。二者的区别特征在于：权利要求 1 限定了不同的引物序列。涉案申请实际解决的技术问题是提供 PCR 检测番茄斑萎病毒的一对不同的引物。

复审合议组认为，对比文件 1 公开了其序列获得方法为：①通过 NCBI 的 GENBANK 数据库检索所有已报道、已发现、已提交数据库的 TSWV 序列；②将尽可能多的 TSWV 序列下载后，使用 DNAMAN 软件进行序列比对分析；筛选出不同株系的同一病毒序列；③通过 DNAMAN 软件将不同株系的 TSWV 病毒序列进行比对，寻找其保守区域；使用 PRIMER5，OLIGO 引物设计软件在保守区域内设计引物，将设计好后的备选引物提交到 NCBI 的 BLAST 系统中进行电子 PCR 筛选，选择相似性为 100%，能搜索出最多不同株系番茄斑萎病毒序列的引物作为标准引物。可见对比文件 1 已经给出了引物设计方法的技术启示。通过在 GENBANK 数据库中检索可知，对比文件 1 中一对引物来源于现有技术已知的番茄斑萎病毒 nucleocapsid 蛋白的基因。因此，本领域技术人员有动机利用对比文件 1 中所给出的设计方法，针对现有技术已知的番茄斑萎病毒 nucleocapsid 蛋白基因设计相似的扩增引物，即在靶基因相同、靶位点扩增片段有重叠部分的情况下，通过适当调整扩增片段长度以及对应的引物位置即可获得涉案申请所述的引物序列。因此，权利要求 1 不具备创造性。

多重 PCR 是在同一 PCR 反应体系里加上二对以上引物，同时扩增出多个核酸片段的 PCR 反应。虽然多重 PCR 是已知的技术，但其实验设计远比单个 PCR 复杂，即使在优化了循环条件后，某些基因的扩增产物仍不明显，多重 PCR 反应体系优化经常可以遇到有一个或两个靶位点的扩增产物很少甚至没有扩增产物。如果对比文件并没有公开使用多重 PCR，也未公开引物序列，则获得合适的多重 PCR 引物往往是非显而易见的。

第 132161 号复审决定的涉案申请权利要求 1 请求保护一种用于结核分枝杆菌耐药突变基因检测试剂盒。对比文件 1 公开了一种结核分枝杆菌耐药突变基因检测试剂盒，包括用于检测利福平耐药突变基因 $rpoB$、异烟肼耐药突变基因 $KatG$、异烟肼耐药突变基因 $inhA$、链霉素耐药突变基因 $rpsL$、乙胺丁醇耐药突变基因 $embB$ 的特异性寡核苷酸探针和正常对照探针，其碱基序列如 SEQ ID NO：1—23 所示。权利要求 1 与对比文件 1 的区别特征在于，权利要求 1 的试剂盒还包括针对氟喹诺酮耐药突变基因 $gyrA$ 的引物和探针，并且引物分成两组。根据说明书记载，所述 SEQ ID NO：28—33 所示引物，以及 SEQ ID NO：34—39 分别作为三重 PCR 引物使用，同时探针的序列结构与对比文件 1 不同；而对比文件 1 的引物是一般的 PCR 引物，并且没有公开序列结构。权利要求 1 实际解决的技术问题是通过使用多重 PCR 反应试剂，提高抗结核药物耐药突变基因的检测效率。

复审合议组认为，对比文件 1 没有公开其引物的序列结构，并且根据其说明书实施例的描述，在探针检测前进行的是普通 PCR 反应，因此对比文件 1 公开的试剂盒不同于涉案申请权利要求限定的试剂盒。涉案申请公开的引物适合进行三重 PCR 反应，可以在一个 PCR 反应体系中同时进行三对耐药基因的引物扩增；对比文件 1 和对比文件 2 均没有给出采用多重 PCR 的方式检测抗结核药物耐药突变基因。多重 PCR 虽然是已知的技术，但其实验设计远比单个 PCR 复杂。多重 PCR 引物设计时需要考虑多个问题：①各引物之间不能互补，以免形成二聚体；②各引物与其他扩增片段和模板不能存在较大的互补性，扩增片段之间也不能有较大的同源性；③引物长度、GC 含量、Tm 值尽量一致；④各引物扩增产物的片段大小要有一定的差别，以便区分。即使在优化了循环条件后，某些基因的扩增产物仍不明显，多重 PCR 反应体系优化经常可以遇到有一个或两个靶位点的扩增产物很少甚至没有扩增产物。因此，根据本领域的普遍认知，在对比文件 1 和 2 均没有使用多重 PCR，并且对比文件 1 没有公开引物序列的情况下，本领域技术人员不会合理预期并设计出合适的多重 PCR 引物以采用多重 PCR 的方式检测抗结核药物耐药突变基因，从而不会获得涉案申请权利要求 1 所述试剂盒。因此，权利要求 1 的技术方案是非显而易见的。

LAMP 即环介导等温扩增技术是 2000 年出现的一种 DNA 扩增技术，该技术根据靶基因的 6 个区域设计出 4 种引物。与常规设计相比，采用 LAMP 设计引物包含了大量的物种获得、验证工作，其需要大量的筛选才能获得退火温度一致、检测灵敏度高的具有特异性的引物。但如果对比文件与发明的特异检测对象相同，且二者引物选取的位置仅有较小的调整，即使对比文件未披露使用 LAMP 技术，该 LAMP 引物也依然可以依据 LAMP 引物的一般设计原则通过 LAMP 引物设计软件合理的得到，且其检测效果完全在本领域技术人员的预测范围之内，则本领域技术人员获得该 LAMP 引物不需要付出创造性劳动。

第 115437 号复审决定的涉案申请请求保护一种鉴定食品过敏源羽扇豆成分的方法。对比文件 1 公开了一种实时荧光 PCR 鉴定食品过敏源羽扇豆成分的方法，包括提取待测样品的 DNA 为模板，以羽扇豆 18S－26S 核糖体内转录间隔区 ITS 基因保守序列为靶标设计引物进行实时荧光 PCR 检测，出现明显的扩增曲线，表明待测样品中包含食品过敏源羽扇豆成分，所述方法灵敏度为 0.0001%（高于涉案申请 0.001% 的检测灵敏度）。对比文件 1 还公开了特异性引物（Lupin-F，Lupin-R）的碱基序列，通过比对 Genbank 中公开的羽扇豆 18S－26S 核糖体内转录间隔区 ITS 基因序列，可知所述引物对应的靶序列定位于羽扇豆 18S－26S 核糖体内转录间隔区 ITS1 基因区域内，即为特异性扩增 ITS1 基因的引物。

权利要求 1 与对比文件 1 的区别特征在于：权利要求 1 使用的为环介导等温扩增并且引物序列与对比文件 1 所述引物序列有所区别，具体而言，对比文件 1 使用了一对特异性引物，涉案申请则使用了 4 条引物，包括两条外引物 F3、B3 和两条内引物 FIP、BIP 涉案申请 SEQ ID NO：1 所示的 F3 上游外引物与对比文件 1 的 Lupin-F 相比，5′端增加了 gaag，3′端删除了 cga，涉案申请 SEQ ID NO：4 所示 BIP 引物中的 BIC 段，自第 5 位起与对比文件 1 的 Lupin-R 引物的反向互补序列一致。可见涉案申请的引物设计借鉴了对比文件 1 的特异性引物对 Lupin-F、Lupin-R，只是引物选取的位置有 3～5 个碱基的调动。基于上述区别技术特征，涉案申请实际解决的技术问题是，提供以一种利用环介导等温扩增技术鉴定食品过敏源羽扇豆成分的方法。

复审合议组认为，对比文件 2 公开了为了节约成本，使用环介导等温扩增技术检测花生过敏源的方法，并具体公开了 LAMP 引物的设计与合成方法。此外，本领域技术人员知晓，从细菌、酵母到植物、动物的 rDNA 的编码区都是高度同源的，真核生物中的 rDNA 的序列相当保守，序列的差异主要表现在 ITS1、ITS2 及 IGS 上，豌豆

及蚕豆 *ITS*1 序列存在 16% ～50% 的差异。在对比文件 1 公开了实时荧光 PCR 法检测食物过敏源羽扇豆成分 *ITS*1 序列的基础上，由于环介导等温扩增技术是继 PCR 之后的一种新的核酸扩增方法，具有简单、快速、特异性强的特点，并且，对比文件 2 也公开了具体的引物设计与检测方法。因此，本领域技术人员有动机利用对比文件 2 公开的环介导等温扩增技术改进对比文件 1 所述检测食物过敏源羽扇豆成分的方法，并基于 LAMP 引物的一般设计原则，针对对比文件 1 中特异性扩增的 ITS1 片段设计 LAMP 引物，同时能够结合对比文件 1 的特异性引物对所设计的引物进行选择。例如，采用对比文件 1 中的特异性引物或其片段作为 LAMP 引物的组成部分，从而可以保证 LAMP 检测方法的特异性。涉案申请所采用的 LAMP 引物 F3 以及 BIP 引物中的 BIC 段与对比文件 1 中特异性引物 Lupin-F 和 Lupin-R 具有相同的区段，因而其可以进行特异性扩增，并与同属于豆科的其他相近种的大豆、扁豆等，以及亲缘关系较远的其他科、属动植物相区分是可以根据对比文件 1 的检测结果预期的。因而在对比文件 1 的基础上结合对比文件 2 的启示以及本领域的公知常识获得权利要求 1 的技术方案对于本领域技术人员而言是显而易见的，并且没有取得预料不到的技术效果，权利要求 1 不具备创造性。

5.2.5　其他涉及遗传工程的发明

对于其他涉及遗传工程的发明创造性的判断，同样建议遵循"三步法"的规则，即需要根据不同保护主题的具体限定内容，确定发明与最接近的现有技术的区别特征，然后基于该区别特征在发明中所能达到的技术效果确定发明实际解决的技术问题，再判断现有技术整体上是否给出了技术启示，基于此得出发明相对于现有技术是否显而易见。

如果发明要求保护的多肽或蛋白质与已知的多肽或蛋白质在氨基酸序列上存在区别，并具有不同类型的或改善的性能，而且现有技术没有给出该序列差异带来上述性能变化的技术启示，则该多肽或蛋白质的发明具有创造性。

如果发明针对已知载体和/或插入基因的结构改造实现了重组载体性能的改善，而且现有技术没有给出利用上述结构改造以改善性能的技术启示，则该重组载体的发明具有创造性。如果载体与插入的基因都是已知的，通常由它们的结合所得到的重组载体的发明不具有创造性。但是，如果由它们的特定结合形成的重组载体的发明与现有技术相比具有预料不到的技术效果，则该重组载体的发明具有创造性。

如果发明针对已知宿主和/或插入基因的结构改造实现了转化体性能的改善，而且现有技术没有给出利用上述结构改造以改善性能的技术启示，则该转化体的发明具有创造性。如果宿主与插入的基因都是已知的，通常由它们的结合所得到的转化体的发明不具有创造性。但是，如果由它们的特定结合形成的转化体的发明与现有技术相比具有预料不到的技术效果，则该转化体的发明具有创造性。

如果亲代细胞是已知的，通常由这些亲代细胞融合所得到的融合细胞的发明不具有创造性。但是，如果该融合细胞与现有技术相比具有预料不到的技术效果，则该融合细胞的发明具有创造性。

5.3　计算机领域

计算机领域的发明创造特殊性主要体现在与计算机程序相关的发明专利申请的审查中，在进行创造性审查时，应当考虑与技术特征在功能上彼此相互支持、存在相互作用关系的算法特征或方法特征对技术方案作出的贡献。将权利要求记载的所有内容作为一个整体，对其中涉及的技术手段、解决的技术问题和获得的技术效果进行分析。

5.3.1　发明的技术特性

专利法中所称的发明，是指对产品、方法或者其改进所提出的新的技术方案。所谓技术方案就是对要解决的技术问题所采取的利用了自然规律的技术手段的集合。未采用技术手段解决技术问题，以获得符合自然规律的技术效果的方案，不属于专利法保护的客体。

对于方案的技术性方面的判断是计算机领域普遍面临的一个问题，因为只有其具有技术性了，才能对技术方案进行创造性的评判。

第 201410056862.2 号专利申请涉及一种数学模型的建模方法，其通过增加训练样本数量，来提高建模的准确性。该建模方法为了避免现有的分类模型建模方法中由于训练样本少导致过拟合而致使建模准确性较差的缺陷，将与第一分类任务相关的其他分类任务的训练样本也作为第一分类任务数学模型的训练样本，从而增加训练样本数量，并利用训练样本的特征值、提取特征值、标签值等对相关数学模型进行训练，并最终得到第一分类任务的数学模型。

该专利申请的权利要求 1 要求保护一种方法，所述方法包括：

"根据第一分类任务的训练样本中的特征值和至少一个第二分类任务的训练样本中的特征值，对初始特征提取模型进行训练，得到目标特征提取模型；其中，所述第二分类任务是与所述第一分类任务相关的其他分类任务；

"根据所述目标特征提取模型，分别对所述第一分类任务的每个训练样本中的特征值进行处理，得到所述每个训练样本对应的提取特征值；

"将所述每个训练样本对应的提取特征值和标签值组成提取训练样本，对初始分类模型进行训练，得到目标分类模型；

"将所述目标分类模型和所述目标特征提取模型组成所述第一分类任务的数学模型。"

驳回决定认为，该解决方案不涉及任何应用领域，其中处理的训练样本的特征值、提取特征值、标签值、目标分类模型及目标特征提取模型都是抽象的通用数据，利用训练样本的相关数据对数学模型进行训练等处理过程是一系列抽象的数学方法步骤，最后得到的结果也是抽象的通用分类数学模型。该建模方法的处理对象、过程和结果都不涉及与具体应用领域的结合，仅是抽象的模型建立方法，属于对抽象的数学方法本身的优化，因此属于智力活动的规则和方法，不属于专利保护客体。

第20151040161.9号专利申请涉及一种深度神经网络模型的训练方法，涉及对于不同大小的训练数据，使用不同的训练方案进行训练，计算不同训练方案的计算耗时，以确定最后的训练方案。

该专利申请的权利要求1要求保护一种方法，所述方法包括：

"当训练数据的大小发生改变时，针对改变后的训练数据，分别计算所述改变后的训练数据在预设的至少两个候选训练方案中的训练耗时；

"从预设的至少两个候选训练方案中选取训练耗时最小的训练方案作为所述改变后的训练数据的最佳训练方案；所述至少两个候选训练方案包括至少一个单处理器方案，至少一个基于数据并行的多处理器方案；

"将所述改变后的训练数据在所述最佳训练方案中进行模型训练。"

经分析可知，该方案解决的问题是固定地采用同一种单处理器或并行多处理器模型训练方案所带来的训练速度慢的问题；采用的是在利用计算机技术进行神经网络模型训练的过程中，基于不同大小的训练数据与计算机系统不同性能处理器的选择适配来实现该训练数据的训练方案的手段，该手段能够反映出计算机硬件处理性能与要处理的数据量（即训练数据大小）之间的映射规律，受自然规律约束。该方案能够解决单一处理器训练速度慢的技术问题，采用了根据训练数据大小选择不同处理器方案的技术手段，可获得提高训练速度的技术效果。因此，该方案构成技术方案，属于专利法保护客体。

第201510154027.0号专利申请的权利要求1要求保护一种卷积神经网络CNN模型的训练方法，所述方法包括：

"获取待训练CNN模型的初始模型参数，所述初始模型参数包括各级卷积层的初始卷积核、所述各级卷积层的初始偏置矩阵、全连接层的初始权重矩阵和所述全连接层的初始偏置向量；

"获取多个训练图像；

"在所述各级卷积层上，使用所述各级卷积层上的初始卷积核和初始偏置矩阵，对每个训练图像分别进行卷积操作和最大池化操作，得到每个训练图像在所述各级卷积层上的第一特征图像；

"对每个训练图像在至少一级卷积层上的第一特征图像进行水平池化操作，得到每个训练图像在各级卷积层上的第二特征图像；

"根据每个训练图像在各级卷积层上的第二特征图像确定每个训练图像的特征向量；

"根据所述初始权重矩阵和初始偏置向量对每个特征向量进行处理，得到每个训练图像的类别概率向量；

"根据所述每个训练图像的类别概率向量及每个训练图像的初始类别，计算类别误差；

"基于所述类别误差，对所述待训练 CNN 模型的模型参数进行调整；

"基于调整后的模型参数和所述多个训练图像，继续进行模型参数调整的过程，直至迭代次数达到预设次数；

"将迭代次数达到预设次数时所得到的模型参数作为训练好的 CNN 模型的模型参数。"

该申请的训练方法明确了模型训练方法的各步骤中处理的数据均为图像数据以及各步骤中如何处理图像数据。因此，请求保护的方案整体上体现出神经网络训练算法与图像信息处理领域的紧密结合，不属于专利法规定的智力活动的规则和方法。

从方案的整体上来看，该方案涉及一种卷积神经网络 CNN 模型的训练方法，用于进行任意图像的分类模型的训练，其为了解决"训练好的 CNN 模型仅能识别具有固定高度和固定宽度的图像，导致训练好的 CNN 模型在识别图像时具有一定的局限性"的问题，通过采用了不同卷积层上对图像进行不同处理并训练的手段，为了解决上述问题所采用的手段反映的是遵循自然规律的技术手段。同时，该方案解决了 CNN 模型在识别图像时具有局限性的技术问题，并获得"训练好的 CNN 模型能够识别任意尺寸待识别图像"的技术效果，因此属于技术方案。❶

第 201080061258.2 号专利申请要求保护一种用于向共享在线空间的用户呈现该共享在线空间的各成员的方法，包括：

"服务器基于用户和联系人在共享在线空间中的共存值和社交网络关系数量来确定所述用户和联系人之间的关系值；其中，

"基于所述用户和多个联系人在所述共享在线空间中的共存来确定用户和联系人关系的共存值；

"基于所述用户和成员之间的社交网络关系的数量来确定所述用户和成员关系的社交网络关系数量；

"服务器将所述用户与联系人之间的关系值关联到所述成员的在所述共享在线空间中使用的指定视觉表示；

"在客户端显示所述用户的共享在线空间时，基于所述关系值来将多个联系人相应的视觉表示进行缩放，以适合可用屏幕空间，从而使得具有较高关系值的联系人具有较大视觉表示。"

通过该权利要求记载的方案可知，该方案要解决的问题是如何将多个联系人的联系紧密程度进行直观区分。为解决这一问题，所采用的手段是根据用户与多个共享在线空间的联系人之间的关系值进行联系人的放大或者缩小显示。将某种图标进行放大显示并将某类图标缩小显示，这一手段是根据人的主观意愿进行选择的规则设置还是利用了自然规律的技术手段，需要结合案情进行具体分析。就该案而言，当确定用户与联

---

❶　国家知识产权局专利局：2018 年专利质量提升工程成果推广（一）：涉及互联网、大数据等领域客体审查典型案例——案例 3。

系人的联系紧密程度后，对联系紧密的联系人进行放大显示，这种图标的差异化显示（放大/缩小）利用了人眼的视觉感官的自然属性，能够改善用户体验。该案为解决上述问题而采用基于关系值将联系人的视觉表示进行缩放的手段是遵循自然规律的。上述解决方案解决了如何将多个联系人联系紧密度进行直观区分的技术问题，采用了根据多个联系人的关系值将联系人的视觉表示进行缩放的遵循自然规律的技术手段，获得了使用户直观了解联系人之间联系紧密程度的技术效果。因此，该解决方案构成技术方案。

5.3.2 创造性评判中对于非技术特征的考量

计算机领域的申请存在的一个比较普遍的现象就是发明中同时具有技术特征和非技术特征，这种发明可称之为混合发明。

在一项权利要求中混合技术特征和"非技术特征"是允许的，甚至有时非技术特征形成了要求保护的主题的主要部分。

在对这类混合发明进行创造性评判时，通常需要对一个特征是否是技术特征加以判断。只有这类特征真正地具有技术性时，才有可能使整个方案真正地解决了技术问题时，并且做出了智慧贡献。以下通过几个实际案例对判断方法做一探讨。

第 134974 号复审决定的涉案申请权利要求 1 要求保护一种交易结算系统，其特征是："证券公司设有无须交易场所的交易结算系统，该系统含有买卖交易委托系统、证券公司和银行的电脑主机系统、查询和成交回报系统、开立保证金账户、存取款及银证转账和打印电脑交易清单系统，它们之间及与上海、深圳证交所金融交易系统的电脑主机系统之间用现代化通信技术相连接，但不含有交易场所及交易场所内设置的许多磁卡交易机、电视行情屏、大行情显示屏系统；银行的电脑主机系统与上海、深圳证交所金融交易系统的电脑主机系统相连接；开立保障金账户系统与银行的电脑主机系统相连接，用于处理开户数据，开立保证金账户；在一张卡上开立银行账户和保证金账户，即证券卡和银行卡二卡合一；银行卡上既含有银行账户，也含有保证金账户；银证转账系统与银行的电脑主机系统相连接，用于处理银证转账数据；通过银证转账系统在该银行卡上的银行账户和保证金账户之间划转保证金，即通过银证转账系统存取保证金；设有开立保证金账户系统的银行电脑主机系统与上海证券交易所、深圳证券交易所金融交易系统的电脑主机系统之间用现代化通信技术相连接；由银行计算机系统处理股民保证金账户与上海、深圳证交所金融交易系统资金交割结算的数据；由银行办理股民保证金账户上的存取款即办理股民保证金账户与上海证券交易所、深圳证券交易所金融交易系统的资金交割结算。"权利要求 1 与对比文件 1 相比，区别在于：开立保证金账户系统与银行的电脑主机系统相连接，用于处理开户数据，开立保证金账户；在一张卡上开立银行账户和保证金账户，即证券卡和银行卡二卡合一；银行卡上既含有银行账户，也含有保证金账户；通过银证转账系统在该银行卡上的银行账户和保证金账户之间划转保证金，即通过银证转账系统存取保证金；设有开立保证金账户系统的银行电脑主机系统与上海证券交易所、深圳证券交易所金融交易系统的电脑主机系统之间用现代化通信技术相连接；由银行计算机系统处理股民保证金账户与上海证券交易所、深圳证券交易所金融交易系统资金交割结算的数据；由银行办理股民保证金账户上的存取款即办理股民保证金账户与上海证券交易所、深圳证券交易所金融交易系统的资金交割结算。基于上述区别特征，权利要求 1 相对于对比文件 1 实际解决的问题是，如何对保证金账户进行管理。

复审合议组认为，利用电脑系统和通信技术进行账户开立、转账、结算业务等已是本领域的公知常识，而银行对保证金账户的开立、证券卡和银行卡两卡合一、保证金的划转、资金的交割结算等管理方式都涉及商业方法和商业模式，是非技术特征。由此可知，权利要求 1 请求保护的解决方案是利用现有的计算机技术实现对保证金账户进行管理，解决的是对保证金账户进行管理的问题并非技术问题，获得的效果也并非技术效果，对现有技术并未作出技术性贡献。因此，权利要求 1 相对于对比文件 1 不具有突出的实质性特点和显著的进步，不具备创造性。

第 201310134433.1 号专利申请❶的权利要求 1 要求保护一种动态观点演变的可视化方法，所述方法包括：

"步骤 1)，确定所采集的信息集合中信息的情感隶属度和情感分类，所述信息的情感隶属度表示该信息以多大概率属于某一情感分类；

"步骤 2)，所述情感分类为积极、中立或消极，具体分类方法为：如果点赞的数目 p 除以点踩的数目 q 的值 r 大于阈值 a，那么认为该情感分类为积极，如果值 r 小于阈值 b，那么认为该情感分类为消极，如果值 $b \leqslant r \leqslant a$，那么情感分类为中立，其中 $a > b$；

"步骤 3)，基于所述信息的情感分类，建立所述信息集合的情感可视化图形的几何布局，所述几何布局中，以横轴表示信息产生的时间，以纵轴表示属于各情感分类的信息的数量；

"步骤 4)，基于所述信息的情感隶属度对所建立的几何布局进行着色，按照信息颜色的渐变顺序为各情感分类层上的信息着色。"

对比文件 1 作为最接近的现有技术，公开了一种基于主题的文本可视化分析方法，并具体公开了：表示动态的文档集合方法中最流行的是基于 ThemeRiver 的方法，在这类可视化方法中，时间被表示为从左往右的一条水平轴，每条色带在不同时间的宽度代表该主题在该时间的一个度量，ThemeRiver 将每个主题在每个时间刻度上概括为一个简单的数值，用不同的色带代表不同的主题。

涉案申请权利要求 1 与对比文件 1 的区别特征为："如果点赞的数目 p 除以点踩的数目 q 的值 r 大于阈值 a，那么认为该情感分类为积极，如果值 r 小于阈值 b，那么认为该情感分类为消极，如果值 $b \leqslant r \leqslant a$，那么情感分类为中立，其中 $a > b$。"基于该区

---

❶　国家知识产权局专利局：2018 年专利质量提升工程成果推广（二）：涉及互联网、大数据等领域创造性审查典型案例——案例 2。

别特征，涉案申请实际要解决的问题是设置情感分类的具体规则。然而这并非技术问题，该区别特征是对如何设置情感分类的划分规则进行了人为设定，这种具体规则的设定不会给方案带来技术上的作用和效果，并且该区别特征与权利要求中的其他技术特征亦无任何技术上的关联。由于该方案没有对现有技术作出技术贡献。因此，该权利要求请求保护的技术方案不具备创造性。

第 88795 号复审决定的涉案申请权利要求 1 要求保护一种车辆订单系统，所述系统包括：

"数据库系统，包括一个或多个数据库，所述数据库系统具有分布于所述一个或多个数据库的第一规则集；

"管理接口，与数据库系统进行电通信；

"订单接口，通过网络与数据库系统和管理接口进行电通信；

"计算机可读介质，具有编码到所述计算机可读介质上的计算机可读指令集，所述计算机可读指令集包括用于如下目的的指令：

"通过订单接口从客户接收电子车辆订单，所述电子车辆订单具有多个相关联的车辆选项输入；

"通过将每个车辆选项输入与来自数据库系统的多个部件代码相关联来扩展车辆订单；

"按预定顺序将第一规则集应用于所述部件代码以确定在所述部件代码之间是否存在任何冲突，第一规则集具有与第一规则集相关联的非确定性标准；

"如果存在一个或多个冲突，则应用通过管理接口接收的第二规则集来解决部分代码之间的冲突，第二规则集具有与第二规则集相关联的确定性标准；

"如果不存在冲突，则至少部分基于部件代码安排车辆构建订单；

"其中，第一规则集中的规则是静态文本规则，用于扩展车辆订单的指令还包括将每个静态文本规则与相应的逻辑数据结构相关联；

"通过逻辑数据结构来表示每个部件代码，应用第一规则集的步骤包括在一个或多个逻辑二进制规则与多个部件代码之间执行二进制比较；

"至少一个冲突包括产生多个冲突部件代码的第一规则集，第二规则集中的规则通过选择冲突部件代码中的一个来解决所述至少一个冲突。"

复审合议组认为，虽然上述方案中记载的第一规则集与第二规则集会给人感觉是一种人为设定的规则，但是，这种观点恰恰是割裂看待特征所导致的。当把第一规则集和第二规则集放到整个方案中看待时，就会理解到，涉案申请是要通过将每个车辆选项输入与来自数据库系统的多个部件代码相关联来扩展车辆订单，这里的"部件代码"指代的是车辆部件的代码。而第一规则集则是被应用于所述部件代码以确定所述部件代码之间是否存在冲突；每个部件代码通过逻辑数据结构来表示，应用第一规则集的步骤包括在一个或多个逻辑二进制规则与多个部件代码之间执行二进制比较；第二规则集中的规则通过选择冲突部件代码中的一个来解决所述至少一个冲突。就方案整体来看，其解决了防止冲突的技术问题，并且采用了逻辑二进制规则与部件代码执行二进制比较等具体的技术手段来进行冲突的判断和解决，并获得了更加方便和准确地提供用户期望的车辆定制选项的技术效果。因此，不应将上述区别特征简单认定为非技术特征。在进行创造性评判时，应将区别特征作为一个整体来判断显而易见性。

5.3.3　商业方法专利性的评判

商业方法是指实现各种商业活动和事务活动的方法，是一种对人的社会和经济活动规则和方法的广义解释，如包括证券、保险、租赁、拍卖、广告、服务、经营管理、行政管理、事务安排等。涉及商业方法的发明可分为单纯商业方法发明和商业方法相关发明。商业方法相关发明专利申请是指以利用计算机及网络技术实施商业方法为主题的发明专利申请。

2010 年版《专利审查指南》规定：如果一项权利要求对其进行限定的全部内容中既包含智力活动的规则和方法的内容，又包含技术特征，……则该权利要求就整体而言不是智力活动的规则和方法，不应当依据《专利法》第二十五条排除其获得专利权的可能性。❶ 同时还规定，涉及商业模式的权利要求，如果既包括商业规则和方法的内容，又包含技术特征，则不应当依据《专利法》第二十五条排除其获得专利权的可能性。❷

2020 年修订的《专利审查指南》进一步对"包含算法特征或商业规则和方法特征的发明专利申请"的创造性审查作出具体规定：涉及人工智能、"互联网＋"、大数据以及区块链等的发明专利申请，一般包含算法或商业规则和方法等智力活动的规则和方法特征。审查应当针对要求保护的解决方案，即权利要求所限定的解决方案进行。在审查中，不应当简单割裂技术特征与算法特征或商业规则和方法特征等，而应将权利要求记载的所有内容作为一个整体，对其中涉及的技术手段、解决的技术问题和获得的技术效果进行分析。

商业方法相关发明专利申请的权利要求不仅包含商业方法模式特征，也包含得以在技术上实现的技术特征，因此权利要求就整体而言不是智力活动的规则和方法，不属于《专利法》第二十五条的情形。

对于商业方法专利申请的审查和审判实践中，一个普遍接受的观点是紧紧抓住"技术"二字，即应关注在商业应用的过程中是否解决了技术问题，使用了技术手段，并产生了技术效果。把握技术方案的智慧贡献是否是技术方面的贡献，不能仅因方案中有技术术语、简单地用计算机代替人、将常规商业活动用简单技术信息表达，或以公知技术实现商业规则的各个步骤就机械地肯定待审方案的技术性，并以专利形式来保护。图 5-1 详细地展示了对于商业方法专利的分析过程。

---

❶ 《专利审查指南 2010》，第 2 部分第 9 章第 2 节第(2)项。
❷ 《专利审查指南 2010》，第 2 部分第 1 章第 4.2 节第(2)项。

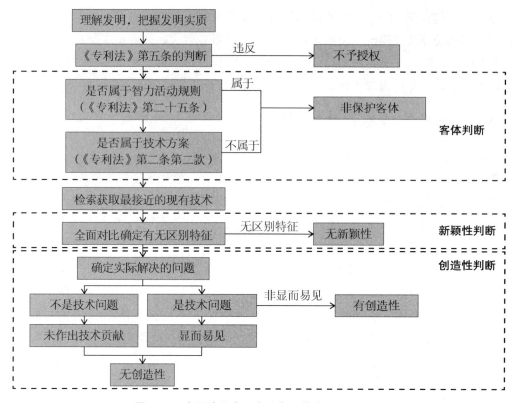

图 5-1 中国涉及商业方法专利的常规审查思路

比如，发明请求保护一种设计高压直流系统的多调谐滤波器的方法，该方法包括以下步骤：①选择滤波器输入参数；②设置滤波器谐振频率；③计算电感值和电容值；④计算电阻值、电感值、电容值的价格；⑤价格落入预定范围，则存储上述各值。上述方法与现有技术的区别在于步骤④和步骤⑤。这时，应先从整体上去理解这个发明。从整体上看，发明的技术方案解决了一个技术问题，即设计一种可多调谐滤波器。然而，依据区别特征可以确定发明实际解决的技术问题是滤波器设计中的成本控制问题。这显然是一个非技术问题，并没有任何技术方面的贡献。

对于商业方法保护客体的判定有以下几点。

第 201510515251.8 号专利申请的权利要求 1 要求保护一种基于气温与经济增长的用电需求预测方法，该方法包括以下步骤：

（1）选取规模以上工业增加值或社会消费品零售额作为最佳经济指标；

（2）获取历史年度样本区间各日的平均气温数据、各个月度、季度的最佳经济指标增速数据和全社会用电量数据；

（3）根据所述历史年度样本区间各日的平均气温数据，计算得到历史年度样本区间各个月度、季度的平均气温；

（4）构建逐年同月、季经济增长指数计算模型，根据所述历史年度样本区间各个月度、季度的最佳经济指标增速数据，计算得到历史年度样本区间各个月度、季度的经济增长指数；

（5）根据所述历史年度样本区间各个月度、季度的全社会用电量数据、平均气温和经济增长指数，构建以全社会用电量为解释变量的逐年同月、季计量经济模型；

（6）将历史年度样本区间同月、季的平均气温取平均值，计算得到目标月度、季度的平均气温预测值；

（7）获取目标月度、季度的最佳经济指标增速数据，计算得到目标月度、季度的经济增长指数预测值；

（8）根据所述以全社会用电量为解释变量的逐年同月、季计量经济模型、目标月度、季度的平均气温预测值和经济增长指数预测值，计算得到目标月度、季度的全社会用电量预测值。

通过说明书记载的内容可知，该申请想要解决的技术问题是提高用电量预测的准确性。这个问题并不必然是技术问题。该申请所采取的手段如下：①计算经济增长来预测用电量；②通过预测平均气温来预测用电量；③数学建模及大数据分析方法。对于手段①，经济规律不是自然规律。对于手段②，气温升高是否会必然导致用电量的增加主要取决于人追求环境舒适的主观需求、不同地区人们生活习惯、当地用电设备数量、电的价格水平等因素，反映出设备运行、人主观需求、习惯偏好、社会经济发展水平的共同作用，而非完全依赖于自然规律的作用。对于手段③，数学建模及大数据分析方法本身仍然属于单纯的数学算法范畴。该申请所取得的效果只是利用经济学规律和社会统计规律对用电量进行预测。

这时需要考虑一个问题是：对于这种利用数学模型进行评估、预测的解决方案，在客体判断中如何考虑模型中各参数的影响。

对于利用数学模型进行评估、预测的解决方案，仅从评估、预测的对象具有物理意义或技术含义并不能必然确定该方案解决的是技术问题并获得了技术效果，应结合解决问题的手段是否利用了自然规律的技术手段来考量该方案是否构成技术方案。如果模型参数间的关联，特别是输入参数到输出参数之间的关联体现的是经济规律等非自然规律，且评估、预测的具体方式是数学建模、大数据处理等单纯的数学分析方法，则利用该数学模型获得最终结果的分析与预测过程不属于利用了自然规律的技术手段，该解决方案不应当是技术方案。

第 208193 号复审决定的涉案申请权利要求 1 要求保护一种水合物开采中人工举升泵的优选方法，所述方法包括如下步骤：

"S1. 确定候选水合物人工举升方式；

"S2. 确定水合物人工举升方式的优选评价指标体系，所述优选评价指标体系包括影响水合物人工举升方式的准则层及相应子准则层；所述准则层包括经济效益、适用储层、适应井型和技术可操作性；所述经济效益的子准则层包括投资和产量；所述适用储层的子准则层包括温度、压力、含砂和气水比；所述适应井型的子准则层包括弯曲、斜度和深度；所述技术可操作性的子准则层包括检修和灵活；

"S3. 确定水合物人工举升方式的递阶层次结构模型，所述递阶层次结构模型自上而下分为目标层 A、准则层 B、子准则层 C 和方案层 D；

"…………

"S4. 确定水合物人工举升认知度参数，构造水合物人工举升方式的优选准则层判断矩阵；

"S5. 判断优选准则层判断矩阵和子准则层判断矩阵是否满足一致性条件，满足则执行步骤 S6，不满足，则根据模糊一致矩阵的充要条件将优选准则层判断矩阵和子准则层判断矩阵均调整为模糊一致矩阵，使优选准则层判断矩阵和子准则层判断矩阵满足一致性条件；

"S6. 计算优选准则层判断矩阵对于各准则的权重，各准则下的相应子准则判断矩阵对于各子准则的权重，进而确定水合物人工举升优选方案的递阶层次单排序权重；

"S7. 根据水合物人工举升优选方式的递阶层次单排序权重计算各指标之间的相对权重，确定水合物人工举升优选方式的递阶层次总排序权重；

"S8. 根据步骤 S6 和步骤 S7 所得到的权重及步骤 S4 得到的人工举升认知度参数，确定综合层次总排序权重；

"S9. 根据综合层次总排序权重和各水合物人工举升方式中各指标的样本集数据，对候选人工举升方式进行优劣排确定最优水合物人工举升方式。"

其中，综合所有专家的总排序权重确定综合层次排序权重从而确定选择最优的人工举升方式，是该申请文件重点描述的体现发明核心智慧贡献的部分。方案中的评价指标体系虽然涉及温度、压力等物理指标，但其仅是指标体系中与投资、产量等指标并列的一类指标，而指标体系的运行和确定需依赖的判断矩阵则需通过专家根据个人经验给出的评价来完成，具体的评价过程仅能体现出依赖于因人而异的专家个人经验、偏好，却未能体现出这一专家评价过程是否及如何体现技术原则或自然规律。由此所确定的指标体系权重值及最后所确定的人工举升泵的优选方案与评价指标体系中的物理指标之间并不存在可遵循的自然规律。因此，其所采用的手段并非是遵循自然规律的技术手段，基于这些手段而解决的问题也不构成技术问题，未获得技术效果，不构成技术方案。因此，该申请不属于《专利法》第二条第二款规定的发明保护客体。

第 201611170777.8 号专利申请的权利要求 1 要求保护一种基于前期雨量优选参数的洪水预报方法，该方法包括以下步骤：

（1）根据预报区内有资料记录以来的河道流量资料统计出该地区所有洪水场次，记录下洪水发生时间和洪水流量值；然后根据该地区逐日降雨量资料统计出预报区内所有场次历史洪水发生前预报区内各水文监测站点的前 1 天、3 天和 7 天的前期降雨量值 P_{H1}、P_{H3}、P_{H7}；

（2）根据步骤（1）统计得到的历史洪水发生时间确定洪水是发生在汛期还是非汛期，将洪水分为汛期组和非汛期组，然后选择一种水文模型作为洪水预报模型，并对预报区进行洪水预报模型构建；

（3）对步骤（1）中统计出来的每场历史洪水进行单场参数率定，得到每场洪水的一套参数；然后对步骤（2）中统计出的汛期和非汛期两组场次洪水分别进行连续参数率定，得到两套参数，一套用于汛期的洪水，另外一套用于非汛期的洪水；通过对参数的敏感性判定，将每套参数中的参数分为高敏感性和低敏感性两类参数；

（4）预报区水文监测站点实时监测并记录逐日降雨数据，当监测到一次降雨时将开始统计此次降雨的前 1 天、3 天和 7 天的前期降雨量 P_{P1}、P_{P3}、P_{P7}；

（5）利用欧几里得贴近度公式计算由步骤（4）统计出的本次降雨前 1 天、3 天和 7 天的前期降雨量与步骤（1）得出的历史洪水 1 天、3 天、7 天前期降雨量的贴近度，计算所用的欧几里得贴近度 x 公式如下：

$$X = \sqrt{(P_{H1} - P_{P1})^2 + (P_{H3} - P_{P3})^2 + (P_{H7} - P_{P7})^2}$$

式中，P_{Hi} 为历史洪水的前 i 天的降雨量，P_{Pi} 为本次降雨的前 i 天的降雨量，$i = 1, 3, 7$；将贴近度最小值作为影响洪水预报模型中参数的客观因素指标；

（6）对步骤（2）构建的洪水预报模型中的高敏感性参数选用与本次降雨的前期降雨量贴近度最小的那场历史洪水的高敏感性参数，低敏感性参数选用由步骤（3）统计出来汛期组或非汛期组的低敏感性参数；

（7）利用步骤（6）中已选好参数的洪水预报模型进行洪水预报，并统计出预报结果的精度。

首先，该申请利用前期实际降雨量来进行参数的优选，以进行洪水预报，属于利用自然规律解决供水预测的问题，属于技术问题。

其次，采用了历史降雨量、汛期、非汛期的分析，并结合目前实际降雨量的情形选择与本次降雨最接近的历史洪水的高敏感性参数进行洪水预测，相关参数之间的关联主要反映了作用于降雨量－洪水的水文模型中的各客观自然条件（土壤含水量、是否汛期、降雨中心位置等）的影响，这种选择体现了自然规律，属于利用了技术手段。

最后，更准确地预测洪水情况的技术效果。因此，该申请的技术方案属于《专利法》第二条第二款规定的发明保护客体。

前面三个案例都属于评估预测算法类的发明专利，这些案例都有一个类似的结构，如图 5－2 所示。

图 5－2　评估预测算法类的发明专利结构图

在进行判断时，需要重点考虑如图 5－3 所示的内容。

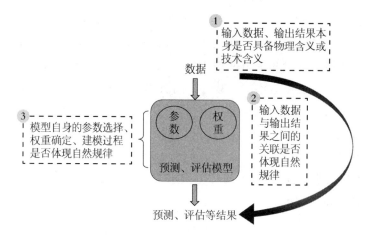

图5-3 评估预测算法类的发明专利重点考虑内容

商业方法专利中还有一类以商业规则为主导类的案例，这种类型专利的判断要点如图5-4所示。

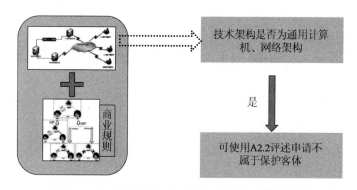

图5-4 以商业规则为主导类的发明专利判断要点

例如，一项权利要求请求保护一种评估信息特定装置，其经由互联网从多个用户终端接受针对评估对象的评论，包含：

"存储器，可存储程序；以及

"处理器，读取所述程序，且可通过所述程序而动作；

"所述程序使所述处理器动作如下：

"将用于显示由提供者所提供的针对评估对象所投稿的评论的画面数据发送到用户终端；

"根据在基于所发送的所述画面数据生成的用户终端的画面上的用户输入，从所述用户终端受理评论评估作为评估信息，所述评论评估包括针对所述投稿的评论的评估；

"将评论评估者的用户 ID 与评估内容相对应而进行存储；

"根据包含评估者关于由所述提供者所提供的所述评估对象的评估而针对该评估对象经由互联网所投稿的多条评估信息，在来自一个评估者的针对由一个提供者所提供的多个评估对象的评估信息的全部数量中所占的来自所述一个评估者的针对由所述一个提供者所提供的所述多个评估对象的包含肯定评估的评估信息的数量为特定比例以上的情况下（评论人对卖家多个商品评价且好评比例达到特定阈值），判定所述一个提供者与所述一个评估者之间有相互关系而作为第 1 相互关系判定条件予以设定，并利用该第 1 相互关系判定条件判定提供者与评估者是否有相互关系。"

该案例的发明构思在于：采用客户端－服务器架构，对用户对产品或服务的评价信息进行收集，根据统计规则确定评价用户是否为水军，若是，则将其评价内容区别标记后发送给其他浏览产品或服务评价信息的用户。其方案中虽然涉及处理器、存储器、用户终端、显示设备等计算机公知设备，但其技术架构仅是通用的客户端－服务器架构。但该方案并未改进计算机系统内外性能，而只是在上述通用技术架构之上，基于评论数据来判定评论者与商家的关系，其中确定两者的关系是基于单纯的人为制定的规则，并没有利用自然规律，不构成技术手段。该方案所解决的问题是根据人为定义的规则来确定评论者是否是特定者，不构成技术问题，相应方案的实施也未产生技术效果，因此该方案整体上不属于《专利法》第二条第二款规定的发明保护客体。

对于商业方法创造性的判定，审查实践通常遵循以下的流程：

（1）将权利要求所请求保护的方案和最接近的现有技术进行全面比对，确定区别特征。基于上述区别特征确定权利要求所请求保护的方案实际解决的问题。

（2）判断上述实际解决的问题是否属于技术问题，如果不属于技术问题，则该方案相对于现有技术未作出技术贡献，因此不具备创造性。如果解决了技术问题，则按照创造性审查的一般标准，判断现有技术是否存在技术启示，基于此判断该方案是否显而易见，进而判断其是否具备创造性。

（3）需要注意的是，当基于区别特征确定所请求保护的方案实际解决的问题既包含技术问题，又包含其他问题时，则重点考量其实际解决的技术问题，进而判断权利要求是否具备创造性。

对于上述第（2）点和第（3）点，需要注意几个问题：首先，规则特征是否和其他技术特征相关联，如果相互关联则不能强行剥离，应将规则和技术特征相结合的整体作为一个区别，判断方案实际解决的问题是什么（如第三方支付，是由于规则的改变带来了技术实现的改变）。其次，仔细辨别，从技术实质上把握，其实际解决的技术问题是什么，在解决该技术问题的过程中是否克服了技术难题、技术障碍，方案采用的技术手段解决该技术难题是否是显而易见的，不应被商业规则所局限而导致理解的偏差。再次，如果获得的效果是利用计算机的系统化所获得的一般效果。例如，能够加快处理、能够处理大量数据、能够减少误差、获得一致的结果等，通常是涉及计算机化的可以预期的当然效果，且在实现上并不存在技术上的障碍。最后，考察是否是技术层面的内容，如果区别仅仅是单纯特定场景的应用，则并不能给方案整体带来技术性的贡献。

第 200980158990.9 号专利申请涉及一种方法，包括：

"通过由多个用户消耗的账户，向所述多个用户提供服务；

"获取实际余额，所述实际余额与由所述多个用户消耗的所述账户相关联；

"提出与所述账户相关联的各个影子余额，影子余额对应各个所述多个用户；影子余额包括：

"将所述影子余额与相应的所述实际余额相关联，……

"为所述影子余额设定可用余额数量，所述可用余额数量定义了所述多个用户在任一特定时间周期能够使用的实际余额最大值；

"为所述影子余额设定一时间周期，在所述时间周期之后，分配给所述影子余额的所述可用余额数量重置；

"接收其中一个所述多个用户对所述服务的请求；

"响应所述请求，获取为所述其中一个用户创建的所述影子余额的所述可用余额数量当前值；

"确定所述影子余额的所述可用余额数量当前值和所述实际余额各自足够支付请求使用所述服务的费用；

"向设备发起第一通信，以允许所述其中一个用户使用所请求的所述服务，影子余额和实际余额当前值均减去请求使用所述服务的费用；

"当确定所述影子余额的所述可用余额数量当前值或所述实际余额不足够支付请求使用所述服务的费用；

"向设备发起第一通信，以否决所述其中一个用户使用所请求的所述服务。"

对比文件1的发明构思是提供一种收入和授权管理的方法，服务器控制终端实现涉及影子钱包的借款方式，如果用户的消费额度超出影子钱包额度时，可以从主钱包或其他用户的影子钱包中借钱。

可见，该申请是一种用于控制共享服务消耗量的方法，阻止具有影子余额的用户，花费比账户实际余额更多的钱，实现保证资金共享和开销控制的功能。对比文件1是一种可提供借款功能的方法，可以说是鼓励用户尽量占用账户资金。二者的区别特征为：在处理支付请求使用所述服务的费用时，除了判断影子余额的当前数值是否足够支付所需费用外，同时判定实际余额是否足够，以及在支付费用后所述两者余额当前值要减去所请求使用的费用；并且当确定两者余额任一不足以支付所述费用时，否决用户使用所请求的服务。基于上述区别特征，可以确定发明实际解决的问题是：如何限制用户的消费活动，对用户的消费行为进行管理的问题。然而，该问题并不属于技术问题。

在日常的交易处理过程中，为了控制用户使用金额的数量，避免超出可用范围，通常会依据实际需求制定各种处理方式。例如，设置可用金额上限，仅在该上限范围内消费，达到上限时则拒绝其继续消费（该申请），或者不必拒绝其继续消费，而是基于一定的交易规则允许其可以向其他用户或金融系统借款/透支预定数额（对比文件）。

由此可见，所述区别涉及的内容实质上是基于实际的商业需求制定相应的商业规则，实现对用户消费金额的管理，以约束用户的消费行为，为交易活动的顺利开展提供条件。这是对用户服务消费行为进行管理以限制用户消费活动的商业规则，由此所解决的问题不属于技术问题，属于商业经营管理问题，不能为该申请的方案带来技术上的贡献，使其具备创造性。

第201710167183.X号专利申请的权利要求保护一种基于共治网格的党建信息管理

方法，应用于党建数据中心，所述方法包括：

"获取以党建管理员账号登录的第一终端发送的党员考评指令；

"提取所述党员考评指令中的党员账号；

"从共治网格数据中心和/或社区网格数据中心查询与提取到的党员账号对应的场所信息；其中，所述共治网格数据中心与所述社区网格数据中心定期同步所述党员账号对应的场所信息；

"从所述场所信息中提取场所巡检记录；所述场所巡检记录为共治网格巡检员和/或社区网格巡检员对党员账号对应场所巡检所输入的记录；

"将所述场所巡检记录发送至所述第一终端；

"接收所述第一终端根据所述场所巡检记录生成的党员评分；将所述党员评分与所述提取到的党员账号对应存储。"

该申请称其是针对目前的党建工作中，对党员的考评需要人工走访群众来收集信息，效率较低的问题提出的改进方案。所提供的党员考评方法，通过管理员终端向网格数据中心查询党员用户的信息，网格数据中心基于查询请求，获得党员的场所信息的巡检记录，其中的场所信息是同步更新，终端基于反馈的巡检记录生成党员评分并发送网格中心存储。

对比文件 1 涉及一种人力资源管理系统，其发明构思如图 5-5 所示：

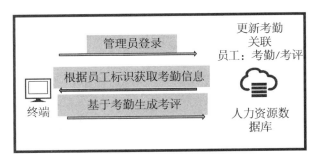

图 5-5 一种人力资源管理系统

而该申请的发明构思则如图 5-6 所示：

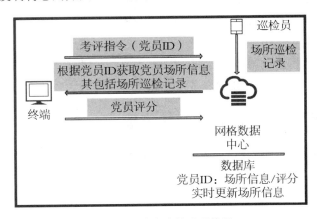

图 5-6 该申请的发明构思

该申请和对比文件1的区别特征为：1）权利要求中是多个网络中心；对比文件1是人力资源数据库；2）权利要求中涉及党员的管理，反馈的信息是基于党员的场所信息的巡检记录；对比文件1是人力考勤信息。基于区别特征2）可以确定实际解决的问题是基于党员的流动性属性对党员进行考评的问题。显然，该问题并不属于技术问题而是党员的管理问题，该区别没有给方案带来技术贡献。

第201410551192.5号专利申请的权利要求1要求保护一种基于"用心"工程的国网企业文化贯彻落地系统：包括服务器群（1）、多个物联网终端（2）、多个移动终端（3）和信息发布端（4），所述服务器群（4）包括第一主服务器（1a）、第一备服务器（1b）和多个区域服务器（1c），所述第一主服务器（1a）、……自动地将用户所在的位置信息与信息管理者发布的文化信息进行感知匹配，并将信息数据发送到基于地理位置信息的移动终端（3）中，所述信息发布端（4）是通过微信的形式由文化信息管理者向第一主服务器（1a）推送。

为了克服方案不具备创造性的缺陷，在修改权利要求时增加了如下大量物理结构特征"所述自动转换开关（5）包括主齿轮（51）、左从动齿轮（52）、右从动齿轮（53）、左拨动支架（54）、右拨动支架（55）和安装支架（56），所述左从动齿轮（52）和右从动齿轮（53）设置在安装支架（56）上且分别位于主齿轮（51）的两侧……，主齿轮（51）的内孔具有与横销（58）形状相匹配的上孔部（51a）和与电机轴（57）形状相匹配的下孔部（51b）；当上孔部（51a）位于横销（58）处相配合时，所述电机与主齿轮（51）联动；当下压主齿轮（51），上孔部（51a）脱离横销（58），主齿轮（51）可绕电机轴（57）独自转动，所述电机轴（57）上套设有弹簧（57a），……所述连锁件（56a）具有左摆动臂（56a1）和右摆动臂（56a2），当左拨动支架（54）向上运动时，左推块（541）推动左摆动臂（56a1）向上活动旋转，右摆动臂（56a2）向下活动旋转，阻挡右推块（551）向上活动；右拨动支架（55）向上运动时，右推块（551）推动右摆动臂（56a2）向上活动旋转，左摆动臂（56a1）向下活动旋转，阻挡左推块（541）向上活动"。

申请人为克服创造性缺陷而新增的物理结构特征是与发明构思无关的特征。因此，修改以后的方案仍然不具备创造性，不能被授予专利权的。

对于含有大量与发明构思无关的特征而且冗长的权利要求的创造性评判方式可以归纳为：对于区别是非技术特征的情形，可以认为没有解决技术问题，没有做出技术贡献；对于区别为技术特征的情形，在审查实践中，比较认可的做法是通过补充检索和说理的手段继续评述其创造性。

5.3.4 关于图形界面相关发明的审查

计算机图形学是图形图像技术发展的重要基石，与其相关的产业，如虚拟现实、医学影像处理等，发挥着越来越大的社会作用，计算机动画、计算机游戏等也取得了巨大的经济效益。伴随着计算机技术和图形技术的发展，计算机图形学相关发明专利的申请量逐年增多，申请人的数量也在不断增长，特别是国内申请量增长势头明显。

　　计算机图形学相关专利申请审查实践中存在的难点主要有以下方面：①计算机图形技术发展迅速，使得审查员的知识储备相对欠缺，对该类申请的审查经验不足；②存在大量涉及几何算法创新的申请，客体问题不易判断；③技术方案复杂，创造性评述难度较高。

　　进行客体问题审查时，通常认为应首先判断权利要求是否具有技术特征。如果权利要求中对其起限定作用的全部内容是利用纯数学算法计算图元的位置信息、相互关系，以及图元间的组合和拆分方法，解决的问题是如何计算图元的空间位置及如何生成三维空间中的图元，其所解决的问题、采用的手段及获得的效果都是非技术性的，属于一种单纯的数学运算方法，其算法过程中也未包括符合自然规律的技术手段，权利要求中不包含技术特征，则属于一种智力活动的规则与方法。

　　如果权利要求进一步涉及输入、输出、显示等技术特征，则权利要求就整体而言并不是一种智力活动的规则和方法，但是不属于智力活动的规则和方法并不意味着其一定满足专利保护客体的要求。并非权利要求中的任何技术特征均能构成解决技术问题并取得相应技术效果的技术手段，还需要进一步判断这些技术特征对于所要解决的问题和效果能否起作用，以及进一步判断所要解决的问题和效果是否是技术问题和技术效果，即判断是否符合发明的定义。只有采用的技术手段解决了发明所要解决的技术问题并产生相应技术效果才构成技术方案，才属于专利法保护的客体。

　　第 109650 号复审决定的涉案申请权利要求 1 要求保护一种三维图形裁剪方法，用于一计算机系统的一三维图形处理装置裁剪出一三维空间中至少一立体物件的一可视部分，"该三维图形裁剪方法包括：

　　"获得一三角形的多个顶点，且该三角形所在平面用以建构该立体物件；

　　"判断一视点是否位于一第一近裁剪平面与一远裁剪平面之间；以及

　　"根据该判断的结果，设定一第二近裁剪平面，并设定该第二近裁剪平面与该远裁剪平面之间为一视野范围，依据该第二近裁剪平面对该三角形进行一近裁剪程序。"

　　驳回决定认为，虽然权利要求 1 包含计算机系统的一三维图形处理装置的特征，但就其硬件结构而言，该设备只是一种公知的计算机图形处理装置，其并未对公知的硬件处理装置做出任何技术上的改进。另外，其所属的领域属于计算机图形学领域，不属于技术领域，该权利要求的方法要解决的问题是如何利用公知的图形处理装置实现三维图形的裁剪，采用的手段是编制由计算机执行的一种裁剪三维图形的执行程序，仅是一种数学算法，并没有与技术领域应用结合起来，获得的效果仅在于实现了对三维图形的裁剪，并非技术效果。由于该权利要求的方案所解决的问题，采用的手段及获得的效果都是非技术性的，因此不符合《专利法》第二条第二款的规定。

　　对此，复审合议组认为，根据涉案申请说明书背景技术中的描述可知，三维图形呈现技术是将观赏者在视点所看到、并且位在近裁剪平面和远裁剪平面之间的视野范围中的立体物件及场景，利用渲染程序以像素为单位使其显示在二维屏幕上。然而，在一些情况下，如高速运动的游戏场景中，视点有时会位于视野范围之内，此时，如果仍然采用原有近裁剪平面和远裁剪平面来设定视野范围，则会造成图形处理上的错误。因此，涉案申请方案所要解决的问题在于，在三维图形显示呈现过程中，当视点位于近裁剪平面和远裁剪平面之间时，如何设定正确的视野范围并进行相应的三维图形裁剪处理，上述问题属于技术问题。采用的手段在于根据视点的坐标数据判断该视点是否位于一第一近裁剪平面与一远裁剪平面之间，如果是，重新设定近裁剪平面，即第二近裁剪平面，其与所述远裁剪平面形成新的视野范围，并依据该第二近裁剪平面对该三角形执行近裁剪程序，从而获得可视部分的多个顶点的坐标数据。上述手段首先判断视点是否位于视野范围内，即视点是否与视野不匹配；其次如果视点位于视野范围内则调整视野范围，并根据调整后的视野范围对立体物件进行裁剪，使得立体物件形成与调整后视野范围相匹配。整个过程遵循视点变化导致视野变化，从而引发立体物件经裁剪后的可视部分联动地变化的自然规律。因此，上述手段属于遵循自然规律的技术手段；达到的效果在于避免为变化后的视点显示错误的立体物件可视化部分，属于技术效果。因此，权利要求 1 的方案属于技术方案。

在第 132750 号复审决定的涉案申请权利要求 1 要求保护一种用于接收输入来对值进行调整的方法，包括在图形显示上提供文档，所述文档通过用户输入文本创建并作为计算机文件存储；在该图形显示上的该文档内显示值；确定该值何时在该文档中被选择；响应于确定要编辑在该文档中选择的该值，显示用户界面元素，该用户界面元素显示指示符，该指示符与滑刷手势一起用于调整从该用户界面元素中的不同值中确定的在该文档中选择的该值；接收滑刷手势来调整该用户界面元素中的该不同值；当接收到该滑刷手势时，响应于该滑刷手势来将该用户界面元素的显示调整到新值；以及在将该用户界面元素的显示调整到新值时，将在该文档中选择的该值显示为改变成来自该用户界面元素的新值。从属权利要求 3 引用权利要求 1，进一步限定了显示该用户界面元素包括将可能值显示在对该值的显示之上，该显示包括显示值的可被设置在不同级别处的每一部分的可能值。

从属权利要求 3 与最接近的现有技术对比文件 1 的区别在于，还限定了所选择的需要调整的值具有不同的级别。对比文件 2 作为最接近的现有技术，公开了一种在触摸屏的图形用户界面上对值进行调整的方法，并具体公开了以下内容：在触摸屏上显示有月份列、日期列等用户界面，其中用户选择的是行 4968，即对行 4968 中的值进行调整，由此可知，对比文件 2 将行 4968 中的值分为了月份、日期等多个不同的级别，在每个不同的级别列中显示了对应级别的可能值的一部分，用户可通过在需要调整的列中输入垂直掠过的滑动手势，对相应级别对应的值进行调整。因此，复审合议组认为在该涉及图形界面的案件中，对比文件 2 公开了对于图形界面中的值进行调整，即其被现有技术公开，所解决的技术问题也相同。因此，权利要求 3 不具有创造性。

下篇

欧洲篇

第6章 法律规定及历史演变

1965 年，欧洲共同体上诉委员会起草了第一部欧洲共同体专利法，1969 年该草案被分为两个条约。1973 年 10 月 5 日，在第一个条约草案的基础上，16 个缔约国签订了《建立欧洲授予专利制度的公约》（即《欧洲专利公约》，*European Patent Convention*，下文简称"EPC1973"或公约）。该公约包含了 1883 年在巴黎签订的《保护工业产权巴黎公约》第 19 条所称的特别协定和 1970 年签订的《专利合作条约》第 45 条第 1 节所称的区域性专利条约，于 1977 年 10 月生效。同时，根据该公约的规定，实施细则、承认议定书、特权和豁免权议定书、集中化议定书及对第 69 条解释权议定书，都应该成为公约的组成部分。❶

EPC 为各缔约国提供了一个共同的法律制度和统一授予专利的程序。公约规定，欧洲专利组织下设两个机构，分别是欧洲专利局（简称 EPO 或欧专局）和上诉委员会。欧洲专利组织的任务是授予欧洲专利，这一任务在上诉委员会的监督下，由 EPO 负责审批。依据 EPC 授予的专利称为欧洲专利，其类型只有发明专利，有效期为 20 年。欧洲专利授权以后不能自动获得所有国家的保护，申请人需指定请求其专利获得保护的缔约国，自公布授予专利之日起，在指定缔约国内，欧洲专利授予其权利人与本国授予专利权的权利人同样的权利，并与该国的本国专利受到同样条件的约束。对于欧洲专利的维持、行使、保护，以及他人请求宣告欧洲专利无效，需由各指定的成员国依照国家专利法进行。EPC 的缔约国并不仅限于欧盟国家，其缔约国目前已经增加到包括 38 个协议国和 2 个延伸国，总共 40 个欧洲国家。

6.1 专利公约

与中国专利法相比，EPC 的修改比较频繁，目前 EPO 网站上已更新至 2016 年 6 月发布的第 16 版公约，并于 2017 年进行补充更新。在历次修改中最重要且改动内容最多的是 2000 年为适应经济全球化的不断深入、世界范围内的专利发展和合作不断加强的国际形势进行的修订，该次修订始于 2000 年 11 月 29 日 EPC 缔约国签署的《关于修改〈欧洲专利公约〉的法案》，与 1973 年签署的 EPC 相比，修订内容达 100 多项，不仅涵盖了程序性条款和实质性条款，还涉及了 EPO 上诉委员会决定审查、律师的证据特权等内容。修订后的 EPC（简称"EPC2000"）经所有缔约国批准后于 2007 年 12 月 13 日生效。

---

❶　王玢丽.《欧洲专利公约》与中国专利法律制度比较研究[D].天津:天津师范大学,2015.

EPC 第 56 条规定了创造性的审查标准，其文字表述在历次修订中并无变化，内容等同于"非显而易见性"，即发明与现有技术相比，对本领域技术人员而言是非显而易见的，则具备创造性。而现有技术包括了 EPC 第 54（2）条规定的"在欧洲专利申请日以前，依书面或者口头描述的方法、依使用或者依任何其他方法，公众可以得到的一切东西"，并排除了 EPC 第 54（3）条所称的申请日在欧洲专利申请日以前、但公开日在该日或该日以后的文件。EPC1973 中第 54（3）条所称的文件仅对于在后申请指定的缔约国有效，也可以根据在先申请公开的范围指定有效；EPC2000 则删除了第 54（3）条中文件对于地域的限制。

6.2　审查指南

审查指南是实审程序审查员需要遵从的规章，但 EPO 上诉委员会在专利案件的复审和异议程序中仅需要遵从 EPC 的规定，不受 EPO 审查指南的约束，在适当的情况下，他们还可以对 EPO 审查指南是否与公约相符提出挑战和疑问。EPO 在修订审查指南时，除更新引用的判例外，还会将 EPO 上诉委员会判例法中对于判例的论述写入 EPO 审查指南中。目前，EPO 网站上提供了 2001 年 10 月至 2019 年 11 月共计 14 版 EPO 审查指南，各版 EPO 审查指南中涉及创造性的重大修订内容如下。

2001 年版：2001 年 10 月发布的 EPO 审查指南适用 2000 年修订前的 EPC，含 A 部至 E 部。该版指南 C 部第Ⅳ章第 5 节中述及新颖性审查的规定及用于评述新颖性的现有技术涵盖范围；第 9 节述及创造性审查的规定，阐述了用于评述创造性的现有技术范围及判断显而易见性的方法、主体和注意事项，采用具体分为三步的"问题解决法"进行创造性评价；在附录中从已知技术手段的应用、技术特征显而易见的组合、显而易见的选择、克服了技术偏见 4 个方面提供了示例。

2001 年版 EPO 审查指南载明，在判断创造性时：①可以鉴于在后的知识解释任何已公开的对比文件，并且关注本领域技术人员在要求保护的发明的优先权日之前一般能够获知的全部知识（这与新颖性的判断截然不同）。在认定发明对现有技术的贡献时，首先应考虑申请人在说明书和权利要求书中承认是已知技术的内容；除非申请人声明有误，审查员应视申请人自认的已知技术是正确的。②一般必须将要求保护的发明作为一个整体考虑，唯一的例外情况是组合发明的各技术特征之间并不存在功能上的联系，即一项权利要求仅是"特征的集合或并列"，而非真正的组合时。③在"问题解决法"中，原则上该发明产生的任何效果都可以用作重新确定技术问题的基础，只要所述效果可从原始申请中得到，还可以根据申请人在审查过程中随后提交的新效果，条件是本领域技术人员能够认识到这些效果是由最初提出的技术问题暗示的或与之相关；当权利要求的技术方案可以提供多种技术效果时，可认为技术问题具有多个方面，每个方面对应一个技术效果，在这种情况下，每个方面对应的技术效果通常都应予以考虑。④"本领域技术人员"被假定为普通从业者（an ordinary practitioner），他

（们）应知晓相关日时本领域的普通技术知识，能够获知一切现有技术，特别是检索报告引用的文件，并且具有进行常规工作和试验的一般手段和能力；如果技术问题促使本领域技术人员在另一个技术领域寻找解决方案，则另一领域的专业人员就是适合解决该问题的人。⑤为评价创造性而要考虑的相关陈述意见和证据可以来自原始提交的专利申请，也可以由申请人在后续程序中提交。对于支持创造性的新效果，只有这些新效果在原始提交的申请最初所提出的技术问题中得到了暗示或者至少与其相关时，才能考虑这些新效果。

2003 年、2005 年版 EPO 审查指南：EPO 在 2003 年 12 月、2005 年 6 月分别发布了一版修订的 EPO 审查指南，对 2001 年版 EPO 审查指南进行了细化和完善。

在 2003 年版 EPO 审查指南中，对于原"新颖性"一章下的关于"现有技术"的规定单独成节，阐述了"为公众所知"的标准和"相关日"的含义。在"创造性"一章中：①补充了当本申请的优先权无效时的情况，明确如果产品、方法和用途权利要求具有不同的优先权日，则仍然需要根据中间文件分别审查其新颖性和创造性。②关于组合发明，对于"特征的组合"与"特征的集合或并列"以是否存在协同效应为依据进行了区分。③关于"问题解决法"，阐释了从本领域技术人员的角度出发，选择"最接近的现有技术"时各种因素的先后顺序，首先该现有技术应当具有与该发明类似的目的或效果，或者至少属于与请求保护的发明相同或密切相关的技术领域；应当考虑申请人本人在其说明书和权利要求书中自认的已知技术。在确定实际解决的技术问题时，无须考虑自身或与其他特征结合未能视为对技术问题的解决做出任何贡献的特征；并强调所确定的实际解决的技术问题中绝不能包含对技术方案的指引。是否存在启示的判断方法为"可能－应当法"（could-would approach），即判断的关键点不是本领域技术人员是否有可能通过改进或修改最接近的现有技术得到该发明，而是他是否本应当就会这样做，即现有技术能否让他看到解决客观技术问题的希望或者能够预期某些改进或有益效果，从而激励他这样做。④当发明是多个独立的"子问题"的解决方案时，必须分别判断解决每一个"子问题"的特征组合是否能够从现有技术中显而易见地得到；对于每一个"子问题"，可以将不同的文件与最接近的现有技术结合；但是对于权利要求主题的创造性来说，一个特征组合有创造性就足够了。⑤在分析现有技术是否给出启示时，该版指南引入了技术效果是否预料不到的考量因素，指出发明对现有技术仅做出可预料的变劣，仅对现有技术的装置进行任意非功能性改进，或者是仅在多种可能的解决方案中进行任意选择，均不具有创造性；如果本领域技术人员在考虑现有技术的情况下明显能够得到权利要求的技术方案，如由于没有可选择方案而造成"别无选择"（或称单行道，one-way street）的状况，预料不到的效果仅仅是红利效果（bonus effect），该红利效果不能给发明带来创造性。

2005 年版 EPO 审查指南对于现有技术补充了当相关技术为非官方语言时的规定。涉及创造性的章节变化主要是：新增了"选择发明"一节，指出如果这种选择与特定的技术效果相关联，且现有技术中不存在引导本领域技术人员进行这种选择的启示，则其创造性可以被接受（在所选择范围内产生的技术效果可能与在已知的更宽范围内获得的效果是同样的效果，只是程度出人意料）。并指出不要把评价数值范围交叉时不具备新颖性的情况中所提及的"真正纳入考虑"的标准与选择发明创造性的评价标准混淆；评价创造性必须考虑本领域技术人员在有希望解决所述技术问题或能够预料某些改进或优点的情况下是否应当进行这种选择，或者是否会选择交叉范围，如果答案是否定的，则要求保护的主题具有创造性。

2007 年、2009 年、2010 年版 EPO 审查指南：EPO 在 2007 年 12 月、2009 年 4 月和 2010 年 4 月发布了修订的 EPO 审查指南，各版本仍由 A 部至 E 部组成，涉及创造性的规定位于 C 部第Ⅳ章第 11 节。❶ 自 2007 年版起，EPO 审查指南适用生效后的 EPC2000。

2007 年版 EPO 审查指南除依据 EPC2000 的修订对相应内容进行适应性修改外，进一步明确了用于判断创造性的"现有技术"与其技术领域相关。对于实际解决的技术问题，对之前 EPO 审查指南强调实际解决的技术问题中绝不能包含对技术方案的指引进行了修正，明确了如果权利要求涉及在非技术领域内要达到的发明目的，在确定技术问题时，该目的可以合理地出现，作为所解决的技术问题构成的一部分，特别是作为必须满足的限制条件（T 641/00，OJ7/2003，352 和 T 172/03）。

2009 年版 EPO 审查指南关于创造性的章节并无修订。

基于互联网技术的快速发展，2010 年版审查指南在 C 部第Ⅳ章"现有技术"一节中新增了对于互联网证据的规定，阐述了如何确定互联网证据的公开日期、取证标准、取证责任，并对没有公开日期或公开日期不可信的证据、疑难情况、技术细节和一般说明给出了处理意见。在"创造性"一章中进一步指出，现有技术可以是所属领域的公知常识，且该公知常识无须记载在文字中，只有在受到质疑时才需要证明。

2010 年版 EPO 审查指南在创造性一章中的主要修改有：①提高了本领域技术人员的技术水平，将本领域技术人员由所属技术领域的"普通从业者"（an ordinary practitioner）假定为"熟练从业者"（a skilled practitioner），其具有平均的知识和技能，参与所属技术领域的持续发展；可以期待从相邻的技术领域或通用技术领域中寻求建议；如果有必要，他也可以从较远的技术领域中寻求建议；在判断创造性或充分公开时，本领域技术人员拥有同等的能力。②对于如何解释已公开的对比文件，该版指南排除了此前涵盖的在后知识，指出可以鉴于直至要求保护的发明的申请日（或有效的优先权日）当天（含）的知识来解释任何已公开的对比文件，所述知识包括本领域技术人员直至上述日当天（含）通常能够获知的全部知识。③对于"问题解决法"，明确了可以将一份或多份对比文件、对比文件的多个部分或者其他类型的现有技术（如在先使用公开或未以文字记载的公知常识）的公开内容与最接近的现有技术结合；只有确信所有请求保护的技术方案实质上达到了作为发明基础的技术效果时，才可以视为解决了技术

问题；对于"可能－应当法"，潜在的动机或潜在的可辨识的诱因应当足以使本领域技术人员有动机结合现有技术的特征。④将可预料的缺点、非功能性改进、任意选择，预料不到的技术效果、红利效果，和长期需求、商业上的成功明确为辅助性考量因素。

2012 年版 EPO 审查指南：基于审查实践，2012 年 6 月发布的 EPO 审查指南相比之前进行了大幅扩充。2012 年版 EPO 审查指南共含 A 部至 H 部，涉及"现有技术"的规定在 G 部第Ⅳ章单独成章，其中增加了对于非书面公开（如常规使用、口头公开）的现有技术、现有技术的交叉引用及现有技术存在错误时的规定。涉及"创造性"的规定被归入 G 部第Ⅶ章，为适应近年来计算机领域的技术进步显著、发明量增加的趋势，新增了对于含有技术特征和非技术特征的权利要求的审查的规定。

2012 年版 EPO 审查指南：①增加了对本领域技术人员所应具有的本领域普通技术知识的来源，明确了公知常识可来自不同资源，且无须依赖特定文件在特定日期的公开；指出判断某知识是否为公知常识时无须结合文件证据；并列举了何种证据可证明公知常识。②对于"问题解决法"，明确了当存在多篇等效的起点时，授予专利权需要对于上述每一起点都使用"问题解决法"逐一排除，驳回申请则只需基于一篇现有技术即足以表明请求保护的主题缺乏创造性；重新确定的实际解决的技术问题相对于现有技术的改进程度可能低于申请原始声称的技术问题的改进程度，如被重新确定为提供更多产品、工艺或方法。③给出了判断包含计算机的发明创造性时适用"问题解决法"的步骤，通过先区分权利要求中的非技术特征，判断其与最接近的技术型现有技术的区别特征是否为技术特征从而确定该权利要求是否具备新颖性和/或创造性。④在附录"第 3.1 项显而易见的选择"中新增了关于"别无选择"（又称"单行道"）的示例。

2013—2014 年版 EPO 审查指南：EPO 在 2013 年 12 月和 2014 年 11 月分别发布了一版修订的 EPO 审查指南，其增补内容不多，对相关规定进行了完善。

2013 年版 EPO 审查指南进一步明确了以技术特征和非技术特征的组合撰写权利要求的合法性，指出非技术特征甚至可以构成请求保护的主题的主要部分；但创造性仅能基于权利要求中清楚限定的技术特征。非技术特征在某种程度上并未与解决技术问题的技术主题相互作用，不会对现有技术做出贡献，因此在评价创造性时不予考虑。

2014 年版 EPO 审查指南指出：①对于存在多篇在评述创造性时等效的起点的情况，明确了只需基于一篇现有技术，驳回申请时无须讨论哪篇文件与发明"最接近"，仅需考虑所用的对比文件是否是评述创造性的可用起点。②对于"可能－应当法"，明确了当发明需要多步骤才能获得解决技术问题的技术方案时，如果要解决的技术问题逐步引导本领域技术人员得到技术方案，且每一独立的步骤基于已经完成的步骤和剩余的任务来看是显而易见的，则该技术方案是显而易见的。③对于包含计算机程序的发明，强调使用"问题解决法"时应注意避免遗漏可能对请求保护的主题做出贡献的技术特征，尤其是权利要求的技术特征被解释为用于分析目的时。④对于特征组合的发明，以单独活性物质作为试剂盒组成部分（"kit-of-parts"）方式撰写的制剂的专利性是可被接受的，代表已知治疗剂可从物理上分离出来，这些化合物可以同时、分别或先后使用，产生新的和难以预期的组合药效，这样的药效是基于化合物各自独立作用无法达到的。

2015—2018年版EPO审查指南：随着商业方法、计算机发明可专利性的提出，涉及含有技术特征和非技术特征的混合型权利要求的欧洲专利申请数量显著增加，基于审查实践，EPO在2015—2018年每年11月分别发布一版修订的EPO审查指南，以逐步完善对混合性权利要求的审查规定。

2015年版EPO审查指南进一步明确了创造性要求以非显而易见的技术手段解决技术问题，强调混合型权利要求适用"问题解决法"时应将权利要求所有特征的技术性及其贡献进行正确认定，尽管实际解决的技术问题中可能涉及未做出技术贡献的特征或发明实现的非技术性效果，但对于发明技术特性没有贡献的特征不能用于证明创造性，并以一件涉及单机操作的联网游戏发明作为示例。此外，对于预料不到的技术效果和红利，该版EPO审查指南指出，如果本领域技术人员需要从多种可能的方案中进行选择，不存在"单行道"情况，则预料不到的技术效果的产生通常被认为具有创造性。但该预料不到的性质或技术效果应得到清晰的表述，且产品或工艺并不要求一定要优于已知产品或工艺，只要证明其性质或效果无法预期即可。

2016年版EPO审查指南载明，自2003年版EPO审查指南提出的"实际解决的技术问题不应包含技术手段的指引"的原则仅适用于发明请求保护的客体中对发明的技术属性具有贡献的特征。该版指南还收录了4件判例［示例1（T 1670/07和T 279/05）、示例2（T 696/06）、示例3（T 102/08）、示例4（T 1227/05）］，具体阐释了在混合型权利要求中如何适用"问题解决法"。

2017年版EPO审查指南在"现有技术"一章中的主要修订内容有：①对于是否构成使用公开，补充了当事人声称存在默许保密协议时审查员应考察的因素，以及声称存在明确或默许保密协议时的举证责任；②补充了口头公开的举证标准；③明确了当文件的公开日存在争议时的举证责任，并引用判例指出当文件是广告册时，通常认为在其印刷后不久即解密。并且，该版指南在"创造性"一章中引入了评述发明创造性时"更有希望的跳板"的概念，并对混合型发明的分析过程进行了修订，同时引用示例（T 102/08）阐明了该情况下如何适用"问题解决法"的两层技术性分析（two-level technicality analysis）。

2018年版EPO审查指南澄清了几种可视为存在默许保密协议的情况，提出了关于保密协议的举证责任通常适用"概率平衡"的原则，给出了当现有技术可能存在错误时，本领域技术人员基于本领域的普通技术知识可以确定3种情况并据此区分其对发明专利性的影响。对于创造性，该版指南明确了申请人或专利权人不能通过提出一个"更有希望的跳板"以反驳发明不具有非显而易见性的论断。

2019年版EPO审查指南主要做了如下修改：①在论述"可能－应当法"中应当的动机时，删除了"希望解决客观的技术问题"这一动机；②在论述做出选择发明的动机时也将"希望解决客观的技术问题"删除；③增加判例 T261/15 所确定的内容；④增加了生物领域的创造性评判标准，合理的成功预期也构成了具有显而易见性的评判标准，并强调了"合理的成功预期"与"期望成功"是两个不同的概念。

6.3   判例法

EPO 上诉委员会的首份决定于 1979 年 3 月 1 日作出。❶ 1987 年起，EPO 以公报特别版的形式将 EPO 上诉委员会的重要决定收录、出版。自 1993 年起，EPO 总结了自 EPC 生效后 EPO 上诉委员会和扩大 EPO 上诉委员会作出的判例的实体内容，以《EPO 上诉委员会判例法》形式成书出版（又称"白皮书"），3～4 年更新一版，现已更新至 2019 年第九版。同时，EPO 公报每年还会出版一份特别版，总结扩大 EPO 上诉委员会的最新判例。需要说明的是，尽管 EPO 实审审查员在进行审查时通常需要参考公约、细则、指南和判例法，但这种判例（case）的地位并不能等同于普通法系国家的先例（precedent）的法律地位，由于在先和在后决定并非针对相同或相似的事实，因此 EPO 判例的作用主要在于提供审查原则或补充指南，而不能视为法律上的渊源。

以下简要说明历次版本的判例法对创造性评判的影响。

6.3.1   1987—1992 年版判例法

对于涉及创造性的评判，该版判例法收录了最接近的现有技术、本领域技术人员、创造性的检验和中间化合物 4 方面的相关判例和评述要点，以阐述创造性的判断原则及注意事项。

在最接近的现有技术一节中，该版判例法对于如何选取最接近的现有技术提供了两件判例，在 T 606/89 案中，EPO 上诉委员会明确了最接近的现有技术通常选择与该申请用途相似、对结构和功能改动最小的技术方案；在涉及已知化合物制备工艺改进的 T 641/89 一案中，EPO 上诉委员会指出最接近的现有技术仅能考虑那些描述了该化合物及其制备方法的现有技术。对于"问题和方案"的分析，其收录的判例强调确定实际解决技术问题的客观性，即该问题应相对于最接近的现有技术、基于该申请原始记载的内容而确定，不能基于该申请相关日后的知识而确定；该版判例法还阐述了，判断简单叠加的发明和组合发明时对现有技术教导的要求，以及当不同对比文件或同一对比文件的不同部分披露了相关的技术内容时，在何种情况下可认为现有技术存在结合启示。

关于本领域技术人员，该版判例法基于判例指出，本领域技术人员应被假定为知晓相关日前本领域普通技术知识的普通从业者，推荐将其设定为一群人而非单个人；其中收录的里程碑式判例 T 176/84 案、T 195/84 案等阐明了本领域技术人员应知晓相

---

❶ 《EPO 上诉委员会判例法 1982—1992 年版》前言。

邻技术领域或更上位技术领域的技术知识，指出对于同一专利申请，在判断充分公开和创造性时，本领域技术人员所掌握的知识水平应是一致的。

关于创造性的检验，该版判例法收录了涉及普遍需求、比较例、令人惊奇的效果、技术偏见、进一步考虑的次要因素、显而易见的新用途 6 方面的判例。在 T 197/86 案中，EPO 上诉委员会认为，用于证明预料不到技术效果的比较数据应是最接近的结构类似物与请求保护的主题针对可比较的用途进行的比较；T 390/88 案指出，质疑比较试验在何种环境下进行是不必要的；T 19/81 案等阐释了在何种情况下单篇专利申请说明书记载的内容可以被视为技术偏见，而 T 69/83 案、T 262/87 案表明了接受技术方案的缺点或忽视偏见并不意味着发明克服了技术偏见。

该版判例法还单独收录了关于化学中间体发明创造性判断的相关判例，在 T 163/84 中，EPO 上诉委员会认为，若中间体的后续终产物具备创造性，则中间体具备可专利性，但不能仅因为一个新的中间体化合物通过一种具备创造性的多步骤工艺制得并制备得到了最终的已知化合物就认定该中间体化合物具备创造性。然而在 T 648/88 中，EPO 上诉委员会则持有不同观点，认为对于用于制备已知化合物的中间体化合物，当其用于制备具备创造性的化学工艺、具备创造性的后处理方法或是一个具备创造性的完整工艺的组成部分时，该中间体化合物具备创造性。

6.3.2　1996 年版判例法

基于审查实践的积累，1996 年版判例法对于涉及创造性的评判从内容架构和收录案例等方面均进行了大幅修改。

首先，在概述部分，EPO 上诉委员会通过判例 T 181/82 案、T 164/83 案和 T 317/88 案开宗明义地指出，技术进步并非 EPC 规定的可专利性的要求，在支持发明具有创造性的理由中，与在售产品相比具有技术进步不能替代相比最接近的现有技术具有创造性的证明标准。其次，该版判例法将前版判例法中"问题和方案"下提出的判断创造性的三步骤归纳为"问题解决法"，强调应基于发明人的客观成就评价创造性，认为该方法有助于避免"事后之见"，但也明确了"问题解决法"仅是评价创造性的方法之一而非唯一方法。最后，该版判例法从最接近的现有技术、技术问题、本领域技术人员、创造性的检验、判断创造性的次要因素、显而易见性的证据阐释了创造性评价的标准。

关于最接近的现有技术，该版判例法从最接近的现有技术的确定、选取最接近的起点、以早期在先文献作为最接近的现有技术 3 方面提供了更多的判例，阐述了在选取最接近的现有技术时应遵循的注意事项，提出了"最有希望的跳板、最接近的起点"的选择标准，还列举了正、反两方面的判例说明了将早期文件作为最接近的现有技术的条件。

关于实际解决的技术问题，该版判例法阐述了如何确定技术问题、重新构建技术问题的合理性及注意事项，提出确定技术问题的原则包括应遵循客观标准、避免过度抽象以至于偏离了本领域技术人员的实际构思过程、不允许仅基于申请日或优先权日之后可知的技术、所确定的技术问题不应包含技术手段；明确了重新确定技术问题时哪些技术效果可被考虑在内，并特别就为已知技术问题提供替代方案、针对未知技术问题提供方案的情况收录了判例。

关于本领域技术人员，该版判例法基于已有框架新增了判例，并针对新技术发展趋势单独论述了生物技术领域本领域技术人员的定义；就本领域技术人员在邻近领域的知识水平新增了正、反两方面的判例，明确了何种情况将允许或阻碍本领域技术人员从邻近领域获得技术教导；论述了何种类型的知识可以被视为本领域技术人员掌握的本领域普通技术知识；并明确指出判断发明是否公开充分和是否具备创造性的技术水平是一致的。

关于创造性的检验，该版判例法首次明确了判断原则包括"可能—应当法"，即技术上可行和无障碍仅是重现实验的必要因素，显而易见性还意味着对成功的合理预期，并就遗传工程和生物技术领域案件提供了判例，提出"显而易见的尝试"并不一定意味着有"合理的成功预期"，但也不应将合理的成功预期与可理解的"希望成功"混淆。该版判例法还针对以下类型的发明论述了创造性判断的标准：组合发明、特征的组合、类似用途、对比文件的组合、化合物的结构相似、涉及合金的发明、等同方案、问题发明、已知手段的新用途、可想象的产品、材料的替换、显而易见的新用途、中间体、改进性能的需要、参数优化、商用方法的小幅改进、类似工艺、缺乏创造性的实例等，具体包括区分了技术特征的简单叠加和技术特征间存在相互作用的组合发明，前者的技术特征或特征组间不存在相互影响，产生的技术效果未超出各自单独效果的组合；首次明确未对技术问题的解决做出任何贡献的技术特征不能用于证明创造性；提出涉及相似用途的发明创造应判断有益效果是否可预期；关于对比文件的组合，新增的判例指出本领域技术人员不会显而易见地结合那些对现有技术的发展趋势不存在技术启示或与现有技术教导的发展趋势相悖的独立的、早期的文件；提出对于相似结构的化合物发明，应考察结构差异是否小到不足以对解决技术问题的重要属性产生本质影响；针对问题发明，明确未知问题可能产生可授予专利权的主题；涉及已知手段的新用途发明，应该考察用途与已知手段已解决的技术问题是否相同等。

关于判断创造性的次要因素，收录的判例涉及技术偏见、文献年代、商业成功、长期需求得到满足、简单的方案、预料不到的效果等方面，包括提供了技术偏见和克服技术偏见的判断标准，明确技术偏见应是本领域专家广泛或普遍坚持的观点，一篇专利说明书的记载不足以表明是技术偏见，存在技术偏见的举证责任在专利权人（或专利申请人）；列举了何种情况下证明文件与该申请之间间隔时间长可视为具备创造性的证据；原则上不认可单独的商业成功可证明具备创造性，而需要考察该成果是否源于满足了长期需要并与技术问题相关，与市场竞争对手有获得共同使用权的努力并不必然表明该技术方案具备创造性；对于预料不到的技术效果，首次提出了"红利效应"和"单行道理论"，强调了对比实验的比较基础，列举了无须提出对比例的情形。

6.3.3 1998 年版判例法

1998 年版判例法基本延续了 1996 年版判例法的框架，通过新增判例细化了评价创造性的标准，包括在创造性的简介部分，进一步强调专利的独占性应与其技术贡献相匹配；将"问题解决法"扩充为四步，即增加了在确定了"最接近的现有技术"后，评价请求保护的发明与最接近的现有技术相比达到的技术效果的步骤，在此基础上再确定"实际解决的技术问题"。

关于最接近的现有技术，EPO 上诉委员会在其一般原则中首次提出首先应考虑的因素为该对比文件是否指向与该申请相同的目的或效果；示例了何时可将两篇文件的组合作为最接近的现有技术；引用判例强调 EPC 第 54（2）条将现有技术定义为包括公众可获得的所有事物，并未对时间做任何限制，即明确了不能仅因为对比文件的公开日期久远就将其视为本领域不再使用的过时技术或无法给出教导。关于实际解决的技术问题，EPO 上诉委员会进一步提出说明书附图和说明书的效果也可能被用作重新构建实际解决技术问题的基础；在涉及替代方案的发明中，指出具备创造性并不要求该申请相对于现有技术显示出实质或逐渐的改进，针对已知问题的改进方案不会阻碍后期对同一问题提出另一个非显而易见的解决方案。

关于本领域技术人员，EPO 上诉委员会规定了其不具备创造力，并通过判例说明了当应用"问题解决法"时本领域技术人员的水平，界定合适的技术人员的出发点应基于由现有技术确定的发明实际解决的技术问题，与争议专利给出的对技术人员的其他定义无关；认为生物领域的本领域技术人员的态度被认为是保守的，即他不会违反已经确定的偏见，不会试图进入不可预知的领域，也不会冒不可估量的风险；无证据表明存在技术障碍并不意味着发明可被或不可被获得；通过科学研究而非常规实验方法转用至邻近领域的发明具备创造性。EPO 上诉委员会还指出，论文和科技期刊是否能被视为本领域的公知常识主要取决于其专业性和国际声誉；现有技术不必是教科书文字记载的内容，其也可以仅是本领域技术人员的"智力储备"，但在存在争议时需要以文字或口头证据提供证明。

关于创造性的验证，EPO 上诉委员会提出"可能—应当法"即本领域技术人员应具有特定的技术目的而不是毫无根据的好奇心；明确现有技术也应被整体看待，而不是任意割裂出部分信息以推导出与对比文件整体教导截然不同的技术信息；将材料的替换与相似用途类发明的判例合并，明确指出使用新材料时遇到的问题不会阻碍本领域技术人员将该材料用于解决特定的改善目标，特别是当现有技术已经教导了解决该问题的方式时；将结构相似性、中间体相关内容合并到化学发明部分，并提出在没有进一步证据时，一类化合物中个别化合物的效果不佳并不意味着该类化合物无法产生相应的技术效果，结构相似的发明应慎用生物电子等排原理；补充了对于范围宽泛的权利要求，证明具备创造性的技术效果原则上应当在发明要求保护的所有范围内都能实现，并规定了举证责任；补充了关于权利放弃的判例，说明了何种情况可允许通过放弃克服不具备创造性的缺陷；补充了医药领域的判例；补充了某些情况下缺乏创造性的示例，如单纯颠倒程序步骤、有目的地选择、从人工到自动化的通用趋势和常规试验的方案不具备创造性。

6.3.4　2001 年版判例法

2001 年版判例法的重大改动之一在于丰富了最接近的现有技术的选择范围，补充了相同的目的或效果、技术问题的相似性、最有前景的跳板的标准。确定最接近的现有技术，首先必须考虑的是其必须与发明具有相同的目的或效果；作为评价一项发明是否具备创造性的起点的现有技术，应涉及与涉案专利相同或相似的技术问题，或者至少应涉及与涉案专利相同或密切相关的技术领域；被视为最接近的那份现有技术应使本领域技术人员最容易获得该发明。此外，该版判例法还收录了涉及已知产品生产方法的改进类发明的判例，认为其最接近的现有技术应限于描述该化合物及其生产方法的文件，该观点同样适用于除化合物外的其他产品的生产方法。

2001 年版判例法对于实际解决的技术问题归纳了"事后分析"的几种情况，并收录了无解决方案的提示、争议专利描述的技术问题方面的判例，明确了在确定技术问题时是否需要考虑发明声称的优点在于这些优点是否仅是断言而没有提供充分的证据支持发明与最接近的现有技术的对比；关于本领域技术人员能否从不同技术领域的日常用品中获得启示，EPO 上诉委员会认为必须考虑个案中产品的相关性。

关于创造性的验证，EPO 上诉委员会在"可能—应当法"中再次强调应避免在解读现有技术文件时受发明所解决技术问题的影响；在组合发明中确定了当涉及大量引证文件时应询问技术人员为什么考虑特定组合中的文件，以及在不知道该发明的情况下是否有理由这样做的原则；基于前版判例法中涉及"组合特征"的判例，提出了在判断组合特征的创造性时不考虑对问题解决方案无贡献的特征的原则；增加了涉及可预见不利的或技术上非功能的修改类型发明的判例，认为"发明"隐含技术性质，增加无技术功能的特征、没有技术关联性且从技术角度来看属于任意的修改、不能通过任何非预期的技术优势来补偿可预见缺点的修改不具备创造性；关于化学发明中涉及中间体的发明，EPO 上诉委员会认为与其相关的现有技术既包括"接近于中间体"的现有技术，也包括"接近于最终产品"的现有技术；简化复杂方案类发明是否具备创造性应考虑简化所带来的好处是否能合理地超越所带来的性能损失。

关于判断创造性的次要因素，新增判例进一步指出了存在"技术偏见"的证据还包括例如技术在不同方向的发展；而对于"红利效果"，EPO 上诉委员会认为，一旦证明本领域技术人员根据现有技术可以构想出解决实际技术问题的特定解决方案，该发明是否内在地解决了其他技术问题不会使其具备创造性。

6.3.5　2006 年版判例法

2006 年版判例法的重大修改涉及实际解决的技术问题及创造性的评价两方面。

首先，对于如何构建技术问题，该版判例法将前版中"事后分析"—无解决方案的提示、争议专利描述的技术问题两部分的判例合并为"技术问题的形成"一节，将判例归纳为无解决方案的提示、专利申请中作为出发点而构建的问题、缺乏单一性时部分技术问题的构建三方面，提出陈述技术问题的具体性应该完全基于区别特征所达到的技术效果，即既不能含有解决方案的要素或提示，也不能太"宽泛"以至于避开了现有技术对要求保护技术方案的贡献；重要的是本领域技术人员将该发明与最接近的现有技术进行比较时客观上视为问题的问题。对于缺乏单一性的技术方案，应确定各技术方案对应的部分技术问题来单独判断创造性。该版判例法还补充了判例以强调重新构建的技术问题应基于权利要求整个范围所实现的效果，并遵循最低限度的特点。

其次，该版判例法将创造性判断中"可能—应当法"及"成功的预期"的相关判例独立成章，强调了上述因素在判断创造性时的重要性；在创造性的评价中首次系统提出了当技术方案中包含技术特征和非技术特征这一发明类型的评价方法，从发明的技术特征出发，阐释了如何在此类发明中适用"问题解决法"、是否需要分割发明的技术特征、如何评价其技术效果进而确定其实际解决的技术问题的步骤和注意事项；对于"权利放弃"，扩大 EPO 上诉委员会认定，与创造性或充分公开的判断相关或变得相关的权利放弃将违反 EPC1973 第 123（2）条的主题，并删除了相关判例；该版判例法还新增了"在几个显而易见的方案中选择一个方案""一些显而易见的步骤"不具备创造性的示例。

此外，2006 年版判例法进一步明确，确认发明具备创造性需要将该发明与所有可能的方案对比进行评价，而确认发明不具备创造性只需针对可行方案（至少）之一显而易见即可；选择最接近的现有技术时不能选取那些目的不相关的或目的明显存在缺陷的现有技术；当涉及具有特定性质的化学物质的特殊方法发明时，首先应考虑性质描述上相近的、恰好使用前述特定性质的具体化学物质的方法的文件为最接近的现有技术；而对于陈旧的技术能否作为最接近的现有技术，EPO 上诉委员会认为在专利的优先权日之前仅五年公开的文件无论如何也不代表过时的技术，即便是在诸如数据图像处理这样快速发展的领域也是如此；EPO 上诉委员会通过判例 T 26/98 案总结了确定本领域技术人员的一般原则；该版判例法还单独收录了确定计算机领域本领域技术人员的判例；在判断创造性的次要因素中，EPO 上诉委员会将科学界对于商业实施、许可及发明人权益的认可视为构成了令人信服的次要因素，并补充了化妆品类发明中对比试验证据的要求。

6.3.6　2010 年版判例法

2010 年版判例法的重要修改涉及技术问题、成功的预期和化学领域的发明三部分内容。

关于技术问题，2010 年版判例法新增了在后公开的文件对于解决技术问题的影响，通过判例说明了在后公开的证据何时可以证明申请确实解决了声称要解决的技术问题。

EPO 上诉委员会指出，发明的定义为解决而非仅提出一个技术问题，补充性的在后公开的证据不能作为确定申请确实解决了声称要解决的技术问题的唯一依据。对于成功的预期，EPO 上诉委员会阐述了何为"试试看"的情况，即如果考虑到现有技术的内容，技术人员已经清晰地设想了一组化合物或者一个化合物，然后通过常规实验确定这些化合物是否具有理想的效果，这就属于"试试看"的情况；并区分了成功的合理预期和成功的确定性，"试试看"与完全没有合理的成功预期不同。该版判例法首次对化学领域的发明进行整理归纳，将该领域的"问题解决法"明确为六个步骤，依次为确定最接近的现有技术、根据最接近的现有技术确定技术问题、确定解决方案、证明解决方案的成功、任选地重新表述技术问题、基于现有技术的水平审查解决方案的显而易见性；其判例涵盖了结构相似的发明、范围宽泛的权利要求和中间体三方面。

此外，2010 年版判例法还对如下内容做出补充和完善：①基于 T 211/06 讨论了 PCT 申请背景技术部分公开的内容能否作为发明的起点评价创造性，指出其判断标准为是否存在客观证据证明其处于公众可获得的状态。②明确"问题解决法"中的问题必须属于在优先权日可能会要求所属技术领域的技术人员解决的技术问题，非技术领域待实现的目标不属于发明对现有技术所做的技术贡献部分。③关于本领域技术人员的水平，规定其所掌握的现有技术包括在先使用的技术，即现有技术为公众所知的不同方式之间地位等同；其有能力从事常规工作和实验，能够找出解决方案并做出选择以尝试解决突然出现的技术问题而非中途放弃。④对于包含非技术特征的发明，尽管一些判例仅考虑技术特征来判断发明是否具备创造性，但 EPO 上诉委员会也认为判断商业方法的创造性时应当尽可能避免一开始就切分商业特征和技术特征；并通过判例 T 641/00 案、T 1284/04 案等首次通过 COMVIK 法分析该类型发明中如何确定实际解决的技术问题。⑤在不具备创造性的示例发明中，指出此类涉及自动化的发明除对工艺中单个步骤提供自动化的特征外，还可以引入为监测、控制和调节单个工艺步骤提供自动化的特征；在几个显而易见的方案中选择一个方案的发明包括那些缺乏技术启示但无法区分请求保护的方案与其他方案的技术效果的发明；从显而易见的替代方案中选择的发明也不具备创造性。⑥关于评价创造性的次要因素，EPO 上诉委员会将专利权人的竞争对手已经使用了该专利的教导并提交了相关申请视为证明该专利具有创造性的证据；如果技术人员为了解决问题的关键部分而对现有技术的教导进行组合，则即便预料不到的额外效果同时解决了问题的另一部分，原则上也不具备创造性；对具有证明力的比较试验提出了可再现的要求，即该实验过程应使本领域技术人员能够可靠且有效地再现。

6.3.7　2013 年版判例法

2013 年版判例法的重要修改涉及最接近的现有技术的选择和技术问题的确定。

关于最接近的现有技术，该版判例法补充了确定最接近的现有技术的通用规则，包括确定相关现有技术后需考虑技术人员在掌握所有关于要求保护发明技术背景的可用信息后是否有足够理由将该现有技术作为进一步发展的出发点；规定 EPC1973 第 54 条下的"现有技术"应理解为"现有科学技术"，EPC1973 第 54（2）条的"所有事务"应理解为某技术领域的相关信息（T 172/03）；未经确定的引用于专利中的"现有技术"不构成 EPC1973 第 54（2）条中的现有技术。同时，2013 年版判例法对"最有希望的起点"的确定标准进行了丰富和补充，将"最有希望的跳板"标准与之合并，指出被视为最接近的那份文件为本领域技术人员提供了到达该发明的最有希望的跳板，即从该起点出发发明的主题是最显而易见的；并就起点的类型、现有技术存在缺陷、现有技术的保密状态、现有技术的推测性四方面对相关技术是否能作为最接近的现有技术提供了判例。

关于实际解决的技术问题，2013 年版判例法归纳了重新构建技术问题时的通用规则，包括在说明书确定了具体技术问题的情形下，可允许申请人或专利权人针对比原始专利申请或授权专利说明书中引用的现有技术更加接近该发明的新的现有技术修改该技术问题；新的技术问题需要借助权利要求中的区别技术特征、运用"问题解决法"来确定，且应客观、更具限制性；必须能根据现有技术从原始说明书限定的范围内推导出来，或者如果最初提出的技术问题暗示了在程序进行中随后提交的新效果或者与其有关。该版判例法还通过判例强调优先权日前的公知常识可用于解释专利申请或授权专利的内容，在后公开的证据仅能用于支持申请中推导出的内容；在证据质量方面，规定对于"似乎可能的"效果不要求实现该效果的"绝对证据"。

此外，针对以下具体问题，2013 年版判例法给出了具体的指引：①针对"问题解决法"，EPO 上诉委员会进一步指出，在给定的证据情形下，无论是否采用"问题解决法"，关于创造性的结论应是相同的；②对于"可能—应当法"，EPO 上诉委员会强调判断创造性必须确定基于最接近的现有技术或者从其推导出的目标技术问题判断技术人员是否有很好的理由引入另外的现有技术，并将其用于最接近的现有技术的工艺流程或装置中，必须确定现有技术中存在促使技术人员应当使用必需的技术手段的指引；③对于某些技术领域尤其是遗传工程和生物技术领域可预期的成果，该版判例法对合理的成功期望和"试试看"的情况进行了归纳；④对于处理技术特征和非技术特征时评价技术效果、构建技术问题的标准，该版判例法提供了更多判例；⑤另外，在该版判例法中，EPO 上诉委员会还提出了在评价创造性时，现有技术中仅存在教导并不代表技术方案的显而易见性，而应考察技术人员在尝试解决潜在的技术问题时是否会将已知的教导进行组合，强调应当避免任何试图曲解现有技术的公开内容或歪曲公开内容的正确技术教导以达到要求保护的主题；⑥对于化学领域的发明，EPO 上诉委员会认为在药物设计领域，在未证实药理活性化合物的结构特征和活性之间关系的情况下，对该化合物的任何结构修饰会被预期扰乱原始化合物结构的药理活性机制。另外，补充了涉及从无定形态到晶体发明的判例，认为在缺乏任何技术教导和缺乏任何不可预期的性能的情况下，仅仅提出一种已知药物活性化合物的晶体不具备创造性；⑦该版判例法也丰富了缺乏创造性的示例，认为源于常规测试、规则和手册推荐的做法而不可避免地获得增强效果的专利申请均不具备创造性；⑧对于如何证明技术偏见，EPO 上诉委员会延续了一贯的严标准，再次强调证明存在技术偏见的标准几乎和本领域对公知常识的要求一样高，有限数量的个人持有该观点或想法、在给定公司（无论公司多大）范围内的普遍看法、针对本领域目标读者群的少量出版物均不足以证明存在技术偏见。

6.3.8　2016 年版判例法

2016 年 7 月颁布的该版判例法的重大修订涉及对权利要求中包含技术特征和非技术特征的"混合发明"的创造性审查标准进行了大幅扩充，给出了较为系统的创造性评价处理方法。EPO 上诉委员会认可了混合发明类权利要求撰写方式是合法的，总结评价其创造性的主要原则为必须根据发明的技术特征，即那些对于发明的技术特性有贡献的特征进行分析；非技术特征因其"本身"对现有技术没有技术贡献因而在判断新颖性和创造性中可以被忽略；为了达成"问题解决法"的目标，该问题必须是技术问题，通过利用在非技术领域达到的目标形成的技术问题并不构成发明相对于现有技术做出的技术贡献。

具体而言，①EPO 上诉委员会强调了发明请求保护的主题必须具有技术特性，换而言之，应包含"技术教导"，即指引技术人员如何使用特定技术手段解决特定技术问题。并将对技术特性的要求与 EPC1973 第 53（1）条的其他要求（尤其是新颖性和创造性）相分离和独立，判断时无须依赖于现有技术，表现为技术方案整体上具有技术效果。混合发明中非技术手段的使用并不影响整体教导中的技术特性，EPC 不要求一个可授权的发明绝对或主要具有技术性质。②EPO 上诉委员会认为判断发明是否具备创造性只能建立在两个技术因素的基础上，即区别技术特征及相对最接近的现有技术而言请求保护的发明取得的技术效果。当判断混合型发明的创造性时，所有对于发明的技术特性有贡献的技术特征都应被考虑在内。若特征本身没有对发明的技术特性做出贡献，或特征原则上虽然具有技术性，但是在请求保护的发明中并没有任何技术效果时，不能认定该特征对发明的创造性具有贡献，这与特征本身是否显而易见无关；若特征单独考虑时是非技术特征，但整体上对于技术目的产生了技术效果而对发明的技术特性有贡献，在判断创造性时也需考虑在内。③使用"问题解决法"评价混合发明创造性的传统方法为根据 T 641/00 的 Comvik 法，该方法适合在技术部分更具实质性和/或存在相关现有技术的情况下使用，在具体实践中该方法认为任何非技术特征与现有技术没有差异，不需要在后续步骤中考虑，无须判断它是否具有技术贡献。而对于涉及潜在非技术特征的方法，EPO 上诉委员会认为判断一个特征是否具有技术贡献，并不取决于特征本身，而取决于它的技术特性，即将其引入之前未包含该特征的客体之后所带来的效果的变化；仅当这些非技术特征能通过与技术特征相互作用解决技术问题从而对权利要求的技术特性做出贡献时，才可将其纳入创造性评价的考查范围。EPO 上诉委员会还考虑到了非技术特征是否会与技术因素交互以产生技术效果，当技术因素仅是非技术因素的支持但没有其他方式相互作用，则发明没有使用技术手段从而不能被授权。EPO 上诉委员会还阐述了虚构的技术问题，即由实质上被排除的主题形成需要实现的目标能否证明创造性，明确需要区分排除的和非排除的主题，质疑本质上被排除的主题是如何实施的，对于特定实施方式的考虑只能集中于前述与具体特征有关的任何进一步的技术优势或效果，和被排除主题中固有效果和优势的影响。④混合发明适用"问题解决法"时须界定发明所属技术领域以正确定义实际解决的技术问题，EPO 上诉委员会认为在确定技术问题时不能仅因为一些特征出现在权利要求中就要将其自动排除在外，允许将非技术领域要实现的目标作为其中的部分内容构建实际确定的技术问题，特别是作为其中一个需要满足的强制条件。⑤2016 年版判例法就判断混合发明中常见的特征（涉及与信息呈现、软件制作元法、数学算法相关的特征）是否为技术特征提出了标准，认为判断关于信息呈现的特征是否为技术特征时需要考虑其是否有助于解决技术问题，收录的判例涉及基于数据可视化的智力活动、数据的显示和用户偏好类技术方案，并认为软件设计和开发在纯概念方面通常不会对创造性做出贡献，数学算法只有在其用于技术目的时才被认为具有技术特性。

此外，2016 年版判例法还针对如下创造性审查标准补充了判例，包括①针对"问题解决法"，EPO 上诉委员会强调了非显而易见的技术方案应当实质上具有声称的技术效果，并通过判例阐述了如果就该问题提出质疑时的处理标准（T 2001/12），即区分该问题的产生是否与权利要求的限定相匹配，并分别以 EPC1973 第 84 条（得到说明书的支持）或第 56 条（创造性）的规定提出异议；明确"问题解决法"不要求申请详细说明特征与优点或技术效果之间的精确对应关系。②对于最接近的现有技术的选取，EPO 上诉委员会从法学角度总结了如何确定最接近的现有技术，即"最接近的现有技术"不意味着该现有技术必须绝对足够接近请求保护的发明，仅需其比其他现有技术公开的内容更加接近请求保护的发明即可；指出确定该发明的目的不能基于申请说明书中陈述的目的进行主观选择，而必须结合权利要求进行解读，将申请文件作为一个整体，考察请求保护的发明能够实现什么；在选取相同目的还是相近目的的文件为最接近的现有技术时，EPO 上诉委员会给出的标准是即使存在相同目的的现有技术，也不排除以相近目的的现有技术作为同样可行甚至更好的最接近的现有技术的选择；对于推测性的现有技术，阐明若该现有技术仅描述了存在未来潜在可行性而未描述具体的实现手段，则客观上不符合现实可行的起点或最有希望的跳板的选择标准；对于陈旧的技术，EPO 上诉委员会明确了仅仅是因为后续申请的说明书更加详细而忽视在先申请并且选择后续申请作为最接近的现有技术是不正确的。③对于技术问题的确定，该版判例法再次强调技术的地域性不影响其能否作为现有技术；确定实际解决的技术问题仅需考虑相对于最接近的现有技术实际取得的效果，只要该效果涉及相同的使用领域并且没有改变发明的特性，但不应考虑没有任何实验数据证实的断言性改进效果；可用于证明创造性的对比试验必须能够证明技术效果的唯一根源来自权利要求中发明特有的特征；在本领域中不具有明确的、清楚的定义的术语不能用于确定要解决的技术问题。④EPO 上诉委员会一再强调创造性评价应避免"事后分析"，指出即便假定提出的解决方案可能来自公知常识，若违背了最接近的现有技术公开内容的本质，则不能选择该解决方案。⑤该版判例法还通过化学领域涉及协同效果的案例，指出协同在原则上不可预期因而不能被归因于特定的作用机理和/或结构；认可问题的发现可作为具备创造性的证据。⑥该版判例法新增了涉及将最接近的现有技术中的装置付诸实践，以及涉及动物实验和人体临床实验的技术方案不具备创造性的示例；对于文献的年代，EPO 上诉委员会还考虑到了文件所证实的相关技术领域的实际发展情况。

6.3.9　2018 年增补版判例法

2018 年增补版判例法是对 2016 年判例法的补充修订，其中增加了 2017 年 EPO 上诉委员会新发布的部分判例。

2018 年增补版判例法增补的内容不多，除补充不具备创造性的示例以外，主要包括①在"最接近的现有技术"一节，增加了对现有技术文献中公开的预测性信息的处理意见，通过判例（T 725/11）指出，尽管现有技术并未公开技术细节和效果数据，但是本领域技术人员从现有技术公开的内容能够预期到发明的技术方案，不能仅仅因为技术人员不确定其最终的可预测性就将其排除在外。②在发明的技术特征一节，进一步通过判例说明了非技术特征不影响对发明创造性的评价（T 630/11、T 1463/11）。③在"与数学算法相关特征的评价"一节，EPO 上诉委员会再次重申，只有当所要求保护的方案中的至少一个技术特征实现了至少一个技术效果时，才能由此定义技术问题（T 641/00）。④强调了可根据次要因素判断发明是否具备创造性的观点（T 1892/12）。

6.3.10　2019 年版判例法

2019 年 7 月颁布的新版判例法与前版判例法的整体框架和章节设置基本相同，并对各章节增补了新的判例，主要的修订内容集中在最接近的现有技术的选择和本申请公开内容的解读两方面。

2019 年版判例法具体的修订内容有：①在问题解决法的总体介绍部分，2019 年版判例法增加了对于现有技术中"隐藏"特征（只能通过数学分析等手段获知）的处理方式，EPO 上诉委员会指出，如果这样的信息是可公开获取的，那么该分析手段的实施是否存在影响因素并不重要，最接近的现有技术中所有可公开获取的技术特征在评价创造性时均应该被考虑（T 2517/11）。②在通过在后公开的文件确定技术问题时，EPO 上诉委员会明确指出，不能以本申请未记载为由而忽略申请日后提交的对比实验证据，最接近的现有技术不一定是原始申请中引用的，重点在于考察试图证明的技术效果是否是原始申请中已经明确提及的（T 2371/13）。③EPO 上诉委员会还认为，在新技术即将推广到传统领域的情况下，将来自两个技术领域的人员分组到开发团队中是常见的做法（T 15/15）。④在确定技术问题的环节，EPO 上诉委员会指出，客观存在的技术问题是发明必须达到的要求，评估哪些是技术特征哪些不是技术特征是确定客观技术问题的关键步骤。技术特征与现有技术之间存在非显而易见的差异导致肯定的创造性结果，而非技术特征的非显而易见的差异则导致否定的创造性结果。⑤在基于数据可视化的智力活动领域，当发明涉及一种仿真系统时，扩大 EPO 上诉委员会指出可基于如下问题确定技术特征：首先，计算机仿真系统是否通过产生技术效果解决了技术问题？如果答案为是，那么确定评估计算机仿真系统解决了技术问题的相关标准是什么？尤其是，仿真至少部分地建立在仿真系统或过程的技术原理上是否是充分条件？以及如果计算机仿真是权利要求中设计过程的一部分，特别是为了验证设计，那么前述答案如何？⑥增加了选择发明一节，EPO 上诉委员会指出，对于选择发明，只有当选择与特定技术效果相关时，并且不存在引导本领域技术人员进行选择的提示，才能认可创造性（T 2623/11）。⑦在"不具备创造性的示例"一节，增加了关于技术标准的案例，EPO 上诉委员会指出，本领域技术人员应在其活动领域的有效技术标准框架内行使其技能，仅仅是简单反映技术说明内容不具备创造性（T 519/12）。

另外，2019 年版判例法还针对如下内容补充了新增判例：①在发明的技术特性部分，补充了新增案例对不同类型发明中是否存在技术特性进行认定。②在非技术特征和技术贡献部分，进一步丰富案例说明只有那些对发明的技术特性存在贡献的特征，在创造性评价中才应予以考虑。③在基于数据可视化的智力活动、软件制作方法等相关技术领域，补充了如何判断发明中的特征是否为技术特征的多个示例。④在使用现有技术文件组合评价创造性时，补充了判例说明当不同现有技术的技术领域相差过大，以至于技术人员在一个领域中不可能遇到在另一个领域中存在的技术问题时，技术人员没有动机从该领域中寻找问题解决方案。⑤在"从显而易见的可能性中选择一种技术方案"一节中，增加的案例指出如果本领域技术人员仅仅是从多种等效可能性中选择其中的一种，发明是不具备创造性的。

第 7 章 创造性判断的基本要素

7.1 本领域技术人员

作为创造性判断的主体，"本领域技术人员"是创造性判断过程中非常重要的一个基本要素，其能够为创造性的判断提供尽可能统一的标准。下面重点介绍 EPC、EPO 审查指南及判例法中关于"本领域技术人员"的相关规定。

7.1.1 EPC 和 EPO 审查指南中的规定

EPC 第 83 条关于发明的公开规定：欧洲专利申请必须以足够清楚和完整的方式公开发明，使本领域技术人员能够实施该发明。

EPO 审查指南在实质审查部分"说明书公开充分"一章指出：申请必须以足够清楚和完整的方式公开发明，使本领域技术人员能够实现。❶ 其中，"本领域技术人员"可被认为是熟练从业者，他不仅知晓申请本身及其引证文件的技术教导，还知晓该申请申请日（优先权日）时本领域的公知常识。假定他具备本领域常规工作和实验所需的一般手段和能力。"公知常识"通常可被认为是与所涉及的主题相关的基础手册、专题论文和教科书中包含的信息。例外情况是，如果发明属于非常新的研究领域，在教科书中无法得到相关的技术知识，则公知常识还可以是专利说明书或科学出版物中包含的信息。

EPC 第 56 条关于创造性的规定：如果考虑到现有技术，一项发明对于本领域技术人员不是显而易见的，应当认为该发明具有创造性。如果现有技术还包括 EPC 第 54（3）条所称的文件，这些文件在决定是否有创造性时不应予以考虑。

EPO 审查指南对创造性进行了更为详细的规定：对于本领域技术人员来说，一项发明与现有技术相比，如果非显而易见则具有创造性。❷

其中的"本领域技术人员"被假定为技术领域中的熟练从业者，他（们）具有平均知识和能力并且知道在相关日时本领域的公知常识。他还应该能够获知一切"现有技术"，特别是检索报告中引用的文件，并且拥有常规工作和实验的一般手段和能力。如果技术问题促使本领域技术人员在另一技术领域寻找解决方案，则另一领域的专业人员就是适合解决该问题的人。技术人员受其技术领域不断发展的影响。如果有动机，

---

❶ 《EPO 审查指南 2018 版》，F—Ⅱ，4.1。
❷ 《EPO 审查指南 2018 版》，G—Ⅶ，3.1。

他可能会在邻近和通用技术领域或甚至在偏远的技术领域寻找建议。因此，评价该解决方案是否具有创造性必须基于该专家的知识和能力。在有些情况下，将其认为是一组人，如研究或生产团队要比认为是单个人更合适。应该记住，用于评价创造性和充分公开的技术人员具有相同的技术水平。

与评价说明书公开充分章节中的规定相比，EPO 审查指南在评价创造性时指出，"本领域技术人员"除具备上述公知常识和具备本领域常规的手段和能力外，当存在动机时，他还能够在另一个技术领域寻找解决方案，能从邻近和通用技术领域或甚至偏远的技术领域寻找建议。EPO 审查指南中特别规定了，技术人员的技术水平受其技术领域不断发展的影响，在有些情况下，"本领域技术人员"还可以是一组人，如研究或生产团队。

7.1.2　判例法的解释

EPO 上诉委员会判例法对"本领域技术人员"的相关规定更为详细，不仅对在评价创造性、说明书公开充分及在判断修改是否超范围时涉及的"本领域技术人员"进行了更为详细的定义，还分不同的技术领域阐述了技术人员的特点，包括生物技术领域的技术人员及计算机实现发明案件中的技术人员。

7.1.2.1　评价创造性时涉及的"本领域技术人员"

根据 EPO 上诉委员会的判例法，本领域技术人员被假定是具有平均知识和能力的有经验的从业者，并且知晓在一段特定时期内相关领域的公知常识（普通技术人员）。他被同样假定应当具有获得现有技术中所有知识的能力，尤其是检索报告中引证的文献，而且具有自行进行常规工作和实验的一般手段和能力。❶ 尽管被普遍接受的假想的"本领域技术人员"的定义并不总是使用相同的言词来定义他们的素质，但是他们有一个共性，即都没有创造能力。只有发明人具有这种创造能力，由此将他与假想的技术人员相区分。❷

在具体的判例中，EPO 还对本领域技术人员做出了下列更详细的说明。

在 T 26/98 案中，EPO 上诉委员会一般采纳的原则是：如果技术问题促使技术人员从另一技术领域寻求解决方案，则该另一技术领域的专家是能够解决该问题的人。因此，判断解决方案是否具有创造性必须基于上述专家的知识和能力。因此，技术人员能在具有相同或相似问题的邻近领域内寻找解决方案。如果技术人员知晓某一通用领域，则可以预期技术人员能够在该领域寻找解决方案。在先进的技术领域，有能力的"技术人员"可以是来自相关技术分支的一组专家团队。非特定（通用）领域的一般技术问题的解决方案被视为构成普通技术知识的一部分。

在 T 1464/05 案中，EPO 上诉委员会认为，通过在先使用的方式为公众所知的技

---

❶ 《EPO 审查指南 2015 版》，G—Ⅶ,3。
❷ 《EPO 上诉委员会判例法第 8 版》，Ⅰ—D,8。

术属于最接近的现有技术。EPO 上诉委员会称，根据已建立的原则，EPC1973 第 56 条中提到的假想的本领域技术人员被假定是了解相关技术领域的所有现有技术，尤其是知晓 EPC1973 第 54（2）条所定义的为公众所知的所有内容。现有技术为公众所知的不同手段之间地位等同。技术人员应被假想知晓被诉技术方案的在先使用的、已为公众所知的所有特征。因此，虽然从现实的角度看我们做出的上述假定，即感兴趣的所有技术人员都知晓通过在先使用而公开的特征，显得过于理想化而且不切实际，但 EPC1973 第 56 条中技术人员的概念确保了任何感兴趣的公众中的特定技术人员从在先使用公开的特征中获得信息后能够对该特征进行的任何显而易见的研发或应用，都能根据 EPC1973 第 56 条进行如此处理，即无论感兴趣的公众中的其他成员是否知晓在先使用的该特征，相对于现有技术而言都是显而易见的。

在 T 1030/06 案中，专利申请涉及一种用于安全缓冲内容的系统和方法。EPO 上诉委员会认为，技术人员是该领域中具有普通技术的人，这意味着他不仅具有获得该领域中的现有技术和公知常识的能力，而且有能力从事常规工作和实验。因此，可以期望技术人员能够找出解决方案并做出选择以尝试解决突然出现的设计问题。

在 T 422/93（OJ 1997, 25）案中，EPO 上诉委员会认为，在使用"问题解决法"审查创造性时，界定合适的技术人员的出发点是基于现有技术披露的内容要解决的技术问题，与争议专利给出的对技术人员的其他定义无关。由于在发明所解决的技术问题形成时技术人员不能预见到解决方案，如果提出的解决方案所属的技术领域不同于提出该技术问题时技术人员所处的技术领域，则所考虑的技术人员不应是提出解决方案所属的技术领域中合适的技术专家。如果最接近的现有技术没有给出在其他技术领域寻求解决方案的指引，则合适的技术人员的基本知识也不应包括提出的解决方案所属的不同技术领域中的专家的知识。

在 T 25/13 案中，EPO 上诉委员会称异议人可以自由选择评估的出发点（该案指对比文件 4），但是他们的选择对于相关技术人员的技术知识产生影响。EPO 上诉委员会认为有两种选择：或者将技术人员置于该发明的技术领域（机动车辆）——该技术人员从来不参阅对比文件 4（滚筒式干衣机），因为它属于完全不同的技术领域——或者将对比文件 4 作为出发点，在这种情况下技术人员的技术领域是家用电器，并且解决方案对他而言是非显而易见的。

对于不同技术领域，EPO 对"本领域技术人员"做出下列不同要求。

1）有能力的技术人员——作为"技术人员"的一群人

有时，"技术人员"可能是一群人，如研究或生产团队。根据 EPC1973 第 56 条的要求，通常不会假定本领域技术人员了解某偏远技术领域的专利或技术文献。但在适当情形下，可以认为某个团队由拥有不同领域专业知识的人员构成（参见 T 141/87 案，T 99/89 案），尤其是在某个特定领域的专家只能解决部分问题，而其余的问题需要其他领域的专家解决的情况下（参见 T 986/96 案）。

因此，EPO 上诉委员会举例称，在 T 424/90 案中，在实际生活中，如果半导体专家的问题是关于为一种离子发生装置提供技术改进，他会咨询等离子体的专家。同样在 T 99/89 中，EPO 上诉委员会认为"有能力的技术人员"可被理解为来自相关分支的两名或更多的专家组成的团队。

T 164/92（OJ 1995，305，更正 387）案中提及，如果电子领域中的某项公开文件包含的指引表明更多细节可在所列附件的程序列表中找到时，则该领域的普通技术人员，尤其是当他本身没有足够的关于编程语言的知识时，可能会去咨询计算机程序员。

在 T 147/02 中，EPO 上诉委员会认为，隧道、防洪、大坝和水电设施的排水系统领域的技术人员，通常是制定计划和监督建设工作的市政工程部门的工程师或建筑师，他们常常与其他领域专家在同一团队工作（参见 T 460/87 案，T 99/89 案），因此这个领域中所定义的技术人员应当包括一起工作的其他领域的专家。更多关于"专家团队"概念的评述可在以下决定中找到：T 57/86 案，T 222/86 案（在先进的激光领域，"技术人员"是由分别来自物理、电子和化学领域的三位专家组成的团队），T 141/87 案，T 295/88 案，T 825/93 案，T 2/94 案，T 402/95 案和 T 986/96 案（该团队中第一位专家属于邮件处理领域，第二位专家熟悉称重领域的知识）和 T 2192/10 案（团队包含机械设计师和执行技术员）。

2）生物技术领域中的本领域技术人员的定义

EPO 上诉委员会的判例法明确定义了生物技术领域的本领域技术人员，他的态度被认为是保守的，他不会违反公认的偏见，不会试图进入不可预知的领域，也不会冒不可估量的风险。假想的技术人员会将临近领域的技术转移到其感兴趣的特定领域，如果该技术转移涉及只包含常规实验构成的常规实验性工作（参见 T 455/91，OJ 1995，684；T 500/91，T 387/94，T 441/93，T 1102/00）。

在 T 60/89（OJ 1992，268）中，EPO 上诉委员会认为，即使 1978 年从事基因工程领域的部分科学家确实被授予了诺贝尔奖，也不能将当时该领域的技术人员定义为诺贝尔奖获得者。相反，应认为当时的技术人员是正从分子遗传学过渡至基因工程领域的一名科学家（或科学家团队），职业是老师或实验室中的研究员。

T 500/91（"BIOGEN II"）中，EPO 上诉委员会再次确认了该标准。EPO 上诉委员会指出，普通技术人员，也可能是相关领域的一个专家团队，从事的是实际操作层面的工作，而通常预期由其完成的技术改进不包括通过科学研究解决技术问题。

只能期待假想的技术人员通过应用已有知识，在填充知识空缺的常规实践框架内，通过常规手段完成实验性工作（参见 T 886/91，T223/92，T 530/95，T 791/96）。

应假定普通技术人员不会进行创造性思考（参见 T 500/91）。然而，可以期望他在任何时候做出对所有技术人员来说常见的反应，即关于项目成功实现过程中可能会遇到障碍的假定或假设必须永远基于事实。因此，EPO 上诉委员会认为，缺乏证据证明某个给定的特征也许会成为实现发明的障碍，其既不能被视为该发明不能实现的依据，也不能被视为该发明能够实现的依据（参见 T 207/94，OJ 1999，273）。

在 T 223/92 中，EPO 上诉委员会不得不考虑，1981 年 10 月，即比 T 500/91 中

的情况晚一年多时，基因工程领域假想的技术人员的知识和能力。当时相当大量的基因成为克隆和表达方法的主题，而该技术领域中的技能和经验也在迅速发展。假想的本领域技术人员的知识应视为合适的专家团队的知识，该团队知晓在考虑克隆新基因时仍然能够被预期到的所有困难。然而，应假定技术人员缺乏创造性思维来解决尚不存在常规解决方法的问题。

T 412/93 的专利涉及红细胞生成素的生产。各方同意，应将该案中的技术人员视为三个人的团队，包括一名在相关基因技术或生物化学方面有若干年经验的博士研究员，并由两名充分了解该领域已知技术的实验室技术员协助。根据所针对的特定领域需要的知识和技能，团队的组成可以有所不同。

在 T 455/91（OJ 1995，684）中，EPO 上诉委员会考虑了技术人员对待已知产品（如质体）或步骤（如实验方案）可能的变化、修改或调整的态度。其目的在于，避免任何事后分析并客观地回答了对结构或步骤做出的更改对技术人员是否显而易见的问题。本领域技术人员充分了解产品（如带菌体、蛋白质或 DNA 序列）或步骤（如提纯过程）的即便很小的结构改变也可能产生巨大的功能改变，因此他会持保守态度。例如，他既不会违反公认的偏见，也不会试图冒险进入"圣地"或不可预知的区域，也不会冒不可估量的风险。但是，在正常的设计步骤中，他会乐于寻求合理的和清晰的改变、修改或调整，其仅涉及小麻烦或少量工作，没有或仅有可估量的风险，尤其为了获得更方便的或更实用的产品或简化步骤时。

如果为了将在某研究领域已确立的技术（转化酿酒酵母全细胞的方法）转移到邻近领域（转化克鲁维酵母完整细胞的方法），技术人员预期必须进行科学研究而不是常规工作，则可以认为其具有创造性（参见 T 441/93）。

在 T 493/01 中，发明涉及对百日咳疫苗可能有用的保护性抗原。T 455/91（OJ 1995，684）最初限定生物领域的技术人员是谨慎而保守的。EPO 上诉委员会称，这并不意味着技术人员会因为信息不涉及该技术人员的专业领域的主流研究，或者因为该信息只适用于部分地域，就不去考虑该信息。技术人员的技能和知识并不受地理位置的限制；事实上他拥有全球化的视野。因此，正如该案，如果某种病原体对世界的有限地区构成已知威胁，则技术人员会将有关该病原体的已有知识纳入考虑，或将该知识作为其行为的基础。

3）计算机运行发明案件中技术人员的定义

在 T 641/00（OJ 2003，352）中，EPO 上诉委员会称，技术人员的确定需慎重考虑。他应是某技术领域的专家。如果技术问题涉及计算机运行的商业、精算或会计系统，则他会是熟悉数据处理的人，而不仅仅是一个商人、精算师或会计人员（参见 T 172/03）。

在 T 531/03 中，EPO 上诉委员会称判断创造性时，根据 EPC1973 第 52（2）条（"非技术特征"）确定的非发明相关的特征，不能作为支持创造性的理由。专利权人提出，在争议的发明中需要将技术和非技术的创造性进行组合，由此导致技术人员将成为包含"非技术人员"和技术人员的组合。EPO 上诉委员会反对这种说法，指出将非技术特征和技术特征对于判断创造性的贡献等同，这与公约的规定不一致，因为这种方法是基于公约中定义的不属于发明的特征而确定的具备创造性。

EPO 上诉委员会在 T 407/11 中认为，在通过用户界面（如错误信息或警告）为计算机系统用户提供操作支持的环境中的相关技术人员，是软件人体工程学方面的专家，注重于人机交互的用户友好度，而不是一个软件编程方面或严格意义上计算机方面的专家。

对于邻近领域的判断，EPO 上诉委员会判例法中的诠释如下：

T 176/84（OJ 1986，50）和 T 195/84（OJ 1986，121）是两个里程碑式的决定，它们详细讨论了相关技术领域的问题，即当判断创造性时应在何种程度上考虑该申请的特定领域以外的相关领域。根据 T 176/84，审查创造性时如果相同或相似的问题出现在相邻领域或更宽泛的通用技术领域，且技术人员能够了解上述通用领域，则技术人员不仅会考虑申请的特定技术领域的现有技术，也会在上述相邻技术领域或通用技术领域中寻找启示。T 195/84 补充道，现有技术还必须包括涉及该技术问题的解决方案的非特定（通用）领域的现有技术，该申请在其特定领域已解决上述技术问题。应认定该非特定（通用）技术领域的普通技术问题的解决方案是普通技术知识的组成部分，精通任何特定技术领域的技术人员会优先获得这些知识。这些原则在大量决定中得以适用。

在 T 560/89（OJ 1992，725）中，EPO 上诉委员会认为，即使其他技术领域既不是相邻的技术领域也不是更宽泛的通用领域，如果因为使用的材料涉及该其他领域，或者因为公众争论的技术问题在两个领域都很常见的话，技术人员同样会利用该其他领域的现有技术。在此基础上，T 955/90 补充道，在实践中，更宽泛的通用领域的技术人员同样会利用更窄、更专业的技术领域内的已知主要应用的普通技术知识，以寻求该技术的特定应用范围外的问题解决技术方案（参见 T 379/96）。

根据 T 454/87，专精某一特定技术领域（气相色谱仪）的技术人员在其常规职业活动中，也会注意到相关技术领域（吸收光谱分析）中设备的发展。

在 T 891/91 中，EPO 上诉委员会称，眼镜片领域的技术人员在面对透镜表面涂层的黏合性和耐磨性的技术问题时，也会引用更加普遍的塑料片涂层领域中的现有技术，该领域中同样有涂层黏合性和耐磨性的问题，而且技术人员对其有所了解。

根据 EPO 上诉委员会在 T 1910/11 中的结论，对于现有技术和请求保护的发明是否属于 T 176/84 中所述的相邻技术领域，与其说它是相关的实施参数是否相同的问题，倒不如说它是关于自身问题、边界条件和功能概念的相似程度的问题。在应用于当前案例时，汽车电子和航空电子传统上被认为是相邻的技术领域，这是由于它们涉及相似的问题（如抗干扰性、坚固性和可靠性）、边界条件（如流动性）和功能概念（如车辆安全和维护数据的通信系统的物理/逻辑分离）。

T 767/89 中，EPO 上诉委员会裁定，关于地毯，假发既不是其邻近的技术领域，也不是包含前一种领域的更宽泛的通用技术领域。因此假发不是相关技术领域，地毯领域的技术人员不会在该领域寻求解决方案。两项发明解决的是不同的技术问题，其用户需求没有可比性。

由于安全风险不一样，不能预期技术人员在大宗货物包装领域内会寻求一种用于运送货币的装置的闭合件的设计的想法（参见 T 675/92）。

在其他若干决定中可以找到更多对相关技术领域这一概念的评论，包括 T 277/90（在牙科学中，成型技术和假牙修复术是邻近的技术领域），T 358/90（为了排出便携式厕所中的废物，不能引导技术人员想到使用填充链锯油箱的领域中的特殊容器），T 1037/92（为可编程 ROMs 制造熔丝领域的技术人员同样会查阅超小型集成开关领域中的文件），T 838/95（制药领域和化妆品领域是最邻近的技术领域），T 26/98（EPO 上诉委员会认为电化学发电机与离子电渗疗法不是邻近领域，这是因为虽然二者都基于电化学过程，但是二者的过程具有显著不同的目的，因而其应用必须满足不同的需求），T 1202/02（虽然使用的原材料存在差异，但矿物纤维和玻璃纤维的制造是两个密切相关的领域），T 365/87，T 443/90，T 47/91，T 244/91，T 189/92，T 861/00。

关于申请人引用非相关领域的技术，EPO 上诉委员会在 T 28/87（OJ 1989，383）中给出以下裁定：如果在申请或专利说明书的介绍中引用现有技术，而客观上并不能将该现有技术视为相关领域，则在专利性的审查中，不能仅因为上述引用而采用上述现有技术作为邻近领域的现有技术，从而使申请人或专利权人处于不利地位。

对于某些技术问题的解决，本领域技术人员还有可能从不同技术领域的日常用品中寻找解决方案，对此，EPO 上诉委员会做出如下说明。

T 1043/98 中的专利涉及一种车辆约束系统的可充气式气囊，该气囊的一部分是棒状，另一部分大体上是蝶状。上诉人声称，技术人员通过其所掌握的已知的网球或棒球构造的知识立刻能够获得该请求保护的气囊。这引起了一个问题，即应用的特征或解决方案来源于其他技术领域，但是该领域应被认为是"日常用品"。

EPO 上诉委员会已经在 T 397/87 中指出，没有明显理由可以解释为什么试图解决某个重要问题的技术人员会通过日常生活中与所考虑问题无关的简单示例想到请求保护的工艺。同样，在 T 349/96 中，EPO 上诉委员会也无法理解，为何在日常生活中不同的啤酒瓶运送容器会促使技术人员发明带有集成传输系统及配套的纺丝/卷绕机，即使相关技术领域的许多引证文献同样无法做到这一点（参见 T 234/91）。

但是，在 T 234/96 中，EPO 上诉委员会同意审查部门的意见，实现了洗衣机分配器盒自动化的技术人员，头脑中会将具有电机操作按键的 CD 播放机的光盘托盘作为模型，而在申请日时这种 CD 播放机很常见。因此，该模型对于权利要求 1 的主题有启示。EPO 上诉委员会认为，洗衣机和 CD 播放机本质上是用途不同的产品，但是这不足以导致关注洗衣机构造的技术人员在设计洗衣粉盒时，忽视 CD 播放机中托盘自动运行的基本原理。

基于上述决定的比较，EPO 上诉委员会在 T 1043/98 中的结论是，上述产品在创造性上的相关性在很大程度上取决于个案的具体情况。EPO 上诉委员会同意，正在开发气囊的技术人员中可能包括网球或棒球玩家。上诉人认为技术人员会利用其可能知道的网球或棒球的知识来解决发明所要解决的问题，但是 EPO 上诉委员会不同意上诉人的这一观点，主要原因是气囊并不会做成球形。因此，技术人员不太可能用球形物体作为其出发点（参见 T 477/96，EPO 上诉委员会同样得出日常经验与发明的技术领域无关的结论）。

　　EPO 上诉委员会判例法进一步明确了"本领域技术人员"可以是"一组人如研究或生产团队"，特别是在先进技术领域，有能力的"技术人员"可以是来自相关技术分支的一组专家团队。EPO 上诉委员会判例法还对生物技术领域的技术人员及计算机实现发明案件中的技术人员的特点进行了详细的分析，并通过多个判例详细讨论了本领域技术人员从相关技术领域寻找技术启示的问题，即当判断创造性时应在何种程度上考虑该申请的特定领域以外的相关领域。审查创造性时如果相同或相似的问题出现在相邻领域或更宽泛的通用技术领域，技术人员不仅会考虑该申请的特定技术领域的现有技术，也会在上述相邻领域或通用技术领域中寻找启示。在欧洲的审查实践中通常遵循的原则是：应认定该非特定（通用）领域的普通技术问题的解决方案是普通技术知识的组成部分，精通任何特定技术领域的技术人员会优先获得这些知识。

7.1.2.2　在评估说明书公开充分时涉及的"本领域技术人员"

　　EPO 审查指南对于评估说明书公开充分时涉及的"本领域技术人员"给出了专门的定义，其与评价创造性时涉及的"本领域技术人员"存在一定的区别，EPO 审查指南也规定了"用于评价创造性和充分公开的技术人员具有相同的技术水平"。相应地，EPO 上诉委员会判例法中针对评估说明书公开充分时的"本领域技术人员"也进行了更详细的分析。

　　对于同一发明，当考虑充分公开和创造性这两个问题时，必须应用相同的技术水平（参见 T 60/89，OJ 1992，268；T 694/92，T 187/93，T 93/412）。在构造权利要求的主题时必须考虑相同的技术人员。因此，对于特定权利要求的构建，在评价创造性和公开的充分性应该是相同的（参见 T 967/09）。❶

　　技术人员可以使用他的公知常识来补充申请中包含的信息（参见 T 206/83，OJ 1987，5；T 32/85，T 51/87，OJ 1991，177；T 212/88），他甚至可以在这些知识的基础上识别并纠正说明书中的错误（参见 T 206/83，OJ 1987，5；T 171/84，OJ 1986，95；T 226/85，OJ 1988，336）。教科书和普通技术文献构成了公知常识的一部分（参见 T 171/84，T 51/87，T 580/88，T 772/89）。公知常识通常不包括专利文献和科学文章（参见 T 766/91，T 1253/04，均在 T 2059/13 中引用，该决定是关于化学化合物用于治疗用途，其中 EPO 上诉委员会还审查了在后公开的证据）。只有在全面检索后才能获得的信息同样不被视为公知常识的一部分（参见 T 206/83，T 654/90）。

---

　　❶　《EPO 上诉委员会判例法第 8 版》，Ⅱ－C，3。

根据 T 475/88，EPO 上诉委员会认为，有争议的公知常识的主张必须有证据支持。作为一项规则，只要证明相关知识可以从教科书或专著中获得就足够了。

专利必须提供指导，使技术人员能够识别在克服偏见方面具有决定性作用的方法特征。技术人员不应该自己解决这个问题（参见 T 419/12）。

除非专利说明书可被专利针对的技术人员所获得，否则该专利说明书通常对充分公开没有帮助（参见 T 171/84，OJ1986，95）。但是，作为例外，当该发明的技术领域非常新，以至于教科书尚未提供相关的技术知识时，专利说明书和科学出版物可被视为公知常识的一部分（参见 T 51/87，OJ1991，177；同样参见 T 772/89，T 676/94，T 1900/08）。在 T 676/94 中，EPO 上诉委员会认为，技术期刊的内容是否构成技术人员在评价公开充分时的公知常识的一部分的问题，应根据每个特定案件的实际情况和证据判断。

在判断说明书是否公开充分时，欧洲和中国一样，均以"本领域技术人员能够实施该发明"作为审查的标准，EPO 审查指南明确规定了应基于本领域技术人员的公知常识，并且 EPO 上诉委员会判例法也规定了技术人员可以使用他的公知常识来补充申请中包含的信息，甚至可以在这些知识的基础上识别并纠正说明书中的错误。

7.1.2.3 在判断修改是否超范围时涉及的"本领域技术人员"

对于修改是否超范围的判断，EPC1973 第 123（2）条涉及对修改的要求，即可直接地、毫无疑义地得出，其标准是必须能够在原始申请文件的基础上复制本发明而不需要任何创造性的劳动和过度的负担（参见 T 629/05；引自 T 79/08）。❶

对此，EPO 上诉委员会判例法也做出了明确的说明。在 T 89/00 中，EPO 上诉委员会引用 T 260/85（OJ 1989，105），T 64/96 和 T 415/91 认为，根据 EPO 上诉委员会的判例法，必须区分专利的原始文件直接地、毫无疑义地向技术人员公开的内容，与基于该公开的内容技术人员经过反思和使用他的想象能够得到的内容。技术人员的想法不是该专利原始文件公开内容的一部分。

7.2 现有技术

和中国不同，EPO 在 EPC 第 54（3）条中将申请在先公开在后的欧洲专利申请也定义为现有技术。相同的是，EPO 也规定此类文件仅用于评价新颖性，而不能用于评价创造性。具体的规定如下。

7.2.1 EPC 中的规定

EPC 第 54（2）条规定：现有技术应当认为包括在欧洲专利申请日以前，依书面或者口头描述的方法，依使用或者依任何其他方法，公众可以得到的一切东西。

---

❶ 《EPO 上诉委员会判例法第 8 版》，Ⅱ－E，1.1.3。

EPC 第 54（3）条规定：已经提交的欧洲专利申请的内容，如果该申请的申请日是在 EPC 第 54（2）条所述的日期以前，并且该申请在该日或该日以后公布的，应当认为包括在现有技术以内。

但 EPC 第 56 条还规定如果现有技术还包括 EPC 第 54（3）条所称的文件，这些文件在决定是否有创造性时不应予以考虑。

现有技术的公开方式包括书面公开、口头公开、使用公开、其他方式公开等形式。

7.2.2　EPO 审查指南对有关现有技术的事项进行的规定

对于现有技术的各种公开方式，EPO 审查指南和判例法给出了详尽的介绍，特别是在判例法中有针对不同公开方式的公众可获得性的判断方法，具体分为出版物和其他印刷文件、讲座和口头披露、互联网公开、在先使用公开、生物材料。其中，出版物和其他印刷文件又涉及公司文件、广告手册、专业领域的报告、书籍、使用手册、专利和实用新型、文件摘要。

关于口头描述公开，要确定口头描述发生的时间、内容、是否向公众口头描述（通过口头描述的类型、地点确认），其中涉及证明标准，具体到证据数量、质量。

对于书面和/或其他方式公开，EPO 审查指南介绍了一种比较有意思的情况，即书面文件记录了口头描述、在先使用，但只有口头描述、在先使用在相关日之前为公知所知而书面文件本身在相关日当天或其后公开，当申请人、权利人、对手对书面文件是否构成"现有技术"质疑时，审查员如何处理举证责任、不同身份者提出的证据的证明力，如讲述自己撰写的讲座报告可能无法准确说明事实上向公众传达该内容。

关于使用公开，虽然在实质审查阶段一般不涉及使用公开的证据，但现实案例中的情况是复杂多样的，EPO 审查指南指出，对于在先使用公开，要确定使用发生的日期、使用的内容及向公众公开的程度，其中涉及是否有保密协议、是否属于默许保密、举证责任、在非公共财产上的使用、产品组成或内部结构、方法的公众可获得性，并给出了使用对象的可访问性、方法的不可访问性的示例。在 EPO 上诉委员会判例法中涉及非公众的在先使用的案例，并明确非公众使用不属于使用公开。判例法还涉及了使用公开能否确定产品的组成或内部结构，明确如果本领域技术人员在没有过度负担的情况下能发现产品的组成或内部结构并复制产品，那么这种使用公开使产品及其组成或内部结构成了现有技术。

关于互联网公开，EPO 审查指南和 EPO 上诉委员会判例法有大量的篇幅涉及，判例法明确指出，属于信誉良好或公众信任的出版商的网站公开的信息可以被采纳而无须提供关于公开日的证据，除此以外的其他互联网技术必须首先排除关于公开日的合理怀疑。EPO 审查指南对各种流行的互联网披露的可靠性进行了指引，明确来自科学出版商的在线技术期刊的可靠性与传统纸质期刊的可靠性相同，并列举了一些其他可靠的在线出版物。EPO 审查指南对于互联网信息披露日期的获取给出了多种详尽的技术指导，并且列举了有问题的案例。

关于生物材料的公知可获得性，EPO 上诉委员会认为出版物中的生物材料通常可以自由交换，但不必然视为公众可获得。

EPO 审查指南还涉及标准和标准准备文件的公众可获得性，明确由标准开发组织（SDO）开发的标准通常是公众可获得的，而标准准备文件及由私人标准联盟开发的标准文件可能因有保密协议限制而并不完全对公众开放。

EPO 审查指南在"现有技术"一章指出：

一项发明"如果没有构成现有技术的一部分，则认为其具有新颖性"。而"现有技术"的定义是"应当认为包括在欧洲专利申请日以前，依书面或者口头描述的方法，依使用，或者依任何其他方法，公众可以得到的一切东西"。注意该定义的宽广性。对公众获知相关信息的地理位置、语言或者获得方式没有限制，也没有规定文件或其他信息源的年代限制。但存在某些特定的例外情况。❶ 因为审查员可以获得的"现有技术"主要由检索报告中列出的文件组成，所以在指南中仅说明与书面描述（单独或与在先口头描述或使用相结合）相关的公众获知性问题。❷

EPO 在使用现有技术时不限定地域、年代、语言和公开方式，但在实际审查工作中，特别是在实质审查阶段，对于口头公开、使用公开的方式由于取证困难，尽管被囊括在现有技术的范围内，也很难被审查员采纳，在绝大多数情况下还是会使用出版物公开的现有技术，这在审查实践中有所体现。

判断其他种类的现有技术（如根据 EPC 第 115 条的规定，该现有技术可由第三方引入程序中）是否能为公众获知的适用原则在指南中进行了说明。❸

书面描述就是文件，如果在相关日时公众能够获知该文件的内容，并且没有保密协议限制其使用或传播，则认为该文件能为公众获知。例如，德国实用新型进入实用新型公报之日已能为公众获知，该日期早于专利公报的公告日。在公众对事实获知性中的内部现有技术❹及文件确切公开日❺方面被质疑的文件，在疑问尚未消除或未完全消除时，也会被引用到检索报告中。

如果申请人质疑文件的公众获知性或审查员假定的文件公开日，则审查员应考虑是否进一步调查核实。如果申请人以合理的理由质疑与其申请相关的文件是否构成"现有技术"的一部分，而进一步调查核实未能提供充分的证据消除申请人的怀疑，则审查员不应再坚持己见。在下述情况下，审查员可能面对其他问题：

（ⅰ）一份文件复制了口头描述（如公共讲座）或记录了在先使用（如在公共展览会上的演示）；和

（ⅱ）只有口头描述或讲座在欧洲申请的"申请日"之前为公知所知，而文件本身

---

❶ 《EPO 审查指南 2018 版》,G—Ⅴ。

❷ 《EPO 审查指南 2018 版》,G—Ⅳ。

❸ 《EPO 审查指南 2018 版》,G—Ⅳ,7.1—7.4。

❹ 《EPO 审查指南 2018 版》,F—Ⅱ,4.3。

❺ 《EPO 审查指南 2018 版》,B—Ⅵ,5.6 和 G—Ⅳ,7.5。

在申请日当天或其后被公开。

在这些情况下，审查员首先假定该文件真实地记录了在先的讲座、演示或其他事件，因此该在先事件构成"现有技术"的一部分。但是，如果申请人有合理的理由质疑文件记录的真实性，则审查员也不再坚持该意见。

7.2.2.1 关于现有技术的充分公开

EPO 审查指南明确要求现有技术应当充分公开，即只有给出的信息足以使本领域技术人员根据当时的本领域普通技术知识于相关日[1]实施公开主题教导的技术内容，才能认定该主题已为公知获知，从而构成 EPC 第 54（1）条规定的现有技术。

在用在先文件中公开的主题评价申请权利要求的新颖性和/或创造性时，该文件的公开必须达到本领域技术人员应用本领域普通技术知识重复该文件的主题的程度。[2] 主题不会仅因为它已经在现有技术中公开而必然属于公知常识，特别是仅通过综合检索后才能够获得的信息，不能认为属于公知常识，并且不能用作完善公开。

例如，一篇文件公开一个化合物（通过命名或结构式限定），表明该化合物可以被该文件中限定的方法制备。然而，该文件如果不能表明如何获得所述方法中采用的起始原料和/或试剂，并且，如果本领域技术人员基于本领域普通技术知识也不能获得这些起始原料和/或试剂（如从教科书），该文件就没有充分公开该化合物。因此，该文件不能被认为属于 EPC 第 54（2）条规定的现有技术（至少就该化合物来说），从而不能破坏请求保护的发明的专利性。

如果本领域技术人员知道如何获得所述起始原料和试剂（如可通过商业途径获得、公知、出现在参考书中等），则该文件就该化合物来说公开是充分的，因此属于 EPC 第 54（2）条规定的现有技术，那么审查员可以有效地依赖该文件对请求保护的发明提出反对意见。

由于欧洲专利公约涉及不同国家，相应涉及文本的语言、翻译、翻译费，由此衍生出与其相关的一些规定，如对于欧洲在先申请、欧洲 PCT 申请的申请日、优先权日的确认，涉及以非官方语言提交的申请的机器翻译错误、是否缴纳翻译费等问题，另外还涉及在不同缔约国的在先申请、母案和分案造成的冲突。

7.2.2.2 对于作为有效日的申请日或优先权日

在适当情况下，EPC 第 54（2）条和第 54（3）条中的"申请日"应解释为优先权日。[3] 不同权利要求或者同一权利要求中请求保护的不同可选择方案可能具有不同的有效日，即申请日或其要求的一个或多个优先权日。必须考虑每一项权利要求（同一权利要求限定了多个可选择方案时，该权利要求的各部分）的新颖性问题，与一项权利

---

[1] 《EPO 审查指南 2018 版》，G—Ⅵ，3。
[2] 《EPO 审查指南 2018 版》，G—Ⅶ，3.1。
[3] 《EPO 审查指南 2018 版》，F—Ⅵ，1.2。

要求或一项权利要求的一部分相关的现有技术可包括如中间文件❶，可能不能将其用于反对另一项权利要求或一项权利要求的另一部分选择方案，因为后者具有更早的有效日。

如果被审查的申请或被异议的专利的优先权没有按照细则第 53 (3) 条提供优先权文献的翻译文本也可以导致丧失优先权。❷

当然，在申请的最早优先权日之前，如果所有现有技术文件的内容均为公众所知，则审查员无须（也不必）关注有效日的分布情况。

如果申请人后来根据《EPC 实施细则》第 56 条补交说明书或附图的遗漏部分❸，则根据《EPC 实施细则》第 56 (2) 条的规定，给予的申请日应是该遗漏部分的提交日❹。但如果补交的内容全部包含在优先权文件中，且满足《EPC 实施细则》第 56 (3) 条规定的条件❺，则保留原申请日。总之，该申请的申请日或者是遗漏部分的提交日，或者是原始申请日。

申请人答复根据《EPC 实施细则》第 58 条发出的通知书时提交的权利要求不会造成申请日的改变❻，因为可将其视为对原始申请的修改❼。

7.2.2.3　对于非官方语言的文件

如果申请人：

（ⅰ）对检索报告中引用的非官方语言的文件的相关性有异议❽并且

（ⅱ）给出了具体的理由，

审查员在这些理由和可获知的其他现有技术的基础上考虑坚持原审查意见是否合理。如果认为应该坚持，则必须获取该文件的译文（如果能够容易地确认相关部分，也可以仅是该相关部分的译文）；如果审查员仍然认为该文件相关，则他在下一次通知书中给申请人提供一份译文复印件。

7.2.2.4　关于机器翻译

为了克服不熟悉的非官方语言文件引起的语言障碍，审查员依赖该文件的机器翻译也是合适的（参见 T 991/01），该译文提供给申请人。❾ 如果仅仅是一部分翻译文件相关，所依据的具体段落必须被确认。❿ 翻译必须服务于将文本的意思表达为熟悉的语

---

❶ 《EPO 审查指南 2018 版》,B−Ⅹ,9.2.4。

❷ 《EPO 审查指南 2018 版》,A−Ⅲ,6.8 和附录。

❸ 《EPO 审查指南 2018 版》,A−Ⅱ,5.1。

❹ 《EPO 审查指南 2018 版》,A−Ⅱ,5.3。

❺ 《EPO 审查指南 2018 版》,A−Ⅱ,5.4。

❻ 《EPO 审查指南 2018 版》,A−Ⅲ,15。

❼ 《EPO 审查指南 2018 版》,H−Ⅳ,2.3.3。

❽ 《EPO 审查指南 2018 版》,B−Ⅹ,9.1.2 和 9.1.3。

❾ 《EPO 审查指南 2018 版》,B−Ⅹ,9.1.3。

❿ 《EPO 审查指南 2018 版》,B−Ⅺ,3.2。

言的目的。❶ 因此，仅仅语法上的错误而对于理解内容没有影响的情况下不会阻碍其作为译文的资格（参见 T 287/98）。

关于机器翻译不可信赖的说法通常不是使机器翻译的证明价值无效的充分理由。如果一方当事人反对具体的机器翻译，那么这方当事人需要承担举证责任（如完善的整个文件或者突出部分的翻译），直至表明机器翻译的质量有缺陷并且因此不应该被信赖的程度。

当当事人提供了实质的理由质疑基于翻译文本产生的反对意见时，审查员必须考虑这些理由，类似于当公开日被质疑时。❷

EPO 审查指南对于非官方语言的文件使用有专门的规定，只有存在强有力的证据证明很相关时才使用，并且当申请人对相关性有异议且提出具体理由时，审查员如果坚持使用则需要给申请人提供译文的复印件。

7.2.2.5 当与其他欧洲申请相抵触时

EPC 第 54（3）条规定，现有技术还包括其他欧洲申请的内容，所述欧洲申请的申请日或有效优先权日早于——根据 EPC 第 93 条的公开日晚于——所审查申请的申请日或有效优先权日。此类在先申请只在判断新颖性时才是现有技术的一部分，在判断创造性时不能作为现有技术的一部分。因此，在适当情况下，EPC 第 54（2）和 54（3）条中所指的"申请日"应解释为优先权日。❸ 欧洲申请的"内容"指全部的公开内容，即说明书、附图和权利要求书，包括：

（ⅰ）明确放弃的任何内容（无法实现的实施方案的放弃除外）；

（ⅱ）符合规定的引证文件的内容❹；以及

（ⅲ）清楚描述的现有技术。

但是，该"内容"不包括任何优先权文件（优先权文件的目的仅仅是确定欧洲专利申请公开内容的优先权日的有效性❺，根据 EPC 第 85 条的规定，该"内容"也不包括摘要❻。

尤其要注意，适用 EPC 第 54（3）条时，应考虑在先申请的原始内容。以 EPC 第 14（2）条允许的非官方语言提交的申请❼，在以程序所用语言翻译的过程中会出现遗漏内容的错误，根据 EPC 第 93 条公开时这些内容没有以该官方语言公开。即使在这种情况下，与 EPC 第 54（3）条目的相关的仍然是原始文本的内容。

判断一份公开的欧洲申请是否构成 EPC 第 54（3）条规定的抵触申请，首先要看

---

❶ 《EPO 审查指南 2018 版》,B−Ⅹ,9.1.3。

❷ 《EPO 审查指南 2018 版》,G−Ⅳ,7.5.3。

❸ 《EPO 审查指南 2018 版》,F−Ⅵ,1.2。

❹ 《EPO 审查指南 2018 版》,F−Ⅲ,8,倒数第二段。

❺ 《EPO 审查指南 2018 版》,F−Ⅵ,1.2。

❻ 《EPO 审查指南 2018 版》,F−Ⅱ,2。

❼ 《EPO 审查指南 2018 版》,A−Ⅶ,1.1。

其申请日及其公开日；其申请日必须早于该申请的申请日或有效的优先权日，公开日必须是在该申请的申请日或有效的优先权日当日或之后。如果该公开的欧洲申请要求了优先权，则对于该申请中与作为优先权基础的申请对应的主题来说，应以优先权日代替申请日（EPC 第 89 条）。若在公开日前优先权要求被放弃或失去效力，则相关日是申请日，而非优先权日，不论优先权要求是否可能已产生有效的优先权。

此外，抵触申请在公开日仍需处于未决状态（参见 J 5/81）。如果在公开日前，该申请已被撤回或已成死档，但是因为已经完成出版准备而被公开，则这种公开不具有 EPC 第 54（3）条的效力，只具有 EPC 第 54（2）条的效力。应将 EPC 第 54（3）条解释为所公开的"有效"申请，即在其公开日仍存在的欧洲专利申请。

在公开日以后发生的其他变化（例如，撤回指定、撤回优先权要求或因其他原因丧失优先权），不影响 EPC 第 54（3）条的适用。❶

审查员所考虑的在先技术可能包括其给予的申请日仍在 EPO 审查之前的文件。这可能是这种情况，例如，当：

（ⅰ）一份欧洲专利申请包含按照《EPC 实施细则》第 56 条申请的说明书和/或附图的一部分，或者

（ⅱ）一份国际专利申请包含按照《PCT 实施细则》第 20（5）条或第 20（6）条提交的内容和说明书、附图和权利要求书。

审查员在将其作为按照 EPC 第 54（3）条规定的现有技术文件之前，应检查其被给予的申请日是否已经最终确定。如果申请日还没有确定，审查员可暂时以该文件被给予的申请日是正确的来处理该文件（如果与评价请求保护的主题专利性相关），然后在以后的某个时间点及时重新处理该问题。

7.2.2.6　欧洲-PCT 申请

上述原则也适用于指定了欧洲的 PCT 申请，但是存在一个重要的差别。EPC 第 153 条和《EPC 实施细则》第 165 条明确规定：如果 PCT 申请人已经缴纳了《EPC 实施细则》第 159（1）（c）条规定的申请费并向 EPO 提交了英语、法语或德语的 PCT 申请（这意味着以日语、汉语、西班牙语、俄语、韩语、葡萄牙语或阿拉伯语公开的 PCT 申请需要翻译为上述语言之一），则该 PCT 申请包括在 EPC 第 54（3）条规定的现有技术中。

7.2.2.7　禁止重复申请专利

EPC 没有明确涉及具有相同有效日的多份共同未决的欧洲申请的情况。但大多数专利体系接受的原则是，就一项发明而言，不应授予同一申请人两份专利。专利上诉扩大 EPO 上诉委员会接受法官在判决中附带表达的如下意见：禁止重复授权的原则是

---

❶　《EPO 审查指南 2018 版》，H-Ⅲ，4.2，关于 EPC 第 54(4)条(EPC1973 版本)的过渡性规定，以及《EPO 审查指南 2018 版》，A-Ⅲ，11.1 和 11.3 关于 2009 年 4 月 1 日之前的申请没有缴纳指定费的过渡性安排。

基于如下原因，即如果申请人就相同的主题已经拥有了一份授权专利，那么申请人在授予第二份专利的程序不具有合法权益。

禁止重复申请专利适用于以下同一申请人的三种形式的欧洲申请：两份申请在同一天申请，母案和分案申请，或一份申请和它的优先权申请。

可以允许申请人提出两份说明书相同的申请，但这两份申请请求保护的主题不同（参见 T 2461/10）。申请人如果愿意可以就一个优选的实施方式先获得第一个更快的保护，然后在分案申请中请求保护上位的方案（参见 G 2/10）。但在极少数情况下，同一申请人的两份或多份欧洲申请指定了一个或多个相同的国家。这些申请的权利要求具有相同的申请日或优先权日，并涉及同样的发明。在这种情况下，应当告知申请人：必须对一份或多份申请进行修改，使它们不再要求保护同样的发明，或者按照申请人的愿望，在其中选择一份申请继续进入授权程序。如果申请人不这样的话，一旦一份申请授权，其他申请将会根据 EPC 第 97（2）条以及 EPC 第 125 条被驳回。如果这些申请的权利要求仅仅是部分重叠，不应当反对（参见 T 877/06）。如果收到两个不同的申请人提交的具有相同有效日的两份申请，则每一份都继续审查程序，不必考虑另一份申请的存在。

7.2.2.8　与在先国家权利要求的抵触

专利申请指定的缔约国内如果存在在先国家权利，则申请人可以通过几种方式修改：第一，他可以简单地从其申请中撤回对存在在先国家权利要求的缔约国的指定。第二，对该指定国，他可以提交与其他指定国不同的权利要求书。❶ 第三，申请人可以对已有的权利要求进行限制，使其与在先国家权利不再相关。

在异议或者限制程序，权利人可以申请不同于在其他缔约国申请的权利要求或限定目前的权利要求使其不再与在先国家权利要求相关。❷

在异议程序中，权利人也可以要求撤销在缔约国内在先国家的专利权。❸ 但是，在限制和撤销程序中这是不可能的。❹

审查员既不要求也不建议申请人顾及在先国家权利对申请进行修改。❺ 但是，如果申请人已经修改了权利要求，则必要时应要求申请人修改说明书和附图，以避免造成混乱。

7.2.2.9　通过书面或口头描述，使用或以任何其他方式向公众公开获得的现有技术

现有技术还包括通过书面或口头描述，使用或以任何其他方式向公众公开获得的技术，使用公开可以是通过生产、提供、营销或以其他方式利用产品，或通过提供或

---

❶ 《EPO 审查指南 2018 版》，H—Ⅱ,3.3 和 H—Ⅲ,4.4。

❷ 《EPO 审查指南 2018 版》，H—Ⅲ,4.4 和 D—Ⅹ,10.1。

❸ 《EPO 审查指南 2018 版》，D—Ⅰ,3;D—Ⅷ,1.2.5;E—Ⅷ,8.4。

❹ 《EPO 审查指南 2018 版》，D—Ⅹ,3。

❺ 《EPO 审查指南 2018 版》，H—Ⅲ,4.4。

营销方法或其应用或通过应用该方法来构成。营销可以通过如销售或交换来实现。

现有技术也可以通过其他方式向公众提供，例如，通过在专业培训课程或电视上展示产品或方法。

以任何其他方式向公众提供的可获得性还包括技术进步后与现有技术有关方面可获得的所有可能性。

通常在异议程序中提出在先使用公开或以其他方式公开的实例。它们可能很少出现在审查程序中。

对于在先使用公开，当处理指控某个产品或方法以其包含在现有技术（在先使用）中的方式使用时，必须确定以下细节：

（ⅰ）使用发生的日期，即是否有在相关日之前使用（先前使用）的实例；

（ⅱ）已使用的内容，以确定所用产品与欧洲专利主题之间的相似程度；和

（ⅲ）与使用有关的所有情况，以确定是否以及在何种程度上向公众提供，例如，使用地点和使用形式。这些因素很重要，例如，在工厂中展示制造过程或产品交付和销售的详细信息可能会提供有关主题可供公众使用的可能性的信息。

根据提交的材料和已有的证据，例如，确认销售的文件或与在先使用有关的书面证据，该部门将首先确定所谓的在先使用的相关性。如果在此评估的基础上，他认为在先使用能够得到充分证实并且是相关的，并且如果在先使用没有争议，则该部门可以使用提交的材料和已有的证据做出决定。如果在先使用或与之相关的某些情况存在争议，则该部门将需要为与案件相关的事实采取进一步的证据（如听取证人或进行检查），并且这些事实尚未被认为是基于已经提交的证据。根据具体案件的具体情况，可能必须由当事人提交此类进一步证据。证据应一直在当事人的参与下进行，通常是在口头诉讼中。有关证据方法的详情，指南中也有规定。❶

判断在先使用的一般原则是：如果在相关日，公众可以获得有关主题的知识并且没有任何保密限制，则主题被视为通过使用或以任何其他方式向公众提供。使用或传播此类知识❷，例如，如果产品无条件地出售给公众，则可能出现这种情况，因为买方因此获得了对可从该产品获得的任何知识的无限拥有。即使在这种情况下，可能无法通过外部检查确定产品的特定特征，但仅通过进一步分析，这些特征仍然被认为已经向公众公开。这与是否可以确定用于分析物体的组成或内部结构的特定原因无关。这些特定功能仅与内在特征有关。外在特征，仅在产品暴露于与特定选择的外部条件相互作用时才显露出来，如反应物等，以便提供特定的效果或结果或发现潜在的结果或能力，因此超出产品本身，因为它们依赖有意的选择。典型的例子是作为已知物质或组合物的药物产品的第一次或进一步应用（参见第 54（4）和 54（5）条）和基于新技术效果的已知化合物用于特定目的的用途（参见 G 2/88）。因此，这些特征不能被视为

---

❶ 《EPO 审查指南 2018 版》，E－Ⅳ，1.2。

❷ 《EPO 审查指南 2018 版》，G－Ⅳ，1 参考书面说明。

已经向公众提供（参见 G 1/92）。

如果一个物体在一个特定的地方（如工厂）可以被公众看到，公众不必保密，可以访问，公众包括具有足够的技术知识可以确定物体的具体特征的人、能够从纯粹的外部检查中获得所有知识的专家，则被视为已向公众提供。但是，在这种情况下，只能通过拆除或摧毁物体才能确定的所有隐藏特征都不会被视为已向公众提供。

关于保密协议，采用的基本原则是，如果尚未打破明确或默许的保密协议，则未通过使用或以任何其他方式向公众公开该主题。

为了确定是否存在默示协议，该部门必须考虑案件的特定情况，特别是参与在先使用的一方或多方是否具有客观上可识别的保密要求。如果只有一些当事方有此类利益，则必须确定其他当事方是否默认接受采取相应行动。例如，根据相关行业的通常业务惯例，可以预期其他方保持保密。为了建立默契，要考虑的重要方面尤其是各方之间的商业关系和先前使用的确切目标。以下可能是默认保密协议的标准：母公司—子公司关系，诚信和信任关系，合资企业，交付试样。以下可能是没有这种协议的标准：一般的商业交易，销售批量产品的零件。

通常，一般标准"概率平衡"适用。但是，如果几乎所有证据都在承担举证责任的一方的权力范围内，那么必须证明事实超出合理怀疑。例如，指控该主题没有任何明确或默许的保密协议的对手必须证实，并且如果有争议，必须令人信服地证明。可以获得公共可用性的情况（例如，向客户的普通销售，为批量生产提供零件），所有者可以通过证明证据链中的不一致性和中断，或通过证实可以得出保密性的事实（例如，联合开发，用于测试目的的样本）来对此提出质疑。如果这些因素导致对公众可获得性的合理怀疑，则尚未构成在先使用公开。

7.2.2.10 对于因申请人明显滥用而产生的非偏见性披露的情况❶

作为一般规则，非公共财产（如工厂和营房）的使用不被视为向公众提供的使用，因为公司员工和士兵通常必须保密，除非产品或使用的方法流程在这些地方向公众展示、解释或者不受保密的专家能够从外部认识到其基本特征。显然，上述"非公共财产"并不是指无条件出售有关物品的第三方的处所，也不是指公众可以看到有关物体或确定其特征的地方（参见本章判断在先使用的一般原则中的示例）。❷

用于生产轻型建筑（硬纤维）板的压机安装在厂房中，虽然门上贴有"未经许可不得入内"的通知，但客户（特别是建筑材料经销商和有兴趣购买轻型建筑板的客户）有机会看到厂房，尽管没有给出任何形式的演示或解释，客户没有强制保密的义务，因为据目击者称，该公司并未将此类访客视为可能的竞争来源。这些访客不是真正的专家，即他们没有制造这样的板或印刷机，但也不是完全非专业人士。鉴于压力机的简单结构，对于观察它的任何人来说，该发明的基本特征必然是显而易见的。因此，

---

❶ 《EPO 审查指南 2018 版》，G－Ⅳ，7.3.2；和 G－Ⅴ。
❷ 《EPO 审查指南 2018 版》，G－Ⅳ，7.2.1。

这些客户特别是建筑材料的经销商有可能认识到印刷机的这些基本特征，并且由于他们没有保密义务，因此他们可以自由地将这些信息传达给他人。

该专利的主题涉及制造产品的方法。作为通过使用向公众提供该方法的证据，声称已经通过所声称的方法制造了类似的已知产品。但是，即使经过详尽的审查，也无法清楚地确定它是用哪种方法产生的。

7.2.2.11　通过口头描述获得的现有技术

当事实是无条件地提供给公众时，例如，在谈话或讲座过程中或通过无线电、电视或声音再现设备（录音带和唱片），则该现有技术是公知通过口头描述可获得的。

现有技术不受以下口头陈述影响：对于受到保密约束的人的口头描述，以及在提交欧洲专利申请六个月之前提出的口头陈述，以及那些直接或间接来自申请人或其合法前身相关的明显滥用行为。在确定是否发生明显的滥用时，需注意指南相关规定。❶

在这种情况下，必须再次确定以下细节：

（ⅰ）什么时候口头描述发生；

（ⅱ）口头描述的内容；和

（ⅲ）是否向公众提供口头描述；这还取决于口头描述的类型（对话、讲座）以及描述的地点❷（公开会议、工厂大厅）。

证明标准：

与书面文件不同，其内容是固定的，并且可以多次被阅读，口头陈述是短暂的。因此，确定口头公开内容的证据标准很高。提供的证据数量是否足以根据此证据标准确定口头披露的内容，必须根据具体情况进行评估，并取决于每种情况下证据的质量。然而，仅由讲师提供的证据通常不能为确定口头披露的内容提供充分的依据。

7.2.2.12　以书面形式和/或通过任何其他方式向公众提供的现有技术

对于这种现有技术，如果从书面或其他公开本身不清楚或者如果它们被一方提出质疑，则必须确定与指南❸（即前述在口头描述的情况下由分部确定的事项）中定义相当的细节。

如果通过书面说明和使用或通过书面和口头描述提供信息，但仅在相关日之前提供使用或口头描述，则根据指南❹，随后公布的书面说明可被视为对该口头描述或使用给出了真实的说明，除非该权利人能够充分说明为什么不应该如此。在这种情况下，对手必须根据权利人的理由提出相反的证据。在考虑所提供的证据类型以证实口头描述的内容时，必须谨慎行事。例如，讲述者自己撰写的讲座报告可能无法准确说明事

---

❶ 《EPO 审查指南 2018 版》，G－Ⅴ，3。

❷ 《EPO 审查指南 2018 版》，G－Ⅳ，7.2(ⅲ)。

❸ 《EPO 审查指南 2018 版》，G－Ⅳ，7.3.3。

❹ 《EPO 审查指南 2018 版》，G－Ⅳ，1。

实上向公众传达的内容。类似地，讲述者据称阅读的手稿可能实际上并未被完全和可理解地阅读（参见 T 1212/97）。

相反，如果来自竞争对手的文件的公布日期存在争议，则竞争对手必须证明该日期被超出合理程度怀疑。但是，如果该文件是广告宣传册，则必须考虑到这些宣传册在印刷后通常不会保密很长时间。

7.2.2.13　互联网公开

原则上，根据 EPC 第 54（2）条规定，互联网上的公开形成了现有技术的一部分。在互联网或在线数据库中公开的信息被认为是自公开发布信息之日起公开可用的信息。互联网网站通常包含高度相关的技术信息。某些信息甚至可能仅在互联网上从这些网站获得。这包括，例如，软件产品（如视频游戏）或生命周期较短的其他产品的在线手册和教程。因此，为了获得有效的专利，引用仅可从这些互联网网站获得的出版物通常是至关重要的。

7.2.2.14　确定公开日期

确定公开日期有两个方面：必须单独评估是否正确指出了某个日期，以及该日期是否确实向公众提供了相关内容。

互联网的性质使得难以确定向公众提供公开信息的实际日期：例如，并非所有网页在发布时会提及日期。此外，网站很容易更新，但大多数网站不提供以前显示的材料的任何存档，也不显示使公众成员（包括审查员）准确确定发布内容和时间的记录。

既不限制对有限人群的访问（如通过密码保护）也不要求访问支付（类似于购买书籍或订阅期刊），所述限制和要求阻止网页形成现有技术的一部分。如果网页原则上可用而没有任何保密性就足够了。

最后，理论上可以操纵互联网公开的日期和内容（与传统文档一样）。然而，鉴于互联网上可用内容的庞大规模和冗余，认为审查员发现的互联网公开不太可能被操纵。因此，除非有相反的具体说明，否则日期可被接受为正确。

7.2.2.15　证明标准

当针对申请或专利引用互联网文件时，应对任何其他证据（包括标准纸质出版物）建立相同的事实。[1] 该评估是根据"证据的自由评估"原则进行的（参见 T 482/89 和 T 750/94）。这意味着每个证据根据其证明值给予适当的权重，该证明值是根据每个案例的具体情况进行评估的。评估这些情况的标准是概率的平衡。根据这一标准，所谓的事实（如公开日期）仅仅是可能的是不够的；审查部门必须确信它是正确的。然而，这确实意味着不需要对所谓的事实提出超出合理怀疑"最大限度"（up to the hilt）的证据。

一方向异议程序提交的互联网公开的公开日期根据审查程序中适用的相同原则进

---

[1] 《EPO 审查指南 2018 版》,G-Ⅳ,1。

行评估，即应根据案件的具体情况对其进行评估。特别是还应考虑提交的时间以及提交公开的一方的利益。

在许多情况下，互联网公开包含明确的公开日期，通常被认为是可靠的。这些日期应为证据表示的时间，否则由申请人承担举证责任。可能需要有环境证据来确定或确认公开日期。[❶] 如果审查员得出的结论是（在概率平衡上）已确定特定文件在特定日期可供公众使用，则该日期用作公开日期以供审查使用。

7.2.2.16　举证责任

一般原则是，在提出异议时，举证责任最初由审查员负责。这意味着反对意见必须是合理的和实质的，并且必须表明，在概率平衡上，反对意见是有根据的。如果这样做，则应由申请人另行证明，即举证责任转移给申请人。

如果申请人提供质疑互联网公开的声称公开日期的理由，审查员将不得不考虑这些原因。如果审查员不再确信该公开内容构成了现有技术的一部分，则他将要求提供进一步的证据以支持有争议的公开日期，或者不再将该公开内容作为针对该申请的现有技术。

审查员为了获得这样的证据而开始的时间越晚，就越难以实现。审查员将使用他的判断来决定是否值得在检索阶段花费很短的时间来寻找支持公开日期的进一步证据。

如果申请人在没有任何理由的情况下反驳互联网公开的公开日期，或仅仅反驳有关互联网公开可靠性的一般性陈述，则该论点起的作用很小，因此不太可能影响审查员的意见。

虽然互联网披露的日期和内容可以按表面情况进行，但当然有不同程度的可靠性。公开越可靠，申请人就越难以证明其不正确。以下部分介绍了各种流行的互联网公开证据的日期可靠性。

7.2.2.17　技术期刊

对审查员来说，特别重要的是来自科学出版商的在线技术期刊（如 IEEE, Springer, Derwent）。这些期刊的可靠性与传统纸质期刊的可靠性相同，即非常高。

应该注意的是，特定期刊的互联网出版物可能早于相应纸质版本的出版日期。此外，一些期刊在互联网上预先发布了已经提交给他们的手稿，但尚未出版，有些期刊甚至在他们被批准用于纸质出版之前就预先发布（如"地球物理学"期刊）。如果该期刊不批准该手稿的出版，该手稿的预发布可能是其内容的唯一公开。审查员还必须记住，预先发布的稿件可能与最终出版的版本不同。

如果在线期刊出版物的特定出版日期过于模糊（如仅知道月份和年份），并且最悲观的可能性（该月的最后一天）为时已晚，则审查员可以请求确切的出版日期。这样的请求可以直接通过发布者在互联网上提供的联系表格或通过 EPO 数据库来提供。

---

❶ 《EPO 审查指南 2018 版》，G–Ⅳ，7.5.4。

7.2.2.18 其他"印刷等效"的出版物

除科学出版商以外的许多来源通常被视为提供可靠的出版日期。这些包括报纸或期刊的出版商，或电视，或广播电台。学术机构（如学术团体或大学）、国际组织（如欧洲航天局 ESA）、公共组织（如部委或公共研究机构）或标准化机构也通常属于这一类。

一些大学主持所谓的电子档案，作者在提交或接受会议或期刊出版之前，以电子形式提交研究成果报告。实际上，其中一些报告从未在其他任何地方发布过。最著名的此类档案被称为 arXiv.org(www.arxiv.org，由康奈尔大学图书馆主办)，但存在其他几个档案，例如：密码学电子档案（eprint.iacr.org，由国际密码学研究协会主办）。一些此类档案爬行（crawl）到互联网以自动检索，可从研究人员网页公开获得的出版物，如 Citeseer 或 ChemXseer(citeseer.ist.psu.edu 和 chemxseer.ist.psu.edu，均由宾夕法尼亚州立大学主办)。

公司、组织或个人使用互联网发布以前在纸上发布的文档。其中包括视频游戏等软件产品手册，手机等产品手册，产品目录或价格表以及产品或产品系列的白皮书。显然，大多数这些文件都是针对公众的（如实际或潜在客户），因此意图出版。因此，给出的日期可以作为公开日期。

7.2.2.19 非传统出版物

互联网还用于以之前不存在的方式交换和发布信息，例如，通过 Usenet 讨论组、博客、邮件列表的电子邮件档案或维基页面。从这些来源获得的文件也构成现有技术，尽管可能更多地涉及确定其公开日期，并且它们的可靠性可能不同。

传送的电子邮件的内容不能仅仅因为它可能被截获而被视为公开（参见 T 2/09）。

计算机生成的时间戳（通常见于博客、Usenet 或维基页面提供的版本历史记录）可视为可靠的公开日期。虽然这些日期可能是由一个不精确的计算机时钟产生的，但应该权衡这一事实，但一般来说，许多互联网服务依赖于准确的计时，如果时间和日期不正确，通常会停止运作。在没有相反指示的情况下，经常使用的"最后修改"日期可被视为公开日期。

7.2.2.20 没有日期或不可靠日期的公开

如果互联网公开与审查有关，但未在公开文本中明确说明公开日期，或者如果申请人证明某一日期不可靠，审查员可能会试图获得进一步证据以确定或确认公开日期。具体来说，他可以考虑使用以下信息：

（ⅰ）与互联网归档服务提供的网页有关的信息。最著名的此类服务是通过所谓的"Wayback Machine"（www.archive.org）访问的互联网档案（Internet Archive）。互联网档案馆不完整的事实并没有减损它存档的数据的可信度。与任何提供的信息的准确性有关的法律免责声明通常用于网站（甚至是 Espacenet 或 IEEE 等受尊重的信息来源），并且这些免责声明不应被视为对网站的实际准确性产生负面影响。

（ⅱ）与应用于文件或网页的修改历史有关的时间戳信息（例如，可用于诸如维基百科的维基页面和用于分布式软件开发的版本控制系统）。

（ⅲ）可从文件目录或其他存储库获得的计算机生成的时间戳信息，或自动附加的内容（如论坛消息和博客）。

（ⅳ）搜索引擎向网页提供的索引日期（另见 T 1961/13）。这些将晚于实际公开日期，因为搜索引擎需要花费一些时间来检索新网站。

（ⅴ）与互联网公开本身所记载的公开日期有关的信息。日期信息有时隐藏在用于创建网站的程序中，但在浏览器显示的网页中不可见。例如，审查员可以考虑使用计算机取证工具来检索这些日期。为了允许申请人和审查员对日期的准确性进行公平的评估，只有在审查员知道如何获得这些日期并将其传达给申请人时，才能使用这些日期。

（ⅵ）关于在若干站点（镜像站点）或多个版本中复制公开内容的信息。

当试图以足够的确定性确定出版日期时，也可以向网站的所有者或作者进行查询。如此获得的陈述的证明价值必须单独评估。

如果不能获得日期（除审查员的检索日期之外，这对于所讨论的申请来说太晚了），则在审查期间不能将该公开用作现有技术。如果审查员认为出版物虽然未注明日期，但与发明高度相关，因此可被认为是申请人或第三方感兴趣的，他可以选择将该出版物作为"L"文件引用在检索报告中。检索报告和书面意见必须解释为何该文件被引用。引用该公开内容也将使其可用于未来的应用程序，则使用检索日期作为公开日期。

7.2.2.21　有问题的案例

网页有时被分成帧，其内容来源不同。这些帧中的每一个可能具有自己的公开日期，可能必须检查每一个公开日期。例如，在存档系统中，可能发生一帧包含具有旧公开日期的存档信息，而其他帧包含在检索时生成的商业广告。审查员必须确保他使用正确的公开日期，即引用文件的公开日期是可预期的内容。

当互联网存档检索的文档包含链接时，无法保证链接指向同一日期存档的文档。甚至可能发生链接根本不指向存档页面而是指向当前版本的网页。对于链接图像尤其如此，其通常不被存档。归档链接根本不起作用也可能发生。

一些互联网地址（URL）不是持久的，即它们被设计为仅在单个会话期间工作。带有看似随机的数字和字母的长 URL 表明了这一点。这种 URL 的存在并不妨碍该公开被用作现有技术，但它确实意味着该 URL 不适用于其他人（如申请人在他收到检索报告时）。对于非持久性 URL，或者由于其他原因，它被认为是审慎的，审查员指示他如何从相应网站的主要主页到达该特定 URL（即遵循了哪些链接，或者哪些搜索条件是用过的）。

7.2.2.22　技术细节和一般性评论

在打印网页时，必须注意完整的 URL 清晰易读。这同样适用于网页上的相关出版日期。

应该记住，公开日期可以以不同的格式给出，尤其是欧洲格式 dd/mm/yyyy，美国格式 mm/dd/yyyy 或 ISO 格式 yyyy/mm/dd。除非明确指出格式，否则在每个月的第 1～12 天无法区分欧洲格式和美国格式。

如果公开日期接近相关优先权日期，则公开时区对于解释出版日期可能至关重要。

审查员必须始终指明检索网页的日期。在引用互联网信息披露时，他必须解释文件的现有技术状态，例如：他如何以及在何处获得公开日期（如 URL 中的八位数字表示以 yyyymmdd 格式存档的日期），以及任何其他相关信息（例如，对于引用两个或更多相关文档的情况，如何是相关的，如指示第一文档上的后续链接"xyz"导致第二文档）。

7.2.2.23　标准和标准准备文件

标准定义了产品、方法、服务或材料的特征或质量（如界面的属性），并且通常由标准开发组织（SDO）通过相关经济利益相关者的共识来开发。

最终标准本身原则上构成了按照 EPC 第 54（2）条规定的现有技术的一部分，虽然有重要的例外，其中一个涉及私人标准联盟（如 CD-ROM，DVD 和蓝光光盘领域），它们不公布最终标准，但在接受保密协议的情况下将其提供给感兴趣的圈子（明确禁止文件的接收者公开其内容）。

在 SDO 就建立或进一步制定标准达成协议之前，提交并讨论了各种类型的准备文件。这些准备文件像任何其他书面或口头公开一样被对待，即为了符合现有技术的资格，它们必须在申请日或优先权日之前向公众提供，而不受任何保密限制。因此，如果在检索或审查期间针对申请引用标准准备文件，则应确定与任何其他证据相同的事实（参见 T 738/04）。❶

必须根据据称提出这项义务的文件逐案确定是否存在明确的保密义务（参见 T 273/02 和 T 738/04）。这些可能是相关 SDO 的一般准则、指令或原则，许可条款或 SDO 及其成员之间互动产生的谅解备忘录。如果是一般保密条款，即未在相关的筹备文件本身或其中指明的条款，则必须确定一般保密义务实际延伸到有关文件，直至相关时间点。然而，这并不要求将文件本身明确标记为机密（参见 T 273/02）。

如果准备文件在 EPO 的内部数据库或可自由访问的来源（如在互联网上）中可用，则允许审查员在检索报告中并在整个程序期间引用它们。如果有必要，可以在审查和异议期间根据上述原则进一步调查公开提供的文件。

虽然 EPO 内部数据库中的文件被视为向公众提供，但对于从其他来源获得的文件，不能给出一般性指示。

规范和标准与商标相当，因为它们的内容可能随时间变化。因此，必须根据其版本号和出版日期正确识别它们。❷

---

❶ 《EPO 审查指南 2018 版》,G-Ⅳ,1。
❷ 《EPO 审查指南 2018 版》,F-Ⅲ,7,F-Ⅳ,4.8 和 H-Ⅳ,2.2.8。

7.2.2.24　现有技术文件之间的交叉引用

如果文件（"主要"文件）明确提及另一个文件（"次要"文件）提供有关某些特征的更详细信息，并且该文件在主要文件的公开日公众可获得，则后者的教导应被视为结合到主要文件（参见 T 153/85）。❶ 然而，新颖性的相关日始终是主要文件的日期。❷

7.2.2.25　现有技术文件中的错误

对于有缺陷的公开，EPO 审查指南中分三种情况决定是否能作为现有技术使用，且 EPO 上诉委员会判例法明确有缺陷的公开不能作为评价创造性的起点。

EPO 审查指南指出，现有技术文件中可能存在错误，当检查到潜在错误时，取决于本领域技术人员是否使用本领域的普通技术知识，可能出现三种情况：

（ⅰ）可以立即看到该文件包含错误并立即确定唯一可能的更正应该是什么；

（ⅱ）可以立即看到该文件包含错误，但能够识别多个可能的更正；或者

（ⅲ）不能立即发现错误已经发生。

在评估文件与可专利性的相关性时，如果（ⅰ），则认为该公开包含更正；在第（ⅱ）项情况下，不考虑包含错误的段落的公开；在情况（ⅲ）中，字面公开按原样考虑。

有关在线数据库中复合记录的可能错误❸以及非充分公开❹，EPO 审查指南中都有相关规定。

7.2.3　EPO 审查指南对非偏见公开的规定

EPO 审查指南指出，由于下面两种特定情况（也只有这两种情况）造成的对发明的在先公开不构成现有技术的一部分：（ⅰ）与申请人或其法律上的前任相关的明显滥用，例如，从申请人那里得知发明，违背申请人的意愿将其公开；或者（ⅱ）申请人或其法律上的前任在 EPC 第 55（1）条（b）定义的官方认可的国际展览会上演示其发明。❺

一个必要的条件是，上述概述中（ⅰ）和（ⅱ）❻的两种情况的时限是公开行为发生的时间不能早于该欧洲申请的申请日前 6 个月。计算 6 个月相关日是按照实际申请日而非优先权日。

关于情况（ⅰ），所述公开可以是出版物公开，也可以是其他方式的公开。一种特殊情况是在具有更早优先权日的欧洲申请中公开。例如，A 将其发明告诉了 B，并要求

---

❶　根据 EPC 第 54(3) 条的现有技术，《EPO 审查指南 2018 版》，G－Ⅳ,5.1 和 F－Ⅲ,8,倒数第二段。

❷　《EPO 审查指南 2018 版》，G－Ⅳ,3。

❸　《EPO 审查指南 2018 版》，B－Ⅵ,6.5。

❹　《EPO 审查指南 2018 版》，G－Ⅳ,2。

❺　《EPO 审查指南 2018 版》，G－Ⅴ,1—4。

❻　《EPO 审查指南 2018 版》，G－Ⅴ,1(ⅰ)和(ⅱ)。

其保密，而 B 本人将该发明申请了专利。在此情况下，B 递交的申请的公开内容不损害 A 的权利，条件是 A 已经申请，或者在 B 的申请公开后 6 个月内申请了专利。根据 EPC 第 61 条，无论如何 B 都没有申请权。❶

为了确定"明显滥用"，公开发明的当事人一方，必须存在造成损害的真实故意或者确实或者推定其认识到公开后将导致的或可能导致的损害（参见 T 585/92）。这些必须被概率平衡证明（参见 T 436/92）。

在概述中的（ⅱ）中，为了避免演示破坏申请的新颖性，该发明在展览会上公开后的 6 个月内必须提交专利申请。申请人在提交申请时还必须说明该发明已进行过演示，还必须在 4 个月内提交支持性的证明文件，给出《EPC 实施细则》第 25 条要求的细节。❷ 得到认可的展览会公布于 OJ 上。

可见，EPC 和 EPO 审查指南中将申请日前 6 个月内的与申请人或其合法前任有关的明显滥用公开或者国际展览会上的公开直接排除在现有技术之外，与中国的规定实质上相同。

7.2.4 判例法有关现有技术和公众获得性的规定

EPO 上诉委员会判例法对于现有技术的公开方式、不同公开方式公开日的确定以及公知获得性给出了详尽的阐释，其中涉及现有技术定义中涉及的"公众"的概念、保密义务、证据的证明标准。

EPO 审查指南规定属于保密状态的技术内容不属于现有技术。EPO 上诉委员会判例法还分别就批量生产的零件、招股说明书的分发、技术说明、商业相互关系和利益、演示用于演示目的的产品、以书面形式提交产品、使样品/产品可用于测试目的、会议、合资企业和其他商业协议、为获得学位而提交的论文、医学领域、公证人等情况下是否有保密义务进行了阐释。

另外，在 EPO 审查指南和判例法中都提到了几种证据的证明标准：概率平衡标准、超出合理怀疑或最大限度的标准、绝对定罪的标准，对于公开日、公众可获得性的确定，大部分情况下采用概率平衡标准，但对于在先使用、互联网公开等，特别是证据在对手一方时，使用超出合理怀疑或最大限度、绝对定罪等标准，但也有判例法反对互联网公开采用上述严格的标准，T 2339/09 中就采用了概率平衡的标准，EPO 审查指南以及 EPO 关于互联网引用的通知中也规定采用概率平衡的标准。

7.2.4.1 关于新颖性的现有技术

由于 EPC 第 54（3）条将在先申请在后公开的抵触申请纳入现有技术的范围，而这种现有技术不能用来评价创造性，因此，现有技术又分为关于新颖性的现有技术和创造性的现有技术。

---

❶ 《EPO 审查指南 2018 版》，G—Ⅵ，2。
❷ 《EPO 审查指南 2018 版》，A—Ⅳ，3。

按照 EPC 第 54（2）条，现有技术包括在欧洲专利申请日或优先权日以前，依书面或者口头描述的方法，依使用，或者依任何其他方法，公众可以得到的一切东西。

作为一项规则，对于公众获知相关信息的地理位置，获得方式或语言没有限制；也没有对文件或其他信息源的年代限制。❶

与待审查的申请具有相同的申请日或优先权日的申请不属于现有技术。

出于确定新颖性的目的，应当阅读在先文件，因为本领域技术人员在其"相关日"将阅读该文件。在先公开的文件的相关日是其公开日期，以及 EPC 第 54（3）条含义内的文件的相关日期是其申请日（或视情况而定，优先权日）。❷

根据 EPO 上诉委员会的既定判例法，确定构成 EPC 第 54（2）条意义上的现有技术的一部分的文件的公开，相关日期为公开日期。为了审查新颖性，文献将在公开日期的技术人员的角度进行评估。使用在引用的现有技术的公开日期与待审查的申请或争议专利的申请日或优先权日之间只有相关专家可获得的知识来解释文件是与创造性有关的问题，而不是新颖性。

1）欧洲在先权利要求

根据 EPC 第 54（3）条，已经提交的欧洲专利申请的内容，如果该申请的申请日早于 EPC 第 54（2）条所述的日期，并在该日期或之后公布，应被视为包含在现有技术中。

然而，这种在先申请仅在考虑新颖性而不是在考虑创造性时才是现有技术的一部分。EPC 第 54（2）和第 54（3）条中提到的"申请日"，在适当情况下被解释为优先权日。❸

作为 EPC 的 2000 年修订版的一部分，更早的 EPC1973 第 54（4）条被删除，因此任何欧洲申请按照 EPC 第 54（3）条构成现有技术的话，对所有 EPC 缔约国在公布时均具有效力。修订后的 EPC 第 54（3）条适用于 EPC2000 生效时或之后提交的欧洲专利申请。删除的 EPC1973 第 54（4）条仍然适用于已经授予的欧洲专利和 EPC2000 生效时待决的申请。

在 T 1926/08 中，为了确立与文件对比文件 1 相关的新颖性，专利权人已经在不同的缔约国提出了两项权利要求。争议专利是在 EPC2000 生效之前被授予专利权的。争议的焦点在于，《EPC1973 实施细则》第 87 条是否是实施 EPC1973 第 54（4）条的规则，或是否是 EPC 第 123 条和《EPC 实施细则》第 138 条涵盖的情况。

《EPC1973 实施细则》第 87 条允许在早期欧洲专利申请的情况下针对不同的国家提出不同的权利要求、说明书和附图，该申请既可以是 EPC1973 第 54（3）条和第 54（4）条规定的现有技术的一部分，也可以是在先的国家权利存在的情况，而《EPC2000 实施细则》第 138 条仅提供后一种情况。EPO 上诉委员会认为《EPC1973

---

❶　《EPO 审查指南 2015 版》，G—Ⅳ，1。

❷　《EPO 审查指南 2015 版》，G—Ⅵ，3。

❸　《EPO 审查指南 2015 版》，G—Ⅳ，5.1。

实施细则》第 87 条适用于 EPC2000 生效前授予的欧洲专利，因为它是 EPC1973 第 54 (4) 条的实施细则，并承认了一套单独的权利要求。

在 J 5/81 (OJ 1982, 155) 中，EPO 上诉委员会认为已公布的欧洲专利申请成为 EPC1973 第 54 (3) 条规定的现有技术的一部分，自申请日或优先权日起具有追溯效力，用于评价在申请日或优先权日之后但在公布之前提交的申请，但这仅适用于此类在出版时仍然存在"在先申请"的情况。

在 T 447/92 中，早期文献的全部内容在 EPC1973 第 54 (3) 条和第 54 (4) 条的意义内，就新颖性而言，必须被视为现有技术的一部分。EPO 上诉委员会指出，其会一直对封闭措施采取非常严格的解释，以减少自我冲突的风险。

EPO 上诉委员会认为，如果不这样做，在决定是否有创造性时，会不合理地将 EPC1973 第 54 (3) 条意义范围内的文件排除在外。

在 T 1496/11 中，EPO 上诉委员会发现，母案申请权利要求 1 的主题仅有权享有 1997 年 10 月 8 日的申请日。诉讼中的该专利的分案申请披露了与优先权文件相同的实施方案。因此，该分案申请的这一实施方案有权享有 1996 年 10 月 10 日要求的优先权日期，从而预见到权利要求 1 的主题仅有权享有 1997 年 10 月 8 日的申请日。因此，按照 EPC 第 54 (3) 条，该专利权利要求 1 的主题相对于分案申请缺乏新颖性。

在 T 557/13 中，有关部分优先权的几个问题已提交给扩大 EPO 上诉委员会，特别是问题 1 和问题 5：问题 1，如果欧洲专利申请或专利的权利要求由于通用表达方式或其他方式包含一个或多个并列主题（通用"OR"—权利要求），在优先权文件中首次直接或至少隐含或明确地公开了有关并列主题（以有利方式），按照公约，部分优先权资格可以被拒绝吗？问题 5，如果对问题 1 给出肯定答复，在欧洲专利申请的母案或分案申请中公开的主题可以被引用作为 EPC 第 54 (3) 条的现有技术反对针对优先权文件中披露的主题吗？以及反对作为上述欧洲专利申请或授权专利的一般性"OR"—权利要求的替代方案而包含在内的主题吗？见判例法第 II 部分第 D 章第 5.3 节"一项权利要求的多重优先权"。

2) 排除的在先国家权利

在 T 550/88 (OJ 1992, 117) 中，EPO 上诉委员会明确表示，对 EPC1973 第 54 (3) 条的正确解释，在先的国家权利不包括在现有技术中。在先的国家权利对欧洲专利的影响纯粹是为了国家法律，而在先的欧洲申请对欧洲专利的影响是在 EPC1973 第 54 (3) 条（根据 EPC1973 第 138 (1) 条 (a)，也可能成为根据国家法律撤销的理由）。换句话说，根据 EPC1973 第 138 (1) 条和第 139 条的综合效果，将根据现有国家权利的存在，为国家法律规定的撤销提供额外的可能理由，而现有的国家权利并未根据 EPC1973 第 54 条提供。

在 T 1698/09 中，EPO 上诉委员会观察到，按照 EPC 第 54 (3) 条，现有技术包括在诉讼的专利的优先权日之前申请并在该日期之后公布的欧洲专利申请的内容。它认为德国实用新型不是德国或欧洲专利申请。诉讼的专利指定了德国也没有任何区别。

3) PCT 申请作为现有技术

EPC 第 153（5）条声明，欧洲 PCT 申请应被视为包括在 EPC 第 54（3）条规定的现有技术范围内，如果 EPC 第 153（3）或（4）条"及实施细则"规定的条件已满足。

根据《EPC 实施细则》第 165 条，欧洲 PCT 申请应被视为包含在 EPC 第 54（3）条规定的现有技术范围内，如果除 EPC 第 153（3）或（4）条规定的条件之外（国际申请或其译文的公布），已经支付了《EPC 实施细则》第 159（1）条（c）的申请费。因此，一旦为冲突的申请支付申请费，它就被认为是 EPC 第 54（3）条规定的现有技术。

按照 EPC1973 第 158（2）条，欧洲 PCT 申请被认为是在 EPC 第 54（3）条的申请，如果提交了翻译（必要时）并支付了国家费用。

在 T 404/93 中，欧洲专利申请仅限于缔约国意大利（IT），荷兰（NL）和瑞典（SE），因为在先的国际申请是在前者的申请日之后公布的。该 EPO 上诉委员会注意到在先的 PCT 申请已经提到了几个 EPC 缔约国，包括 IT、NL 和 SE，被指定申请欧洲专利。但是，当在先申请进入欧洲阶段时，没有为 IT、NL 和 SE 支付指定费用。

因此，EPO 上诉委员会发现在先的国际申请针对 IT、NL 和 SE 并未包含在 EPC1973 第 54（3）条的现有技术中（另见 T 623/93）。

在 T 622/91 中，被上诉人（专利权人）要求撤销上诉裁决，并为所有指定的缔约国保留专利。两个在先的国际申请和欧洲专利已经指定了缔约国法国（FR）。EPO 上诉委员会注意到 EPC1973 第 158（2）条的要求［现为 EPC 第 153（3）条和第 153（4）条和《EPC 实施细则》第 159 条］已经满足，并认为国际申请包含在与该诉讼专利相关的 EPC1973 第 54（3）条和第 158（1）条的现有技术中［现为 EPC 第 153（5）条］。EPO 上诉委员会继续审查主要请求的权利要求 1，并发现在先的申请在指定的缔约国 FR 同样是破坏新颖性的。

在 T 1010/07 中，EPO 上诉委员会认为 E4 是一份在本争议专利的优先权日之前公布的与创造性有关的文件，该文件是根据 EPC1973 第 158（3）条的出版物，即根据 EPC1973 第 158（2）条提供给 EPO 的未以官方语言（日语）出版的国际申请文件译文，译文为 EPO 官方语言（英语）。虽然按照 EPC1973 第 158（2）条的翻译未经 EPO 检查，推测其内容与公布的国际申请的内容相同（参见例如 T 605/93）。只有在有合理理由怀疑某一特定案件的这一推定时才进一步调查，并在必要时提供所需的证据。因此，作为相同内容的翻译，E4 被认为是现有技术的一部分。

4) 根据 EPC 第 55 条进行的非偏见性公开

EPC 第 55 条规定，如果公开发生在提交欧洲专利申请之前的六个月之前，并且该公开是起因于或由于以下原因：（a）与申请人或其合法前任有关的明显滥用，或（b）申请人或其合法前身已在官方或官方认可的国际展览中展示了该发明，则不应考虑应用 EPC 第 54 条认为公开了该发明。

在合并案件 G 3/98（OJ 2001，62）和 G 2/99（OJ 2001，83）中，扩大 EPO 上诉

委员会裁定，在计算 EPC1973 第 55（1）条的六个月期间时，相关日期是欧洲专利申请的实际提交日期，而不是优先权日期。

在 T 173/83（OJ 1987，465）中，EPO 上诉委员会裁定，如果明确且毫无疑问地证明第三方未被授权将收到的信息告知其他人，则在 EPC1973 第 55（1）条（a）意义上存在明显的滥用。因此，不仅在有意图伤害时，而且当第三方以冒险对发明人造成伤害的方式行事时，或当第三方未能履行他与发明者的互信声明时，也属于滥用。

在 T 585/92（OJ 1996，129）中，EPO 上诉委员会发现，如果由于错误而由政府机构早期公布专利申请，则这不一定是对 EPC1973 第 55（1）条（a）意义上的申请人的滥用。但不幸的是，它的后果可能是有害的。为了确定是否存在 EPC1973 第 55（1）条（a）意义上的滥用行为，"滥用者"的心态很重要。

在 T 436/92 中，EPO 上诉委员会发现，故意伤害另一方的意图将构成明显的滥用，也可能是因为有计划地违反保密规定可能造成伤害的可能性。"滥用者"的心态至关重要。EPO 上诉委员会认为，上诉人没有在概率平衡上证明出版物违反了默认的保密规定。换句话说，该出版物并不是 EPC1973 第 55（1）条意义上的明显滥用。

5）在优先权日之前未公布的内部知识

EPO 上诉委员会的一贯观点是，内部知识或事物不能被认为是 EPC 第 54（2）条意义上的现有技术的一部分，与实质可专利性无关。

在 T 1001/98 中，EPO 上诉委员会认为自己或审查部门不适合根据未被确定为构成 EPC 第 54（2）条意义上的现有技术对主题的实质性专利性（新颖性和创造性）进行评估。这与 EPO 上诉委员会先前的一些决定（如 T 654/92）一致。按照上诉人的声明意见，专利申请的图 7（a）和 7（b）的安排是在专利优先权日之前未公开的内部知识，并且鉴于欧洲检索报告未公布任何相应文件，EPO 上诉委员会得出结论：有关安排不能被视为包含在 EPC 第 54（2）条意义上的现有技术范围内（另见 T 1247/06）。

6）在专利申请中得到承认的现有技术

根据 EPO 上诉委员会的既定判例法，专利申请中用于确定技术问题而引用和承认的现有技术，可以用作评估新颖性和创造性的起点。

在 T 654/92 中，EPO 上诉委员会指出，英文版本的《EPC1973 实施细则》第 27（1）条（b）中的"背景技术"一词应被解释为在 EPC1973 第 54（2）条含义内的现有技术。如果在申请的优先权日起，从申请人所知但不公开的方案开始的做法与 EPC 的要求不一致，则在对创造性的评估中必须忽略任何这样的方案。

关于申请人是否可以隐含或明确地从其背景技术的指示中提出的问题，EPO 上诉委员会认为，除非出于其他原因而从现有技术中删除或明显不是现有技术，否则它可能被视为现有技术。

在 T 413/08 中，EPO 上诉委员会在没有任何相反指示的情况下声明，专利权人对现有技术的承认可以只看表面。如果专利权人在某个时间点对现有技术的确认没有产生任何程序问题，则不再依赖该确认。

关于公知常识的规定参见本章第 7.2.3 节。

7.2.4.2　公众可获得性

根据 EPC 第 54（2）条，现有技术应包括在提交欧洲专利申请日之前所有通过书面或口头描述，使用或以任何其他方式向公众提供的所有内容。

EPO 上诉委员会判例法已经确定，获取信息的理论可能性使其可供公众使用（参见 T 444/88），无论以何种方式获取该发明，以及在先使用的情况下——不管是否有特殊原因分析产品（G 1/92，OJ 1993，27）。在这一点上，该决定取代 T 93/89（OJ 1992，718）、T 114/90 和 T 62/87。作为一个法律问题，公众是否真正看到该文件或是否知道该文件可用并不重要（参见 T 381/87，OJ 1990，213）。根据信息的可用方式，可能会出现特殊问题。

1）出版物和其他印刷文件

对于被视为已向公众公开的书面描述，公众有可能获得其内容，而没有任何保密义务限制使用或传播此类知识的义务。至于文件中包含的书面信息是否已公开，通常有必要确定以下所有事实：文件出处；在何种情况下，公众可以获取这些文件；以及谁在有关案件中构成公众；是否有明确或隐含的保密协议；以及何时（日期或时间段）所述文件可公开获得。

2）公司文件

在 T 37/96 中，EPO 上诉委员会必须决定一些现有技术文件的公众可获得性。其中两个是典型的公司文件，EPO 上诉委员会认为，与科学或技术期刊不同，不能假设诸如招股说明书或产品描述等文件自动进入公共领域；相反，它们是否确实在特定日期可供公众使用，取决于具体情况和现有证据。在 T 19/05 中，EPO 上诉委员会表示该文件是公司生成的技术文件，因此不能假设它已自动进入公共领域。

T 278/09 中，在审查产品数据表是否已向公众公开时，EPO 上诉委员会观察到这样的数据表仅描述了新开发或改进产品的组成部分和特征，但没有包含任何与营销有关的证据或任何公共场所可获得的证据。决定是否以及何时推销产品可能取决于其他情况，如经济环境和相关公司的营销政策。无论如何，当决定推销产品数据表描述的产品时，产品数据表不一定会成为向公众公开的信息，因为被派发数据表的客户可能有义务将其视为机密信息。因此，在这种情况下，仅仅确定概率平衡是不充分的，即简单假设所谓的破坏新颖性的产品数据表已向公众公开是不准确的。因此，产品数据表不提供与广告手册相同级别的信息。

3）广告手册

T 804/05 涉及公众可获得的广告手册，该手册通常分布在感兴趣的专家中，并在封面上标明日期。EPO 上诉委员会决定，在没有任何相反证据的情况下，必须假定该手册已在封面日期后的几个月内提供给感兴趣的客户，而无须保密。

在 T 743/89 中，EPO 上诉委员会认为，在竞争激烈的领域确保商业小册子的广泛分发以便尽可能多地向潜在客户通报这一最新发展符合答辩人的利益。在这里，已经证明在优先权日期之前七个月印刷了公开该发明的传单，但是传单何时被分发是不确定的。EPO 上诉委员会认为，虽然无法再确定分发日期，在任何情况下都假设分配在七个月内发生是合理的。

在 T 146/13 中，专利权人坚持认为，对手没有提供证据证明在专利的优先权日之前已经分发了商业宣传册（对比文件 6）。EPO 上诉委员会注意到，在印刷日和优先权日之间存在超过 24 个月的差距，并引用了既定的判例法（参见 T 287/86，T 743/89，T 804/05，T 1748/10），认为这个时间足够长，足以假定对比文件 6 已经向公众开放。EPO 上诉委员会还确信，除非将其分发给感兴趣的团体以吸引潜在客户的注意力，否则不打印商业宣传册是标准做法。对比文件 6 的出版商同样印刷了它，以便向目标市场展示其产品及其优势。

在 T 77/94 中，宣传通知的发布日期必须紧接在印刷日期之后（因为这些通知仅为了发行而制作）被认为仅仅是需要确认的假设；实际上，事情往往是不同的。

4）专业领域的报告

在 T 611/95 中，该领域的一个研究机构拥有一份预测该发明的报告，任何人都可以在研究所查看或根据要求从中查看。在优先权日之前发表的两篇论文提到了该报告，并说明了可以在何处获得。EPO 上诉委员会认为，该报告是公开的。就公众可获得性而言，该研究所不应与图书馆等同，但文件中的信息已向该领域的专家表明，任何人都可以在那里查阅或订购报告。

5）书籍

在 T 842/91 中，要求保护的发明的主题包括在要出版的书中。在优先权日期之前不久，专利权人允许出版商披露该书的内容。EPO 上诉委员会认为，虽然专利权人明确允许出版商向公众提供所要求保护的主题，但这并不相当于其本身实际上公众可获得。

在 T 267/03 中，裁定在双筒望远镜的书中用照片描绘的双筒望远镜构成了被诉的关于双筒望远镜内部结构的专利的现有技术，该书中记载了具有制造商的名称和大约制造日期（"大约 1960 年"）的信息，该日期远远早于被诉专利的申请日。

6）使用手册

T 55/01 涉及使用手册的公众可获得性，该手册是关于某些品牌电视机的卫星接收器的带有出版日期的使用说明书。EPO 上诉委员会注意到电视机是大规模生产的消费产品，这些产品迅速分销到市场而没有任何保密义务。它认为没有必要再提供证据证明电视机实际销售给指定的客户，并且在其确定的生产日期和专利的优先权日期之间的约四个月内向公众提供随附的手册。因此，考虑到大众市场上的事件，如新电视产品的出现，每个人，特别是通常会仔细观察市场的竞争者，都可以随时获取。因此，概率平衡是这种情况下适用的证据标准，与 T 472/92 不同。

7）专利和实用新型

T 877/98 提出了一个问题，即如果申请尚未公布，德国专利是否在获得授权通知后为公众可获得。EPO 上诉委员会认为，在专利公告中的授权公布之前，该专利尚未公布；只有从那一点开始才能公开查阅。因此，赞同德国联邦专利法院的观点（1994年 12 月 23 日决定，4W（pat）41/94，BlfPMZ 1995，324）。

在 T 315/02 中，EPO 上诉委员会表示，尚未在其原产国出版的专利申请可构成 EPC1973 第 54（2）条意义上的现有技术的一部分。如果公众可以将其作为已公布的欧洲申请的优先权文件获得。

在 T 355/07 中，EPO 上诉委员会认为，德国实用新型在其进入德国专利商标局实用新型登记册之日被认为是公开的，因此它们代表了 EPC 第 54（2）条的现有技术。在该日期或之前，公众成员是否实际查阅了该申请无关紧要。

8）文件摘要

在 T 160/92（OJ 1995，35）中，EPO 上诉委员会认为，对于先前公布的日本专利文献摘要的教导，尽管本身没有相应的原始文件，也构成了现有技术的部分，如果文件中没有任何内容指出其无效，则可被合法引用（参见 T 462/96）。

在 T 1080/99（OJ 2002，568）中，EPO 上诉委员会认为，鉴于其法律性质和预期目的，日本的英文专利摘要旨在反映相应日本专利申请的技术内容的出版物，以使公众快速获得初步信息，以及技术主题的任何抽象或概要的目的。因此，如果原始文件可用，则可以根据原始文件解释并可能重新评估这些摘要的内容。

在 T 243/96 中，确定了一份文件的摘要，它本身就是现有技术的独立部分，在该文件的基础上拒绝了诉讼请求。但是，鉴于公开不充分，以及对如何解释摘要的不同意见，EPO 上诉委员会决定以英文翻译的形式将完整文件引入上诉程序，这可理解为完整文件优先于摘要。

9）讲座和口头公开

在 T 877/90 中，如果在相关日期，公众可以获得对其内容的了解并且没有限制其使用的保密条件，则认为口头公开已向公众公开传播这种知识。

如果书面公开公开了在几年前举行的公开会议上的口头公开，则通常不能假定书面公开与口头公开相同。必须提出附加的环境以证明这一结论是正确的（参见 T 153/88）。在 T 86/95 中，EPO 上诉委员会认为公开的信息是相同的，因为发言人极不可能在会议上省略这样一个突出的环节。

在 T 348/94 中，EPO 上诉委员会确认，据称基于先前在公开会议上宣读的一份文件（在该案中为 10 个月）的书面出版物不能被认为与口头公开的内容相同，并且可能包含附加信息。至于口头公开的程度，举证责任仍由对方承担。

在 T 1212/97 中，对方提出，在优先权日期前几天向 100~200 人的观众讲课时，已向公众公布了该发明。需要解决的问题是，是否有任何可靠和令人满意的证据证明在讲座中向公众提供的内容。EPO 上诉委员会并未单独考虑讲师提供的证据，以证明在讲座中向公众提供的内容。如果需要多次听证会或观看以提取所有信息，即使是讲座录制的录音带或录像带，除非可公开获得，否则必须谨慎对待。至少在两名听讲座的听众当时的书面笔记中出现的信息通常被认为是充分的，而出现在一名听众的笔记中的信息可能不充分，因为它反映了听众而不仅仅是讲座的内容。如果讲师在讲座中按照打字稿或手稿宣读，或者讲师随后撰写了他的讲座，并且讲座随后作为会议的一部分以该形式发表，那么书面版本可能被视为讲座内容的一些证据。虽然有些谨慎，但不能保证脚本完全可理解，也不能保证写到书面的内容没有被放大。最有用的证据是发给公众的讲座的讲义，包含讲座最重要部分的摘要和所示幻灯片的副本。

在 T 2003/08 中，EPO 上诉委员会观察到，与书面文件相反，其内容是固定的并且可以多次阅读，口头陈述是短暂的。因此，确定口头公开内容的证据标准很高。已经说过或使用 EPC 第 54（2）条，"公众可获得"的内容必须超出合理怀疑范围。EPO 上诉委员会注意到，在 T 1212/97 案件中，EPO 上诉委员会表达了这样一种观点，即"至少有两名听众在讲座中作出的书面记录通常被视为足够"。EPO 上诉委员会还表明，确定超出合理怀疑的口头陈述内容所需的证据数量应根据具体情况进行判断，即取决于每种情况下证据的质量。在 EPO 上诉委员会看来，T 1212/97 号决定不能被解释为为证明口头公开内容所必需的证据数量设定绝对标准。EPO 上诉委员会认为，在某些情况下，讲师和只有一名观众的证据足以令人信服，达到证据标准，即超出合理怀疑。然而，在该争议案中，EPO 上诉委员会并未考虑由他们以宣誓证词和口头证词的形式提供的讲师及其听众的证据，以超出合理怀疑地证明权利要求的主题在讲座中被披露。

关于会议期间的口头陈述，在 T 667/01 中，EPO 上诉委员会表示：演讲人关于其陈述内容的声明通常不会被认为是足够的，因为他在演讲期间可能偏离了他的意图，以及他可能偏离他所回忆起的实际演讲的内容，或者他可能以一种让观众无法记录它们的方式提出相关问题。如果受众理解提出的问题的程度仍然不确定，那么既定的举证标准通常需要参加演讲的人进一步独立声明。令人怀疑的是，演讲人在 12 年之后是否还能准确记住演讲的内容。

10）互联网公开

互联网上的公开通常被视为 EPC 第 54（2）条意义上的现有技术的一部分。在互联网或在线数据库中公开的信息自公开发布之日起即被视为公众可获得（参见 T 2339/09）。❶

有关互联网信息公开所需的证明标准的更多信息，在判例法有相关说明。❷

11）存储在万维网上的文档的公众可获得性

T 1553/06 和 T 2/09 都处理了万维网上保存的文件的公众可获得性问题。

在 T 1553/06 中，EPO 上诉委员会进行了一项测试，用于评估存储在万维网上的文档的公众可获得性，该文档可以通过基于关键词的公共网络搜索引擎找到。在设计这个测试时，EPO 上诉委员会发现如下事实，仅仅理论上可以获得披露手段并不能使其在 EPC1973 第 54（2）条的意义上对公众可用；相反，所需要的是具有访问权的实

---

❶ 《EPO 审查指南 2015 版》，G—Ⅳ，7.5。
❷ 《EPO 上诉委员会判例法第 8 版》，Ⅲ—G，4.2.3。

际可能性，即"直接和明确的拥有"，根据 G 1/92（OJ 1993，277）和 T 952/92（OJ 1995，755）的规定，意味着至少一名公众可获取的披露方式应满足：

如果在专利或专利申请的申请日或优先权日之前，（1）通过使用一个或多个关键词，可以在公共网络搜索引擎的帮助下找到存储在万维网上并通过特定 URL 访问的文档，所有这些都与该文件内容的实质有关，并且（2）在该 URL 上仍然可以访问一段时间，以便公众成员，即没有义务保密文件内容的人，直接和明确地访问该文档，那么该文档在 EPC1973 第 54（2）条的意义上向公众提供。

在 T 2/09 中，EPO 上诉委员会怀疑通过互联网传输的电子邮件是否可以以与网页相当的方式访问和搜索，无论访问和披露电子邮件内容是否是合法的。EPO 上诉委员会认为，网页与此类电子邮件之间的差异构成了一个强烈的表面证据，反对后者的公众可获得性。EPO 上诉委员会决定，并不能仅因为电子邮件是在申请日之前通过互联网传输的而认为电子邮件的内容构成在 EPC1973 第 54（2）条的意义上向公众提供。

12）出版日期

在 T 1134/06 中，EPO 上诉委员会发现，如果要将互联网公开用作现有技术，则应采用严格的举证标准。因此，互联网公开构成了 EPC1973 第 54（2）条意义的现有技术的一部分应被证明"超出任何合理怀疑"。关于后一个问题，在大多数情况下，有必要解决互联网可靠性的主要问题，特别是要确定是否，以及在何种程度上，所述公开在出现的那一天真的达到了公开的程度。EPO 上诉委员会接着指出，在某些情况下，属于信誉良好或被信任的出版商的网站发布纸质出版物的在线电子版本，内容和日期可以按面值进行，并且可以免除对支持证据的需求。如果从互联网档案馆等资源中检索得到，则有关公开历史的进一步证据，自其公开之日起是否以及如何进行修改最初出现在网站上是必要的。这可以是档案管理员的权威声明。或者，对包含该公开内容的归档网站的所有者或作者的内容的适当陈述就足够了。

在 T 1875/06 中，EPO 上诉委员会完全同意 T 1134/06 号决定中的这一结论，并将严格的证据标准应用于文件（3），该文件由审查部门在建立欧洲补充检索报告时从互联网上检索得到。文件（3）是网页的打印输出。在作出决定之日，欧洲补充检索报告中指出的 URL 不允许检索文件（3）或任何其他文件。关于文件（3）的公众可用性的上述假设的证明将取决于适当的进一步证据。在 T 286/10 中，EPO 上诉委员会没有同意 T 1134/06 中达成的结论，即必须证明在互联网上的在先公开已经超出所有合理怀疑。除了适用于现有技术公开的一般证据之外，没有找到证据标准的法律依据。与传统出版物相比，互联网出版物提出了一个特殊问题，因为有可能进行不容易追踪的变更。互联网出版物原则上不要求采用不同的证据标准：任何与此类公开相关的不确定性都必须以确保足够程度的可能性的方式克服，并确定可以说服法官的可获得性假设。在这种情况下，EPO 上诉委员会认为，由"时代联盟"报纸运营的 www.jacksonville.com 被初步证明是一种已知且可靠的信息来源，并且得出的结论是，这足以假设 A9 于 2000 年 5 月 28 日发表。文件 A10 显然已于 2001 年 7 月 9 日在互联网档案馆存档，网址为 www. archive. org。EPO 上诉委员会认为，某个文件已在某个日期被互联网档案存档，自然使有理由怀疑的特殊情况受到限制，通常足以证明该文件在下载当天可供公众访问，并且之后很快就会通过互联网存档向公众提供。

在 T 1961/13 中，审查部门认为，对比文件 2 在 1999 年 2 月 15 日或之前在互联网的网站上公布，可以从中检索到对比文件 2。作为这一主张的证据，审查部门提到了对比文件 7，该文件是 Google 针对"在 Google 缓存页面上快速搜索"而对其进行检测的搜索结果的屏幕截图，其中显示了对比文件 2 的 URL 及日期"1999 年 2 月 15 日"。根据审查部门的说法，这表明对比文件 2 的 URL 在 1999 年 2 月 15 日由 Google "快照"。审查部门基于对比文件 7 中显示的屏幕截图的推理被 EPO 上诉委员会驳斥。对比文件 7 显示了对数据范围进行过滤的结果，该搜索结果是常规 Google 搜索互联网文档，其中对比文件 2 的部分标题用作搜索条件。返回的单个结果似乎指向与检索它的 URL 相同的对比文件 2。这并不意味着对比文件 2 被 Google 缓存（或"快照"），但 Google 在某个时间点已在此 URL 上找到索引文件对比文件 2。EPO 上诉委员会的结论是，Google 报告的日期本身不适合作为文件发布日期的证据。

在 T 1469/10 中，EPO 上诉委员会指出，ETSI 3GPP 组织是一个声誉良好的标准化机构，对于发布任何会议稿件都有明确可靠的规则，特别是关于上传到公共文件服务器的文件。因此，3GPP 文件列表中显示的发布日期（"时间戳"）具有很高的证明价值，可以作为该文件向公众公开的日期的初步证据。因此，EPO 上诉委员会指出 3GPP 文件列表上指示的日期（"时间戳"）对应于各个文件被上传到 3GPP 文件服务器的日期。

在 T 2339/09 中，根据检索报告，对比文件 4 是 2006 年 5 月 22 日的互联网文章，涉及 HBE GmbH 的产品目录，该目录于 3 月 21 日在 www. archive. org 的互联网档案中找到。因此，目录在线出版的日期是 2006 年 5 月 22 日，即在 2006 年 11 月 17 日之前，即该申请的申请日。此外，目录上印有日期为"11.10.04"的印记，表明它已经"脱机"发布，甚至更早。无论如何，相关日期早于申请日期，因此必须认为对比文件 4 是现有技术的一部分。EPO 上诉委员会认为，申请人（上诉人）承担了提起诉讼并证明相反的责任，即对比文件 4 在申请日之前尚未公布。

在 T 373/03 中，无论是从互联网上恢复的 PBS 文件的作者日期，还是代码中嵌入的创建日期，都没有被 EPO 上诉委员会接受为在相关日期之前证明可用日期。

13）在先使用

现有技术包括在提交欧洲专利申请之日之前，通过书面或口头描述，使用或以任何其他方式向公众提供的所有内容［EPC 第 54（2）条］。使用可以采取生产，提供或营销或以其他方式利用产品，提供或营销方法或其应用或应用方法的形式。营销可以通过例如销售或交换来实现。❶

---

❶ 《EPO 审查指南 2015 版》G-Ⅳ,7.1。

　　在异议程序中通常会提出在先使用或以任何其他方式提供。

　　根据既定的判例法，必须澄清以下内容，以确定是否通过在先使用向公众提供了一项发明：（ⅰ）在先使用发生的时间，（ⅱ）通过该使用向公众提供了什么内容和（ⅲ）使用的情况，即哪里、怎样以及被谁通过使用公开了主题。

　　关于要求在先使用的先决条件，在判例法中有相关说明。❶

14）公众在先使用发生

　　在 T 84/83 中，一种新型广角镜已安装在机动车上用于演示目的至少六个月。EPO 上诉委员会认为这构成在先使用公开，因为在这段时间内，车辆可能会被停放在公共高速公路上，因此可供第三方检查。

　　T 1416/10 涉及公众在先使用由专利权人制造和销售的型号为 WD－R100C 的洗衣机。EPO 上诉委员会注意到，虽然没有证据证明特定洗衣机确实在诉讼的专利的相关日期之前可供公众使用，尽管该特定机器不太可能在交付销售给分销商之前留在制造商处超过一个月，但对手提交的证据使得得出的结论超出了任何合理的怀疑，即型号为 WD－R100C 的洗衣机已在诉讼专利的相关日期之前公开供分销商公开销售。

　　在 T 1682/09 中，上诉人声称公众在先使用了称重系统的组件。EPO 上诉委员会注意到，根据既定的判例法，在没有任何特殊情况下，出售设备足以使公众可以使用。在该争议案中，组件只是租赁，它不归公司所有。然而，EPO 上诉委员会发现，将组件安装在公司的办公场所以及随后在同一处所组装的常规启动，培训和维护程序使公司可以获得其特征，该公司那时已成为公众的一员。

15）非公众在先使用

　　在 T 363/90 中，在展销会上展出并演示了装有对应于要求保护的发明的送纸器的机器。EPO 上诉委员会得出结论认为，在这种情况下，技术人员无法识别或根据进一步的信息推断展出的送纸器的技术特征和功能，使其能够复制它的设计，更不用说进一步研制它。

　　在 T 208/88 (OJ 1992, 22) 中，EPO 上诉委员会认为，效果（在该案中，生长规则）预先没有描述，但在执行公知教导（在这种情况下，用作杀真菌剂）的过程中实际发生并有动机作为使用发明的基础，如果在执行期间没有如此清楚地透露使至少可能向不限数量的技术人员披露了该发明的必要特征则在任何情况下都没有向公众公开。

　　在 T 245/88 中，在造船厂的围栏区域安装了几台蒸发器，公众进入这一区域没有不受限制。EPO 上诉委员会认为蒸发器尚未向公众开放。

　　在 T 901/95 中，EPO 上诉委员会决定仅仅声称发电设备安装在三个不同造船厂的船上并因此向公众提供并不足以证明其明显的在先使用。造船厂通常被视为禁区，因此不向公众开放。也不排除这种可能性，在没有其他保护的情况下，船厂的商业伙伴

---

❶　《EPO 上诉委员会判例法第 8 版》,Ⅳ－D,2.2.9c)和Ⅲ－G,4.3.2。

可能通过明确或默许的保密协议确保其共同利益。在这种情况下，仅通过查看内置设备，相关的工艺步骤和切换装置的功能布置是否明显也是值得怀疑的；当发电设备投入运行时也不确定。EPO 上诉委员会在这些情况下并未考虑声称的公众在先使用。

在 T 1410/14 中，双方的共同点是，在特定日期，在构成城镇公共交通网络一部分的路线上测试了具有权利要求特征的车辆（"城市跑者"），而且可以仅从上方看到所讨论的耦合接头，即从头顶上的人行天桥。对于 EPO 上诉委员会来说，未证明该在先使用将使技术人员能够识别该发明的所有特征。特别地，上诉人未能充分证明在测试驱动期间技术人员已经明白特定特征（形成枢轴承的一部分并且可移动地保持在车身上的支架）。总而言之，EPO 上诉委员会认为，只有能够毫无疑问地证明那么短的时间对于技术人员来说是明确且直接明显的、被短暂可见的主题的特征才能被认为是公众可获得的。

16）产品的内部结构或组成

在许多情况下，在先使用中识别诸如产品的内部结构或组成之类的技术教导的能力预先假定对体现该技术教导的产品的分析。分析在公开市场上可获得的产品在技术上是否可行是 EPO 上诉委员会在许多场合考虑的问题。

在 T 952/92（OJ 1995，755）中，EPO 上诉委员会表示，关于在先销售产品的组成或内部结构的信息如果向公众提供，以及如果直接和明确地使用此类产品，就可以通过分析已知的技术获得这些信息，也就是说这些技术可在相关申请日之前供技术人员使用，则成为现有技术的一部分。EPO 上诉委员会还表示，技术人员分析此类在先销售产品的可能性或其他方面，以及负担程度（即进行此类分析所涉及的工作量和时间）原则上与确定什么构成了现有技术有关。要求保护的发明的新颖性通过落入权利要求书内的实施例的在先公开（通过任何手段）被破坏。对在先销售的产品进行完整分析的可能性是不需要的。如果对在先销售的产品的分析是为了向技术人员传达属于权利要求的产品的实施例，则破坏权利要求的新颖性。

在 G 1/92（OJ 1993，277）中，EPO 扩大上诉委员会认为，当产品本身可供公众使用并可被本领域技术人员分析和复制时，无论是否可以确定用于分析组合物的特定原因，产品的化学成分构成了现有技术的一部分。相同的原则比照适用于任何其他产品。它还指出："任何技术教导的一个基本目的是使本领域技术人员能够通过应用这种教导来制造或使用给定的产品。如果这种教导是由投放市场的产品产生的，那么本领域技术人员将不得不依靠他的普通技术知识来收集所有信息，使他能够制备所述产品。如果本领域技术人员有可能发现产品的成分或内部结构并在没有过度负担的情况下复制产品，那么产品及其成分或内部结构都成为现有技术。"

在 T 472/92（OJ 1998，161）中，EPO 上诉委员会提到了 G 1/92，并得出结论认为，材料的可印刷性特征不是仅仅通过交付就可以向公众提供的性质，因为这显然是一种外在特征，需要与特定选择的外部条件进行交互因此，这种特征不能被认为已经公开。

在 T 390/88 中，EPO 上诉委员会拒绝了一种薄膜没有向公众公开的论点，该论点认为它只是在优先权日前三周的新闻发布会上宣布，因此在那么短的时间内对于本领域技术人员来说不可能确定薄膜的组成。

在 T 301/94 中，EPO 上诉委员会决定技术人员能够在没有过度负担的情况下复制绿色玻璃，并且这足以满足 G 1/92 中规定的再现性要求。技术人员必须能够根据其普通技术知识制备产品而不会产生过度负担并了解产品的成分或内部结构，无论生产规模如何（实验室、试验或工业规模）。EPO 上诉委员会认为，当可以通过优先权日已知的分析方法分析市售产品并且也可以复制时，其化学成分构成现有技术的一部分，即使本领域技术人员根据优先权日的公知常识不能认识到先验（在进行分析之前），至少有一种成分存在于产品中，或者以"不寻常的小量"存在。

在 T 947/99 中，声称的公众在先使用涉及一家冰激凌工厂的参观。虽然尚未确定制造过程的特征已经明确地向参观者解释，但 EPO 上诉委员会决定有关该程序的信息被公开披露。EPO 上诉委员会注意到，根据 G 1/92 中规定的原则，只要可以直接、无限制和明确地获取有关本身已知的制造工艺的任何特定信息，就构成 EPC1973 第 54（2）条意义上的公众可获得性，无论是否有理由查看或要求提供此类信息。

在 T 969/90 和 T 953/90 中，EPO 上诉委员会已经裁定在先使用的产品的内部结构已经向公众公开，因为本领域技术人员依靠他可用的正常调查手段将能够分析产品。

在 T 461/88（OJ 1993，295）中，EPO 上诉委员会裁定，如果对程序的分析需要花费大量的精力，需要一个人年的工作量被考虑，那么存储在微芯片上的控制程序就无法向公众公开，并且出于经济原因，如果由该程序控制的机器的唯一购买者进行这样的分析是不可能的。

17）生物材料

在微生物学领域，EPO 上诉委员会在 T 576/91 中承认，科学界可能存在一条不成文的规则，科学出版物中提到的生物材料可以自由交换。然而，这并不构成义务，以至于任何作为出版物主题的生物材料都可被视为可公开获得。EPO 上诉委员会进一步指出，如果当事方之间的合同义务导致生物材料的获取被故意限制为受研究合同或许可证约束的一组人员，则无法断定此材料是在 EPC1973 第 54（2）条意义上"向公众提供"。在 T 128/92 中，EPO 上诉委员会指出，对于向公众提供的复杂生物化学品，出版物似乎需要的最低限度是向该领域的人员发出通知，可以根据要求获得生物化学品的样品，并明确证明生物材料究竟是什么。

18）"公众"的概念

欧洲关于现有技术的定义中涉及公众可获得，因此对于"公众"的界定在确认现有技术时至关重要。EPO 上诉委员会判例法中明确对于没有保密措施限制的一名公众也会构成信息公开，因此，向单个客户销售也造成向公众公开。判例法中还明确对于书面公开来说向非本领域技术人员公开也构成向公众公开，但针对非本领域技术人员的讲座等口头公开不构成向公众公开，向有限的人群提供也构成向公众公开，但收件人与信息捐赠者有特殊关系的情况下，收件人不能视为公众。公共图书馆的管理员接受和加盖日期戳也构成向公众公开，但对于公共图书馆中的毕业论文等存档文件的公开日会根据具体使用的库存程序决定。

EPO上诉委员会在若干决定中考虑了"公众"的概念。根据他们的判例法，即使只有一个公众成员能够获得并理解信息，并且没有义务保密，也可以认为信息已公开（参见 T 1081/01，T 229/06，T 1510/06，T 1309/07，T 2/09，T 834/09，T 1168/09）。

EPO上诉委员会在 T 1829/06 中指出，根据既定的判例，即使只有一名公众可以获取信息，并且没有任何限制使用或传播信息的保密措施，也认为信息已向公众公开。这位公众作为一名稻草人或者对手本身可能难以获得该物品的事实并不重要。

19）向单个客户销售

根据既定的法律实践，如果买方不受保密义务的约束，单次销售足以使出售的物品构成在 EPC1973 第 54（2）条意义上的向公众提供。没有必要证明其他人也知道相关的主题（参见 T 482/89，OJ 1992，646，另见 T 327/91，T 462/91，T 301/94 和 T 783/12）。

将物品出售给没有保密义务的单个客户，即使在原型中使用该物体，原型本身在大规模生产之前一直保密，也会将该发明公之于众（参见 T 1022/99）。

如果可以分析产品，向第三方出售也会变得其成分公开（参见 T 897/07）。

20）向非本领域技术人员提供

在 T 953/90 和 T 969/90 中，EPO上诉委员会指出，即使向非本领域技术人员进行销售，信息也已公开。

在 T 809/95 中，专利权人基本上以测试人员不熟悉本领域为由，证明了其对不公开的立场。EPO上诉委员会指出，后一项决定涉及在讲座中通过口头披露公开的信息。公开披露与听众必须包括能够理解讲座的技术人员的条件有关。这些考虑似乎适合于口头披露，但不能转移到通过使文章可供免费使用而公开的信息的情况。

21）有限的人群

根据 EPO上诉委员会的判例法，一些信息可以在有限的人群中公开获取（参见 T 877/90，T 228/91，T 292/93）。公众是否真正访问过该信息是无关紧要的（参见 T 84/83）。在 T 877/90 中，如果在相关日口头披露造成公众可以获得有关披露内容的知识，并且没有任何限制使用或传播此类知识论战的保密措施，则被视为向公众公开。

根据 T 165/96 号，该判决涉及以丹麦语起草并在哥本哈根郊区分发的小型分类广告报纸（发行量为 24000 份）中插入的技术信息的公众可获得性，EPC1973 第 54（2）条意义上的"公众"没有预先假定最低人数或特定语言技能或教育资格。因此，哥本哈根郊区的居民被认为代表公众。

在 T 1085/92 中，EPO上诉委员会裁定公司自己的员工通常不能与 EPC1973 第 54（2）条意义上的"公众"等同。

在 T 1081/01 中，EPO上诉委员会观察到，如果在收到信息时，收件人与信息的捐赠者有某种特殊关系，他就不能被视为公众成员，而且该信息不能被认为出于 EPC1973 第 54 条的目的公开。即使这种特殊关系后来停止，以至于收件人现在可以自由传递信息，仅仅停止特殊关系并不能让任何人获得这些信息。

在 T 398/90 中，安装在船上的船用发动机被认为是机舱工作人员已知的，因此已向公众提供。

22）公共图书馆

在 T 834/09 中，EPO 上诉委员会表示，在公共图书馆接收文件和加盖收到日期戳的负责人毫无疑问是公众成员，因为该工作人员绝不受任何义务的约束为他/她处理的出版物及其内容保密，毕竟，他/她作为公共图书馆工作人员的功能是向公众提供信息。EPO 上诉委员会继续指出，在书面披露的情况下，工作人员是否是本领域技术人员是无关紧要的，因为书面公开的内容即使不理解也可以自由地复制和分发。因此，EPO 上诉委员会认为，公共图书馆工作人员接收文件和为文件加盖日期戳文件可使公众获得该文件。

在 T 314/99 中，无可争议的是，毕业论文在优先权日之前到达了汉堡大学化学系图书馆存档。然而，在 EPO 上诉委员会的判决中认为，毕业论文并不仅仅是通过其存档而变得公开可用，因为这并不意味着它已经被编目或以其他方式准备好让公众获取它的知识，并且因为如果没有这种信息手段，公众就不会意识到它的存在。

EPO 上诉委员会在 T 1137/97 中指出，推定有利于图书馆期刊封面上出现的"已收到"日期标记作为期刊实际上为公众使用的日期的证据的准确性的推定强度，将取决于所使用的库存程序。鉴于其他原因，EPO 上诉委员会不接受期刊封面上的手写日期。

在 T 729/91 中，一份相关文件是针对酒店经营者和餐饮服务商的期刊。根据案件中提出的证据，特定图书馆收到了该期刊的副本，即在被诉专利的优先权日之前。图书管理员表示，出版物"自收到之日起一般向公众开放"。在该案中，EPO 上诉委员会认为，该出版物可能是在收到之日起提供的。

23）保密义务

如果能够获得发明知识的人有义务保密，则不能说该发明已向公众提供，前提是其没有违反该义务。如果保密的义务源于已经遵守的明确协议，则该信息尚未向公众公开。不太明确的是默契保密协议的案例。双方是否存在默契保密协议，取决于具体案件的特殊情况（参见 T 1081/01，T 972/02，T 1511/06）。例如，所涉公司之间存在的商业利益和商业关系（参见 T 913/01；另见 T 830/90，OJ 1994，713，T 782/92，T 37/98）。

在 T 1081/01 中，EPO 上诉委员会认为，根据保密协议提供的信息不能仅仅因为保密的义务到期而认为向公众提供，还需要一些向公众提供的单独行为。该结论与 T 842/91 中得出的结论一致，其中发布文本的许可仅被视为允许向公众提供文本的许可，而不是实际向公众提供文本。

24）批量生产的零件

在 T 1168/09 中，据称有两个在先使用：供应 170ESG 400 控制单元和 111143 个

ESG 300/600 控制单元。没有提供关于供应条件的信息，特别是关于是否保密没有商定。因此，EPO上诉委员会调查是否根据供应商与客户之间的业务关系必须推定保密的义务是默认的。默示保密义务可以被假定，例如，商业伙伴对保密有共同兴趣。然而，这种兴趣只能在零件供应商批量生产之前推测，因为从那时起，这些零件注定要安装在汽车上销售，因此可供公众使用。换句话说，一旦零件交付用于批量生产，就不再能够假定共同的保密利益。在该案中，EPO上诉委员会发现提供的大量控制单元表明它们不是测试单元。因此，EPO上诉委员会认为它们已公开发布。

在 T 1309/07 中，EPO上诉委员会裁定从档案中可以清楚地看到，在优先权日之前已向雷诺供应了 17520 辆某种类型的内燃机活塞。问题是在交付时是否适用了默许保密协议。鉴于涉及的数量很大，而且这种类型的活塞是在预先公布的备件目录中提供的，EPO上诉委员会认为它们不是用于测试目的而是用于正常的批量生产，因此从那时起，这样的协议不能存在。

25）招股说明书的分发，技术说明

在 T 173/83（OJ 1987，465）和 T 958/91 中，EPO上诉委员会认为发送给客户的技术说明不能被视为秘密信息。

26）商业相互关系和利益

在下列情况下，EPO上诉委员会发现存在（隐含）保密的义务：

在 T 1085/92 中，EPO上诉委员会认为，在存在合同关系和发展协议的情况下，可以假定存在保密协议。

在 T 838/97 中，EPO上诉委员会认为，排除公众可获得性的协议不一定必须是以书面形式签订的合同，因为也可以考虑隐含或默示协议。

在 T 830/90（OJ 1994，713）中，EPO上诉委员会面对案件的事实，认为保密协议至少是隐含的，这完全足够了。此外，根据一般经验，必须假定至少只要有共同关心保密的情况就会遵守这样的协议。这种关心至少会持续到维护商业伙伴利益所需的时期。

在 T 799/91 中，反对者断言权利要求的主题已经在先公开使用，因为已经"分包"给第三家公司制造。根据EPO上诉委员会的说法，第三家公司不仅仅是任何第三方，因为竞争对手下订单的决定是基于信任关系。因此，EPO上诉委员会没有看到在先公开使用的迹象，任何证人的证词也不能证实这一说法。

在 T 2/09 中，EPO上诉委员会认为，如果可以建立一方自己的保密利益，那么情况将类似于有关各方之间的保密协议。

在 T 274/12，EPO上诉委员会得出结论认为，没有任何隐含的义务来保密。作为公开在先使用的证据，上诉人引用了他们认为是公司与潜在供应商就开发新产品进行谈判的证据。EPO上诉委员会赞同德国联邦法院在其第 X ZR 6/13 号决定中提出的观点，即不向公众提出要约而是向（潜在）合同伙伴提出的要约本身可视为相关的现有技术，如果经验表明向接收者泄露的知识可能已被不加区分地传播给第三方。根据德国法院的说法，如果提议与尚未开发的东西有关，则不能轻易推定，因为选择或希望开发它的一方和希望以某种方式从中获益的合同伙伴在产品进入市场之前，双方可能有兴趣保持开发项目的秘密。只有在建立了至少一种知识传播行为（如提议或交付）的一部分，然后根据经验进行评估时，才能得出基于经验的结论。

27）演示用于演示目的的产品

在 T 634/91 中，所声称的在先公开使用包括在专利所有人与潜在购买者之间的会议期间在对手的营业地点演示圆锯。在没有进一步阐明的情况下，但是参考 T 830/90（OJ 1994，713）中的决定，EPO 上诉委员会认为这种谈判构成了保密的默契。

在 T 478/99 的案子中，则由两个潜在客户进行演示，无法证明存在保密协议。EPO 上诉委员会认为，如果只是没有明确的保密请求，则不足以得出没有保密的结论，因为保密可能是由于两家客户等大公司员工的道德行为准则造成的。因此，EPO 上诉委员会认为所谓的公开在先使用没有被证实。

根据 EPO 上诉委员会的说法，在 T 823/93 中，新设备的开发通常对竞争对手保密。在该争议案中，设备的开发必须被视为对手和客户之间合作的结果。因此，EPO 上诉委员会认为，根据这些事实，可以假设没有任何一方有兴趣披露有关该设备的任何信息，而且双方之间交换的技术报告可能是默认的。EPO 上诉委员会还认为，一般商业条件，作为合同条件要求保密处理计划，设计和其他文件，也扩展到提供设备时提供的口头信息和细节。

在 T 292/93 中，EPO 上诉委员会裁定，在与对手有密切联系的公司场所为一小群潜在客户进行的示范与保密的义务不一致。

28）以书面形式提交产品

在 T 541/92 中，一个分包商向其客户提供了一个设备的草图。EPO 上诉委员会认为，这构成了保密的义务。客户及其分包商的标准做法是将其项目保密，相反的指控需要令人信服的证据。同样在 T 887/90 中，保密的义务根据具体情况确定。

在 T 1076/93 中，反对者在没有明确同意保守秘密的情况下提供了一种装置，该装置使该发明的主题缺乏新颖性并且向武器制造商提供了图纸。EPO 上诉委员会认为，在先使用不会导致缺乏新颖性，因为各种情况都表明有义务保密。据 EPO 上诉委员会称，酌情决定权一般被认为是这类公司的规则。

在 T 818/93 中，在业务关系的背景下采取了几个步骤和方法，这是使项目圆满结束所必需的。EPO 上诉委员会认为，鉴于有关各方的可比利益，此类谈判本质上是保密的，并暗示了保密协议。

在 T 480/95 中，异议部门所依据的文件作为对创造性评价起决定性作用的预发布，是对手向客户写的一封信，其中涉及两家公司之间的合同关系。EPO 上诉委员会认为这封信是承包公司之间通信的典型例子，其本质上是保密的。

29）使样品/产品可用于测试目的

在下列情况下，EPO 上诉委员会发现有义务保密：提供用于测试目的的产品应视为保密。如果某产品通常大量销售，则限量销售的产品被视为用于测试目的的出售（参见 T 221/91，T 267/91 和 T 782/92）。在 T 221/91 中，EPO 上诉委员会认为，当反对者证明发明已向公众公开并且专利权人声称存在保密时，专利权人应证明存在保密协议。

在 T 37/98 中，有限数量的胶带层压板已经交付给上诉人的三个客户。交付的材料专门用于测试，甚至在诉讼专利的优先权日之后。这种层压材料通常以大量交付的事实证实了这一点。EPO 上诉委员会的结论是，交付的材料必须被视为保密。在仅将测试样本发送给客户的情况下，原则上必须假设至少存在固有的保密协议。如果这种情况罕见的不成立，则不符合惯例的例外必须得到证实。仅就该案所做出的没有保密协议的说法，就不足以达到这个目的。

30）在下列情况下没有义务保密

在 T 7/07 中，第三方声称该专利的主要权利要求基于在先使用缺乏新颖性，即使用含有该专利中要求保护的组合物的避孕药进行临床试验。参与者已被告知成分，但尚未签署保密协议，并未归还所有未使用的药物。EPO 上诉委员会得出的结论是，向参与者分发药物使其公开，并且本领域技术人员可以发现该临床试验产品的组成或内部结构并在没有过度负担的情况下复制它。

在 T 945/09 中，被诉专利的权利要求 1 的教导是由具有"家庭肠胃外营养"（HPN）患者使用。异议部门得出的结论是，由于该案的具体情况，其隐含保密义务，因此所有关于使用牛磺酸作为导管锁的信息被封锁，该信息可供代理医疗团队、专利权人（牛磺酸供应商）和患者使用。EPO 上诉委员会认为，患者没有理由将这些知识视为秘密，因为那时代理医生只是试图使用他们从当时常见的现有技术中自由而轻松地获得的技术来应用任何来源的牛磺酸。

在 T 602/91 中，EPO 上诉委员会认为，没有任何默契协议，因为双方尚未签订开发协议或订立任何其他合同关系来表明他们中的任何一方对保密协议有任何特别的兴趣。此外，制造商和产品的潜在最终用户之间的单一合作案例不足以假设已经签订了默契保密协议。

在 T 809/95 案例中，授权的专利尤其是塑料瓶，其特殊特征与其可折叠性有关。反对者指称的在先使用是与市场调研公司代表第三方进行的"市场测试"有关，以评估此类瓶子的市场。该专利权人声称，两种在先使用都受到保密规则的约束。EPO 上诉委员会认为，第三方选择了允许测试参与者将瓶子带回家的测试变体，这表明它在专利意义上没有特别的保密性，也没有任何保密义务，因为市场调研机构没有雇用或与测试人员有业务关系。

在 T 1464/05 中，EPO 上诉委员会认为，在没有任何其他特殊情况下，仅在一项看似普通商业交易的结果下交付产品的事实本身并不构成支持证据，足以证明产品必须根据隐含的保密协议交付。没有迹象表明两家公司之间存在任何明确的保密协议，但也没有迹象表明除了是普通公司之外，两家公司之间还存在任何特别或特殊的关系。

正如在 T 681/01 中所述："在某些情况下必须存在某种情况，表明在交付之前存在的保密关系似乎是普通商业交易的结果，因为不能将交付的货物提供给公众。"

在 T 1054/92 中，对手声称并证明发明的权利要求，一种尿布的吸收结构，已在几周内在美国几个地方由数百名公众进行的公开测试中进行了测试。根据一般经验，EPO 上诉委员会确信这些测试不太可能保密，特别是因为一些用过的尿布没有归还给上诉人。

31）会议

在 T 739/92 中，在会议中给出了对该发明的口头描述，问题是这次会议的参与者是否一定要保密，并因此不能被视为构成 EPC1973 第 54（2）条意义上的"公众"。与会者名单显示，会议对活跃在相关领域的每位专家开放，不禁止参与者传播会议的口头信息，也不禁止传播从会议中发布的信息，该信息他们在会议上省略。禁止在录像带等上录制和拍摄幻灯片材料。EPO 上诉委员会认为，在这些条件下，由于没有保密协议，该次会议的参与者将被视为正常的公众成员。与 T 300/86 中的情况相反，参与者既不是组织者的许可证持有者，也不受全面合同禁止将他们获得的信息传达给第三方的约束。

在 T 202/97 中，EPO 上诉委员会认为，作为标准会议筹备工作的一部分，将标准草案连同议程一起发送给国际标准工作组成员，通常不是保密的，因此可供公众使用。尽管只邀请了一小组人参加标准会议，EPO 上诉委员会认为标准会议的任务是该领域的专家以尽可能广泛的基础，基于目前的发展状况，一起制定已商定提案。该任务排除了保密的任何义务。

在 T 838/97 中，该发明在一个会议上口头提出，该会议由相应技术领域的大约 100 名最著名的专家参加，包括潜在的竞争对手。与会者明确指示，如果没有做出贡献的个人的具体授权，不得使用会议上提供的信息。EPO 上诉委员会认为参与者受到保密协议的约束，因此该发明不应被视为现有技术的一部分。

32）合资企业和其他商业协议

在 T 472/92（OJ 1998，161）中，EPO 上诉委员会裁定合资协议的存在意味着有义务保密。据发现，现有的合资协议通常包括共同儿女及其父母之间明确或隐含的保密义务。

在 T 633/97 中，反对者必须证明所谓的在先使用事实上已经公开，即没有义务保持各承包商之间的保密。EPO 上诉委员会表示，根据业务关系的性质和所涉及公司的地位，这种义务的存在可能是初步确定的，无须书面协议。在该争议案中，LLNL 的行为符合美国在必须被视为机密的领域的国家利益。这个项目的本质，即铀浓缩技术导致所有相关人员必须保密。

同样，在第 T 1076/93 号决定中，EPO 上诉委员会认为武器制造商通常不构成公众的一部分，但承包商暗示其行为似乎已经规定了保密协议。

在 T 163/03 中，上诉人（反对者）争辩说，当对比文件 2 的图纸在 1990 年 5 月

（即诉讼专利的优先权之前）给予 BMW 时，没有任何保密限制，对比文件 2 图中所示装置的技术细节成为现有技术。EPO 上诉委员会认为，由于合作伙伴通过书面合同明确规定并商定了技术合作的条款和条件，包括相关的保密义务，合同条款占了上风而且没有任何余地来解释当事方的隐含义务，这些义务与合伙人在合同中的正确解释所固定的任何事情不同或不相容。EPO 上诉委员会发现，在没有任何明确保密义务的情况下，没有任何理由认为 BMW 可能一直有义务保密对手在 SE 项目框架内向其披露的制造技术。

33）为获得学位而提交的论文

在 T 151/99 中，EPO 上诉委员会认为，一般来说，为获得学位而提交的论文（在这件案子里是硕士论文）并不是保密的，如果提交的论文在已发表的科学著作中，这似乎是一种虚拟的确定性，如果参考文件出现在专利优先权日之前公布的文件中，则可以假定该文件在该日期之前也已向公众公布。

34）医学领域

在 T 906/01 中，所谓的公众在先使用涉及将矫正装置植入患者体内。对于真正植入的脊柱系统仍有一些疑问。EPO 上诉委员会认为，具有研究状态的设备，在医院的限制区域内植入和测试，由在包括保密条款的调查员协议框架内操作的外科医生负责，必须被视为原型设备。通常，只要所述产品或装置未被批准和商业化，这些产品或装置的开发和测试阶段必然是保密的。EPO 上诉委员会遵循 T 152/03 的推理认为，在此领域，有一个表面上的假设，即任何参与医疗过程的人都有义务保密，因为需要患者保密并需要保护开发和对原型设备进行测试，并且任何证明相反的证据都很重要，并且必须尽可能尽快生成。

35）公证人

在 T 1553/06 中，EPO 上诉委员会表示公证人不是公众成员。由于 EPO 上诉委员会认为公证人无权披露相关文件的内容，公证人是否具备了解该内容的技术知识的问题无关紧要。

36）证明的举证责任

在指称缺乏新颖性的情况下，举证责任总是存在于声称有关信息在相关日期之前向公众公布的一方（参见例如 T 193/84，T 73/86，T 162/87，T 293/87，T 381/87，OJ 1990，213；T 245/88 和 T 82/90）。根据 EPO 上诉委员会的既定判例法，诉讼程序的每一方都对其声称的事实承担举证责任。如果一方当事人的论点依赖于这些所谓的事实，那么不履行其举证责任，是对该方当事人的损害，该方当事人不得将举证责任转移到另一方当事人身上（参见 T 270/90，OJ 1993，725；T 355/97，T 836/02，T 176/04，T 175/09，T 443/09）。

37）证明的标准

EPO 上诉委员会在其判例法中制定了关于确定决定所依据事实所需的举证标准的某些原则。在一些决定中，EPO 上诉委员会采用了"概率平衡"的标准，这意味着，例如，关于何时首次向公众提供文件的问题，EPO 上诉委员会必须决定什么是更多可能不会发生（参见 T 381/87，OJ 1990，213；T 296/93，OJ 1995，627；和 1994 年 11 月 21 日的 T 729/91）。在其他决定中，EPO 上诉委员会认为必须证明一个事实"超出合理怀疑"或"最大限度"（up to the hilt）（参见 T 472/92，OJ 1998，161；T 97/94，OJ 1998，467；T 750/94，OJ 1998，32）。

就所适用的证据标准而言，EPO 上诉委员会已建立的法律惯例通常是对在先公开使用异议的相同证据标准适用于 EPC 第 100 条的其他异议：概率平衡。EPO 上诉委员会的既定惯例是，在先公开使用所依据的证据完全在对手的范围的情况下，应用"绝对定罪"和"最大限度"标准而不是"概率平衡"标准（参见 T 472/92，OJ 1998，161）。❶

根据准则，当针对申请或专利引用互联网文件时，应确定与任何其他证据相同的事实。该评估是根据"证据自由评估"原则进行的。这意味着每个证据根据其证明值给予适当的权重，该证明值是根据每个案例的具体情况进行评估的。欧洲专利局的证据标准通常是"概率平衡"（参见 J 20/85，OJ 1987，102）。

但是，特别是在只有一方可以获得有关涉嫌在先公开使用的信息的情况下，判例法倾向于期望在先公开使用被证明超出任何合理怀疑或"最大限度"（参见 T 1553/06）。同样，EPO 指南和"欧洲专利局关于互联网引用的通知"中都规定了这一点，即在有关互联网引用的审查程序中，概率平衡将被用作评估特定因素的证据标准，以及相关证据的证明价值。不需要证明超出合理怀疑（"最大限度"）（另见"欧洲专利局关于互联网引用的通知"，OJ 8—9/2009，456）。❷

有关详细信息，请参阅判例法第 I 部分第 C 章第 3.2.3 节"互联网公开"和第 III 部分第 G 章第 4.2.3 节"档案和互联网出版物"。

7.2.4.3　关于创造性的现有技术

EPO 上诉委员会判例法第 I 部分第 D 章第 3.1 节指出 EPC1973 第 54 条下的"现有技术"应理解为"现有科学技术"EPC1973 第 54（2）条的"所有事务"应理解为某技术领域的相关信息。❸

判例法第 I 部分第 D 章第 3.1 节进一步指出未经确定的引用于专利中的"现有技术"不能构成 EPC1973 第 54（2）条中的现有技术，也不能用作判断创造性的基础（参见 T 671/08）。并且在判例法第 I 部分第 D 章第 3.4.5 节提到保密的现有技术，对于在申请文件背景技术部分公开的内容，由可获得的证据证明不是现有技术的，则不能用作评价创造性的起点（参见 T 211/06）。

判例法第 I 部分第 D 章第 3.4.4 提到有缺陷的公开，当文件中的缺陷非常明显，

---

❶《EPO 上诉委员会判例法第 8 版》，III—G，4.3.2。
❷《EPO 审查指南 2015 版》，G—IV，7.5.2。
❸《EPO 上诉委员会判例法第 8 版》，I—D，3.1，3.4.4，3.4.5，4.1，8.1.1，8.3。

以至于技术人员尝试再现其公开内容时很容易识破，则该文件不能用作判断创造性的最理想和适合的出发点。

判例法第Ⅰ部分第D章第4.1节提到，在 T 632/10 中指出，德国签名法（SigV）仅在德国境内有效的事实与其作为现有技术的地位或与德国境外创造性的判断无关。可见，欧洲判例法认为现有技术的公开无地域限制。

判例法第Ⅰ部分第D章第8.1.1节还提到，现有技术为公众所知的不同手段之间地位等同（参见 T 1464/05）。判例法第Ⅰ部分第D章第8.3节中提到，专利文献的语言不能单独决定技术人员是否能够考虑到该文献的技术内容（参见 T 1688/08）。

判例法第Ⅰ部分第D章第8.3节还提到，现有技术也可以完全只存在于相关的公知常识中，反过来说，不一定要以书面形式，即工具书或类似方式表现，而是可以仅仅是普通技术人员不成文的"知识储备"的一部分。但是在有争议的情况下，则必须提供证据证明相关公知常识的范围，例如书面证据或口头证据（参见 T 939/92，OJ 1996，309）。

7.3　公知常识

EPO 审查指南关于"本领域技术人员"的定义中规定了：他（们）具有平均知识和能力，并且知道在相关日时本领域的公知常识。EPO 审查指南和 EPO 上诉委员会判例法中还对于"公知常识"这一概念作出了详细的说明。

7.3.1　EPO 审查指南中的规定

EPO 审查指南在说明书撰写、充分公开、创造性等多个章节中均对本领域技术人员的公知常识水平进行了说明，相关规定列举如下。

EPO 审查指南中关于检索应排除的主题中规定，对于针对计算机运行的商业方法的权利要求，如果对所请求保护的主题的技术特性有贡献的特征是非常众所周知的，则它们在相关日期的存在不能被合理地质疑，检索报告中不需要关于相关技术水平的书面证据。❶ 这种"众所周知"的知识，不需要引用任何文件证据，不应与技术人员的公知常识混淆，后者通常可以合理地质疑。❷ 在这种特殊情况下，可以根据《EPC 实施细则》第 61 条（OJ EPO 2007，592）发布没有引用文件的检索报告。根据《EPC 实施细则》第 61 条，该检索报告应与《EPC 实施细则》第 63（2）条下的无检索声明或部分检索报告不同。

关于说明书的撰写，EPO 审查指南中规定：申请必须以足够清楚和完整的方式公开发明，使本领域技术人员能够实现。❸

---

❶ 《EPO 审查指南 2018 版》，B—Ⅷ，2.2.1。

❷ 《EPO 审查指南 2018 版》，G—Ⅶ，2 和 3.1。

❸ 《EPO 审查指南 2018 版》，F—Ⅱ，4.1。

其中，"本领域技术人员"可被认为是熟练从业者，他不仅知道申请本身和其引证文件的教导，而且还知道该申请的申请日（优先权日）时本领域的公知常识。假定他具备本领域常规工作和实验所需的一般手段和能力。"公知常识"通常可被认为是与所涉及的主题相关的基础手册、专题论文和教科书中包含的信息。例外情况是，如果发明属于非常新的研究领域，在教科书中无法得到相关的技术知识，则公知常识还可以是专利说明书或科学出版物中包含的信息。

关于充分公开，EPO 审查指南中规定：在现有技术文献公开与要求保护的发明的新颖性和/或创造性相关的主题的情况下，该文献的公开内容必须使得技术人员能够使用公知常识再现该主题。❶ 不能仅仅因为它已经在现有技术中被公开，就认为该技术主题属于公知常识：特别是如果信息只能在全面检索之后获得，则不能认为它属于公知常识，并且不能用于完成公开。❷

在评价创造性时，关于本领域技术人员的公知常识水平，EPO 审查指南中规定：本领域技术人员的公知常识可以来自各种来源，并不一定是特定日期的特定的文献出版物。❸ 断言某些内容是公知常识，只有在出现争议的情况下才需要提供文献证据（例如教科书）的支持。❹

单一出版物（专利文件及技术期刊的内容）通常不能被视为公知常识。在特殊案例中，技术期刊中的文章可以代表公知常识。尤其是对某一主题进行广泛论述或调查的文章。由于技术人员解决了将某些起始材料集合在一起的问题，仅由极少数制造商对这些材料的研究结论构成相关普通技术知识的一部分，即使所涉及的研究仅在技术期刊上发表。另一个例外情况是，如果发明属于一个非常新的研究领域，以至于教科书尚未提供相关的技术知识，公知常识也可以是专利说明书或科学出版物中包含的信息。

基础教科书和专著可被视为公知常识；如果其中包含促使读者进一步处理特定问题的文章的参考文献，那么这些文章也可以算作公知常识的一部分。信息并不是因为它已经在特定的教科书、参考书等中发表了才成为公知常识；相反，它出现在这类书籍中是因为它已经是公知常识。这意味着此类出版物中的信息必须在出版之前的某个时间已经成为公知常识的一部分。

7.3.2 判例法的解释

EPO 上诉委员会判例法在新颖性相关章节中对"公知常识"给出了明确定义，并对"公知常识"证据的形式进行了规定。

---

❶ 《EPO 审查指南 2018 版》，G—Ⅳ，2。
❷ 《EPO 审查指南 2018 版》，G—Ⅶ，3.1。
❸ 《EPO 审查指南 2018 版》，G—Ⅶ，3.1。
❹ 《EPO 审查指南 2018 版》，G—Ⅳ，2。

7.3.2.1 评价新颖性时涉及的"公知常识"

（1）公知常识的定义

确定什么构成公知常识在评价新颖性、创造性和公开的充分性方面起着重要作用。然而，在评价创造性和公开的充分性时，技术人员的知识水平被认为是相同的，参见判例法Ⅰ.D.8.3（技术人员—知识水平）和Ⅱ.C.3（关于评价公开充分性的技术人员的知识水平）其他关于公知常识的决定。❶

根据既定判例法，公知常识可以在基础手册、专著、百科全书、教科书和参考书中找到。这些知识是相关领域的有经验的人被预计具有或至少知道的，应达到如果他需要，他知道可以在书中查找的程度。此类作品中的陈述通常用作证明何为公知常识的参考文献（参见 T 766/91，T 234/93，T 590/94，T 671/94，T 438/97，T 1253/04，T 1641/11）。

然而，EPC1973 第 54（2）条并不仅限于在特定文件中书面公开的现有技术；相反，它将其定义为包括通过"任何其他方式"向公众提供技术主题。因此，没有提及特定文件并不意味着没有现有技术，因为这些现有技术可以仅仅存在于相关的公知常识中，也可能是书面形式，如在教科书等中，或者仅仅是假设的"本领域技术人员"的不成文的"知识储备"的一部分（参见 T 939/92，OJ 1996，309；T 329/04）。

在 T 766/91 中，EPO 上诉委员会表示，就其本质而言，可以从许多来源推断出公知常识，并且证明某些特定领域的普通技术知识并不依赖于在特定日期公开的特定文件的证据。

在 T 786/00 中，EPO 上诉委员会指出，根据既定的判例法，在考虑新颖性问题时，必须根据在出版日可获得的公知常识来解释现有技术文件。在此日期不可获得，但在该日期之后可获得的公知常识不能用于解释现有技术的文件。

在 T 1117/14 中，该申请没有提及如何生产要求保护的可生物降解的植入物。EPO 上诉委员会表示，根据既定判例法，技术人员可以使用其公知常识来补充申请中包含的信息。确信该方法是该领域公知常识的一部分。尽管它尚未载入教科书或专著中，但它已在科学和专利文献中公开，并且本领域技术人员依赖于这些文章和专利文献。

（2）专利说明书作为公知常识

公知常识通常不包括专利文献和科学文章（参见 T 206/83，OJ 1987，5；T 171/84，OJ 1986，95；T 307/11，T 1641/11，T 571/12，T 1000/12）。然而，作为例外，专利说明书和科学出版物可被认为是公知常识（参见 T 51/87，OJ 1991，177；T 892/01）。在 T 412/09 中，EPO 上诉委员会表示，特别是当一系列专利说明书提供了一致的特定技术步骤的图片时，该特定技术步骤通常是已知的并且属于相关日期的本领域公知常识。当一个研究领域非常新以至于教科书中尚未提供技术知识时，专利说明书和科学

---

❶ 《EPO 上诉委员会判例法第 8 版》，Ⅰ－C，2.8。

出版物也可被认为是公知常识（参见 T 51/87，OJ 1991，177；T 772/89，T 892/01，T 890/02，OJ 2005，497）。回到 T 206/83（OJ 1987，5），其认为只有在全面检索后才能获得的信息不被视为公知常识（另见 T 654/90，T 924/03）。

（3）专业期刊作为公知常识

在 T 475/88 中，EPO 上诉委员会认为，专业期刊或"标准杂志"的内容，和专利说明书的内容一样，通常不属于普通技术人员的公知常识，因为它通常不属于普通技术人员信手拈来的知识，必须通过全面的检索获得。在 T 676/94 中，EPO 上诉委员会得出结论认为，专业期刊的内容是否构成技术人员平均知识的一部分的问题取决于案件的实际情况。在 T 595/90（OJ 1994，695）中，一篇报道经典测试结果的专业期刊中的文章被认为是公知常识。

在专业报刊中很短的时间内大量发表的出版物，报道了一个特别活跃的技术领域的会议和研究，可以反映当时该领域的公知常识（参见 T 537/90）。

（4）数据库作为公知常识

在 T 890/02（OJ 2005，497）中，EPO 上诉委员会指出技术人员不一定了解整个技术。考虑到判例法，EPO 上诉委员会制定了三个标准，用于正确评估技术人员的公知常识。首先，所述人员的技能不仅包括特定现有技术的基本普通知识，还包括知道在哪里可以找到这些信息，无论是在相关研究中（见 T 676/94），还是在科学出版物或专利说明书中（参见 T 51/87 和 T 772/89）。其次，不能期望，为了确定这种公知常识，技术人员会对涵盖几乎整个现有技术的文献进行全面的检索。无须要求本领域技术人员进行这种过度的检索（参见 T 171/84，OJ 1986，95；T 206/83，OJ 1987，5；T 676/94）。最后，所发现的信息必须是清楚明白的，并且可以直接和明确使用的，而无须质疑或进一步调查（参见 T 149/07）。

在 T 890/02 中，最后 EPO 上诉委员会得出结论认为，虽然不是严格意义上的百科全书或手册，但数据库是：（a）被技术人员已知的作为获取所需信息的适当来源，（b）可从中获取此信息而无须过度负担和（c）以直接和明确的方式提供而无须补充检索判例法中所定义的技术人员的公知常识，因此，在决定表面上破坏新颖性的文件的教导是否足以可再现时，可以将其考虑在内。

（5）公知常识的证明

如果断言某些东西是公知常识受到质疑，那么做出断言的人必须提供证据证明所涉及的主题事实上是公知常识（参见 T 438/97，T 329/04，T 941/04，T 690/06）。如果对相关的公知常识的程度有任何争议，就像任何其他争议一样，必须提供证据证明，例如文件或口头证据（参见 T 939/92，OJ1996，309，另见 T 766/91，T 1242/04，OJ 2007，421；T 537/90，T 329/04 和 T 811/06）。该证据常在引用文献中提供（参见 T 475/88）。根据 T 766/91 和 T 919/97，只有在引用文献存在有争议的情况下，才需要提交公知常识的证据。

在 T 1110/03（OJ 2005，302）中，EPO 上诉委员会表示，在评价与新颖性和创造性有关的证据时，有必要区分被断言为属于 EPC1973 第 54（2）条所述的现有技术的文件，以及本身不属于现有技术的一部分，但作为现有技术证据被提交的或作为证实与新颖性和创造性问题相关事实的任何其他的断言的文件，从某种意义上说，前者所述的文件本身被断言为代表了在相反专利的优先权日之前向公众提供的内容的实例。只有第一类文件才能以在后发表作为唯一理由不予考虑；即使在新颖性和创造性的问题上，第二类文件也不会受其出版日期的影响。类似地，根据其定义，技术评述文章是对在其公布日期之前的本领域的公知常识的描述，其尤其可以涉及预先公开的文件的充分公开问题，并因此涉及所要求保护的主题的新颖性（参见 T 1625/06，T 608/07，T 777/08）。

在 T 608/07 中，被告试图询问对比文件 6 的相关性，因为它是在诉讼专利的优先权日之后公布的。EPO 上诉委员会表示，对比文件 6 与公布的大学课程材料和多年来在本领域众所周知的主题有关。因此，虽然在诉讼专利的优先权日之后公布，但对比文件 6 提供了公知常识的间接证据。

关于公知常识性证据的形式，根据 EPO 判例法的相关规定，能够用于证明公知常识的证据范围较宽，在欧洲的审查实践中，公知常识并不一定要以书面形式，如教科书、工具书或类似方式来进行证明，也可以仅仅是"本领域技术人员"不成文的"知识储备"的一部分，在有争议的情况下，还可以通过书面证据或口头证据来证明相关公知常识的范围。进一步地，判例法中明确了"专利说明书""专业期刊"及"数据库"能够作为公知常识证据的情形，并总结了评估本领域技术人员公知常识的三个标准，概括而言：①本领域技术人员不仅知晓这些普通技术知识，还知晓如何获得；②本领域技术人员无须进行过度的全面检索即可获得；③公知常识信息是清楚明了的，无须进一步的核实。

7.3.2.2　评价创造性时涉及的"公知常识"

EPO 上诉委员会判例法中明确规定了，当就同一发明必须考虑其是否充分公开和是否具有创造性这两个问题时，应使用相同的技术水平进行考量（参见 T 60/89，OJ1992，268；T 373/94）。T 694/92(OJ 1997，408) 补充道，尽管 EPC1973 第 56 条和第 83 条都使用了相同的技术水平，但二者的出发点不同：以判断创造性为目的时，技术人员只知道现有技术；判断公开的充分性时，他知道现有技术和所公开的发明。❶

进一步的 EPO 判例法对于评价创造性时本领域技术人员的"公知常识"水平进行了相关说明。

根据 T 426/88(OJ 1992，427)，某书籍提供了涵盖该发明特定技术领域的一般领域的一般教导，该书籍是该特定技术领域的专家的普通技术知识的组成部分。当代表公知常识的书籍描述了基础的普通技术理论或方法，且其示例只与某技术领域的特定应用相关时，这并不限制其一般范围和公开内容的相关性，因而不会排除在其他领域

---

❶ 《EPO 上诉委员会判例法第 8 版》，Ⅰ－D,8.3。

中应用的可能性。上诉人辩称，该书的语言为德语，不属于英国的该领域专家会查阅的常规参考书目。但是，EPO 上诉委员会坚持 EPC1973 第 54 条给出的现有技术定义，认为不应考虑技术人员从事其专业的地域。

在 T 1688/08 中，EPO 上诉委员会称，专利文献的语言不能单独决定技术人员是否能够考虑到该文献的技术内容。否则，根据技术人员所说的语言种类不同，技术人员间将存在差异。这将违反创造性判断的客观性。

EPO 上诉委员会在 T 766/91 中总结道，通常接受的观点是，所涉主题的基础手册和教科书是公知常识。该公知常识是指该领域有经验的人员应该掌握的知识，或者至少是当他需要时他知道能在手册中查到的知识。这类作品中的陈述被用作合适的引用，以表明什么是公知常识。信息并不是因为它已经在特定的手册或教科书中发表而成为公知常识，相反，是因为它已经是公知常识了，所以才出现在上述作品中。因此，比如说，在百科全书中公开，通常可视为能够证明信息不仅已知，而且是公知常识的证据。因此只有在 EPO 或另一方对某些信息是否属于公知常识的一部分进行质疑时，才需要对其进行证明（参见 T 234/93，T 590/94，T 671/94，T 438/97，T 1253/04，T 1641/11）。当某些信息属于公知常识的主张被质疑时，提出该主张的一方必须提供其确实属于公知常识的证据（参见 T 438/97，T 329/04，T 941/04，T 690/06）。

EPO 上诉委员会在 T 378/93 中确认了该判例法，并补充道，发表在有专业资质和良好全球声誉的专业期刊里的文章同样属于公知常识。

在 T 939/92(OJ 1996，309) 中，EPO 上诉委员会解释道，现有技术也可以完全只存在于相关的公知常识中，反过来说，不一定要以书面形式，即工具书或类似方式，而是可以仅仅是普通技术人员不成文的"知识储备"的一部分。但是在有争议的情况下，则必须提供证据证明相关公知常识的范围，如书面证据或口头证据。

在相当短的时间内，报道某个特别活跃的技术领域中的会议和研究的大量专业出版物，可以反映出这段时期内该领域的公知常识（参见 T 537/90）。

EPO 上诉委员会在 T 632/91 中称，证据不包含对要求保护的主题和现有技术的比较，然而仍然可以反驳一个初步的假设，其认为存在一些公知常识，并允许技术人员忽视化合物在结构上的区别。

在本小节中，EPO 上诉委员会判例法再次提出一种公知常识证据的形式，即在某个特别活跃的技术领域中，报道该领域的会议和研究的专业出版物也可以反映这段时间该领域的公知常识水平。另外，关于公知常识的举证责任，判例法中指出"当某些信息属于公知常识的主张被质疑时，提出该主张的一方必须提供其确实属于公知常识的证据"。从这里可以看出，欧洲对于举证责任的规定非常严格。

7.3.2.3 评价公开充分性时涉及的"公知常识"

关于本领域技术人员的技术水平，EPO 上诉委员会判例法在说明书充分公开相关章节中再次强调：当对于同一发明，当考虑充分公开和创造性这两个问题时，必须使用相同的技术水平（参见 T 60/89，OJ 1992，268；T 694/92，T 187/93，T 93/412）。

但是，EPC1973 第 123（2）条要求修改达到公开的标准，即可直接地、毫无疑义地得出是不恰当的，公开充分的标准是必须能够在原始申请文件的基础上重现该发明而不需要任何创造性劳动和过度的负担（T 629/05；引自 T 79/08）。❶

在构造权利要求的主题时必须基于相同的技术人员。因此，对于特定权利要求的构建，在评价创造性和公开的充分性时应该是相同的（参见 T 967/09）。

技术人员可以使用他的公知常识来补充申请中包含的信息（参见 T 206/83，OJ 1987，5；T 32/85，T 51/87，OJ 1991，177；T 212/88，OJ 1992）他甚至可以在这些知识的基础上识别并纠正说明书中的错误（参见 T 206/83，OJ 1987，5；T 171/84，OJ 1986，95；T 226/85，OJ 1988，336）。教科书和普通技术文献构成了公知常识的一部分（参见 T 171/84，T 51/87，T 580/88，T 772/89）。公知常识通常不包括专利文献和科学文章（参见 T 766/91；T 1253/04）。只有在全面检索后才能获得的信息同样不被视为公知常识的一部分（参见 T 206/83，T 654/90）。根据 T 475/88 中的 EPO 上诉委员会，有争议的公知常识的主张必须有证据支持。作为一项规则，只要证明相关知识可以从教科书或专著中获得就足够了。

在 T 2305/11 中，该申请没有详细说明如何确定必要技术特征（最大溶解压力至多 1000 巴），但 EPO 上诉委员会接受了上诉人的论点，即技术人员知道合适的方法。虽说，EPO 上诉委员会发现该申请中缺少了关键信息，因为该申请没有公开所述方法，在许多案例中均未找到该最大值，在这些案例中也均未公开如何处理的方法。在该案说明书中没有找到有用的指引，上诉人未能说明技术人员如何利用其公知常识来填补公开方面的空白或克服缺乏指导。

该专利必须提供指导，使技术人员能够识别在克服偏见方面具有决定性作用的过程特征。技术人员不应该自己解决这个问题（参见 T 419/12）。

除非它们可被所述专利的技术人员读者所知晓，否则专利说明书通常不能有助于公开充分（参见 T 171/84，OJ1986，95）。但是，作为例外，当该发明的技术领域非常新，以至于教科书尚未提供相关的技术知识时，专利说明书和科学出版物可被视为公知常识的一部分（参见 T 51/87，OJ1991，177）。在 T 676/94 中，EPO 上诉委员会认为，技术期刊的内容是否构成技术人员在评价公开充分性时的平均知识的一部分的问题，应根据每个特定案件的实际情况和证据来判断。

在 T 1191/04 中，DVB 标准的参考文件被发现不足以满足 EPC 第 83 条的标准。

T 658/04 总结了与什么构成公知常识的一部分相关的判例法。EPO 上诉委员会认为，上诉人（专利权所有人）提交的含有一般性考虑（不得通过可核实事实证明）的专家意见不构成公知常识的一部分。

在 T 443/11 中，EPO 上诉委员会注意到，在诉讼过程中，审查部门认为，权利要求 1 必须按字面意思理解。EPO 上诉委员会不同意这一陈述，因为已经就此建立

---

❶ 《EPO 上诉委员会判例法第 8 版》，Ⅱ—C，3.1。

了 EPO 上诉委员会的判例法，要求应以本领域技术人员理解的方式解释权利要求。在该案之前的背景技术下，EPO 上诉委员会认为技术人员应能够理解（在电子设备中实施的数学运算）。

从上面的内容可见，EPO 审查指南和 EPO 上诉委员会判例法中均强调了，当就同一发明必须考虑其是否充分公开和是否具有创造性这两个问题时，应使用相同的技术水平进行考量。

7.4　权利要求保护范围的解释

由于专利的保护范围由权利要求所确定，因此在审查实践中，特别是评价新颖性和创造性时，对于权利要求保护范围的解读非常重要。

7.4.1　专利公约的规定

EPC 第 69 条规定：

关于保护范围

（1）欧洲专利或者欧洲专利申请所授予的保护范围取决于权利要求的内容。然而，说明书和附图应当用以解释权利要求。

（2）在直到授予欧洲专利之前的期间内，欧洲专利申请授予的保护范围取决于公布的申请中所包含的权利要求。但是，授予的欧洲专利或者在异议、限制或者撤销程序中修改过的欧洲专利，在这种保护没有因此而扩大的限度内，应当追溯决定欧洲专利申请所授予的保护。

EPC 第 84 条规定：

权利要求书应当限定请求保护的内容。权利要求书应当清楚、简明，并有说明书的支持。

关于 EPC 第 69 条解释的议定书：

第 1 条　一般原则

第 69 条不应当解释为这样的意义，即欧洲专利授予的保护范围应当理解是指权利要求所用措辞严格的字面意义所限定的范围，说明书和附图只用以解释权利要求中含糊不清之处。该条也不应当解释为这样的意义。即权利要求仅仅是一种指标，授予的实际保护范围可以根据熟悉有关技术的人员考虑说明书和附图以后扩展到专利权人所预期的范围。相反，这个规定应当解释为在这两个极端之间确定一个位置，这个位置应当将对专利权人的合理保护和对第三方的适当程度的确定性结合起来。

第 2 条　等同物

为了确定欧洲专利所授予的保护范围的目的，与权利要求中某一构成部分等同的任何构成部分，应当给予适当的考虑。

7.4.2 EPO 审查指南的规定

EPO 审查指南和 EPO 上诉委员会判例法中对权利要求的解释有专门的章节，并和权利要求的清楚设立在同一章节中，在判例法中关于方法限定的产品权利要求章节也体现了对权利要求保护范围的解释。

7.4.2.1 清楚

权利要求必须清楚的要求既适用于每项权利要求，即独立和从属权利要求，也适用于整个权利要求书。由于权利要求的功能是限定要求保护的主题，所以权利要求的清楚至关重要。因此，权利要求的术语的含义必须尽可能地由本领域技术人员从权利要求的措辞中就能清楚地理解其含义。❶ 鉴于权利要求的类型不同，其保护范围也可能不同，审查员必须确保权利要求的措辞不会使其类型模糊。❷

如果发现权利要求按照 EPC 第 84 条不清楚，这可能导致根据《EPC 实施细则》第 63 条公布部分欧洲检索报告或欧洲补充检索报告。❸ 在这种情况下，如果申请人没有就按照《EPC 实施细则》第 63（1）条规定提出的要求作出适当的修改和/或作出令人信服的意见陈述，就会按照《EPC 实施细则》第 63（3）条的规定提出反对意见。❹

7.4.2.2 解释

除非在特定情况下，说明书通过明确的定义或其他方式赋予某用词以特定含义，每项权利要求均应当按照该用词在相关领域中通常具有的含义和范围来理解。此外，如果适用这种特殊含义，审查员应尽可能要求对权利要求进行修改，使得权利要求本身的措辞就能清楚地阐述该含义。对于欧洲专利来说，这一点很重要，因为只有权利要求，不包括说明书，将以 EPO 的所有官方语言发布。应当尽量从技术角度理解权利要求，这样的理解可能会打破权利要求字面含义意思的束缚。EPC 第 69 条及其议定书没有提供排除权利要求字面意思所涵盖内容的依据。

对于权利要求中的用词，一般情况下，EPO 审查指南中将其理解为相关技术领域通常具有的含义，但当说明书中有特殊定义时按说明书中的定义理解，EPO 审查指南则要求尽可能修改权利要求，因为欧洲专利仅权利要求用官方语言公布。

EPO 审查指南还指出应当尽量从技术角度理解权利要求，这样的理解意味着可能会打破权利要求字面意思的束缚，因而更凸显了从实质内容去考察技术特征的含义和权利要求的范围的原则。

7.4.2.3 不一致

如果说明书与权利要求之间存在任何不一致会导致保护范围不清楚，从而使权利

---

❶ 《EPO 审查指南 2018 版》，F—IV，4.2。

❷ 《EPO 审查指南 2018 版》，F—IV，4。

❸ 《EPO 审查指南 2018 版》，B—VIII，3.1 和 3.2。

❹ 《EPO 审查指南 2018 版》，H—II，5。

要求不符合 EPC 第 84 条第二句关于清楚或支持的规定，或使权利要求可根据 EPC 第 84 条第一句的规定而被驳回，那么就应该避免这种不一致。这种不一致可以是以下几种。

（ⅰ）简单的用词不一致。例如，在说明书中有一个陈述，其暗示本发明限定到特定的特征，但是权利要求没有这样的限定；另外，说明书并未特别强调该特征，并且没有理由相信该特征对于实施本发明是必不可少的。在这种情况下，可以通过拓宽说明书或限制权利要求的方式来消除不一致。同样，如果权利要求限定的比说明书更窄，则可以拓宽权利要求或者可以限制说明书。

（ⅱ）明显涉及必要技术特征的不一致。例如，会出现这样的情况：从普通技术知识或者在说明书中记载的或隐含的内容看出，独立权利要求中未提及的某技术特征对于本发明的实施是必不可少的，或者换句话说，对于解决本发明所涉及的问题是必要的，在这种情况下，权利要求不符合 EPC 第 84 条的要求。因为与《EPC 实施细则》第 43（1）和（3）条结合考虑时，EPC 第 84 条第一句规定应作如下解读：独立权利要求不但要从技术角度看是可理解的，而且必须清楚地限定发明主题，即指出发明的所有必要技术特征（参见 T 32/82）。在答复该反对意见时，如果申请人的陈述有说服力。例如：通过附加文件或其他证据充分证明该特征实际上不是必需的，则申请人可以保留原权利要求不做修改，并在必要时申请人可以修改说明书。如果情况相反，独立权利要求包括对于实现本发明而言似乎不是必不可少的特征，则无须提出反对意见。这是申请人的选择。因此，审查员不要建议申请人删除明显不必要的特征以扩大权利要求的保护范围。

（ⅲ）说明书和/或附图的部分主题不在权利要求书的范围内。例如，所有权利要求都指定采用半导体器件的电路，但说明书和附图中的一个实施方案却使用电子管。在这种情况下，通常可以通过拓宽权利要求（假设这种拓宽得到了说明书和附图作为整体上的充分支持）或通过从说明书和附图中删除"过量"主题来消除不一致。但是，如果说明书和/或附图中未被权利要求覆盖的装置，产品和/或方法的示例和技术描述不是作为本发明的实施例而是作为背景技术或用于理解本发明的示例，则可以允许保留这些示例。

（ⅳ）中的情况可能经常发生在根据《EPC 实施细则》第 62a（1）条或第 63（1）条的要求而对权利要求限制之后，从检索中排除的主题仍然存在于说明书中。除非最初的反对意见不合理，否则应根据 EPC 第 84 条对此类主题予以反对（权利要求和说明书之间不一致）。另外，（ⅲ）中的情况发生在单一性反对意见（《EPC 实施细则》第 64 条或第 164 条）之后，将权利要求仅限定到最初要求保护的发明中的一个：没有要求保护的发明的实施方案和/或实施例必须删除或表明不属于本发明的一部分。

7.4.2.4　一般性陈述

对于说明书以某些含糊的、没有明确定义的方式导致保护范围可能扩大的一般性陈述不应被允许。特别是，对扩大保护范围以覆盖权利要求的"发明精神"或"所有

"等同物"的陈述应提出反对意见，必须删除。

只允许提及涉及"权利要求范围"的保护范围的陈述。

类似地，在权利要求涉及特征组合的情况下，对于任何意味着不仅要求保护整个组合，而且要求保护单个特征间或部分特征间组合的陈述，必须删除。

最后，在说明书末尾附加的类似权利要求的条款也必须在授予之前删除，否则可能导致实际保护范围不明确。

7.4.2.5　必要特征

因为定义要求保护的事项，权利要求必须是明确的，这意味着不仅要求从技术角度能理解权利要求，而且必须清楚限定发明的所有必要特征。另外，EPC 第 84 条要求说明书所支持的权利要求适用于在说明书中明确表示为实施本发明必不可少的特征。因此，独立权利要求中缺乏必要特征将按照清楚和支持的要求处理。

7.4.2.5.1　必要特征的定义

权利要求的必要特征是解决申请所关心的技术问题并达到所述效果所采用的技术方案所必需的特征（该问题通常源自说明书）。因此，独立权利要求必须包含在说明书中明确描述的实现该发明所必需的所有特征，即使在整个申请中在发明的上下文中一致提及的任何实际上不能解决问题的特征不是必要的特征。

作为一般原则，该特征产生的技术效果或结果将成为回答该特征是否有助于解决问题的关键。❶

如果权利要求是用于生产发明产品的方法，那么所要求保护的方法必须是当以对本领域技术人员来说似乎合理的方式进行时必须最终得到特定产品；否则存在内在不一致，因此权利要求不清楚。

特别是，在可专利性取决于技术效果的情况下，权利要求必须撰写为包括对技术效果必不可少的发明的所有技术特征。

7.4.2.5.2　必要特征的概括

在决定必要特征的具体程度时，必须牢记 EPC 第 83 条的规定：如果整个申请在一定程度上详细描述了发明的必要特征，使得本领域技术人员可以实施本发明，就足够了。❷ 没有必要在独立权利要求中包括发明的所有细节。因此，可以允许对所要求保护的特征进行一定程度的概括，只要所要求保护的概括特征作为一个整体能够解决问题。在这种情况下，不需要限定更具体的特征。该原则同样适用于结构和功能特征。

7.4.2.5.3　隐含的特征

如上所述，独立权利要求必须明确限定发明所需的所有必要特征，除非所使用的专业术语已经指出了这些特征。例如，一项"自行车"的权利要求就不需要提及车轮的存在。

---

❶ 《EPO 审查指南 2018 版》，G—Ⅶ，5.2。
❷ 《EPO 审查指南 2018 版》，F—Ⅲ，3。

在产品权利要求的情况下，如果产品是众所周知的类型，发明点在于对其某些方面进行改进，那么权利要求清楚地限定该产品并说明其改进点的内容和改进方式就足够了。类似的考虑适用于设备的权利要求。

7.4.2.6　相对性术语

诸如"薄""宽"或"强"的相对或类似术语构成可能不清楚的元素，因为它们的含义可能根据上下文而改变。如果允许这些术语，其含义必须在申请或专利的全部公开的上下文中清楚。

优选不使用，但是，如果申请人使用诸如权利要求中的"薄""宽"或"强"之类的相对或类似术语作为区分权利要求与现有技术的唯一特征，该术语的使用受到 EPC 第 84 条的反对，除非该术语在特定技术领域中具有公认的含义并且这正是申请人想要表达的意思，例如，与放大器有关的"高频"。

如果相对术语没有公认的含义，则审查部门应该要求申请人替换，如果可能的话，应在原始公开的文本找到更准确的措辞替换。如果公开文本中没有清楚定义的基础，并且该术语不再是与发明有关的必不可少的唯一区别特征，则通常应保留在权利要求中，因为删除通常会导致违反 EPC 第 123（2）条的规定而导致主题扩大。但是，如果该术语对于本发明是必要的，则在权利要求中不允许使用该不清楚的术语。同样，申请人不能使用不清楚的术语来区分本发明和现有技术。

当在权利要求中允许使用相对性术语时，该术语在确定权利要求保护范围时以最少限制的可能方式由审查部门解释。因此，在大多数情况下，相对术语并不限制权利要求主题的保护范围。

例如，表述"薄金属板"相对于现有技术的"金属板"并没有限定作用：金属板仅在与另一金属板相比时是"薄的"，但是它没有对比目标和可测量的厚度。因此，与 5 毫米厚的板相比，3 毫米厚的金属板是薄的，但是与 1 毫米厚的板相比较厚。

作为另一个例子，当考虑"安装在卡车末端附近的元件"时，该元件是否安装在离卡车末端 1 毫米处，10 厘米或 2 米？这种表达的唯一限制是该元件必须更靠近卡车的末端而不是其前部，即该元件可以安装在卡车的后半部分的任何位置。

将材料定义为"弹性"并没有限定材料的类型，因为弹性是由杨氏模量测量的任何固体材料的固有属性。因此，弹性材料本身可以是从橡胶到金刚石的任何东西。

7.4.2.7　术语诸如"约"，"近似"或"基本上"

只要使用诸如"约"之类的术语或诸如"近似"或"基本上"之类的类似术语，就需要特别注意。例如，这样的术语可以应用于特定值（"约200℃"），或应用于范围（"约 x 至约 y"）或者该值或范围被解释为与用于测量它的方法一样准确。如果在申请中没有规定误差范围，则应用《指南》G－Ⅵ，8.1 中描述的相同原理，即表述"约200℃"被解释为具有与"200℃"相同的舍入。如果在说明书中指定了误差范围，则必须在权利要求中使用它们来代替包含"约"或类似术语的表达式。

当诸如"基本上"或"近似"的术语应用于装置的结构单元（"具有大致圆形圆周的托盘板"或"具有近似弯曲基部的托盘板"）时，包含该术语的表达"基本上"或"近似"将被解释为在用于制造它的方法的技术公差内产生的技术特征（切割金属比切割塑料更精确；或者用 CNC 机器切割更准确而不是手工切割）。换言之，表述"具有大致圆周的托盘板"被解释为权利要求具有与"具有圆周的托盘板"相同的技术特征；反过来，这两个表达被认为是要求保护其制造领域的技术人员认为是圆形的任何托盘。

在任何情况下，审查员应判断在整个申请范围内其含义是否足够清楚，并考虑到这个词通常在相关领域具有的特定技术术语的含义。如果这样的词意味着可以在一定的容忍度内获得某种效果或结果并且技术人员知道如何获得容差，则可以接受这些词的使用。

如果申请建议使用诸如"约"，"大约"或"基本上"之类的术语，来要求超出制造公差的测量系统或结构单元的误差范围之外的值和/或范围，然而，使用这样一个词表明包含的偏差大于公认的公差，那么这种措辞变得含糊不清，即申请不符合 EPC 第 84 条的要求。因为，在任何情况下，某词语只有在对发明相对于现有技术进行在新颖性和创造性评价时，不会产生边界模糊时才能允许使用。

例如，如果申请建议二十边形（20 边的多边形）也是由 CNC 水刀切割机实现的金属托盘的"基本上圆形的圆周"，这使得权利要求的范围不清楚，因为：

（ⅰ）申请所指示的公差超出了制造方法的公差范围（CNC 水刀切割机通过使用具有数百个边的多边形来近似圆周）；和

（ⅱ）如果一个二十边形也是一个"基本圆形的圆周"，那么一个十九边形（19 边的多边形）或十八边形（18 边的多边形）呢？多边形何时停止为"基本上圆形的圆周"？如何由本领域技术人员客观地评估？

7.4.2.8　商标

不应允许在权利要求中使用商标和类似表达，因为在专利期限内保留其名称时，不能保证所提及的产品或特征不被修改。如果其使用是不可避免的，并且通常被认为具有确切的含义，则可以破例允许。❶

7.4.2.9　任选特征

任选特征，即以诸如"优选""例如""诸如"或"更特别的是"之类表达的特征，应当认真审视以确保它们没有引入歧义，才允许这样做。这种表达方式对权利要求的范围没有限定作用；也就是说，任何这样的表达之后的特征是，在这种情况下，它们被认为是完全可选的。

如果它们不会导致对权利要求特征的限制，则这些表达引入了含糊不清的内容，

---

❶　另见《EPO 审查指南 2018 版》，F—Ⅱ，4.14，关于在说明书中确认商标的必要性；以及《EPO 审查指南 2018 版》，F—Ⅱ，4.14，关于提及商标对公开充分性的影响（EPC 第 83 条）；和《EPO 审查指南 2018 版》，F—Ⅲ，7。

并会使权利要求的范围不明确。

例如，措辞"制造人造石的方法，例如粘土砖"不符合 EPC 第 84 条的要求，因为粘土砖不是一种人造石，因此，不清楚通过权利要求的方法制造哪种产品。

类似地，措辞"溶液被加热到 65 至 85℃之间，特别是至 90℃"不符合 EPC 第 84 条的要求，因为术语"特别是"后的温度与之前的范围相矛盾。

7.4.2.10 效果限定

由权利要求限定的范围必须与发明允许的范围准确相同。一般情况下，不应允许试图通过要达到的效果来定义发明的权利要求，特别是如果仅采用所要解决的技术问题来限定发明的权利要求是不能被允许的。但是，如果发明只能用这种表述方式来限定，或者在不过度限制权利要求的保护范围的情况下，其他方式均无法更准确地限定发明；并且如果其结果可以通过说明书充分说明的试验或方法直接和肯定地证实或本领域技术人员熟知且无须过度实验就能实现，则允许这种表述方式。例如，发明涉及一种烟灰缸，燃烧的烟头会由于烟灰缸的形状和相对尺寸而自动熄灭。烟灰缸的相对尺寸可以变化很大，难以限定，但是可以提供预想的效果。只要权利要求尽可能清楚地规定了烟灰缸的结构和形状，就可以通过引用要达到的效果来限定相对尺寸，前提条件是说明书中公开了充分的指引，使本领域技术人员通过常规试验方法能够确定符合要求的尺寸。❶

然而，必须将这些情况与通过要实现的结果来限定产品的那些情况区分开，并且结果实质上与申请的潜在问题相关。为了符合 EPC 第 84 条的要求，独立权利要求必须包含达到发明的目的的所有必要特征，这是既定的判例法（参见 G 2/88，原因 2.5 和 G 1/04，原因 6.2）。EPC 第 84 条还反映了一般法律原则，即权利要求所定义的专利所赋予的垄断程度必须与对该技术的技术贡献相对应。它不应扩展到在阅读说明之后仍然不为本领域技术人员所知的主题。

专利的技术贡献在于解决申请所基于的技术问题的特征组合。因此，如果独立权利要求通过要达到的效果来定义产品，并且效果实质上与申请所依据的问题相关，则该权利要求必须说明达到所要求的效果所必需的必要特征。❷

应该指出的是，上述允许根据效果来限定主题的要求与允许根据功能性特征限定主题的要求不同。❸

7.4.2.11 参数限定

在发明涉及产品的情况下，可以以各种方式在权利要求中对其进行限定，即用其化学式限定化学产品，用方法限定产品❹，或者特殊情况下用参数限定产品。

---

❶ 《EPO 审查指南 2018 版》，F-Ⅲ,1 至 F-Ⅲ,3。

❷ 《EPO 审查指南 2018 版》，F-Ⅳ,4.5。

❸ 《EPO 审查指南 2018 版》，F-Ⅳ,4.22 和 6.5。

❹ 《EPO 审查指南 2018 版》，F-Ⅳ,4.12。

参数是特征值，其可以是直接可测量的性能值（物质的熔点、钢的挠曲强度、电导体的电阻），或者可以被定义为多个变量形式的或多或少的复杂的数学组合。

只有在不能以任何其他方式充分限定发明的情况下才允许主要通过其参数表征产品，前提条件是这些参数可以用说明书中的指示或本领域常规的客观方法清楚可靠地测定。这一点同样适用于用参数限定的与方法相关的特征。在使用非常规参数或用于测量参数的设备无法得到的情况下，首先要基于不清楚的理由提出反对意见，因为不能与现有技术进行有意义的对比。这种情况也可能掩盖其缺乏新颖性的事实。❶

然而，如果从申请中明显看出本领域技术人员在进行所提出的测试时将不会面临任何困难并且因此能够确定参数的确切含义并且该参数能够与现有技术进行有意义的比较，则可以允许使用非常规的参数。此外，毫无疑问的是非常规的参数为真正的显著特征的举证责任在于申请人。

对于参数限定的权利要求，EPO 审查指南除上述规定外，还提出在使用非常规参数或者所用的测量参数的设备无法得到的情况下，首先要基于不清楚的理由提出反对意见，因为无法将该发明与现有技术作出有意义的对比。

7.4.2.12　方法限定产品

关于权利要求的类型，欧洲也是分为产品权利要求和方法权利要求。审查实践中对于常规的方法、用途限定的产品遵循的审查原则是，对于用方法、用途特征限定的产品权利要求，其实际的限定作用取决于对所要求保护的产品本身带来何种影响，如所述限定隐含产品结构或组成上不同就具有限定作用，否则，没有限定作用。但对于用于外科手术、治疗和诊断方法的已知物质或组合物，如果所述用途是"第一药用"，则所述已知物质或组合物可以获得专利权，如果所述用途是第二步或进一步的用途，当所述用途具有新颖性和创造性时，也可以授予该物质或组合物专利权。

具体的，EPO 审查指南规定，用方法限定产品的权利要求应被解释为产品权利要求。发明的技术内容不在于方法本身，而在于通过该方法赋予产品的技术性质。EPC 第 53 条（b）涉及的要求如下：通过包括赋予产品技术特征的技术步骤的方法来限定的植物或动物的权利要求例外。

如果要求保护的植物或动物的技术特征，例如，基因组中的单核苷酸交换可能是技术干预（如定向诱变）或基本上生物学过程（天然等位基因）的结果，需要放弃将所要求保护的主题限定为技术上产生的产品。❷ 关于植物和动物被排除可专利保护的管理方法的一般原则，指南中也有相关规定。❸

只有当产品满足专利性要求，并且不可能用生产方法以外的方式更好限定要求保护的产品时，才允许在产品权利要求中用生产方法限定产品。仅仅是用新方法生产并

---

❶　《EPO 审查指南 2018 版》，G－Ⅵ，6。

❷　《EPO 审查指南 2018 版》，G－Ⅱ，5.4。

❸　《EPO 审查指南 2018 版》，H－Ⅴ，3.5 和 H－Ⅴ，4。

不能使产品具备新颖性。这种权利要求例如可以采取"可由方法 Y 获得的产品 X"的形式，无论在"方法限定的产品"权利要求中使用"可获得的""获得的""直接获得的"，还是等同用语，该权利要求都指向产品本身，并赋予产品绝对的保护。

关于新颖性，当产品由其生产方法定义时，要回答的问题是所考虑的产品是否与已知产品相同。对于声称区分"方法限定的产品"特征的举证责任在于申请人，申请人必须提供证据证明工艺参数的修改会产生另一种产品，例如通过产品性能表明存在明显差异。尽管如此，审查员需要提供合理的论证来支持所谓的方法限定的产品缺乏新颖性，特别是如果申请人对此异议提出质疑的情况下。

同样，根据 EPC 审查产品或方法限定的产品权利要求的专利性时，不受专利或专利申请的保护范围的影响。

7.4.2.13　专用设备和方法限定

关于专用设备和专用方法的保护范围，EPO 审查指南认为，对于专用设备，则必须将其解释为适用于实施所述方法的设备，即所述实施对象对设备有限定作用；对于专用方法，其中的"用于……"则不具有限定作用。

具体的，EPO 审查指南指出，如果权利要求开头的词语如："用于实施某方法的设备……"，则必须将其解释为仅适用于实施该方法的设备。对于除此之外的包含该权利要求限定的所有特征但是不适合于所述目的的设备或者需要经过改进才能如此应用的设备，通常不应被视为预期的权利要求。

类似的考虑适用于针对特定用途的产品权利要求。例如，如果权利要求涉及"用于钢水浇铸的模具"，则这意味着对模具的某些限制。因此，熔点远低于钢的熔点的塑料冰块托盘不属于该权利要求范围内。类似地，对特定用途的物质或组合物的权利要求应理解为实际上适合于所述用途的物质或组合物；一种已知产品，其表面上与权利要求中定义的物质或组合物相同，但其形式使得它不适合于所述用途，并不会破坏该权利要求的新颖性。然而，如果已知产品的形式实际上适合于所述用途，尽管从未描述过该用途，但它将破坏该权利要求的新颖性。

这种一般性解释原则的一个例外是用于外科手术，治疗或诊断方法的已知物质或组合物的权利要求。❶ 类似地，在数据处理/计算机程序领域中，方式加功能类型的设备特征（"用于……方式"）被解释为用于执行相关步骤/功能的设备，而不仅仅是适合执行它们的设备。有关计算机实施发明中常用的权利要求，指南中也进行了具体规定。❷

与设备或产品权利要求相反，在方法权利要求的情况下，该方法权利要求限定了一种工作方法，该工作方法如以下列词语开始："用于重熔电镀层的方法""用于重熔……"的部分不应理解为该方法仅适用于重熔电镀层，而是作为涉及电镀层重熔的功能特征，

---

❶ 《EPO 审查指南 2018 版》，G—Ⅱ，4.2 和 G—Ⅵ，7.1。

❷ 《EPO 审查指南 2018 版》，F—Ⅳ，3.9。

并因此限定所要求保护的工作方法的方法步骤之一（参见 T 848/93）。

类似地，在"制造方法"的情况下，即针对制造产品的方法的权利要求，该方法导致产品的事实将被视为整体方法步骤（参见 T 268/13）。

对于针对方法或过程的权利要求，该方法的预期用途的指示最多可被视为限制该方法必须适合该用途的程度（参见 T 304/08）。因此，这种权利要求将通过描述具有这种适用性的方法的现有技术文件来预期，尽管没有提及具体用途。

涉及以产品生产的某种目的为目的的方法或过程（"制造方法"）的权利要求必须理解为该方法或过程必须仅适合于生产该产品，而不是将包含用途作为整个方法的步骤。因此，适用于生产所述特定产品但不表明特定产品是用其生产的相同方法的在先公开内容预期生产该特定产品的方法的权利要求。

7.4.2.14 用途限定

如果对物体（产品，设备）的权利要求通过引用与该物体用途有关的特征来试图定义该发明，则可能导致不清楚，即用不属于所要求保护的第一物体一部分的另一物体来定义，所述另一物体通过用途与其第一物体有关。这种权利要求的一个例子是"用于发动机的气缸盖"，其中气缸盖由其在发动机中的位置特征限定。

由于第一物体（汽缸盖）通常可以独立于其他物体（发动机）生产和销售，因此申请人通常有权对第一物体本身进行独立保护。因此，第一种情况，这种权利要求总是被解释为不包括其他物体或其特征：这种方式限定的权利要求的主题仅表示第一物体的特征适合与第二物体的特征一起使用。在上述示例中，汽缸盖必须适合安装在权利要求中描述的发动机中，但发动机的特征不限制权利要求主题本身。

只有当权利要求毫无疑问地指向第一和第二物体的组合时，另一物体的特征才限制权利要求的主题。在上面的例子中，如果用于发动机的特征被认为是限制权利要求的主题，权利要求应该被写为"具有汽缸盖的发动机"或"包括汽缸盖的发动机"。

对于针对计算机运行的发明的权利要求的评价，指南中指出，计算机程序的权利要求涉及计算机（单独的物体）。❶

一旦确定权利要求是针对一个物体或一个物体的组合，则必须适当调整权利要求的措辞以反映它；否则，该权利要求不符合 EPC 第 84 条。

例如，在针对单个物体的权利要求的情况下，第一物体是"可连接的"到第二实体；在针对物体组合的权利要求的情况下，第一物体与第二物体"连接"。

特别是在权利要求不仅定义物体本身而且还指定其与不是要求保护的物体的一部分的第二物体的关系的情况下（例如，发动机的气缸盖，其中气缸盖由其在发动机中的位置特征定义）。在考虑限制两个物体的组合之前，应始终记住，申请人通常有权对第一物体本身享有独立保护，即使最初由其与第二物体的关系定义。由于第一物体通常可以独立于第二物体生产和销售，因此通常可以通过适当地措辞的权利要求（通过

---

❶ 《EPO 审查指南 2018 版》，F-Ⅳ，3.9。

用"可连接"代替"连接"）来获得独立保护。如果不可能给出第一物体本身的明确定义，那么该权利要求应指向第一和第二物体的组合（"具有汽缸盖的发动机"或"包括汽缸盖的发动机"）。

通过一般性引用第二物体的尺寸和/或对应形状来定义独立权利要求中的第一物体的尺寸和/或形状也是允许的，该第二物体不是所要求保护的第一物体的一部分但通过使用与其相关。这尤其适用于第二物体的尺寸以某种方式标准化的情况（例如，在用于车辆编号牌的安装支架的情况下，其中支架框架和固定元件相对于车辆编号的号牌外部形状限定）。

此外，在技术人员很难推断出对第一物体的保护范围的最终限制的情况下，对于不能被视为标准化的第二物体的引用也可以是足够清楚的（如农用圆包的盖板，其中盖板的长度和宽度以及它的折叠方式是圆包的周长、宽度和直径来定义的，参见 T 455/92）。这些权利要求既不必包含第二物体的确切尺寸，也不必涉及第一和第二物体的组合。指定第一个物体的长度，宽度和/或高度而不引用第二个物体将导致对保护范围的无根据的限制。

7.4.2.15 "在"的表述

为了避免歧义，在评价使用"在"一词来定义不同物体（产品，设备）之间或物体与活动（产品，用途）之间或不同活动之间的关系的权利要求时，应特别小心。以这种方式措辞的例子包括以下内容：

（ⅰ）在四冲程发动机中的气缸盖；

（ⅱ）在具有自动拨号器，拨号检音器和性能控制器的电话设备中，拨号检音器包括……；

（ⅲ）在使用电弧焊接设备的电极输送装置的方法中，用于控制电弧焊接电流和电压的方法包括以下步骤：……；和

（ⅳ）在方法/系统/设备等中，……改进之处在于……。

在示例（ⅰ）至（ⅲ）中，重点在于具有全功能的部件（汽缸盖，拨号检音器，用于控制电弧焊接电流和电压的方法）而不是包含该部件的完整单元（四冲程发动机，电话机，方法）。无论其寻求保护的是部件本身还是完整单元，都可能造成不清楚。为了清楚起见，这种类型的权利要求应写成"一种具有（或包括）部件的单元"（"具有汽缸盖的四冲程发动机"），或者指明其用途的部件本身（"用于四冲程发动机的汽缸盖"）。根据 EPC 第 123（2）条的规定，只有在申请人具有该表达意愿且在原始申请中存在依据时才可以进行后一种表述。

对于由示例（ⅳ）所示类型的权利要求，使用"在……中"一词有时造成不清楚，无论是仅针对改进还是针对权利要求中定义的所有特征寻求保护。在这种情况下，必须确保措辞清楚。

但是，作为以第二非医疗用途为依据的权利要求是允许的，诸如"使用物质……

作为涂料或油漆组合物中的防腐成分的用途"❶。

7.4.2.16 用途权利要求

出于审查的目的，以"物质 X 作为杀虫剂的用途"等形式的"用途"权利要求应被视为等同于"用物质 X 杀死昆虫的方法"形式的"方法"权利要求。因此，这种形式的权利要求不应被解释为用作杀虫剂的物质 X（如通过其他添加剂）。类似地，对"晶体管在放大电路中的用途"的权利要求将等同于用包含晶体管的电路进行放大的方法的方法权利要求，并且不应被解释为针对"其中使用了晶体管的放大电路"，也不应当被解释为"晶体管构建放大电路的方法"。然而，针对特定目的方法的用途权利要求等同于针对该方法的权利要求（参见 T 684/02）。

当权利要求涉及将使用步骤与产品生产步骤相结合的两步法时，应当注意。例如，当多肽及其在筛选方法中的用途被定义为对本领域的唯一贡献时。这种权利要求的一个例子是：

"一种方法，包括：

（a）使多肽 X 与待筛选的化合物接触

（b）确定该化合物是否影响所述多肽的活性，并随后将任何活性化合物转化为药物组合物。"

可以想到这种权利要求的许多变化，但实质上它们组合（a）筛选步骤（即使用指定的测试材料来选择具有给定性质的化合物）和（b）进一步的生产步骤（即进一步转化所选择的化合物，例如，制备所需的组合物）。

根据 G 2/88 号决定，有两种不同类型的方法权利要求，（ⅰ）实现技术效果的物体的用途，以及（ⅱ）生产产品的方法。G 2/88 明确表示 EPC 第 64（2）条仅适用于类型（ⅱ）的方法。因此，上述权利要求及其类似物代表了两种不同且不相容的方法权利要求的组合。该权利要求的步骤（a）涉及类型（ⅰ），步骤（b）涉及类型（ⅱ）的方法。步骤（b）建立在步骤（a）实现的"效果"的基础上，而不是步骤（a）将特定的原料加入步骤（b）并得到特定的产物。因此，该权利要求部分地由用途权利要求和部分由用于生产产品的方法构成。因此根据 EPC 第 84 条，该权利要求不清楚。

7.4.2.17 对说明书或附图的引用

如《EPC 实施细则》第 43（6）条所示，就发明的技术特征而言，"除非绝对必要"，权利要求不得依赖于对"说明书或附图"的引用。特别地，权利要求中通常情况下不能引用"如说明书的……部分所述"或"如图 2 中所示"的表述。

应该注意例外条款的强调措辞。申请人有责任证明在适当的情况下依赖说明书或附图是"绝对必要的"（见 T 150/82）。

---

❶ 《EPO 审查指南 2018 版》,G－Ⅵ,7.2,第 2 段。

可允许例外的一个例子是发明涉及附图所示的某一些特殊形状，但难以用文字或简单的数学公式定义。另一个特例是发明涉及化学产品，其一些特征仅可通过图表来定义。

7.4.2.18 测量参数特征的方法

另一个特殊情况是发明用参数表征的情况。只要满足按照该方法定义发明的条件：对发明的定义应当是完整地表达权利要求本身，以使发明能够合理地实现。原则上，测量方法对于参数的清楚定义是必要的。❶ 然而，在下列情况下，用于测量参数的方法和手段不需要在权利要求中：

（ⅰ）说明测量方法的篇幅很长，将其放入权利要求会由于不简明或难以理解造成权利要求不清楚，在这种情况下，根据 EPC 实施细则第 43（6）条的规定，权利要求应引用说明书；

（ⅱ）本领域技术人员知道采用哪种方法，例如，因为只有一种方法，或者通常都使用一种特定方法；或

（ⅲ）所有已知方法产生相同的结果（在测量精度的限度内）。

但是，在所有其他情况下，权利要求都应当包括测量方法和测量手段，因为权利要求应当对所要保护的主题进行限定（EPC 第 84 条）。

7.4.2.19 附图标记

欧洲对于附图标记的限定作用要求其不得解释为对权利要求保护范围的限制。

具体地，EPO 审查指南指出，如果申请包含附图，并且通过在权利要求中提到的特征与附图中的相应附图标记之间建立联系有助于理解权利要求，则在括号中应当放置适当的附图标记，放在权利要求中提到的特征后面。如果存在多个不同的实施例，则仅需要将最重要的实施例的附图标记插入独立权利要求中即可。如果权利要求是按照 EPC 第 43（1）条规定的两部分形式撰写的，则附图标记不仅应插入特征部分，还应插入权利要求的前序部分。

然而，附图标记不应被解释为限制权利要求的保护范围；它们的唯一功能是使权利要求更容易理解。在说明书中可以对附图标记的作用加以评述。

如果将文字添加到权利要求中括号内的附图标记，则可能导致不清楚（EPC 第 84 条）。诸如"固定装置（螺钉 13，钉子 14）"或"阀门组件（阀座 23，阀门元件 27，阀座 28）"之类的表达不是《EPC 实施细则》第 43（7）条意义上的附图标记，而是具体特征，对此，《EPC 实施细则》第 43（7）条最后一句不适用。因此，不管附图标记上加的特征是否有限定作用，该权利要求都是不清楚的。因此，这种带括号的特征通常是不允许的。但是，在需要寻找特殊附图标记时，如果再加上对附图的引用如"（13—图 3；14—图 4）"，则不应对此提出反对意见。

---

❶ 《EPO 审查指南 2018 版》，F—Ⅳ，4.11。

不包括附图标记的带括号的表达方式也可能造成不清楚。例如，"（混凝土）模压砖"这一表达方式不清楚，因为无法确定特征模压砖是否受到混凝土一词的限制。相反，具有通常可接受含义的括号内表达是允许的。例如，"（甲基）丙烯酸酯"，其已知为"丙烯酸酯和甲基丙烯酸酯"的缩写。在化学或数学公式中使用括号也是无可非议的。

7.4.2.20　否定式表述

权利要求的主题通常是用肯定式特征来定义，这些特征表明权利要求中存在某些技术特征。但也有例外，可以用明确说明不存在某特定特征的否定式限定方式来限定主题。如果可以从提交的申请中推断出缺少某一特征，可以通过这种方式限定。

只有在权利要求中添加正面特征不能更清楚，更简洁地定义主题，具体放弃式的否定式的限定可以用来保护权利要求的主题，或者正面限定将不适当地限制保护范围，可以使用具体放弃式的否定式的限定来保护权利要求的主题。必须清楚通过具体放弃排除什么。包含一个或多个具体放弃的权利要求也必须完全符合 EPC 第 84 条关于清楚和简明的要求（参见 G 1/03，原因 3）。此外，为了专利的透明度，需要在说明书中根据《EPC 实施细则》第 42（1）条（b）指出被排除的现有技术，并且需要显示现有技术和具体放弃之间的关系。

7.4.2.21　开放式和封闭式限定

EPO 审查指南指出，虽然在日常用语中，"包括"一词可能同时具有"包括""含有"或"综合的"和"由……组成"的含义，在撰写专利权利要求时，法律确定性通常要求它由更广泛的含义"包括""含有"或"综合的"来解释。

涉及"包括"某些特征的设备/方法/产品的权利要求被解释为意味着它包括那些特征，但是它不排除其他特征的存在，只要它们不使该权利要求不可实施。

另外，如果使用措辞"由……组成"，则除了所述措辞之后的特征外，设备/方法/产品不存在其他特征。特别是，对于化学领域化合物的权利要求，如果将其撰写为"由组分 A，B 和 C 组成"，其比例以百分比表示，则排除任何其他组分的存在，因此百分比必须加起来为 100%（见 T 759/91 和 T 711/90）。

在化学领域化合物或组合物的情况下，"基本上由……组成"或"基本上包括"的使用是指可以存在特定的其他组分，即那些实质上不影响化合物或组合物的基本特征的组分。对于任何其他设备/方法/产品，这些术语具有与"包括"相同的含义。

关于 EPC 第 123（2）条，"包括"本身并未提供"由……组成"或"基本上由……组成"的隐含基础（T 759/10）。

上述对于"包括"这个措辞在日常用语和专利权利要求中的含义不同特别是在和申请人沟通中可以言简意赅地帮申请人释疑。

7.4.2.22　治疗用途限定

当权利要求涉及药物的进一步治疗用途时，待治疗的病症以功能性术语定义。例如，"任何可通过选择性占用特异性受体而易于改善或预防的病症"，只有在实验测试或可测试标准的形式可从专利文献或公知常识中获得时，才能认为该权利要求是清楚的。所述公知常识能够使本领域技术人员知道什么样的病症落在功能性定义的范围内，从而落在该权利要求的范围内。❶

7.4.2.23 宽范围的权利要求

EPC 没有明确提及过于宽泛的权利要求。但是，出于各种原因可能会出现对此类权利要求的反对意见。

如果权利要求与说明书之间存在差异，则说明书（EPC 第 84 条）未充分支持权利要求，并且在大多数情况下，发明未得到充分公开（EPC 第 83 条）。❷

有时会出现缺乏新颖性的反对意见，例如，如果权利要求限定地太宽，以至于它也涵盖了其他技术领域的已知主题。宽泛的权利要求还可以涵盖尚未实现所声称的效果的实施例。在这种情况下还可以提出缺乏创造性的反对意见❸，异议程序中针对宽泛的权利要求有单独的规定❹。

7.4.2.24 权利要求的顺序

没有法律要求第一项权利要求必须是最宽的。然而，EPC 第 84 条要求权利要求必须不仅单独清楚，而且必须作为一个整体清楚。因此，在存在多个权利要求的情况下，应首先安排最宽的权利要求。如果最宽的权利要求很长，以至于很容易被忽视，那么申请人应该要么以更合乎逻辑的方式重新安排权利要求，要么在说明书的介绍部分或者概述部分直接关注最宽的权利要求。

此外，如果最宽的权利要求不是第一个，则后来更宽的是的权利要求也必须是独立是权利要求。因此，如果这些独立权利要求属于同一类别，则可能不符合 EPC 第 43（2）条。❺

7.4.3 判例法关于权利要求保护范围解释的规定

EPO 审查指南规定：技术人员在考虑权利要求时，应排除不合逻辑或不具有技术意义的解释。他应该考虑到专利全部公开的内容，按照综合倾向，即整体上而不是断章取义，尝试达成技术上合理的权利要求的解释。该专利必须由意欲理解的精神来解释，而不是想要误解的精神（参见 T 190/99）。然而，在 T 1408/04 中，EPO 上诉委员会强调，这种被理解为仅意味着应排除技术上不合逻辑的解释。一个意欲理解的精神并不要求一个宽泛的术语需要更狭义地解释（即使像本争议案中，较窄的解释将指的是技术领域中非常普遍但非专属的结构）。❻

---

❶ 《EPO 审查指南 2018 版》,G－Ⅱ,4.2。

❷ 《EPO 审查指南 2018 版》,F－Ⅳ,6.1 和 F－Ⅳ,6.4。

❸ 《EPO 审查指南 2018 版》,G－Ⅶ,5.2。

❹ 《EPO 审查指南 2018 版》,D－Ⅴ,4 和 5。

❺ 《EPO 审查指南 2018 版》,F－Ⅳ,3.2 和 3.3。

❻ 《EPO 上诉委员会判例法第 8 版》,Ⅱ－A,6。

在 T 1771/06 中，一项权利要求专门用封闭语言提到基因构建体的特征部分（相反意义方向的 GBSS 基因片段），并试图概括，留下操作系统所必需的其他结构特征（"包含一个片段……其编码……，所述片段由选自……SEQ ID No：……的核苷酸序列组成"）。根据 EPO 上诉委员会的说法，这不是一个特殊的权利要求表述。EPO 上诉委员会不接受上诉人的论点，即该权利要求的范围扩展到除 GBSS 基因片段外还包含任何 DNA 的基因构建体。本领域技术人员肯定会考虑这样的事实，即基因构建体的目的是将 GBSS DNA 片段引入马铃薯细胞并将其整合到基因组中。因此，基因构建体被认为含有所有让这些步骤发生必需的 DNA 元件。

在 T 409/97 中，EPO 上诉委员会认为，在说明书导言中的错误陈述在解释权利要求和确定要求保护的主题时没有任何帮助，这一陈述与其实际内容相矛盾。

两种彼此没有技术关系的方法不能形成单一的多步骤方法（即"技术整体"），即使它们在权利要求中在语言上联系在一起（参见 T 380/01）。

7.4.3.1　术语的含义

在 T 759/91 和 T 522/91 中，权利要求包含表述"基本上包括"。EPO 上诉委员会认为该术语缺乏清晰明确的界限，其范围需要解释。在日常用语中，"包含"一词兼具"包括""含有"和"由……组成"的含义，在撰写专利的权利要求时，法律稳定性通常要求将其解释为更宽的含义"包括"或"含有"。施加词语"基本上"是对"包含"一词的严格限制，即"在很大程度上只包括特定的"。因此，"基本上包含"一词的界限应绘制为在特定主题的基本特征终止。因此，术语"基本上包括"的范围被解释为与"基本上由……组成"的范围相同。然而，鉴于与"包含"相比，词语"由……组成"的明确性质，优先考虑"基本上由……组成"的表述（也参见 T 1730/09）。

在 T 711/90 中，EPO 上诉委员会确认了判例法中的假设，即在一项权利要求中用"由……组成"代替"包含"一词引起了权利要求的清楚问题。当如在所述权利要求中那样，玻璃由表示为（ⅰ），（ⅱ）和（ⅲ）的组分组成时，排除任何另外组分的存在，因此，组分的比例（ⅰ），（ⅱ）和（ⅲ）以百分比表示，对于每种要求保护的组合物，其应合计达到摩尔分数 100%。

在 T 1599/06 中，EPO 上诉委员会同样不得不解释"包含"一词。它强调专利权利要求中术语的含义必须从技术人员的观点来确定，该技术人员在申请的上下文中并且在他/她的公知常识的背景下理解权利要求。该权利要求涉及一种接种剂，其包含至少一种特殊的纯化和分离的结核分枝杆菌蛋白质。审查部门广义地解释了术语"包含"并认为所要求保护的主题相对于部分纯化的蛋白质馏分缺乏新颖性，在他们看来，所述蛋白质馏分尤其包含特定的蛋白质。然而，在 EPO 上诉委员会看来，技术人员将从整个申请中得出这样的信息，即根据该发明的接种剂的特定特征是它们是由分离和纯化的结核分枝杆菌蛋白产生的。因此，他/她会认为权利要求 1 中的定义涵盖了疫苗接种剂，其首先由权利要求中提到的分离和纯化的蛋白质构成，其次，含有这些蛋白质作为其主要成分。

在 T 1023/02 中，EPO 上诉委员会表示其观点认为，使用"包含"语言的权利要求通常不应被解释为涵盖如下主题，即在其权利要求中包括明显阻碍所述步骤的特定技术目的的进一步的步骤。

在 T 1045/92 中，权利要求涉及"包含［……］的双组分型可固化组合物"。在 EPO 上诉委员会看来，"双组分可固化组合物"是聚合物领域读者所熟悉的商品，就像日常用品对于公众而言一样，因此，权利要求是清楚的。

在 T 405/00 中，EPO 上诉委员会认为，根据化学领域专利权利要求的常规语言，措辞"包含过酸盐的组合物"专门定义了必须存在属于过酸盐的至少一种特定化合物。

7.4.3.2　使用说明书和附图来解释权利要求

权利要求的主题由 EPC 第 84 条决定，其功能由 EPC 第 69 条决定。根据 EPC 第 84 条，权利要求应当限定请求保护的内容。根据 EPC 第 69 条，权利要求通过其对发明的定义来确定专利所授予的保护范围。根据 EPC 第 69 条，说明书和附图用于解释权利要求。问题在于，仅仅是为了确定保护范围，根据 EPC 第 69 条中提供的，按照说明书和附图来解释权利要求是否可能，或者为了确定是否满足了可专利性和清楚的条件是否也可以这样做。

在许多决定中，EPO 上诉委员会已制定并实施使用说明书和附图来解释权利要求并确定其主题的原则，特别是为了判断它是否具备新颖性且不是显而易见的。同样，在许多决定中，EPO 上诉委员会根据说明书和附图解释权利要求以确定它们是否在 EPC1973 第 84 条意义上是清楚、简明的。然而，偶尔会强调根据说明书和附图解释的限制。❶ 权利要求与说明书之间的差异不是忽视权利要求的清楚语言结构并以不同方式解释（参见 T 431/03）或赋予权利要求不同含义的正当理由，而权利要求本身给技术读者赋予了明确可信性的技术教导（参见 T 1018/02）。然而，在 T 1023/02 中，与说明书中使用的术语相矛盾的"不幸"权利要求语言（"转录"而非"翻译"）被不同解释。

在 T 2221/10 中，EPO 上诉委员会提到了既定判例法，根据该判例，该说明书可用作专利的"字典"，以评估权利要求中使用的歧义术语的正确含义。❷ 然而，如果权利要求中使用的术语具有明确的技术含义，则该说明书不能用于以不同的方式解释这样的术语。在权利要求和说明书之间存在差异的情况下，必须将明确的权利要求措辞解释为本领域技术人员在没有说明书的帮助下理解的意思。

在 T 197/10 中，EPO 上诉委员会解释说，如果权利要求的措辞如此清楚和明确，以至于本领域技术人员可以毫无困难地理解，则不需要使用说明书来解释权利要求。在权利要求和说明书之间存在差异的情况下，必须将明确的权利要求措辞解释为本领域技术人员在没有说明书的帮助下将理解的。因此，在明确定义的权利要求与说明书之间存在差异的情况下，在权利要求中未反映的那些说明书中的要素通常在审查新颖性和创造性时不予考虑。

---

❶　《EPO 上诉委员会判例法第 8 版》第 Ⅱ 部分第 A 章第 6.3.6 节。

❷　《EPO 上诉委员会判例法第 8 版》第 Ⅱ 部分第 A 章第 6.3.3 节。

7.4.3.2.1 EPC 第 69 条的相关性

一些决定涉及 EPC1973 第 69（1）条。其他判例法则强调 EPC1973 第 69 条［EPC 第 69（1）条］及其议定书主要供处理侵权案件的司法机关使用。在 T 556/02 中，EPO 上诉委员会明确表示，它仅适用于整个 EPC 中适用的一般法律原则，即文件必须被作为一个整体解释（参见例如 T 23/86，OJ 1987，316；T 860/93，OJ 1995，47）。EPC1973 第 69 条是这个一般原则的具体应用（另见 T 1871/09）。

在 T 1646/12 中，上诉人引用了 EPC 第 69（1）条和 T 1808/07，辩称异议部门应该用说明书来解释权利要求 1。EPO 上诉委员会强调 EPC 第 69（1）条仅涉及保护范围，而保护范围仅与 EPC 第 123（3）条及国家阶段的侵权诉讼的目的有关。在说明书的帮助下解释权利要求的一般要求不能从 EPC 第 69（1）条中得出。然而，一个一般原则是，术语只能在上下文中解释。因此，权利要求中的术语必须在权利要求书和说明书的整体上下文中进行解释。必须避免两个极端，一方面，说明书中提到但不在权利要求中的限制性特征不能被读入后者。❶ 它们不能通过解释以这种方式插入，而只能通过修改权利要求来插入。另一方面，权利要求不能完全与说明书割裂。解释权利要求的技术人员必须至少确定所使用的表达是否应以其普通字面意义理解，或者它们是否具有在说明书中定义的特殊含义。同样，如果权利要求不明确，则技术人员别无选择，只能在其他权利要求以及说明书和附图中寻求澄清（参见判例法第Ⅱ部分第 A 章第 6.3.3 节）。因此，使用说明书来解释权利要求在一定限度内是可以接受的，有时甚至是必要的；没有必要援引 EPC 第 69（1）条。

在第 1279/04 号案件中，EPO 上诉委员会不同意上诉人（专利权人）的观点，即为了评价异议程序中的新颖性，权利要求应按照 EPC1973 第 69（1）条及其解释议定书进行解释。

EPC1973 第 69（1）条及其议定书涉及专利或专利申请所授予的保护范围，主要涉及侵权诉讼程序。在权利要求书措辞不变的情况下，它们有助于确定公平的保护范围——尤其是参考说明书和附图。相比之下，在审查和异议程序中，未来法律确定性的价值至关重要。在这个阶段中，权利要求的作用是确定寻求保护的事项（EPC1973 第 84 条，第一句）。除了严格的定义方法之外，没有任何其他情况，因为在这个程序阶段，权利要求可以而且应该被修改以确保在法律上具有某些可专利性，特别是相对于任何已知的现有技术具有新颖性和创造性。在审查和异议程序中，对所有方面解释起来都真正困难的问题，进行修正而不是旷日持久的辩论应该是答案，对专利的修改应当以异议的理由提出。在 T 1534/12 中，EPO 上诉委员会认为专利的特定词汇，特别是权利要求的特定词汇，必须从阅读说明书的技术人员的观点来解释，并希望理解其背后的意图。说明书和附图创造了上下文并且阐明了合理地归因于权利要求中使用的词汇的含义。T 1279/04 中提到的"严格定义方法"应该在这种上下文情况下进行。偏离这

---

❶ 《EPO 上诉委员会判例法第 8 版》第Ⅱ部分第 A 章第 6.3.4 节。

种上下文的任何孤立的，人为的，技术上毫无意义的解释都应该小心避免。

同样在 T 1808/06 中，EPO 上诉委员会强调，当说明书必须根据 EPC 第 84 条的要求进行修改时，只有在出于程序原因（如无法修改授权版本）不能消除不一致的情况下纯粹作为辅助结构——EPC 第 69（1）条可以援引来解释权利要求的主题。

7.4.3.2.2　解释含糊不清的术语或确认权利要求的文本

使用说明书和附图来解释权利要求的许多决定涉及对相对的，模糊的或不清楚的术语的解释，或引用说明书仅仅是为了确认对权利要求的文本的最明显的解释。

在第 T 50/90 号决定中，EPO 上诉委员会指出，当必须确定保护范围时，说明书和附图用于解释权利要求中包含的相对术语。当权利要求和说明书的技术内容清楚地确定发明如何实施时，为了评价可专利性，这些特征不能被忽视，只是将它们解释为定义预期用途。

在几项决定中，EPO 上诉委员会表示专利文件中使用的术语应在相关领域中给出其正常含义，除非说明书赋予它们特殊含义。该专利文献可以是其自己的字典（参见 T 311/93，T 1321/04，T 1388/09；关于限制，见 T 2221/10）。❶ 同样在 T 500/01 中，EPO 上诉委员会认为作为法律文件的专利可能是其自己的字典。如果打算使用本领域已知的词来定义特定主题以定义不同的事物，则说明书可以通过明确的定义给予该词一个特殊的，重要的含义。因此，权利要求如果包含一个特征，其定义在说明书中以不允许的方式进行了修改，与原始申请的权利要求基本相同的权利要求可能会违反 EPC 第 123（2）条的要求。

在 T 1023/02 中，发明基于以下认识：在感染细胞中表达的特定病毒蛋白（ICP34.5）的基因决定了单纯疱疹病毒破坏中枢神经系统组织的能力。答辩方认为，一篇后发表的文件揭示了与 ICP34.5 基因同时但反义的 ORF-P 基因的存在。因此，鉴于术语"仅"，该权利要求必须解释为要求第一个方法步骤不干扰该 ORF-P 基因的表达。然而，EPO 上诉委员会指出，从说明书中可以明显看出，专利权人并未设想该基因的存在。因此，根据说明书，技术人员将不以答辩方所倡导的方式解释权利要求 1 的主题。因此，后来发表的关于进一步技术细节和/或并发症的知识不能证明这种解释是正确的。

7.4.3.2.3　将附加技术特征和限制加入权利要求

在 T 223/05 中，权利要求 18 针对某种化合物，当 Y 不存在时，对 X 的值没有限定。异议部门认为作为普通技术人员的读者会参考说明书的内容，并推断出所有权利要求的化合物都具有迈克尔受体侧链。因此，作为普通技术人员的读者可以通过参考说明书的内容来纠正权利要求 18 中缺少的信息，并且可以得出结论，在没有 Y 的情况下，X 必须是迈克尔受体侧链。因此，所述权利要求的主题具备新颖性。然而，EPO 上诉委员会强调 EPC1973 第 69 条及其议定书没有提供排除权利要求字面意义的依据。

---

❶ 《EPO 上诉委员会判例法第 8 版》第 Ⅱ 部分第 A 章第 6.3.5 节。

将此应用于本争议案件，EPO 上诉委员会认为它与适当的权利要求解释不一致，即在权利要求 18 中读出仅出现在说明书中的 X 的特定含义，然后依靠该特征来提供对现有技术的区别（参见 T 881/01）。在 T 681/01 中也强调不能依赖 EPC1973 第 69 条及其议定书将权利要求中没有明确的措辞隐含纳入其中，以限定权利要求。

在 T 932/99 中，权利要求 1 涉及产品本身。该权利要求仅限定了膜的结构，与其在气体分离装置中的安装无关。EPO 上诉委员会指出，由于这个原因，权利要求中"能够从含氧气体混合物中分离氧气"的说明仅仅用于限定所要求保护的膜的能力，而不对所要求保护的结构的任何实际使用施加任何限制。答辩方认为，如果根据说明书解释权利要求 1，则这些限制将是显而易见的。但是，EPO 上诉委员会认为，必须区分这样一个事实，即一方面可能有必要考虑说明书中对解释权利要求一词的任何明确定义；另一方面，尝试使用 EPC1973 第 69 条作为从说明书中理解得出的特征限制到权利要求中的基础，以避免基于缺乏新颖性或创造性的反对意见。后一种解释方法，即仅在说明书中提到的特征作为必要的限制解读权利要求 1，与 EPC 不相容（参见 T 1208/97）。

在 T 1208/97 中，某些已知分子包含在产品权利要求的术语中。上诉人 1 认为新颖性异议不适用，因为专利说明书明确指出不涵盖这些分子。EPO 上诉委员会不同意这种观点。为了判断新颖性，EPC1973 第 69 条没有提供将说明书中找到的特征解读到权利要求中的依据。由于本条和议定书涉及保护范围，因此主要供处理侵权问题的司法机关使用。根据 EPO 上诉委员会的观点，必须确定权利要求 1 的措辞，独立于可从该说明书中得出的任何所谓意图，是否允许在要求保护的分子和已知分子之间进行明确区分。

在 T 1018/02 中，EPO 上诉委员会强调，尽管不能以不合逻辑或没有意义的方式解释权利要求，但说明书不能用于赋予权利要求本身明确的、向作为本领域的读者提供可靠的技术教导的权利要求以不同含义。如果该特征最初未以权利要求中出现的形式公开也适用。

在 T 121/89 中，EPO 上诉委员会使用说明书来解释模糊术语（"松散点火电荷"），但同时强调，仅可阐述权利要求中所述或可从权利要求中推导出的特征以将该发明与现有技术分开。除非其中明确提及，否则说明书中引用的实施例不限制权利要求的范围。

另外，在 T 416/87（OJ 1990，415）中，EPO 上诉委员会面临的情况是权利要求中没有包括一个特征，其按照说明书的正确解释，该特征为该发明的最重要特征。EPO 上诉委员会认为，遵循 EPC1973 第 69（1）条及其议定书，这些权利要求可能被解释为要求将其作为一项必要技术特征，即使单独阅读的权利要求的措辞并未特别要求这样的特征。

7.4.3.2.4 根据 EPC 第 84 条进行有关清楚要求的审查

在许多决定中，EPO 上诉委员会根据说明书和附图解释权利要求，以确定它们是否清楚简明。❶

---

❶ 《EPO 上诉委员会判例法》第 8 版，Ⅱ－A，6.3.1。

在 T 238/88（OJ 1992，709）中，EPO 上诉委员会表示，不能因为特征实际上不是本领域的通常的术语而否定其清楚和简明，因为根据 EPC1973 第 69 条应该用说明书来解释权利要求。

在 T 456/91 中，EPO 上诉委员会认为，如果该术语的含义对于本领域技术人员来说是清楚的，那么权利要求的清楚程度不会因其中包含的术语的广度而减少，不论是其本身还是根据说明书。在该案中，可以使用极大量的化合物来实施该发明。当根据说明书理解时，对于权利要求来说，能清楚哪种肽适合于该发明。

同样，在 T 860/93（OJ 1995，47）中，EPO 上诉委员会认为说明书可能用于确定权利要求是否清楚，这样做时，从一般法律原则中得到启示，即最好的解释是从先前和后面的内容做出的。该决定接受了 T 454/89 中的推理（见下文），即说明书只能用于确定所保护范围，而不是用于确定清楚，仅在权利要求书是自相矛盾的情况下，而不是一般而言。在 T 523/00，T 1151/02 和 T 61/03 中，EPO 上诉委员会指出专利可能是其自己的字典。❶

然而，许多决定指出了在与清楚要求有关的审查中使用说明书和附图的限制。

T 2/80（OJ 1981，431）指出，如果一项权利要求本身存在矛盾的话，它不符合 EPC1973 第 84 条中规定的清楚的要求，必须在不参考说明书的情况下能够理解权利要求（也参见 T 412/03）。在第 454/89 号决定中，EPO 上诉委员会分享了这一观点并解释了 EPC1973 第 84 条要求当使用普通技术知识阅读时，权利要求必须是清楚的，所述普通技术知识包括现有技术的知识，而不是从包含在专利申请或修改的专利的说明书中得出的任何知识。然而事实确实是 EPC1973 第 69 条允许说明书用于解释权利要求，它仅涉及在必须确定作为申请或专利的影响之一的保护范围时，特别是对于第三方而言。它并不是像 EPC1973 第 84 条那样是关心权利要求对要求保护的事项的定义。因此，在异议审查过程中，请求人或专利权人不能依赖 EPC1973 第 69 条作为修改的替代品，所述修改对于纠正不明确的问题是必需的。EPO 上诉委员会在第 760/90 号决定中采用了同样的方针。

在 T 1129/97（OJ 2001，273）中，EPO 上诉委员会认为，在说明书中明确公开了一个不清楚的术语（"低级烷基"）的确切含义但在权利要求中没有明确公开这一事实并不意味着后者符合清楚的要求。EPC1973 第 84 条关于清楚的规定仅涉及权利要求书，因此——根据 EPO 上诉委员会的既定判例法——要求它们本身是清楚的，而本领域技术人员无须参考说明书。的确，按照 EPC1973 69（1）条，说明书用于解释权利要求。但 EPC1973 第 69 条仅涉及有争议的保护范围，例如：与第三方有关，而不是（如 EPC1973 第 84 条）对要求保护的事项的定义。

在 T 49/99 中，EPO 上诉委员会认为，由于清楚是对权利要求的要求，因此说明书和附图有助于读者理解权利要求想要定义的技术主题这一事实并未纠正权利要求措

---

❶ 《EPO 上诉委员会判例法第 8 版》第 II 部分第 A 章第 6.3.3 节。

辞不清楚的缺陷。

在 T 56/04 中，EPO 上诉委员会指出，一项含有不清楚技术特征的权利要求无法确定其主题事项。如果不清楚的特征旨在将所要求保护的主题与现有技术界定，则尤其如此。因此，EPO 上诉委员会认为，只有在特殊情况下，才能允许在权利要求中使用的含糊或不明确的术语仅在说明中能找到精确定义，以便将所述权利要求的主题与现有技术区分开。无论出于何种原因，如果精确的定义不能被纳入权利要求中，并且本领域技术人员可以明确且直接地从说明书中得到模糊或不清楚的术语的确切定义，那么允许这样的例外 [比照适用于《EPC1973 实施细则》第 29（6）条]。在 T 56/04，EPO 上诉委员会表示不涉及例外。说明书中公开的"约 1mm"的具体值可以合并到权利要求本身而不是"略小于 [……]"。关于在权利要求本身必须清楚如何在产品用参数表征时确定参数的范围，参见判例法第 II 部分第 A 章第 3.5 节。

在许多决定中都强调了，当使用普通技术知识而不使用从说明书中获得的任何知识进行阅读时，权利要求本身必须是清楚的（参见例如 T 412/02 和 T 908/04）。然而，在 T 992/02 中，EPO 上诉委员会认为在该案中证明其不包括测量参数的程序是合理的。

7.4.3.2.5 侵权程序中保护范围的解释不在 EPO 的权限范围内

在 T 442/91 中，答辩方希望 EPO 上诉委员会对他们认为权利要求保护范围太宽的主张作出裁决。EPO 上诉委员会观察到欧洲专利局在异议上诉程序中涉及专利所授予的保护范围，仅用于审查是否符合 EPC1973 第 123（3）条。

除此之外，解释保护范围是国家法院处理侵权案件的问题。虽然欧洲专利局明确了如何理解权利要求中使用的术语，但它不应该提供对该专利未来范围的任何进一步解释（参见 T 740/96）。根据这种想法，在 T 439/92 和 T 62/92 中，EPO 上诉委员会解释了权利要求以便确定其主题。

7.4.4 判例法关于方法限定的产品权利要求的规定

按照 EPC 第 64（2）条（EPC1973 和 EPC2000），由方法专利授予的保护范围扩展到由该方法直接获得的产品，即使它们本身不具有可专利性。某些申请人试图通过使用方法权利要求对其进行定义来获取对已知产品的保护，并争辩这是根据 EPC1973 第 64（2）条，即产品通过新方法生产的事实使其具有新颖性。❶

EPO 上诉委员会不接受这一论点，并对由生产方法所定义的具有新颖性和创造性的产品权利要求与具有新颖性创造性的方法权利要求作出区分，所述方法权利要求的保护效果也扩展到由其直接获得的产品。

这方面的第一个决定是 T 150/82（OJ 1984，309）。EPO 上诉委员会表示，只有在产品本身符合可专利性要求并且申请中没有其他可以使申请人通过引用其组成、结

---

❶ 《EPO 上诉委员会判例法第 8 版》，II － A,7。

构或一些其他可测试参数令人满意地定义产品的可用信息的情况下，才能接受按照其制备方法定义的产品（称为"方法限定的产品"权利要求）的权利要求（既定的判例法，如 T 956/04 和 T 768/08；在 T 863/12 中，EPO 上诉委员会认为根据 T 150/82，可以接受方法限定的产品权利要求）。

7.4.4.1　要求所要求的产品必须具有可专利性

在第 T 248/85 号决定（OJ 1986，261）中指出，可以通过使用各种参数来定义产品，如其结构或其制备方法。使用不同的参数来定义特定产品本身不能给产品带来新颖性。此外，如果产品本身不存在新颖性的情况下，产品权利要求被撰写为"方法限定的产品权利要求"，EPC1973 第 64（2）条不赋予该权利要求新颖性，并且不会使欧洲专利的申请人能够将此类产品包括在其专利的权利要求范围内，这不满足 EPC1973 第 52（1）条的要求。

在 T 219/83（OJ 1986，211）中，EPO 上诉委员会表示，方法限定的产品权利要求必须从绝对意义上解释，即独立于方法，如果主题本身是新的，则该主题仍然不仅仅因为其制备方法这样做而具备创造性。为了具有专利性，所要求保护的产品必须是针对单独技术问题的解决方案，且根据现有技术这一问题的解决并不显而易见（参见 T 223/96）。

这些标准得到了确认，并应用于许多决定中（例如，参见 T 251/85，T 434/87，T 171/88，T 563/89，T 493/90，T 664/90，T 555/92，T 59/97，T 1164/97，T 238/98，T 748/98 和 T 620/99）。

EPO 上诉委员会在第 T 205/83 号决定（OJ 1985，363）中澄清了方法限定产品权利要求的新颖性条件。该决定指出，仅通过对方法的改进，已知化学方法的聚合物产物不会变成新的。如果化学产品不能通过结构特征来定义，而只能通过其制备方法来定义，那么只有在提供了改变工艺参数导致其他产品的证据的情况下才能确认新颖性。如果表明产品的性质存在明显差异，则足以达到此目的。该证据可能不包括不能归因于产品物质参数的性质。

在 T 300/89（OJ 1991，480）中指出，如果权利要求既没有在结构上定义产品也没有提到获得必须能够证明新颖性的产品所需的所有特定条件，则该申请缺乏新颖性，例如，通过比较试验。同样，在 T 552/91（OJ 1995，100）中，EPO 上诉委员会裁定该权利要求必须包括明确将所要求的物质定义为不可避免的工艺产品所需的所有工艺参数。由于化学反应很少采用一个特定的过程，因此很少产生均匀的物质，通常不仅需要指出原料和反应条件，还需要处理反应混合物以获得要求保护的物质的方法。该判例法在 T 956/04 中得到确认，其中 EPO 上诉委员会认为没有明确指出具体的起始原料和具体的反应条件，所要求的"可获得的"特征未能明确地将要求保护的催化剂定义为不可避免的加工产物。

在 T 728/98 中，EPO 上诉委员会指出，低分子化合物的纯度水平不能带来新颖性的一般规则在方法限定产品的情况下也是有效的，其中纯度水平是权利要求中指出的制备方法不可避免的结果。在所诉的案件中，上诉人（申请人）未能证明存在特殊情况，即所有企图都未能通过常规纯化方法达到特定的纯度水平。另见判例法第 I 部分第 C 章第 6.2.4 节 "实现更高纯度"。

在 T 803/01 中，EPO 上诉委员会指出，在 T 205/83（OJ 1985, 363）中没有任何声明关于为了清楚起见而禁止在权利要求中存在与杂质有关的参数。与聚乳酸纯度相关的参数符合《EPC1973 实施细则》第 29（1）条的技术特征。这被认为是评估产品权利要求中纯度参数的使用在何种程度上达到清楚的相关标准（参见 G 2/88, OJ 1990, 93）。

在 T 394/03 中，EPO 上诉委员会裁定，通过方法改进的产品质量通常不会在方法限定产品的权利要求中构成产生新颖性或创造性的结构特征。在所诉案件中，要求保护装饰的陶瓷产品，其与这种类型的已知产品的不同之处仅在于其更好的质量，这是通过该发明的方法实现的。

在 T 564/02 中，当审查产品本身是否符合专利性要求时，EPO 上诉委员会必须处理举证责任。答辩方（对手）提出了缺乏新颖性的异议，该异议基于现有技术文献中的示例中的公开内容。EPO 上诉委员会观察到该异议的有效性完全取决于被申请人就现有技术中公开的产品的参数所作出的某些假设的有效性。在这种情况下，概率平衡的概念不能用于评估每个假设的有效性；它必须放弃接近绝对信念的更严格的标准。换句话说，应该有一定程度的确定性，这是无可置疑的。

7.4.4.2 要求保护的产品不能以任何其他方式描述

T 150/82（OJ 1984, 309）中规定的标准，即除了制备方法之外，必须无法定义要求保护的产品，现在已成为判例法（参见 T 333/93，T 749/95，T 950/97，T 1074/97，T 933/01）。

在 T 320/87（OJ 1990, 71）中，EPO 上诉委员会指出，当杂交种子和植物不是可以通过其生理或形态特征表征的可单独定义的生物实体时，方法定义的产品权利要求对于杂交种子和植物是可接受的。

在 T 130/90 中，EPO 上诉委员会必须决定具有两种不同特异性的重组单克隆抗体，并通过涉及三聚体细胞或四倍体细胞的方法产生，从而产生天然形式的抗体。该方法的可专利性没有受到质疑。现有技术中已知的化学重组抗体半分子的方法。问题在于产品权利要求的有效性。现有技术没有公开如何完全重新结合的分子，即具有与天然抗体相同结构的分子，其可能包含在杂种混合物中，可以从化学改变的分子中筛选出来并分离。该 EPO 上诉委员会允许双特异性重组单克隆抗体的权利要求，其包含通过该专利的独立方法权利要求中要求保护的方法产生的完整免疫链，通过其方法定义抗体是相对于现有技术界定它们的唯一方式。

在 T 552/91（OJ 1995, 100）中，EPO 上诉委员会认为，根据《EPC1973 实施细则》第 88 条的规定，欧洲专利申请涉及最初由不正确的化学结构式定义的化学物质不允许更正，将不正确的公式更换为正确的将违反 EPC1973 第 123（2）条。然而，提交 "方法限定的产品" 权利要求与 EPC1973 第 123（2）条相符，如果它包含获得该结果所需的所有措施（起始材料，反应条件，分离）。

7.4.4.3　方法限定产品权利要求的原则适用于用途权利要求

在第 81/14 号决定中，EPO 上诉委员会认为，在考虑用制备方法定义产品时，在方法限定产品的权利要求的判例中制定的原则一般适用于用途权利要求的情况。权利要求 1～7 中的一个辅助要求涉及一种生产烧结硬质合金体的方法。权利要求 8 涉及根据权利要求 1～7 中任一项的方法获得的烧结硬质合金体用于生产切削工具的用途。因此，权利要求 8 包括工艺和产品特征，并且在概念上等同于针对使用烧结硬质合金体生产切削工具的工艺的权利要求（参见 G 2/88）。虽然权利要求不是针对产品而是针对方法，但 EPO 上诉委员会认为，评价产品特征是否清楚的基本原则不应取决于此类产品特征是出现在针对产品的权利要求中还是出现在方法权利要求中。将方法限定产品权利要求的判例中所述的原则应用于权利要求 8，该 EPO 上诉委员会指出，可以根据结构特征，即组成、微观结构和力学性能来定义烧结体。因此，权利要求 8 中方法限定产品的使用导致不清楚。

7.4.4.4　产品和方法特征的结合

在 T 148/87 中，EPO 上诉委员会认为可以在同一项权利要求中将产品参数和工艺参数结合起来。在 T 129/88（OJ 1993，598）中，EPO 上诉委员会认为，如果考虑到一个或多个缔约国国家法律的影响，可以允许在产品权利要求中包含一个或多个方法特征。❶

7.4.4.5　方法限定产品权利要求的保护范围

在 T 411/89 中，EPO 上诉委员会不得不决定将"获得"改为"可获得"的方法限定产品权利要求的修改是否扩大了专利的保护范围。EPO 上诉委员会认为保护范围没有扩大，因为该修改没有修改从一开始就要求的产品的定义，并且用于表征的方法保持不变。

在 T 423/89 中，通过将权利要求仅限于原始权利要求中规定的并在说明书中公开的许多制备方法中的一个，专利所有人已经不再要求绝对的产品保护，并对其权利要求进行了重大限制。因此，按照 EPC1973 第 123（3）条没有反对意见。在这种情况下，从方法限定的产品权利要求到制备方法的权利要求的类型变更也是可以接受的，因为授权专利所提供的保护必须扩展到权利要求中描述的和专利说明书中公开的方法所涵盖的所有制备方法。

然而，在 T 20/94 中，按照 EPC1973 第 123（3）条的反对意见导致 EPO 上诉委员会拒绝通过修改方式将方法权利要求更改为方法限定的产品权利要求，尽管方法限定产品权利要求的特点是其制备方法，但它属于针对实体的权利要求，并且是针对产品本身的权利要求。根据 EPC1973 第 64（2）条，产品权利要求所赋予的保护范围超出了方法权利要求所赋予的范围。

---

❶ 《EPO 上诉委员会判例法第 8 版》第Ⅱ部分第 A 章第 3.7 节。

第8章 创造性的审查实践

对于创造性的判断方法，即判断要求保护的发明相对现有技术是否显而易见，EPO 审查指南中规定采用"问题－解决法"。

EPO 审查指南规定的"问题－解决法"包括三个步骤：①确定最接近的现有技术；②确定客观解决的技术问题；③从最接近的现有技术和客观解决的技术问题出发，考虑请求保护的发明对本领域技术人员来说是否显而易见。

在 EPO 上诉委员会判例法中，对于"问题－解决法"细化为以下四个步骤：(a) 确定"最接近的现有技术；(b) 与已经确定的"最接近的现有技术"对比，确定请求保护的发明获得的技术成果（或效果）；(c) 确定待解决的技术问题作为发明客观上要达到的效果的目标；以及 (d) 考虑到 EPC 第 54 (2) 条中的"最接近的现有技术"，审查本领域技术人员是否会，为获得请求保护的发明要达到的效果，建议采用请求保护的技术手段。由此可见，判例法将 EPO 审查指南中的"问题－解决法"的第 (2) 步细化为步骤 (b) 和 (c)，在步骤 (b) 中强调根据区别特征确定发明达到的技术效果，进而得出步骤 (c) 中确定的"客观技术问题"，强调了技术效果的作用，其是"客观技术问题"的认定基础，同时也是步骤 (d)"可能－应当法"判断的重要依据和考量因素。

对于特殊的医药化学领域，由于可预期性较低，对于实验结果的依赖性较强，因而在创造性判断的重要环节"技术效果的认定""确定客观技术问题"需要本领域技术人员基于现有技术和申请文件公开的事实才能作出。因而，判例法中给出了医药化学发明是否显而易见的判断步骤，将 EPO 审查指南中的三步进一步细化为如下六步：(a) 确定最接近的现有技术；(b) 根据现有技术确定问题；(c) 确定解决方案；(d) 证明解决方案的成功；(e) 任选地重新表述问题；(f) 基于现有技术的水平审查解决方案的显而易见性。其中，证明解决方案的成功以及任选重新表达问题是非常重要的步骤。

8.1 最接近的现有技术

在 EPO 上诉委员会判例法中，EPO 上诉委员会认为，最接近的现有技术使其对于本领域技术人员来说，能构成最容易到达请求保护的解决方案的路线，或显而易见地发展成为请求保护的发明的最有希望的出发点。因此，确定最接近的现有技术是客观行为，而不是主观行为。确定最接近的现有技术是基于本领域技术人员对各个现有技术的主题、目的和特征进行客观比较，最终将一个现有技术确定为最接近的现有技术

（参见 T 1212/01）。

需要说明的是，当一项发明确实不具备创造性时，的确存在以多篇现有技术作为出发点均可以得出发明显而易见结论的情况。但是以最接近的现有技术出发的路径是最为便捷的，即，其可以排除许多主观因素对于结论的不良影响，而以其他现有技术进行评判时经历的较复杂路径则有更大可能受到主观因素的影响，增加了技术评判的难度和风险。因此，在考虑了现有技术整体水平的基础上，准确选取一个特定技术方案作为最接近的现有技术，对于非显而易见性的评判而言至关重要，通过将发明创造与之对比最能准确地抓住发明的创新和价值所在。寻找、选择和确定最接近的现有技术的过程，体现了审查实践中还原发明创造的过程。

在 T 698/10 中，EPO 上诉委员会解释了"最接近的现有技术"其表述并不意味着这个现有技术公开的内容必须绝对足够接近请求保护的发明，而仅仅是它必须比其他的现有技术公开的内容更加接近请求保护的发明。换而言之，总存在一份最接近的现有技术，即使它不是特别接近请求保护的发明。在认定最接近的现有技术时，需要把具有相同目的或效果的现有技术、具有相同或相似技术问题的现有技术（或者至少是相同或相近技术领域的现有技术）纳入需要考虑的现有技术范围，在此基础上，再由本领域技术人员通过对技术主题、各项现有技术确定的客观事实和技术特征的客观比较，确定一个最有希望的跳板，即将该现有技术作为进一步发展的出发点。

8.1.1 技术领域

在 EPO 上诉委员会判例法中，EPO 上诉委员会认为，作为评价一项发明是否具备创造性的起点的文件，通常应选择与涉案专利相同或密切相关的技术领域。

T 25/13 涉及一种将致动器固定于机动车的盒罩的固定装置。对比文件 4 公开了一种用于固定滚筒式干燥机的风扇发动机的固定装置。EPO 上诉委员会认为，虽然上诉人能够自由的选择发明的起点来判断发明的创造性，但他在选择时必须考虑到进行创造性判断的主体是具备机动车驱动领域普通知识的相关技术人员。该案属于机动车驱动技术领域，而对比文件 4 所公开的固定装置是用来固定滚筒式干燥机的风扇发动机的，显然二者的技术领域既不相同也不接近，机动车驱动领域的技术人员并不了解滚筒式干燥机的风扇发动机的内部细节，不会将滚筒式干燥机的风扇发动机的固定装置作为发明的起点。

T 1634/06 涉及一种用于在用户电视设备上实现的用于显示节目和相关节目数据的交互式电视节目指南的方法。对比文件 5 公开了一个分布式音频视觉系统。EPO 上诉委员会认为，在电视节目和电视节目指南中，本领域的普通常识包括计算机和计算机接口的通用知识。该案涉及允许数字存储信息的电视节目指南和计算机及计算机接口技术，而对比文件 5 公开的分布式音频视觉系统同样也涉及电视和计算机技术，并且对比文件 5 与该案都是在电视节目指南的背景下使用计算机技术，因此，二者属于相同或相似的技术领域，对比文件 5 适合作为评估该发明的起点。

总之，技术领域是相对的，而不是绝对的，本领域技术人员在需要解决技术问题时，可以去相同、相近、相关的领域去寻找启示，技术领域的区别并不构成创造性判断的绝对限制，仅是考查发明高度的因素之一。

技术领域的确定应当以权利要求所限定的内容为准。在通常情况下，应当根据专利的主题名称，结合技术方案所实现的技术功能、用途加以确定。一项专利或专利申请在国际专利分类表中的最低位置对其技术领域的确定具有参考作用。相近的技术领域一般指与专利产品功能以及具体用途相近的领域，相关的技术领域一般指专利与最接近的现有技术的区别技术特征所应用的功能领域。如果在现有技术已经给出明确的技术启示，促使本领域技术人员到相近或者相关的技术领域寻找有关技术手段的情形下，也可以考虑相近或者相关技术领域的现有技术。

8.1.2 技术问题

EPO上诉委员会判例法把解决的技术问题是否相同作为选择最接近的现有技术的一个重要考量标准：最接近的现有技术通常是与发明申请解决的技术问题相同，确定最接近的现有技术是一个客观活动，基于本领域技术人员对技术方案的客观比较而做出，现有技术中技术问题和技术特征的各个方面都影响着对最接近的现有技术的认定。作为评价一项发明是否具备创造性的起点的文件，需要考虑该文件是否与涉案专利/申请解决相同或相似的技术问题。

T 1203/97 涉及一种空调机组，包括：用于输送供应空气的管道（12），用于输送废气的管道（26），热交换器（16）和浇水装置（20）。对比文件1公开了一种空调单元，该空调单元包括用于输送供应空气（1）的管道、用于输送废气（2）的管道、连接供风风管和排气管的热交换器（3，12），供风管道和排气管道在热交换器中彼此连接，并且热交换器还包括排气通道系统，所述排气通道系统包括浇水装置（13，16）。对比文件3公开了一种通过两个连续的斜向板式换热器从排气气流热回收到供给气流的通风装置。EPO上诉委员会认为，该专利保护的空调机组是用于冷却供给空气和用于通风；虽然对比文件1公开的空调单元主要是用于冷却供给空气的，但在其说明书中公开了其也适用于通风换热；而对比文件3仅涉及通风换热，并未披露其可以冷却供给空气。因此，对比文件1比对比文件3更适合作为该专利最接近的现有技术。

EPO上诉委员会判例法还提到，用于评价创造性的最接近的现有技术通常是公开了相同的目的和构思或者与要求保护的发明具有相同目标并且通常具有最相关的技术特征的现有技术文件，此处的"目的"即我们所说的发明所要解决的技术问题。

T 1241/03 所涉案件中，权利要求请求保护一种在 2～8℃ 下能保存 6～18 个月的稳定的医药配制品溶液，含有人类生长激素以及 pH 为 5.5～7.0 的缓冲液、0.1%～1%（质量分数）的非离子型表面活性剂、中性盐和防腐剂，所述防腐剂是苯酚。所要解决的技术问题是提供一种稳定的液态人生长激素配制品。对比文件2公开了一种冻干的人类生长激素配制品，包含甘氨酸、甘露醇、pH 为 4～8 的缓冲液、0.001%～

2%（质量分数）的非离子型表面活性剂。对比文件 7 公开了一种稳定的蛋白质液态配制品，其与申请同样含有提供 pH 的缓冲液、0.1%～0.2%（质量分数）的非离子型表面活性剂、中性盐和防腐剂等，说明书中也提及类似人生长因子的成分也适用于该配方。通过对比可知，对比文件 7 所公开的配制品显然在组成上与该申请更为接近，然而 EPO 上诉委员会认为，对比文件 2 公开了一种可长期保存的冻干人类生长激素配制品，在其说明书的背景技术部分记载了由于人类生长激素的不稳定性和不耐储性，因此通常通过冻干的方式予以保存，且对比文件 2 还进一步提及本领域技术人员期望有一种在长期贮存时仍能保持人类生长激素的液体配制品，可见，该申请与对比文件 2 的发明目的相同，对比文件 2 更适于作为最接近的现有技术。

需要强调的是，EPO 上诉委员会判例法进一步认为，在确定最接近的现有技术时，对于该发明和现有技术的发明目的的考察不能仅局限于申请文件中所声称的目的进行主观选择，相反，应当将该发明和现有技术文件作为整体来考察。如果请求保护的发明实际上不能实现其所声称的目的，即无法解决其所声称的技术问题，则不能允许申请人有效"否决"那些基于无关目的的文件来反对申请创造性的意见。

如果现有技术与发明所要解决的技术问题无关，或者根本不存在该技术问题，同时也不是已经解决了该技术问题，则本领域技术人员在面对该现有技术时，并不知晓现有技术中存在怎样的技术问题，更不清楚改进的方向何在，其并不存在朝发明的方向改进该现有技术的动机和启示。则本领域技术人员一般很难以该现有技术作为起点进行改进，即技术问题的相关性应当作为选择最接近的现有技术的主要考虑因素。

EPO 上诉委员会判例法指出，在确定最接近的现有技术时，应避免事后之见。如果一份现有技术并未提及该发明的技术问题或者未提及与可以从该发明专利说明书中衍生出的技术问题有关的其他技术问题，无论它与该发明拥有多少个共同的技术特征，这样的文件通常也不应当作为该发明的最接近的现有技术。

T 325/93 所涉案件中，权利要求请求保护一种具有改善的抗冲击性的环氧树脂分散体，包含 78%～94.5%（质量分数）的可固化环氧树脂、5%～20%（质量分数）的 α,ω-聚二甲基硅氧烷（平均聚合度 30～400）、0.5%～2.0%（质量分数）分散剂，分散剂选自硅氧烷共聚物。对比文件 2 公开了一种环氧树脂组合物，其固化时表现出低的摩擦系数，形式为均匀分散体，包含（a）从 55%～95%（质量分数）的可固化环氧树脂组合物，（b）4%～35%（质量分数）的与环氧树脂不相容的流体润滑剂（黏度 20～20000000CS）和（c）1%～10%（质量分数）的分散剂，该分散剂为聚二甲基硅氧烷－聚氧化烯共聚物。可见，对比文件 2 公开了该申请的大部分特征。然而 EPO 上诉委员会认为，该申请所要解决的技术问题是提供具有改善的抗冲击性的环氧树脂分散体组合物，而对比文件 2 所要解决的技术问题则是提供具有低摩擦系数的环氧树脂分散体组合物，其通篇未涉及"改善的抗冲击性"，由于摩擦系数与冲击强度之间没有任何直接的定量关系，可见，对比文件 2 并未涉及该申请的技术问题，因此，对比文件 2 并不是达到该申请的合适的起点，其不能作为该申请最接近的现有技术。

类似地，T 835/00 涉及一种聚丙烯树脂膨胀颗粒，所要解决的问题是提供聚丙烯膨胀颗粒，从而将其用于制备膨胀成型产品，该产品具有均一的直径、良好的成型性和表面外观以及优异的物理性能（特别是能量吸收性能）。EPO 上诉委员会认为，对比文件 1 仅涉及开发具有高活性的催化剂体系以及制备具有广泛、双模或多模态分子量分布的聚烯烃的方法，并未提及与该发明有关的技术问题（即制备具有均一的直径、良好的成型性和表面外观以及优异的物理性能的膨胀成型产品），本领域技术人员不会将对比文件 1 视为达到该发明的合适起点。

如果选取的最接近的现有技术实际解决的技术问题与发明声称要解决的技术问题相同，则创造性的判断实际上是还原发明创造的过程，即说明现有技术已经给出了解决申请人在发明创造过程中所遇到的技术问题的技术启示，该技术问题的解决无须付出创造性劳动。

如果现有技术中虽然存在与该申请相同的技术问题，然而该现有技术采用了其他技术手段解决了该技术问题，即现有技术与该发明的技术方案平行，它们各自为一相同或相似的发明目的采用了不同的技术手段，且该技术手段均不是本领域为了解决该技术问题所熟知的技术手段，若以该现有技术作为改进的起点，其会驱使本领域技术人员朝着与该申请不同的方向进行改进，则这样的现有技术不适宜作为最接近的现有技术来评判创造性。

8.1.3　用途/效果/功能

EPO 上诉委员会判例法认为，不能仅凭产品的组成具有相似性，就认为某个文件是一项发明的最接近的现有技术；该文件还必须描述其针对该发明的预期用途的适用性。也就是说，只是因为产品组分相同的现有技术并不一定就是发明的最接近的现有技术，它对是否适合发明的预期用途也应当有相关的描述。

T 606/89 所涉案件中，权利要求保护一种颗粒洗涤剂组合物，该洗涤剂组合物在低温下是稳定的，且不形成胶体。对比文件 3 公开了一种低发泡洗涤剂组合物，包括表面活性剂、有机和/或无机助洗剂和聚甘油和环氧丙烷的水不溶性加成产物。对比文件 6 公开了一种洗涤剂组合物，并披露了所述 10%～20%（质量分数）的洗涤剂水溶液没有发生相分离或固体沉积的倾向。EPO 上诉委员会认为，对比文件 3 中用作泡沫抑制剂的聚甘油和环氧丙烷的加成产物不溶于水，这一事实将导致该洗涤剂组合物并不适用于制备任何不产生浑浊和/或相分离的储备溶液；而根据对比文件 6 的记载可知，由该洗涤剂水溶液制备而成的浓缩溶液，与该申请同样也不存在低温下发生凝胶现象的倾向。可见，对比文件 6 与该申请具有相同的用途，都涉及在低温下稳定且不发生凝胶现象的浓缩储备溶液，因此，对比文件 6 比对比文件 3 更适合作为该申请最接近的现有技术。

EPO 上诉委员会判例法还进一步认为，用于客观判断创造性的最接近的现有技术通常是具有相似用途的现有技术，同时要求其在最小限度上进行结构和功能的修改。

T 834/91 所涉案件中，权利要求请求保护一种具有通式结构的水溶性季铵含氮多糖，包含 50～20000 个糖基，该多糖在水溶液中具有增强的黏度、发泡和表面张力降低的性能，将其用于个人护理品（如洗发水）中时可以达到理想的平衡效果。对比文件 3 公开了一种含有脂肪烃基的季铵基团改性的淀粉，经黏度推算，其淀粉的重复单元数在 50 以上，所述的改性淀粉具有杀菌活性并且可用于个人护理和美容应用，可用作洗发水的微生物添加剂以及洗发水的活性成分。现有技术对比文件 4 公开了一种经三步制备得到的羟基烷基氨基糖苷，其包含最多 21 个糖基，该糖苷作为表面活性剂。EPO 上诉委员会认为，从结构上来讲，对比文件 3 的改性淀粉已落入该申请的大范围内，由对比文件 3 到达该申请所需要的改进仅仅是将对比文件 3 的改性淀粉扩展到本领域广泛的多糖范畴；而对比文件 4 公开的糖苷比该申请的多糖要少至少 29 个糖基，由对比文件 4 到达该申请需要对其结构进行非显而易见的改进（如大量增加糖基数量）。从用途来讲，虽然对比文件 3 没有明确提及黏度、发泡和表面张力这三个参数，但对于本领域技术人员而言，对比文件 3 的改性淀粉既然可以作为洗发水，这就隐含了它必然具有适宜的黏度、发泡和表面张力性能。对比文件 4 披露了所述的糖苷作为表面活性剂具有生物降解性、水和碱的溶解性以及发泡稳定性。可见，在对比文件 3 和对比文件 4 与该申请都具有相似的用途（洗涤剂/表面活性剂）的前提下，对比文件 3 到达该申请所需要进行的结构改进最小，因此，对比文件 3 被认为是该申请最接近的现有技术。

8.1.4 发明构思

EPO 上诉委员会判例法提出，最接近的现有技术应当是可供本领域技术人员使用的、通向发明的"最有希望的跳板"。

T 53/08 涉及一种用于保护谷类作物对除草剂（A）的植物毒性副作用的方法，其特征在于将有效量的异噁唑啉衍生物作为安全剂（B），所述除草剂（A）是式（A1）或其盐。对比文件 1 公开了除草剂（A1）与其他活性成分的组合物，其未披露该发明的安全剂（B）。现有技术对比文件 10 公开了含有异噁唑啉衍生物作为安全剂的组合物，该异噁唑啉衍生物（B1）与该发明的安全剂（B）的通式重叠，且对比文件 10 还公开了除草剂和安全剂（B1）的组合，但该除草剂与该发明的除草剂（A1）不同。此时，对比文件 1、对比文件 10 与该发明的技术方案相比都只有一个区别特征。然而，EPO 上诉委员会认为，考虑到该发明的目的是开发具有高效除草活性的除草剂（A1），使得以有效浓度施用时其不会对农作物有明显的毒性或副作用，而对比文件 1 已经揭示了将式（A1）用作除草剂，但对比文件 10 关注的只是进一步开发安全剂，即对比文件 10 与该发明的目的不同。因此，本领域技术人员通常会选择披露了除草剂活性成分（A1）的对比文件 1 作为发明的起点，而不会选择仅披露了安全剂的对比文件 10 作为发明的起点，因为，从对比文件 1 出发到达该发明的主题是最显而易见的，对比文件 1 为最有希望的跳板。

T 1755/07 涉及一种聚合物膜，包括聚酯薄膜基材和基材表面的热封层，所述聚酯薄膜基材包含 0.1%～10%（质量分数）的至少一种羟基苯基三嗪类 UV 吸收剂，其通过加入 UV 吸收剂来提高聚合物对紫外光的稳定性，而现有的某些 UV 吸收剂往往具有相对较高的挥发性和/或热降解性，从而会导致吸收效率降低。EPO 上诉委员会认为，对比文件 3 披露了使用 UV 吸收剂可使聚合物对紫外光具有高度抵抗性，即使在室外使用时，也能长期保持它们的机械性能和颜色，所述待稳定的聚合物包括聚酯。对比文件 6 公开了使用 TINUVIN 1577 ®（一种羟基苯基三嗪）作为 UV 吸收剂，其具有非常低的挥发性和与各种聚合物的良好相容性，并且对比文件 6 还证明了使用羟基苯基三嗪比其他 UV 吸收剂（苯并三唑类）具有更好的效果。可见，对比文件 3 和对比文件 6 均披露了使用羟基苯基三嗪作为 UV 吸收剂来稳定热塑性聚合物，使其免受光、氧和热的损害，即对比文件 3、对比文件 6 和该发明具有相同的构思并且都公开了该发明中最相关的技术特征，因而它们都可以视为到达该发明的最有希望的跳板。

可见，EPO 上诉委员会判例法在选取通向发明的"最有希望的跳板"时，其同样也是优先选择与要求保护的发明的发明构思相同或相近的现有技术作为最接近的现有技术，而具有相同的发明目的则是考量发明构思是否相同的重要参考指标。

从理论上说，最接近的现有技术通常应当只有一项，但是，实践中由于对现有技术掌握的全面程度不同，对发明构思和现有技术构思的认识深入程度不同，也包括可能存在到达发明的不同技术改进路径，判断者选择最接近的现有技术可能存在差异。当判断者选择的现有技术改进路径无法到达发明，并不意味着发明一定具备创造性，此时可能的原因是重构发明的路径并非最优。

8.1.5 陈旧文献

原则上，任何属于现有技术的文件均可以作为最接近的现有技术的候选。但是，EPO 上诉委员会判例法认为，在某些情况下，一些文件可能并非适合作为实际可行的出发点，因为该文件涉及的是过时的技术，且/或与众所周知的缺点有关，以至于本领域技术人员甚至不会考虑对该文件进行改进。

T 1000/92 所涉案件中，权利要求请求保护一种制备双酚的方法，其所要解决的技术问题是如何减少由于使用酸性离子交换树脂而产生的副产物环状二聚体，其采用的技术手段是分阶段的添加硫醇助催化剂并使用较低的反应温度。审查部门认为，对比文件 1 公开了在无机酸催化剂和硫醇助催化剂的存在下制备双酚的方法，且其所要解决的技术问题也是提供一种制备较少副产物的双酚的方法。EPO 上诉委员会认为，一份文件被选作最接近的现有技术的前提是本领域技术人员必须有充分的理由将其选作进一步改进的起点。而对比文件 1 是在距该申请的优先权日约 30 年前公开的，其使用无机酸作为催化剂具有明显且广为人知的缺点（对设备存在腐蚀，需从无机酸中去除和回收硫醇助催化剂、未反应的苯酚及酮等），从而使得本领域技术人员不会试图将 30 多年前这一陈旧的方法选作进一步改进的起点。

T 334/92 所涉案件中，权利要求请求保护一种 1,4-苯并二氧六环衍生物，该化合物具有血管舒张和降血压活性，可用于治疗心绞痛。对比文件 1 是一篇早在该申请优先权日之前的 20 年就已公开的专利文献，其公开了一种类似的可用于治疗心力衰竭的 1,4-苯并二氧六环衍生物。EPO 上诉委员会认为，该申请想要解决的技术问题是提供一种与已知药物 NG 和 ISDN（NG 和 ISDN 是在该申请优先权日前治疗心绞痛的标准药物）相比具有改善的心绞痛治疗活性的化合物，同时毒性较小。从说明书记载的药理学和毒理学试验数据可知，该申请确实解决了该技术问题。对比文件 1 作为一份被相关领域的技术人员忽视达 20 年以上的文件在此期间内从未被人用作进一步改进的基础，并且该文件对于治疗活性的适用范围只字未提，该文件甚至根本没有提及当时相关的现有技术水平，因此，本领域技术人员看到该文件后不会认为其相对于当时的现有技术水平具有任何的优势，在这种情况下将对比文件 1 作为该申请最接近的现有技术是完全不现实的，因为本领域技术人员不会想到将这样一组完全不为人所知的陈旧化合物作为改进的起点以期获得比标准药物活性更高的新化合物。

T 964/92 所涉案件是 T 334/92 所涉案件的分案申请，其同样请求保护一种可治疗心绞痛的 1,4-苯并二氧六环衍生物。EPO 上诉委员会认为，在 T 334/92 中，有证据表明其请求保护的化合物相对于标准药物 NG 和 ISDN 具有更高的药学活性，因此，T 334/92 所解决的技术问题被认为是提供具有改善的心绞痛治疗活性的化合物，同时毒性较小。基于该情形，本领域技术人员不会将对比文件 1 视为为解决该技术问题的现实出发点。与之相反，在该案中，对于上诉人所声称的该申请显示出"改进的"药学活性，由于缺乏证据的支持，因而不能认可这一目的已实现，据此，本领域技术人员所要寻求的仅仅是一种用于治疗心力衰竭的已知化合物的替代品，这时，任何属于现有技术并且已知具有心力衰竭治疗活性的化合物或药物组合物，本领域技术人员都会将其视为进一步改进的出发点，在这种情形下，现有技术文件向公众披露的时间的长短已经无足轻重了，即文件的新旧本身不能作为排除该文件成为最接近的现有技术和判断创造性出发点的理由。考虑到对比文件 1 公开了与该申请结构高度相似的化合物，其同样用于治疗心力衰竭，因此，对比文件 1 可被视为该申请最接近的现有技术。

8.1.6　最接近的现有技术的推测性

EPO 上诉委员会判例法认为，如果现有技术文件所披露的内容仅为推测性评价，则这样的文件客观上不能作为通向请求保护的发明的现实可行的起点。

T 1764/09 涉及一种适用于隐形眼镜或眼内透镜的变焦透镜，根据电润湿的物理现象，通过控制电极上的电压，改变两个不混溶流体之间流体半月板的曲率，从而改变其焦距。对比文件 1 公开了一种适用于隐形眼镜或人工镜头的可变焦距镜片，其焦距可以随电变化。EPO 上诉委员会认为，对比文件 1 所公开的内容是否真的可以使本领域的技术人员用于制造适合于隐形眼镜或眼内透镜的可变焦距透镜是值得怀疑的，因为如同其标题"关于眼内透镜的自适应性光学系统的可能性"所反映出来的那样，对比文件 1 并没有披露适用于隐形眼镜或眼内透镜的可变焦透镜是如何实现的具体技术手段，它不过是对未来存在的潜在可能性进行了推测，故其结论为"似乎有可能开发出一种无线控制的隐形眼镜或眼部植入物"，基于上述原因，对比文件 1 客观上不能作为通向请求保护的发明的切实可行的起点或最有希望的跳板。

T 184/10 所涉案件中，权利要求保护一种包含胰岛素敏感性增强剂吡格列酮或其药学上可接受的盐的药物与二甲双胍的组合物。对比文件 14 公开了将噻唑烷二酮（选自环格列酮、吡格列酮、恩格列酮和曲格列酮）与第二活性剂（选自磺酰脲、二甲双胍）的组合治疗非胰岛素依赖型糖尿病。EPO 上诉委员会认为，虽然在对比文件 14 中关于"非胰岛素依赖型糖尿病治疗的未来趋势"一段中提到："作为胰岛素增敏剂的化合物有望在非胰岛素依赖型糖尿病的治疗中发挥重要作用""这类药物可能以噻唑烷二酮类药物这种方式发挥作用""令人关注的是推测噻唑烷二酮类药物未来可能发挥的作用""噻唑烷二酮类药物更有可能在联合治疗中发挥作用"。这些内容乍一看会让人产生其关于噻唑烷二酮类药物及其联合治疗纯属推测的结论。然而，在对比文件 14 中还披露了：当时关于噻唑烷二酮（特别是西格列酮，吡格列酮和恩格列酮）在 NIDDM 患者中的人体试验已在进行中，并且关于动物试验及其作用机制的进一步数据也可以从其动物模型中获得。基于这些实验数据以及本领域的公知常识可以认定，对比文件 14 所做出的上述预测和展望是基于当时所掌握的实验数据所作出的，其并非凭空推测，本领域技术人员不会将其视为是单纯的推测行为而拒绝考虑它；相反，本领域技术人员会认为这是为解释现有技术的状况而进行的严肃尝试，因此，对比文件 14 的内容满足最接近的现有技术的要求。

8.1.7 保密的现有技术

EPO 上诉委员会判例法认为，如果一项现有技术属于仅限于公司内部成员才能知晓的内部现有技术，若其优先权日之前处于保密状态从而无法为公众获知，则这样的文件不能作为评价创造性的起点。

T 211/06 所涉案件中，权利要求 1 请求保护一种处理单元结构（1）以加载催化组分的方法。在其说明书背景技术部分记载了制备催化转化器的方法：当催化组分被加载到单元结构中时，其加载量根据单元结构的质量而变化。通常，单元结构的质量需要预先测量并且基于质量将单元结构分成几类，并且通过调节所加载的催化组分的量以便控制催化组分加载之后每一类的质量使得其成为固定值。但是，由于单元结构的质量即使在同一类别的质量范围内也有一定的变化，因此，如果在单个单元结构上进行监测，那么催化成分的加载量会存在一定的差异。审查部门以该申请背景技术所记载的技术内容（以下称作 A1）作为发明的起点认为该申请不具备创造性。EPO 上诉委员会认为：该申请属于 PCT 申请，PCT 第 5 条所规定的"背景技术"是指优先权日之前公开的现有技术，其并不包含仅限于公司内部成员才能知晓的内部现有技术。从上诉人提交的声明可知，该申请背景技术所记载的内容（A1）属于催化剂制造商和汽车制造商之间的保密信息，在该申请的优先权日之前，这些内容处于不为公众所知的保密状态。可见背景技术 A1 属于仅限于申请人知晓但在优先权日之前并未为公众所知的技术信息，即 A1 属于公司内部成员才能知晓的内部现有技术，因此，A1 不能作为评价该申请创造性的最接近的现有技术。

8.2 权利要求的解释

正确认定权利要求保护范围是专利申请授权、确权以及保护的基础，由此需要对权利要求中的用语和概念进行解释。权利要求的解释即确定权利要求的含义、界定权利要求保护范围的过程，这一过程应当包括对权利要求的含义进行"理解、澄清和特殊情况下的修正"。

8.2.1 以权利要求的内容为准

EPC 第 84 条规定：权利要求书应当限定请求保护的内容。EPO 上诉委员会判例法认为：权利要求是对技术方案的表达，本领域技术人员在解释权利要求时应当排除技术上不合逻辑或没有意义的解释，应避免机械地字面理解从而导致产生不合逻辑的、脱离技术意义的解释。

尽管 EPO 上诉委员会判例法中指出：本领域技术人员应当秉承"愿意理解的心态"，而不是"期望误解的心态"来解释权利要求，即应当以善意建设性（即建立而非推翻）进行解释。但这只能理解为应当排除技术上不合理的解释，并不是说要求对广义的术语进行更狭义地限缩性解释。在确定权利要求的保护范围时，要以在权利要求中记载或可明确推断出的技术特征为基础，不能读入仅依据说明书和附图的限制性特征。说明书不能用来重写权利要求，也不能按不以权利要求本身的措辞为依据的方式重新定义权利要求中的技术特征。仅限于基于本领域技术人员的普通技术知识能够明确获知的内容，才能将权利要求解释为限于特定的示例方式，否则，权利要求中的术语应解释为所有符合技术逻辑的含义。在界定发明与现有技术的区别时也应只考虑在权利要求中记载或可明确推断出的技术特征，如果权利要求措辞本身限定的主题不能明确区分于现有技术，则该权利要求不具备新颖性。

T 380/01 所涉案件中，权利要求 1 保护机械洗碗机中洗涤烹饪器具的方法，其包括：第一洗涤处理操作（"洗涤 A"），其中烹饪器具在机械洗碗机中洗涤，采用将多种不同的清洁组合物分配在各自独立的容器中而得到的洗涤液中进行洗涤，其中每个组合物包括至少 50%（质量分数）的盐，和第二次洗涤处理操作（"洗涤 B"），其他大量烹饪器具在机械洗碗机中洗涤，采用仅分散一种清洁组合物获得的洗涤液洗涤。上诉人认为，尽管"洗涤 A"和"洗涤 B"出现在同一权利要求中，但它们是完全独立的，因此不会形成"技术整体"。但答复者则认为"洗涤 A"和"洗涤 B"代表了一个多步洗涤方法的两个步骤。EPO 上诉委员会认为，在一般化学领域，特别是化学操作方法领域，多步骤的过程或方法本质上其特征在于，每个中间步骤产生至少一种"中间产物"（不仅可为这一步骤中形成的主产物，还可为副产品，或某种形式的能量或物质状态等），其用于后续步骤，从而形成始于原材料，并终于最后一步终产品的连续链。在该案中，"洗涤 A"和"洗涤 B"是针对不同的烹饪用具，"洗涤 A"未产生任何可能的产品可用于后续的"洗涤 B"，反之亦然。此外，这两种洗涤处理操作在其他各个方面也不存在技术上的关联。权利要求 1 中既未限定"洗涤 A"和"洗涤 B"发生的时间间隔，也未限定其必须发生在同一地点，或使用相同的机械洗碗机或具有装有不同清洁组合物的多个单独容器的同一套设备中，即"洗涤 A"对"洗涤 B"没有任何技术影响，反之亦然。因此，"洗涤 A"和"洗涤 B"，虽然语言上关联在一起，但其不可能形成单一的多步骤清洗方法或"技术整体"，权利要求 1 只是列举了两个完全独立的清洗方法，而没有任何技术联系。

T 1018/02 涉及一种电信系统，其争议的焦点在于如何理解权利要求 1 中出现的术语"信息"。上诉人认为根据说明书实施例及附图的记载，它指的是与写入命令相关的数据，EPO 上诉委员会则认为，该术语足够清楚，在本领域具有通常含义，即"使用嵌入式 SMS 发送的任何命令"，其对权利要求请求保护的系统作出了明确的限定，且该含义与其从属权利要求中的限定一致。因此，应当按更宽泛的方式来理解"信息"。

T 1208/97 所涉案件中，权利要求 1 是一项针对枯草杆菌蛋白酶类似物的产品权利要求，该类似物具有由天然存在的枯草杆菌蛋白酶氨基酸序列改性后得到的氨基酸序列（a）和（b）。该权利要求未限定哪些天然存在的枯草杆菌蛋白酶氨基酸序列作为改性的起始点。如果以现有技术已知的枯草杆菌蛋白酶 BPN′ 作为改性起点，则现有技术已知的枯草杆菌蛋白酶 Carlsberg 和 DY 都落入了权利要求 1 的范围内。上诉人认为已知的枯草杆菌蛋白酶不能破坏权利要求 1 的新颖性，因为该申请说明书明确指出该发明不涉及已知的枯草杆菌蛋白酶，而且实施例中获得的枯草杆菌蛋白酶不为天然产物。此外，权利要求 1 本身采用了措辞"改性天然存在的枯草杆菌蛋白酶"，这必然意味着改性后获得的结构不为天然产物。再者，权利要求 1 中限定的是枯草杆菌蛋白酶"类似物"，这一术语可将请求保护的产品与天然产物区分开来。而且，在判断新颖性时，应考虑侵权问题。已知的枯草杆菌蛋白酶对于权利要求 1 不构成侵权，因而也不会破坏其新颖性。EPO 上诉委员会则认为，判断新颖性和判断是否侵权两者不相关。在该案中，需确定权利要求中措辞本身，是否能够明确区分其请求保护的枯草杆菌蛋白酶类似物与现有技术中已知的枯草杆菌蛋白酶 Carlsberg 和 DY。权利要求 1 是一种产品要求，具有相同特征的已知产品影响权利要求的新颖性。术语"类似物"本身不足以区分在权利要求请求保护的产品与天然产物，因为其仅仅表明权利要求请求保护的枯草杆菌蛋白酶与已知的枯草杆菌蛋白酶在某种程度上类似。类似物也可天然存在。因此，枯草杆菌蛋白酶 Carlsberg 和 DY 破坏了权利要求 1 的新颖性。

T 223/05 涉及酪氨酸激酶的不可逆抑制剂，其权利要求 18 保护式Ⅱ化合物

$$NH-(CH)_P \quad R^6 \quad E^1 \quad E^2 \quad E^3$$

，其中，Q 为 $X \underset{Y}{\overset{N}{\bigcirc}} \overset{N}{N}$、$\overset{N}{\bigcirc} \overset{N}{N}$、$X \overset{N}{\bigcirc} \overset{N}{N}$ 或 $X \overset{N}{\bigcirc} \overset{N}{N}$，X

为—D—E—F—，Y 为—SR₄、—OR₄、—NHR₃ 或氢，或者 X 为—SR₄、—OR₄、—NHR₃ 或氢，Y 为—D—E—F—。该权利要求未限定当 Y 不存在时 X 的定义（Q 为第 2～4 种结构时）。该案的焦点在于：如何理解权利要求 18 限定的范围进而判断对比文件 3 是否可破坏其新颖性。EPO 上诉委员会认为，从权利要求 18 的措辞来看，上诉人提出的 X 的定义仅针对当 Y 存在时的情况，未给出 Y 不存在时 X 的定义。将仅在说明书中出现的 X 的特定含义读入权利要求 18 中，然后依据该特征来区别于现有技术，这种解释是不合理的。权利要求 18 中当 Q 为第 2～4 个结构时的化合物包含 X 作为取代基。事实上，X 不能不存在，否则分子不完整。在未定义 X 的情况下，唯一的结论是，它可以是对本领域技术人员来说存在技术意义的任何基团。因此，对比文件 3 公开的化合物破坏了权利要求 18 的新颖性。

T 1408/04 所涉案件中，原始权利要求 1 请求保护一种吸收装置，其包括可渗透液体的顶板、不透液体的背板和吸收核，背板连接至所述的顶板，吸收核位于所述的背板和顶板之间。在之后的审查过程中，申请人在原始权利要求 1 中引入术语进一步限制了"背板"和"顶板"的位置，即"设备顶部表面为可液体渗透的顶板，设备的相对表面为不透液体的背板"。该案的争议焦点之一在于如何理解权利要求 1 中的特征"顶板"和"背板"进而判断上述修改是否超出了原申请文件的记载范围。EPO 上诉委员会认为，上述限定后的术语在原始申请文件中并没有记载，说明书也仅公开了组件顶板、背板"可以任何合适的方式组装"，尽管说明书附图公开了一种吸收装置具有形成顶部表面的顶板和形成相对表面的背板，但其中的顶层和背板仅以一种特定形式存在，两者以特定的连接关系连接。从技术上来看，原始权利要求 1 可解释为其涵盖了非常广泛的可能性，而不限于任何特定类型的组装方式。因此，修改后的权利要求 1 是从原始权利要求 1 限定的顶板/背板结构的宽泛范围内做出了具体的选择。术语"背板"和"顶板"具有比上诉人设想的更广泛的技术解释，上诉人也没有提供任何证据表明其所指的含义是"背板"和"顶板"这两个术语的唯一的技术逻辑解释。因此，该修改超出了原申请文件的记载范围。

T 121/89 所涉案件中，权利要求 1 保护一种延迟雷管。对于如何理解权利要求 1，EPO 上诉委员会认为，在权利要求 1 没有明确限定的情况下，权利要求 1 的主题不应限于在说明书中用作示例的延迟雷管类型（冲击驱动或电雷管）。同样地，说明书中记载了该发明提供一种雷管的改进"适应于电驱动或施加在雷管上的撞击力驱动……"，其不应解释为该发明对此类雷管的限制，而应解释为表明该发明提供的改进在所述延迟雷管中特别显著。对于权利要求 1 中"炸药"的含义，由于在权利要求中没有更具体的定义，其不应被视为排除爆炸性气体成分。

T 1092/01 所涉案件中，权利要求 1 保护一种将叶黄素异构成玉米黄质的方法。专利权人认为，尽管对比文件 2 或对比文件 3 中披露了类似的工艺，但其是在表面活性剂或乳化剂存在的情况下进行的，且该专利说明书记载了该方法"在控制的条件下，不需要溶剂的存在下，用强碱性水溶液非催化水相下"发生，而对比文件 2 或对比文件 3 披露的工艺中存在溶剂。EPO 上诉委员会则认为，尽管在诉专利说明书记载了该方法"在控制的条件下，不需要溶剂的存在下，用强碱性水溶液非催化水相下"发生，但权利要求 1 中仅采用了以下技术特征进行限定：叶黄素反应底物，如万寿菊花或黄玉米等，在控制条件下于强碱性水溶液中反应。对于对比文件 2 或对比文件 3 公开的表面活性剂或乳化剂，权利要求 1 为开放性权利要求，没有明确界定反应是在没有任何这些物质的情况下发生的。因此，权利要求 1 应被解释为不排除上述物质的存在。

T 681/01 涉及处理过的织物材料、其处理方法和包含这种材料的窗户覆盖产品，权利要求 1 保护一种织物材料。上诉人主张权利要求 1 的限缩结构，认为其请求保护的织物材料应排除在整个表面两侧没有基本相同的单一颜色的情况，其依据在于：权利要求中存在特征"所述织物的第二侧与第一侧具有基本相同的颜色"，说明书中提及了在褶皱百叶窗和滚轴帘中的可能用途，另外，在权利要求中隐含地包括了关于热－光反射的功能限制。EPO 上诉委员会则认为，该权利要求未限定其保护的织物材料必须适用于任何特定用途，权利要求 1 限定了具有第一侧面的第一整理剂和第二侧面的第二整理剂，其包括了第一和第二整理剂完全覆盖了其各自的侧面以及仅部分覆盖了其各自侧面的技术方案，这一宽泛性措辞包括了仅用于装饰目的的整理剂；该权利要求也未载明任何有关热－光反射特性的技术特征，因此，不能将与热－光反射有关的特征读入权利要求中。另外，上诉人依据说明书中记载的使用刀涂层或丝网印刷装置来施加颜料的实施例，主张将多色情况排除在外。EPO 上诉委员会认为，未发现任何排除多色的情况的意图，也未找到任何技术层面的理由支持以将排除多色情况的技术特征读入权利要求 1。

8.2.2 说明书和附图对权利要求的解释作用

EPO 上诉委员会判例法指出：解释任何文件以及文件某特定部分时，只有基于将文件作为一个整体考虑进行解释才是合理的，这是公认的法律解释原则。为理解专利文件中使用的术语的含义，本领域技术人员也不会仅仅考虑字面意思，而脱离文件的其余部分。相反，会结合整个文件的上下文内容。因此，本领域技术人员需根据专利申请的全部内容，综合考虑发明的技术手段、技术效果等来解释术语。专利文件可以是自己的词典。尽管专利文件中使用的术语通常应当被赋予相关领域中的普通含义，但如果在说明书中给出了该术语的定义，那么权利要求的措辞中即使本身清楚、在本领域具有通常含义的术语也可能具有不同于通常含义的含义。这意味着无论权利要求中的一个术语的清晰度如何，都必须在整个专利的框架内阅读和理解该术语，而不仅限于对于权利要求中本身不够清楚，或者考虑到技术特征导致的技术效果而被认定为技术含义不明确的术语。需要特别指出的是，如果说明书中明确指出某特征是实现该发明的必要特征，且从说明书整体来看确实如此，则尽管权利要求字面意思上并未限定该特征，该权利要求也应当按包括该特征进行解释。

在 T 556/02 中，针对"若授权后的权利要求中某特征在权利要求中没有特别限定，是否可允许根据第 EPC 第 69（1）条解释该特征，使得其在评估新颖性和创造性时限缩于在说明书和附图中公开的具体实施方案"这一争议，EPO 上诉委员会明确指出，对于 EPC 第 69 条，它仅仅体现的是在整个 EPO 中适用的一般法律原则，即一个文件必须作为一个整体来解释。对在诉专利权利要求中的措辞的进行解释时，任何会导致与说明书中的教导相悖的解释都是不能被接受的。否则，在诉专利将被分割成完全分离的不同的部分，一方面是说明书和附图，另一方面是权利要求书等。根据 EPC 第 69 条引入说明书和附图来解释权利要求，其本身至少是上述一般原则的具体应用，即权利要求是专利文件一部分，需要根据专利文件的上下文进行解释。此外，对保护范围的解释仅仅是对权利要求措辞的解释的一个方面。没有合理的理由阻碍在评估新颖性和创造性时使用说明书和附图解释权利要求。另外，专利申请的权利要求是专利申请说明书中所披露的发明的具体实施例的概括，因此，它们不能孤立于说明书和附图进行解释。在一个已被授权的专利中没有理由孤立的理解一个权利要求，而不考虑专利文件给出的整体教导和/或说明书中给出的定义。还应强调的是，专利申请原始披露的教导是在申请文件提交时既已确定，并不会因为审查过程中引用的现有技术文献或基于最接近的现有技术确定的实际解决的技术问题而改变。事实上，即便基于新的最接近的现有技术而重新提出实际解决的技术问题，该专利申请原始披露的教导仍然存在。

T 1321/04 所涉案件中，权利要求 1 请求保护一种用于控制发动机排气系统的方法，其中包括步骤：将测得的氮氧化物浓度与氮氧化物浓度的预定值进行比较，得到比较信号，并根据所述比较信号修正闭环控制的空燃比，使氮氧化物浓度达到所述预定值。该案的争议焦点在于将"预定值"理解为固定值还是变量值。EPO 上诉委员会认为，权利要求 1 明确限定了将测得的氮氧化物浓度与氮氧化物浓度的"预定值"进行对比，这表明"预定值"不是基于氮氧化物浓度的当前测得值。若将"预定值"解释为固定值，则"预定值"是氮氧化物浓度的恒定目标值，测得的氮氧化物浓度与之比较，得到比较信号，并根据该信号修正空燃比，使氮氧化物浓度达到上述恒定目标值，从而使废气中的氮氧化物浓度不能超过目标值，进而精确控制氮氧化物的排放量，避免在瞬态操作条件下的氮氧化物的突然排放。在这种解释下的权利要求 1 的方法可实现说明书中描述的效果。因此，这种解释与说明书完全一致。若将"预定值"解释为瞬时检测条件所获得的变量值，则意味着比较的是测得的氮氧化物浓度的两个变量值，其无法实现反馈控制，进而不能精确控制氮氧化物的排放量。显然，这样的解释无法实现说明书中描述的效果，与说明书不一致，因此将被本领域技术人员排除。

在 T 416/87 所涉案件中，权利要求 1 请求保护一种苯乙烯-丁二烯嵌段共聚物，包括苯乙烯基含量为 10%～50%、丁二烯基含量为 25%～50% 的苯乙烯-丁二烯嵌段（嵌段 A）、苯乙烯基含量为 1%～30%、丁二烯基含量至少为 60% 的苯乙烯-丁二烯嵌段（嵌段 B）。上诉人认为，根据权利要求 1 措辞，苯乙烯含量的范围存在一定的重叠，嵌段（A）和（B）之间只存在丁二烯基含量上不同的唯一区别。EPO 上诉委员会认为，权利要求 1 的确切范围应根据 EPC 第 69（1）条及其议定书中所述的引入说明书来解释。在说明书中明确指出了共聚物的嵌段（A）和（B）需同时满足条件：苯乙烯含量和乙烯基含量上存在不同，并分析了该条件对于实现该发明的技术含义，该要求是该发明的首要要求。经过核实，从说明书整体来看确实如此。因此，尽管权利要求 1 字面意思上并未限定嵌段（A）和（B）苯乙烯含量存在不同，但该特征在权利要求 1 中隐含存在而不能被忽略。

T 121/89 涉及一种延迟雷管，权利要求 1 包括技术特征：一种松散的、粉状、火焰敏感的引火药（7）将所述延迟装药与所述点火装置分离，以产生更均匀的延迟时间，所述松散引火药（a）具有自由表面（20）。EPO 上诉委员会认为，对于权利要求 1 中的模糊术语"松散引火药"以及"自由表面"，在专利说明书中给出了"松散引火药"的定义，"松散"一词不仅意味着"未压缩"，而且还"轻轻加压"；根据说明书中关于"自由表面"表达方式，其应被解释为"开放表面""不受限""清除障碍物"，即在松散的引火药和点火装置之间存在自由空间。

在 T 287/97 所涉案件中，权利要求 1 请求保护一种聚酰胺酸复合材料，其包含至少一种选自聚酰胺酰亚胺、聚醚酰亚胺、聚醚砜、聚砜的高分子量的聚合分组分。该案的争议焦点在于权利要求 1 中的术语"高分子量"是否清楚地限定了请求保护的主题。EPO 上诉委员会认为，尽管权利要求 1 中"高分子量"未指明分子量的范围，但被诉申请说明书中有明确的指示，分子量超过 10000 的聚合物为"高分子量"聚合物，且针对上述解释也未发现存在自相矛盾的情况，因此，权利要求应根据说明书进行解释，本领域技术人员可以明确地理解术语"高分子量"，其清楚地限定了权利要求 1 请求保护的主题。

T 62/92 所涉案件中，权利要求 1 保护一种四冲程燃烧发动机，其中包括了术语"主入口通道"与"平行入口通道"。该案的焦点之一在于如何理解上述术语进而认定其是否被对比文件公开。EPO 上诉委员会认为，尽管对比文件中公开了类似的入口通道，但被诉专利权利要求 1 中上述术语对特定结构的发动机以及特定的电机运行模式做了限定，因此，这些术语的解释必须考虑到这种特定结构和运行模式的电机所产生的技术效果。根据说明书的记载，这种电机的目的是通过平行入口通道的作用，通过产生强烈的涡流作用来减少有害烟雾的排放；在零负荷和低负荷时平行入口通道单独起作用，而在高负荷和全负荷平行入口通道和主入口通道共同起作用。这些描述了主入口通道和平行入口通道的操作模式的特征应被认为隐含在权利要求 1 中。因此，权利要求 1 中的"主入口通道"与"平行入口通道"并未被对比文件公开。

8.2.3　站位本领域技术人员

在审查实践中，EPO 主张权利要求书中术语的含义和整个权利要求的最终含义的确定必须站位于本领域技术人员，即解释权利要求的主体是本领域技术人员。当双方当事人针对权利要求中的某技术特征存在争议时，应当站位于本领域技术人员，基于本领域技术人员的知识和能力在阅读专利文件后对权利要求的理解而对该技术特征作出解释。

在 T 1599/06 所涉案件中，权利要求 1 请求保护一种用于促进哺乳动物宿主对传染性病原体结核分歧杆菌的保护性免疫反应的疫苗接种剂，所述疫苗接种剂包括：从结核分歧杆菌的 30kDa 蛋白和 32kDa 蛋白组成的组中选择的至少一种纯化和分离的主要丰富的细胞外蛋白。该案的争议焦点在于如何理解权利要求 1 中的"包括"。经核实说明书和权利要求书等部分公开的内容，EPO 上诉委员会认为，本领域技术人员将从整个申请文件中获得如下信息：该申请的疫苗接种剂的具体特性是源于分离和纯化的结核分歧杆菌蛋白。基于此，本领域技术人员将认为，权利要求 1 中限定的疫苗接种剂由权利要求 1 中所述的分离和纯化的结核分歧杆菌蛋白构成，另外，这些蛋白质为其主要成分，作为活性成分存在。这一观点与说明书中相应的描述一致。因此，本领域技术人员不会认为仅仅包括少量 30kDa 或 32kDa 蛋白的、不能满足权利要求 1 的使用目的试剂也落入了权利要求 1 的范围。宽泛地解释"包括"，认为只要存在即可，在量上没有要求是不合理的。

8.2.4　方法/用途特征对产品权利要求保护范围的影响

EPO 上诉委员会判例法指出，采用制备方法限定的产品权利要求必须满足可专利性的要求，其与制备方法的可专利性无关；产品由其结构/组成决定，用途特征若对其结构/组成不存在限定作用，则并不能赋予该产品新的特征。

在 T 1208/97 所涉案件中，权利要求 1 请求保护一种枯草杆菌蛋白酶类似物，该枯草杆菌蛋白酶类似物具有由天然存在的枯草杆菌蛋白酶氨基酸序列改性后得到的氨基酸序列（a）和（b）。上诉人认为，根据 EPC 第 64（2）条，权利要求 1 作为方法限定的产品权利要求，其采用了方法特征（"被改性"），当该方法具备可专利性时其必然获得可专利性的产品。EPO 上诉委员会则认为，权利要求 1 尽管包括了方法特征（"被改性"），但其为一种产品权利要求，对包含特征（a）和（b）的物质赋予绝对的保护，具有相同特征的已知产品影响权利要求的新颖性。尽管存在 EPC 第 64（2）条，但具有新颖性和创造性的制备方法得到的产品并不一定具有新颖性和创造性，必须区分采用制备方法限定的、具备新颖性和创造性的产品权利要求和具备新颖性和创造性的方法权利要求。

在 T 932/99 所涉案件中，权利要求 1 请求保护"一种能从含氧气体混合物中分离氧气的膜，该膜包括致密层和平均孔隙半径小于 10 微米的多个多孔层……"。对于如何理解权利要求 1 中特征"能从含氧气体混合物中分离氧气"，EPO 上诉委员会认为，权利要求 1 请求保护的主题是产品，权利要求 1 未限定如何分离氧气，事实上，该膜本身不能分离任何气体，除非把它安装在一种具有分别用于盛装含氧气体和合适条件下能够被该膜分离得到的分离气体的装置的设备中。权利要求 1 也并未限定存在任何上述盛装装置，更不用说限定了这些盛装装置的气体分离设备以及适用的必要条件（如温度、压力梯度等），即权利要求 1 只定义了独立于气体分离设备之外的膜。上述特征仅仅用于限定权利要求 1 请求保护的膜的用途，并未对请求保护的膜的结构进行任何限定，也未对膜的实际使用方式进行任何限定。

8.2.5 用途特征对方法权利要求保护范围的影响

EPO 上诉委员会判例法指出：对于包含用途特征的权利要求，在通常情况下，评估新颖性时需要考虑该用途特征，但当权利要求表述为"用于 Y 用途的 X 的制备方法，包括步骤：……"，则该方法权利要求应当被解释为涵盖了制备 X 的"包括步骤：……"特定方法，不论 X 是否用于 Y 用途。因此，"用于 Y 用途"措辞不是作为一个区别技术特征存在，而仅仅是说明 X 可以用来做什么。如果该用途特征是已知手段带来的新效果，根据 EPC 第 54（2）条，在申请日之前公众无法通过任何方式获知该技术效果，则请求保护的发明是新的，即使这种技术效果可能在实施申请日之前已公开的技术方案的过程中实际上已经固有的发生。换句话说，如果新发现的技术效果可导致所属领域技术人员实施与在先已知手段不相关的新行为，则所述效果可以赋予请求保护该新行为（如方法或用途）的权利要求新颖性；否则不能认可新颖性。

T 51/93 涉及 HCG（人绒毛膜促性腺激素）的医药用途，权利要求 1 为：一种制造非药性持久的、用于皮下注射治疗不孕不育或男性性障碍药物的方法，包括将 HCG 与载体和/或稀释剂混合。该案的焦点在于如何认定用途特征"用于皮下注射"对方法权利要求 1 的限定作用。EPO 上诉委员会认为，对于上述特征，应将其视为仅仅是说明性描述，而不是能够使权利要求具备新颖性的限制性的技术特征。

T 1092/01 涉及异构叶黄素的方法，权利要求 1 保护一种将叶黄素异构成玉米黄质的方法。根据说明书的记载，其目的在于提供用于食品工业的颜料。对比文件 2 和对比文件 3 都公开了权利要求 1 特征部分的技术特征，但都未明确提到在反应过程中叶黄素异构成玉米黄质，即，对比文件未公开权利要求 1 中请求保护的方法的使用目的（即用途）。因此，被诉专利的权利要求 1 涉及已知的方法，该已知方法获得了先前未知的技术效果。EPO 上诉委员会认为，该案评价新颖性依赖于已知手段带来的新效果，关键在于本领域技术人员使用权利要求 1 的方法用于食品工业颜料的制备，该行为是否可从对比文件 2 或对比文件 3 获得教导。EPO 上诉委员会认为，对于被诉专利请求保护的方法，从其起始材料和方法步骤来看，只能达到生产食品工业颜料的最终目的。这一观点在被诉专利的整个说明书中也得到了确认。从对比文件 2 和对比文件 3 中本领域技术人员能够获得教导将其方法用于生产食品工业颜料，实施对比文件 2 或对比文件 3 的方法的过程中实质上能够实现异构化叶黄素为玉米黄素，该技术效果的发现没有指引本领域技术人员进行新的行为。因此，该技术效果不能赋予权利要求 1 新颖性。

在 T 706/95 所涉案件中，权利要求 1 保护降低来源于碳质燃料的燃烧的富氧流出物中氮氧化物的浓度的过程中用于维持低氨浓度的方法。对比文件 2 和对比文件 3 公开了用于降低富氧流出物中氮氧化物的浓度的方法，但未明确记载也未隐含公开该方法可以维持低氨浓度。EPO 上诉委员会认为，该案实质上是发现相同的已知手段会产生额外的效果（即降低废水中游离氨的含量），当被诉专利的方法与对比文件中的方法用于相同的已知用途（降低来源于含碳燃料的燃烧的富氧流出物中氮氧化物的浓度）时，上述额外效果不能赋予被诉专利的方法新颖性，因为所述实现手段和所述用途或目的都相同。

8.2.6　药品毒副作用、给药特征对权利要求保护范围的影响

在欧洲专利局的审查实践中，对于包含给药特征的制药用途权利要求的新颖性，考察的是该给药特征的限定是否导致该药物的应用构成了新的医学应用，即可以理解为对"制药过程"采取宽泛的解释方式。EPO 上诉委员会判例法指出，只要其中一个治疗特征（包括给药对象、给药方式）是新颖的，即可充分承认权利要求的整体医学用途的新颖性。

T 19/86 涉及一种疫苗，权利要求 1 为：活性减弱的奥耶茨基病毒在生产疫苗中的应用，该疫苗用于免疫母猪经鼻给药以预防奥耶茨基疾病。该发明教导的是，已知的疫苗对新的猪群体免疫母猪（血清阳性猪）是有效的。权利要求 1 实质上扩大了已知药物用于相同疾病的治疗，其针对相同物种的免疫学上不同的群体。根据既定判例，EPO 扩大上诉委员会认为，某种物质或组合物的制药用途，即便该药物是已知的，若该药物用于某种特定的、新的、并具有创造性的治疗应用，则也是可专利性的。但是上述判例中特定的、新的治疗应用都是针对不同于先前公开的疾病的治疗。该案的关键在于：疫苗对新的猪群体的应用是否可被视为基于 EPO 扩大上诉委员会既定判例中设定的原则中的、可以赋予权利要求新颖性的新的治疗应用。EPO 上诉委员会认为，应当宽泛理解上述原则。新的治疗用途不仅对新的疾病的治疗有价值，还对新的待治疗主体的治疗也存在价值。因此，新的治疗应用不应只包括新的适应证，还应考虑待治疗主体（该案中为新的猪群体）。如果未明确待治疗的主体，则治疗应用并不完整，只有同时公开了待治疗的疾病和主体才代表了完整的技术教导。而且本领域技术人员能够得知，血清阳性的仔猪迄今为止不能有效预防奥耶茨基病。现有技术中未公开向这种特定的动物群体通过鼻腔施用已知的血清来保护这种仔猪免受这种疾病的影响，因此，其构成了一种新的治疗应用。

T 51/93 涉及 HCG（人绒毛膜促性腺激素）的医药用途，权利要求 2 为：HCG 在制造非药性持久的，用于皮下注射治疗不孕不育或男性性障碍的药物中的应用。权利要求 2 与对比文件 4 的唯一区别在于：权利要求 2 限定了采用皮下注射的治疗方法。权

利要求 2 作为用途权利要求，其新颖性决定于其限定的医学用途，因此唯一的问题是药物的给药方式的不同是否可被视为一个新的医学用途。EPO 上诉委员会在 T 19/86 中指出，如果没有确定受试者，则药物治疗是不完整的，因此，新的医疗用途不仅包括新的适应证，还包括新的目标群体（如猪）。EPO 上诉委员会在 T 290/86 中指出，与现有技术相比，如果获得的技术效果是新的，且无法预期，则为进一步的医学应用。根据这些既定判例，EPO 上诉委员会认为只要其中一个治疗特征（包括给药方式）是新的，即可充分承认权利要求的整体医学用途的新颖性。给药方式可能是药物治疗改进的一个关键因素，且可与现有技术区分，发明的专利性可基于这种改进是否实质上具备新颖性和创造性来判断。综上，应当认可权利要求 2 相比对比文件 4 具备新颖性。

8.2.7　物理、化学参数对权利要求保护范围的影响

EPO 审查指南规定：如果已知产品与请求保护的产品除其参数外所有其他方面都相同，则首先要提出缺乏新颖性的反对意见；申请人承担声称该参数为区别特征的举证责任，若申请人不能提供证据以证明上述声称则应坚持不具备新颖性。

T 1764/06 涉及光催化剂及其制备方法，权利要求 1 请求保护一种包括氧化钛和在氧化钛表面上的氧化钛以外的金属化合物的光催化剂，其包含参数特征：所述光催化剂具有方程 i 计算得到的指数 X，$X = B/A$（i），其中 A 代表所述光催化剂的紫外—可见漫反射光谱中波长范围从 220～800nm 的吸光度积分值，B 表示所述光催化剂的紫外—可见漫反射光谱中波长范围从 400～800nm 的吸光度积分值，该指数大于或等于 0.2。对比文件 1 公开了一种光催化剂，其仅不具有上述参数特征。EPO 上诉委员会认为，该参数特征限定的指数在本领域不具有普通含义，也没有任何证据表明被诉申请与对比文件 1 中制备得到的光催化剂在钛负载量等结构和/或组成上存在区别。因此，权利要求 1 不具备新颖性。

8.2.8　纯化产品的权利要求

EPO 上诉委员会判例法指出：根据 EPC 第 54 条，公开了某低分子化合物和其生产方法的对比文件使本领域技术人员所需的所有纯度等级的该低分子化合物为公众所知，即小分子化合物的纯度特征并不能赋予该化合物新的特征，用纯度限定的已知化合物通常不具备新颖性（这可作为一般规则）。如果一方声称上述一般规则在特定情况下不适用，那么，其需承担举证责任以证明无法通过常规纯化方法实现特定纯度。另外，产物的纯度水平是权利要求中指明的制备方法的必然结果。而对于高分子化合物来说，无论在现有技术中常规方法是否能够成功获得所述纯度，首先应检查本领域技术人员是否有动机通过提纯方法获取声称的纯度。如果现有技术中不存在这样的动机，则请求保护的高分子化合物具备区别于现有技术的新的特征。

T 990/96 所涉案件中，权利要求 1 请求保护 (E)-D-3,5-二羟基-7-[3′-(4″-氟苯基)-1′-(1″-甲基乙基)-吲哚-2′-基]-6-庚烯酸，其中 D 异构体：L 异构体为 99.5：0.5 或更

高。对比文件 4 尽管公开了上述化合物，但未公开其特定纯度。对于新颖性的判断，EPO 上诉委员会认为，该案关键在于代表特定化学纯度的特征（D 异构体：L 异构体为 99.5∶0.5 或更高）是否赋予了"新元素"。而用纯度限定的已知化合物通常不具备新颖性，在请求人未提供相反证据的情况下，权利要求 1 相对于对比文件 4 不具备新颖性。

T 142/06 所涉案件中，权利要求 1 请求保护一种偏二氯乙烯基乳胶，基于乳胶中所有固体物质的总浓度（按重量计）其氯离子含量不高于 500ppm❶，该特定氯离子含量的乳胶可以改善由其制得的涂层的气体阻隔性能和雾度性能。对比文件 1 公开了一种偏二氯乙烯乳胶，未明确公开乳胶中氯离子含量。EPO 上诉委员会认为，尽管本领域技术人员可能能够通过常规提纯方法使乳胶达到要求的氯离子含量水平，但经过分析，现有技术中尚不存在将胶乳中氯离子含量降至很低水平，从而改善由该产品制得的涂层的气体阻隔性能和雾度性能的这一动机，因而无须考虑常规提纯方法能否达到要求的氯离子纯度水平。因此，权利要求 1 中相对于现有技术存在新的元素，其具备新颖性。由于现有技术未给出将胶乳中氯离子含量降至很低水平以改善由该产品制得的涂层的气体阻隔等性能的技术启示，因而具备创造性。

8.3 对比文件的事实认定

对比文件是客观存在的技术资料。引用对比文件判断发明或实用新型的创造性时，应当以对比文件公开的技术内容为准。准确认定对比文件公开的内容是判断创造性的重要环节。

8.3.1 整体考虑对比文件

EPO 上诉委员会判例法中，EPO 上诉委员会认为，解释任何文件（尤其是专利申请或专利）以确定其真正含义从而确定其公开内容时，一般法律规则是，每一部分都必须结合整个文件的上下文进行解释，而不能独立于文件的其他部分之外单独解释其中某一部分。当孤立地或仅从字面上来看，对比文件中的内容存在不同理解时，应当整体考虑对比文件，找出对比文件真正教导的内容，综合考虑对比文件中载明的发明目的、技术效果等得出合理解释，该合理解释不能与发明目的相违背，也不能与本领域的公知常识相矛盾，与之相悖的内容不构成现有技术公开的内容。

T 312/94 涉及一种通过选择性蚀刻含硅材料层制造半导体器件的方法，其争议焦点在于：对比文件 1 是否披露了使用溴化氢作为唯一活性蚀刻气体的等离子体。对比文件 1 公开了一种硅蚀刻工艺，在表 4 "总气体流量"的示例中公开了 "HBr、SCCM∶10−75" "SiF$_4$、SCCM∶0−10；Cl$_2$，SCCM∶0−15" 和 "O$_2$、SCCM∶0−10"。如

---

❶ 1ppm=$1×10^{-6}$ mol/L。

果孤立地按字面意思理解，这个例子可以被认为是公开单独使用 HBr 的一种可能性（即 SiF_4、Cl_2 和 O_2 中的每一个都取零值）。类似地，对比文件 1 表 1 也可认为公开了单独使用 HBr。但经 EPO 上诉委员会核实，对比文件 1 发明内容部分、摘要及权利要求中始终教导应使用活性气体混合物。EPO 上诉委员会认为，对比文件 1 的表 1 和表 4 必须结合对比文件 1 的其余部分来解释。在整体考虑对比文件 1 的基础上，很明显，表 1 中的气体 SiF_4 和 O_2 及表 4 中的 SiF_4、Cl_2 和 O_2 的零值的组合实际上并不属于对比文件 1 的技术教导的内容，即考虑到对比文件 1 的真正含义，其未披露使用溴化氢作为唯一活性蚀刻气体的等离子体。

T 969/92 涉及一种用于连接组织的外科紧固系统，其争议焦点在于如何理解对比文件 1 中权利要求 1 记载的技术特征："每个所述接收器通过至少一个联动装置连接到至少一个其他接收器上，使得所有接收器彼此连接以形成一个统一的装配件。"按字面意思，上述记载可理解为接收器间的每个连接由至少一个联动装置组成，也可理解为每个所述接收器可连接到其他至少一个接收器上从而整个装配件中存在至少一个联动装置。EPO 上诉委员会认为，对比文件 1 的所有实施例都清楚地表明，在所有情况下，每个接收器连接到一个或多个其他接收器，每个连接由单个联动装置构成。在对比文件 1 的文字表述和附图中，没有任何迹象表明两个相邻接收器之间的连接可以有多于一个的联动装置。事实上，对比文件 1 中联动装置的目的是将所有接收器彼此连接以形成一个统一的装配件，这一目的通过对比文件 1 中所公开的单联动装置连接完全能够实现。因此，综合对比文件 1 上下文，"整个装配件中存在至少一个联动装置"的理解是合理的。

T 56/87 涉及一种控制光线的发散光束的方法，权利要求 1 中包括技术特征"外电极的表面的剩余部分位于主准直器的阴影中"。该案的争议焦点在于对比文件 1 的图 1 是否公开了上述特征。EPO 上诉委员会认为，上述特征只能基于对比文件 1 的图 1 的表观尺寸获得，本领域技术人员能够立即意识到，对比文件 1 中图 1 所示的比例和尺寸根本不符合实际使用的已知设备的比例和尺寸，该图在电子束方向比例是经过缩小的。因此，本领域技术人员需要参考对比文件 1 中其他数字和文字描述来解释图 1。而结合对比文件 1 公开的内容，EPO 上诉委员会认定对比文件 1 的图 1 应当被解释为未公开上述特征。

8.3.2 对比文件隐含公开的内容

EPO 上诉委员会判例法指出：对比文件的公开内容取决于本领域技术人员基于其知识和能力在该对比文件的申请日/优先权日阅读该对比文件能够获得的技术信息，其既包括明确记载的，也包括隐含的技术信息；但是不能随意将对比文件的内容扩大或缩小。

T 1092/01 涉及异构叶黄素的方法，权利要求 1 中包含技术特征"将叶黄素异构成玉米黄质"，该案的焦点之一在于对比文件 2 或对比文件 3 是否公开了上述特征。EPO 上诉委员会认为，叶黄素与其异构体形式玉米黄质的转化在对比文件 2 和对比文件 3

中都没有明确提及，此外，没有证据表明对比文件 2 和对比文件 3 隐含公开了这种异构化反应。因此，基于对比文件 2 和对比文件 3 的公开内容，本领域技术人员无法获知叶黄素向玉米黄质的异构化。在后提交的能够证明存在上述异构化反应的证据不属于、也不能改变对比文件 2 和对比文件 3 的公开内容。

T 233/90 涉及一种磁记录介质，权利要求 1 中包括技术特征"磁性层在施加磁场时在载体上形成"，该案的争议焦点在于对比文件 1 是否公开了上述特征。经核实，对比文件 1 并未明确提及直接在涂覆操作后施加磁场以定向所述颗粒，但在说明书中记载了：磁性记录介质以"通常的方式"制备。对于对比文件 1 中提到的上述"通常的方式"，可以代表本领域普通技术知识的手册或百科全书表明，在对比文件 1 的优先权日之前，磁带的制造过程包括涂覆载体，且在涂覆后立即通过定向磁场引导的步骤使颗粒排列。因此，EPO 上诉委员会认为，在制备磁带时通过施加磁场对粒子进行定向属于对比文件 1 记载的"通常的方式"，而且综合考虑现有技术，目前也没有其他证据表明还存在相应的其他方式。因此，本领域技术人员能够认定"涂覆载体后通过施加磁场对粒子进行定向"是现有技术的唯一常规方式，对比文件 1 隐含公开了特征"磁性层在施加磁场时在载体上形成"。

8.3.3 对比文件中引证文件公开的内容

EPO 上诉委员会判例法中指出：引证文件中公开的内容是否属于对比文件公开的内容，取决于本领域技术人员在阅读对比文件时是否会结合引证文件中的内容并得出唯一、确切的信息。在一般情况下，对比文件中记载了具体出处（如相关段落），本领域技术人员能够直接、毫无疑义地确定相应的引用内容，或尽管没有记载具体出处，但也可以唯一确定相关引用内容（如对于发明内容中的一个化合物的制备，引证了在先的相应文件，从该在先文件中可以唯一确定该制备方法），即可结合。如果对比文件记载了其是针对现有技术的进一步改进，并给出了改进技术方案的详细信息，但仅采用了一般性的术语描述该现有技术而未给出其具体出处，则不允许将这些针对现有技术的一般性描述与仅为解释改进技术方案的特定描述相组合后的内容认定为对比文件公开的内容。即便本领域技术人员在阅读对比文件时会组合引证文件中的技术内容，而当存在多种组合方式时，其组合后得到的技术信息也不属于对比文件公开的内容。在审查实践中，正向认定需同时满足两个条件，第一，所属领域的技术人员在阅读该对比文件时能够直接、毫无疑义地结合引证文件中公开的技术内容，第二，结合后能得到唯一、明的技术内容。

在 T 291/85 所涉案件中，权利要求 1 保护一种三组分的共轭二烯聚合的催化剂，其中包括组分：一种稀土金属羧酸盐。对比文件 1b 也公开了一种二烯聚合的催化剂，其是以该文件提及的现有技术为起点进行的改进，但是未明确给出该现有技术的具体出处，改进后的催化剂包括组分（B）：金属配位化合物。该案的焦点之一在于，是否能够认定对比文件 1b 记载的组分"金属配位化合物"包含"稀土金属羧酸盐"。上诉人主张，对比文件 1b 提及的现有技术记载了现有技术中已有的相应催化剂，其包括组分：一种周期表中ⅢB族金属化合物。因为对比文件 1b 是针对其提及的现有技术进行的改进，因此对比文件 1b 中针对ⅢB族金属化合物列举的示例化合物（新癸酸钇）应当结合对比文件 1b 提及的现有技术中的一般描述进行理解，因而对比文件 1b 披露了"稀土金属羧酸盐"组分。EPO 上诉委员会则认为，对比文件 1b 记载的组分（B）的定义非常宽泛，涵盖了多种结构差别较大的金属化合物。本领域技术人员在阅读对比文件 1b 时，不会将其提及的现有技术中的ⅢB族的金属化合物理解为对比文件 1b 记载的稀土金属的三单羧酸盐，尤其是在其他部分记载的新癸酸钇。对比文件 1b 中其他关于现有技术的描述中也未记载将具体的稀土金属的三烷基乙酸盐用于催化二烯聚合。本领域技术人员从对比文件 1b 中无法获知其三组分二烯聚合催化剂包含稀土盐的催化剂的技术信息，当然也更无法获知该稀土盐进一步具体为稀土金属的三烷基乙酸盐。

T 610/95 涉及一种封闭性的多层敷料，该案的焦点之一在于，对比文件 2 是否公开了低分子量聚异丁烯作为黏合剂层中的黏合剂使用。上诉人主张，对于形成固化和吸收层的固化和吸收性均匀凝聚体的制备，对比文件 2 引用了三份美国专利说明书的全部内容，即 US3972328A、US3339546A 和 US4192785A，对比文件 2 中的引用具有可以将对比文件 2 中的内容与 US4192785A 中的特定部分结合的效力，US4192785A 记载了低分子量的聚异丁烯作为压敏黏合剂组分的黏合剂使用。EPO 上诉委员会则认为，对比文件 2 针对形成固化和吸收层的固化和吸收性均匀凝聚体的制备，引用了三份不同美国专利说明书的全部内容，并未指明哪份说明书优先；而且上述三份说明书对于用于制备具有不同组成的压敏黏合剂层的黏合剂，每一份都提供了多种不同的选择，因此，对比文件 2 对于上述三份不同美国专利说明书的引用属于一般性引用，未给出明确的具体引用信息，公众不能从对比文件 2 中直接、毫无疑义地获知使用低分子量聚异丁烯作为固化和吸收层中的黏合剂的技术信息。

8.3.4　对比文件中有缺陷的公开

EPO 上诉委员会判例法指出：对比文件公开的内容必须解读为本领域技术人员在其公开日阅读该对比文件时能够获知的内容，并且会忽略本领域技术人员能够明显识别出的错误信息（即对比文件中的任何明显错误均不会构成会妨碍专利授权的现有技术），但是，本领域技术人员不能识别出其为错误的技术信息应当被视为对比文件公开的内容。如果没有证据或理由认为对比文件的技术教导不完整或错误，或对所获得的结果产生怀疑，则一方当事人认为本领域技术人员会将额外的、但被记载的特征理解为对比文件技术教导中必然组成部分是不能接受的。在审查实践中，对于本领域技术人员可以明显识别的错误信息，欧洲专利局主张不认定为对比文件公开的内容，进而，若针对该错误信息，能够根据该对比文件记载的内容直接地、毫无疑义地将该错误进行修正，则修正后的内容为对比文件的公开内容。一方当事人主张存在错误，必须有足够的证据或理由。

T 410/99 涉及一种用于从含木质素的纤维素材料制备硫酸盐纸浆的过程，该案的争议焦点之一为，对比文件 9 是否公开了预处理加热步骤是通过使用黑液和白液的混合物来进行的。上诉人认为，根据对对比文件 9 记载的相关内容的理解，其暗示了在加热步骤中必须将白液与黑液一起加入；此外，上述人还主张如果仅用黑液进行热液装料，对比文件 9 图 8 中的曲线就必然不同，但未提供任何证据。EPO 上诉委员会则认为，对比文件 9 明确教导了，在热液装料过程中只使用黑液，热液装料结束后在单独的其他步骤中添加白液。而且，说明书其他部分证明了在热黑液装料期间不存在大量的白液，其与黑液和白液并非同时加入相互印证。上诉人提到的相关内容根本没有提到添加白液（本领域技术人员知晓添加白液会增加碱度），它的措辞也未暗指应当添加白液。因此，对比文件 9 中没有证据可以支持上诉人的主张。在没有任何证据的情况下，没有理由认为对比文件 9 记载的信息是错误的或不完整的，也没有理由认为图 8 的曲线能够证明同时添加了黑液和白液。上诉人还主张，对比文件 9 的工艺中涉及了其他步骤（尽管在对比文件 9 中没有记载），因此对于对比文件 9 本领域技术人员还存在其他可能的解释，例如，对比文件 9 图 5 中所示的温度与蒸煮器中实际存在的温度之间没有直接联系，因为蒸煮器中可能使用了额外的加热装置，或者在加热过程中可以将白液与黑液一起添加。然而，EPO 上诉委员会认为，在该案中，没有证据或理由认为对比文件 9 的明确记载的技术信息不完整或错误，因为它清楚地描述了所有过程步骤以及每个过程步骤对所获得产品质量的影响。因此，对比文件 9 的技术教导既不能视为是假想的，也不能视为与本领域公知常识矛盾。

8.3.5　对比文件是否需充分公开

在欧洲专利局的审查实践中，对于评价新颖性/创造性的现有技术文献要求其能够实现。EPO 上诉委员会判例法指出：EPC 第 54 条应当被解释为，对于现有技术中公开的内容，本领域技术人员按照其记载的内容同时结合本领域的公知常识能够实现其公开的主题，该内容才能被认定为公众能够获知。其与 EPC 第 83 条规定的专利申请必须"以足够明确和完整的方式披露发明，以使本领域技术人员能够实现"的原则相符。因此，在这些情况下，关于公开充分的要求是相同的。如果对比文件公开了某参数一数值范围，必须考虑本领域技术人员是否会根据其技术教导应用该整个数值范围的技术事实，若对比文件中存在合理的说明明确劝阻本领域技术人员不使用上述数值范围内某部分，则该部分应当被认为没有公开。

对于化合物，EPC 第 54（2）条规定，由其化学结构定义的化合物只有"公众能够获得"时才能被认定为在该文件中被披露。可见，针对对比文件披露的化合物，若公众无法获得，欧洲专利局实质上认定其为未被披露，且在审查实践中主要由申请人来承担举证责任。

T 206/83 涉及一类可作为除草剂的吡啶化合物，对比文件 1 已经记载了被诉申请权利要求 1 中的化合物。对于上述化合物作为终产品，对比文件 1 中记载了一种可将起始原料 CCMP 和 CCCMP 转变成相应的中间体 CTF 和 CCTF 进而得到终产品的方法，但这种方法只有在起始原料能够获得的情况下才能够实现，而对比文件 1 中没有对起始原料 CCMP 和 CCCMP 的制备给出任何说明。对比文件 1 也未记载可获得上述中间体的可能替代路线。因此，本领域技术人员在制备终产品之前只能基于自身的资源以获得这些起始原料。该案的焦点问题在于本领域技术人员是否能够获得起始原料 CCMP 和 CCCMP。EPO 上诉委员会认为，如果本领域技术人员能够利用公知常识识别和纠正说明书中的错误，则该错误对于内容的充分公开是不重要的；但是在这种识别和纠正过程中，本领域技术人员不能付出过度劳动，更不能付出创造性劳动，只能基于本领域技术人员本身掌握的以及能够掌握的公知常识。不能要求本领域技术人员基于本领域的所有知识进行上述识别和纠正过程，否则对公众不公平。公知常识一般包括该领域基本手册和教科书中记载的技术内容，本领域技术人员可以查阅上述书籍。经 EPO 上诉委员会核实，对于起始原料 CCMP 和 CCCMP，不能基于本领域的公知常识获得其制备方法。而且，有证据表明，基于个别专利说明书和文献公开的类似方法也很难获得制备 CCMP 和 CCCMP 所需的特定反应条件。因此，不能认定在涉案申请的优先权日对比文件 1 中的起始原料 CCMP 或者 CCCMP 公众能够获得。

T 26/85 涉及一种磁性记录介质，权利要求 1 限定了记录层的厚度处于 $0.05\mu m$ 至 $0.1\mu m$ 的范围内。该厚度范围落入了对比文件 1 记载的相应的最宽范围内，该案的争议焦点在于对比文件 1 是否公开了上述厚度范围。针对双层记录层的厚度范围，对比文件 1 公开的最宽范围为 $A<3\mu m$ 和 $B>0.1\mu m$；优选的范围为 $0.1\mu m<A<3.0\mu m$，$0.1\mu m<B<3.0\mu m$；最优选的范围为 $0.5\mu m<A<3.0\mu m$，$0.5\mu m<B<3.0\mu m$；实施例 S1 至 S6 中 $A=1.0\mu m$，B 的范围在 $0.5\mu m$ 和 $2.0\mu m$ 之间。然而，对比文件 1 明确记载了"如果记录层的厚度太小……获得低或不足的再现输出……因此……记录层的最小厚度至少为 $0.1\mu m$，优选至少为 $0.5\mu m$"。因此，对比文件 1 中存在一种合理的说明，其明确劝阻本领域技术人员在双层介质中使用厚度低于 $0.1\mu m$ 的记录层。基于此，EPO 上诉委员会认为，对比文件 1 未公开厚度值低于 $0.1\mu m$ 的范围，特别是 $0.05\sim 0.1\mu m$ 的范围。

8.3.6 对比文件是否需具备实用性

在欧洲专利局的审查实践中，对于评价新颖性/创造性的现有技术文献要求其公开的技术方案具备实用性。在 T 412/91 中，EPO 上诉委员会明确指出，如果对比文件中公开的内容完全是错误的，则无论是由于其固有的不可能性，还是因为其他证据表明它是错误的，那么尽管其内容已被公开，也并不构成现有技术的一部分。在 T 718/96 中，EPO 上诉委员会也认可，可基于 EPC1973 第 57 条发明不能在工业上应用为由，针对对比文件的公开内容提出反对意见。

8.4　区别特征

8.4.1　对比的对象

　　EPO 上诉委员会判例法认为：仅着眼于某一项对比文件的整体内容是不够的，还需要进一步考虑该对比文件中所描述的每一个具体内容；但就属于不同实施例的单个方案而言，如果该不同的实施例是在同一份文件中描述的，则将这两个不同的方案进行组合是不允许的，除非该文件中特别提到将这两个方案进行组合（参见 T 901/90，T 931/92，T 739/93）。

　　在 T 305/87 所涉案件中，权利要求保护一种用于切割金属或非金属薄片、条带和类似物品的剪刀。上诉人认为，对比文件 2 是最接近的现有技术，它作为产品目录公开了切割剪刀，在该产品目录中披露的两把剪刀（"knabber nr. 3"和"rohrschere nr. 115"）的特征必须被当作同一项现有技术，因为这两把剪刀是在同一个技术背景下同一份文件中披露的。基于上述理由，对比文件 2 公开的剪刀通过一个销钉连接到一个主杠杆上，形成一个第二手柄，但该剪刀不是用来剪切而是用来咬片的，并且只包括位于手柄末端的切割冲头，该手柄与主杠杆无关。由此，被诉专利的剪刀与对比文件 2 不同。EPO 上诉委员会指出，对比文件 2 所描述的这两把剪刀（"knabber nr. 3"和"rohrschere nr. 115"）位于目录的不同条目中，它们分别出现在不同的页面上并显示出不同的订单号，可见，这两把剪刀是对比文件 2 中两个独立的个体，构成了对比文件 2 中两个独立的方案，因此，在将该案权利要求与对比文件 2 进行对比时，应当将其独立对比，上诉人将两项不同的方案人为的拼凑成一个更相关的方案的做法是不被允许的。

　　此外，在确认区别特征时，EPO 上诉委员会判例法认为，在进行特征对比时，同一文件的不同篇章可以进行组合，前提条件是，不存在阻止技术人员进行该组合的任何理由。

　　在 T 332/87 所涉案件中，权利要求保护一种水性组合物，包含填料、至少一种丙烯酸酯单体和至少一种乙烯基芳族单体的乳液聚合物。异议部认为对比文件 9 的实施例 7 公开了一种水性乳液聚合物的制备，并且在说明书第 13 页还披露了这些乳液可通过加入填料进行改性，由此认为该专利相对于对比文件 9 不具备新颖性。上诉人认为，异议部将对比文件 9 的实施例 7 和第 13 页的内容结合起来评价新颖性是不合适的。EPO 上诉委员会认为，对于一份文件的公开内容应从其整体来进行考虑，并不能仅仅局限于文件中的实施例。一般而言，可以将实施例公开的技术内容与同一文件中的其他内容进行组合，只要在该文件整体上给出了将二者进行组合的技术教导。在该案中，对比文件 9 公开了一种聚硅氧烷和烯属不饱和单体的共聚物。例如，苯乙烯和/或（甲基）丙烯酸酯，其可特别用于陶瓷的涂层或黏合剂，对比文件 9 的实施例 7 公开了一种乳液聚合物的制备，该乳液聚合物由苯乙烯、丙烯酸乙酯和少量无水丙烯酸和根据实施例 2 制备的聚硅氧烷共聚而成；实施例 8 是实施例 7 的重复，唯一的区别是使用乙烯基封端的甲基聚硅氧烷作为起始材料。此外，在对比文件 9 的第 13 页第 2 段公开了："根据本发明生产的共聚物特别适用于涂料和黏合剂的应用。目前共聚物的水乳剂可涂覆在广泛的基材上，聚合物在干燥后与铝、玻璃、陶瓷、木材和塑料等各种基材形成极其安全的粘合……该乳液可用作透明涂料或黏合剂，并可通过加入各种扩展剂或填料进行改性。"本领域技术人员能够确定，对比文件 9 中第 13 页第 2 段所公开的内容并不是只能适用于对比文件 9 中关于共聚物或它们的含水乳液的描述部分，它可普遍适用于对比文件 9 中所有和共聚物乳液有关的内容，这也包括了实施例 7 和实施例 8，即实施例 7 和实施例 8 也会根据特定的要求加入黏合剂的填料，因此，就填料而言，其并未构成该案与对比文件 9 的区别特征。

8.4.2　整体考量

在 T 56/87 所涉案件中，权利要求保护一种控制发散光束的方法。异议部认为权利要求 1 中的步骤 d 已被对比文件 1 的附图 1 公开，因为从对比文件 1 的附图 1 可轻易看出其准直器开口的生成线的延长部分将与离子腔室的外部电极相交会。EPO 上诉委员会认为，无论是对比文件 1 的附图 1，还是其他部分都没有公开步骤 d 中离子室的外电极部分位于主准直器的阴影中，从附图 1 的示意图只能看出外部电极的一部分位于准直器内表面生成线的延长部分。准确来说，对比文件 1 的附图 1 实际上是与该案的附图 1 的下游设置相关的，对于本领域技术人员而言，对比文件 1 的附图 1 所显示出的比例和尺寸与已知设备根本不符，它只是用于展示"高能 X 射线系统"的示意图，而为了解释该示意图，还需要参考对比文件 1 中的其他附图和书面描述。因此，对比文件 1 的附图 1 并未披露该案权利要求 1 的步骤 d，即步骤 d 构成了该案与对比文件 1 的区别特征。

8.4.3　措辞不同

EPO 上诉委员会判例法认为，在进行特征对比时，单凭措辞上存在的差异不足以认定其具备新颖性。由此可见，EPO 上诉委员会认为：是否构成区别特征决定于实质上是否存在不同，措辞上的不同并不意味着其实质上不同（参见 T 114/86）。

在 T 870/95 所涉案件中，权利要求保护一种去除印刷电路板钻孔的污物的方法。对比文件 3 公开了一种使用清洁液清洁水平布置的印刷电路板中钻孔的方法，清洁液借助于安装在输送带下方并垂直于输送方向的喷嘴涌到引导的印刷电路板上，作为液体清洁剂，可选择水、酸（如硫酸）或者碱。上诉人认为，该专利与对比文件 3 的区别特征是：该专利将水溶液中的高锰酸盐用作化学清洁剂；而对比文件 3 则采用水、酸（如硫酸）或碱来清洁印刷电路板钻孔。EPO 上诉委员会认为，通过对在对比文件 3 优先权日以及该专利优先权日以前在印刷电路板钻孔上去除杂质的领域中各种专业知识的梳理可知，在该领域，对于化学清洁剂的选择范围是非常有限的，通常都会选择碱，如强碱性的、水溶性高锰酸钾或高锰酸钠，以及选择酸，如硫酸或铬酸。基于本领域技术人员的上述普通技术知识，对于对比文件 3 中用作化学清洁剂的术语"碱"（base），本领域技术人员只会将其理解为特定的碱"水溶液中高锰酸盐"，在这种情况下，可以认为对比文件 3 中的"碱"破坏了该专利中的"高锰酸盐"的新颖性。由该案可见，欧洲专利局在确定区别特征时，不仅仅单从字面上来分析各技术特征，还会基于本领域技术人员的普通技术知识来全面考量每个措辞或术语所代表的含义，以此来确定专利与现有技术是否实质不同。

在 T 114/86 所涉案件中，权利要求请求保护一种主要用于过滤含有液体颗粒或气体的气体介质的方法，包括将所述气态介质通过包括至少一个具有封闭单元的柔性泡沫塑料体的吸收材料，所述封闭单元的壁被穿孔，并将所述气态介质与包含在其中的液体分离。对比文件 1 涉及制造泡沫聚氨酯过滤器的方法，并公开了一种过滤含液体颗粒的气态介质的方法，该方法包括将介质通过包含柔性泡沫塑料体的吸收材料，并将所述气态介质从其中包含的液体中分离出来。EPO 上诉委员会认为，虽然对比文件 1 在文字上并没有披露泡沫塑料体上具有穿孔的封闭单元，但是仅仅凭借二者措辞上的差异并不能表示二者的结构实质上存在差异。对比文件 1 中已描述了，该泡沫塑料体的结构上具有多个相互连接的单元或空隙，即开放－单元结构，并进一步指出，这些由大量单元组成的泡沫最初并不是相互连接的，也就是说，这些单元是封闭的。由上述内容可以判断出，对比文件 1 所描述的泡沫塑料体也包含具有穿孔壁的封闭单元。由此可见，该案与对比文件 1 虽然措辞不同，但二者在结构上并没有差异，其不构成该案与对比文件 1 的区别特征。

8.4.4 功能的考量

EPO 上诉委员会判例法认为，如果请求保护的发明与最接近的现有技术之间在功能特征上存在差异，则在确定区别特征时，需从整体上考虑该最接近的现有技术是否破坏了发明的新颖性。

在 T 500/89 所涉案件中，权利要求 1 保护一种通过带有滑动面涂覆嘴的形成涂布液珠的涂覆设备的方法，在滑动面涂覆嘴与需要涂覆的工作带的间隙上形成涂布液珠，间隙宽度为 $100\sim400\mu m$，优选在 $100\sim200\mu m$，并且涂布液珠处于 8mbar，优选最多 3mbar 的负压。上诉人认为，虽然对比文件 1 没有公开权利要求 1 的间隙宽度和负压，但这两个参数属于常规操作范围，可由对比文件 1 公开的内容计算得到，因此，该专利相对于对比文件 1 不具备新颖性。EPO 上诉委员会认为，对比文件 1 与该专利均涉及一种制备照相材料的工艺，通过同时在工作带形状的支撑材料上涂覆多层流动照相涂层材料，将所有涂层材料供应到涂布液珠，涂布液珠位于支撑材料表面与涂覆设备桥连的层的间隙。根据对比文件 1 的整体内容可知：对比文件 1 要求底层以及覆盖层的强度以及黏性的选择要遵循以下规则：即二层间发生混合，为实现上述效果，其他因素（涂层速度和支撑材料种类）也需要考虑在内。为了准确地确定所有变量的正确组合以获得期望的结果，建议使用视觉上可检测的染料。例如，炭黑，添加到最下层的材料，并用显微镜检测，用涂覆后的覆盖层来证明混合仅限于两个最底层。而该专利中则限定了"基本不互混的涂覆多层涂层"。因此，考虑对比文件 1 的整体内容，该专利与对比文件 1 在功能特征上存在差异，因此，对比文件 1 与该专利存在区别。

8.4.5　具体概念与一般概念

EPO 上诉委员会判例法认为，在通常情况下，一般披露不会破坏在该披露范围内的任何具体示例的新颖性，但具体公开会破坏包括该具体公开的一般性权利要求的新颖性。例如，"铜"的公开破坏上位概念"金属"的新颖性，但不破坏除"铜"以外的其他任何金属的新颖性（参见 T 651/91）。

在 T 508/91 所涉案件中，权利要求保护一种通过引入包装袋中的气体来保存准备好的即食水果和植物，特别是地下芽植物和真菌的方法。EPO 上诉委员会认为，对比文件 4 公开了一种特定产品的保鲜方法。例如，鲜肉和蔬菜，除蔬菜外还有可以部分直接生食的植物，即即食植物，参照 EPO 审查指南的规定以及 EPO 上诉委员会的相关判决：子领域或子范围的公开导致更大领域的、上位的权利要求保护的范围的新颖性丧失。因此，对比文件 4 中"蔬菜"的在先披露破坏了范围相对更广的集合"水果和植物"的新颖性，导致其未构成区别特征。

在 T 452/05 所涉案件中，权利要求 1 请求保护一种用于咖啡机中用于制备咖啡的组件，包括由过滤纸制成的丸形袋（4）。对比文件 17 公开了一种用于咖啡机的组件，包括丸状袋 25，其中待研磨的咖啡被包裹在水渗透膜 24 所形成的袋子中，然而对比文件 17 并未明确公开水渗透膜 24 的材料。上诉人认为，过滤纸是本领域普遍使用的水渗透材料，对比文件 17 中公开的"水渗透膜"与该案中的"过滤纸"是同义词，表示相同的含义。对此，EPO 上诉委员会承认，过滤纸确实是本领域中普遍使用的水渗透材料，然而，本领域也使用其他过滤材料来作为水渗透材料，如布料。因此，"过滤纸"不能被本领域技术人员认为是"水渗透膜"的唯一含义，而且，从对比文件 17 所公开的整体内容来看，"水渗透膜"至少可以被视为是两种具体材料（即过滤纸、纸）的一般概念，因此，本领域技术人员不能将对比文件 17 所公开的一般概念"水渗透膜"定义为具体概念"过滤纸"，即对比文件 17 中的一般概念"水渗透膜"无法破坏该案权利要求 1 中的具体概念"过滤纸"的新颖性，从而构成了二者的区别特征。

8.4.6　数值和数值范围

EPO 上诉委员会判例法认为，如果从现有技术的宽数值范围内选择子范围，如果下面的三个条件都得到满足，则认为其具备新颖性（参见 T 198/84，T 279/89）：

（1）所选择的子范围比已知范围更窄；

（2）所选择的子范围距离现有技术公开的所有具体实施例和已知范围的端点都足够远；

（3）所选择的子范围不是现有技术的任意样本，即不仅仅是现有技术的一个实施方案，而是另一项发明（有目的的选择，新的技术教导）。

如果请求保护的主题与现有技术存在范围的交叉，则必须确定哪一个主题已因现有技术的公开而被公众获知从而构成现有技术的一部分。在交叉的范围内，现有技术已经明确指出的已知范围的端点、明确指出的中间值或具体例子都能够破坏请求保护主题的新颖性。

在 T 610/96 所涉案件中，权利要求 5 保护一种磁阻材料，其主要由 $Ni_x Fe_y CO_z$ 构成的磁性金属薄膜层和主要由 Cu 组成的非磁性金属薄膜层组成，磁性金属薄膜层厚度为 10～100 埃，Cu 层厚度为 10～25 埃。EPO 上诉委员会认为，该专利对两个数值范围（Cu 层中 Ni 的含量和厚度）的选择是从对比文件 10 中所披露的一般范围内进行的一个窄而有目的的选择，并且该选择的窄范围并没有与对比文件 10 中的优选范围发生交叉或重叠，该窄范围也远离对比文件 10 中的具体实施例，并且该窄范围的选择带来显著改善的 GMR 效应，因为它提供了低磁场的效果，并且显示了磁阻变化的不同特征，可见，该专利所选择的窄范围并不是从对比文件 10 的大范围内随意进行的选择，其是有目的的从对比文件 10 中选择的窄范围，具有不同的性质，从而构成了二者的区别特征。

在 T 666/89 所涉案件中，权利要求 7 保护一种洗发香波组合物，其包含 8% ～25%（质量分数）的阴离子表面活性剂和 0.001%～0.100% 的阳离子聚合物。对比文件 3 公开了一种抗头皮屑的特殊洗发剂组合物，其包含两种凝胶体，一种特别有效的凝胶体是由美霍尔化工有限公司以美洲虎 C-13-S 的商品名出售的阳离子瓜尔胶，该洗发剂组合物含有 5% ～25%（质量分数）的洗涤剂，该洗涤剂可以是阴离子表面活性剂，优选十二烷基硫酸钠。EPO 上诉委员会认为，对比文件 3 所公开的商品名为美洲虎 C-13-S 的阳离子瓜尔胶落入权利要求 7 中所定义的"阳离子聚合物"范围内，并且对比文件 3 公开的 5% ～25%（质量分数）的十二烷基硫酸钠与权利要求 7 的范围"8% ～25%（质量分数）"有重叠，因此，其不构成两者的区别特征。

8.4.7　非技术特征

EPO 上诉委员会判例法认为，在审查一项权利要求所要求保护的发明的可专利性时，权利要求的保护范围必须依据发明的技术特征，也就是用对发明的技术性质做出贡献的特征来进行解释，由于那些非技术特征没有对现有技术做出贡献，因此在评价新颖性和创造性时应当予以忽略。对于如何区别权利要求中的技术特征和非技术特征，EPO 上诉委员会指出，如果某些权利要求中包含非技术性特征（例如，涉及艺术创作，人的感知现象包括视觉、嗅觉、味觉等特征），其本身不具有技术本质，发明采用这些内容均仅为了纯粹的非技术性目的，因而不具备技术属性，也就理应同涉及"智力活动的规则和方法"的特征一起被排除出基于考察技术贡献的创造性评判中（参见 T 154/04）。

T 959/98 涉及用一个或多个涂布槽在一个移动支撑件上涂布照相组合物的方法，

以便在所述支撑件上涂覆至少一层照相组合物，每个槽具有由雷诺兹定义的槽数。对比文件 1 公开了一种涂布基材以制造照相的感光材料以及在移动支架上涂覆照相组合物的方法，其物理步骤与权利要求 1 的过程相同。EPO 上诉委员会认为，权利要求 1 中对槽的雷诺兹数的计算和随后对应于该计算的调整步骤并没有使权利要求 1 区别于对比文件 1；退一步讲，即使认可了权利要求 1 中对槽的雷诺兹数的计算构成了其与对比文件 1 的区别特征，但该区别特征仅仅是智力活性，不是技术特征，上述智力活动不会构成二者的区别特征。

在 T 553/02 所涉案件中，权利要求 7 涉及一种产品，包括：该产品含有过氧化二酰基的处理组合物；以及使用该处理组合物的说明书。上诉人在口审中辩称，权利要求 7 中的"使用该处理组合物的说明书"属于技术特征，因为它是解决所声称的发明技术问题所必需的，其属于 T 1194/97 中的"功能数据"。EPO 上诉委员会认为，T 1194/97 涉及一个记录载体和记录在其上的图像的权利要求的专利性，在该权利要求中记录的图像之所以相当于"功能数据"是因为它作为技术功能特征被记录在记录载体的特定物理结构中（编码图像线、地址和同步），在 T 1194/97 中对"功能数据"做了如下解释：功能数据的丢失会影响技术的运行，并在限制下使系统完全停止。而在该案中，与 T 1194/97 中记录载体不同的是，该案的漂白组合物其固有的化学性质（如在处理表面污渍方面的漂白效果）独立于特定的产品说明书，即该说明书的缺乏并不影响其技术效果的发挥，可见，权利要求 7 中所包含的"使用该处理组合物的说明书"并不属于 T 1194/97 中所述的"功能数据"，即权利要求 7 中的该特征属于非技术特征，对权利要求 7 的漂白组合物没有做出技术贡献，从而对权利要求 7 的范围不具有限定作用，因此不能构成权利要求 7 与对比文件 1 的区别特征。

8.5 技术效果与技术问题的确定

8.5.1 技术效果

8.5.1.1 申请技术方案的技术效果认定

8.5.1.1.1 断言的技术效果

根据 EPO 上诉委员会判例法，如果专利权人或申请人仅仅在说明书中提及断言的优点，而没有提供充分的证据支持或与最接近的现有技术的对比结果，那么在确定发明实际解决的技术问题以及判断非显而易见性时，不得考虑这些断言的优点。

T 355/97 涉及一种硝基苯催化加氢制苯基羟胺制备对氨基苯酚的方法，其权利要求 1 为：一种在硫酸溶剂中用氢和加氢催化剂还原硝基苯以合成 4-氨基苯酚的方法，包括用过氧化氢预处理硫酸。涉案专利的目的在于改进制备过程的性能指标，即提高反应速率而不损失选择性。

尽管专利权人在诉讼过程中提交了证据，但 EPO 上诉委员会认为所提交的证据仅涉及提高性能指数其中一部分，即反应速度，但没有解决不损失选择性的问题。根据专利文件记载的内容和现有技术，EPO 上诉委员会认为并不能证明该发明通过预处理硫酸获得了性能指数的改进并同时保持选择性。因此，该案需要重新确定发明实际解决的技术问题。

8.5.1.1.2　充分证明的技术效果

欧洲专利局认为，根据既定判例，比较实验中被证明的预料不到的效果（有益效果或优点）可以作为具备创造性的依据。如果基于改进效果，选择比较实验来证明创造性，与最接近的现有技术比较的方式应当能够有说服力地表明声称的优点或效果是由该发明与最接近的现有技术之间的区别特征带来的，而且在确定该发明实际解决的技术问题时，不能将声称但未获支持的优点考虑在内。

在 T 197/86 所涉案件中，权利要求 1 如下：一种照相用青色染料形成耦合剂，其结构式为

其中，X 是氢或耦合离去基团；R 是压载基团（ballast group）。

为证明创造性，专利权人在诉讼阶段提交了对比实验数据，对比了该发明中耦合剂 1、5 和 7 在有氰基、无氰基取代的情况下的最大吸收波长 λ_{max} 和半峰宽 HBW，以期证氰基取代基的引入可获得有益效果。耦合剂 5 的对比数据如下：

	最大吸收波长/nm			HBW/ nm		
取代基	显影剂			显影剂		取代基
	A	B		A	B	
—H	671	655		147	147	H—
—CN	675	670		133	139	NC—
λ_{max}	+4	+15		—14	—8	Δ HBW

EPO 上诉委员会认为，从上述数据可以看出，氰基取代的情况总能同时存在最大吸收波长增加 λ_{max} 和 HBW 变窄的技术效果。此外，还能看出，HBW 的变化与最大吸收波长的变化并不相关。例如，从显影剂 A 可以看出最大吸收波长增加得少，而 HBW 却减少得多。因此，该实验数据可清楚地显示对位氰基的有益效果。

8.5.1.1.3　说明书未记载但是能够确认的技术效果

EPO 审查指南中强调"作为一个原则，发明的任何技术效果都可以作为重新确定技术问题的基础，只要本领域的技术人员从该申请说明书中所记载的内容能够得知该技术效果即可"，此处所说的"得知"除了指根据该申请记载的实验数据、理论分析等方式得知外，还包括本领域技术人员根据本领域普通技术知识能够确认的技术效果。

8.5.1.1.4 权利要求所要求保护的技术方案的技术效果

欧洲专利局的审查实践中很重视权利要求的技术方案所能取得的技术效果与说明书中所证明的技术效果之间的匹配性。这种匹配性主要体现在两个方面：①体现说明书中所证明的技术效果的技术手段应当体现在权利要求中；②权利要求的概括应当合理，不能纳入本领域技术人员无法预期是否可以实现说明书中所证明的技术效果的技术方案。

EPC1973 第 56 条要求，请求保护的发明，即针对给定的技术问题提出的技术解决方案，对所属领域技术人员不是显而易见的。如果请求保护的发明的创造性是基于给定的技术效果，原则上该效果应当在要求保护的所有范围内都能实现。

在审查实践中，第三人可能会针对说明书中证明的效果是否能在权利要求 1 整体范围内实现提出对比实验数据来进行质疑。如果专利权人坚称能够在整体范围内实现，则应该承担相应的举证责任，并且所提供的证据应当足以证明在权利要求的整体范围内都能实现所述效果。

在 T 939/92 所涉案件中，权利要求 1 如下：具有如下式（Ⅰ）结构的三唑类磺胺类药物及其盐，

$$\text{式（Ⅰ）}$$

其中，R^1 表示氢、1～6 个碳原子的烷基、苯基或取代或未取代的嘧啶-2-基；R^2 代表氢、1～6 个碳原子的烷基、苯基、氨基、1～4 个碳原子的烷基氨基，或 2,5-二甲基吡咯-1-基；R^3 表示任选取代的苯基；满足以下条件：

（a）R^1 和 R^2 不同时为氢；

（b）当 R^1 为氢，同时 R^3 为苯基或 4-甲基苯基时，R^2 不为苯基；

（c）当 R^1 为氢时，R^2 不为氨基。

上诉人认为，根据既往判例 T 181/82 号，如果 EPO 上诉委员会承认与对比文件公开的化合物结构接近的化合物具有创造性，则根据该逻辑可以判定和对比文件公开的化合物更不接近的化合物也必然具备创造性。进一步地，上诉人认为该申请中包含了大量的实施例和活性数据，根据这些记载，完全可以合理预测权利要求所涵盖的所有化合物都具有所述的活性。EPO 上诉委员会则认为，长期以来形成的法律原则是专利垄断的程度应该与对现有技术做出的技术贡献相对应，如果不是这样的话，则必须修改权利要求以排除显而易见的主题，从而使垄断权利具有合理性。

在该案中，上诉人提交的试验结果表明，虽然一些声称的化合物确实具有除草活性，但不足以证明所有声称的化合物都具有该活性，因为没有本领域的普通技术知识能够证明该申请的取代基类型与所述断言的除草活性之间不存在关联；相反，EPO 上诉委员会接受了上诉人自己的陈述，即在文献 3、文献 7 和文献 8 中披露的化合物与该申请的化合物之间的结构差异使得本领域技术人员无法根据本领域普通技术知识预期

该申请的化合物具有除草活性，因此可以认为即使是小的结构修饰也可能导致生物活性上的重大差异。而且，本领域也普遍认为，化合物的性质在很大程度上取决于其化学结构，两种化合物的化学结构越相似，其性质也越相似。因此，EPO 上诉委员会认为，原则上可以合理预测化学结构和生物活性之间的关系，但应有一个限度，超过这个限度，就无法有效地做出此类预测。而该限度必须根据现有事实和为此目的而提交的证据来确定。如果唯一可获得的证据是普通技术知识，那么普通技术知识必须与适用于该问题的技术知识相同，即鉴于存在具有相同生物活性的、结构相似的化合物，本领域技术人员是否能够预期出某种生物活性（另见 T 964/92）。如果有必要提供额外的证据，以确定对活性和结构之间关系的预期既不显而易见同时又具有合理性，则此类证据不能构成普通技术知识的一部分，其必须与特定的案情相关联。

该申请的实验数据中使用了大量的化合物。然而，在这些化合物中，R^1 始终是未取代的苯基或任选被甲基取代的 2-嘧啶基，R^3 总是被卤素原子或甲基取代的苯基。因此，尽管测试的化合物具有相当的数量，但这些测试结果不支持所有的化合物具有所述的除草活性。例如，R^3 中的苯环可以被任何基团取代。这是综合考虑了上诉人所主张的普通技术知识得出的结论，即结构修饰对所需除草活性的影响是不可预测的。该申请中所做出的断言性结论也不能得到文献 3、7 和 8 的支持，这些文献所披露的除草剂活性化合物的取代基都是有限种类的。综上，EPO 上诉委员会不认为目前请求保护的所有化合物都具有除草活性，只有那些可以被接受的能提供除草活性的化合物才具有创造性，而该申请请求保护的主题把所要保护的化合物种类扩展到了不具有创造性的化合物，因此不符合 EPC 第 56 条的规定。

在 T 235/04 所涉案件中，权利要求 1 为：用于染发的组合物，包括在水性或水醇介质中的至少一种直接阳离子染料，含有基于组合物总量计 0.1%～7.5%（质量分数）的羟基—C_2～C_4 的烷基瓜尔胶或其季铵盐，基于组合物总量计 0.1%～2.5%（质量分数）的至少一种头发调理阳离子聚合物。

EPO 上诉委员会认为，对于该申请声称的技术效果，只有确信权利要求 1 的组合物整体范围内都具有效果的提高，才能将该效果作为评价创造性的基础。涉诉权利要求中"直接阳离子染料"的特征包括具有正电荷或由阳离子基团取代发色团的染料，涵盖了具有各种类型发色团的染料。根据该申请说明书的记载，上述染料包括三苯基甲烷染料（如碱性紫罗兰 14 等）、黄嘌呤染料（如碱性紫 10 等）、萘醌染料等。应诉人认为，着色强度的提高是由于染料的阳离子特性。而上诉人认为没有证据表明着色强度的提高是染料的阳离子性质带来的，也可能是由于染料特定的分子结构。申请实施例所使用的碱性红 76 是一种特定的阳离子偶氮染料，而权利要求 1 涵盖了所有类型的阳离子染料，尤其是具有不同分子结构的三苯基甲烷染料。如果想得到着色强度的改善是来自于染料的阳离子特性的结论，就需要使用不同分子结构的阳离子染料来证明，同时需要一个以上的比较例。由于该申请目前只有一种阳离子染料的对比例，并不能就此认为所有阳离子染料都能得到类似的染色效果。进一步地，上诉人提交的对比实验数据表明，不同发色团类型形成的组合物，即包含碱性蓝99（萘醌发色团）的组合物与包含碱性棕17（偶氮发色团）的组合物，具有不同的着色强度，即发色团类型的改变不仅导致颜色变化，而且着色强度也会改变，因此，应诉人认为的该申请中染料的阳离子是提高着色强度的唯一结构元素是不可信的。

应诉人仅以一种特定阳离子染料为比较对象形成的对比试验报告无法证明在权利要求1的整体范围内，所声称的组合物相对于对比文件1或对比文件2都获得了着色强度提高的效果，因此所确定的技术问题也是不能接受的。EPO上诉委员会将该申请实际解决的技术问题重新确定为提供具有良好调理性能的替代染色组合物。

8.5.1.1.5 补交实验数据证明申请的技术效果

EPO审查指南对补充实验数据做了相关规定。❶ 欧洲专利局认为确定技术问题时可以基于申请人随后提交的新效果，只要本领域技术人员能够识别出该效果，其被最初建议的技术问题所暗示或者与最初建议的技术问题相关联（参见 T 184/82），亦即假如所述新效果在原申请中隐含或至少与原申请公开的效果有关，则该新效果可以作为支持创造性的证据。例如，一项发明涉及一种具有特定活性的药物组合物，在最初的实质审查中，基于最接近的现有技术，该申请不具有创造性。随后，申请人提供了新证据表明请求保护的组合物在低毒性方面具有预料不到的技术效果。在这种情况下，确定实际解决的技术问题时可以将毒性性能考虑在内，因为药物活性和毒性是相关的，本领域技术人员总是将这两个方面关联在一起考量。不过如果要把毒性相关的技术问题或相关内容补入说明书则是不被允许的。

在 T 440/91 所涉案件中，EPO上诉委员会指出，《EPC1973 实施细则》第27条没有排除随后提交的用于支持 EPC1973 第 52（1）条可专利性的附加优点的可能性，该优点本身虽在提交的申请中没有被提及但却与提及的使用领域相关，并且所述优点不会改变发明的性质，因为技术人员可能会因所述优点与原问题有技术上的密切关系而加以考虑，因此，采用所述优点对提交申请中详细说明的技术问题进行补充不会改变发明的性质（另见 T 1062/93）。

如果从提交的申请中推导出的技术问题的解决方案与随后援引的技术效果间没有任何关联，也即不能从提交的申请中推导出所记载特征的声称效果，那么出于判断创造性的目的要确定发明隐含的技术问题时，通常不能考虑该效果。如果考虑了该技术效果则会改变发明的性质（参见 T 532/00，T 845/02，T 2179/08）。

T 386/89 涉及一种用于车辆的手动调节车轮，上诉人认为，在实际工业应用中，车轮故障通常发生在凸耳与轮缘的连接点处。而本领域技术人员在面对该问题时，通常会想到的解决办法就是增加凸耳的数量或者使用较大的凸耳，但无论哪种方法，都会导致材料和焊接成本的增加。此外，在现有技术中，凸耳都必须等距使用，因为任何其他布置显然会导致凸耳的不均匀载荷，在某些区域产生应力峰值，这会导致预期

---

❶ 《EPO审查指南 2018 版》，G—Ⅶ，5.2。

疲劳寿命的降低。上诉人认为该申请具有创造性，因为该申请解决了增加车辆的手动可调节车轮的疲劳寿命的技术问题。在异议程序中提交了关于疲劳寿命的对比实验以及降低成本的技术效果，从而证明该申请解决了上述技术问题。

EPO 上诉委员会认为，在该申请原始提交的文件中唯一强调的技术问题是实现对圆盘材料的节省，是针对目前的圆盘结构非常浪费金属这一缺陷提出来的，因为目前的圆盘通常是圆形的，这需要由矩形坯料冲压而成圆形形状，而现在上诉人改变了原始的技术问题，将该申请实际解决的技术问题重新定义为通过对成对凸耳的布置来提高车轮的疲劳寿命。在口审程序中，上诉人争辩说，提高疲劳寿命的效果可以从最初申请的第 1 页的表述中得出，第 1 页记载了手动可调节的车轮"适合用于高功率拖拉机"。然而 EPO 上诉委员会认为，通过成对使用凸耳来提高疲劳寿命这一效果并不能从这句描述中得出。这一效果并不是不证自明的，上诉人本人也承认疲劳寿命的增加令人惊讶，现在还没有完全了解清楚。此外，该申请的图 6 和图 8 所记载的成对使用凸耳和图 3 所描述的单独使用凸耳之间并没有区别，单独使用的凸耳也是和每个短边相连接。

EPO 上诉委员会认为，在原始申请已经确定了特定的问题后如果需要依据新出现的而且比原申请文件所参考的现有技术更接近的现有技术来评价创造性，申请人或专利权人可以对技术问题进行修改。然而重新确定技术问题的原则是技术人员能够认识到该隐含的或与最初提出的问题相关的技术问题。EPO 上诉委员会援引了 T 13/84，该判例认为，如果在参考最接近的现有技术时，本领域技术人员能够从最初提出的申请中推断出来该技术问题，则该技术问题的重新确定并没有被排除在 EPC 第 123（2）条之外，这样形成的技术问题并不构成相对于原申请而言新增的技术主题。根据上述原则，EPO 上诉委员会认为，在确定该案的技术问题时，不能考虑改进的疲劳寿命这一预料不到的技术效果，因为它并不能从原始申请文件中推导出来。

在 T 1329/04 所涉案件中，权利要求 1 如下：

"1. 一种编码具有 GDF-9 活性的多肽的多核苷酸，所述多核苷酸选自以下的组：

(a) 具有 SEQ ID NO：3 的核酸序列的多核苷酸；

(b) 编码具有 SEQ ID NO：4 的氨基酸序列的多肽的多核苷酸；

(c) 多核苷酸，是与（a）或（b）的多核苷酸相对应的 RNA 序列；

(d) 编码由（a）至（c）的任何一项多核苷酸编码的多肽片段的多核苷酸；和

(e) 在严格的条件下与（a）至（d）中任何一种多核苷酸杂交的多核苷酸。"

上诉人认为，该案的处理可以参照与该案案情相似的 T 182/03 的处理方式，在 T 182/03 中，EPO 上诉委员会根据酶的独特结构特征及其限制的表达模式确认了核酸编码的 SEQ ID NO：2 的人类 cAMP 特异性磷酸二酯酶（PDEVIB）的创造性。在上述决定中，EPO 上诉委员会接受了已发表的证据来支持创造性，所述证据证明了该药物是基于酶的结构特性而开发的。

上诉人还提交了大量的申请日后发表的文献作为 GDF-9 具有生长分化因子的作用

的进一步证据，并认为这一证据支持了在该申请中描述的 GDF-9 的所假定的功能。然而，上诉人认为欧洲专利制度实行的"先申请制（first to file）"原则迫使了申请人去覆盖与该申请有关的所有主题，因此应该允许申请人进行预测。进一步地，上诉人认为根据判例 T 939/92，在评估创造性时可以将化学结构与生物活性之间的关系的合理推测纳入考量范围。因此，该申请关于 GDF-9 功能的预测与在后公布的证据相结合足以证明 GDF-9 的特定结构特点与预料不到的技术效果之间的关系。

EPO 上诉委员会并不认为由于先申请制原则就能允许申请人进行推测，现行的专利授予原则需要专利申请确认发明已经作出，即技术问题确实已经解决，而不仅仅是在申请日提出技术问题。因此，列举给定化合物的假定的功能并不能等同于提供特定化合物相关的技术证据。在该申请中，由于 TGF-9 和 TGF-β 家族成员中的一个重要结构特征不完全相同，并且该申请也没有对 TGF-9 提出功能方面的表征，因此可以得出结论，该申请没有充分地将该因子识别为 TGF-β 的家族成员，进而不能认为该申请对上述技术问题找到了解决办法。

上诉人提交了后公布的文件证明了 GDF-9 确实是一种生长分化因子，但该证据是本应在原始申请中提交的证据，因此上述后公布的文件属于超出该申请能够推测的范围的首次披露。事实上，如果不这样认定，就意味着作为特定技术问题的解决方案的技术主题可以随着时间的推移而变化。因此，即使在适当的情况下可以考虑公布在后的补充证据，但也不能作为证明该申请确实解决了所声称的技术问题的唯一依据。

对于上诉人引用的 T 939/92，在该判例中确实认为在评估创造性时可以将化学结构与生物活性之间的关系的合理推测纳入考量范围，但该判决也明确提到"存在一个限度，超过这个限度则不能做出有效的推测"，该申请的推测显然超出了合理的限度。

然而在有些情形下，如果根据涉案专利提供的证据性质可以确定请求保护的发明为待解决问题的真实解决方案，也可以接受该问题的解决方案并考虑在后公开的文件中披露的内容（参见 T 1336/04）。

8.5.1.2　技术效果的常见类型

在创造性判断中，有几种典型的技术效果值得关注。因为这些效果的判定往往与是否能够认可专利申请的创造性密切相关。

8.5.1.2.1　改进的技术效果源于显而易见的测试或实验

根据 EPO 上诉委员会判例法，本领域技术人员如果有动机进行常规的测试（仅包括常规实验的工作。例如，仅使用常规的试错法进行实验，而不使用超出公知常识的技能）从而发现某方案具有更好的效果，不能以该更好的技术效果主张创造性。

在 T 423/09 所涉案件中，EPO 上诉委员会认为该案提高的技术效果并非源自于常规测试，而源自于按照规则和手册推荐的做法。技术人员遵循手册中规定的推荐做法，仅仅按常规操作将不可避免的获得该提高的技术效果，因此其不具备创造性。

在 T 308/99 所涉案件中，权利要求 1 保护一种聚合物成分作为减缓药物活性物质释放的物质在制备治疗用组合物中的用途，所述聚合物组分是一种水溶性 HYLAN 或水不溶性交联透明质素，而不是用二乙烯基砜作为交联剂形成的水不溶性交联透明质素凝胶。

EPO 上诉委员会认为相对于对比文件 5，该专利所要解决的技术问题是：寻找水溶性交联 HA 衍生物和水不溶性交联 HA 衍生物在除对比文件 5 所公开的用途以外的其他用途。这对于本领域技术人员来说是一个常规任务。该专利也确实解决了该技术问题，并且也接受专利权人所提交的证明其缓释效果的补充实验数据。根据对比文件 1、对比文件 2 公开的内容，本领域技术人员完全可以预期权利要求 1 中至少部分的 HA 衍生物可以展示出相当或提高的药物缓释性能。因此，对比文件 1、对比文件 2 给出了对比文件 5 中的 HA 能够用于药物释放控制剂的启示。同时也没有证据表明在药物控释方面，水溶性轻度交联的 HA 衍生物（HYLAN）具有与其他 HA 完全不同的性能。在目前的情况下，现有技术已经将本领域技术人员指引向了该申请请求保护的用途，这时剩下的工作仅仅是通过少量的常规实验来验证显而易见的结果（即交联的 HA 可以用作缓释控制剂）。对于一个可以合理预测的结果进行必要的实验验证并不能给该专利带来创造性。

应诉人提交了对比实验数据，证明了该专利的聚合物组分具有提高的技术效果，然而 EPO 上诉委员会认为，如果改进的目标是为已知的 HA 衍生物（对比文件 5 公开的 HA）寻找其他的可用性质，第一个不证自明的步骤就是测试它们（即该案中交联的 HA）是否能展示出基于现有技术所能预期的性能。这些测试都是惯常的手段。根据判例 T 296/87，由显而易见的测试带来的提高的技术效果并不能作为创造性的证据。在该案中，对目前权利要求 1 所涉及的物质进行测试基于手头的技术任务来说是显而易见的，那么由此发现的略微提高的技术效果并不能给该发明带来创造性。

在 T 253/92 所涉案件中，权利要求 1 保护一种制备永磁体合金的方法，所述合金以质量百分比计，基本上由 30%～36% 的至少一种稀土元素，60%～66% 铁和平衡量的硼组成，其特征在于，氧在加工过程中通过含氧气氛的喷射磨加入到磁体合金中，得到在永磁体合金中 6000～30000ppm（1ppm＝1mg/kg）的氧含量。

EPO 上诉委员会认为，本领域技术人员容易想到围绕对比文件 2 公开的优选实施例的 NdFeB 合金进行试验，测定它们的磁性能，在这种例行的实验工作中可以发现那些同时具有优异的抗崩解性能和至少 28.1MGOe 的能量产出的合金。因为这些性能并非隐藏的特性，所谓的隐藏的特性是指让本领域技术人员不容易想到去测试的特性。相反，这些性能正是那些本领域技术人员所期望获得的性能。而且，为了获得具有上述性能的合金，本领域技术人员也不需要克服技术偏见来提高合金中的氧含量，因为对比文件 2 已经具有相同的氧含量，该专利所发现的在合金中氧的存在量可以比本领域技术人员之前预想的氧含量高的事实并不能改变对比文件 2 公开了该专利的氧存在量的下限的事实。

8.5.1.2.2　协同效果

欧洲专利局认为协同效果通常是不可预期的，亦即难以通过已有的理论或者原理推导得出。如果在有充分的实验数据证明请求保护的技术方案确实取得了协同效果的情况下，则请求保护的技术方案具有创造性。

在 T 1814/11 所涉案件中，权利要求 1 要求保护一种杀真菌混合物，其包括：

(1) 式（Ⅰ）表示的 2-[2-(1-氯)-3-(2-氯苯基)-2-羟基丙基]-2,4-二氢-[1,2,4]三唑-3-硫酮（丙硫菌唑）或盐或加成物

（Ⅰ）

和协同有效量的（2）式（Ⅲ）的啶氧菌酯或盐或加合物

（Ⅲ）

EPO 上诉委员会认为对比文件 1 为最接近的现有技术，其公开了具有协同作用的丙硫菌唑和其他特定化合物的混合物，该申请和对比文件 1 的区别在于使用啶氧菌酯作为第二活性组分。该申请实际解决的技术问题在于提供一种替代的具有协同作用的丙硫菌唑杀真菌组合物。根据该申请表 3、表 4 所示的结果，EPO 上诉委员会认为该申请确实解决了上述技术问题。

EPO 上诉委员会认为，基于对比文件 1，本领域技术人员没有理由将丙硫菌唑与对比文件 2 公开的啶氧菌酯混合以得到该申请的技术方案。虽然对比文件 2 公开了啶氧菌酯相比于其他的嗜球果伞素。例如，对比文件 1 公开的嘧菌酯和醚菌酯，具有有利的特性，但并没有提到和协同作用相关的技术效果。此外，协同作用是不可预测的，即对比文件 1 中两种特定化合物的组合具有协同作用，但并不意味着当其中一个化合物的结构发生改变后，这样的协同作用仍可以预期。这也是为什么对比文件 1 公开的杀真菌组合物都是特定的搭配，而不是所有杀真菌类（fungicide classes）的原因。因此，该申请公开的啶氧菌酯和丙硫菌唑形成的具有协同作用的组合物对于对比文件 1 和对比文件 2 并非显而易见。

8.5.1.2.3 预料不到的奖励的技术效果

预料不到的效果可视为具备创造性的一项依据，然而必须满足一定的前提条件。如果根据现有技术的教导，权利要求范围内的某些内容对于本领域技术人员来说已经是显而易见的，则本领域技术人员已经存在动机得到权利要求的技术方案的情况下，即便该技术方案获得了（可能是预料不到的）额外的效果，该权利要求仍缺乏创造性。

在 T 936/96 所涉案件中，权利要求 1 保护一种在体外循环处理中从体液中除去低和/或极低密度脂蛋白的吸附剂，其包括不溶于水的多孔硬凝胶，除了多孔纤维素凝胶，其排除极限为 $10^6 \sim 10^9$ Da，其中所述凝胶上通过共价键固定有葡聚糖硫酸酯、其盐或葡聚糖硫酸酯和盐的混合物，这些物质具有按重量计不低于 15% 的硫含量。

为了证明创造性，应诉人提交了补充实验报告，根据补充的实验数据应诉人认为该申请不仅解决了专利申请文件中提出的技术问题，还为在无须进一步添加钙离子的情况下从体液中除去 LDL 提供了可能性，意想不到的是，当硫含量超过 15%（质量分数），葡聚糖硫酸酯和低密度脂蛋白之间的络合足够稳定，从而允许使用不添加钙离子的吸附剂。EPO 上诉委员会认为，即使接受该申请有效地解决了该技术问题，并且这对于本领域技术人员也是非显而易见的，但所要求保护的产品并不会因此而具有创造性。EPO 上诉委员会认为在判断创造性时应该考虑的一个合适的问题是一名技术人员在特定情况下将会做什么，而 EPO 上诉委员会所建立的问题解决法为回答该问题提供了客观基础。EPO 上诉委员会认为，一旦确定了一个技术问题，并且本领域技术人员在考虑了相关现有技术后已经能够设想出对于这个问题的特定解决方案，那这个特定的解决方案本身不具有创造性。这一结论不会因为所要求保护的技术方案还能够固有地解决其他技术问题而改变。

在该案中，本领域技术人员已经想到将对比文件 1 和对比文件 2 披露的内容相结合，从而获得了如权利要求 1 所述的产品，所述产品获得了流速提高以及可以蒸汽灭菌的技术效果，这些技术效果在相关技术领域是非常期望的。在这种情况下，应诉人提出的预料不到的技术效果并以此声称能解决额外的技术问题不能给该申请带来创造性，因为技术人员在当时已经不仅能够，而且将会制造出在一个多孔硬凝胶上含有含硫量为 17% 的葡聚糖硫酸酯的产品，并不需要意识到硫含量能够提供何种额外的好处。

在 T 766/92 所涉案件中，权利要求 1 要求保护一种用于在光照下产生电流的装置，包括能够在光照下产生电势的薄膜半导体层、正面接触件和背面接触件，其特征在于：两个接触件包括氧化锌透明电导层，电阻在 $10^{-4} \sim 10^{-2} \, \Omega/cm$ 之间，并且半导体层包含薄膜硅层。

EPO 上诉委员会认为，作为最接近的现有技术的对比文件 2 公开了一种用于在光照时能产生电流的装置，根据其他现有技术的教导，该申请和对比文件 2 的区别特征在类似设备中已经被用于相同的目的，因此本领域技术人员容易想到将这些特征应用于对比文件 2 公开的设备中，并获得相应的效果。对于上诉人提出的该申请的优点：氧化锌层具有高散射效果和装置的效率高达 7% 以上，EPO 上诉委员会认为没有说服力。因为，在该申请的原始记载中，并没有将这些优点和权利要求 1 请求保护的设备的特定特征相联系。如在 T 192/82 中所阐述的那样，技术人员必须能够自由地使用可获得的最佳的技术手段来达到他的目的。在该申请中，发明的目的原本是制造一种廉价的装置。为实现这一目标，如前所述的现有技术已经建议了一个明确的解决方案。因此，在实现可预见的低成本优势方面，技术人员并没有多种可选的可能性技术方案，而是处于一种"单行道"的情况。同时，这种"单行"的解决方案包括了高光散射的优点。这一额外的效果可以由技术人员在显而易见地使用氧化锌层的情况下不可避免地获得，这一效果只能认为是一个"奖励"效果，并不能作为具备创造性的依据。

在 T 69/83 所涉案件中，权利要求 1 要求保护一种热塑性成型组合物，包含

25%～95%（质量分数）的一种接枝共聚物（A 组分）和 5%～75%（质量分数）的丙烯腈、马来酸酐和苯乙烯三元共聚物（简称 SAN－MA）（B 组分），其中接枝共聚物由 70%～30%（质量分数）的单体混合物和 30%～70%（质量分数）的 EPDM 橡胶制成，单体混合物为 95%～50%（质量分数）的苯乙烯和 5%～50%（质量分数）的丙烯腈（所述接枝共聚物简称为 AES），其特征在于，B 组分三元共聚物包含 10%～30%（质量分数）的丙烯腈、7.5%～15.0%（质量分数）的马来酸酐以及 82.5%～55.0%（质量分数）的苯乙烯，百分比之和为 100%。

涉案申请和对比文件 3 主要区别为 SAN 共聚物被 SAN－MA 三元共聚物所取代，因此需要考察，对比文件 1 是否给出了在对比文件 3 中采用上述技术手段的技术启示。申请人认为该申请说明书中提及的对比实验——螺旋流动试验的结果是意想不到的，并且证明了从对比文件 1 中进行的选择是有创造性的。实验结果表明，在 220℃以上，在含有 SAN－MA 三元共聚物的共混物体系中接枝聚合物的类型对混合物的加工性能有不同的影响，AES 比 ABS 更有利，也即选择 AES 提高了含 SAN－MA 的共混物体系的加工性能。该申请中描述的热塑性材料能够更完全和更快速地填充注射模，比对比文件 1 模塑成型更快，因此，申请人认为 AES 和 SAN－MA 的特定组合显示出了预料不到的技术效果。EPO 上诉委员会认为该申请中所显示出的组合物的可加工性在高于 220℃的温度下得到提高是一个事实。然而无论这个技术效果是否只是出现在该申请所声称的聚合物组合物中其实并不需要深究，因为即使意想不到，本领域技术人员根据其他方面的原因只需按照常规行为去操作而不需要创造性的行为即可获得该申请的技术方案。

即使把对比文件 1 作为最接近的现有技术来考虑，实际解决的技术问题可以看作提高耐候性而不对热尺寸稳定性和韧性造成破坏，也不能得出该申请具有创造性的结论。因为在对比文件 3 的教导下，本领域技术人员已经能够想到将 ABS 替换为 AES 以提高耐候性。即使将这种技术效果（即模塑组合物在更高的温度下提供更好和更快速的可加工性）包含在实际解决的技术问题中，并且承认现有技术并没有提供解决方案，本领域技术人员缺乏所需的知识，并且需要进行实验，本领域技术人员最有可能地也是用 AES/SAN－MA 混合物进行实验，因为这种热塑性模塑组合物看起来至少已经解决了已经提到的技术问题中的一部分。因此，这个技术问题的特定方面的解决方案对本领域技术人员来说必然是显而易见的。

8.5.2　技术问题

8.5.2.1　技术问题的定义

而 EPO 审查指南将技术问题定义为"为了在最接近的现有技术之上获得技术效果而对最接近的现有技术进行修改或改变的目标或任务"[1]，欧洲专利局习惯上将该技术

---

❶ 《EPO 审查指南 2018 版》，G－Ⅶ，5.2。

问题称作"客观技术问题"。

EPO 审查指南所给出的技术问题的定义都离不开"技术效果",且欧洲专利局更是强调了技术问题的"客观性"。因此,技术问题和技术效果具有相同的属性,即"客观性"。技术问题是为改造客观世界而提出的技术任务,而技术问题的解决依赖于符合自然规律的技术手段的运用。因此,技术问题不同于经济问题、社会问题以及审美问题等。

EPO 上诉委员会判例法认为客观的技术问题必须直接来源于物理、化学等效果,并且与所要求保护发明的技术特征之间具有因果关系。如果效果需要额外的信息导致本领域技术人员即使考虑申请的内容也无法实现,那么该效果不能作为确定技术问题的依据。

在 T 1639/07 所涉案件中,权利要求 1 保护一种接收电子邮件的电子邮件打印装置 (301),所接收的邮件包括非正常邮件,所述非正常邮件含有附加的图片数据和不完美的 MIME 信息,该 MIME 信息将附件图片数据错误地表述成文本数据,所述打印装置用于执行所接收的电子邮件的打印,所述打印装置包括用于接收电子邮件的接收装置 (506、507),所述打印装置的特征在于:

设置装置 (712、516、711),用于设定是否要执行打印限制,并为多行、多个字符、多页和打印中的数据大小中的至少一个设置打印限制;

控制装置 (517),如果被所述设置装置设置了要执行的打印限制,并且如果所接收的电子邮件超过了由所述设置装置 (701) 设置的打印限制,则控制装置控制打印机 (423) 将所接收的电子邮件打印到由所述设置装置设置的打印限制,而不打印超出打印限制的部分,当接收到的电子邮件是这样的异常电子邮件和由于错误地描述图像数据产生的无意义文本数据的电子邮件超过打印限制设置,阻止了至少一些无意义文本数据的打印,并且,如果控制装置被设置为不执行打印限制,则可以控制打印机打印所接收的电子邮件,不管所设定的打印限制。

EPO 上诉委员会在审理此案后认为,该专利的特征在于包含了一个设置装置,用于设定打印限制和是否执行打印限制。上诉人认为该专利解决的技术问题是如何控制电子邮件打印机以避免在打印电子邮件时打印出乱码文本的问题。但是,在权利要求 1 的整体范围内,该专利并不能解决该技术问题,因为根据设定的打印限制,如果打印限制设定得过高,则不会对乱码文本的打印数量产生任何影响,或者如果打印限制设定得太低,会使大量有意义的文本数据打印不出来,这使打印输出变得毫无价值。该专利无论在权利要求中还是在说明书中都没有指导如何确定适当的打印限制来避免这些不利情况。

对于上诉人认为用户可以对打印限制进行经验性的猜测,EPO 上诉委员会认为这会使这个发明的成功实施具有了推测性。而客观技术问题的确定必须基于由要求保护的发明所采用的技术特征直接带来的物理、化学等方面的效果,如果所述效果需要额外的信息来完成,不能由充分考虑了该申请技术内容的本领域技术人员来掌控,那这样的效果不能有效地用于确定技术问题。而在该申请中,缺乏足够的信息让本领域技术人员能够以任何值得信赖的和可重复性的方式确定出适当的打印限制。

除自动停止打印外，无法识别该专利能在权利要求 1 的整个范围内实现的任何技术效果。因此，该专利所解决的客观技术问题必须在该专利的其他地方找到。限制电子邮件的打印输出可能是因技术方面的考虑而做出的行为，但也可以看作来源于商业概念或管理制度，而商业概念和管理制度都不属于可专利性的领域，因此不能支持发明的专利性。在评判创造性时，他们更应该看作为施加给本领域技术人员的一个总体的非技术目标，并构成客观技术问题总体框架的一部分。这种总体的非技术目标与目前的权利要求 1 所限定的内容相一致，比如限制员工解除打印机资源，这个限制也可以运用于打印电子邮件，并通过对每个用户的最大打印量进行制度约束来实现。而努力贯彻这一概念的本领域技术人员会直接被指向一个需要解决的技术问题，本领域技术人员只需把这个总体的非技术目标转变为可操作的语言即可，这个技术问题就是：给现有的打印机提供一个限制打印量的功能，以及激活或解除这个限制功能。

直接来自前述的总体非技术目标的技术问题并不需要技术上的创造性，解决这个技术问题的方法对于掌握了本领域普通技术知识的技术人员来说是显而易见的，所用的设置装置和控制装置也都是本领域的常用部件。因此，这种技术问题的解决也没有任何创造性贡献。

在 T 1053/98 所涉案件中，权利要求 1 要求保护一种传真装置，包括：

——读取装置，读取原稿的图像数据；

——登记装置，用于登记多个用户名；

——显示装置，用于显示由所述登记装置登记的用户名；

——用户可操作的选择装置，用于使用户能够使所述显示装置显示由所述登记装置登记的该用户的用户名；

——传输装置，用于发送作为原稿图像数据的传真通信数据；其特征在于，

——存储装置，用于存储由该装置执行的单个通信的通信结果；

——处理器装置，适于使单个的通信结果存储于所述存储装置，每个单个的通信结果至少包括操作对应通信的用户的用户名；

——用户可操作装置，使每个用户能够请求通信结果的报告；

——记录装置，用于向用户输出通信结果的报告；和

——可操作的控制装置，该控制装置对所述用户可操作选择装置和所述用户可操作装置产生相应，以选择某用户的所有存储的单次通信结果并是记录装置输出该用户一份报告，所述报告列出该用户名下的所有单独存储的通信结果。

对比文件 2 没有公开传真费用的问题，因此，上诉人认为技术问题应该确定为：为已知的传真机加载功能，以提高效率和成本效益，而对比文件 2 没有教导出该技术问题和解决方案。

该申请的总体目标是一个经济目标，即费用控制。在确定技术问题时，通常不考虑这样的经济目的（即非技术的目的）。然而，该案中，上诉人认为该申请的一部分在

于出于成本效益的原因而监控公司各部门的传真成本的构思。

EPO 上诉委员会认为，上诉人所确定的技术问题明显包含非技术的成分。事实上，技术问题中的技术方面应该限于对传真机设备的考量。因此，对该技术问题的完整解决方案中将不得不包含监控每位用户费用的构思。这是技术方案中的非技术部分，该非技术部分为技术部分提供了原动力，就是使多人共享的传真设备能够满足监控的需要。因此，为了评判创造性，有必要着重考虑解决方案中的非技术部分。

正是为了避免这种情况，所以在确定技术问题时必须采取如下的方式：不能让纯粹的非技术特征参与到创造性判断之中。这种情况下的技术问题确定可以在一个给定的框架下参考发明的非技术部分，而技术问题在该给定框架中提出。在该案中，技术问题可以阐述为提出监控费用的装置，所述费用是由对比文件 2 披露的传真机的用户产生的。这个技术问题指向了一个作为传真机专家的本领域技术人员，其没有任何特殊的非技术方面的技能。

按照目前确定的技术问题，根据解决方案的功能特征来重新表述这个技术问题的话，装置应该被提供存储每个用户名和成本的功能。而为了监视结果，还应该增加能够输出通信报告的装置。所有这些对应于权利要求 1 的特征部分的装置，都可以看作是直接根据所提出的技术问题顺理成章得到的。

8.5.2.2　声称的技术问题与实际解决的技术问题

所谓"声称的技术问题"是指在专利申请说明书中所描述的问题，这个问题实际上是申请人根据自己所了解或掌握的"最接近的现有技术"，为了获得更好的技术效果而提出改进的技术任务。申请人声称的技术问题可能和审查员重新确定的实际解决的技术问题不一样，根本原因在于申请人与审查员认定的最接近的现有技术有时会不同。然而在进行创造性评判时，需要着重考虑根据最接近的现有技术重新确定出的技术问题。由于创造性的判断是对现有技术做出的智慧贡献的判断，因此，具备创造性的结论不应基于专利申请所声称但没有实现的效果，而应基于根据最接近的现有技术重新确定的技术问题，并且基于现有技术判断请求保护的方案对于解决重新确定的技术问题是否显而易见。

实际解决的技术问题会相对于所参照的现有技术的不同而发生变化。因此，在审查实践中，欧洲专利局可能会同时采用多篇对比文件作为"最接近的现有技术"来拟定不同的"实际解决的技术问题"，从而进行创造性评价。EPO 上诉委员会判例法要求，适用问题解决法时必须使用客观标准确定实际解决的技术问题，即根据最接近的现有技术确定实际解决的技术问题，此处最接近的现有技术可能不同于申请人引用的现有技术（参见 T 1/80，OJ 1981，206；T 24/81，OJ 1983，133）。这些客观标准具体可通过以最接近的现有技术作为参照来评估专利申请的主题所取得的技术进步进行界定（参见 T 20/81，OJ 1982，217；T 910/90）。

《EPC 实施细则》第 42 条（1）（c）规定："专利申请说明书必须披露能够理解的技术问题以及其解决方案，并且陈述发明相较于背景技术取得的有益效果。"

由于申请人在说明书描述要解决的技术问题时无法预见在后的审查过程中可能使用何种现有技术进行对比，申请人是否可以根据后期审查过程中所使用的现有技术重新描述其技术问题呢？

EPO 上诉委员会判例法表明，如果实验证据表明权利要求中技术特征的组合在权利要求限定的整个范围内没能解决技术问题，那就必须重新确定技术问题（参见 T 20/81，OJ 1982，217；T 39/93，OJ 1997，134）。而判例法又规定，在说明书记载了具体技术问题的情形下，可以允许申请人或专利权人修改该技术问题，尤其是必须针对新的现有技术在客观基础上考虑创造性问题时，此处新的现有技术比原始专利申请或授权专利说明书中引用的现有技术更加接近该发明（参见 T 184/82，OJ 1984，261；T 386/89）。但是，只有新的技术问题能从原申请文件中推导出来时，才允许重新确定该技术问题，并且不允许其改变发明的性质（参见 T 13/84，OJ 1986，253；T 162/86，OJ 1988，452；T 344/89；T 2233/08）。

在 T 184/82 所涉案件中，权利要求保护一种由单层或多层热成型制品，其由以下成分组成或包含以下成分：至少一层对甲基苯乙烯（PVT）均聚物或其共聚物，所述共聚物中具有 1%～10%（质量分数）的共轭二烯，在 300～700kGy 的电离辐射下进行照射。

EPO 上诉委员会认为，该专利的最初目的是提供一种能抵抗热脂肪的食物容器，其提供的实验数据是将培根放在微波炉中测试，以此证明容器的不同材质之间的巨大差异以及相同材质交联前后的巨大差异。然而，上诉人拒绝在该专利和对比文件之间做对比实验，认为难以产生可重复的实验结果，作为替代，他们希望对一些相关性能，如热弹性（即 VICAT 温度）、甲苯中的溶解度等进行标准测试，认为这些标准测试和该专利的发明特性相关。

关于技术问题的确定，EPO 上诉委员会根据既往判例认为，对于技术问题的确定以及发明在使用中产生的相关效果的阐述，是评判创造性的重要一环，应该采用客观的标准来确定技术问题的本质，这就需要评价相对于最接近的现有技术，该发明获得了哪些技术成功（参见 T 20/81）。该发明所提供的技术效果必须是可测试的，且具有可重复性。在该案中，上诉人认为热培根试验是不可重复的，这就使说明书和实施例中所记载的相关陈述的有效性存疑，而该相关陈述本来是用于证明该申请能够成功解决某技术问题的。

在该案中，本领域技术人员能够意识到，原始的技术问题与提高容器材料的耐热性和耐溶剂性这一更宽泛的目标并非不相关，因为热培根与容器接触也意味着容器需要耐高温性能和更好的疏水特性。因此，在这些方面的改进仍然可以理解为原申请文件中存在着对于这些改进的概括性的教导，并且这些方面取得的预想不到的效果可以作为该专利具备创造性的依据，即使该专利所声称的更高的技术目标并没有完全或可靠地实现。而在更早期的决定中，EPO 上诉委员会认为，在上诉程序中，某些特定情形下，对技术问题的重新阐述是可以接受的（参见 T 1/80）。在该案中，EPO 上诉委员会认为，关于技术效果，在一个更宽泛的层面上取得的成功可以替代在某具体层面上的失败，只要本领域技术人员能够认识到最初声称的技术问题里暗示了上述所要考虑的技术效果或声称的技术问题与该效果相关。据此可以考察该申请在上述性能方面是否相对于对比文件 1 取得了技术成功。

在欧洲专利局的审查实践中，重新确定技术问题时，需要考虑以下几点：①最接近的现有技术文献和涉案专利/申请中的实施例是否可以以令人信服的方式进行比较来证明声称的技术效果源自于发明的区别技术特征；②权利要求在整个范围内是否能够实现该效果；③该效果是否与提交的申请文件中记载的要解决的技术问题相关。

在 T 716/07 所涉案件中，权利要求 1 要求保护一种在 $2.66 \times 10^4 \mathrm{Pa}$ 以下的压力下通过连续蒸馏液体混合物回收 N-乙烯基-2-吡咯烷酮的方法，所述液体混合物包括 N-乙烯基-2-吡咯烷酮、N-(2-羟乙基)-2-吡咯烷酮、一种或多种沸点比 N-乙烯基-2-吡咯烷酮高的化合物和水，采用蒸馏塔进行蒸馏，其特征在于蒸馏塔底部液体的温度控制在 180℃以下，从蒸馏柱抽出底部残留物，所述底部残留物含有 N-乙烯基-2-吡咯烷酮、N-(2-羟乙基)-2-吡咯烷酮和具有比 N-乙烯基-2-吡咯烷酮沸点高的化合物；所述方法还包括在 $1.33 \times 10^4 \mathrm{Pa}$ 以下的压力下使用第二蒸馏塔对从第一蒸馏塔中抽出的底部残留物进行连续蒸馏，其中馏出物为 N-乙烯基-2-吡咯烷酮，此外，还要抽出第二蒸馏塔的底部残留物，残留物中包括 N-(2-羟乙基)-2-吡咯烷酮和比 N-乙烯基-2-吡咯烷酮沸点高的化合物，蒸馏过程中，第二蒸馏塔的底部液体的温度被控制在 230℃以下。

关于所要解决的技术问题，EPO 上诉委员会考察了该申请的实验数据。在对比文件 7 的实例 3 中，将 300g/h 的 N-乙烯基-2-吡咯烷酮送入蒸馏塔，而在稳定状态下仅获得 185g/h 的纯 N-乙烯基-2-吡咯烷酮，其回收率仅为 62%。而与此相反，该申请的实施例 1 和实施例 2 中，N-乙烯基-2-吡咯烷酮的回收率分别为 96% 和 95%，纯度为 99.9%。

EPO 上诉委员会认为，如果上述效果确信来自该申请和对比文件 7 的区别特征，而且这种效果能在权利要求的整体范围内实现且与该申请披露的所要解决的技术问题相关，则可以依据上述效果来重新确定所要解决的技术问题。

首先，关于技术效果与区别特征之间的关系的考察。

该申请实施例 1 和实施例 2 与对比文件 7 的实施例 3 的区别特征在于：①该申请存在一个额外的蒸馏塔；②该申请分离的混合物含有水，而对比文件 7 中没有水；③该申请的蒸馏温度较高。

对比文件 12 披露了 N-乙烯基-2-吡咯烷酮在酸性水溶液中会水解成 2-吡咯烷酮和乙醛以及在高温下聚合，因此要避免在 120℃以上真空蒸馏。所以，分离的混合物中存在水以及升高温度，应该会减少 N-乙烯基-2-吡咯烷酮的收率。

因此，可以确信该申请和对比文件 7 的效果差异来自额外的蒸馏塔的使用。

其次，技术效果是否能够在权利要求的整个范围内达到。

根据对比文件 12 可以确定高温确实会加速 N-乙烯基-2-吡咯烷酮的聚合而导致回

收率下降，因此升高温度是不利因素。如果该申请的实施例证明了在最不利的条件下，即接近权利要求中所限定的最高温度，进行蒸馏也可以获得高的回收率，则可以认为在整个权利要求范围内都能实现回收率提高的技术效果。在实施例 2 中，第一和第二蒸馏塔的温度分别为 178℃ 和 205℃，已经接近了权利要求 1 所限定的 180℃ 和 230℃ 这组最大值。所以该申请的技术效果可以在整体范围内实现。

最后，评估该技术效果是否与该申请公开的要解决的技术问题相关。

该申请说明书记载了要解决的技术问题是：一种高效、稳定且高收率地回收化学不稳定的 N-乙烯基-2-吡咯烷酮的方法。由此说明实验数据已证明的高纯度 N-乙烯基-2-吡咯烷酮回收率提高与最初公开的问题相关。

因此，根据最接近的现有技术对比文件 7 所提出和已经解决的技术问题可以重新确定技术问题为，提供一种含有 N-乙烯基-2-吡咯烷酮、N-(2-羟乙基)-2-吡咯烷酮和水的液体组合物的连续蒸馏方法，提高高纯度的、化学不稳定的 N-乙烯基-2-吡咯烷酮的回收率。

在 T 564/89 所涉案件中，权利要求 1 保护一种含有部分皂化的聚乙酸乙烯酯、多官能不饱和化合物和光敏剂的光敏聚合物组合物，其特征在于包含：

A. 100 质量份皂化度为 60%～99%（摩尔分数）的部分皂化聚乙酸乙烯酯；

B. 20～200 质量份的多官能丙烯酸酯或甲基丙烯酸酯，其分子量不大于 2000，在同一分子中具有至少两个丙烯酰基或甲基丙烯酰基，以及与丙烯酰基和甲基丙烯酰基的数目相等的羟基，所述多官能丙烯酸酯或甲基丙烯酸酯选自：

（a）（i）具有 2～30 个碳原子和 2～5 个羟基的多元醇的缩水甘油醚和（ii）具有 3～15 个碳原子的不饱和羧酸的反应产物；

（b）（i）具有 4～15 个碳原子的不饱和醇与（ii）具有 2～30 个碳原子和 2～5 个羟基的多元醇缩水甘油醚的反应产物；

C. 1～60 质量份的饱和化合物，选自乙二醇、二乙二醇、三乙二醇、甘油、二甘油、三羟甲基乙烷和三羟甲基丙烷；

D. 根据组合物的总质量，0.01%～10%（质量分数）的光敏剂。

在异议程序中，经过对文本的修改，该专利的实施例 3 已不在请求保护的权利要求的范围内，该专利的印刷版优于实施例 3 的印刷板。

应诉人所确定的技术问题为，当印刷版用于 50 万张以上的印刷品时，该专利能够避免出现细微裂缝，而上诉人认为，要么技术问题的修改导致了主题的改变，超出了原申请的范围［与 EPC 第 123（2）条相抵触］，要么该问题是虚构的，因为原申请的实施例 3 和实施例 4 已经解决了该问题，而原申请的实施例 3 和实施例 4 被删除是因为他们属于现有技术。在后一种情况，申请人无法证明取得了令人惊讶的技术效果。

应诉人认为，经过超 50 万次连续印刷的试验证明，由该专利的组合物制造的印刷版不产生裂纹，相反，用现有技术中的印刷板则经常产生细裂纹，例如实施例 3。上诉人对这些数据没有争议，而且这一结果显然有实验依据，因此被 EPO 上诉委员会接受。上诉人也认可实施例 3 能够代表现有技术，即对比文件 1。因此，EPO 上诉委员会认为，技术问题可以重新定义为，提高已有印刷版在超过 50 万次的长期印刷中的图像生产性能。

至于上诉人提到的对技术问题的任何修改都必须符合 EPC 第 123（2）条，EPO 上诉委员会认为，该条款是对欧洲专利或专利申请的修改做出的规定，这和在问题解决法中是否客观地重新确定技术问题无关。EPC 第 123（2）条只有在将修正后的技术问题补入说明书中时才起作用。前述重新确定的技术问题只涉及对已经在专利申请中陈述的技术问题作更详细的表述而已，在最初提交的申请文件中，已经陈述了裂纹形成的问题。所以 EPO 上诉委员会认为，重新确定的技术问题显然来自于原申请。同时，上述技术问题通过将权利要求 1 所述的感光性聚合物组合物制备印刷版已经得到了实质的解决，实施例 1 和实施例 2 便是例证。

8.5.2.3　技术问题的确定

8.5.2.3.1　确定技术问题的原则

原则 1　不能超越本领域技术人员的认识水平

在评价创造性时所设定的本领域技术人员的能力和水平决定于涉案申请的申请日或优先权日，其只能获知在该相关日之前所属领域的普通技术知识和现有技术以及运用所属领域的常规实验手段。因此，不能运用申请或优先权日以后的知识来参与到创造性的评价中。EPO 上诉委员会判例法明确规定了在确定技术问题时，不允许利用仅在申请日或优先权日之后才能获得的知识。既有判例表明，仅在优先权日或申请日之后，现有技术中的装置和方法的无效性才被认识到或者被人指出的，在确定技术问题时，特别是在"问题发明"中援引所述技术问题支持创造性时不得利用该无效性（T 268/89，OJ 1994，50；T 2/83，OJ 1984，265）。创造性必须基于优先权日或申请日之前本领域技术人员的知识水平进行判断（参见 T 365/89），也就是申请日后所发现的原理或缺陷等各类技术信息不能成为确定实际解决的技术问题时的考量因素，而本领域技术人员应该依据申请日之前的技术水平或技术认识所能够产生的技术问题以及可以做出的预期。

原则 2　充分考虑技术问题的产生起点

在确定实际解决的技术问题时，经常会遇到以下几种情形：实际解决的技术问题的提出是否需要本领域技术人员局限于最接近的现有技术披露的内容，如最接近的现有技术所期望解决的技术问题或最接近的现有技术所意识到的缺陷或改进需求？是否可以借助最接近的现有技术以外的其他对比文件来提出技术问题呢？

EPO 上诉委员会判例法认为，如果最接近的现有技术并未提及要求保护的发明所提出的任何问题，却产生了与最接近的现有技术无关的技术问题，即使该技术问题的解决方案相对于其他现有技术公开内容是显而易见的，EPO 上诉委员会认为这样的逻辑推理过程存在致命的缺陷，因为如果没有后见之明，则无法从现有技术公开的内容中推导出相关的技术问题作为问题解决法的出发点，更无法推导出技术问题的解决方案。从这里可以看出，欧洲专利局认为通过两篇对比文件的拼凑而提出实际解决的技术问题进而否定该申请的创造性，有事后诸葛亮之嫌，因为这种行为很可能借助了该申请的教导。

在 T 835/00 所涉案件中，权利要求 1 要求保护聚丙烯树脂膨胀颗粒，其包含一种等规聚丙烯聚合物，该等规聚丙烯聚合物是通过用衍生自茂金属化合物的聚合催化剂聚合相应的一个或多个单体而获得的，所述聚丙烯树脂膨胀颗粒是通过包括以下步骤的工艺制备的：将基础树脂的颗粒置于封闭容器的水中，向容器提供挥发性膨胀剂，将分散液加热至至少达到树脂颗粒软化点的温度；打开位于分散液表面下方封闭容器中的出口；通过出口将含有被膨胀剂浸渍的树脂颗粒的分散体排出至压力低于封闭容器中的压力的环境中（所述工艺在下文中简称 DOKAN 工艺）。

EPO 上诉委员会首先探讨了最接近的现有技术的选取，认为作为最接近的现有技术，应该涉及与所要求保护的发明具有相同或至少类似的目的，并具有共同的最相关的技术特征。由此可知，如果现有技术没有提及和专利申请至少相关的技术问题，通常不适合作为最近的现有技术，尽管，它可能与所要求保护的主题具有很多共同技术特征（参见 T 686/91）。

该申请所要解决的技术问题是提供聚丙烯膨胀颗粒，具有均匀泡孔直径、良好的可模塑性和表面外观，优异的物理性能，特别是能量吸收性能。鉴于上文提到的确定最接近的现有技术的原则，对比文件 1′并不适合作为最接近的现有技术，因为：制备膨胀制品仅仅是对比文件 1′中所提到的聚烯烃树脂的几种可能应用之一，并且对比文件 1′没有提及任何该申请的技术问题，而是涉及高活性的催化剂体系的开发以及制备具有宽、双或多峰分子量分布的聚烯烃的方法。因此，本领域技术人员在完成该申请的目标时，不会从对比文件 1′那里获得灵感。

异议部门认定的对比文件 1′所要解决的问题是提供膨胀颗粒，对于对比文件 1′来说是完全陌生，并且异议部门忽略了由对比文件 1′的上位概念"聚烯烃泡沫"所涵盖的其他聚烯烃泡沫产品，包括对比文件 2′中提到的热塑性泡沫挤出法制备的结构型泡沫膜/片材。因此，在对比文件 1′的基础上产生了一个和对比文件 1′实际无关的技术问题，只是这个技术问题的解决方案在参考对比文件 2′后才显得是显而易见的。

EPO 上诉委员会认为选择对比文件 1 作为该申请的问题解决法的起点的致命缺陷在于，在没有后见之明的情况下，不能确定出相关的技术问题。如果没有这种后见之明，任何为建立通向该申请的逻辑链条而付出的努力在一开始就不可避免地陷入了困境，因为没有相关的可确认的目标或对象。如果不能得到相关技术问题，则解决问题的必要手段更无法得出。

原则 3　技术问题中不应包含技术手段——不能有解决方案的指引

EPO 审查指南规定实际解决的技术问题中不应包含对解决方案的指引，因为这将会导致事后诸葛亮。❶ 实际解决的技术问题是为实现某一或某些技术效果而提出的改进任务。通常来说，操作某一技术手段对于本领域技术人员来说是轻而易举的，难点在于本领域技术人员不会漫无目的、随意地去进行某一操作，也就是说本领域技术人员对某现有技术进行改变一定存在着一定的动机驱使着本领域技术人员去做某一操作。而如果把技术手段也涵盖到技术问题中，就变成了本领域技术人员为了行使某一手段而行使某一手段（因为行使该技术手段已经成为改进任务的一部分），这在逻辑上是行不通的。从另一个角度说，通常技术问题是本领域技术人员能够意识到的，因为只有意识到该技术问题的存在才会去考虑如何解决该技术问题。如果确定的技术问题中包含了技术手段，则在意识到该技术问题的时候，解决该技术问题的方法也就同样意识到了，就不需要任何动机即可进行改进。

　　EPO 上诉委员会判例法也强调，发明要解决的技术问题的表述，不应包含解决方案的指引，也不得预期部分解决方案。因为如果在技术问题中包含该发明提供的部分解决方案，当用该技术问题审视现有技术时，必然会导致以事后之见的方式看待创造性活动（参见 T 229/85，OJ 1987，237；T 99/85，OJ 1987，413；T 322/86；T 184/89；T 289/91，OJ 1994，649；T 957/92；T 422/93，OJ 1997，24；T 986/96；T 313/97；T 799/02）。

　　在 T 229/85 所涉案件中，权利要求 1 请求保护一种蚀刻金属表面的工艺，特别是在印刷电路的生产中。在该工艺中，通过含有硫酸或磷酸和过氧化氢的溶液将一种金属，例如铜从电路板上移除，所述溶液被再循环并再次用于蚀刻目的，其特征在于：将过氧化氢以正好足够一次刻蚀操作的量在将刻蚀液施用到电路板上之时或之前直接加入到刻蚀液中，在蚀刻过程完成后刻蚀液中基本没有过氧化氢。

　　在评述创造性时，审查部门的决定指出，该申请的技术问题是在不使用负催化剂的情况下防止过氧化氢的分解。对于该技术问题的解决方案，本领域技术人员在了解对比文件 1 后，通过简单的推理即可得出。但是，EPO 上诉委员会认为该技术问题的确定可能受到了该申请中包含的技术信息的影响，因此，技术问题中包含了该申请提供的部分解决方案，这是不可接受的。不使用稳定剂的想法是该申请所教导的一个重要部分，体现在该申请的解决方案中，并最终依靠调节过氧化氢的量实现了技术问题的解决。然而，实际解决的技术问题的确定不能包含对解决方案的指引，因为在所确定的技术问题中若包含该申请所提供的解决方案的一部分，则评价创造性时，必然导致事后诸葛亮的行为。因此，审查部门的决定是站不住脚的。

　　在该案中，对比文件 1 没有教导出该申请所提供的解决方案，因为它没有披露任何尽可能少地使用过氧化氢同时刻蚀液易于回收的替代方案；相反，对比文件 1 给出的教导是在蚀刻溶液中使用稳定剂和高浓度的过氧化氢。事实上，在含过氧化氢的刻蚀液中加入稳定剂的需求除了对比文件 1，还可以参见很多其他文献。现有技术并不会

---

❶ 《EPO 审查指南 2018 版》，G—Ⅶ，5.2。

引导本领域技术人员放弃使用稳定剂。该申请抛弃了在本领域已经习以为常的使用过氧化氢稳定剂的思路，而且返回到不使用稳定剂的设计思路。所获得的技术方案避免了在蚀刻溶液中使用稳定剂和高浓度的过氧化氢，因此，是非显而易见的。

原则4 技术问题的提出不能违反最接近的现有技术的发明框架

本领域技术人员通常是将最接近的现有技术作为其创新活动的出发点，也就是说把最接近的现有技术作为改进的对象。但是，按照通常的逻辑，本领域技术人员会围绕着该最接近的现有技术的设计构思来进行改进，而不会提出一个完全背离该最接近的现有技术的、全新的发明构思。EPO上诉委员会判例法认为，本领域技术人员在知晓相关各类技术出发点所具有的优缺点的情况下可以有意识地进行选择，选择具体的出发点后也就相应地限定了进一步改进的框架，随后的改进也就限定在技术出发点所提供的技术框架内。

在 T 570/91 所涉案件中，权利要求1保护一种用于内燃机的活塞，该活塞包括一个冠部（20）、至少两个轴向间隔的活塞环槽（28、29、30）、所述至少两个轴向隔开的活塞环槽的下端（30），所述活塞环槽具有由基部（33）连接的上、下轴向间隔的和径向延伸的侧壁（31、32），所述上部环和下壁的侧壁（31、32）连接在所述至少两个轴向隔开的活塞环槽上；径向延伸的侧壁（31）连续围绕着活塞，裙部（25、26）围绕至少两个活塞环槽（28、29、30）下方的活塞延伸并具有下边缘，以及一对同轴孔（23）被提供用于接收活塞销，所述一对孔（23）与下侧壁（32）和所述至少两个活塞环槽的下端（30）的底部（33）相交；在所述一对活塞环槽的最下面的一个活塞环在所述下壁（32）的两个直径相对的部分上不被支撑，其中孔（23）与所述活塞环槽的最下面（30）相交，至少两个活塞环槽中的至少两个活塞环槽（28、29、30）形成在围绕冠（20）的环带（21）上，所述成对的孔（23）与环带（21）相交，并且至少基本上等距地位于冠（20）和下缘之间。

对比文件1公开了一种用于冰箱压缩机的活塞。应诉人认为，对比文件1公开了权利要求1的所有特征，除了特征"一对孔基本上等距地位于冠和下边缘之间"，同时对比文件1说明书第8页描述了活塞可以在内燃机中使用。而参考对比文件9和对比文件10，可以得出在活塞高度的中间提供活塞销孔对于本领域技术人员来说是显而易见的。因此，技术人员可以立即从对比文件1看出，通过将油环定位在活塞销孔的区域中，可以减小活塞的压缩高度。

EPO上诉委员会认为，在机械领域，最接近的现有技术至少应对该发明重要的结构元件进行清楚地定义。在本领域技术人员能够确定现有技术的缺点（确定现有技术的缺点是为了客观确定技术问题）之前，必须知道最接近的现有技术的具体构造，尤其对该发明重要的具体结构元件，否则从一开始就会陷入困境。该案中，技术起点应该是一个具体的、特定的内燃机活塞，其构造必须被清楚地定义，而不需要进一步解释或增加某特征。这种方法符合本领域技术人员的正常思维过程，也即通常从特定的实施方式开始，试图改变、修改或改进。

尽管一个熟练的技术人员可以自由地选择技术起点，但其会被选定的起点所约束（参见 T 335/88；T 404/91）。例如，本领域技术人员决定从特定的压缩机活塞开始，进行进一步研发，研发结束后，正常的结果应该仍然是一个压缩机活塞而不是一个 i. c. e. 活塞。换言之，所选择的最接近的现有技术必须能够或至少潜在地能够获得与最终的发明相同的效果。❶ 否则，这样的技术起点不能以明显的方式将技术人员引向所要求保护的发明。

8.5.2.3.2　确定技术问题的基础

EPO 审查指南规定，重新确定的技术问题可能要依据每项发明的具体情况而定。作为一个原则，发明的任何技术效果都可以作为重新确定技术问题的基础，只要本领域技术人员从该申请说明书中所记载的内容能够得知该技术效果即可。❷ 这就要求我们必须全面考察该申请的技术效果，遗漏了该申请所能实现的技术效果可能会在创造性评判中得出错误的结论。

T 1422/12 涉及替加环素的结晶形式。EPO 上诉委员会根据既定判例，认为应当基于客观确认的事实来确定技术问题，即仅仅考虑相对于最接近的现有技术实际取得的效果来确定客观技术问题（参见 T 13/84，OJ 1986，253 和 T 39/93，OJ 1997，134）。就此而论，可以考虑任何效果，只要该效果涉及相同的使用领域并且没有改变发明的特性（参见 T 440/91）。在该案中，确定的待解决的技术问题很好地落入涉案申请所公开的发明框架内，尽管最初提交的申请文件中没有提及关于差向异构化提高稳定性的具体问题，但这是不重要的，因为本领域技术人员清楚地知道，四环素类抗生素的理想效果就是避免差向异构化来提高稳定性并最终改善生物学活性。

8.5.2.3.3　基于区别技术特征提出技术问题

1. 区别技术特征所能起到的作用

如果专利说明书中声称要达到的技术效果确实得以实现，且正是发明相对于现有技术的区别技术特征使得发明达到了该预期的技术效果，则在确定发明实际解决的技术问题时需充分考虑说明书记载的该技术效果，即便所述区别技术特征带来的技术效果不是诸如"更好""更优"等改良的效果，亦不能忽略。同时，要避免将实际解决技术问题确定为区别特征所代表的技术手段本身。EPO 审查指南规定，在确定实际解决的技术问题时，要确定源自于区别特征的技术效果，并且该技术效果应当在权利要求的整体范围内可以实现。❸

2. 特征之间的相互作用在确定技术问题时的考量

当发明所要求保护的技术方案与最接近的现有技术相比存在多个区别技术特征时，确定发明实际解决的技术问题时应当将发明的技术方案作为一个整体来考量。也即需要考虑这些区别技术特征之间是否存在相互关联、相互作用，然后综合判断它们在发

---

❶ 《EPC 细则》27(1)(c)；T 495/91。
❷ 《EPO 审查指南 2018 版》，G—Ⅶ，5.2。
❸ 《EPO 审查指南 2018 版》，G—Ⅶ，5.2。

明的整体技术方案中所起的技术效果，从而正确地确定发明实际解决的技术问题。

如果某区别技术特征离开其他的一个或者几个区别技术特征就不能实现其在发明整体技术方案中的功能和作用，则可认为该区别技术特征与其他区别技术特征之间是相互关联、相互作用的，在确定实际解决的技术问题时，应将这种相互作用所带来的技术效果考虑进去。如果该区别技术特征与其他区别技术特征之间相对独立，则可以分别对待，分别确定其各自解决的技术问题。

3. 已知问题的替代解决方案

EPO审查指南将技术问题定义为"为了在最接近的现有技术之上获得技术效果而对最接近的现有技术进行修改或改变的目标或任务"。在这里，欧洲专利局并未强调技术问题一定要相对于现有技术做出改进，而是做出修改或改变即可。在审查实践中，很多专利申请相对于最接近的现有技术未必是效果上的提高，有时可能只是达到了相同的技术效果，甚至还可能是效果的变劣。因此，通常将这类申请实际解决的技术问题确定为一种替代方案。

在 T 92/92 中，EPO上诉委员会注意到，EPC1973 第56条并未要求要解决的技术问题本身应当是新的。专利中隐含的问题已经被现有技术解决的事实不必然要求在判断创造性时重新确定技术问题，前提是该专利的主题是该问题的替代解决方案。关于这点，EPO上诉委员会特别援引了决定 T 495/91。同样，在该案中，专利说明书中记载的问题也已经被解决。其实际要解决的技术问题是提供一种替代的工艺流程和设备，其可通过简单和低成本的方法制造具有特定特性的地板覆层（另见 T 780/94，T 1074/93，T 323/03，T 824/05）。

在 T 588/93 中，EPO上诉委员会认为不是必须相对于现有技术展现出实质性或逐步性改进才具备创造性。因此，既定技术问题的早期解决方案不能排除后来尝试用其他非显而易见的方式解决相同的问题。

8.5.2.4 技术问题的可知性判定

在一些情况下，发现未知的技术问题本身也可能使技术方案具有创造性，尽管在发现这个技术问题后所提出的解决方案对于本领域技术人员来说非常显而易见的。但如果技术问题已经被本领域技术人员提出或者在面临现有技术时容易提出，则该技术问题的提出并不能直接给技术方案带来创造性。有些问题在本领域中通常是非常常规的，已经构成了本领域技术人员日常工作的一部分，本领域技术人员通常会不断地致力于消除缺陷、克服现有技术不足并实现对已知设备和/或工艺的改进等常规任务。

在 T 971/92 所涉案件中，权利要求1要求保护一种生产纯化的具有预定 Hunter 色标 B＊值的对苯二甲酸的方法，该方法通过对溶于极性溶剂的相对不纯的对苯二甲酸溶液进行催化氢化实现，其特征在于，直接根据上述不纯的对苯二甲酸溶液的光密度来调节溶液氢浓度。

上诉人认为，权利要求1的方法并不旨在完全还原在纯对苯二甲酸中存在的、所有可还原的杂质，而是实现对杂质处于某一由 Hunter 色标 B＊值定义的预设还原水平下的反应控制。因此，相对于对比文件 1，该申请所解决的技术问题是获得含有预定量的可还原黄色杂质的低纯度对苯二甲酸。上诉人承认，如果本领域技术人员一旦能够认识到存在这样的问题，根据对比文件 1 包含的信息，本领域技术人员可以解决上述技术问题，然而，该案的创造性在于技术问题的发现。

EPO 上诉委员会认为，虽然对比文件 1 没有直接提到获得特定杂质含量的产品，但其包含关于所需氢量以及判断体系还原程度的一些基本信息。从对比文件 1 中，本领域技术人员能够推断出，还原反应的进行程度依赖于氢气的分压，这和上诉人提交的 Hunter 色标 B＊值随氢浓度的变化曲线所反映出来的内容一样。本领域技术人员可以根据本领域的普通技术知识做出预期，并且可以通过测量光密度来进行监测。而对于上诉人所说的该申请的创造性在于上述技术问题的发现，EPO 上诉委员会则认为，对传统技术问题的发现是构成"本领域技术人员"正常活动的基础，如消除缺点、优化参数、节约能源或时间，这些并不涉及创造性贡献。只有在很特殊的情况下，技术问题的发现才可能给发明带来创造性。如果申请人仍然希望其发明的创造性贡献在于技术问题的发现，而解决方案是显而易见的，那么必须满足的最低要求是该技术问题清楚、明确地在申请文件中公开。

此外，从对比文件 1 可知，"聚合物级"对苯二甲酸的纯度仅仅是由纤维工业的商业需求决定的，一般不接受较差的质量。因此，技术人员不会选择不完全纯化的反应条件的唯一原因只能是商业原因（也即阻碍本领域技术人员的相反教导来自于商业需求）。上诉人在口审期间声称，有聚酯纤维的制造商准备接受较差的对苯二甲酸质量（言外之意，上诉人想以此证明他发现了这种需求）。然而，EPO 上诉委员会认为，对市场的观察以对其任何需求作出反应，也属于本领域技术人员的正常活动。因此，发现市场对纯度较低的对苯二甲酸的市场需求，并不意味着为适应这种需求而对已知工艺进行的调整具有何种创造性。

在 T 764/12 所涉案件中，权利要求 1 保护一种涂覆的口香糖，其包括 25%～99.9%（质量分数）的口香糖芯部，所述口香糖芯部包括至少一种环境可降解弹性体或树脂聚合物和 0.1%～75%（质量分数）的外涂层，其中所述至少一种可降解弹性体或树脂聚合物含有化学不稳定的键。

上诉人认为，对比文件 5 可以作为最接近的现有技术，其口香糖基存在产品稳定性问题，在储存的过程中可能会出现很大程度的降解，这很影响口香糖的口感。在对比文件 5 的基础上，本领域技术人员容易想到对口香糖的芯部进行涂覆，以保护敏感组分，从而延长贮存期。事实上，采用涂层来抑制产品随时间的降解以保护芯部免受环境影响是常规手段，已经使用了几百年。

EPO 上诉委员会认为，该专利旨在解决的技术问题是提供含有可降解弹性聚合物的口香糖，这些聚合物在储存期间不会降解，从而保持其咀嚼质量，其解决方案是对口香糖施加含量为 0.1%～75%（质量分数）的外涂层。EPO 上诉委员会进一步考察了该专利的实验数据。该专利的实施例 13 测量了在环境条件（21℃，相对湿度为

55%）下涂覆和未涂覆的口香糖芯材的贮存稳定性。未涂覆的口香糖芯材的分子量在储存3周后降低至初始值的62%左右，而山梨醇涂覆的相同芯材的分子量仅降低到其初始值的约84%。该实施例证实，在环境条件下，含有不稳定键的可降解聚合物被破坏，而通过涂覆可以抑制这种降解。因此，可以认为这个问题已经被该专利可靠地解决了。

EPO上诉委员会认为，没有现有技术文件认识到这个问题。对比文件5中没有提到预降解行为是可生物降解胶基在使用时的可能缺陷，并且对比文件5的口香糖不包含涂层。其次，应诉人认为在该专利做出之前，本领域并不认为口香糖的预降解是一个问题，通常认为是可以忽略的。EPO上诉委员会也没有理由质疑应诉人的观点。

另外，虽然对口香糖进行涂层处理属于口香糖领域的普通技术知识。但是这都是应用于非降解弹性体的口香糖，以实现不同的目的。现有技术文献都没有提到防止聚合物降解的问题。

显然，该专利的技术贡献在于认识到了现有技术中迄今未被认识到的问题，即在环境条件下储存含环境可降解聚合物的口香糖的需求。既先判例 T 2/83 已经给出结论，这种情况属于所谓的"问题发明"，发现迄今未被意识到的问题可能在某些情况下产生可专利的主题。根据这一判决，即使解决该问题的技术方法本身在本领域可能是很显而易见的，该主题仍然具有创造性。

上诉人所认为的因为涂层是众所周知的减少降解的方法所以该申请不具备创造性的观点不适用于该案。因为EPO上诉委员会认可创造性，不是因为其所采用的解决方案本身相对于现有技术是非显而易见的，而是因为该技术问题的获知才是最主要的技术贡献。

8.6　技术启示

创造性判断中最后一步为"判断要求保护的发明对所属领域的技术人员来说是否显而易见"，即判断现有技术是否给出了将第二步中确定的区别特征应用到第一步确定的最接近的现有技术中以解决其存在的技术问题的技术启示。该步骤既包括对现有技术公开事实的认定过程，也包括基于认定事实进行的法律适用过程，该步骤更容易带入主观性的内容。为保障创造性判断结论的客观性，需要综合考量多方面的因素。

8.6.1　改进的动机

EPO上诉委员会判例法指出：基于最接近的现有技术和目标技术问题，EPO上诉委员会应用"能够—会方法"判断请求保护的发明对于本领域技术人员来说是否显而易见。这意味着不在于技术人员是否能够实施发明，而在于期望解决隐含的技术问题

或者实现某些改进或优点时是否会实施发明。❶

考虑请求保护的主题针对目标技术问题是否是显而易见的解决方案时，关键在于本领域技术人员在期望解决该技术问题时是否会根据现有技术中的其他教导修改最接近的现有技术文件的方案，以便实现请求保护的发明。因此，重点不在于本领域技术人员是否能够通过修改现有技术得到该发明，而在于该技术人员抱有对实际上能够实现的优点的期望（即根据所提出的技术问题）时，是否会基于现有技术中的提示通过修改现有技术实现该发明。

当对比文件中未提到也未曾建议发明所要解决的技术问题时，判断者不能主观地将发明所要解决的技术问题强加到对比文件中进而解释对比文件给出的启示，应当正确把握其中的逻辑关系。基于对现有技术整体技术方案的理解，如果现有技术给出了"会（would）"进行技术改进的指引，那么我们可以认为存在结合的动机，而如果现有技术仅仅给出了"能（could）"进行技术改进的指引，那么就不能够直接得出存在结合的启示，因为这种推断是基于主观判断的。因为，"能（could）"只是表明了现有技术可以达到某种效果 a，而现有技术可能存在着多种走向，该效果 a 只是多种走向中的一种，仅凭"能（could）"是不能认为存在技术启示的，而是要判断"会（would）不会"，这需要判断者对现有技术整体技术方案进行透彻的理解，并借助领域技术人员的知识进行判定。❷

在 T 200/94 中，涉案专利涉及一种用于制造用于多层涂覆方法的饱和基涂料组合物的水分散体，包含组分 B）1 质量份基于该树脂的含量的水性聚氨酯分散体，其通过基于具有 1.0 的 NCO 基团含量聚酯于 10% 的每分子具有至少两个氨基甲酸酯基团与 NCO 的预聚物的链延长减少，对应于 20～50 的酸值，数均分子量 600～6000 的羧基，与伯和/或仲氨基和/或用肼多胺制备。最接近的现有技术对比文件（7）公开了一种作为黏合剂的水性聚氨酯分散体，其与涉案专利的区别在于：二者的酸值存在区别，也没有公开在水性聚氨酯分散体存在下制备黏合剂混合物。EPO 上诉委员会认为：现有技术中并没有教导黏合剂混合物中丙烯酸酯树脂组分可以在水性聚氨酯分散体的存在下制备，进而也没有给出改进多层涂层黏合性能的技术启示，没有给出解决技术问题的办法，本领域技术人员没有动机对现有技术进行改进。

在 T 2/83 中，涉案专利涉及一种含有二甲基硅油和抗酸剂的片剂，含有作为第一体积部分的二甲基硅油和作为第二体积部分的抗酸剂，所述第一体积部分和第二体积部分相互分开并包含阻隔装置使二甲基硅油不与抗酸剂接触和迁移。该专利要解决的技术问题是在患者的胃中同时提供改善的抗胀气作用和抗酸作用。本领域技术人员公知，硅油具有抗胀气作用，也可以与常规的抗酸剂如氢氧化铝、氢氧化镁或碳酸镁一起给药。本领域技术人员意识到采用二甲基硅油与上述抗酸剂紧密接触时，由于其对

---

❶ 《EPO 审查指南 2018 版》，G－Ⅶ，5.3。

❷ 王治华，等.谈创造性评判过程中怎样做到"会（would）"避免"能（could）"[J]. 中国发明与专利，2012(7)：71－76。

于抗酸剂的吸收作用可以使抗酸剂的释放被延迟或阻止，这通过体外混合片剂具有降低的消泡作用可以证明，因此体内抗胀气作用与消泡效果的变化相关。虽然该问题的一个明显解决方案是将液体二甲基硅油组分与固体抗酸剂通过屏障分离，但是本领域中的趋势如文献（1）的记载是将二甲基硅油与大量过量的载体组合以防止抗酸剂的迁移和吸收，现有技术中可获得的分层品种与含有屏障的长期储存后的片剂均显示出降低的消泡活性。EPO上诉委员会指出：现有技术中产品的消泡活性均低于该申请，该申请通过改性和插入屏障后获得的改性片剂具有更好的效果，现有技术中并没有给出改进产品的启示，本领域技术人员没有动机选择插入屏障获得具有更好效果的含有二甲基硅油和抗酸剂的片剂。

在 T 90/84 中，涉案专利涉及一种制备丙烯腈聚合物纤维的方法，其中在大气压和足以保持水的温度和压力下，在高于水沸点的温度下提供作为均匀的熔融熔体的丙烯腈聚合物和水的均匀熔融熔体；聚合物作为均匀的熔融熔体；所述熔融熔体通过喷丝板直接挤出到蒸汽加压固化区中，该固化区保持在从喷丝板出来时控制新生挤出物中水的释放速率以避免所述挤出物变形；并且所述挤出物在进入时被拉伸，其中丙烯腈聚合物是 α 共聚物，至少 1%（摩尔分数）的共聚单体并且具有数均分子量至少为 6000 但小于 15000。其与最接近的现有技术的区别在于丙烯腈共聚物的选择数均分子量为从 6000 到 15000。基于上述区别特征，该案实际解决的技术问题是提高纤维材料的韧性。最接近的现有技术中虽然提及涉及长丝的制备，纤维和箔通过丙烯腈熔融纺丝而成共聚物的分子量为 10000～200000，但是其具体实施例则依赖于分子量为 58000 的材料，没有具体涉及分子量低于 20000 的丙烯腈聚合物的使用。而商业上可获得最接近的产品 Dralon 的数均分子量为 16000，因此技术人员没有动机进一步降低分子量的范围以改善纤维材料的韧性。

EPO上诉委员会指出：当技术人员在根据问题来实现质量的改进，在对缺乏这些结果的预测，或者考虑到一些预测的不利因素可能超过小的有利因素时，他具有某种可能性但是不意味着他一定会那么做。虽然低分子量材料的使用会导致更低的能量需求、更高的生产率以及更低的黏度或其他优势，但它同时也会导致预期的质量损失。现有技术当中对于产品分子量的下限为 16000 左右，本领域技术人员没有动机在现有技术基础上降低产品的分子量，因为可以预期降低产品分子量对于其他性能的劣化影响。

在 T 7/86 中，涉案专利涉及用于治疗慢性阻塞性气道疾病或心脏病的药物制剂，其中包含特定黄嘌呤如 3-丙基黄嘌呤或其盐作为有效成分。最接近的现有技术公开了 1,3-二甲基黄嘌呤（茶碱）及其代谢产物 3-甲基黄嘌呤具有支气管扩张活性。基于该申请与现有技术的区别，该申请实际要解决的技术问题是提供具有有利于支气管扩张和心脏病功效的化合物。EPO上诉委员会认为，虽然 1,3-二甲基黄嘌呤广泛用于治疗阻塞性气道疾病，另外的现有技术进一步公开了 1,3-二甲基黄嘌呤比 3-甲基黄嘌呤更有效，可见 3-甲基黄嘌呤具有药理活性，但是本领域技术人员有大量可供选择的替代黄嘌呤，并且现有技术中不同的黄嘌呤作用不同。例如，1,3-二烷基黄嘌呤和1,3-二烷基硫黄嘌呤，且本领域技术人员公知不同的黄嘌呤具有不同的副作用，因此本领域技术人员没有可能从大量可能的黄嘌呤衍生物中具体选择该案中的 3-丙基黄嘌呤作为一种具有较少癫痫活性和中枢神经系统刺激活性，以及较少利尿剂活性的化合物，用于治疗癫痫活动和中枢神经系统次级活动较少的慢性阻塞性气管疾病。

就该案而言，不能简单地一概而论以结构是否相似作为具有改进和选择的动机，而是要根据领域的特点和选择的难易程度来综合考察。

在 T 1014/07 中，涉案专利涉及不饱和脂族化合物制备饱和二羧酸的方法，首先在发酵反应中将起始化合物与真菌 Candida tropicalis 的突变菌株转化为不饱和二羧酸。该产物在第二步中与氧化剂反应生成饱和二羧酸，说明书中提供了通过 9-十八烯二酸将油酸转化为壬二酸的具体实施例。最接近的现有技术对比文件 4 公开了由不饱和脂肪酸油酸制备饱和脂肪酸壬二酸的方法。该方法依赖于使用臭氧和氧气以裂解油酸的双键并将其转化为两个羧基端基，最终产物是（i）饱和二羧酸壬二酸和（ii）饱和一元羧酸壬酸。相对于最接近的现有技术，该专利实际解决的技术问题是在制备饱和二羧酸的方法中不存在单羧酸副产物。EPO 上诉委员会认为：虽然现有技术中还公开了将油酸氧化以生产壬二酸，但是其产生了副产物壬酸，因此还包含去除该副产物的步骤，现有技术中没有给出在生产饱和二羧酸时不包含单羧酸副产物的方法，因此，没有启示将不饱和脂族化合物通过真菌的突变菌株转化为不饱和二羧酸并通过氧化剂反应制备饱和二羧酸。

在 T 219/87 中，涉案专利涉及一种银金属氧化物粉末（如 Ag/CdO）的制造方法，其包含步骤：（A）在壁温度基本高于盐的分解温度，但各组分的熔点低于雾化温度的条件下，使银和金属盐的混合溶液在热反应容器中使溶剂突然蒸发形成粒径 1～10μm，金属氧化物沉淀 <0.5μm 的粉末；（B）在离心分离器中进行所得粉末颗粒与热废气的分离。该专利说明书中还记载了通过该制造方法，使得产品更适合用于具有良好火花淬火，低汗液和减少燃耗的电触点。最接近的现有技术对比文件 1 公开了银金属氧化物粉末的制造方法，没有公开上述特征步骤（A）。EPO 上诉委员会指出：现有技术中通过控制雾化溶液液滴的大小来控制获得粉末混合物的粒径，而该案中通过温度来控制，并且该温度高于盐的分解温度。现有技术并没有给出相应的技术启示，本领域技术人员没有启示这么做。

8.6.2　技术启示中现有技术给出的教导以及作用

EPO 上诉委员会判例法中，EPO 上诉委员会指出，本领域技术人员应当怎样做，很大程度上取决于他要实现的技术结果。换言之，假设的"本领域技术人员"不是基于闲暇时的好奇心，而是心里怀有特定技术目的而行事的。因此，与根据现有技术获得的结果相比，EPO 上诉委员会在对所要求保护的主题所实现的技术结果的客观评估的基础上一致地决定显而易见性问题。然后假设发明人实际上确实寻求实现这些结果，因此，这些结果被用作定义所要求保护的发明的技术问题（目标）的基础。接下来的步骤是决定现有技术是否以该专利提出的方式提出所要解决的技术问题的解决方案。如果现有技术是书面披露，那么出于实际原因，通常很方便与所要求保护的主题最密切相关的文件作为起点，并考虑其他文件是否建议获得将所要求保护的主题与该"最接近的现有技术"区分开的技术结果。根据 EPO 上诉委员会的既定判例法，当研究创造性时，应当牢记，就像本领域技术人员会做的那样，应当考虑现有技术文件中公开的整体内容。[1]

EPO 上诉委员会判例法同时规定，将现有技术中文件的某些部分与其上下文区分开来，以得出与文件整体教导不同的技术信息是不合理的。根据 EPO 上诉委员会的判例法，应该在其背景和整体上解释现有技术的文件。不允许任意隔离本公开的部分内容，包括附图，以便从中获得与文件的整体教学不同的技术信息。此外，任何事后的分析都是应该避免任何试图误解现有技术的公开以试图扭曲本公开的适当技术教导以便得出所要求保护的主题的文件，因为这将隐藏该发明的实际技术贡献。[2]

8.6.2.1 存在技术启示的情形

在 T 95/90 中，涉案专利权利要求 1 要求保护粒状洗涤剂组合物，包含（a）2%～35%（质量分数）的有机表面活性剂，选自阴离子，非离子，两性和两性离子表面活性剂及其混合物，（b）5%～90%（质量分数）的磷酸盐洗涤助洗剂，其含有至少6%（质量分数）的水溶性正磷酸盐和焦磷酸盐的混合物，重量比为 3∶7 至 1∶20，和（c）0.1%～2%（质量分数）的均聚或共聚多羧酸或其盐或酸酐，其中多羧酸包含至少两个被不多于两个碳原子彼此分开的羧基，其特征在于：该组合物另外包含0.5%～20%（质量分数）的有机过氧酸漂白剂前体，其中有机过氧酸漂白剂前体与聚合多元羧酸的质量比为 10∶1～1∶3。最接近的现有技术对比文件 6 公开了洗涤剂组合物，其与权利要求 1 的区别仅在于漂白活化剂——有机过氧酸漂白剂前体的用量存在区别。无论是在该案中还是在提交的对比试验中，都没有实验证据证明要求保护的含有共聚多羧酸盐和漂白活化剂的组合物由于具体的漂白活化剂的量区别而具有改善的白度维持，并且该用量被对比文件 4、对比文件 7 和对比文件 8 公开，其在各自文献中作用也与该申请相同。因此 EPO 上诉委员会认为：无法阻止技术人员将现有技术文件中不同部分的文本或其他现有技术进行组合，该案不具备创造性。

在 T 112/92（OJ 1994，192）中，涉案专利权利要求 1 涉及在乳液形式的未凝胶加工食品中使用至少一种葡甘露聚糖作为乳化稳定剂。最接近的现有技术的文件（1）公开了使用葡甘露聚糖作为未凝胶加工食品的增稠剂，但是没有提及葡甘露聚糖作为稳定剂的功能。该案与现有技术的区别仅在于葡甘露聚糖的作用存在区别，基于该区别特征该案实际解决的技术问题是寻找葡甘露聚糖的新用途。EPO 上诉委员会称：根据本

---

[1] 《EPO 上诉委员会判例法第 8 版》，I. D. 5，I. D. 9. 4。

[2] 《EPO 上诉委员会判例法第 8 版》，I. D. 6。

领域中的一般知识可以得出结论, 如果使用某一物质作为乳液的稳定剂, 与其作为增稠剂的用途即使没有密不可分, 至少也是密切相关的。虽然现有技术并没有直接公开该案的用途, 对于技术人员来说, 知晓葡甘露聚糖作为乳液增稠剂是有效的, 因而也有动机尝试验证葡甘聚糖是否作为稳定剂也有效, 这是显而易见的。

8.6.2.2 不存在技术启示的情形

在 T 56/87 中, 涉案专利涉及一种控制发散光束的方法, 包括以下步骤:(a) 在所述梁中插入旋转对称的主准直器 (9);(b) 将传输离子室 (11) 定位在从主准直器出射的所述光束中, 所述离子室包括位于离子室中心附近的至少四个平坦的内部离子捕获电极 (15~18) 和至少四个平坦的外离子捕获电极 (19~22) 位于离子室周边附近;(c) 定位内电极, 使所述光束稳定地撞击所述内电极的整个表面;(d) 定位外电极, 使得所述光束稳定地撞击所述外电极表面的第一部分, 所述外电极表面的其余部分位于主准直器的阴影中;(e) 从所述内电极和外电极获得电信号;(f) 通过控制元件 (3~6, 23~26) 利用所述电信号来校正光束中的任何偏差误差, 即光束相对于主准直器的旋转对称轴方向的任何角度偏差, 以及用于校正光束中的任何定心误差, 即相对于所述旋转对称轴的光束相对于光束发射点 (8) 的任何线性位移, 所述步骤 (f) 的特征在于利用来自内电极的电信号 (15~18) 用于校正光束中的所述偏差误差并利用来自外电极 (19~22) 的电信号来校正光束中的所述定心误差。最接近的现有技术对比文件 1 公开了一种控制发散光束的方法, 包括如权利要求 1 的前序部分所述的步骤 (a) ~ (c), (e) 和 (f), 权利要求 1 与对比文件 1 的区别在于:权利要求 1 使用来自内部电极的电信号用于校正 (角度) 偏差误差, 而来自外部电极的电信号用于校正 (横向) 定心误差, 而对比文件 1 公开的相应电极信号利用相反, 也没有公开步骤 (d)。

EPO 上诉委员会认为:虽然由对比文件 1 的图 1 与该申请来看, 二者部分相同, 但是对比文件 1 和任何其他引用的文献中都没有暗示本领域技术人员在光束控制方法中使用主准直器的阴影, 从外电极获得放大的横向对准误差的建议信号独立于插入光束路径中的均衡滤波器的存在和特性, 即获得步骤 (d)。本领域技术人员没有明显的理由偏离如对比文件 1 中所述的对准校正装置的已知布置, 其中外电极和内电极分别用于角度和横向对准校正, 以及以相反的安排取而代之。在权利要求 1 的特征部分中定义的每组电极的反向控制功能对于检测另一种类型的对准误差在技术上是不等同的, 不能被认为该选择属于显而易见的选择。因此, 现有技术没有给出采用步骤 (d) 以及相同校正误差的方法, 不具有相应的技术启示。

在 T 223/94 中, 涉案专利涉及一种过滤嘴香烟, 最接近的现有技术对比文件 1 也公开了一种过滤嘴香烟, 二者的区别在于:要求保护的香烟的尼古丁/冷凝物比率的上限为 1, 和 20~30mm 的过滤器的总长度, 所述中空室具有 2~6mm 通风区域的长度。基于上述区别特征, 涉案专利实际要解决的技术问题是保持过滤嘴香烟的优点同时降低尼古丁/冷凝物的比率并保持味道。虽然对比文件 1 公开香烟的尼古丁/冷凝物比值为 1.5, 其可以显著改善味道, 但是其没有公开与尼古丁/冷凝物的比例的作用。而另一篇对比文件2公开了超轻香烟R1，具有低水平的尼古丁/冷凝物比率，但仍提供高性能，其具有双重味道，但是对比文件2通过组合使用高芳香味道丰富的烟草和双过滤系统，而不使用特殊的过滤器达到上述优点。EPO上诉委员会认为：在该专利的优先权日之前，分别存在两种不同方向引导的技术：使用带混合室的通风双重过滤器（对比文件1）和高芳烟草与不带混合室的特殊流量过滤器结合使用（对比文件2），二者解决相同问题的手段了然不同，不能结合给出解决该申请要解决上述技术问题的启示。

在 T 115/96 中，涉案专利涉及用于在生长阶段喂养猪的喂食装置，其包含通过使饲料分配机构（50－76）独立于进料盘（28）并使出口（26）位于进料中心上方而提供有竞争力的进料器，进料盘（28）足以使生长阶段的任何猪能够从喂食器喂养饲料在出口（26）处并且还穿过进料盘（28）到达进料盘（28）的相对侧。最接近的现有技术对比文件1涉及用于具有框架的猪的喂食装置，该框架使得围绕进料盘径向布置的多只猪能够同时进给。二者的区别在于：权利要求的饲料分配机构独立于进料盘，并且通道的出口位于进料盘的中心上方，足以使猪处于生长阶段，进料器从出口下方进料并穿过进料盘进入进料盘的相对侧。基于上述区别，本领域技术人员可以确定该案实际解决的技术问题是获得增强的仔猪生长速率，根据说明书的记载，通过充分清除饲料托盘中心上方的区域以使多于一只猪在饲料供应下进入并且猪可以竞争相同的饲料部分来获得这种增强的生长。EPO上诉委员会认为：对比文件1公开的喂食装置不允许在猪进食时竞争，相反其采用结构性措施以避免这种情况的发生。因此根据对比文件1，本领域技术人员不会想到猪相互竞争吃掉饲料的可能性，没有给出解决该申请技术问题的教导。

在 T 564/89 中，涉案专利涉及一种光敏聚合物组合物，含有部分皂化的聚乙酸乙烯酯，多官能不饱和化合物和光敏剂，其特征在于所述组合物包含：

A. 100 质量份的部分皂化的聚乙酸乙烯酯，皂化度为 60%～99%（摩尔分数）；

B. 20～200 质量份的多官能（甲基）丙烯酸酯，其分子量不大于 2000 且在同一分子中具有至少两个（甲基）丙烯酰基，并且在同一分子中羟基数等于（甲基）丙烯酰基的数目，所述多官能甲基丙烯酸酯选自：

(a)（ⅰ）具有 2～30 个碳原子和 2～5 个羟基的多元醇的缩水甘油醚与（ⅱ）具有 3～15 个碳原子的不饱和羧酸的反应产物；和

(b)（ⅰ）具有 4～15 个碳原子的不饱和醇与（ⅱ）具有 2～30 个碳原子和 2～5 个羟基的多元醇的缩水甘油醚的反应产物；

C. 1～60 质量份的选自乙二醇，二甘醇，三甘醇，甘油，二甘油，三羟甲基乙烷和三羟甲基丙烷的饱和化合物；

D. 基于组合物的总重量，0.01%～10%（质量分数）的光敏剂。

说明书中记载了要解决的技术问题在于改进水可显影的浮雕图像和由现有技术已知的组合物制造的凹版印刷图像的可产生性。最接近的现有技术文献对比文件1公开了用于制造具有非常好的磨损特性的印刷版的组合物，通过在暴露于光之后进行水显影并避免使用挥发性有机溶剂来获得印刷版。该案与对比文件 1 的区别在于：对比文件 1 没有公开具体结构的组分 B。基于上述区别，技术问题重新确定为在长期印刷超过 50000 件印刷品中减少印刷版中的裂缝形成，以改进长期印刷中的图像可生产性。

EPO 上诉委员会指出：关键的问题不在于技术人员是否可以实施涉案专利的主题，而是他是否能预期能够解决潜在的技术问题。人们往往认为，发明一旦出现，通常表明本领域技术人员通过组合现有技术中的不同要素能够实现该发明，但该论点属于事后分析的产物，不予考虑。对比文件 1 中没有暗示区别特征，也没有给出其可以用于减少印刷版中的裂缝形成，并因此改善长期印刷中的图像可生产性的技术启示。

8.6.2.3　技术教导的作用

EPO 上诉委员会判例法认为：技术可行性和没有技术障碍只是可再现性的必要条件，却不足以使技术人员认定实际可实现的效果是显而易见的。技术人员知晓某一技术手段的固有特性，因而拥有将该手段应用于常规装置中的智力可能性，该事实仅仅确定了以特定方式（技术人员能够使用的方式）使用该技术手段的可能性。但是，如果要确定该智力可能性也是本领域技术人员显而易见会使用的技术方法，则必须证明：现有技术中存在可识别的指引，将已知手段和常规装置组合以实现预期的技术目标，即技术人员会进行此种组合。该技术理由的存在不仅依赖于手段的已知特性，还依赖于装置的已知特性。❶

在 T 203/93 中，涉案专利权利要求 1 涉及一种用于制造红外发光二极管的外延晶片，包括：由 N 型 GaAs 组成的单晶半导体衬底；N 型 GaAs 外延层，由掺杂有 Si 的 N 型 GaAs 构成，形成在所述单晶半导体衬底上；P 型 GaAs 外延层，由掺杂有 Si 的 P 型 GaAs 构成，形成在所述 N 型 GaAs 外延层上；和由 P 型 $Ga_{1-x}Al_xAs$ 混晶构成的混晶层，形成在所述 P 型 GaAs 外延层上，厚度为 $5\sim90\mu m$，载流子浓度为 $1.0\times10^{17}\sim5.0\times10^{17}\,cm^{-3}$，$Ga_{1-x}Al_xAs$ 的混晶比（x）至少在混合晶体层的区域中在 $0.03\sim0.8$ 的范围内，该区域至少 $2\mu m$ 厚并且从界面延伸所述混合晶体层和所述 P 型 GaAs 外延层，所述 N 型 GaAs 外延层的厚度为 $20\mu m$ 至 $100\mu m$，载流子浓度范围为 $1.0\times10^{17}\sim2.0\times10^{17}\,cm^{-3}$ 和所述 P 型 GaAs 外延层的厚度为 $10\mu m$ 至 $80\mu m$，载流子浓度为 $1.0\times10^{17}\sim5.0\times10^{18}\,cm^{-3}$。最接近的现有技术文献对比文件 5 公开了用于制造红外发光二极管的外延晶片，包括：由 N 型 GaAs 组成的单晶半导体衬底；N 型 GaAs 外延层，由掺杂有 Si 的 N 型 GaAs 构成，并形成在所述单晶半导体衬底上；P 型 GaAs 外延层由掺杂有 Si 的 P 型 GaAs 构成并形成在所述 N 型 GaAs 外延层上；所述 N 型 GaAs 外延层的厚度为 $20\sim100\mu m$……和所述 P 型 GaAs 外延层，其厚度为从 $10\sim80\mu m$。权利要求 1 与对比文件 5 相比，区别在于：权利要求 1 还包含由 P 型 $Ga_{1-x}Al_xAs$ 混晶构成的混晶层，限定了 N 型 GaAs 外延层中的载流子浓度。基于上述区别特征，涉案专利实际解决的技术问题是提供用于红外 LED（发光二极管）和红外 LED 的晶片，其可以

---

❶　《EPO 上诉委员会判例法第 8 版》，I.D.5。

表现出高于传统红外 LED 的输出功率。

EPO 上诉委员会指出：在评价显而易见性问题时，应确定在发明的优先权日前，本领域技术人员是否能够认识到以下事实：（a）选择一个合适的技术起点，其在技术上适合并且可以转换为预期的目标（对于该案而言，进一步提高硅掺杂均相二极管的输出功率在技术上是可能的）；（b）特征的已知特性能够将产生的装置和功能转换为满足预期目标的主题（对于该案而言，通过其透明度、其内在和表非辐射复合的界面—窗口层将增加硅掺杂均相二极管的输出功率）；以及（c）鉴于预期目标，现有技术水平为技术人员提供在工业开发或制造方面更有利、更简单或更有前景的替代措施，因此技术人员只能给出唯一的方式（对于该案而言，没有已知的方式比增加一个额外的具有窗口层的附加涂层更容易允许硅掺杂均相二极管的增加输出功率）。窗口层的组合使用和有源层中增加的载流子浓度提供了令人惊讶的协同效应，这对于本领域技术人员并非显而易见的。因此该案采用了并非本领域惯用的技术手段，现有技术并没有给出技术启示。

在 T 280/95 中，涉案专利权利要求 1 涉及用于磁带记录装置（1）的写入和读取头（7）的清洁盒（12），（a）将盒（12）插入磁带录音机（1）所需的清洁盒（12）上的引导部分，（b）设置在盒子（12）一侧的清洁装置（22－25），面向记录装置（1）的书写和读取头（7），（c）移动的与侧壁的（Ⅳ）中，并在其中被引导的承载部分（16）的清洁装置的内部并相对于清洁盒（12）和反向于磁带运行方向作为工作方向，设置在（d），以及在承载部分（16）和所述写入和读取头（7）的面向刷部件（25），其中，所述清洁构件（25）比磁带记录装置的读取头更宽。

其特征在于：

（e）清洁部分沿书写和读取头（7）的方向弯曲，

（f），其在沿着所述写入和读取头（7）的长度两个工作方向（Ⅳ）所述清洁部分（25）也是可行的，并且这样的弹性，它［与以两种工作方向位移（Ⅳ）中的写入的区域和读取头（7）］与待清洁的顶面保持恒定接触，其材料在工作路径的末端吸收污垢，

（g）清洁部分（25）和支撑部分（16）之间具有用于清洁部分（25）的保持部分（24）

（h）并且清洁部分（25）可以通过横向于延伸连接器的工作方向（Ⅳ）互换。

最接近的现有技术 E1 开了一种具有特征（a）至（d）的清洁盒。E1 也有一个内置于支承部件 35 的保持部件 38 用于清洁部件 37。权利要求 1 与 E1 的区别特征在于（e）、（f）和（h）。基于上述区别特征，涉案专利实际要解决的技术问题是提供一种清洁盒，其中与所述清洁部分之间的清洁压力读/写头限定部分是易于更换和写入的，清洁部分和读出磁头可以被完全和充分清洗。文档 E5 公开了一种清洁部件（清洁垫 66）和支撑部分（与保持头部 62 弹簧部 42）之间的清洗盒带布置用于清洁部保持部件，其与权利要求 1 的区别在于清洁垫不是弯曲的，并通过在头部的弹簧 42 施力，以进行清洗。

EPO 上诉委员会认为：首先，E1 的解决方案不同于区别特征（e）和（f），现有技术中也没有给出对于清扫部件弹簧的弯曲和材料的选择的技术启示。其次，虽然 E5 给出了使用可替换性清洁保持部件的启示，但是其使用了单独的弹簧，无法达到该专利特征（h）的效果，因而无法解决该专利要解决的技术问题，不存在与 E1 结合解决该申请要解决的技术问题的启示。因此，现有技术没有给出获得该专利技术方案的技术启示。

8.6.3　合理的成功预期

根据 EPO 上诉委员会的判例法，如本领域技术人员可以预期某些改进或优点而实施一系列活动，则该活动可根据 EPC1973 第 56 条被认定为是显而易见的。换言之，不仅可以清晰地预测结果时是显而易见的，而且可以合理地预期成功时也是显而易见的。不必确定设想技术问题的解决方案的成功必然可预测。要证明解决方案显而易见，确定本领域技术人员会以合理的成功预期遵循现有技术的教导就足够了。既往判例表明，EPO 上诉委员会认为，成功的合理预期不需要绝对确定性。本领域技术人员将文件中的具体参考作为尝试使用请求保护的主题解决技术问题的提示。依据 EPO 上诉委员会建立的与该案相关的另一种方法，本领域技术人员"应当会有些成功的预期，或者最差的情况是没有任何特定的预期，但是抱着'试试看'的态度，这不等于不存在成功的合理预期"。还判定了成功的预期取决于要解决技术问题的复杂程度。虽然对于需要考虑被告所依赖的但不包含在权利要求 1 中的所有特征的、较高目标的问题，可能预期重要的困难是先验的，较低目标的问题通常可以较高的预期成功。曾有些案件因技术人员处于"试试看"的情况导致 EPO 上诉委员会否定了其创造性。如果考虑到现有技术内容，技术人员已经清晰地设想了一组化合物或者一个化合物，然后通过常规实验确定这些化合物是否具有理想的效果，这就属于"试试看"的情况。❶

在 T 149/93 中，涉案专利权利要求 1 涉及一种类视黄醇的用途，所述类视黄醇选自维生素 A 的所有天然和/或合成类似物、或在皮肤中具有维生素 A 的生物活性的视黄醇类化合物，用于制备包含非维生素 A 的组合物；包括皮肤病学可接受的载体，通过局部施用于皮肤表面的维持治疗方案治疗人体皮肤真皮损伤；用于延缓和逆转胶原纤维的损失，弹性纤维的异常变化，血液的恶化在受损的人皮肤中形成血管，并形成异常的上皮生长，选择排除全反式视黄酸外的类视黄醇的量，以便为应用提供亚刺激剂量。最接近的现有技术对比文件 4 涉及通过局部视黄酸修复 UV 诱导的皮肤损伤，无毛白化小鼠通过进行试验暴露于特定剂量的紫外线，辐射剂量被设计成对皮肤产生轻微损伤，其中某些动物未经处理，其他动物则使用不同浓度的视黄酸。该案与最接近的现有技术对比文件 4 的区别在于用途不同：该申请用于人体皮肤而对比文件 4 用于小鼠皮肤。

---

❶ 《EPO 上诉委员会判例法第 8 版》,I. D. 7. 1。

EPO 上诉委员会认为：即使在 1984 年，对老鼠进行的实验也可能为将来可能对人类进行实验奠定基础。因此虽然人体和小鼠皮肤虽然存在差别，但是基于本领域的常规知识，本领域技术人员有启示将用于小鼠的类视黄醇用于人体中，并且本领域技术人员可以预期其效果。

在 T 1053/93 中，涉案专利权利要求 1 涉及用于清洁和软化织物的洗涤剂组合物，包括：（i）洗涤剂活性物质；（ii）织物柔软黏土材料；和（iii）纤维素酶。最接近的现有技术对比文件 1 涉及颗粒状的洗衣洗涤剂组合物，其同时显示出令人满意的洗涤和软化性能，其包含合成的非皂洗涤剂、助洗剂盐和特定的织物柔软黏土作为基本组分，以及任选的组分，如酶。权利要求 1 与对比文件 1 的区别在于权利要求 1 具体限定了酶为纤维素酶，实际解决的技术问题是进一步改善对织物的软化效果。

EPO 上诉委员会认为：在本领域中技术人员公知纤维素酶通过从纤维切割原纤维而产生粗糙度降低效果，而黏土通过润滑提供其软化效果，另一方面，已知黏土的软化效益是非线性的，因为它在较高含量的黏土中给出的益处较少。因此为了解决上述技术问题，本领域技术人员考虑到纤维素酶的软化机理和所述黏土的软化效果的非线性，可以预期纤维素酶加入对比文件 1 中具有额外的软化效果。因此，该专利的技术效果是可预期到的。

在 T 1577/11 中，涉案专利权利要求 1 涉及阿那曲唑或其药学上可接受的盐在制备用于降低患有早期乳腺癌的绝经后妇女中癌症复发率的药物中的用途，其中在不存在他莫昔芬的情况下提供阿那曲唑。最接近的现有技术对比文件 4 公开了抗雌激素三苯氧胺在绝经后妇女的晚期和早期乳腺癌的内分泌治疗中的用途，在早期乳腺癌治疗中，他莫昔芬可降低雌激素受体阳性和雌激素受体未知肿瘤患者的复发率和死亡率。基于最接近的现有技术，该专利实际要解决的技术问题是提供降低癌症复发率和新的癌症形成率的方法，解决的手段是使用阿那曲唑。

EPO 上诉委员会认为：本领域技术人员公知他莫昔芬在治疗晚期和早期乳腺癌中的用途。本领域技术人员还意识到阿那曲唑相对于他莫昔芬在晚期乳腺癌的内分泌治疗中的优越性，以及对其治疗早期乳腺癌的期望。换句话说，技术人员将合理地期望阿那曲唑在早期乳腺癌的内分泌治疗中比他莫昔芬更有效，即在该案中，使用阿那曲唑以及不使用他莫昔芬的效果都是本领域技术人员可以预期到的效果。

在 T 223/92 中，涉案专利权利要求 1 涉及一种称为干扰素-γ 的蛋白质，其由其氨基酸序列定义，具有 146 个氨基酸的数目，计算分子量为 17400。文件 21 是最接近的现有技术，描述了一种纯化蛋白质存在的尝试。其中一些属性是众所周知的，该蛋白质代表三组蛋白质中的一组，称为干扰素，具体提供了对早期仅有的少数纯化和确定最不充分表征的干扰素物种的尝试的改进，但对于蛋白质的特性和可用性仍然存在障碍。由于缺乏建立物质活性的普遍接受的标准，因此本领域技术人员不可能客观地确定改进的生产方法。

EPO 上诉委员会认为，在该案中，需要考虑本领域技术人员的知识和能力的相关日期是 1981 年 10 月，当时相当多的基因成为克隆和表达方法的主题，该技术领域的技能和经验正在迅速发展。本领域技术人员的知识必须被认为是适当专家团队的知识，他们知道在考虑克隆新基因时存在的所有困难。然而，必须假设技术人员缺乏创造性的想象力来解决已经不存在常规解决方案的问题，这里的适当比较不是与团队相关，而是与执行项目的高技能技术人员进行初始指示收到的已经足以告诉技术人员如何克服可能出现的任何问题相关。这个具有实际取向的名义的技术人员必须仔细权衡任何技术所需的时间和精力，以及可以合理预期的成功概率，在每种情况下都基于其自身的技术事实而且无须在尚未探索的领域进行科学研究。在这种情况下技术人员在没有任何合理的成功期望的情况下尝试这种方法是不够的。虽然有人可能选择了重组 DNA 技术的路线，但他只会尝试它，尽管成功是非常不确定的，例如因为他相信自己的运气，技巧和创造性的聪明才智来克服已知的问题，虽然这些问题是普通技术人员预期会失败的，但这些问题仍然存在。

在 T 737/96 中，涉案专利权利要求 1 涉及一种红发夫酵母（Phaffia rhodozyma）细胞的制备方法，其在包含氧转移率至少 30mmol/(L·h))的条件下在 Difco YM 培养基上于 20～22℃ 在 500mL 摇瓶中生长 5 天。用两个含有 50mL 培养基的挡板并以 150r/min 进行轨道振荡，接种物为 100μL 的 4 天龄 YM 培养物，产生虾青素含量至少为 600μg/g 的酵母干物质由下式确定：使用纯虾青素作为标准物在酵母的甲醇提取物上进行 HPLC 分析，所述酵母通过将 0.2g 酵母干物质在 20mL 甲醇中的悬浮液以半分钟的间隔进行 5×1min 的崩解来制备，进行崩解。在含有 15g 直径为 0.4mm 的玻璃球的玻璃球磨机中，在最高 20℃ 的温度下，玻璃球磨机设有带冰水的冷却夹套，所述方法包括处理天然存在的发夫挥发物带有诱变剂的酵母细胞，它是乙基甲磺酸盐或 N-甲基-N′-硝基-N-亚硝基胍。最接近的现有技术涉及红发夫酵母作为虾青素生产原料及其作为水产养殖饲料的用途。基于最接近的现有技术，该专利实际要解决的技术问题是提供红发夫酵母突变体，以产生增加的类胡萝卜色素－虾青素的产量。

EPO 上诉委员会认为：对于本领域技术人员来说，显而易见的是进入用诱变剂，如 EMS 和/或 NTG 处理天然存在的发夫酵母菌株的途径，以制备产生更多虾青素的突变体。这只是持续应用的常规变异技术，在现有技术中没有发现任何会妨碍技术人员在发夫酵母菌株上使用这种广泛使用的方法的内容。关于发夫酵母的不完全认知不会阻止技术人员，因为诱变非常适合于这种技术环境。尝试评估随机技术如突变的成功预期是不合适的，因为其结果取决于概率事件。因为技术人员知道除非建立特定的筛选方法，否则由于无法对突变事件进行任何控制，毅力和运气在获得成功中起到关键作用，但涉案专利并非如此。此种情形下，像买彩票一样，成功预期通常在从无到高之间无规律地变化，因此无法基于技术事实进行合理评估。

8.6.3.1　技术启示寻找的范围

根据 EPO 上诉委员会的既定判例法，具体的技术启示可以来源于最接近的现有技术的其他部分、与最接近的现有技术不同的对比文件，或者跨领域的其他对比文件。

当研究创造性时，应当牢记，就像本领域技术人员会做的那样，应当考虑现有技术文件中公开的整体内容；将这些文件的某些部分与其上下文区分开来，以得出与文件整体教导不同的技术信息是不合理的。无法阻止技术人员将文件中不同部分的文本进行组合。应当避免对文档的任何事后分析，即，应当避免任何试图曲解现有技术的公开内容以歪曲公开内容的正确技术教导以达到要求保护的主题，因为这将隐藏发明的真正技术贡献。❶

在 T 261/87 中，涉案专利涉及一种含有药理活性成分的肠溶包衣的硬明胶胶囊，其特征在于所述成分是薄荷油，每个胶囊的量为 0.05～0.5mL，用于治疗肠易激综合征或肠道综合征（i. c. s.）用途。最接近的现有技术文献（1）涉及含有薄荷油的胶囊，没有提及胶囊是由硬质或软质明胶（或其他物质）制成，以及它们是否是肠溶衣。非常陈旧的文献（24）涉及薄荷及其成分如薄荷油的治疗用途，以防止经常与 i. c. s. 相关的症状，如肠胃胀气，肠痉挛性疼痛，紧张和腹泻，并包括完全不同的情况，如神经性头痛和淋病，为技术人员针对特殊用途的胶囊化薄荷油对抗众所周知的难以治疗的疾病的可能性。文献（24）表明，70 年前的现有技术已经非常接近于制造发明，但实际上没有实现，同时发展趋势转向薄荷油并走向完全不同的方向。

EPO 上诉委员会指出：对于技术人员来说，将单独且非常陈旧的文件（如 50 年前的文件）与最接近的现有技术相结合是非显而易见的，该文件没有在现有技术中引发一种趋势，同时其教导与当前的趋势背道而驰。基于上述现有技术，人体治疗中薄荷油的各种已知用途并不构成技术人员提供含有薄荷油的肠溶包衣胶囊用于治疗 i. c. s. 的动机。

在 T 715/09 中，涉案专利涉及柴油发动机的电热塞，文献 E3 作为最接近的现有技术，同样公开了涉及柴油发动机的电热塞，权利要求 1 与 E3 相比，区别特征仅在于：该专利的电热塞通过等离子体沉积在金属护套外表面施加绝缘材料层。基于上述区别特征，确定该专利实际解决的技术问题是选择在安装钛护套和电热塞的管状体之间的金属护套（电热塞的金属加热棒）上涂覆绝缘涂层的方法时，可以使其承受由于干涉引起的高应力。E3 仅仅简单地说明绝缘是由陶瓷涂层形成的，并没有说明如何涂覆涂层。文献 E7～E9 公开了一种具有金属护套的电热塞，该金属护套通过等离子体沉积涂覆有绝缘层。本领域技术人员通常知道，等离子体沉积产生具有高剥离强度的极硬和耐磨的层。

EPO 上诉委员会认为：单独的 IPC 分类不是决定两个现有技术是否可以进行组合的原因。在该案中，文献 E7～E9 表明众所周知地在电热塞的制造中使用等离子体沉积，面对在 E3 中解决选择合适绝缘涂层合适方法的问题，本领域技术人员有启示选择电热塞领域中的已知方法，而由文献 E7～E9 中给出了在电热塞中使用等离子体沉积可以提供坚硬耐磨的陶瓷涂层，因此无须本领域技术人员付出创造性的劳动将文献 E3 与

---

❶ 《EPO 上诉委员会判例法第 8 版》，I. D. 9. 4。

文献 E7～E9 中的任一者结合得到发明要求保护的电热塞。

在 T 745/92 中，涉案专利权利要求 1 涉及用于点火和操作的开关装置，其具有至少一个高压放电灯的稳定放电，该装置设有镇流装置，用于在高压放电灯工作期间稳定放电并且至少两个灯连接点相互连接通过包括电容器和开关元件的分支，电容器还连接到充电电压源，其特征在于，开关元件是充气击穿元件。最接近的现有技术对比文件 2 公开了用于高压放电灯的点火和操作的电路。权利要求 1 与对比文件 2 的区别在于：权利要求 1 中的开关元件是充气击穿元件而对比文件 2 对应公开了晶体管。基于上述区别可以确定该专利实际要解决的问题是改进半导体元件通常相对较慢地切换，或者如果它们是快速切换类型则成本非常昂贵。根据该发明，通过使用充气击穿元件作为开关元件，代替文献对比文件 2 中的晶体管开关（8）。文献对比文件 1 示出了用于操作闪光灯的电路，建议在所述电容器的放电路径中安装至少一个与闪光管（4）串联的另一个放电管（3），另外的放电管也通过来自变压器次级的高压脉冲导通。然而，这仅在变压器（6）的次级上的电压已经很高时才可以实现。

EPO 上诉委员会认为：从对比文件 2 中披露的内容开始并且正在寻求避免与使用开关晶体管相关的缺点的技术人员不会考虑对比文件 1，这是因为对比文件 1 中公开的电路装置中，仅在变压器（6）的次级提供的电压变得优于直流电源（1）的电压之后，附加放电管（3）中的放电才启动。此外，所述附加管用于阻止电容器（2）通过启动变压器（6）的次级绕组放电，即用于解决技术问题，其与该案要解决的技术问题并不相同。而该专利保护的发明通过用充气的击穿元件代替传统的开关元件，即不同于本领域的常规手段，没有采用对比文件 2 已知的电路的晶体管（8）。这种布置产生用于高压放电灯的点火电路，其既便宜又有效，解决了本领域技术人员永久关注的技术问题。可见，虽然对比文件 1 和对比文件 2 具有相同分类，但是由于对比文件 1 解决的技术问题与该案并不相同，该案没有采用如对比文件 2 中的常规手段，因此仅具有相同的分类不是现有技术可以显而易见组合的理由。

在 T 176/89 中，涉案专利涉及一种生产超高分子量聚乙烯拉伸长丝的方法，包括：

"（1）熔融捏合由如下组成的混合物，

"①基于组分（a）和组分（b）总和为 100 质量份，15～80 质量份的超高分子量聚乙烯，基特性黏度在 135℃萘烷中测定为至少 5dL/g，和

"②基于组分（a）和组分（b）总和为 100 质量份，20～85 质量份的石蜡，基通过 DSC 方法测定具有 40～120℃的熔点，通过 GPC 法测定的 230～2000 的重均分子量，

"（2）将熔融混合物熔融挤出通过保持在 180～300℃温度的喷丝头型模头，形成纺丝长丝，以不小于 2 的牵伸比施加到纺丝长丝上，

"（3）冷却所得的牵伸长丝使其固化，并且

"（4）使固化长丝在 60 至 140℃的温度下以至少约 3：1 的拉伸比进行拉伸处理。"

文献（1）和文献（2）彼此结合构成最接近的现有技术，其属于同一个专利权人，

文献（1）教导了通过将聚乙烯溶解在大量过量的挥发性溶剂中然后使用柱塞式挤出机进行溶液纺丝来生产具有高拉伸强度和弹性模量的超高分子量聚乙烯长丝，手段为溶剂与聚合物混合，冷却后故意保留溶剂，从而形成凝胶，并确保在拉伸步骤中溶剂大量存在。文献（2）解决用超高分子量聚乙烯制造强力长丝相关的问题，没有提及在先的文献（1），同时其教导了在拉伸之前可以蒸发全部或部分溶剂，与文献（1）给出的教导完全相反。

EPO 上诉委员会认为：在例外情况下，这两个文件必须结合起来解读；这两个文件具有相同的专利权人，大体相同的发明人，且明显涉及同一套测试方法。但是，一般来说，在判断创造性时，如果在此情况下两个文件的教导内容明显是互相矛盾的，那就不应该将两者结合起来，文献（1）和文献（2）没有相互结合的技术启示。

在 T 881/09 中，涉案专利涉及一种带有可拆卸连接的盘式制动器转子的自行车盘式制动器毂，最接近的现有技术 E1 公开了一种自行车盘式制动器毂。与权利要求 1 所述的转子安装凸台形成对比的是，从 E1 已知的转子安装凸台与盘式制动器转子整体形成，该转子安装凸台可"连接"到所述盘式制动器转子并因此形成单独的部件。权利要求 1 与 E1 的区别在于：权利要求 1 中转子安装凸台可连接到制动盘转子，即该案通过将盘式制动器转子的设计从如 E1 所述的单件式设计改变为包括两件式的设计，其中转子安装凸台形成单独的部件，盘式制动器转子可以设计成具有更大的灵活性。E2 同样属于自行车盘式制动器技术领域，公开了盘式制动器转子的两件式设计允许在两个方面优化制动盘：可以选择制动区域的材料以提供高摩擦系数并由此提供最佳制动性能而更复杂设计的安装区域可以由铝合金之类的材料制成，这种材料易于加工并且之后可以回火（即硬化）以提供所需的稳定性。

EPO 上诉委员会认为：E1 试图解决通过将轮毂直接连接到制动盘转子而在其间没有任何安装凸台的情况下，复杂性和成本的问题。因此，E1 拒绝了两件式概念并且教导了使用单件式概念，而 E2 提出了使用两件式概念，其中盘式制动器转子和转子安装凸台由两个单独的部件制成。虽然 E1 和 E2 属于相同的技术领域，但是这两份文件的教导相互之间存在很大的差异，鉴于它们的不兼容性，它们的组合并不明显，因此进行结合是人为的和事后分析的结果，发明并非显而易见。

在 T 552/89 中，涉案专利涉及一种用于产生电子束的装置，其包括具有一系列辊对的细长阴极结构，在所述辊对之间保持多个平行阴极棒。在操作期间，阴极棒的尖端由于蒸发而腐蚀，并且阴极棒需要递增地前进以补偿被侵蚀的材料，使得沿着阴极结构的长度的电子束性能保持基本恒定。为此，监测电子束性能，并且当检测到电子束性能的预定变化时，产生控制信号，该控制信号又使辊推进阴极棒。最接近的现有技术对比文件 3 公开了产生电子束的装置，权利要求 1 与对比文件 3 的区别在于：（ⅰ）当检测到电子束性能的变化时，监测装置产生控制信号，（ⅱ）阴极棒延伸并且保持在一系列辊对之间和（ⅲ）阴极棒通过后者的作用响应控制信号而前进，以补偿阴极棒的腐蚀。基于上述区别特征，该专利实际解决的技术问题实质上是在已知的电子束发生装置中（a）提供自动补给，（b）简化或改进的阴极结构，其能够在相对长的时间内自动补充阴极材料，从而减少设备的关闭次数。

EPO 上诉委员会认为：上述区别（ⅰ）～（ⅲ）分别被文献对比文件 2 和对比文件 4 公开，在该案中，一个技术问题可能由"多个单独问题"构成。单独问题的数量显然取决于所考虑的权利要求的详细程度，所引证的决定并未表示，只要超出一定数量，创造性就能被认可；相反，只要相应的解决方案"仅仅是集合"在权利要求中时，则试图解决单个问题就是显而易见的。就该专利而言，要解决的技术问题实际上是由不同的多个单独问题集合构成的，对应于解决单个问题的现有技术文件之间是具备相互结合的启示的。

8.7　公知常识

公知常识是专利申请或专利创造性判断中的重要概念，EPO 在 T 766/91 中总结道：通常接受的观点是，公知常识是指该领域有经验的人员应该掌握的知识，或者至少当他需要时他知道能在手册中查到的知识。这类作品中的陈述被用作合适的引用，以表明什么是常规知识。信息不会通过在给定的手册或教科书中发表而成为公知常识，而是在它出现在上述作品中时已经众所周知。因此，比如说，在百科全书中公开，通常可视为能够证明信息不仅已知，而且该百科全书是公知常识的证据。❶

8.7.1　公知常识的涵盖范围

教科书、技术词典、技术手册等工具书中记载的为解决某一技术问题所采用的技术手段被称为公知常识性证据，是证明该技术手段属于公知常识的证据。通常而言，不是众所周知的技术知识和不是本领域的普通技术知识，也并非记载在上述工具书中的知识不属于公知常识。

EPO 关于公知常识的规定如下：公知常识可以有不同来源，不必来源于特定日期的特定文档。仅当有争议时，关于某项内容是公知常识的断言需要文档证据（例如，教科书来支持）。公开文件如专利文献、技术期刊通常不能被视为公知常识。特定情况下，多份技术期刊中的文章可以支持公知常识。这尤其适用于那些对某一主题进行综合评论或研究的文章。对于本领域技术人员而言，在组合新材料时，仅几个制造者对这些材料的调查结论可以形成相关的公知常识，即使所涉及的研究仅在技术期刊上被发表。另一个例外是，如果发明涉及的研究领域非常新，以至于从教科书中尚不能找到相关的技术知识时，公知常识可以是专利说明书或科技出版物中包含的信息。基本教科书和专论可被视为包含公知常识，如果他们包含的参考文件引导读者到涉及特定问题的其他文章，这些文章也可被视为公知常识的一部分。应当记住，信息并不因为

---

❶ 《EPO 审查指南 2018 版》，G－Ⅶ，8.3。

在特定教科书、参考书等被发表而成为公知常识；相反，因为信息已经成为公知常识，才在这种书中出现。这意味着这种出版物中的信息必须在出版日期之前已经成为公知常识。❶

在 T 378/93 中，涉案专利涉及一种制造半导体器件的方法，其与最接近的现有技术对比文件 2 的区别在于：(a) 轻掺杂的单导电层 (21)；(b) 仅由一种材料制成的伪栅极 (31)；(c) 为了形成侧壁膜 (33) 而由第二材料制成，即与伪栅极的材料不同的材料沉积的层 (32)；(d) 进行热离子注入；(e) 离子注入之后进行退火；(f) 注入的杂质是浓度为 (3～5)×10^{19} cm^{-3} 的 Se；(g) 由 Au，Al 或 Ti/Al 的单层结构制成，或者由这些金属构成的多层结构制成的电极构成构件 (34)；并且 (h) 去除侧壁膜 (33) 和沉积在其上的电极构成部件 (34)。EPO 上诉委员会认为：对比文件 2 和该案都涉及小型化 FET（非常小尺寸的半导体器件）的制造。对比文件 5 是由在 GaAs 衬底上形成的半导体器件领域有公认能力的作者起草的技术手册，对比文件 4 是发表在有专业资质和良好全球声誉的专业期刊里的文章，二者都属于在该技术领域工作的技术人员的普通常识，对比文件 4 和对比文件 5 教导的特征 (d，e，f，g) 都属于技术人员的公知常识。

在 T 537/90 中，涉案专利涉及一种生产具有良好冷加工性的线材的方法。EPO 上诉委员会认为：文献 5、6、7、9、11、B4、B5、B6 和 B7 都属于世界范围内本领域中各工程制造和研发部门从不同角度揭露他们获得或汇总的知识而在一段时间内在会议和期刊出版物等发表的文章。文献 B6 是相同领域的最接近的现有技术，其与该案的区别在于：中碳质钢含有低至 0.0001%～0.045%（质量分数）的硼；最终轧制温度在 950 至 1100℃的温度范围内；以约 4℃/s 的温度延迟冷却至 <300℃的温度。所述区别特征被文献 6、B7 等公开或给出了启示，因此该案不具备创造性。在该案中，虽然各文献本身并不是公知常识，但是其表示在相当短的时间内，报道某个特别活跃的技术领域中的会议和研究的大量专业出版物，可以反映出这段时期内该领域的公知常识。

8.7.2 公知常识的证据形式

EPO 审查指南规定：公知常识可以有不同来源，不必依赖于特定日期的特定文档。……如果该发明涉及的研究领域非常新，以至于从教科书中尚不能找到相关的技术知识，公知常识可以是专利说明书或科技出版物中包含的信息。可见，EPO 认为，作为公知常识的证据，其形式可以是教科书、工具书，在特定情况下也可以是专利说明书或者科技期刊等出版物。

在 T 51/87 中，涉案专利涉及通过 C-076 反应获得的化合物。申诉人认为，该案仅公开了通过发酵生产 C-076 化合物的方法，没有给出分离和识别各个起始化合物的方法。而申请人提供了文件 (5)，并认为其属于本领域技术人员的公知常识。在本领

---

❶ 《EPO 审查指南 2018 版》，G—Ⅶ，3.1。

域中，不能局限于普通的化学文献。在一个专门的和新开发的研究领域，如 C-076 化学领域，既定事实是本领域技术人员不仅仅从教科书中获得他的知识，因为这些教科书总是落后于前沿的研究几年。此外，在该领域中，在相关日期没有公认的教科书，因此本领域技术人员不仅将参考标准化学文献来补充"公知常识"，而且还将寻求最新的专业出版物和最新公布的专利文献。EPO 上诉委员会认为：在该案中，C-076 起始化合物是高度精细化的微生物代谢物，开辟了一个全新的研究领域，因此，通过基础开拓性工作开始在该领域获得的任何技术知识尚未被提炼到教科书的形式。该案应根据其自身的特点来决定，文件（5）将被视为该领域研究的一般知识，作为本领域的公知常识。

在 T 939/92 中，涉案专利涉及一种三唑磺酰胺及其盐，其要解决具有除草活性的技术问题。EPO 上诉委员会认为：现有技术也可以完全只存在于相关的公知常识中，反过来说，不一定要以书面形式，即工具书或类似方式表现，而是可以仅仅是普通技术人员不成文的"知识储备"的一部分。但是在有争议的情况下，则必须提供证据证明相关公知常识的范围，例如书面证据或口头证据。在该案中，上诉人提交的说明书中包含的测试结果表明，一些要求保护的化合物确实具有除草活性，但该测试结果不能被视为基本上所有要求保护的化合物都具有活性的充分证据，其原因在于：本领域未经证实的公知常识表明所要求保护的化合物中存在的取代基类型与所谓除草活性无关。而所公开的化合物之间存在结构差异，本领域技术人员基于其掌握的普遍常识不能预测所要求保护的化合物均具有除草活性，因此可以接受作为无可争议的普通常识，即小的结构修饰也可能导致生物活性的重大差异。然而，人们也普遍认为化合物的性质确实在很大程度上取决于它们的化学结构，因此技术人员通常预期两种具有相似化学结构的化合物具有相似的性质。鉴于上述所有因素，原则上可以合理预测化学结构与生物活性之间的关系，但有一个限度，超出该限度就无法有效地作出这种预测。

在 T 426/88 中，涉案专利涉及一种控制内燃机怠速的方法，反对意见引用了手册 3 作为技术人员的一般知识。专利权人认为手册 3 代表在该专利的优先权日之前较早首次公布的单个现有技术参考文献，其为德语，不属于英国该领域专家会查阅的常规参考书目。此外，没有明示或暗示该技术可能对内燃机有任何应用。EPO 上诉委员会认为：专利的优先权日期与手册 3 仅相差 8 年，属于本领域技术人员能够考虑的基本技术内容。同时该书籍提供了涵盖发明特定技术领域的一般教导，是该特定技术领域的专家的普通技术知识的组成部分。当代表公知常识的书籍描述了基础的普通技术理论或方法，且其示例只与某技术领域的特定应用相关时，这并不限制其与一般范围和公开内容的相关性，因而不会排除该公知常识在其他领域中应用的可能性。

8.7.3　公知常识的举证责任和证据时效

8.7.3.1　举证责任

公知常识是指该领域有经验的人员应该掌握的知识，或者至少当他需要时他知道能在手册中查到的知识。这类作品中的陈述被合适的场合引用，以表明什么是常规知识。信息不会通过在给定的手册或教科书中发表而成为公知常识，而是在它出现在上述作品中时已经被众所周知。因此，比如说在百科全书中公开，通常可视为能够证明信息不仅已知，而且是公知常识的证据。只有在 EPO 上诉委员会或第三方对某些信息是否属于公知常识进行质疑时，才需要对其进行证明。当某些信息属于公知常识的主张被质疑时，提出该主张的一方必须提供其确实属于公知常识的证据。❶

在 T 243/93 中，涉案专利权利要求 1 涉及一种吸收性水合物，包含以下物质的混合物：a）颗粒状水不溶性的水溶胀性吸收聚合物；和 b）含水液体，条件是当聚合物是淀粉水解的聚丙烯腈接枝共聚物时，水合物的水含量大于水合物总重量的 22%。EPO 根据请求人的质疑，提供了公知常识文件《高分子科学与技术百科全书》，证明上述权利要求中的"水合物的水含量大于水合物总重量的 22%"属于公知常识。这说明 EPO 上诉委员会认为当公知常识被质疑时，另外一方需要提供相应的证据进行证明。

在 T 1641/11 中，涉案专利涉及一种用于从空气或水中过滤和消除嗜肺军团菌的过滤器结构，过滤介质包括由纤维体中处理过的聚丙烯或聚乙烯纤维组成的非织造织物和选定的抗菌剂化合物，该化合物与其他非织造织物和支撑网一起以夹层结构排列。上诉人认为用抗菌剂化合物处理的人造和合成纤维的制造属于现有技术，甚至构成技术人员的一般常识，并提交了两篇专利文件对比文件 5 和对比文件 9 作为证明，认为涉案专利中使用的纤维种类，即在体内（和核心）用抗菌剂处理的纤维，不仅属于现有技术并且是技术人员公知的。EPO 上诉委员会认为：虽然本领域的一般知识由关于该主题的基本手册和教科书代表，它通常不包括专利文献和科学文章。但是对于该案而言，EPO 上诉委员会接受了上诉人将具有代表性的专利文件对比文件 9 作为公知常识证据，进而据此认定对比文件 9 的聚合物母料组合物制成的纤维可以由聚乙烯或聚丙烯组成，并且在纤维体中包含大量的抗菌剂（如氯化苯酚）。对比文件 9 还公开了用于织造和非织造织物的聚合物纤维的制造，该纤维含有约 1%～10%（质量分数）的抗菌剂。而本领域公知氯化苯酚属于抗嗜肺军团菌申请中使用的抗菌化合物，因而对比文件 9 中公开的纤维同样具有抗嗜肺军团菌的作用，因而也能够解决该案要解决的技术问题。

在 T 941/04 中，涉案专利涉及用于读出和写入至少两种类型的转发器的设备。最接近的现有技术 E1 公开了用于读取和写入至少两种类型的转发器的设备，其与涉案专利之间的争议焦点在于：（ⅰ）由文献 E1 中已知的装置发出的激励信号是否代表该专利的问题数据序列；（ⅱ）文献 E1 由应答器接收的响应信号是否对应该专利权利要求中定义的用于确定应答器类型的响应数据序列；和（ⅲ）文献 E1 是否教导了一种确定的装置，或至少表明，用于存储对于每个发射机应答器类型的预期响应数据序列，并比较接收存储器装置，用于通过基于接收到的响应数据序列与所述比较评估所述接收的响应数据序列确定所述应答器类型在接收的存储器中存储预期的响应数据序列。EPO 上诉委员会并没有支持申诉人的理由，由于专利权人对确定应答器类型是数据传

---

❶ 《EPO 上诉委员会判例法第 8 版》，I. D. 8. 3。

输协议的一个共同部分是否属于一般专业知识提出了质疑，而申诉人没有提交证据证明该信息属于一般专业知识。

在 T 690/06 中，涉案专利申请涉及一种用于监视多个用户（5）的财务记录并且用于给多个相互独立的金融服务提供商（6）选择性地访问财务记录的计算机系统。上诉人认为在国际阶段作为国际检索单位的欧洲专利局未进行检索，而是基于一个描述模糊的网络计算机系统作为最接近的现有技术评估了该案的创造性。欧洲专利局的审查部门认为上述现有技术属于公知常识的一部分，并且不需要书面证据。上诉人认为：如果断言某些事物是共同的一般知识的一部分受到质疑，那么作出主张的人必须提供证据证明所谓的主题确实构成了共同的一般知识的一部分。因此为了成功地证明所谓的现有技术实际上是公知常识，审查部门需要以这种手册或教科书的形式提供证据。EPO 上诉委员会支持了上诉人的观点，认为审查部门需要进一步检索，提出上述现有技术作为公知常识的证据。

8.7.3.2　证据时效

公知常识的证据时效也是诉讼中关注的热点，通常而言，以该申请的申请日/优先权日作为划分是否是现有技术的分界线，而对于公知常识，这个分界线并非总是如此。

在 T 671/94 中，涉案专利涉及一种用于提供涂料的方法，其中具体限定了涂料的组成，专利权人（上诉人）与反对方的争议焦点在于在涂料辊上应用触变性涂料方面得出了相反的结论。上诉人提出，在诉讼专利的优先权日，滚涂领域的普遍常识是触变性非滴涂涂料一般不应与滚筒一起使用，或者如果使用滚筒，则应充分搅拌使它们液体化。此时涂料滚筒出现了飞溅的技术问题，对于没有经验的业余爱好者而言，虽然他了解静态的绘画工具，如刷子或衬垫也可能会造成飞溅。但是与该常规知识不同，该案在涂漆期间使用时必须旋转滚筒。因此，与刷子或衬垫的情况相比，涂料需要以比涂刷或衬垫更大的力击中待涂漆的表面，其结果是导致难以避免涂料的飞溅。为了支持这一观点，上诉人提到在专利的优先权日之前出版的两本教科书，两者都建议如果触变性（非滴落）涂料与滚筒一起使用，应搅拌涂料以使其充分液体化。上诉人同时还提到了一本教科书，在专利优先权日期之后出版，建议在使用滚筒时使用非滴落的涂料。EPO 上诉委员会认为，教科书确实可以被视为展示技术领域公知常识的一种适当手段，认可上述人提交的在优先权日后出版的出版物，作为证明该信息是公知常识的证据。

8.8　辅助因素

8.8.1　长期未解决的技术难题

EPO 审查指南中规定：如果发明解决了本领域技术人员长期试图解决的技术问题或满足了长期需要，可以认为该发明具有创造性。在审查实践中，解决了长期未解决的技术难题是判断创造性的一个重要的辅助性考虑因素，其重点在于对"长期未解决的技术难题"的认定,其判断标准是考量是否存在有足够证明力的证据以证明针对某技术问题,在一段相对较长的时间内,本领域技术人员进行了普遍、反复和不成功的尝试,而且,其认定结果与"可能－应当法"的判断结果相互印证,在通常情况下,非显而易见性的正向认定获得该辅助因素的支持。

如果在发明出现之前,现有技术的状态已经停滞了很长一段时间,而在该很长一段时间内明显存在对改进的迫切需求,则这一事实可以作为具备创造性的证据。

在 T 555/91 中,涉案专利申请涉及用于富集空气中氧气的装置,其在使用过程中噪声水平可以大幅降低达到 40 分贝以下,而现有装置的噪声水平约 45 分贝。从医学观点来看,45 分贝噪声水平仍然太高,在患者床边的噪声降低至低于 40 分贝是合乎需要的。EPO 上诉委员会认为,即使在 1971 年(最接近的现有技术文件(1)的公开年份),即该申请的优先权日之前很长一段时间,该领域的技术人员也认识到有必要将医疗器械的噪声水平降低到 40 分贝以下,即文件(1)的发明者面临与该申请所要解决的相同的技术问题而无法实现。这种长期以来的需求得到满足可作为具备创造性的进一步证据。

在认定是否存在"长期未解决的技术问题"时不仅应当考虑时间因素,还要综合考虑能够证明本领域技术人员进行了普遍、反复和不成功的尝试等事实的其他证据。

在 T 1014/92 中,涉案专利申请涉及一种醇的生产工艺,EPO 上诉委员会基于对比文件(1)结合对比文件(2)认定其不具备创造性,上诉人提出,该申请与对比文件(1)、对比文件(2)时间间隔约 35 年,在该较长时间内,公众可获得对比文件(1)和对比文件(2),但并未将两者进行组合,其本身就是两个文件之间无明显联系的最有利证据。EPO 上诉委员会认为,只有与时间有关的证据通过其他证据(如长期需求)进行相互印证时,才能得出这个结论。在这种情况下,基于对现有技术的客观评价,本领域技术人员在相当长的一段时间内没有组合两个文件的事实不能影响对创造性的判断。

在 T 605/91 中,涉案专利涉及一种无碴轨道铁路网路基,其基于对比文件 1 被无效。专利权人认为,对比文件 1 的申请日早于该专利的优先权日 16 年之久,这一事实可证实"长期以来的需要"的存在。EPO 上诉委员会认为,对比文件 1 和涉案专利的时间间隔虽然长,但不足以证明"长期以来的需要"的存在。只有技术人员发现这种"长期需求"是不够的,且针对相关缺陷作出多种且重复的努力时,这种长期需求才显得是一直存在的。综合考虑其他现有技术也并不能表明,该 16 年时间内为解决与对比文件 1 有关的问题而进行了普遍、反复和不成功的尝试。

在审查实践中,仍然主要是以技术事实为基础采用非显而易见性判断发明是否具备创造性,在通常情况下,非显而易见性的正向认定获得该辅助因素的支持。

在 T 271/84 中,涉案专利涉及一种从煤或重质烃油的汽化过程中得到的包含氢气、一氧化碳、二氧化碳、硫化氢和羰基硫化物等气体流中脱除硫化氢、羰基硫化物的工艺。该专利采取的调整溶剂萃取条件、一氧化碳与蒸气、耐硫变换催化剂一起转化等手段的结合使得溶剂流量大大减少，从而减少了泵送的能源需求，提高了工艺的经济性。没有任何现有技术文件以任何方式教导该专利的工艺过程以及其达到的技术效果，因此该发明具备创造性。另外，针对净化通过煤和重烃油的气化获得的气体的工艺，目前已商业规模成功应用的工艺是"Rectisol"工艺，其要求大量的溶剂，和较高的能源需求，造成了成本居高不下。尽管具有上述经济缺陷，但其在该申请的优先权日期之前已经成功运行了 20 年以上。显然该发明提供了可以解决该经济缺陷的技术方案，这一事实也可支持该发明具备创造性。

8.8.2　技术偏见

EPO 审查指南指出：如果现有技术使本领域技术人员偏离发明的技术方案，则该发明具备创造性，当本领域技术人员甚至不考虑进行试验以确定是否为克服实际或者想象的技术障碍而对已知技术方案进行替代时，特别适用此规则。[❶] 例如，含有二氧化碳的饮料在消毒后装瓶，此时消毒瓶中的饮料仍是热的。一般认为，瓶从装瓶机移开后，瓶装饮料必须自动与外界空气隔离，以防瓶装饮料喷出，包含相同步骤但没有采取预防措施使饮料与外界空气隔绝（由于实际上并不需要）的方法因此具备创造性。

EPO 上诉委员会判例法也认为：在任何特定领域，偏见涉及该领域专家广泛或普遍坚持的观点或固有想法。此类偏见的存在通常通过参考文献或优先权日之前出版的百科全书来证明。这种偏见必须在优先权日已经存在，在优先权日后产生的任何偏见对于创造性的判断毫无意义（参见 T 341/94，T 531/95，T 452/96，T 25/09）。

在 T 1212/01 中，涉案专利保护一种吡唑并 [4,3-d] 嘧啶酮化合物在制备治疗阳痿的药物中的应用，其中该吡唑并 [4,3-d] 嘧啶酮化合物是 cGMP PDE 抑制剂，而 cGMP PDE V 抑制剂通常可用于治疗高血压、中风等疾病，该专利的优先权日为 1993 年 6 月 9 日。专利权人引用了大约 30 篇科学论文以证明现有技术中存在技术偏见，该偏见即：降血压的药物是导致阳痿的原因，因此在阳痿治疗中不建议使用抗高血压药物（包括血管扩张剂），并且在阳痿的治疗中不建议使用口服（全身）给药，而该专利克服了技术偏见。对此，EPO 上诉委员会认为，一方面，上诉人所引用的科学论文只涉及各类抗高血压药物，但它们都未涉及 PDE 抑制剂，本领域技术人员从上述论文中可以推断出某些抗高血压药物如可乐定、甲基多巴等可能会导致相对高比例的患者阳痿，但不会得出 cGMP PDE 抑制剂会导致相对高比例的患者阳痿；而且专利权人所引用的文件对比文件 48（公开日为 1993 年 4 月）里提到，平滑肌松弛是 PDE 抑制剂潜在的用途中最有效的，其可用于治疗的疾病包括血管扩张和阳痿，由此可以看出，该文件的作者对使用血管扩张剂来治疗阳痿并没有任何技术偏见。另一方面，口服给药途径对于患者而言通常是最方便、最安全和最可接受的。毫无疑问，在优先权日之前，绝大多数临床医生已经认识到阴茎注射疗法的缺点和口服给药的可取性。在寻找一种

---

❶ 《EPO 审查指南 2018 版》，G－Ⅶ－4。

治疗男性勃起功能障碍的新疗法时，本领域技术人员通常会把口服给药放在考虑的首位；而且专利权人引用的文件对比文件 40（公开日为 1993 年 2 月）也提到，据报道，一些口服药物在治疗阳痿方面有一定的成功，包括己酮可可碱等。由此可见，在该专利的优先权日之前，并不存在不能通过口服给药来治疗阳痿的技术偏见。

此外，对于用来证明是技术偏见的证据，EPO 上诉委员会判例法认为：一般来说，偏见不能通过单篇专利说明书中的陈述来证明，原因是，专利说明书或科技论文中的技术信息可能是基于特殊前提或是作者的个人观点。而本领域一个技术专家的声明也不能作为现有技术存在偏见的证据，但是，这一原则不适用于代表相关领域普通专业知识的权威著作或教科书中的解释（参见 T 19/81，T 104/83，T 321/87，T 392/88，T 601/88，T 519/89，T 453/92，T 900/95，T 1212/01，T 2044/09）。

在 T 519/89 中，争议专利涉及一种热固型薄壁制品的制造方法，该薄壁制品包括热成型片材，该片材的结晶度不超过 10%。上诉人举证了 1 篇文件，认为该文件教导了为了提高热固型薄壁制品的抗冲击性、脱模和结晶速率，热固型薄壁制品应包括三个基本组成部分，即聚对苯二甲酸乙二（醇）酯（特性黏度 Ⅳ 值至少 0.75）、阻裂剂（优选聚烯烃，特别优选聚乙烯）和成核剂（有机或无机的），而该专利通过实验表明加入常规的成核剂是完全没有必要的，从而克服了现有技术的这种偏见，并且该申请说明书表 Ⅷ 的结果证明省略了成核剂后的方案取得了更好的技术效果。EPO 上诉委员会对此认为，上诉人所举证的证据仅为单篇的文件，并且是专利文件的说明书，它不能被认为是代表了本领域技术人员的公认观点，因此，不能证明现有技术中确实存在声称的技术偏见。

在 T 515/91 中，争议专利涉及一种液－气壁板热交换器，包括一个平面板，该板具有一对由聚合物材料制成的单一的外壁，所述外壁由涂有内层的脂肪族聚酰胺组成的片材形成。上诉人指出，虽然聚酰胺已有 50 多年的历史了，但本领域技术人员通常认为聚酰胺是绝缘体而非可用于热交换器的有效热传导体，即现有技术中存在聚酰胺不能用作热交换器的有效热传导体的技术偏见，在文献 *ABC Natur-wissenschaft und Technik* 中披露了聚酰胺通常具有良好的绝缘性能，包括良好的绝热性能，其可以作为存在上述技术偏见的有力证据。对此，EPO 上诉委员会认为，上诉人所举证的文献是一部通用的技术百科全书，在没有相反证据的情况下，该文献所披露的内容可以证明在现有技术中确实存在着聚酰胺面板不能用作热交换器的换热器面板的壁的技术偏见。

EPO 上诉委员会判例法进一步指出：在任何特定领域，偏见是本领域专家广泛或者普遍坚持的观点或固有想法，因此，对于证明技术偏见的证据需要很高的证明标准（几乎和本领域对公知常识的证据标准一样高），仅仅由有限数量的人群所持有的观点或者是在一个特定公司（不论公司有多大）内部的普遍看法并不足以证明其是技术偏见（参见 T 25/09）。

在 T 1989/08 中，涉案专利保护一种向燃料中配给燃料添加剂的方法，包括向燃料中配给添加剂，配给量根据通过配给设备的燃料确定并且与燃料中添加剂的浓度无关，该催化剂能够催化柴油颗粒过滤器中的再生。专利权人认为，本领域存在的技术偏见即添加剂的浓度变化会导致本领域技术人员不会进行该专利的上述操作。EPO 上诉委员会认为：专利权人所提交的用于证明技术偏见的证据不超过 10 份文件，这些文件不是专业论文就是专利文献，这些数量不多的出版物所针对的仅仅是本领域的目标读者群，这对于技术偏见的证明力而言本身就是薄弱的基础。更为重要的是，这些用作证据的文件都没有明确应避免添加剂浓度的变化。例如，对比文件 9 和对比文件 10 都只是强调要避免主油箱燃料中的添加剂污染，而且，对比文件 9 和对比文件 10 都出自同一名作者，并属于同一家公司，可见对比文件 9 和对比文件 10 表达的观点仅是一家公司的看法，并不能代表整个汽车行业普遍存在的观点，因此，专利权人所声称的技术偏见并未得到上述文件的证实。

对于技术偏见的举证责任，在实践中存在不同的认识。根据 EPO 上诉委员会的既定判例法：有时可通过证明存在已知偏见，即需要克服对技术事实广泛认可但不正确的观点，来确立创造性。在此类案件中，由专利权人（或专利申请人）承担证明上述偏见确实存在的举证责任，如参考合适的技术文献，证明确实存在指称的偏见（参见 T 119/82，T 48/86）。

8.8.3　预料不到的技术效果

在考察预料不到的技术效果时，需要明确预料不到的技术效果是来自于权利要求，而不是仅仅来自于说明书中提及的某些特征。预料不到的技术效果还应该来自于权利要求中特征部分的特征或这些特征与现有技术已知特征的组合，而不能仅来自于已经包含在现有技术中的特征。预料不到的技术效果有两种类型，类型Ⅰ：产生了质变，也即产生了新的性能；类型Ⅱ：产生的量变超出了预期。通常对于第一种类型的判断较为容易。

8.8.4　商业上的成功

EPO 上诉委员会判例法中提到：原则上，商业成功不能单独作为创造性的证据。必须首先满足如下要求：必须已经满足长期需求，且商业上的成功必须源自发明的技术特征，而不是其他影响因素（如销售技术或做广告）。❶

在 T 110/92 中，涉案专利权利要求 1 涉及加热组件。EPO 上诉委员会没有否定权利要求 1 的加热组件已经取得了商业上的成功，但是 EPO 上诉委员会否认了专利的创造性，认为该商业成功并非来源于加热组件的技术特征本身的原因带来的，而是在申请日之前近红外灯领域中这些灯的制造成本很高，加热组件制造商由于成本原因不准备提供可能没有竞争力的产品。

---

❶ 《EPO 上诉委员会判例法第 8 版》,I. D. 10.5。

在 T 219/90 中，涉案专利涉及在一系列酯化、羰基化和分离步骤中，在有或没有从甲醇和一氧化碳中共同生产乙酸的情况下生产乙酸酐的方法。EPO 上诉委员会虽然认为使用专利工艺的工厂已在商业规模成功运营至少 18 个月，并且有几家公司表明有兴趣获得该专利工艺的许可，但是仅取得商业成功并不能被视为具备创造性的指征。EPO 上诉委员会认为：对比文件 1 公开了使湿乙酸甲酯与乙酸酐接触脱水的方法，乙酸酐的量至少在化学计量上等于湿乙酸甲酯中存在的水，即没有使用含水的酯化产物，但是对比文件 2 公开了羰基化进料中水的存在并不会影响羰基化系统的活性，只会降低乙酸的产率，其与对比文件 1 的教导并不存在矛盾，对比文件 2 给出了解决该申请要解决的技术问题的启示，克服了对比文件 1 中公开方法的缺点，因此虽然该案取得了商业成功，但是其相对于现有技术的结合不具备创造性。

在 T 373/94 中，涉案专利涉及一种生产预填充无菌塑料注射器的方法。EPO 上诉委员会认为：该案要求保护的注射器虽然具有商业成功，但是权利要求保护的制造工艺的创造性审查具有明显的负面结果。现有技术对比文件 1 表明通过高压灭菌对预填充玻璃制成的注射器进行最终灭菌确实是非常理想和有效的，同时对比文件 9a 给出了如聚碳酸酯等塑料材料在耐热性和形状保持方面具有与玻璃相似的物理性质，因而可以用于在预制注射器的制造中替代玻璃，包括最终灭菌步骤中，通过高压灭菌填充和密封的塑料注射器而无须采用特别的预防措施，即根据对比文件 9a 的指示本领域技术人员有启示改进对比文件 1，无须付出创造性的劳动即可得到该申请要求保护的注射器的制备方法。因此仅由这种可能的商业成功不足以确认该申请具备创造性。

在 T 5/91 中，涉案专利权利要求 1 涉及用于在门和其相关的柜子的连接部位，特别是冰箱柜和门之间实现紧密密封的垫圈。请求人认为几年前欧洲生产的大约 80% 的冰箱使用了该案的方案构建的垫圈类型，因而应认为在相关技术领域中取得了经济方面的成功。但是 EPO 上诉委员会认为：仅根据经济方面的成功并不能替代对于创造性的评价，该专利实质要解决的技术问题是改进现有技术中已知的垫圈，使得垫圈的横向稳定性增加，特别是对于磁性插入件向内方向的位移的阻力，但是其属于本领域技术人员根据力学方面的常规知识用于解决上述技术问题的常规设置，因而该专利不具备创造性。

在 T 109/15 中，涉案专利涉及一种编码图像数据的方法。EPO 上诉委员会认为，虽然该发明相关的美国和加拿大专利具有可观的许可数量，并产生了大量的许可收入，即其在商业上取得了成功。但是 EPO 上诉委员会认为商业成功只是评估创造性的第二指标，该案所要求保护的主题不具备创造性，商业成功并不是推翻该结论的充分依据。

在 T 257/91 中，涉案专利涉及用于加压轻水核反应堆的燃料组件的间隔栅格。请求人认为该申请的间隔栅格已被安装在所有的法国发电站中，这种商业成功是发明具备创造性的指标。EPO 上诉委员会认为基于现有技术的结合权利要求 1 的主题不具备创造性，这种商业成功并不是由权利要求 1 中的技术特征直接导致的，而是可能由其他因素带来的。

8.8.4.1 取得了由技术方案本身带来的商业成功

在 T 677/91 中，涉案专利涉及一种质量分析样品的方法。EPO 上诉委员会将请求保护的发明的商业成功考虑在内，并称忽略发明自优先权日以来对其所在领域造成的实际影响是错误的。在被引教科书文件 B 的段落中，提到了请求保护的发明通过"不稳定的连续质量选择性喷射"技术的各种优点开创了这个特殊领域的新时代。因此 EPO 上诉委员会认为，由教科书的记载证明该发明不属于技术人员的常规研发，该发明具备商业成功，同时现有技术中没有启示得到该发明的技术方案，因而该发明具备创造性。

在 T 626/96 中，涉案专利涉及一种水龙头，其技术方案相对于现有技术具备明显的技术优势，能够从单个喷嘴输送过滤的、热的、冷的或混合的水而没有任何交叉污染的可能性，其并没有被现有技术所教导。市售的"三流水龙头"落在涉案专利范围内，因为其喷嘴或喷口设有两个单独的通道，一个用于热，冷（混合）水，另一个用于过滤水；喷嘴或喷口形成有两个出口，即过滤水出口和热或冷（混合）水出口，以便排除过滤水与热/冷水路径交叉污染的任何可能性。上诉人提供证据表明：从 1990 年至 1994 年的销售价值中可以看出，1990 年取得了 48 万英镑的销售额，4 年后增加到了 12 倍以上（600 万英镑），该水龙头在众多商业出版物中也获得了广泛的认可和赞誉。因此 EPO 上诉委员会认可：专利要求保护的"三流水龙头"在短期内由于权利要求 1 的技术方案本身取得了巨大的商业成功，并在一些国家获得广泛认可，不仅仅是营销手段或广告技巧获得的。

8.8.4.2 其他因素

欧洲专利局还将市场竞争对手作为考量因素，将其为获得共同使用权的努力作为判断商业上成功以及创造性评价的因素之一。

在 T 351/93 中，涉案专利权利要求 1 涉及用于制备预浸料通过的一个热处理用可固化的合成树脂材料网，其中所述网是在至少一个处理室内通过浸渍过程将热作用而形成的，并引入空气在热处理期间产生的，其中气态物质被稀释并至少部分地消散，其中，辐射热形式的热量被施加到材料的幅材，和空气作为预热的新鲜空气被控制，该新鲜空气被引入处理室并沿着幅材的最大层流中被引导。权利要求 1 与最接近的现有技术对比文件 1 的区别在于：a）将新鲜空气作为预热的新鲜空气引入处理室；b）沿着幅材的空气尽可能以层流方式进行。但是该区别属于本领域技术人员根据要解决的技术问题所采用的常规手段。EPO 上诉委员会认为：反对方曾经向专利权人要求获得该发明的免费使用权，其可以部分说明作为市场竞争者的反对方通过评估，并没有认可发明的创造性，即本领域技术人员依据现有技术对该发明的技术进行评估，并没有认为该发明具有克服现有技术或商业成功的偏见。

在 T 812/92 中，涉案专利涉及一种两可逆粗轧机。EPO 上诉委员会认为：专利权人的竞争对手在专利申请日前不久给客户提供了一种技术设备，其没有达到该专利技术方案的技术效果，而该专利相对其具有效果方面的优势，这也是间接证明该专利具备创造性的证据。

在 T 252/06 中，涉案专利涉及瓶分配器。EPO 上诉委员会肯定了发明的创造性，其理由是专利权人的竞争对手已经使用了该专利的教导并提交了相关申请。

第 9 章　不同类型发明的创造性判断

9.1　组合发明

组合发明，是指将某些技术方案进行组合，构成一项新的技术方案，以解决现有技术客观存在的技术问题。在进行组合发明创造性的判断时通常需要考虑：组合后的各技术特征在功能上是否彼此相互支持、组合的难易程度、现有技术中是否存在组合的启示以及组合后的技术效果等。

本领域技术人员应考虑在相同或邻近技术领域中不同的次要文件中提出的单个问题的解决方案。如果次要文件提供了特定单独问题的解决方案，该单独问题形成来自最接近的现有技术中的部分客观问题，则该次要文件的教导可以与最接近的现有技术公开的内容相结合，尤其当这样的单独解决方案仅仅是集合在要求保护的发明中时更是如此。❶

T 302/02 一案的涉案专利涉及核酸序列自动扩增的设备和方法。涉案专利权利要求 1 请求保护包括用于多个反应池自动温度循环的设备，并限定了组成中包括一金属热导单元、用于实现加热和冷却的单元、用于输入加热和冷却控制信号的计算机。现有技术对比文件 36 公开了 PCR 技术可通过使用来自嗜热微生物的酶实现改进，该种酶在循环加热过程中仍保持活性；还公开了该技术"当然可以是自动化的"，但对比文件 36 并未提供相应的设备。现有技术对比文件 3 涉及物体的通用温控技术，公开了利用微机编程实现根据用户定义时间循环加热及设备示意图；现有技术对比文件 5 公开了包括变性、离心分离、杂交、加入聚合酶、扩充步骤的 PCR 回路，其中使用了两个加热片。现有技术对比文件 33 涉及实验室，尤其是制药领域用恒温装置，包括用于放置样品的铝固件、用于加热和冷却的 Peltier 元件和用于传输控制信号的电回路。

EPO 上诉委员会确定对比文件 36 为最接近的现有技术，涉案专利相对于对比文件 36 实际解决的技术问题是提供合适的 PCR 自动设备。本领域技术人员基于对比文件 36 可知，合适的设备应能够根据使用者设定的任意循环温度、循环次数和温度曲线实现对 DNA 的加热和冷却。在对比文件 36 公开的 1986 年，这一操作很容易通过存储了定义有加热和冷却温度曲线的计算机控制实现。对于设备的细节，本领域技术人员能够基于对比文件 3、对比文件 5、对比文件 33 获得。专利权人主张，本领域技术人员没有动机去除对比文件 5 设备中的两个加热片，对比文件 3 缺少冷却装置，无法获得涉案

---

❶ 《EPO 上诉委员会判例法第 8 版》第 I 章. 对比文件. 第 9.7 节。

专利的技术方案。对此，EPO 上诉委员会认为，在需要提供 PCR 自动设备时，本领域技术人员并非仅能照搬现有设备，对比文件 3 表明其已经提供了加热和冷却曲线，为实现快速冷却需要其必然采用了冷却装置。就该案而言，发明实际解决的技术问题由若干彼此独立的问题组成，在对比文件 36 已经教导了 PCR 技术和温控技术的关联，其余文献已经教导了解决独立问题可以使用的基础设备的基础上，本领域技术人员可以显而易见地知晓将各不同领域的技术组合起来可解决技术问题，则他当然有动机进行这样的组合，因此涉案专利的技术方案不具备创造性。

组合发明的存在要求特征或特征组之间的关系是功能对等的，或者它们表现出超出它们的单独效应之和的组合效果。特征解决相同的技术问题或其效果也等同，仅仅增加效果，而在其他方面不变，是不够的。❶

在 T 1836/11 一案中的涉案专利涉及内燃机的涡轮增压器系统，权利要求 1 与最接近的现有技术 E17 之间存在的两项区别特征分别涉及两处结构设计。EPO 上诉委员会经分析认为，这两项特征均用于改善涡轮增压器的整体效率，只是改进的机理不同，而这两种改进机理彼此独立发挥作用，结构设计可分别考虑，不构成协同效应。在此基础上，EPO 上诉委员会裁定专利无效。

现有技术中仅仅存在教导不是解释本领域技术人员会将这些教导结合以解决所面临的问题的根本原因。为了判定所要求保护的主题的显而易见性或非显而易见性，存在已知教导不是决定性的——必须考虑现有技术是否为技术人员精确提出了所要求保护特征组合的建议❷，即本领域技术人员是否会将已知的教导组合以便获得要求保护的主题并解决潜在的技术问题。因此，即使存在已知教导的组合，当本领域技术人员没有动机，例如，通过现有技术中的启示，来进行这样的组合时，发明仍是非显而易见的。在此情况下，任何特殊效果对于该组合的创造性而言都不是必需的。

T 1014/07 一案的涉案申请涉及制备饱和二元羧酸的工艺，包含两个步骤，步骤 (1) 通过 β-氧化阻滞的热带假丝酵母细胞发酵实现生物氧化制得不饱和二元羧酸，步骤（2）将所述不饱和二元羧酸与氧化剂反应制得一种或多种饱和二元羧酸。现有技术对比文件 4 作为最接近的现有技术，公开了通过臭氧或氧气氧化油酸的碳－碳双键生成饱和二元羧酸壬二酸的技术方案。涉案申请与对比文件 4 之间的区别特征在于：对比文件 4 未公开将不饱和脂族化合物经生物氧化制得不饱和二元羧酸化合物的步骤。驳回决定认为：涉案申请实际解决的技术问题是提供更多制备饱和二元羧酸的方法；在现有技术对比文件 6 公开了经生化反应制得不饱和二元羧酸，现有技术对比文件 1、对比文件 2 和对比文件 7 公开了将不饱和脂族化合物经生物氧化在与涉案申请相同的条件下制备不饱和二元羧酸，且涉案申请未能证明将生化工艺和化学工艺组合使用可带来特定性质或优势的情况下，仅将一个已知的生化步骤加入一个已知的化学氧化过

❶ 《EPO 上诉委员会判例法第 8 版》第 I.D. 章第 9.2.1 节。
❷ 《EPO 上诉委员会判例法第 8 版》第 I.D. 章第 9.2.1 节。

程不具备创造性。上诉人（申请人）对此提出异议，认为：对比文件 4 公开通过臭氧或氧气将单不饱和羧酸油酸转化为不饱和二元羧酸壬二酸的过程中将产生副产物壬酸，涉案申请实际解决的技术问题是提供改进的制备方法，改进点在于减少副反应。尽管对比文件 4 涉及两步反应，但现有技术并未教导本领域技术人员将这两步中的一步用另一反应替代，更没有教导该反应可以是对比文件 1、2、6、7 公开的生物氧化反应。即便考虑到本领域技术人员能够想到进行上述替换，替换的生物氧化反应也是在臭氧化反应之后，这与涉案申请不同，本领域技术人员也无法基于对比文件 4 和其余上述对比文件的组合获得权利要求请求保护的制备工艺。

对于上述争议，EPO 上诉委员会经分析确定涉案申请实际解决的技术问题是提供改进的制备饱和二元羧酸的方法，即制备时不生成单羧酸副产物。虽然涉案申请的每个技术特征已经被不同的对比文件公开，但这不意味着本领域技术人员有动机将这些特征组合以解决其需要解决的技术问题。在该案中，对比文件 4 将油酸制备壬二酸工艺的副产物壬酸在生产回路中循环使用；同样涉及油酸氧化制壬二酸的现有技术对比文件 5 和对比文件 9（使用的氧化剂不同于对比文件 4）也提及了副产物壬酸并公开了壬酸的去除步骤，并公开了其结果已满足使用需要。可见对比文件 4、对比文件 5、对比文件 9 均未教导通过改进反应流程实现制备过程中去除单羧酸副产物以改进制备工艺，并未给出将其工艺用不同的反应，特别是以热带假丝酵母变异株的生物氧化反应进行替代以避免副产物生成的启示，更未教导该生物氧化反应在加入氧化剂前进行。而对比文件 1、对比文件 2、对比文件 6 和对比文件 7 仅涉及经热带假丝酵母变异株再次生成不饱和二元羧酸，也未给出通过该步骤在饱和二元羧酸的制备工艺中去除单羧酸副产物的教导。因此，EPO 上诉委员会裁定涉案申请具备创造性。

如果发明与现有技术之间的区别特征并未导致特定的用途，即使在现有技术中没有关于增加区别特征的指引或建议，该技术特征也不能用于证明发明具备创造性。

T 2044/09 的涉案专利涉及用于发酵工艺的 U 形或管口 U 形回路的发酵器和方法，其要求保护的发酵器与现有技术证据 1 之间的区别特征在于在循环导管中是否设置用于监测铝离子、硝酸根、磷酸根或 pH 中至少一种的感应器。异议部维持专利有效的理由为，即使考虑到现有技术证据 3、证据 1 和证据 4 的组合，现有技术仍未公开或教导在液体回流管道中设置用于检测营养离子的感应器；该区别特征产生了检测相对少量溶液中的浓度的效果，解决了感应器仅检测回流反应器中的浓度而不能反映出培养液中实际浓度的问题。上诉人（异议人）认为，涉案专利并未提供证据表明对循环导管内的离子进行检测能够解决改善回流发酵器的工艺控制的问题，事实上该区别特征并未带来任何技术效果，基于现有技术证据 6 可知，循环导管内的离子浓度与回流部分的离子浓度相同；且涉案专利中唯一的实施例并未落入权利要求的保护范围内，即并未提供任何证据表明其保护的技术方案相对于现有技术取得了改善。专利权人认为，涉案专利与证据 1 的区别特征产生了在再现性、产率和工艺控制方面改善了发酵工艺的技术效果，尽管上述效果并未记载在专利中，但其可通过内部实验重现；即使认为发明实际解决的技术问题是提供替代的方案，现有技术并未教导检测回流管内的浓度进行检测，本领域技术人员无法从现有技术获得教导尝试进行检测。

对于上述争议，EPO 上诉委员会认为，涉案专利保护的发酵器提供的感应器或分析器协调了发酵液回路、旁路安排以及气体、水和营养盐的供应，其信号输入至信号处理系统，计算并优化气体、水、矿物质的供应量和 pH 的控制。证据 1 公开的 U 回路发酵器具有与涉案专利发酵器相同的结构特征，并进一步教导了通过 1 个或多个感应器或分析器检测发酵液基质以控制发酵工艺。涉案专利并未提供任何数据支持专利权人提出的所述区别特征导致了工艺在重现性、产率和控制性方面的改善的主张。尽管感应器的设置可能导致对工艺更精细的控制，但无法排除其设置仅仅是冗余设计而未产生任何改善。因此涉案专利实际解决的技术问题仅能确定为提供更多 U 形回路发酵器或发酵系统。基于上述分析，EPO 上诉委员会认为，尽管证据 1 或其他现有技术并未公开涉案专利的在线感应器或分析器，但在缺乏证据表明其相对于现有技术具有可验证的效果的基础上，该感应器或分析器仅能被视为在现有技术上增加任意的非功能性改动。即使现有技术并未教导或启示该区别特征，这样不具有特定功能的改动也不能使权利要求具备创造性。因此，EPO 上诉委员会裁定涉案专利不具备创造性。

9.2　选择发明

选择发明，是指从现有技术中公开的宽范围中，有目的地选出现有技术中未提到的窄范围或个体的发明。在进行选择发明创造性的判断时，选择所带来的预料不到的技术效果是考虑的主要因素。

"试试看"的情况可被视为选择发明类型中的一种。[❶] 在这种类型的发明中，现有技术已经清晰地设想了一组化合物或者一个化合物，发明的技术贡献仅在于通过常规实验确定这些化合物是否具有理想的效果，不具备创造性。"试试看"的情况不等于完全没有合理的成功预期。

T 889/02 一案的涉案申请涉及通过重组方法制备的人膜辅因子蛋白（MCP），权利要求 1 请求保护"一种用作药物的包含膜辅因子蛋白（MCP）变体的分离的可溶性多肽，其中前述 MCP 变体失活分离的 C3b 和分离的 C4b；包含图 1 中氨基酸第 1～第 251 位，或图 1 中氨基酸第 1～第 251 位其中一个或两个氨基酸被取代，插入或缺失；并且不含有 MCP 的疏水区域（图 1 中氨基酸第 295～第 326 位）。"

最接近的现有技术证据 1 公开了对 MCP 的 cDNA 进行克隆和测序：MCP 蛋白全序列由一个 34 位氨基酸信号肽和一个 350 位氨基酸成熟蛋白组成，自—NH$_2$ 端始含有 4 个约 60 位氨基酸的重复单元，随后是一个富含丝氨酸和苏氨酸的 25 位氨基酸组成的区域，17 位氨基酸组成的未知意义区域，和 23 位氨基酸组成的跨膜疏水区域，随后是

---

❶　《EPO 上诉委员会判例法第 8 版》第 I. D. 章第 7.2 节。

一个 33 位氨基酸组成的胞质尾区。*MCP* 基因定位于人 1 号染色体上与含有补体调节蛋白多基因家族条带相同的条带上。控制该补体系统对防止自身组织破坏至关重要，由于其广泛的组织分布和辅因子活性，MCP 被认为是防止自身细胞被补体破坏的重要膜蛋白。但证据 1 未提及 MCP 变体，也未明确提及使用 MCP 作为药物。涉案申请实际解决的技术问题是提供一种能用于保护宿主细胞免受补体系统损害的药物。

申请人（上诉人）认为，本领域技术人员不能从证据 1 或其与其他现有技术结合中显而易见地得出去除第 295～326 位氨基酸的 MCP 可溶性变体仍能够保留其生物活性并失活分离的 C3b 和分离的 C4b。但 EPO 上诉委员会认为，基于制药领域的公知常识，本领域技术人员清楚，通过去除疏水区域（如蛋白的跨膜区，其将天然蛋白锚定于细胞膜上）制得的可溶性蛋白能更方便地制成药物制剂。在证据 1 已经公开了 MCP 跨膜憎水区的长度和确定位置的基础上，尽管 EPO 上诉委员会承认无法排除剪切掉该区域后可能导致 MCP 蛋白原始生物活性部分或全部丧失的可能性，但是本领域技术人员为解决涉案申请实际解决的技术问题，仍然有动机去尝试通过去除 MCP 的跨膜疏水区以改善其溶解性。即尽管生物实验存在不确定性，但本领域技术人员基于一般经验可以合理预期去除憎水区域可以在避免全部丧失生物活性的同时改善其溶解性，从而提供一种有价值和效果可预期的获得可溶性药剂的技术手段，在面对 MCP 蛋白时也没有特定的理由去质疑该途径无法实现。因此，EPO 上诉委员会裁定上述权利要求 1 不具备创造性。

在口头审理阶段，上诉人进一步修改权利要求 1 为"一种作为药物的分离的膜辅因子蛋白的可溶性变体，所述 MCP 变体灭活分离的 C3b 和分离的 C4b；并由图 1 中氨基酸第 1～254 位或由其中的 1 个或 2 个氨基酸被取代、插入或缺失组成。"从涉案申请第 9 页公开的内容可知，该变体不仅缺失天然蛋白的跨膜疏水区域和胞质尾区，其还缺失几乎所有的富含丝氨酸和苏氨酸的区域（第 252～280 位氨基酸）和未知意义区域（第 281～294 位氨基酸）。虽然在试图制备包含 MCP 活性片段的药物时本领域技术人员有充分的理由去除天然蛋白的跨膜疏水区域，但 EPO 上诉委员会不认为本领域技术人员有动机如修改后的权利要求 1 那样截取天然蛋白用于制药。基于本领域技术人员的知识，蛋白的生物活性（该案中为 MCP 失活分离的 C3b 和 C4b 的能力）高度依赖于其二级和三级结构，而二级和三级结构是由一级结构氨基酸序列决定的。考虑到去除一个氨基酸可能对蛋白或其部分的三维折叠造成极大影响，本领域技术人员没有理由假定这种以如此极端程度截取的蛋白能够保留所期望的生物学活性，核实这一处理方式的结果将意味着从事具有很大不确定结果的研究。因此证据 1 并未给出能够使本领域技术人员推断出仅包含前 254 个氨基酸的 MCP 变体能保留天然蛋白的生物活性并能够失活分离的 C3b 和 C4b 的启示。据此，EPO 上诉委员会裁定修改后的权利要求 1 具备创造性。

对于涉及制备方法的权利要求，如果其已知其工艺，本领域技术人员显然有动机使用常见的并适于使用需要的商品化产品为原料，不能仅基于商业化产品的性质认定使用这些原料具备创造性。

T 513/90 一案的涉案专利涉及生产聚丙烯树脂发泡模具的工艺，权利要求 1 保护一种制备聚丙烯树脂发泡模具的工艺，其中限定了将乙烯/丙烯共聚物的预发泡颗粒用无机气体或含有无机气体的混合气体加压，该共聚物具有 0.1~25.0 的熔化系数、不超过 28cal/g（117.2J/g）的结晶潜热和 1%~30% 的乙烯含量。

异议部无效涉案专利的理由在于，本领域技术人员面临的技术问题是为最接近的现有技术对比文件 1 公开的发泡聚烯烃树脂模具寻找适用的乙烯/聚丙烯树脂商品，但这是基于公知常识容易确定的。上诉人（专利权人）认为，对比文件 1 优选交联聚烯烃树脂，涉案专利则涉及非交联材料，且现有技术通常认为交联在发泡颗粒中是不可或缺的；与非交联材料相比，交联导致流动性下降和熔化系数升高，无法满足涉案专利限定的熔化系数在 0.1~25.0 的要求；将对比文件 1 中至少部分交联聚乙烯替换为聚丙烯共聚物并不必然导致含有超过 10% 的凝胶含量。异议人认为，对比文件 1 实施例 7 所用聚乙烯中凝胶含量仅 0.7%，表明非交联材料含量达 99.7%，即交联度低至 0.01%，其熔化系数 0.3 落入涉案申请权利要求限定的范围。

EPO 上诉委员会查明，对比文件 1 公开了大量聚烯烃材料，其中一些优选实施例至少为部分交联材料，凝胶化度仅 0.01%，其公开的制备过程对所有烯烃同等使用，无论其是否为交联聚合物。因此涉案专利实际解决的技术问题是将已知的通用方法套用于聚丙烯树脂特别是乙烯/聚丙烯树脂，即涉案专利旨在寻找可制得具有预期有益性质的发泡产品的材料。为此，权利要求 1 限定了共聚物的某些物理参数。这些参数虽然未被对比文件 1 公开，但与商业化产品的性质相当，可被视为属于本领域的公知常识。并且涉案专利权利要求限定的参数范围非常宽泛，几乎无法体现对材料的选择。在大量材料均落入权利要求 1 限定的范围内时，由其制得的所有发泡材料可认为均具有由高聚丙烯含量的期望有益效果。因此涉案专利即使具备创造性，其创造性也是基于工艺的独创性，而不是源于产品具有无法预期的效果。据此，EPO 上诉委员会裁定涉案专利无效。

为了解决所述问题，本领域技术人员必须在两种已知的可能性中做出选择。在特定情况下，每种选择都是基于在所选的已知可能性的优点和缺点中进行权衡，无论哪种选择都是显而易见的。

T 1072/07 的涉案专利权利要求 1 请求保护"一种用于玻璃成形操作的前端，所述前端包括：通道（22），其具有由所述通道的顶部限定的至少一个表面（40），所述至少一个表面上具有至少一个孔（42A）；和至少一个燃烧器（44），其中每个燃烧器是氧气燃烧式燃烧器，每个氧气燃烧式燃烧器在所述至少一个孔（42A）中并与所述至少一个表面形成 5°~85° 之间的锐角；其中前端定义为用于将熔融玻璃输送到一个或多个生产地点的装置"。上诉人（申请人）认为，最接近的现有技术对比文件 2 并未明确使用何种类型的燃烧器。本领域技术人员在现有技术对比文件 1、对比文件 3 和对比文件 4 公开的 2 种燃烧器中更有动机选择空气式燃烧器，因其更易实现（成本低）；即使考虑到氧气式燃烧器在操作有效性上的优势，本领域技术人员基于其实现的难度也不会采用该类燃烧器（例如，对比文件 3 中该燃烧器位于拱形管道顶部）。EPO 上诉委员会认为，权利要求 1 与对比文件 2 的区别特征在于对比文件 2 未明确其采用的燃烧器类型，实际解决的技术问题是如何选择合适的燃烧器。在现有技术中，对比文件 1 公开了空气式燃烧器；对比文件 3 和对比文件 4 公开了氧气燃烧器。为了解决上述问题，本领域技术人员必须在两种已知的可能性中做出选择，基于在所选的特定类型燃烧器的优点（如操作效率）和缺点（如所需技术的适应性和成本）中进行权衡，无论哪种选择都是显而易见的。据此，EPO 上诉委员会裁定涉案申请不具备创造性。

9.3　转用发明

转用发明，是指将某一技术领域的现有技术转用到其他技术领域中的发明。在进行转用发明的创造性判断时通常需要考虑：转用的技术领域的远近、是否存在相应的技术启示、转用的难易程度、是否需要克服技术上的困难、转用所带来的技术效果等。

在判断转用发明的创造性时需要正确定义本领域技术人员的能力。EPO 上诉委员会判例法认为，如果问题促使本领域技术人员从另一技术领域寻求解决方案，则该领域的专家是能够解决该问题的人。因此，判断解决方案是否包含创造性必须基于上述专家的知识和能力。❶

T 26/98 的涉案专利涉及离子电渗给药装置，权利要求 1 保护一种电动离子电渗给药装置，限定其特征包括电极（11）由适应装置操作过程中的氧化或还原步骤的化学物质制得，所述化学物质是含有约 5%～40%（体积分数）聚合物基质的特定一体化材料，所述聚合物基质含有 5%～40%（体积分数）的含碳导电填充物，在基质中形成导电网络。

上诉人（异议人）认为，涉案专利中器件的牺牲电极由银制成，并以平板形式与光学屏连接，这一设计并不令人完全满意，因为金属板缺乏韧性，且将电极埋入储药池中将导致污染，银电极的造价昂贵。涉案专利通过将现有技术对比文件 2 的金属电极用含有聚合物基质的复合电极代替已解决上述问题。现有技术对比文件 1 教导了在聚合物基质负载金属粉末、石墨粉或碳纤维可作为离子电渗设备中的电极；现有技术对比文件 10 公开的离子电渗装置用橡胶负载碳制得电极；现有技术对比文件 8 涉及具有至少两只电极的电化学发生器，特别教导了使用复合电极可以降低成本。在对比文件 1 的基础上结合对比文件 8 和对比文件 10 能显而易见地获得涉案专利的技术方案。异议人还指出，电化学家不会忽视如对比文件 3 至对比文件 5、对比文件 7 代表的现有技术的状况。这些现有技术尤其是对比文件 3 和对比文件 7，教导了通过将活性化学物质以特定形式分散于聚合物基质得到的材质可形成高效的活性电极，在其中加入碳粉

---

❶ 《EPO 上诉委员会判例法第 8 版》第 I.D. 章第 8.1.1 节。

或石墨可提高复合电极的导电性。因此，代表离子电渗领域的本领域技术人员的电化学家足以获得将对比文件1和对比文件2结合，在离子电渗设备的复合电极中加入碳粉以改善电荷传递的技术方案。

专利权人则认为，涉案专利涉及病人穿戴的离子电渗给药设备，旨在解决该设备的可穿戴性并避免因电极的pH变动导致皮肤刺激。对比文件2公开了将电极置于包含凝胶或凝胶基质的储药池中，并选择合适的牺牲电极/储药系统以系统中去除不需要的（带电）物质，避免或减少H^+产生进而使pH刺激和使O_2的生成最小化。因此涉案专利相对于对比文件2实际解决的技术问题应确定为改善离子电渗设备的可穿戴性。涉案专利主要通过提供由负载氧化还原剂的聚合物基质和作为导电填充物的碳组成的复合电极，并控制导电填充物和活性物质的含量来解决上述问题，从而既保持了对比文件2设备的功能又增加了其韧性。专利权人强调了电化学领域和离子电渗领域的差异性，认为对于本领域技术人员而言，电化学领域不能视为涉案专利的相近领域，二者通常要关注的问题是不同的，离子电渗领域主要涉及提高给药效率、减少可能影响药物进入人体的各种效应。

EPO上诉委员会认为，上诉人无效涉案专利主要是基于本领域技术人员在希望基于对比文件2改进电极时能够得到如下启示：（a）将构成储药池的凝胶基质中的活性金属电极更换为将相同活性材料以特定形式分散于聚合物基质中能够产生有益效果（基于现有技术对比文件1、对比文件8和对比文件10）；（b）将导电填充物如碳分散于基质中能改善导电率（基于现有技术对比文件3至对比文件5、对比文件7）。但该案中需要正确定义本领域技术人员的能力。尽管电化学发生器和离子电渗均依赖电化学过程，但二者的电化学过程本质上是基于显著不同的目的和用途，需要满足不同的使用需求，因此电化学发生器领域应视为高度细分的领域，不能视为离子电渗的相近领域，也不能视为较离子电渗更为通用的技术领域。尽管对比文件2存在的部分问题（如金属电极的成本、电阻累积和缺乏韧性等问题）在电化学池中普遍存在，但本领域技术人员没有动机从涉及以电化学方法发电的对比文件3至对比文件5、对比文件7或对比文件8中获得解决上述问题的启示，在需要解决已知离子电渗设备的电极结构问题时没有动机从电化学发电机专家中需求建议。基于上述认定，EPO上诉委员会认为在上诉人提供的文献中仅对比文件1、对比文件2和对比文件10构成涉案专利的相关现有技术。对比文件1和对比文件2的结合可以获得具有对比文件2全部功能的设备，并具有与储药池叠放的聚合物电极相应的有益效果如韧性和更好的穿戴性。但对于通过将银颗粒更换为碳以实现减低电极成本和/或提高导电性的进一步改进，现有技术并未给出教导。因此涉案专利具备创造性。

如果为了将在某研究领域已确立的技术转移到邻近领域，本领域技术人员预期必须进行科学研究而不是常规工作，则可以认为其具有创造性。

T 441/93一案的涉案专利的权利要求1保护一种制备克鲁维酵母的方法，其包括（1）经步骤（a）至（e）通过遗传媒介转录克鲁维酵母细胞，（2）将所得转录细胞在生成维持液中进行繁殖。异议部维持涉案专利有效的理由在于以文献 6 为最接近的现有技术时，现有技术并未给出分离宿主或克鲁维酵母复制功能的教导。上诉人（异议人）以公开了转化酿酒酵母全细胞方法的文献 21 为最接近的现有技术，认为文献 21 中遗传媒介同样用于后一酵母的整体转录，本领域技术人员容易想到将文献 21 的教导在克鲁维酵母上重现；而在现有技术文献 5 公开了采用相同的方法成功实现了在进化程度上较克鲁维酵母与酿酒酵母相距更远的粟酒裂殖酵母转录的基础上，本领域技术人员可以预期将文献 21 的方法用于克鲁维酵母具有合理的成功预期。专利权人则认为并非所有类型的酵母均以相同方法转录，因此无法得出文献 21 的酿酒酵母、文献 5 中粟酒裂殖酵母原生质体以及涉案专利的克鲁维酵母是通过相同方法实现转录的结论。

EPO 上诉委员会首先指出权利要求中存在两组权利要求（A 组和 B 组），分别享有不同的优先权日。(1) 对于 A 组权利要求，其相对于最接近的现有技术文献 21 实际解决的技术问题是提供更多酵母作为宿主实现外源基因的转录与表达，以及实现该转录与表达的程序和质粒。判断其是否具备创造性的关键在于本领域技术人员是否能够基于合理的成功预期选择并开发克鲁维酵母的转录方法。EPO 上诉委员会查明，在涉案专利的优先权日之前，实验室证据表明存在克隆载体媒介的复制和选择转化株两种实现转录的潜在方法，将酿酒酵母的转录技术转用至其他酵母菌存在困难，特别是在转录克鲁维酵母时，现有技术尚未分离出克鲁维酵母的自动翻译序列，也未发现具有特定基因型的克鲁维酵母变体，即本领域技术人员无法预期酿酒酵母的转录本可作为选择性的转录本。因此实现克鲁维酵母转录需要付出大量属于科学研究而非本领域常规手段的劳动，其转录结果也是不确定的，A 组权利要求具备创造性。(2) B 组权利要求相对于最接近的现有技术文献 6 实际解决的技术问题是提供更多可以避免原生质体重建的克鲁维酵母转录方法。现有技术文献 17 公开了酿酒酵母全细胞转录方法，其成功结果可能鼓励本领域技术人员在克鲁维酵母上尝试文献 17 的转录方法。但 EPO 上诉委员会强调，判断涉案专利创造性的关键在于本领域技术人员对于该方法的转用是否存在合理的成功预期，即该转录技术是否属于本领域的常规操作而无须克服任何无法预期的困难。在该案中，EPO 上诉委员会认为由于缺乏现有技术教导这两种酵母菌的细胞壁以相同方式发挥作用，本领域技术人员无法合理预期基于酿酒酵母菌开发的透膜技术能够转用至克鲁维酵母，这一确认过程需要付出科学研究而非简单的常规实验。因此 B 组权利要求也具备创造性。

对于涉及解决特定领域的技术问题的发明，其现有技术的范围还必须包括涉及该技术问题的解决方案的非特定（一般）领域的现有技术。应认定该非特定（一般）领域的一般技术问题的解决方案是一般技术知识的组成部分，精通任何特定技术领域的技术人员会优先获得这些知识。❶

---

❶　《EPO 上诉委员会判例法第 8 版》第 I. D. 章第 8.2 节。

T 891/91 一案的涉案专利权利要求 1 保护一种在眼镜至少一个光学表面形成光学清晰的薄涂层的方法，限定其包括 i 至 V 五个步骤。上诉人（专利权人）质疑无效决定的理由为：最接近的现有技术对比文件 1 既未教导涂层前经预硬化步骤使其不饱和度达到限定的数值范围，也未公开涂层后的后硬化步骤；而现有技术对比文件 5 与对比文件 1 属于不同的领域，同样未教导预硬化和后硬化步骤，二者的结合无法显而易见地获得权利要求 1 的技术方案；并提供了对比实验数据表明对比文件 5 的涂层不适用于眼镜。

EPO 上诉委员会认为，最接近的现有技术对比文件 1 公开了在镜片光学表面提供一层薄透明涂层的方法。涉案专利权利要求 1 与对比文件 1 的区别特征仅在于在液态可聚合材料填满模具以形成镜片的芯材前，使施用于模具面的材料层发生反应以形成涂层，所述涂层干燥、耐磨且至少与第一面弱附着，并且在反应前，该涂层的不饱和度在 40%～90% ［参见权利要求 1 步骤（ⅱ）］。涉案专利实际解决的技术问题是进一步改善镜片的表面性质，特别是涂层与基底层的附着性，而不削弱耐磨性。为解决上述技术问题，涉案专利采用了上述步骤（ⅱ）中所述使材料层部分反应形成涂层的技术手段。但上述技术手段已被对比文件 5 公开。对比文件 5 还公开了其最后成膜步骤的化学机理在于中间非黏性凝胶层中所含的反应性不饱和聚酯树脂组合物与可聚合甲基丙烯酸甲酯的相互作用，形成交联。因此本领域技术人员基于对比文件 5 可以注意到当基底层的甲基丙烯酸甲酯硬化时，基底层和涂层组合物中发生了成键现象。由于耐划痕性取决于基质与涂层附着性，该成键作用将影响到耐划痕性，且该作用机理与涉案专利中形成良好附着性的机理相同。因此，EPO 上诉委员会认为本领域技术人员在对比文件 1 的基础上有动机想到将部分可聚合材料涂层施用于模具表面的步骤用对比文件 5 教导的处理步骤替代，即在模具上涂布可聚合材质并使其部分硬化，直至生成中间态、干燥的非黏性凝胶。对于上诉人提出的对比文件 5 因属于更通用的技术领域而无法形成教导的主张，EPO 上诉委员会认为，本领域技术人员在面对技术问题时，有动机寻求相近领域或更为通用的技术领域中解决相同或相似技术问题的手段。眼镜片领域的技术人员在面对透镜表面涂层的黏合性和耐磨性的技术问题时，也会引用更加普遍的塑料片涂层领域中的现有技术，该领域中同样有涂层黏合性和耐磨性的问题，而且技术人员对其有所了解。因此本领域技术人员能够从对比文件 5 中获得解决技术问题的教导，特别是注意到二者的基质材料相同，均是甲基丙烯酸甲酯。

对于上诉人提供的补充对比实验数据，EPO 上诉委员会称，有效的对比实验应在相似度最高的条件下进行，并落入涉案专利的权利要求以及与之对比的现有技术的范围内。进一步说，该对比实验的条件参数与对比文件 5 实施例及其余部分记载的条件显著不同，甚至不满足对比文件 5 所要解决的技术问题，与对比文件 5 的结论相矛盾，因此 EPO 上诉委员会对该对比实验的结论存疑，该对比试验不足以证明涉案专利具备创造性。

T 986/96 一案的涉案专利涉及"邮件处理系统的方法和设备"，其中独立权利要求

1 保护一种用于称重邮寄物并在每件邮寄物加上邮资标签的设备；独立权利要求 11 保护一种称重物件并在每一物件加上邮资标签的方法。

上诉人（专利权人）质疑无效决定的理由为：传统的邮件处理系统在处理每件邮寄物时需要进行 3 个连续步骤，即分拣、称重、根据重量打印邮资。现有技术的改进方向关注于提高每件邮寄物通过上述 3 个步骤的处理速度，最接近的现有技术对比文件 2 也采用了传统的处理方法。而涉案专利采用了差额称重方法来解决邮件处理速度的问题。尽管这一技术已为现有技术对比文件 1 或对比文件 4 所知，但对比文件 1 和对比文件 4 将该技术用于食品处理或自动贩卖机。由于邮寄物和食品的性质不同，对于其处理设备的要求不同，因此本领域技术人员无法从对比文件 1 和对比文件 4 获得改进对比文件 2 以提高邮件处理速度的启示。此外，本领域技术人员通常不会考虑增加称重模块的体积，因为这将降低其灵敏度和感应度，从而增加其称量时间。而涉案专利通过使用更大的称重模块配合差额称重技术，显著提高了处理速度，产生了预料不到的技术效果。本领域技术人员在对比文件 1 和对比文件 4 公开后至涉案专利优先权日之前的时间内并未使用如涉案专利的差额称重方法，也佐证了涉案专利具备创造性。

异议人认为：对比文件 1 公开了基于与涉案专利相同的差额称重方法工作的称重模块，对比文件 2 公开的是自动邮件处理系统，而涉案专利涉及的是手动邮件处理系统，因此应选用对比文件 1 而非对比文件 2 作为最接近的现有技术。本领域技术人员在需要减少一批邮寄物的处理时间时，有动机且能够从通用的称量领域中寻求教导。

EPO 上诉委员会首先明确，根据 EPC56 的要求，通常不会假定本领域技术人员了解某偏门技术领域的专利或技术文献。但是，在适当情形下，可以认为某个团队由拥有不同领域专业知识的人员构成（T 141/87，T 99/89）。在某个特定领域的专家适合解决某部分问题，而其余部分的问题需要不同领域的其他专家解决时尤其如此。就该案而言，涉案专利既涉及邮件处理设备的知识，也涉及通用称量领域的知识，因此本领域技术人员既包括了邮件处理领域的专家，也包括了熟知称量领域技术的专家。由于与邮件处理领域具有相同的技术问题，称量领域属于涉案专利的相邻技术领域。关于双方在最接近的现有技术的选取上的争议，EPO 上诉委员会认为，通常最接近的现有技术会选取与该申请具有最多共同技术特征的技术方案，其能实现该申请的功能，与该申请属于相同的技术领域。对比文件 2 与涉案专利的技术方案具有相同的功能，属于同一技术领域，对比文件 2 不仅公开了自动邮件处理系统，还教导了在处理同一规格的重量已知的邮件时也可采用手动操作模式。因此对比文件 2 而非对比文件 1 应作为最接近的现有技术。涉案专利实际解决的技术问题是进一步提高邮件处理系统的精确性并缩短处理时间。EPO 上诉委员会认为，如上诉人所述，对比文件 2 公开的邮件处理设备基于传统循环模式操作，即每件邮寄物均经历了分拣、产生对应的稳定重量信号、然后打印相应的邮资信息的分离步骤。而涉案专利中每件邮寄物的重量是基于差额重量确定的，即每件邮寄物从箱柜移出前后的即时检测重量差，由此解决了上述技术问题。尽管这一差额称量技术常用于食品领域，但这并不意味着将该技术应用于邮件处理时是显而易见的。其一，在处理食品和邮件时，尤其在称重时，二者的要求是本质不同的。差额称重食品的主要目的并不在于确定每件食品的重量。如对比文件1所述，食品差额称重的目的是将足够的物品从秤上移出以达到所需分量；与之相反，邮件处理差额称重时需要精确确定每件物品的重量。零售商可能关注于未售出的食品重量，而邮件处理设备的操作人员不会关注尚未处理的邮件总重量。其二，二者在称重时所需的精度差异也有显著区别，食品的售价随重量线性变化，而邮资是阶梯计价的，可见邮资在测量精度上的要求更高。其三，处理速度在处理邮件时是重要考虑因素，而在食品称重时是次要因素。基于上述分析可知，本领域技术人员在需要解决涉案专利中属于邮件处理和称重领域的实际解决的技术问题时，没有动机将对比文件1的差额称重技术用于对比文件2的邮件处理系统。而对比文件1的技术方案中无须考虑对比文件2的邮件处理系统中分拣每件货物的必要技术特征也佐证了上述结论。且使用较大称量模块原则上会降低测量的灵敏度和感性度，将导致本领域技术人员认为该称量技术是不合适的。总之，EPO上诉委员会认为，本领域技术人员在从对比文件2出发解决涉案专利实际解决的技术问题时，尽管有可能考虑到对比文件1公开的称重技术，但基于异议人提交的证据和陈述意见，无法证明本领域技术人员会采用该技术手段。对比文件4涉及售卖食品及其他日用品的自动贩卖机，其与涉案专利的相关性并未优于对比文件1，因此本领域技术人员基于对比文件2和对比文件4的组合也无法显而易见地获得涉案专利的技术方案。综上所述，涉案专利具备创造性。

9.4 要素变更发明

要素变更的发明，包括要素关系改变的发明、要素替代的发明和要素省略的发明。在进行要素变更发明的创造性判断时通常需要考虑：要素关系的改变、要素替代和省略是否存在技术启示、其技术效果是否可以预期等。

9.4.1 要素关系改变

要素关系改变的发明，是指发明与现有技术相比，其形状、尺寸、比例、位置及作用关系等发生了变化。

在创造性判断中，公认的原则是，基于可预期的已知效果，为获得已知结果而采用已知手段通常不具备创造性，但是，通过这些已知效果获得的新的且非显而易见的技术结果可以将已知手段的用途转化为用于解决新的技术问题的新的且非显而易见的工具。[1]

T 301/90 的涉案权利要求1请求保护一种制备具有多层结构的半导体器件的方法，其中第一层以预定方式在第二层上形成，第二层经刻蚀在器件半导体基底上形成，其

---

[1] 《EPO上诉委员会判例法第8版》第 I. D. 章第 9.11 节。

特征包括第二层先进行各向同性刻蚀，再将剩余部分沿第二层厚度方向各向异性刻蚀，以第一层为掩膜形成开口，再将第一层移除并在第二层上形成第三层。

上诉人（异议人）认为，涉案专利所要解决的技术问题是提供一种能够形成精细结构的无锐边角的刻蚀方法，其能够对刻蚀掩膜形成准确的副本。现有技术对比文件 1 教导了各向异性刻蚀能够形成精确结构，对比文件 1 图 2a 显示各向异性刻蚀能避免锐边角的形成。半导体领域的本领域技术人员能够从对比文件 1 推导出在各向同性刻蚀后进行各向异性刻蚀的技术方案并预期其有益效果。专利权人认为，对比文件 1 宽泛地教导了各向异性刻蚀通过定向轰击可忠实复制掩膜尺寸、制备高分辨率图样的优势，但并未教导或暗示通过在同一开口处采用两种刻蚀方式以解决涉案专利所要解决的技术问题，即如何避免在各向异性刻蚀的开口上段形成锐利的边角。其余对比文件对如何避免形成锐边角的教导也是不同于涉案专利的。

EPO 上诉委员会认为，涉案专利实际解决的技术问题是在第二层上形成微小、精细的开口且在开口的顶端不会形成锐边角，从而使第二层具有足够的厚度（形成绝缘避免短路），避免相对较薄的第三层发生断裂。为解决上述问题，权利要求 1 采用了第二层先进行各向同性刻蚀，再将剩余部分进行各向异性刻蚀的技术手段。评价涉案专利是否具备创造性的关键在于判断将对比文件 1 公开的整体各向异性刻蚀工艺的第一部分变更为各向同性刻蚀以避免图样中的锐边角导致层断裂对本领域技术人员是否显而易见。对此，对比文件 1 公开的刻蚀方案中对于开口的锥角和纵向壁部分均采用了掩膜辅助刻蚀，即对比文件 1 使用的是同一刻蚀方法，并未教导或暗示采用涉案专利的先后两步刻蚀工艺。并且，现有技术通常采用的避免锐边角的技术手段也不同于涉案专利。特别是在形成微小、精细的开口时，边切斜总被视为不需要的副反应，因此现有技术始终采用各向异性的处理方式，保持刻蚀剂的各向异性而对掩膜剂或材质的性质进行调整。据此，EPO 上诉委员会维持涉案专利有效。

根据既往判例，比较实验中被证明的预料不到的效果（有益效果或特征）可以作为具备创造性的证据。如果基于改进效果，选择比较实验来证明创造性，与最接近的现有技术比较的方式应当能够有说服力地表明声称的优点或效果是由该发明与最接近的现有技术之间的区别特征带来的。[1]

T 197/86 一案的涉案专利涉及照相成色剂、乳剂、材料和方法，其中权利要求 1 保护一种照相用氰基形成染料的成色剂，其结构为

$$
\text{R—C(=O)NH} \quad \text{OH} \quad \text{NHC(=O)NH} \quad \text{—CN} \quad (\text{I})
$$

其中，R 为平衡基团；X 为 H 或去偶合离去基团。

异议部维持涉案专利有效的理由为，作为最接近的现有技术的文献 d 化合物 9 与

---

[1] 《EPO 上诉委员会判例法第 8 版》第 I.D. 章第 10.9 节。

涉案专利化合物的结构差异在于对位上不具有氰基取代基，现有技术文献 c 教导的是苯基对位的氰基取代基具有红移效应（最大吸收波长 λ_{max} 增加），因此文献 d 和文献 c 的结合无法获得涉案专利的技术方案。上诉人（异议人）认为涉案专利实际解决的技术问题仅仅是增加最大吸收波长，本领域技术人员基于本领域的普通原理结合文献 c 能够显而易见地获得上述技术方案；且专利权人用于证明缩小吸收半带宽（HBW）范围的额外效果而补充的对比实验数据并非真实的比较数据，也不是与结构最接近的成色剂的比较。

EPO 上诉委员会认为，通过对位氰基取代基，涉案专利所要解决的技术问题是提供可作为染料的具有更窄吸收半带宽（HBW）的成色剂，同时保持红色光谱远端的吸收（涉案专利 $\lambda_{max} > 650nm$）、耐光性且对 Fe^{2+} 稳定。涉案专利提供的实验数据已证明其保护的技术方案已经解决了上述问题。①就上诉人提出的对比试验中现有技术的成色剂文献 d 化合物 9 与涉案专利的成色剂 5 存在不止一处结构差异，特别是稳定基团也存在差异，考虑到稳定基团的选取可能影响到 λ_{max} 和/或 HBW，无法确定对比试验的结果差异由对位氰基带来的问题；EPO 上诉委员会认为这涉及权利要求的范围是否合适，即特定数据能否证明落入通式范围内的化合物均是非显而易见的。但是，如果审查部在作出授权决定前未就该问题提出质疑，这一取证责任应由异议人承担。在该案中，专利权人主动承担了该举证责任并提供了补充试验数据，尽管对照化合物并不确切地属于与涉案专利成色剂仅在对位氰基处存在差异的现有技术成色剂，但这是专利权人的额外贡献，可被视为证明权利要求对非扩散基团的宽泛限定得到了说明书的支持。因此，对比试验中二者的结构差异仅余氰基基团一项。该补充对比实验数据表明，具有对位氰基取代基的成色剂始终具有增加的 λ_{max} 和更窄的 HBW，且 HBW 的减少并不与 λ_{max} 的增加存在可预见的关联。基于上述数据，EPO 上诉委员会支持专利权人关于其已清楚表明了对位氰基的有益效果的主张。②对于现有技术是否教导或暗示了将如文献 d 化合物 9 的苯基脲基酚类成色剂的苯基被对位氰基取代可以带来更窄的 HBW 并同时保持 λ_{max} 的问题，EPO 上诉委员会认为现有文献均未提及 HBW，因此带来更窄的 HBW 的效果可被认定为非显而易见的。而在 λ_{max} 方面，文献 d 化合物 9 的最大吸收波长为 666nm 或 660nm（取决于显影剂），结合文献 c 中公开的经对位氰基取代最大可使波长红移 17nm 的内容，经计算可知，本领域技术人员基于上述现有技术可预期的对位氰基取代后的最大波长值为 $666 + 17 = 683nm$，该值远低于涉案专利所达到的 700nm 的数值。③EPO 上诉委员会认为，现有技术中提供了多种可实现最大吸收波长红移的吸电子基团。例如，文献 b 公开了多个可选择的对位取代基，但其中并不包括氰基。并且文献 b（脲基-酚类染料物质）与涉案专利的相关度较文献 c（氨基-萘酚类染料物质）更高，这影响了本领域技术人员对文献 c 的参考程度。可见，本领域技术人员无法经"单行道"而明确地获得通过对位氰基取代来实现最大吸收波长红移的技术方案。而文献 c 中约 530nm 的 λ_{max} 范围也与涉案专利存在明显差异，因此基于文献 c 教导的基团替换能否重现其技术效果、能否达到约 660nm 的 λ_{max} 范围是本领域技术人员难于预期的。据此，EPO 上诉委员会认为涉案专利的技术方案相对于文献 d 和文献 c 的结合是非显而易见的。

T 164/02 一案的涉案专利涉及具有处理多感应器输入信号电路的频率响应型起搏器，权利要求 1 保护一种频率响应型起搏器（20），限定其包含脉冲产生装置（34）、第一感应装置（22）、第二感应装置（24）、第一转换装置（50－54）、第二转换装置（56－60）、可寻址的频率矩阵（62，30，RM），其中脉冲产生装置根据选定频率信号生成脉冲刺激并将其输送至患者的心脏，还限定了可寻址的频率矩阵的输出信号为送至脉冲产生装置（34）的选定频率信号。

上诉人（异议人）认为，现有技术 E1 图 5 公开的频率响应型起搏器除控制起搏频率的功能外，还包含了若干其他功能如校准、计算和控制错误等，因此 E1 的起搏器结构比涉案专利权利要求 1 的结构更为复杂。但二者的基本原理是相同的，即都连接了生理感应器的输出信号与反映了通过矩阵计算出的目标起搏频率的参数。E1 清楚地暗示了一种可能性，即控制心脏频率时可以不必考虑瞬时冲程体积，在此种情况下，矩阵单元 524 无须输出直接决定激发频率的信号，基本对应于权利要求 1 限定的"选定频率信号"。而现有技术 E3 教导了起搏频率可基于两种测定参数例如血液温度和身体活动获得，因此本领域技术人员基于现有技术可以获得权利要求 1 限定的技术方案。

专利权人认为，涉案专利权利要求 1 中的可寻址频率矩阵是通过一系列由两种生理感应器的输出信号激活的预先编程的响应值获得的，因此该频率矩阵并非源自检测生理输入值的感应器的输出信号，而是源自独立于感应器信号的预先编程值。而 E1 的起搏器中，矩阵模块 520 中存储的预先编程值或激活参数与生理感应器的输出值组合，该生理感应器的输出值随后与模块 524 中的活动信号组合。上述组合信号从模块 524 产生一个输出信号或频率信号。可见，E1 的矩阵模块 520 影响到最终输入脉冲发生器的频率信号，而不是如涉案专利的频率矩阵那样限定了特定的频率。模块 524 是 E1 技术方案的必要特征，本领域技术人员没有动机省略模块 524 从而使输出信号仅由模块 520 产生。而 E3 的起搏器通过两个感应器的组合优化参数，其起搏频率持续通过感应器的信号直接计算得出，并不是如涉案专利中采用预先编程值。因此本领域技术人员基于 E1 和 E3 的组合无法显而易见地获得涉案专利的技术方案。

对于上述争议，EPO 上诉委员会认为，涉案专利涉及的频率响应型起搏器包含两个感应器用于检测相应的生理参数，从而确定出适合于患者生理需要的合适的起搏频率。其技术贡献主要在于提供了可寻址矩阵，该矩阵存储的"选定频率信号"可提供至起搏器的脉冲产生装置，并将两个感应器的输出信号转换为对应的地址信号，用于定位矩阵元胞数组并选择合适的频率信号。换而言之，涉案专利的频率响应是通过可寻址矩阵建立其感应器输出信号和频率信号间的功能性关联实现的；当感应器的输出信号落入矩阵编址对应的预定数值范围内时，该矩阵可输出预先确定的频率信号。然而，E1 公开的并不仅限于一个含有各种不同功能的特定组合，其教导了控制功能是通过输入的测定变量和起搏参数的简单连接实现的；E1 还教导了其图 5 中各部件是可选的，启示本领域技术人员可开发简化的实施例。特别是 E1 指出，生理参数和模块 520 的输出信号在某种程度上是多余的，其与下游矩阵 524 相关联是为了提高系统的可靠性，用于定位第一矩阵 520 的两个生理参数是相互补充的。而 E3 已经明确教导了组合生理参数的好处。因此本领域技术人员基于现有技术可以获知，为适应患者需求而调控起搏频率的控制变量可以是所需要的刺激频率与两种不同的反映生理活动的开始和水平的生理参数的函数关系，而这种函数关系容易被可寻址的矩阵实现。将上述教导直接用于频率响应型起搏器即可获得涉案专利的技术方案。因此涉案专利不具备创造性。

T 685/15 的涉案专利涉及 Al-Fe-Si 铝合金薄片的制备工艺，权利要求 1 和权利要求 18 为：

"1. 一种制备铝合金产品的方法，其特征在于包括如下步骤：

"（a）在铝合金上持续浇铸如下组成的熔融液（以质量分数计）：Fe 1.1%～1.7%，Si 0.4%～0.8%，Mn 至多 0.25%，其余元素每种含量小于或等于 0.05% 且总量小于或等于 0.15%，与 Al 总量比；

"（b）不经中途退火步骤冷轧浇铸产品，直至厚度低于 $200\mu m$；

"（c）最后将冷轧产品退火。

"18. 一种厚度低于 $200\mu m$ 且具有如下组成的铝合金产品：Fe 1.1%～1.7%，Si 0.4%～0.8%，Mn 至多 0.25%，其余元素每种含量小于或等于 0.05% 且总量小于或等于 0.15%，与 Al 总量比；

"所述铝合金产品具有如下性能：

"在横轴方向的屈服压力＞100MPa，UTS＞130MPa，延展率＞18，UTS×延展率＞2500；

"在纵轴方向的屈服压力＞100MPa，UTS＞140MPa，延展率＞18，UTS×延展率＞2500。"

上诉人（异议人）质疑涉案专利创造性的证据包括现有技术对比文件 1 至对比文件 3，认为：权利要求 1 与对比文件 1 的差异仅在于权利要求 1 的 Si 含量略高。对比文件 1 表 2 表明尽管 Si 含量略低，对比文件 1 的合金仍可达到涉案专利产品的性能。涉案专利权利要求 1 实际解决的技术问题仅是提供更多制备工艺，或至多是提供具有更适于浇铸的微结构。对此，本领域技术人员容易通过微调金属元素的含量以解决上述问题。此外，现有技术对比文件 2 也教导了 Si 含量对浇铸性的有益影响，这一教导与涉案专利相同。现有技术对比文件 3 也给出了类似的教导。因此权利要求 1 不具备创造性，在此基础上权利要求 18 也不具备创造性。专利权人认为：对比文件 1 公开的是 Al-Fe 双组分合金，Si 是对比文件 1 中不需要的组分，因此本领域技术人员基于对比文件 1 没有动机增加 Si 含量至超出对比文件 1 的限定范围。涉案专利权利要求 1 中的含量限定不仅避免了在深度退火时产品变黑，还达到了在更宽范围的退火条件中具有所需机械性能的效果。而对比文件 2 或对比文件 3 虽然公开的是三组分合金，但其制备工艺与对比文件 1 不同。本领域技术人员无法从中获得教导。

对于上述争议，EPO 上诉委员会认为，对比文件 1 确实公开了不包括中间退火步骤的制备方案，但该方案的合金组成不同于涉案专利权利要求 1，对比文件 1 限定 Si 含量低于 0.4%（实施例中 Si 含量至多 0.18%）。涉案专利限定了合金中必须含有 Fe 和 Si，而对比文件 1 的合金必须含有 Fe 但可以耐受含有不超过 0.4% 的 Si。涉案专利说明书第 [0026] 段指出 Si 的存在有助于减少 Fe 和 Mn 的固溶体，因而能够在较低的退火温度范围内开始形成连续的重结晶。而加入 Si 后与 Fe 共同作用，促进形成立方 α-Al(FeMn)Si 相，当合金以该晶相为主，而非游离 Si-Al(FeMn) 或单斜 β-AlFeSi 相为主时，可避免产品中形成污渍而在深度退火时变黑。尽管对比文件 1 表 2 显示对比文件 1 的合金也可以具有涉案专利限定的机械性能，但对比文件 1 需要在高温条件下退火才能达到涉案专利合金的 UTS 和延展率；相比之下，涉案专利在宽泛的退火条件下均可达到所需性能。因此权利要求 1 相对于对比文件 1 实际解决的技术问题并不仅仅是提供替代的产品或改善浇铸性，而是提供一种制备工艺，该工艺制得的产品既能通过在机械强度和横向、纵向具有良好的延展性之间达成平衡从而具有有益的机械性能，又能在宽泛的处理窗中实现在深度退火操作下不产生黑色沉积物的效果。对此，对比文件 1 并未教导增加 Si 含量以解决上述问题；相反，对比文件 1 认为 Si 是铝合金商品中普遍存在的不产生有益效果的杂质，教导控制杂质 Si 含量至限定值以下。对比文件 2 虽然公开了将 Si 含量控制在 0.4%～0.8% 有益于浇铸，但对比文件 2 并未将其用于解决涉案专利提出的所要解决的问题，因此本领域技术人员无法在对比文件 1 的基础上结合对比文件 2 以解决涉案专利实际解决的技术问题。即使结合对比文件 2，由于对比文件 2 教导了在冷轧步骤实施中间退火步骤以获得优异机械性能的产品，本领域技术人员在对比文件 1 的基础上结合对比文件 2 将获得不同于涉案专利的在冷轧时进行中间退火的铝合金制备工艺。对比文件 3 与涉案专利的关联度更低，对比文件 3 并不涉及连续浇铸工艺，而是在模具中浇铸的工艺，因此本领域技术人员在对比文件 1 的基础上结合对比文件 3 也无法显而易见地获得涉案专利的技术方案。因此涉案专利具备创造性。

9.4.2　要素替代

要素替代的发明，是指已知产品或方法的某一要素由其他已知要素替代的发明。

更宽泛的一般领域的技术人员同样会利用更窄、更专业的领域内的普通技术知识的已知主要应用，以寻求该技术的特定应用范围外的问题解决技术方案。❶

T 379/96 的涉案专利权利要求 1 保护 "一种适于通过口腔或鼻腔吸入给药的医用气雾剂配方，其中包括药物、1,1,1,2-四氟乙烷、表面活性剂和至少一种极性高于 1,1,1,2-四氟乙烷的化合物，所述配方以溶液或悬浮液的形式提供，分散液中介质微粒

---

❶　《EPO 上诉委员会判例法第 8 版》第 I. D. 章第 8.2 节。

粒径低于 $10\mu m$ 且不含有 $CHClF_2$、CH_2F_2 和 CF_3CH_3"。

异议部维持涉案专利有效的理由为,涉案专利权利要求 1 与最接近的现有技术文献 50 的区别特征在于文献 50 的挥发剂为二氯二氟甲烷（P12），而权利要求 1 的挥发剂为 1,1,1,2-四氟乙烷（P 134a）。其余现有技术也未公开 P 134a 在医用气雾剂配方中的溶解性和毒性问题。上诉人（异议人）认为,涉案专利所要解决的技术问题实际上是由于公众压力和政府行为产生,即适应禁用破坏臭氧层的污染物的需要。为解决上述问题,本领域技术人员的范围不仅包括药理学家,还包括物理化学领域,尤其是具有污染物常规知识的技术人员。例如,现有技术文献 19 公开的相关理化参数足以使本领域技术人员获得涉案专利的技术方案。

专利权人认为,涉案专利权利要求 1 相对于最接近的现有技术文献 8 实际解决的技术问题是提供适于通过口腔或鼻腔吸入给药的有效医用气雾剂配方,且该方法应适应因 CFC 类挥发剂带来的环境约束；上诉人提出的挥发剂可相互替代的观点忽视了挥发剂对溶解参数的影响；文献 50 既不代表传统吸入式气雾剂,也不涉及臭氧层破坏的问题,且表明现有技术配方中的药物 LHRH 在含氟烃中不溶,因此对仅使用单一含氟烃为挥发剂的配方形成了技术障碍；在涉案专利的优先权日之前并无涉及 HFC 134a 毒性的结论,对 HFC 134a 理化性质的技术信息也很少,因此现有技术并无 HFC 134a 适于制备医用气雾剂的教导；配方中含有表面活性剂和极性高于 HFC 134a 的共溶剂已解决溶解性的技术效果也是基于现有技术无法预期的。

EPO 上诉委员会认为,文献 8 公开的是基于溶解性优化挥发剂系统的普遍教导,并不涉及具体的医用配方,其公开的 14 个实施例属于亮发剂,1 个实施例属于杀虫剂配方,不适合作为最接近的现有技术。文献 50 公开了含有 LHRH 类似物的溶液形式或悬浮液形式的气雾剂配方,其配方组成为 LHRH 类似物（活性成分）、表面活性剂（分散剂）、溶剂（Freon 11 和/或醇）、任选推进剂、表面活性剂（湿润剂和阀用润滑剂）、抗氧化剂、芳香气味剂,应作为最接近的现有技术。涉案专利实际解决的技术问题是提供具有可接受药效活性但对臭氧层破坏较小的医用气雾剂配方。文献 50 虽未教导在配方中使用极性更高的组分,但文献 50 已经公开了其配方中含有乙醇,基于涉案专利说明书和实施例的记载可知,乙醇属于极性高于 HFC 134a 的优选化合物。因此,EPO 上诉委员会认为涉案专利对于现有技术的贡献仅在于配方中使用了挥发剂 HFC 134a。对此,医用气雾剂领域的本领域技术人员熟悉各种挥发剂及其对终产品的影响,在需要解决上述技术问题时,本领域技术人员必然会从涉及挥发剂体系的其他现有技术中寻找解决方案,首先考虑的就是对臭氧层无潜在破坏且适于替换 P12 CFC 挥发剂的体系,如文献 50 公开的医用气雾剂配方。EPO 上诉委员会还指出,尽管现有技术提供了多种挥发剂如 HCFC 22 可用于气雾剂配方,而 HCFC 22 虽然对环境的危害较 CFC 11 或 CFC 12 小,但也不是完全无害的。因此本领域技术人员可以从现有技术中以明确的指向获得以 P 134a 替换 CFC 12 的教导。对于使用 HFC 134a 的溶解性和/或毒性问题,涉案专利中并无证据表明基于现有技术文献 19 的教导和必要的实验手段解决 P 12/11 组分的问题存在技术障碍。事实上，EPO 上诉委员会注意到在涉案专利优先权日 30 年之前，现有技术文献 14 已经公开了 HFC 134a 是十分稳定的物质，其结构已通过质谱确认，其低毒性使其在作为气雾剂中挥发剂时具有高度应用前景。并且，现有证据中也未提供毒性试验表明使用 P 134a 需要克服技术偏见。此外，文献 50 的气雾剂配方中也含有表面活性剂、乙醇和活性成分，且含量与涉案专利的限定部分重叠。因此，EPO 上诉委员会认为本领域技术人员基于文献 50 得到涉案专利的配方时也无须克服溶解性的问题。因此涉案专利不具备创造性。

当新化合物的结构与已知化合物的结构相似，以至于本领域技术人员可以合理预期在解决申请中的技术问题时，二者具有相同或类似用途，则该新化合物不具备创造性。如果技术人员通过公知常识或某些特定披露得以了解，所涉及化合物之间的结构差异如此之小，以至于对前述要解决的技术问题很重要的属性而言不具有本质影响，能够被忽略，则这样的预期是合理的。❶

T 852/91 一案的涉案申请涉及吲哚和吲唑酮砜衍生物以及用于对抗白血病病毒的用途，权利要求 1 请求保护式 I 结构的化合物 （I），其中 R^3 和 R^4 之一选自式 II 所示基团 $-CH_2-$ （II）。最接近的现有技术文献 A 公开了如下所示结构的化合物：

式中 G^1 是 C1−8 的亚烷基或 C2−6 的亚烯基；G^2 是亚甲基、1,2-亚乙烯基或直接与 Z 相连；Z 是选自羧基、式 $-CONHSO_nRg$ 所示酰基磺酰胺残基或取代的四唑基；Rg 是芳基，例如苯基，任选被 F、Cl、CH_3、NO_2 或氨基取代。涉案申请权利要求 1 与文献 A 的区别特征在于将 Z 基团替换为 $-COCH(M)SO_2-C_6H_4-Rc$ 基团，实际解决的技术问题是提供更多具有抗白血病毒活性的吲哚和吲唑化合物。

对此，基于文献 A 中对于 Z 基团的定义，驳回决定认为文献 A 给出了将 Z 基团替换为不同类型的酸性基团的教导，认为本领域技术人员可以预期仅在酸性基团结构上存在差异的衍生物仍具有抗白血病毒活性，由于涉案申请与文献 A 化合物结构接近，且没有证据表明涉案申请具有预料不到的效果，因此涉案申请不具备创造性。

但 EPO 上诉委员会认为，文献 A 的上述描述仅陈述了三种可选基团的共性，文献

---

❶ 《EPO 上诉委员会判例法第 8 版》第 I. D. 章第 9.8.2 节。

A 教导的是 Z 基团应选自上述三种基团，但文献 A 并未暗示或教导只要 Z 是酸性基团的衍生物均具有相应的抗白血病毒活性。EPO 上诉委员会还考察了涉案申请的 $-CONHSO_nRg$ 基团与文献 A 化合物对应基团 $-COCH(M)SO_2-C_6H_4-Rc$ 的相似性，指出所述"结构相似"的化合物具有相同或相似的用途这一预期来源于本领域的公知常识或一些特定的公开教导，即如果化合物的结构差异足够小以至于其不会对化合物的性质产生本质影响。然而审查部并未提供任何证据支持其 $-CONHSO_nRg$ 基团与 $-COCH(M)SO_2-C_6H_4-Rc$ 基团在提供抗白血病毒活性化合物中是等效基团的观点，涉案申请相对于文献 A 具备创造性。

T 659/00 一案的涉案专利涉及具有插槽闭合楔的发电机及其制备方法，权利要求 1 保护一种高渗透性材质槽楔，限定其材料由如下重量组成的电绝缘亚铁磁性材料组成：约 60%～80% 亚铁磁性小颗粒、约 10% 强化玻璃纤维织物和约 10%～20% 均匀分布于槽楔的交联热固聚酯树脂粘结剂。

异议部维持涉案专利有效的理由为：权利要求 1 相对于最接近的现有技术对比文件 2 所要解决的技术问题是提供具有特定电性质和磁性质、从而具备易机械加工性的槽楔。现有技术对比文件 9 教导了众多用于制备槽楔的可能性材料，其中包括了聚酯热固树脂，但现有技术并未给出选择聚酯以改善机械加工的启示。上诉人（异议人）则认为，现有技术公开的含有亚铁磁性小颗粒和均匀分布在槽楔的树脂黏合剂的槽楔已经具有了涉案专利所要达到的全部技术效果。交联热固树脂相比热塑树脂固有地具有更高的适用温度范围，因此在本领域已被频繁使用，而环氧树脂和不饱和聚酯树脂均属于最常用的强化玻璃纤维织物的热固树脂黏合剂，是本领域技术人员容易作出的常规选择。对比文件 9 进一步佐证了上述结论，且对比文件 9 还明确教导了聚酯是用于槽楔的合适的热固树脂。使用这样的已经商业化的且已知其适于所述目的的产品不具备创造性。专利权人认为，涉案专利的高渗透性槽楔具有特定的电性质、磁性质和易机械加工性的组合优势，现有技术并未教导通过用聚酯树脂替代环氧树脂可带来上述有益效果，本领域技术人员没有动机作出上述替换；各组分的参数之间并非线性依赖关系，组合材料的性质也无法基于单个组分的性质预期。

EPO 上诉委员会认为，对比文件 2 公开的槽楔与涉案专利权利要求 1 的区别特征仅在于树脂黏合剂不同，涉案专利使用的是聚酯树脂黏合剂，而对比文件 2 使用的是改性环氧树脂黏合剂。然而涉案专利说明书中并未提供任何数据证明其具有其声称的有利机械操作性，本领域的普通技术知识和涉案专利的实施例均无法证明权利要求 1 限定组成的材料相较于对比文件 2 的材料具有何种改进的机械加工性。据此，EPO 上诉委员会无法认定涉案专利与对比文件 2 槽楔材质在加工性能上的差异仅由树脂黏合剂的差异带来，因此涉案专利实际解决的技术问题是提供更多合适的替代槽楔，该槽楔具有适用于所述发电机所需的（力学、电磁和热）性能，且容易制得。对此，寻求更经济的制备方法和更多的制备材料是本领域的普遍动机，本领域技术人员在众所周知的可替代材料中择一使用无须进一步的教导。尽管通常认为本领域技术人员在选择材料的参数和组成时往往采取保守的态度，其改变的效果难以预期；但在尝试获得最合适的替代组分的特定情形下，应当认为本领域技术人员有动机使用那些已被证明适用于类似用途的常见替代材料。就该案而言，在涉案专利优先权日之前，聚酯树脂是玻璃纤维组合物中最常用的热固树脂黏合剂，如对比文件 9 所示，在磁槽楔领域中，聚酯树脂被明确提及是三种适用于玻璃纤维强化的磁混合材槽楔的热固树脂之一，可根据绝热使用需要进行选择。可见，权利要求 1 选择聚酯树脂黏合剂属于本领域技术人员的常规选择，无须克服技术障碍，其技术效果可以预期。因此涉案专利不具备创造性。

面对解决技术问题的优化但复杂的方案时，至少可以合理预期降低复杂性的优势会超过由此造成的性能损失的情况下，不能否认技术人员具备能够识别出较为不复杂的替代方案通常会带来较不完美的结果的能力以及因此能够设想出这样的替代方案的能力。❶

T 61/88 一案的涉案专利权利要求 1 保护一种半自动扫描式超声裂纹检测器，其特征包括：组成中包括探头固定器（7；7A），探头（9）可绕第二轴（63）转动，第二轴（63）与第一轴（67）垂直，探头固定器（7）可沿引导臂（5）手动移动。

异议部基于本领域技术人员没有动机将现有技术对比文件 4 的探头固定器采用手动方式移动，因为对比文件 4 所要解决的技术问题是实现维护人员能快速从检测危险区撤离，且对比文件 4 的探头固定器仅通过驱动机或步进器驱动的理由维持涉案专利有效。上诉人（异议人）则认为，权利要求 1 与对比文件 4 的区别特征在于使用万向节轴将探头固定于探头固定器上，且探头固定器可在其导向臂上手动移动，无须使用远程控制的驱动电机。而现有技术对比文件 2 已证明万向节轴已在超声裂纹检测器中用于实现超声探头与待检弧形表面的紧密接触；而将探头固定器从远程操作替换为手动操作属于造成器件整体完整性下降的技术退步，并未解决任何实际技术问题。专利权人认为，涉案专利的技术方案使操作人员能轻松适应各种检测模式，检测器特别适用于弯管部分的裂纹检测，万向节轴和探头固定器可手动移动的特征满足了上述检测所需的探头与弧度复杂的待检表面有足够的接触，且探头与导轨的间距持续可调的要求。虽然万向结构并不对创造性造成贡献，但现有技术并未教导以手动方式操作探头固定器。相反，对比文件 2 或对比文件 4 的检测器均采用电驱动移动探头固定器的方式，这需要对电驱动装置的复杂设计以及气动马达、磁力器等附加装置方能使探头紧贴待测表面。由于增加了操作人员对环境风险的暴露度和手持探头的人力付出，现有技术不会使本领域技术人员想到以手动方式操作探头，但上述缺点可通过减少器件的安装时间予以弥补。

对于上述争议，EPO 上诉委员会认为，权利要求 1 与对比文件 4 的区别特征在于：①探头可绕与第一轴垂直的第二轴转动；②探头固定器可沿其引导臂手动移动，权利

---

❶ 《EPO 上诉委员会判例法第 8 版》第 I.D. 章第 9.18.6 节。

要求中"半自动扫描"的特征由手动操作的特征体现。区别特征①已被对比文件 2 教导（对此专利权人予以认可）。对于区别特征②，EPO 上诉委员会确认其产生的效果为使设备无须马达驱动，以及使操作人员自行手动控制以实现探头与检测表面的充分接触并施加足够的压力。基于上述分析，EPO 上诉委员会认为涉案专利实际解决的技术问题是提供结构更简单的超声裂纹检测器。然而，减少已知器件结构的复杂性和成本是本领域的普遍追求，故认识到上述问题并不对创造性构成贡献。现有证据已经毫无疑问地表明，自动化的超声裂纹检测是本领域的普遍趋势。然而这并不会使本领域技术人员无视以牺牲效果而提供简化方案的可能性。而使操作人员免受辐射并非本领域的首要需求，因为管道检测可能发生在核设施的低辐射区域或非运行区域，因此本领域技术人员可以意识到通过放弃对比文件 4 的远程操作足以使已知设备的结构和操作模式得到显著简化，将已知器件的部分构件以手动方式移动是本领域技术人员容易想到的，特别是在手动式超声探头是已知时。涉案专利的有益效果均由装置简化直接产生，并未产生预料不到的技术效果。基于上述理由，EPO 上诉委员会不认可涉案专利中将远程控制移动替换为直接的手动移动模式具备创造性。

9.4.3　要素省略

要素省略的发明，是指省去已知产品或者方法中的某一项或多项要素的发明。

T 600/97 一案的涉案专利涉及"乘客子午线胎"。异议部无效涉案专利的理由为，授权文本权利要求 1 相对于现有技术对比文件 1 不具备新颖性，第一和第二附加请求的权利要求 1 相对于现有技术对比文件 1 和对比文件 5 的组合，或现有技术对比文件 1 和对比文件 6 的组合不具备创造性。上诉人（专利权人）在复审阶段进一步修改了权利要求，修改后的权利要求 1 请求保护一种充气轮胎，包括胎面（2）、胎侧（3）、一对间隔胎圈（4）、子午胎体（6）和加强层（9），并限定了每只叶轮通过胎圈芯（5）加强以及加强层（9）与胎侧、胎圈芯的相对位置，还限定了该轮胎中不设置三角胶带和胎边芯。

专利权人认为，（1）每种轮胎都有其特定的组成以满足不同的需要，因此本领域技术人员没有动机在一种轮胎中引入或省略其他轮胎的部件。（2）本领域技术人员从对比文件 1 无法获得不设置三角胶带和胎边芯的教导。（3）对比文件 5 通过设置外耐磨条代偿胎边芯的功能，对比文件 6 的轮胎中未设置三角胶带，对比文件 5 和对比文件 6 所要解决的技术问题不同于涉案专利，本领域技术人员没有动机从现有技术中获得减轻对比文件 1 轮胎的重量以获得改进的启示。

异议人认为，权利要求 1 与对比文件 1 的区别特征仅在于权利要求 1 的轮胎省略了三角胶带。而对比文件 5 和对比文件 6 均公开了含有或不含有三角胶带的轮胎，且对比文件 5 提出将胎体部分紧密包裹胎圈芯、调整耐磨条的厚度以补偿缺少胎边芯的功能，由此可见，缺少胎边芯虽可减轻轮胎的重量但也降低了牢固性，从而导致驾驶稳定性的降低。由于对比文件 1 的轮胎设置了加强层以提高胎侧的牢固性，本领域技术人员能立即意识到在需要更轻的轮胎时可以省略三角胶带并使胎体的翻转部分更紧密地包裹胎圈,无须创造性劳动即可获得涉案专利的技术方案。

对此,EPO 上诉委员会认为,最接近的现有技术为对比文件 1 公开的低高宽比轮胎,这种轮胎通过减轻重量以从行驶性能、油耗等方面提高车辆性能。涉案专利实际解决的技术问题是提供重量减轻但不降低操控稳定性的充气轮胎。为此,涉案专利采用了权利要求 1 限定的轮胎结构,即在每侧胎圈和胎侧设置了加强层,但不设置三角胶带。这样的结构降低了胎侧的刚性,结合胎体翻转部分可降低横向弹簧常数,从而提高驾驶性能,但保持了纵向弹簧常数,从而保证了轮胎行驶方向具有足够的稳定性以避免操控稳定性出现可感知的降低。由于省略了通常由硬质高质量橡胶制作的三角胶带,也实现了减轻轮胎重量的效果。而无效决定所引用的证据均未公开或教导通过省略三角胶带和胎边芯并在权利要求 1 限定的位置设置加强层以补偿稳定性的损失,以及通过将胎体的翻转部分紧密包裹胎圈芯以进一步缩小胎圈的体积。EPO 上诉委员会还指出,说明书实施例中轮胎的操控稳定性并无显著差异;尽管对比文件 1 通过包布层增加了横向牢固性,但对比文件 1 并未教导使用权利要求 1 限定的组合结构可以保持操控稳定性;且对比文件 1 关注于通过包布层和胎边芯的组合增强驾驶稳定性,本领域技术人员没有动机在这样的组合中省略胎边芯。而对比文件 5 的轮胎中仍设置有小的三角胶带;对比文件 6 的轮胎中虽未设置三角胶带,但对比文件 6 并未教导本领域技术人员在对比文件 1 的轮胎中引入权利要求 1 所示的特征组合,且对比文件 6 中无论是护脚板 432 还是轮胎的高宽比的功能均不等同于对比文件 1 或涉案专利的加强层。综上所述,EPO 上诉委员会裁定修改后的权利要求具备创造性。

在 T 685/15 案中,基于对比文件 2,上诉人(异议人)认为:①对比文件 2 的权利要求 11 公开了具有涉案专利权利要求 18 元素组成的薄片,其 UTS(极限拉伸强度)> 130MPa,且对比文件 2 说明书定义所述薄片具有 $5 \sim 150 \mu m$ 的厚度,并公开了表 2 所示的延展率。尽管对比文件 2 并未明确公开其屈服压力,但在相同的制备步骤下,对比文件 2 能够获得权利要求 18 限定的机械性能,即权利要求 18 的产品是对比文件 2 制备方法必然可以获得的。此外,涉案专利并未明确其用于测试机械性能的探头的几何形状,其引用的测试方法对比文件 IN-EN-10002 对此也未明确。由于探头的几何形状可能导致测试性能的数值差异,因此权利要求 18 限定的机械性能参数不能视为与对比文件 2 的区别特征,权利要求 18 相对于对比文件 2 不具备新颖性。②权利要求 1 与对比文件 2 的区别特征在于不存在中间退火步骤,实际解决的技术问题是提供成本更低的制备工艺。但这是本领域技术人员容易想到的,这种可能性也被对比文件 1 公开了。因此权利要求 1 不具备创造性,在此基础上权利要求 18 也不具备创造性。

专利权人认为,①对比文件 2 的权利要求 11 并未载明是否测试横向和纵向 UTS,其表 2 的延伸率超出了涉案专利权利要求限定的范围,更未公开屈服压力。对比文件 2 的制备工艺中包含中间退火步骤;而涉案专利实施例 2 表明了实施或省略中间退火步骤的影响,即实施中间退火步骤将导致屈服压力降低,这一效应在对比文件 2 为提供令人满意的延展率时所需的 300℃或 350℃的最后退火温度时尤为明显。因此权利要求 18 具备新颖性。②对比文件 2 的制备工艺中中间退火步骤是达到所需效果的必需步骤，本领域技术人员没有动机省略。涉案专利中省略中间退火步骤是为了改善机械性能，而对比文件 1 中仅教导了该步骤可以省略因为延展率并非关键的因素，因此本领域技术人员无法获得省略该步骤以改善性能的教导，无法显而易见地获得涉案专利的技术方案。因此权利要求 1 相对于对比文件 2 具备创造性。基于类似的理由，权利要求 18 也具备创造性。

关于权利要求 18 的新颖性，EPO 上诉委员会支持专利权人的观点，认为具有权利要求 18 所述综合性能的产品并未在对比文件 2 得到明确公开。由于对比文件 2 的制备工艺包含了中间退火步骤，不同于涉案专利，基于涉案专利实施例 2 及其表 5 的数据可知，具有权利要求 18 所述综合性能的产品也并非对比文件 2 制备工艺的必然产物。涉案专利表 5 数据和对比文件 2 表 2 数据体现的性能并不是测试误差，而是由二者的组成或制备工艺的差异带来的。因此权利要求 18 具备新颖性。

关于权利要求的创造性，EPO 上诉委员会认为，对比文件 2 的制备方案中包含中间退火步骤并指出该步骤是必需的。对比文件 1 仅公开了由于延展性并非关键属性，因此中间退火步骤可以省略，并未公开省略该步骤与改善机械性能的联系。因此本领域技术人员在对比文件 2 的基础上结合对比文件 1 也无法显而易见地获得涉案专利的技术方案。权利要求 1 相对于对比文件 2 具备创造性。类似地，权利要求 18 也具备创造性。据此，EPO 上诉委员会裁定涉案专利有效，维持异议部作出的决定。

T 694/99 的涉案专利权利要求 1 保护一种涂层玻璃件，限定其包括一玻璃基质、一氮化钛涂层和一硅络合物涂层，且硅络合物涂层沉积并吸附在氮化钛涂层上，氮化钛涂层沉积并吸附在玻璃基质表面；硅络合物涂层可用通式 SiC_xO_y 表示，其中 x 大于 0 小于 1，y 大于 0 小于 2；该涂层玻璃件任选在硅络合物涂层上沉积并吸附有金属氧化物或硅氧化物涂层；并进一步限定了该涂层玻璃件具有如下热学和光学参数：可见光透过率低于 36%，涂层侧和玻璃侧的遮光系数均低于 0.5，玻璃侧可见光反射率低于 20%，涂层侧可见光反射率低于 25%。

异议人认为，权利要求 1 与最接近的现有技术证据 A 的区别特征主要在于涉案专利的 TiN 涂层直接位于玻璃基质层上，而证据 A 中玻璃表面和 TiN 涂层中间存在硅质中间层。但基于现有技术证据 B 或 C，本领域技术人员均能显而易见地省略该硅中间层从而获得涉案专利的技术方案。在作出异议决定前的口审程序中，专利权人修改了权利要求 1 和 7，将玻璃件的可见光透过率由“低于 36%”修改为“15% 至低于 36%”。对此异议人予以反对。无效决定认为，权利要求 1 与证据 A 的区别特征在于省略了玻璃表面和 TiN 涂层之间的第一硅层。但证据 B 的涂层玻璃片中 TiN 层与玻璃基质直接相连，给出了省略该硅层的教导；权利要求 1 限定的光学参数仅反映了传统建筑玻璃的用途需求。

上诉人（专利权人）认为：与涉案专利相比，证据 A 的可见光透过率更低（低于

15%）、可见光反射率更高（约 30%），证据 A 没有给出省略聚硅氧烷中间层并增加透光率、降低可见光反射率的教导。证据 B 的 TiN 层虽然与玻璃表面直接接触，但证据 B 教导在玻璃层和 TiN 层中间设置 SnO 层以促进一致化成核作用并阻断 TiN 与玻璃间不必要的相互作用。

对于上述争议，EPO 上诉委员会认为，涉案专利的涂层玻璃件具有更低的放射性，从而相比未加涂层的玻璃件改善了绝缘性能，同时还具有玻璃侧和涂层侧的低光反射率和遮光系数。如涉案专利实施例 1−5 所示，上述效果是通过硅烷和包含乙烯的气体混合物反应，在 TiN 层上形成 SiC_xO_y 涂层实现的。证据 A 公开的涂层玻璃件包括玻璃基质上的第一硅涂层、第一硅涂层上的 TiN 涂层和 TiN 涂层上的第二硅涂层。权利要求 1 与证据 A 的区别特征在于权利要求 1 未设置中间硅烷层；且权利要求 1 的可见光透过率为至少 15% 到至多 36%，较证据 A 的可见光透过率高。涉案专利实际解决的技术问题是提供一种具有权利要求 1 限定的可见光透过率、遮光系数和可见光反射率的涂层玻璃件。为解决上述问题，涉案专利提供了仅具有两个涂层的玻璃件，即与玻璃基质直接连接的 TiN 涂层和在此之上的 SiC_xO_y 涂层。判断涉案专利是否具备创造性的关键在于本领域技术人员基于证据 A 是否有动机省略硅基涂层以获得具有所述性质的玻璃件。对此，EPO 上诉委员会认为证据 A 并未给出相应的教导或启示。而就证据 B 而言，其 SnO 顶层涂层用于调节 TiN 涂层的太阳光和热传导性质，作用相当于证据 A 的含硅顶层涂层，可见，本领域技术人员无法预期省略了玻璃板和 TiN 涂层之间的含硅基地涂层后会对玻璃件的性质带来何种必然的影响；且涉案专利中的 SnO 层作用在于赋予玻璃件耐用性，该作用也与证据 B 中的作用完全不同；此外，证据 B 还优选在玻璃板和太阳遮光膜 TiN 之间设置保护性氧化物层。可见，证据 B 也未教导省略中间硅烷层。据此，EPO 上诉委员会裁定涉案专利具备创造性。

第 10 章 不同领域发明的创造性审查

10.1 化学领域

10.1.1 化合物的创造性审查

10.1.1.1 结构的相似性

EPO 上诉委员会判例法认为：除非本领域技术人员在解决申请中的技术问题时能够合理地预期已知化合物和新化合物具有相同或类似的效果，否则不能仅以"结构的相似性"来否定新化合物的创造性。如果本领域技术人员通过公知常识或某些具体内容的披露而得以了解，新化合物与已知化合物之间的结构差异如此之小，以至于该差异对于所要解决的技术问题能够被忽略不计，则可以认为本领域技术人员能够合理地预期上述结构改进带来的效果是可以预期的。

T 852/91 中，涉案专利请求保护一种如通式 所示的取代的吲哚类化合物，其中，R_3 或 R_4 为 $-CH_2-$ 苯环 $-CO-CH-SO_2-$ 苯环 $-Rc$，所述化合物为白三烯拮抗剂。最接近的现有技术文献 A 公开了一种如通式 所示的吲哚类化合物，所述化合物可作为白三烯拮抗剂。该案与文献 A 的区别特征是：该发明限定了苄基的苯环上连接有 $-COCH(M)SO_2-C_6H_4-Rc$；对应地，文献 A 限定了基团 Z 为酸性基团，并选自羧基、$-CONHSO_nRg$、四唑。

审查部门认为，该案与文献 A 都涉及具有相同基本结构的化合物，且由文献 A 可知，对于吲哚类白三烯拮抗剂，其苄基取代基可以被选自不同类型的酸性基团所取代，可见，该案与文献 A 的化合物结构相似，在没有取得预料不到技术效果的基础上，该案请求保护的化合物是显而易见的。

EPO 上诉委员会认为，该案所要解决的技术问题是提供更多的可作为白三烯抑制剂的吲哚类化合物，说明书的内容已证明了该发明化合物对于 LTC_4、LTD_4 和/或

LTE$_4$ 表现出显著的拮抗活性，可见，该案已解决了该技术问题。对于上述区别特征，在文献 A 中明确定义了 Z 的三种特定选项，即羧基、—CONHSO$_n$Rg、四唑，文献 A 中所有化合物的 Z 都必须具有这三种基团之一，没有迹象表明当 Z 所定义的这三种基团被其他的酸性基团取代后还仍然能保持其白三烯拮抗活性；虽然术语"酸性基团"是这三个基团的共同特性，但不能就此认为文献 A 教导了任何其他可想到的"酸性基团"都能够被视为是保持白三烯拮抗活性的 Z 的等价基团。

EPO 上诉委员会还进一步指出，在该案中，没有任何迹象表明当 Z 所定义的这三种基团被其他的酸性基团取代后还仍然能保持其白三烯拮抗活性；并且，现有技术也没有给出任何用酮磺酸基团—COCH(M)SO$_2$—C$_6$H$_4$—Rc 取代 Z 以后仍然会保持白三烯拮抗活性的技术启示，审查部门并没有提供证据证明该申请中苄基苯环上的取代基—COCH(M)SO$_2$—C$_6$H$_4$—Rc 是保持白三烯拮抗活性的文献 A 中 Z 所定义的酸性基团的等同基团。因此，该案请求保护的化合物是非显而易见的。

在 T 358/04 中，涉案专利请求保护一种如通式 所示的磺酰基烷酰氨基羟乙基氨磺酰类化合物，其中 R$_4$ 为 ，A 和 B 独立的表示 O、S、SO、SO$_2$；或者 R$_4$ 为 ，其中 Z 为 O、S、NH，R$_9$ 为 或 ，Y 表示 O、S、NH；X 表示直接键、O、NR$_{21}$。该化合物可用作制备抑制逆转录病毒蛋白酶的药物。

最接近的现有技术对比文件 1 公开了可用作逆转录病毒蛋白酶抑制剂的如通式 （Ⅰ）所示的磺酰基烷酰氨基羟乙基氨磺酰类化合物，其中 R$_4$ 为苯基或萘基，其任选被烷基、烷氧基、卤素、羟基、氨基、硝基等取代。

该案权利要求 1 与对比文件 1 的区别特征在于：R$_4$ 不同，权利要求 1 中的 R$_4$ 为与其他五元杂环稠合的苯基，对比文件 1 中 R$_4$ 则是未稠合的单价基。

EPO 上诉委员会认为，该案所要解决的技术问题是提供更多的可作为逆转录病毒蛋白酶抑制剂的化合物，说明书的生物学测试内容已证明了该案的化合物是有效的逆转录病毒抑制剂，即该案请求保护的化合物已解决了上述技术问题。对于上述区别特征，①虽然，对比文件 1 一般性地披露了 R$_4$ 可以是被两个烷氧基取代的二价基，并且本领域技术人员可以预期其中当 R$_4$ 是间位、对位二烷氧基取代的苯基时将显示出逆转录病毒抑制活性，然而，对比文件 1 并没有提示用苯并二氧杂环戊烯基取代间对二烷氧基苯基可以解决上述技术问题。②对比文件 1 中表 9 显示，当 R$_4$ 为间、对二甲氧基苯基的实施例 12 化合物的 HIV 蛋白酶抑制活性（IC_{50}＝38nmol/L）远远低于 R_4 为对甲氧基苯基的实施例 2 化合物（IC_{50}＝3.2nmol/L），基于对比文件 1 的教导，本领域技术人员在寻求更多的可作为逆转录病毒蛋白酶抑制剂的化合物时将会远离 R_4 是两个相邻的烷氧基取代基的苯基。例如，苯并二氧杂环戊烯基，即对比文件 1 未给出朝着二烷氧基取代苯基这样没有前景的方向进行结构改进的技术启示，且本领域技术人员也没有理由尝试将苯基上的两个烷氧基连成一个二价基。综上所述，该案权利要求 1 是非显而易见的。

10.1.1.2 生物电子等排体

EPO 上诉委员会判例法认为：虽然生物电子等排体是药物设计中寻找先导药物类似物的一种常规思路，属于公知常识的一部分，但在药物设计中，在未证实药理活性化合物的结构特征和活性之间关系的情况下，对该活性化合物的任何结构修饰都可能会扰乱原始结构的药理活性机制，基于此，在判断创造性时应谨慎使用生物电子等排体理论，除非所进行替换的生物电子等排体对药理活性的影响已经为公众所知。

T 643/96 涉案专利请求保护一种如通式 所示的化合物，X 为 ，

其中 A_1 是 O、S；A_2 和 A_3 其中之一是 CR_1，另一个是 N、CR_2，或者 A_2 是 O、S，A_1 是 CH；A_3 是 CR_1。

最接近的现有技术对比文件 1 公开了一种通式 所示的化合物，X、Y、Z 其中之一是 O，另外两个是 N，带虚线的环表示芳香性的 1,3,4-噁二唑或 1,2,4-噁二唑，R_1 代表非芳族氮杂环或氮杂双环系统，R_2 表示低亲脂性的取代基。该化合物用于治疗早老性和老年性痴呆。

该案权利要求 1 与对比文件 1 的区别特征是：对比文件 1 所限定的芳香环是含 2 个 N 原子的杂芳基 1,3,4-噁二唑或 1,2,4-噁二唑。由此，该案所要解决的技术问题是提供可用于治疗和/或预防哺乳动物痴呆症的其他化合物。根据说明书记载的毒蕈碱结合活性测试试验可以确信，权利要求 1 的技术方案确实解决了该技术问题。

审查部门认为：①从对比文件 1 中可以看出，氮杂双环是其结构的必要组成部分，而杂芳基则是氮杂双环上的取代基，在面对上述技术问题时，本领域技术人员可以想到、并能够预期采用其他已知且可作为"生物电子等排体"的杂环取代基替换对比文件 1 的 1,3,4-噁二唑或 1,2,4-噁二唑能够解决上述技术问题；②由对比文件 3 可知，—C＝、—O—、—S—和＝N—是已知的环内等价的"生物电子等排体"，因此，在寻求对比文件 1 的替代化合物时，基于"生物电子等排体"的可替换性，本领域技术人员显然会尝试对对比文件 1 的化合物进行上述结构修饰。

EPO 上诉委员会认为：①"生物电子等排体"并不属于普遍适用的自然法则，它

是一个经验法则，在任何情况下都需要通过试验来验证这一法则是否适用。对比文件 3 中介绍了"生物电子等排体"概念，并指出，在使用"生物电子等排体"进行替换时需要考虑很多不同的独立参数，替换后化合物的生物活性是否相同取决于所要替换的结构在该分子中所起的作用以及影响该作用的参数是否在替换后受到干扰，可见，对比文件 3 已明确了"生物电子等排体"概念只能为那些从事药理学研发的技术人员提供一些一般性的指导意见，而并不能为如何解决现有的技术问题提供明确的指向。

②在该案中，由对比文件 1 可知，两种特殊的五元芳香杂环（1,3,4-噁二唑或 1,2,4-噁二唑）是其分子结构中的必要组成部分，而非芳香氮杂环或氮杂双环的性质反而不那么重要，因为对比文件 1 给非芳香氮杂环或氮杂双环留出了广泛变化的空间。本领域技术人员会认为特殊的噁二唑这一结构特征是保持其药理活性的必要条件，在没有进一步的信息披露或证实的情况下，他不会期望用"生物电子等排体"—O—、—S—或 ═CH—来替换噁二唑中的 ═N—后会依然保持其抗痴呆的活性。因此，该案权利要求 1 是非显而易见的。

T 467/94 中，涉案专利的权利要求 1 请求保护一种如通式 $J-N$ ... 所示的吡啶鎓盐，其中 $m=3$，Z 为甲氧基；权利要求 2 请求保护一种如通式（I−a）

R^1 ... $O-(CH_2)_m-Z$ 所示的吡啶鎓盐，权利要求 3 请求保护通式（I−b）

R^1 ... $O-(CH_2)_m-Z$ 所示的吡啶鎓盐。该案的化合物可用于预防和/或治疗胃溃疡。

对比文件 2 公开了一种如通式 ... 所示的化合物，其中 R^2 为 H、$C_{1\sim7}$ 烷基、$C_{1\sim7}$ 烷氧基……，所述化合物因具有胃酸抑制活性从而可用作抗溃疡剂。

对比文件 4 公开了一种如通式 ... 所示的化合物，其中 R^{7a} 为 H、烷基、烷氧基……，所述化合物因具有胃酸抑制活性从而可用作抗溃疡剂。

该案权利要求 1～3 与对比文件 2 和对比文件 4 的区别特征在于：吡啶镓环的 4-位上的取代基不同，权利要求 1～3 中为甲氧基取代的丙氧基，对比文件 2 和对比文件 4 为未被取代的烷氧基。

审查部门认为，一方面，烷氧基未被取代的对比文件 2 和对比文件 4 的化合物与该申请烷氧基被取代的化合物显示出大致相同的活性；另一方面，—O—和—CH$_2$—是经典的"生物电子等排体"，用甲氧基取代丙氧基并不能被认为是对现有技术对比文件 2 和对比文件 4 结构上的实质性改进，因此，该申请权利要求 1～3 是显而易见的。

EPO 上诉委员会认为：①由于没有证据表明该申请相对于对比文件 2 和对比文件 4 具有改善的技术效果，因此，该案所要解决的技术问题是寻找可用于治疗和预防消化性溃疡的其他化合物，然而对比文件 2 和对比文件 4 中并未给出通过采用甲氧基取代烷氧基来解决上述技术问题；②在判断具有药理活性化合物的创造性时，最重要的并不是化合物的某个特定结构是否可以被已知的"生物电子等排体"所替换，而在于该替换对化合物药理活性机制的影响是否已经为公众所知。该案中，审查部门并未提供任何证据证明当采用甲氧基取代对比文件 2 和对比文件 4 化合物中的烷氧基时（即采用—O—替换—CH$_2$—时）不会显著的影响到它们的药理活性机制；并且，在对比文件 2 和对比文件 4 中已明确了吡啶镓环的 4-位上的取代基只能是一些特定的基团，本领域技术人员会认为这些特定的基团是保持其抗溃疡活性的必要结构，从而不会想到采用"生物电子等排体"来对其进行替换。因此该案权利要求 1－3 是非显而易见的。

10.1.1.3 宽泛的权利要求

EPO 上诉委员会判例法认为：如果权利要求的范围非常宽泛，导致其并不能在权利要求的整体范围内都能达到预期的技术效果，则在确定发明实际解决的技术问题以及在随后的创造性判断中，可以忽略这些声称的技术效果。

在 T 668/94 中，涉案专利保护一种如通式 所示的化合物，X 为任选取代的杂芳烷基、任选取代的杂芳烷氧基、任选取代的杂芳烯基、任选取代的杂芳炔基……，W、Y、Z 独立的选自氢、氟、氯、溴、碘、甲基、甲氧基、三氟甲氧基、甲氨基、二甲氨基，所述化合物在农业中用作杀菌剂和植物生长调节剂。

最接近的现有技术对比文件 9 公开了一种如通式 所示的、可用作杀菌剂和植物生长调节剂的化合物，X、Y、Z 独立的选自氢、卤素、任选取代的烷基、任选取代的烷氧基、任选取代的链烯基、任选取代的芳基……，R^1、R^2 是氢、烷基、环烷基……。

该案权利要求 1 与对比文件 9 的区别特征在于：权利要求 1 为甲氧基亚氨基乙酸酯，对比文件 9 为烷氧基丙烯酸酯。

EPO 上诉委员会认为：①该案声称所要解决的技术问题有两个，a 抗真菌活性，b 植物生长调节剂。对于技术问题 a，在说明书表Ⅲ记载的试验数据显示该申请化合物对多种植物叶片真菌病均有抑制作用，可见，技术问题 a 抗真菌活性已经得以解决。对于技术问题 b，该发明说明书中明确指出"一些要求保护的化合物表现出植物生长调节活性"，这意味着只有部分请求保护的化合物才能表现出植物生长调节活性；并且，在说明书表Ⅴ和Ⅵ所进行的植物生长调节活性测试结果也证明了该发明仅在非常狭窄的化合物范围内实现了植物生长调节活性。可见，该案并未在权利要求 1 的所有化合物都能解决技术问题 b，因此，该案实际解决的技术问题只能是寻找抗真菌活性的其他化合物。②当本领域技术人员在寻找其他抗真菌剂时，他的注意力会理所当然的转向那些涉及杀真菌剂的现有技术，并且会对对比文件 4 感到震惊，因为对比文件 4 不但公开了大量具有高效抗真菌活性的甲氧基丙烯酸酯化合物，并且研究了它们之间的构效关系，同时还制备了两种类似物化合物 108b 和 77a

，这两种化合物的区别仅在于以 N 替换了 CH，并测试了其抗真菌活性，结果显示这两种化合物抗真菌活性非常相似，可见，对比文件 4 已经明确教导了以

替换 仍然能够保持相似的抗真菌活性。基于该教导，本领域技术人员会从中得到明确的指向，从而将对比文件 9 中的烷氧基丙烯酸酯替换为甲氧基亚氨基乙酸酯，并且具有获得成功的合理预期。

在 T 1109/08 中，涉案专利保护一种如通式 所示的 2,3-二氢化亚茚基化合物，X 表示 O 或 NH；R¹、R²、R³ 至少之一是 YS；Y 表示直接键；S 表示硅烷、低聚硅氧烷或聚硅氧烷，所述化合物能有效吸收紫外线从而可用作日常化妆品中皮肤的 UV 遮光剂。

最接近的现有技术对比文件 1 公开了一种如通式 所示的茚满亚

基类化合物及其作为 UV 吸收剂的用途，如用于化妆品组合物中。

该案权利要求 1 与对比文件 1 的区别特征在于：该案通过 S 引入了硅烷、低聚硅氧烷或聚硅氧烷。

异议部门认为：该案所要解决的技术问题是提供一种在 Cétiol LC 和 Crodamol DA 中具有改善的溶解性的茚满亚基类化合物。然而，该案并未提供足够的证据来证明该技术问题在权利要求的整体范围内都得以解决，故该案实际解决的技术问题只能是提供一种在化妆品介质中特别是化妆油和脂中具有改善的溶解性的茚满亚基类化合物。

此外，被上诉人还提交了证据 30，其中补充了如下表的对比试验数据。被上诉人认为，该对比试验数据显示并未在权利要求 1 的整体范围内观察到溶解性的改善。

A1（BeisDiel gemäβ D1）	8%	10%
B1（BeisDiel aemäβ Streitoatent）	2%	6%
B2（BeisDiel aemäβ Streitoatent）	2%	6%
B3（BeisDiel aemäβ Streitoatent）	4%	8%

EPO 上诉委员会认为：权利要求是对说明书中所有实施例的概括，但这并不意味着说明书只有提供了权利要求范围内的所有取代基的每种可能的特定组合的具体实施例才能够证明权利要求在其整体范围内都实现了所声称的技术效果。具体到该案，在该案说明书的表 1 中对比了对比文件 1 中所公开的 4 种化合物以及该发明保护的 12 种

化合物分别在 Cétiol LC 和 Crodamol DA 中的溶解性数据，现将部分数据摘录如下表。由该摘录数据可知，下表中的 4 个化合物中，都具有相同的发色团，唯一的区别只在于第 2～4 个化合物中嫁接了不同的低聚或聚硅氧烷，从表中的数据可知，低聚或聚硅氧烷在三键上的引入导致其在 Cétiol LC 和 Crodamol DA 中溶解度的大幅度增加；表 1 中其余的 9 个化合物则证明了当通式中 X 代表 O 时嫁接不同的低聚或聚硅氧烷后对溶解性的改善；此外，对于被应诉人提交的对比试验数据中的测试化合物，化合物 A1 作为未嫁接硅的化合物，其双键上相应的残基是 2-乙基己基酯，而嫁接了硅的化合物，如化合物 B1、B2、B3 中双键上相应的残基则分别是甲酯、乙酯、甲氨酰基，可见，上述对比化合物的结构中不仅 S 不同，其他部分例如双键上相应的残基也不同，由此，证据 30 中所列的结果并不能认为是仅仅由低聚或聚硅氧烷的引入带来的。综上所述，上诉人所提供的试验数据令人信服地证明了在该发明权利要求 1 的整体范围内都解决了其所声称的技术问题。

Compound	Solubility in CETIOL LC	Solubility in CRODAMOL DA
	0.04％	—
	miscible	miscible
	miscible	miscible
	miscible	miscible

10.1.1.4　预料不到的技术效果

EPO 上诉委员会判例法认为，当评价化学物质的创造性时，通常需要考虑其预料不到的技术效果，但预料不到的效果的获得并非是具备创造性的前提条件，具备创造性的必要条件是发明的主题不能由本领域技术人员以显而易见的方式从现有技术中推导出来。

在 T 730/96 中，涉案专利保护一种通式 所示的喹喔啉苯氧基丙酸酯衍生物，R^1 和 R^2 独立选自，R^3 为饱和、不饱和、部分不饱和的含 1～2 个氧原子的 5～6 元杂环，$n=1～3$ 的整数，所述化合物可用作选择性除草剂。

对比文件 1 公开了一种商品名为"喹禾灵"的喹喔啉苯氧基丙酸乙酯。

对比文件 3 公开了一种通式 所示的喹喔啉苯氧基类除草剂，A 表示 N，R^1 表示氢、低级烷基，R^2 表示—OH、—O—烷基、—O—环烷基、—O—苄基、—O—低级烷基烷氧基……

对比文件 16 公开了一种通式 所示的喹喔啉苯氧基丙酸缩水甘油酯类化合物，其中 A 表示 CH 或 N，所述化合物用作除草剂。

该案权利要求1与对比文件1、对比文件3、对比文件16的区别特征在于：酯基部分不同。

EPO 上诉委员会认为：(1) 对比文件 3 是该案权利要求 1 最接近的现有技术。被上诉人提交了一份测试报告，该测试报告涉及 2 个具体化合物的对比试验数据，其中酯基为四氢呋喃酯的化合物 A 对应于该案的化合物，酯基为缩水甘油酯的化合物 B 对应于对比文件 16，该对比试验数据真实地反映了酯基的差异对除草活性的影响：在表Ⅰ所示的第 1 次测试中，化合物 A 在施用量为 0.125 磅/英亩时对 5 种杂草的控制率均为 100%，而化合物 B 在相同的施用量下，对相同的杂草控制率分别为 60%、50%、80%、70%、60% 和 60%；在表Ⅱ所示的第 2 次测试中，化合物 A 对如上杂草的控制率依次为 100%、40%、100%、100%、100% 和 95%，相应地，化合物 B 的控制率分别为 0%、0%、0%、90%、60% 和 30%，可见，化合物 A 对于测试的每种杂草的控制率都远高于化合物 B，并且这一效果是由其酯基的结构差异带来的。因此，该案所要解决的技术问题是提供对不希望的草具有增强的选择性除草活性的喹喔啉苯氧基丙酸酯类化合物，并且该技术问题在权利要求 1 的范围内成功的得以解决。

在 T 821/96 中，涉案专利请求保护一种通式 所示的哌嗪类化合物，其中 A 是亚甲基，R^2 是芳基、吡啶、嘧啶或吡嗪基，R^3、R^4 和 N 原子一起形成六元含氮杂环。

最接近的现有技术文献 A 公开了一种如通式 $Ad-N-C\!\!-\!\!C-(CH_2)_n-N\!\!\diagdown\!\!N-R^2$ 所示

的哌嗪类化合物，R^3、R^4 独立选择氢、甲基、苯基或苄基，n 是 1~5 的整数，Ad 是金刚烷基或降金刚烷基，R^1 是氢、烷基、苯基、苄基……

EPO 上诉委员会认为：该案权利要求 1 与文献 A 的区别特征在于，a 权利要求 1 的末端酰胺和被 R^2 取代的碳原子之间有亚甲基，b 权利要求 1 的酰胺基中氨基为六元环状胺。关于该案的效果，上诉人提交的测试报告可以证明该案化合物在权利要求 1 的整体范围内对 5－HT_{1A} 具有改善的结合活性。目前，该案是否具备创造性的关键在于，基于引用的现有技术，本领域技术人员能够显而易见的获得该案的技术方案。文献 A 并未披露在末端酰胺和被芳基或杂芳基取代的碳原子之间有亚甲基，也未披露末端酰胺中的氨基为六元环状胺。文献 B 清楚地教导了当其结构中含有该申请化合物中的末端酰胺时，其活性会降低。可见，文献 B 并未给出对文献 A 的化合物进行如上的结构改性会改善其 5－HT_{1A} 结合活性，因此，该案权利要求 1 是非显而易见的，具备创造性。

10.1.2 中间体的创造性审查

在化学领域涉及中间体创造性的判断过程中，欧洲专利局认为：中间体具有创造性必须满足由中间体制备最终产品的制备方法是非显而易见的，具有创造性。

在 T 22/82（OJ 1982，341）中，涉案专利权利要求 1 涉及一种中间体双环氧二烷氧基烷烃，用于制造调味剂。EPO 上诉委员会裁定，现有技术中并没有公开通过获得相同的中间体以获得相同的调味体，现有技术中也没有技术启示通过制备方法通过该中间体制造调味剂的技术启示。因此该案中为获得预想不到有利的完整工艺，制备已知和需要的最终产品的新中间体的制备方法具备创造性。

在 T 163/84（OJ 1987，301）中，涉案专利权利要求 1 涉及中间体 ω-卤代苯乙酮肟醚。EPO 上诉委员会认为中间化学产品具有专利性，原因是将其进一步加工成已知最终产品的方法具备创造性。然而，EPO 上诉委员会认为，新的化学中间体不会仅仅因为在具备创造性的多步骤中制备，并且进一步加工成为已知最终产品而具备创造性；应该具有其他因素。例如，制备新中间体的方法是第一次将新中间体制备出来，并创造性地完成，以及似乎排除了其他制备该中间体的方法。

在 T 648/88（OJ 1991，292）中，涉案专利权利要求 1 涉及制备式（Ⅰ）的(2R，6R)-1-氯-2,6,10-三甲基-十一烷的方法，其特征在于：

A）使用新的式（Ⅱ）的(R)-(＋)-β-氯代异丁酸作为光学活性原料，

B）这……对式（Ⅲ）的(R)-(-)-3-氯-2-甲基丙醇还原，

C）将这种……溴化成新的(S)-(＋)-式(Ⅳ)的 1-溴-3-氯-2-甲基-丙烷，

D) 这……进入新的(2R)-(＋)-1-氯-2,6-二甲基庚烷的通式…… （Ⅴ），

E) 将其转化为式Ⅵ的(3R)-3,7-二甲基-辛-1-醇……，

F) 这……溴化成式 （Ⅶ） 的(3R)-1-溴-3,7-二甲基-辛烷和 （Ⅶ） 和

G) 将此……转换为相应的 Grignard 连接，可以转换为式 （Ⅰ）。

其中该式 （Ⅰ） 的(2R,6R)-1-氯-2,6,10-三甲基-十一烷为制备(R,R,R)-α-生育酚的中间体。该案的目的是通过对比，找到一个新的，技术上较不复杂的合成途径和新的中间体，与助剂而得到的公知的光学活性的关键产品，其中苯并二氢吡喃-2-甲醛(2R,4'R,6'R)-α-生育酚，即天然的光学活性的维生素 E。EPO 上诉委员会不同意 T 163/84 中的观点，而是采用了 T 22/82 中的方式，认为：如果中间体的制备方法、进一步处理方法或其所处的完整流程具备创造性，则为了获得已知最终产品而制备的中间体具备创造性 （在 T 1239/01 中被确认）。

在 T 65/82 (OJ 1983，327) 中，涉案专利权利要求 3 涉及中间体溴代苯基-环丙烷碳酸酯，其可以作为中间体转化为酸衍生物，用于进一步制备权利要求 1 的取代的溴代苯基-环丙烷碳酸酯。EPO 上诉委员会解释：参与系列产品 （即最终产品或各种类型的中间体） 的 （非创造性的） 类似工艺的新型中间体，为了满足成为中间体的条件，必须对后续产品提供结构上的贡献。即使满足该条件，这样的中间体也不能无条件地具备创造性，即不能不考虑现有技术的水平。考虑与中间体有关的现有技术，其包括两个不同的领域。一个是 "接近的中间体" 现有技术。这些是所有与中间体化学组成相近的化合物。另外也必须考虑 "接近于产品" 的现有技术，即与后续产品的化学组成近似的化合物。

在 T 18/88 (OJ 1992，107) 中，涉案专利权利要求 1 涉及具有下式的化合物：R—X，其中 R 是环丙基，异丙基或叔丁基，X 是氯或溴原子，其作为中间体，主要目的是用作制备 O—烷基—O—(嘧啶基)—(硫堇)(硫醇)—磷酸(膦酸)酯或酯—酰胺的中间体。这些最终产品具有特殊的杀虫活性和商业成功。申请人辩称，已知最终产品的杀虫活性明显优于另一种结构相似的已知杀虫剂；这足以确定中间产物具备创造性，即便该最终产品并不具备新颖性和/或创造性。EPO 上诉委员会引用 T 65/82 (OJ 1983，327) 基于以下理由驳回申请人的论据：要求保护的中间体其自身必须具备创造性才能具有专利性。在特定情况下，需要考虑是否具备新颖性和创造性的后续产品可能使得中间体具备创造性，在这里无须考虑，因为该案中的后续产品既不具备新颖性也不具备创造性。后续产品的效果再优异，因其既不具备新颖性也不具备创造性，也不足以使中间体具备创造性 （T 697/96，T 51/98）。

10.1.3　晶体的创造性审查

欧洲 EPO 上诉委员会判例法指出，对于制药工业而言，分子的多晶形很常见，并且在药物研发的早期过程将会建议从多种晶形中进行筛选，并且，本领域技术人员熟悉常规的筛选方法。因此，在缺乏任何技术教导和缺乏任何不可预期的性能的情况下，

仅仅是提出一种已知药物活性化合物的晶形将不会被认为具备创造性。

专利申请 EP20040768676 中涉及瑞舒伐他汀三（羟基甲基）甲基铵盐的多晶型，权利要求 1 要求保护瑞舒伐他汀三（羟基甲基）甲基铵盐的晶型，并用 XRD 衍射峰数据进行限定。对比文件 1 公开了瑞舒伐他汀三（羟基甲基）甲基铵盐的另一种晶型。对比文件 2 公开了瑞舒伐他汀的钙盐和钠盐。所有这些瑞舒伐他汀的（结晶）盐都是 HMG－CoA 抑制剂。审查员认为，没有任何实验证据表示该案的晶型具有预料不到的特性。相对于对比文件 1，该案实际解决的技术问题是提供瑞舒伐他汀三（羟基甲基）甲基铵盐不同的结晶形式。尽管该案说明书中提到新的晶体可能具有不同的溶解度和/或稳定性和/或生物利用度……和/或更容易操作、微粉化和/或形成片剂的晶体，但这些性质只有在有实验证据支持的情况下，才能够用以重新考虑技术问题。本领域技术人员知晓化合物可以表现出多种结晶形式，能够通过重结晶手段获得。而且，已知化合物的不同结晶形式具有相同或相似的生物学性质。对比文件 1 和对比文件 2 间接说明瑞舒伐他汀的活性不受其盐的特性或结晶形式的影响。可见，提供已知药物的一种或多种结晶形式是很简单的，而这些形式具有和已知形式相同的性质是显而易见的，这种行为不需要任何创造性技术。且本领域公知相同化合物的多晶型具有相同或类似的生物活性和化学性质。多晶型在药学上非常常见。已知药物的新晶型对于本领域技术人员来说是常规的，并且知晓能够带来一定的性质改善。也许寻找合适的条件结晶是一项困难的工作，但是这些大量的尝试也是公知的。晶体的效果是否预料不到更为重要。

在 T 771/13 中，涉案专利涉及苯磺酸氯吡格雷，权利要求 1 请求保护一种苯磺酸氯吡格雷晶体，并用 XRD 图谱以及熔点进行了限定。说明书对于苯磺酸氯吡格雷晶体没有提供任何具体的效果数据，仅在发明内容部分提到了"本发明的进一步目的在于提供纯的、易于处理、自由流动、稳定的盐形式"。上诉期间上诉人提供了资料，该资料记载了：在 25℃ 和 60% 相对湿度下储存一年后，在 40℃ 和 75% 相对湿度下储存 6 个月后无恶化迹象；在上述储存期间，不吸收任何大量的水，即不吸湿。EPO 上诉委员会认为，产品的易结晶特性允许其通过重结晶进行纯化从而得到纯度更高的产品，不吸湿的特性有助于其容易处理和自由流动。因此，基于上述资料，请求保护的主题解决了提供新的、能自由流动、稳定存在的、易于处理、纯的药学上可接受的氯吡格雷盐的技术问题。对比文件 1 为最接近的现有技术，其公开了氯吡格雷以及其药学上可接受的盐，记载了"氯吡格雷为油状物，其盐酸盐为白色粉末；油状产品通常难以纯化，用于药物组合物的制备时最好使用结晶形式，该结晶通常可通过重结晶纯化获得。然而，在该案中注意到，氯吡格雷的某些盐通常以无定形形式沉淀和/或是吸湿的，这种特性使它们难以实现工业规模级别的处理。因此，尽管制备了在药学上传统使用的羧酸和磺酸的盐，如乙酸、苯甲酸等，但事实证明其纯化是困难的"。EPO 上诉委员会认为，上述内容意味着氯吡格雷苯磺酸盐是被证明是以无定形和/或吸湿性形式得到盐之一。因此，对比文件 1 没有直接公开氯吡格雷苯磺酸盐的结晶形式。鉴于对比文件 1 公开的氯吡格雷苯磺酸盐被证明是无定形和/或吸湿的，本领域技术人员在面对上述技术问题时对比文件 1 将阻碍制备该申请的盐。因此，权利要求 1 具备创造性。

在 T 777/08 中，涉案专利涉及阿托伐他汀多晶型，权利要求 1 请求保护阿托伐他汀晶型 IV，并用 XRD 衍射峰进行限定。说明书中针对晶型 IV 的效果没有具体记载。对比文件 1 和对比文件 2 为最接近的现有技术，其记载了阿托伐他汀无定形。上诉人认为，基于该现有技术该案实际解决的技术问题是提供具有改善的过滤性和干燥特性的阿托伐他汀，其采取的技术手段是提供特定的阿托伐他汀晶型 IV。考虑到上诉人在审查过程中提交的实验报告，其可表明与无定形形式相比，阿托伐他汀晶型 IV 的过滤和干燥时间更短，EPO 上诉委员会认为上述技术问题已经得到解决。需要评估的是采用的技术手段对本领域技术人员来说基于现有技术和相关公知常识是否显而易见。本领域公知，多晶型的存在是药物分子的常态，也知晓在药物研发过程中尽早筛选多晶型是明智的。EPO 上诉委员会认为，在没有任何技术上的偏见的情况下，仅仅提供已知的药物活性化合物的结晶形式不能视为具备创造性。公知常识性证据对比文件 28 记载了"结晶产品通常最容易分离、纯化和干燥，处理和配置也易于批量处理"，在现有技术公开了该药物活性分子的无定型形式基础上，本领域技术人员能够清晰地预期提供晶体形式可以解决上述技术问题。尽管这可能并非所有获得的晶体形式都是如此，但显然，以合理的成功预期尝试这种方法是显而易见的，无须付出创造性劳动。另外，上诉人认为，与无定型形式相比，由于可能损失药物分子的溶解性和生物利用度，本领域技术人员没有动机尝试获得晶体形式。EPO 上诉委员会则认为，本领域技术人员会认为这是在上述两种固态形式的可预期的优点和缺点之间进行权衡的问题。EPO 上诉人还进一步争辩，该案提供的是特定的晶型而不是一般的晶型，这也可表明该案具备创造性。EPO 上诉委员会不否认可能还有其他解决上述技术问题的办法。然而，从可适用的多种方法中的任意选择无须付出创造性劳动。因此，权利要求 1 不具备创造性。

在 T 643/12 中，涉案专利涉及甲磺酸乐伐替尼多晶型，说明书中制备了甲磺酸乐伐替尼晶型 A、B、C，乐伐替尼晶型、氢溴酸乐伐替尼晶型，乙磺酸乐伐替尼晶型、甲磺酸乐伐替尼的醋酸合物的晶型。说明书提供具体实施例以及数据表明甲磺酸乐伐替尼晶型 A 和 C 相比乐伐替尼晶型其溶剂速率大幅度提高；甲磺酸乐伐替尼晶型 A 相比乐伐替尼晶型、氢溴酸乐伐替尼晶型最大血浆浓度以及 BA 大幅度提高，甲磺酸乐伐替尼晶型 A 和 C、乙磺酸乐伐替尼晶型吸湿性低，晶型稳定，甲磺酸乐伐替尼的乙酸溶剂化物晶型 I 在形成晶型 A 和晶型 C 的条件下是不稳定。权利要求 1 请求保护甲磺酸乐伐替尼晶型 A 和晶型 C，并采用 XRD 衍射峰进行限定。对比文件 2 是最接近的现有技术，其记载了乐伐替尼以白色结晶形式制备得到。基于对比文件 2 该申请实际解决的技术问题是以具有改善的溶解速率、生物利用度、低吸湿性和良好稳定性的形式提供乐伐替尼。采用的技术方案是特定的乐伐替尼甲磺酸的晶型 A 和晶型 C。对于对比文件 2 中公开的乐伐替尼，其为一种弱碱，由于喹啉部分的存在而水溶性较差。此外，本领域技术人员公知对药物分子进行成盐修饰可以调整该药物分子的一系列性质，包括前面提到的溶解速率和生物利用度、低吸湿性、稳定性等。基于一系列公知常识性文件记载的内容，EPO 上诉委员会认为可得出结论，形成酸性盐，包括甲磺酸，将是本领域技术人员在期望提高乐伐替尼的溶解速度和生物利用度时考虑的途径之一。然而，成盐并不是权利要求 1 中限定的唯一特征；事实上，权利要求 1 还进一步限定了对甲磺酸盐的特定晶体形式。因此，为了评估该发明的创造性，必须判断现有技术中是否存在教导使本领域技术人员能够预期请求保护的主题可提供实际解决的技术问题中所有改善性质的组合，不仅仅只是溶解性和生物利用度，也不仅仅只是吸湿性和稳定性。然而，现有技术明确指出"选择具有所需特性组合的盐形式仍然是一个困难的半经验选择""在改善一种所需性质时可能造成对盐的另一特性的损害"，现有技术相关记载也表明关于盐的选择提供明确的指导存在困难，本领域技术人员在操控盐的性质方面存在较大的自由度。此外，对于如何有针对性的利用盐的特性以获得所需性能的组合现有技术也不存在教导。因此 EPO 上诉委员会认为，本领域技术人员从现有技术中得不到任何教导以寻求解决该发明的解决方案。该案的情况与判决 T 777/08 涉及的案情不同，在 T 777/08 一案中，创造性判断的起点为阿托伐他汀无定形，本领域技术人员对结晶形式产品相对于无定形可提供改善的过滤性和干燥特性的问题有一个明确清晰的预期，且请求保护的特定的多晶型是一个从一组可适用的候选解决方案中的任意选择。相反，本领域技术人员不能预期该案要求保护的甲磺酸盐的特定多晶型物能提供性能的所需组合，也不能合理预期甲磺酸盐的任意晶型都具有该申请晶型的性质。综上所述，权利要求 1 具备创造性。

专利申请 EP20080788654 涉及佐芬普利钙晶型，权利要求 1 请求保护佐芬普利钙晶型 D，并用 XRD 衍射峰进行了限定。佐芬普利钙的现有形式包括一水合物形式 C 型，以及对比文件 1、对比文件 2 中公开的两种无水形式，分别为 A 型、B 型。该案说明书中提供了实验数据以及图谱表明晶型 D 相比晶型 B 具有更低的吸湿性。欧洲专利局审查员在第一次审查意见通知书中指出：对比文件 2 和对比文件 3 都公开了佐芬普利钙的无水晶型 A、晶型 B。该案请求保护其无水晶型 D。根据说明书的记载，该案的目的是提供相比现有技术吸湿性更小的佐芬普利钙晶型。基于说明书中记载的实验部分，晶型 D 相比晶型 B 具有更小的吸湿性，解决了上述技术问题。然而，对于晶型 A，没有相应的对比数据，因此相对于晶型 A，其实际解决的技术问题是提供一种替代的佐芬普利的无水物晶型，其为具有合理成功预期的显而易见的尝试，因而不具备创造性。在之后的答复以及口审过程中，申请人提出，在该案优先权日之前，本领域技术人员能够意识到晶型 A 制备困难，所得终产品中往往掺杂晶型 B，纯度低。对比文件 2 和对比文件 3 中公开了采用在溶液中提供晶种的特殊方法制备晶型 A。本领域公知该方法不利于工业规模生产。引入晶种对质量的控制增加了额外的重要负担，需要晶种的要求也增加了生产的复杂性，因此需要提供更多的设备，成本更高。相反，该案中的无水晶型 D，其与晶型 A 在药学上性质上至少相当，且该申请说明书实施例表明晶型 D 通过干燥佐芬普利钙水合晶型 C 即可获得。现有技术表明，水合晶型 C 的制备无须在溶液中提供晶种。因此，该申请实际解决的技术问题是提供一种无水佐芬普利钙新的晶型，其与晶型 A 在药学上性质上至少相当，但在工业生产规模上其制备更容易和效率更高。需要晶种是对比文件 2 和对比文件 3 中生产晶型 A 的方法的主要缺点。而且，对比文件 2 和对比文件 3 中的方法是不可实施的，其为了制备晶型 A 需要在结晶溶液中提供晶型 A，但上述文件却没有教导如何获得最原始的不掺杂晶型 B 的晶型 A。因此，基于对比文件 2 和对比文件 3 的教导也不能够制备得到晶型 A。综上所述，该申请晶型 D 相比晶型 A 是改善的新晶型。审查员最终接受了申请人的意见陈述，该申请获得了授权。

10.1.4 高分子组合物的创造性审查

采用物理或化学参数来对权利要求进行限定是高分子组合物领域非常常见的一种权利要求撰写方式。物理或化学参数反映的是产品的内在或固有性质，因此，很难从文字上直接获知产品所具有的结构和/或组成，同时又难以和现有技术直接进行比较。根据参数所涉及的性能，参数可分为表征产品结构和/或组成的参数、表征产品功能和/或效果的参数等；根据参数通用程度，参数又可分为标准参数、通用参数、不常见参数等。参数本身的复杂性使这类专利申请的新颖性和创造性审查变得异常复杂，往往一个参数所代表的含义或者能够构成区别特征或者是否有动机对该参数进行调节成为决定一个专利申请能否授权的争议焦点。欧洲专利局在审查实践中还把"参数限定的发明"列为五类复杂申请之一。

EPO 审查指南指出：只有在发明不能以任何其他方式适当定义的那些情况下才应允许主要通过其参数来表征产品，条件是，那些参数可以通过说明书中的指导或通过本领域惯用的客观手段清楚并且可靠地加以确定。[1]

EPO 审查指南关于隐含公开和参数限定规定：在现有技术文件的情况下，从文件本身明确记载的内容可以明显看出缺乏新颖性。[2] 或者，在执行现有技术文件的教导的情况下，技术人员将不可避免地得出落入权利要求的范围内的结论，这可能是隐含公开的。只有在对在先教导的实际效果没有合理怀疑的情况下，审查员才会提出缺乏新颖性的异议。[3] 当权利要求通过参数定义该发明或其特征时，也可能发生这种情况。[4] 可能发生的是，在相关的现有技术中，可能会提到一个不同的参数，或根本没有参数。如果已知的和要求保护的产品在所有其他方面都相同（例如，如果起始产品和制造工艺相同，则预计是相同的），那么首先提出缺乏新颖性的异议。申请人具有对声称的区别特征进行举证的责任。如果申请人没有提供支持指控的证据，则不会产生任何怀疑

---

[1] 《EPO 审查指南 2018 版》，F－Ⅳ，4.11。

[2] 《EPO 审查指南 2018 版》，G－Ⅵ，6。

[3] 《EPO 审查指南 2018 版》，G－Ⅵ，7。

[4] 《EPO 审查指南 2018 版》，F－Ⅳ，4.11。

（参见 T 1764/06）。另外，如果申请人能够证明，例如，通过适当的比较试验，在参数方面确实存在差异，则该申请是否公开了制造具有权利要求中规定的参数的产品所必需的所有特征是值得怀疑的。

在 T 108/89 中，涉案专利保护：一种水性合成聚合物乳液，其分散的聚合物颗粒是异质的，并且每 100 质量份的聚合物颗粒分别包含：

"（a）20%～45% 质量份的相对软的共聚物部分，其玻璃化转变温度小于 25℃，并以软共聚物总量为基础以聚合形式包括：

"（1）25%～65%（质量分数）偏二乙烯芳族单体；

"（2）35%～75%（质量分数）开链脂肪族共轭二烯单体；

"（b）玻璃化转变温度大于 25℃ 的相对坚硬的共聚物部分的质量为 55～80 份，基于共聚物部分总量，以聚合形式包括：

"（1）70%～90%（质量分数）偏二乙烯基芳香单体；

"（2）10%～30%（质量分数）开链脂肪族共轭二烯单体。"

上诉人认为该案中声称的技术方案已在文件（1）中披露，但 EPO 上诉委员会不能接受这一观点，文件（1）公开了一种制备水性聚合物乳液的方法。通过两步乳液聚合工艺，单体混合物包括质量为 58%～75% 的单乙烯芳香单体，如苯乙烯，以及 42%～25% 的共轭二醇，如丁二烯。在该工艺的第一阶段中，所有丁二烯和所述单乙烯单体总质量的 10%～50% 进行聚合，以实现两个单体质量的 40%～90% 的转化；在第二阶段中，将截留的单乙烯单体添加到合成乳液系统中并聚合，直到获得基本上完全的转化。根据实施例 1，对苯乙烯质量分数 67% 和丁二烯质量分数 33% 的单体混合物进行了多个聚合，其中所需的所有进料水、活化剂、乳化剂和丁二烯重新注入聚合反应器。苯乙烯的截留量在 0（样品 1）到 50%（样品 4）之间变化；当转化率达到 70% 时，以 4.7 质量份/小时的速率引入剩余的苯乙烯，直到反应达到 100% 的稠化。在异议通知书中异议人对制备的乳胶粒子的组成进行了计算，结果表明，样品 4 所述的两级共聚物包含 46.55%（质量分数）的第一共聚物，其中以聚合形式包含 50.4%（质量分数）的苯乙烯和 49.6%（质量分数）的丁二烯，还包括 53.45%（质量分数）的第二共聚物，其中以聚合形式包括 81.6%（质量分数）的苯乙烯和 18.4%（质量分数）的丁二烯。

上诉人认为在成分非常相似的基础上，尽管文件（1）中没有提及玻璃化转变温度，但实施例 1 中获得的共聚物隐含地满足该案中对该参数的要求，即相对软的共聚物区域的玻璃化转变温度低于 25℃，而相对硬的共聚物区域，无论操作特性可能存在何种差异，玻璃化转变温度高于 25℃。相反，在 EPO 上诉委员会看来，在读到文件（1）时，并不能想到文件（1）中的共聚物具有该案所述的特定的玻璃化转变温度范围，原因有两方面。首先，鉴于整体内容法所建议的多个实施例以及所述公开中设想的宽泛的共聚物种类，没有理由将每个共聚物的性质与诸如玻璃化转变温度之类的未公开参数联系起来，更不用说隐含限定了低于和高于 25℃ 临界极限的两个范围。其次，上诉人作为异议者承担举证责任，但上诉人并没有提供证据证明，具有必要的抗冻融稳定性，能够在不凝结的情况下经受住文件（1）权利要求 1 中规定的两个冻融循环的油漆乳胶，必然包括具有玻璃化转变温度低于 25℃的第一共聚物，以及玻璃化转变温度高于 25℃的第二共聚物。基于上述两点理由，文件（1）的教导并不能被延伸到存在具有该案的权利要求 1 所要求的玻璃化转变温度的两个聚合物。

在 T 790/91 中，涉案专利要求保护一种非交联的线性低密度乙烯聚合物的预发泡颗粒，它是乙烯和 C4-C20 的 α-烯烃共聚物，所述共聚物的熔体指数为 0.1~50g/10min，密度为 0.910~0.940g/cm³，熔点为 110~123℃。

口审决定认为，该案权利要求 1 相对于对比文件 1 而言缺乏新颖性，因为对比文件 1 的实施例 5 公开了来自非交联共聚物的预膨胀颗粒，其熔点在通过该案中给出的方法测量时相当于 122℃，因此进一步证明该共聚物具有权利要求 1 中规定的参数特征。

上诉人（专利权人）不认同对比文件 1 实施例 5 的共聚物与该案所用的共聚物相同。特别是在对比文件 1 中没有提及线性低密度聚合物的情况下。此外，尽管被诉的决定已接受对比文件 1 中实施例 5 的共聚物具有该案要求保护的密度和熔融指数参数，但这必然是推测得到的。虽然异议人重复了对比文件 1 的实施例 5，但异议人提供的支持熔点值的 DSC 图与典型的 DSC 图不符。相反地，多峰意味着所用的共聚物不可能具有相关熔点，并且实际上不可能是实施例 5 中公开的共聚物。因此，由异议人记录的密度和熔体指数参数与对比文件 1 实施例 5 中的相应值之间可能没有关系。

EPO 上诉委员会在决定中指出，对比文件 1 中既没有说明密度和熔融指数等相关物理参数，这些物理参数将明确地识别实施例 5 中使用的共聚酯，也没有说明其制备方法。实施例 4 中使用的聚合物（其在实施例 5 中明确提及）是通过高压方法制备得到的。这符合对比文件 1 申请日当时的情况，因为根据对比文件 3 所示的历史信息，直到 1968 年，LLDPE 的商业生产才开始起步。因此，没有理由得出对比文件 1 公开了线性、低密度、非交联乙烯聚合物的结论。对比文件 4 公开了聚烯烃树脂的预发泡颗粒的制备方法为：用挥发性发泡剂浸渍聚烯烃聚合物的颗粒，将颗粒分散在封闭容器中的分散介质中，将颗粒加热到规定的温度并打开释放颗粒的容器。所述聚烯烃可以是聚乙烯聚合物，聚丙烯聚合物，例如丙烯均聚物，乙烯-丙烯无规或嵌段共聚物，或这些聚合物与其他聚合物的混合物。因此，对比文件 4 也没有公开任何乙烯和 C4-C20 的 α-烯烃共聚物，更不用说其他相关参数。本领域技术人员从对比文件 1 和对比文件 4 均不能期望通过选择线性、低密度乙烯聚合物的熔融指数、密度和熔点，以提供具有优异成型性能的进一步抗收缩预膨胀颗粒。因此，该案权利要求 1 相对于对比文件 1 和对比文件 4 具备创造性。

下述案例中，上诉人为了证明对比文件 1 实施例中制备得到的共聚物落在该申请要求保护的范围内，提供了大量的实验数据，通过相互佐证，以期证明在对比文件 1 的制备方法和条件下制得的共聚物必然能够具备该申请所要求保护的参数性能。而

EPO 上诉委员会在审查中，对这些证据的考察也采用了非常严格的证明标准，即，如果对该证据文件公开的内容和教导存在任何合理的质疑，则也不能基于此类文件预期对比文件公开的技术主题必然具有该申请所声称的参数性能。

T 1075/01 中，涉案专利请求保护一种聚合物组合物，包含以下混合物：

"a）基于聚合物含量，25%～90%（质量分数）的乙烯与 C4-C20α-单烯烃共聚单体的共聚物，所述共聚物的密度为 0.88～0.925g/cm³，熔体指数为 0.5～7.5dg/min，分子量分布不大于 3.5，组成分布宽度指数大于 70%，

"b）基于聚合物含量，10%～75%（质量分数）的低密度至中密度乙烯聚合物，其密度为 0.910～0.935g/cm³，熔体指数为 0.5～20dg/min，分子量分布在 3.5 以上，组成分布宽度指数小于 70%。"

对比文件 1 公开了包含两种无规乙烯/α-烯烃共聚物（A）和（B）的混合物的组合物。对比文件 1 的共聚物（A）对应于该案的组分（b），对比文件 1 的共聚物（B）对应于该案的组分（a）。对比文件 1 的实施例 4 和实施例 6 公开了由实施例 3 中使用的相同共聚物（a）和（b）以 50∶50 混合物制备的薄膜。实施例 5（70∶30 混合物）和 7（50∶50 混合物）公开了与实施例 3 和实施例 6 中相同的制备膜的方法，但使用乙烯/1-辛烯共聚物（MI 为 1.01，密度为 0.930g/cm³，M_w/M_n 为 4.4）代替乙烯/4-甲基-1-戊烯共聚物。然而，对比文件 1 和实施例 3 至实施例 7 都没有特别提及共聚物（A）的 CDBI 和共聚物（B）的 M_w/M_n 和 CDBI。因此，对比文件 1 至少没有明确地公开具有该案权利要求 1 中所要求的所有参数的组合物。

如对比文件 20 所示，由于使用多点催化系统（四氯化钛和二乙基氯化铝的非均相钛基 $MgCl_2$ 负载催化系统），在对比文件 1 的实施例 3 中产生的共聚物（a）不可避免地具有小于 70% 的 CDBI。

对比文件 20 是埃克森化工公司的员工 Stehling 的一份宣誓书，其目的是证明对比文件 12 的聚合物混合物（由具有至少 50% 或更多的 CDBI 的乙烯共聚物组成）相对于已知的"Shibata"混合物（对应于对比文件 1 的混合物）可被授予专利权。Stehling 表示：根据我在生产 Shibata 的 A 组分中所公开的催化剂和工艺方面的专业知识和工作知识，我可以得出这样的结论：所述的催化剂和工艺不会生产得到 CDBI 至少为 50% 的共聚物。换句话说，对比文件 20 证明了，对比文件 1 中公开的用于制备共聚物（A）的催化剂和工艺条件可生产 CDBI 小于 50% 的共聚物，并且暗示小于 70%。因此，EPO 上诉委员会认为基于对比文件 20，当使用如对比文件 1 的实施例 3 中所述的催化剂和工艺条件时，就对比文件 1 的组分（A）而言，总是不可避免地获得小于 70% 的 CDBI。因此，对比文件 1 的实施例 3 的共聚物（A）具有与权利要求 1 的共聚物（B）相同的特征组合。

对于对比文件 1 的共聚物（B）而言，与制备共聚物（A）的催化剂不同，制备共聚物（B）的催化剂是与乙基铝倍半氯助催化剂组合使用的氧化钒催化剂。上诉人认为，由对比文件 5、对比文件 17、对比文件 2、对比文件 3 和对比文件 4 可以证明，使

用这种类型的催化剂制得的均聚物具有窄的 M_w/M_n 和高 CDBI，其是该案中共聚物 a)所需的。

EPO 上诉委员会在决定中对上诉人引用的证明文件——进行了核实。

对比文件 5 中指出，可溶性钒基 Ziegler-Natta 催化体系 $VOCl_3/Al_2(C_2H_5)_3Cl_3$ [即用于生产对比文件 1 共聚物（B）的催化体系] 基本上是一种单点催化剂，如对比文件 17 所述，单点催化剂只含有一个活性催化剂位置，该催化剂只产生一种具有非常窄的分子量分布和组成分布的乙烯聚合物分子。然而，对比文件 5 和对比文件 17 中的这些声明具有相当普遍的性质，并且 M_w/M_n 和/或 CDBI 的特定值与其无关。

对比文件 2 公开了用钒氧基催化剂（尤其是对比文件 1 的实施例 3 中使用的特定催化剂）制备乙烯与其他 α-烯烃的均相无规部分结晶共聚物。上诉人认为，对比文件 2 表 XIII 中的分馏研究表明，均相乙烯/1-丁烯共聚物的 CDBI 为 100%。然而，如被告所指出的，表 XIII 的分馏共聚物的 MI 为 20.2，远高于对比文件 1（MI＝4.0）的实施例 3 中共聚物（B）的 MI，甚至超出该案共聚物（a）的范围。此外，对比文件 2 的表 I 表明钒氧基催化剂也可以产生较不均匀的共聚物。因此，对于对比文件 1 的实施例 3 中共聚物（B）的参数 M_w/M_n 和 CDBI，从对比文件 2 中无法得出明确的结论。

对比文件 3 公开了在均匀 $Et_3-Al_2Cl_3-VOCl_3$ 催化剂体系存在下制备的共聚物的 M_w/M_n 通常为 2.0 ± 0.3。另外，由于对比文件 3 公开了分子间共聚单体分布非常窄，上诉人认为，可以从对比文件 3 中得出，对比文件 1 实施例 3 的共聚物（b）具有如权利要求 1 所要求的 M_w/M_n 和 CDBI。但是，从对比文件 3 中不能得出，使用氧化钒/乙基-氯化铝催化剂体系制备的乙烯/α-烯烃共聚物的分子量必然小于 3.5。此外，对比文件 3 中所述的共聚物是分批制备的，而对比文件 1 中的相应共聚物是通过连续工艺制备的，即在连续搅拌槽反应器中。两种工艺所使用的反应器完全不同。因此，使用对比文件 3 所述工艺制备的特定聚合物的结构特征（如 M_w/M_n）的相关信息不能转移到所采用的反应条件（如在对比文件 1 的实施例 3 中）和其中产生的聚合物。成分分布同样如此。因此，根据对比文件 3 中提供的信息，不能合理的推定出对比文件 1 公开的聚合物的 M_w/M_n 和 CDBI。

上诉人认为，对于通过 $VOCl_3/Al_2(C_2H_5)_3Cl_3$ 催化剂制备的乙烯/1-丁烯共聚物，对比文件 4 图 2 所示的支化分布相当于几乎 100% 的 CDBI。但是，对比文件 4 没有提到 M_w/M_n。因此，对比文件 4 不在对比文件 3 的公开中添加关于其中所述共聚物的 M_w/M_n 和 CDBI 的任何内容。也就是说，不能从对比文件 4 中得出关于对比文件 1 中共聚物（B）的实际参数 M_w/M_n 和 CDBI 的确切结论。

总之，上诉人提供了令人信服的证据，证明在对比文件 1 的实例中制备的共聚物（A）落在权利要求 1 的（组分 b）的定义范围内。然而，并没有令人信服的证据证明，对比文件 1 实施例中制备的共聚物（B）落在权利要求 1 中的（组分 a）的定义范围内。在决定特定现有技术文件中明确的文字公开内容的必然结果是什么时，如 1995 年 9 月 27 日 T 793/93（非发表在 OJ EPO）所指出的，需要采用比概率平衡更严格的证明标准，即"超越所有合理怀疑"。如果对执行现有技术文件的文字披露和教导可能产生的结果存在任何合理的质疑，那么基于此类文件的预期必然是不成立的。因此，对比文件 1 没有预料到权利要求 1 中要求保护的技术主题。

对于参数特征限定的产品，如果本领域技术人员根据参数无法将请求保护的产品与现有技术产品区分开，则可以推定请求保护的产品不具备新颖性，但如果申请人能够提出证据证明请求保护的产品确实与现有技术产品不同，则应当认可其新颖性。在这一点上中国与欧局的审查标准是一致的。

在公开号为 EP12157768 的欧洲申请中，权利要求请求保护：一种热塑性树脂组合物，其特征在于：包括 α-烯烃类共聚物（Ⅰ）和其他热塑性树脂（Ⅱ），该 α-烯烃类共聚物（Ⅰ）含有 1%～30%（摩尔分数）源自乙烯的结构单元、30%～79%（摩尔分数）源自丙烯的结构单元、10%～50%（摩尔分数）源自碳原子数 4～20 的 α-烯烃的结构单元，其中，源自乙烯的结构单元和源自碳原子数 4～20 的 α-烯烃的结构单元的合计量是 21%～70%（摩尔分数），并且，在以邻二氯苯溶液测定的 ^{13}C-NMR 中，在源自碳原子数 4～20 的 α-烯烃的结构单元的 CH（次甲基）的信号中，在将最高磁场中存在的峰确定为 34.4ppm（编者注：ppm 相当于 $\times 10^{-6}$，本小节同）的信号图表中，约 22.0～20.9ppm 的吸收强度 A 和约 19.0～20.6ppm 的吸收强度 B，相对于归属亚丙基甲基的约 19.0～22.0ppm 的吸收强度 C，满足下述关系式（ⅰ）和（ⅱ），

$(A/C) \times 100 \leqslant 8$ ……（ⅰ）

$(B/C) \times 100 \geqslant 60$ ……（ⅱ）。

欧洲专利局首先指出，权利要求 1—7 中，化合物 x、y 和 z 无法互相区分开，热塑性弹性体 x 同样落入丙烯基聚合物 y 和丙烯-烯烃共聚物 z 定义的范围内。因此，区分和澄清权利要求书中的聚合物组分 x、y 和 z 是很重要的。因为在这种情况下，本权利要求中的混合物将被视为不包含三种而是两种甚至一种聚合物成分。欧洲专利局在通知书中引用了对比文件 1（EP0936247 A1）和对比文件 2（US5910539），其中公开了一种聚合物混合物，包括丙烯基聚合物和三元共聚物，即权利要求 1 要求保护的 y 和 z。申请人答复通知书时，认为，对比文件 1 和对比文件 2 均未公开式（ⅰ）和（ⅱ）所示关系，在之前提交实验报告中已经证明了对比文件 1 和对比文件 2 中的实施例不满足式（ⅰ）和（ⅱ）所示关系，而根据实验数据证明，满足所述关系式的共聚物具有优异的透明度、耐擦伤性和抗冲击性。现有技术中也未给出技术启示教导本领域技术人员在对比文件 1 和对比文件 2 中添加如权利要求 1 所述种类并具有特定熔点的热塑性弹性体 x，也无启示教导调节化合物 z 满足式（ⅰ）和（ⅱ）所示关系。审查员认可了该案的创造性。

10.1.5　制药用途的创造性审查

在 T 492/99 中，案件的争议焦点在于将替换组合物中的活性组分是否具备创造性。涉案专利的权利要求保护一种包含有效剂量的透明质酸或其盐（组分 A）和另一

有效剂量的非类固醇抗炎药（组分 B）的"用于治疗炎症的药物组合物"，以及组分 A 和 B"用于制备治疗关节病的用途"，限定非类固醇抗炎药选自 diclofenac 或 ibuprofen，有效剂量为能产生协同效应的剂量。异议部门认为，与最接近的现有技术相比，该案通过选择以 diclofenac 或 ibuprofen 与透明质酸联合用药提供了协同效应，这一协同作用在现有技术中并未给出教导，因此具备创造性。异议人以该案的权利要求未限定透明质酸的分子量和特定的治疗病症，故权利要求的保护范围未能全部实现协同效应为由向 EPO 上诉委员会提出复议请求。对此，EPO 上诉委员会认为，最接近的现有技术主要涉及将透明质酸作为载体与药用物质联用，以提供改进的给药系统，其中药用物质为抗炎药。最接近的现有技术还教导其具体实施方式之一为眼科用药，列举的抗炎药包括了 indomethacin、oxyphenbutazone 或 flurbiprofen。本领域技术人员基于对比文件和公知常识可以获知，这些抗炎药不仅可以作为眼科用药，通常还可以用于其他炎症。因此 EPO 上诉委员会将该案实际解决的技术问题确定为提供更多用于治疗炎症的含有透明质酸和非类固醇抗炎药的药物组合物，解决上述问题的技术方案为将组合物的组分 B 由 indomethacin 替换为 diclofenac 或 ibuprofen。但本领域技术人员知晓，diclofenac 或 ibuprofen 均为常用的非类固醇抗炎药，且对比文件中联用 indomethacin/透明质酸的炎症抑制率为 52.0%，高于该案联用 diclofenac/透明质酸所达到的 46.3% 的抑制率，均表现为协同效应，该案权利要求保护的药用组合物相对于现有技术公开的药物组合物也未表现出特别的效果。因此 EPO 上诉委员会裁定该案不具备创造性。此外，对于现有技术给出的并非所有患者对于如抗炎药的药物均能给出相同的反应的教导，上述 EPO 上诉委员会认为这一教导并不意味着为任何抗炎药寻找合适和有效的药剂是极其困难的，而仅仅表明通常医生应为其患者寻找合适的药剂；针对专利权人在复议阶段作出的修改，即限定组合物用于治疗特定的炎症，上述 EPO 上诉委员会认为确定药物组合物对于关节病的活性以及确定相应的最优治疗方案属于本领域技术人员经常规实验可以确定的，在其未显示出预料不到的技术效果的基础上，这一限定并不能证明该案的技术方案具备创造性。

在 T 230/01 中，争议焦点在于具体病症和/或剂量的选择是否具备创造性。涉案专利申请的权利要求请求保护"去乙氧羰基氯雷他定（descarboethoxyloratadine, DCL）或其药学上可接受的盐用于制备治疗人类的过敏性鼻炎，同时避免由于非镇静用抗组胺剂给药导致的伴发副作用的药物的用途"，其中限定了"所述药物的给药剂量足以提供人类每日 0.1mg 至低于 10mg 或低于 5mg 的 DCL 或其药学上可接受的盐"（下称方案一），或"所述药物的给药剂量足以提供人类每日 0.2mg 至 1mg 的 DCL 或其药学上可接受的盐"（下称方案二）。审查部门认为，最接近的现有技术证据 1 已经公开了 DCL 的抗组胺作用并教导了其可用于治疗过敏反应，该案实际解决的技术问题为在证据 1 教导的范围寻找或选择以 DCL 为治疗剂可以治疗或治愈的特定过敏症状；该案是否具备创造性取决于本领域技术人员选用 DCL 治疗过敏性鼻炎时是否存在技术偏见。审查部门认为，在本领域技术人员已知结构相近的抗组胺剂氯雷他定可有效治疗过敏性鼻炎的基础上，本领域技术人员可以显而易见地获得该案请求保护的以 DCL 治疗过敏性鼻炎的技术方案；对于修改方案限定的给药剂量，证据 1 已经教导了口服剂量为每日 5～100mg，优选每日 10～20mg，选择用药剂量是本领域的普通技术知识，筛选出低至权利要求限定的每日 0.2～1mg 的剂量无须付出创造性劳动。申请人（上诉请求人）认为，组胺受体至少存在 3 种亚型（H1～H3），可有效治疗关节炎及其他炎症疾病的化合物必须能选择性地结合至 H1 型组胺受体；经小鼠脚趾浮肿试验验证的降组胺化合物并不必然具有抗组胺活性，因此证据 1 的试验结果并未提供足够且可信证据表明 DCL 具有抗组胺活性，并未给出 DCL 可用于治疗炎症的切实教导。上诉请求人还指出，在药物领域中，仅存在有效性的预期而没有安全性的合理预期不足以使本领域技术人员产生使用该化合物的动机，并提供了证据 E1～E3 以证明本领域技术人员会因为 DCL 可产生副作用而放弃将其用于例如关节炎这类轻症。并且，修改后权利要求限定的低剂量也是非显而易见的。对此，EPO 上诉委员会认为，证据 1 公开了 DCL 为 H1-抗组胺氯雷他定的去乙氧羰基化产物和药理学和口服活性代谢物，在临床抗组胺剂量下具有抗组胺活性且基本不产生镇静作用，并教导了口服推荐每日剂量为 5～100mg，优选 10～20mg，分为 2～4 次给药。现有证据不足以证明证据 1 对于 DCL 的抗组胺活性和治疗炎症的效果未提供足够的教导。EPO 上诉委员会认为，方案一限定的给药剂量与证据 1 的给药剂量范围存在重叠，二者的区别特征仅在于该申请的权利要求从证据 1 教导的适应证范围中选定了关节炎为适应症。但本领域公知，关节炎是常见且相对病症较轻的炎症，与 DCL 结构相近的氯雷他定是已知的季节性关节炎用药，因此本领域技术人员有充分的理由预期 DCL 在证据 1 教导的剂量下可有效治疗关节炎，这是本领域技术人员通过有限的常规实验即可验证的，无须付出创造性劳动。在并无证据表明选定关节炎为适应症可产生预料不到的有益效果的基础上，该适应证的选择是显而易见的。虽然上诉请求人提交的文件中提及了如氯雷他定的 H1 型抗组胺剂可引起严重的副反应，但上述文件并未提及 DCL，因此本领域技术人员无法确定导致这些副反应的原因是氯雷他定，还是药物与奎纳定的相互作用。并且，氯雷他定仍被定义为 OTC 用药。据此，现有证据无法证明本领域技术人员在将 DCL 用于治疗炎症时需要克服技术偏见。因此方案一不具备创造性。②方案二与证据 1 的区别特征还在于用药剂量不同，因此该案实际解决的技术问题应确定为如何改进 DCL 治疗哺乳动物炎症的方法。对此，该 0.2～1.0mg 的日给药剂量已显著低于现有技术教导的 DCL 或氯雷他定给药剂量，现有技术并未教导或暗示 DCL 或其药用盐在如此低的日给药剂量下仍具有疗效，因此方案二具备创造性。

在 T 733/05 中，案件的争议焦点在于对比文件基于人工环境下模型实验的结论是否能给出教导。涉案专利请求保护司来吉兰（又称丙炔苯丙胺、司吉宁）用于制备预防或治疗因化学治疗药引起的周围神经病药物的用途。申请人（上诉请求人）认为，最接近的现有技术证据 1 中的效果实验为作用于 axotomised 神经细胞的高度人工环境，与周围神经病的实际发病情况有显著差异。对此，EPO 上诉委员会认为，证据 1 教导了将司来吉兰用于制备治疗创伤型和非创伤型周围神经损伤的药物的用途，证据 1 与该案的区别特征仅在于该申请限定了周围神经损伤由化学治疗药引起，该案实际解决的技术问题仅在于提供更多司来吉兰的用途。该案载明其周围神经病由化学治疗药、遗传疾病或系统疾病引起，在申请文件和审查过程中均未提及由化学治疗药引起的周围神经病相比常规周围神经病或创伤型和非创伤型周围神经损伤有何特性，因此该案的技术贡献仅在于将证据 1 的教导付诸实施。证据 1 基于化学物质 MPTP 引起中枢神经系统中神经元轴突损伤是其引发帕金森病的原因之一的事实，考察了司来吉兰对 axotomised 运动神经元的影响。证据 1 的实验结果表明司来吉兰可用于治疗周围神经损伤。由于证据 1 的实验模型是通过毒物引发神经损伤，其结论给出的教导显然不会局限于实验模型即 axotomised 运动神经元本身，而会对实验涉及的目标应用情况给出教导，即防治毒物引起的运动神经元损伤，足以教导本领域技术人员获得该案的技术方案。

在 T 503/99 中，案件的争议焦点在于现有技术公开的治疗领域是否与该申请存在差异以至于无法给出教导。涉案专利涉及牛磺罗定和/或牛黄胺用于治疗 dentoalveolar 感染的用途，权利要求请求保护在不使用抗生素的情况下，牛磺罗定和/或牛黄胺用于制备治疗牙周软组织的口服药物的用途。修改后的权利要求进一步限定了病症为牙齿坏疽（gangrene）、牙周炎或牙脓肿。审查部门基于证据 1 和 3 的教导认为权利要求的技术方案是显而易见的。申请人（上诉请求人）认为，证据 1 或 3 涉及的下颌骨细菌感染为革兰阳性菌感染，与该申请涉及的革兰阴性菌引起的软组织感染明显不同，无法对解决口腔软组织感染的技术问题给出教导；该申请发现牛磺罗定对于引发软组织感染的口腔特有的顽固性革兰阴性菌具有选择性抗菌作用，具有预料不到的技术效果。对此，EPO 上诉委员会确定，该案实际解决的技术问题是为治疗剂牛磺罗定和牛黄胺提供更多的治疗用途。对此，证据 1 或证据 3 均公开了牛磺罗定为广泛使用的无毒抗菌剂，阐释了其抗菌机理并指出牛磺罗定对于临床革兰阴性菌和革兰阳性菌具有高效的光谱抗菌作用，现有技术并未报道微生物病原体对牛磺罗定产生抗性。基于该案公开的内容可知，证据 1、证据 3 和涉诉申请均涉及牛磺罗定在相似齿科感染中的应用，例如，齿槽炎、parodontitis marginalis、gangrene 和牙脓肿类的 dentoalveolar 感染，并且该案请求保护的牛磺罗定用途，至少在用于治疗 parodontitis marginalis 时，既包括了治疗软组织的感染，也包括了治疗口腔骨组织的感染。而验证可预期的结果并不会使发明具备非显而易见性。因此 EPO 上诉委员会裁定该案不具备创造性。

在 T 385/07 中，案件的争议焦点在于对比文件中未公开结果的效果实验是否能形成有效的教导。涉案专利请求保护多肽分子阿哌啶在制备治疗哺乳动物胰腺癌以降低肿瘤发生风险、促进肿瘤衰退、抑制肿瘤生长和/或转移的药物的用途。审查部门认为，对比文件 1 明确提及了阿哌啶的治疗证中包括胰腺癌，对比文件 2～5 也证明了阿哌啶对于多种癌症有效，因此该案不具备新颖性和创造性。申请人（上诉请求人）认为：①对比文件 1 仅在其实施例 17 和实施例 18 中提及一些胰腺癌患者参与了阿哌啶的 I 期临床实验，并未提供任何实验数据使本领域技术人员能从中获知阿哌啶对于胰腺癌是否具有疗效，也未公开对这些胰腺癌患者的给药剂量，因此该案相对于对比文件 1 具备新颖性。②对比文件 1 并未教导阿哌啶对胰腺癌患者表现出治疗活性，本领域技术人员无法基于化合物对不同种类的癌症的治疗效果预期该化合物对于另一特定癌症是否具备疗效，尤其是对于本领域公知对于化疗具有强烈抗性的胰腺癌，因此该案具备创造性。对此，EPO 上诉委员会认为，对比文件 1 的效果实验涉及 MOLT-4 白血病细胞、MRI-H254 胃癌细胞和 PC-3 前列腺癌细胞的体外实验，以及实施例实施例 17、实施例 18 的 I 期临床实验。然而，实施例 17、实施例 18 对于药理学数据和潜在剂量毒性的结果公开内容有限，其记载的给药后具有改善作用的病例并未提及胰腺癌患者，未公开对胰腺癌患者的给药剂量，更未教导有效给药剂量。因此，EPO 上诉委员会认为对比文件 1 并未公开其针对胰腺癌患者的临床实验结果是正面的还是负面的，本领域技术人员也无法基于非胰腺癌细胞的体外实验结果推知阿哌啶对于胰腺癌患者是否产生疗效。对比文件 1 中"阿哌啶对多种癌症具有普遍疗效"的表述也不足以形成明确的教导。事实上，由于癌症的特异性，不同癌症的治疗方法不同，迄今为止没有发现某一化合物对所有类型的癌症均具有疗效。据此，本领域技术人员通常无法合理预期将同一化合物用于不同的癌症也能起效。胰腺癌所具有的高度抗化疗性、多早期转移和愈后差的特点也佐证了上述观点。因此 EPO 上诉委员会裁定该案具备创造性。

在 T 868/05 中，案件的争议焦点在于省略药物组合物中的组分是否具备创造性。涉案专利请求保护用于吸入式给药的药用气雾剂，限定其主要成分为作为有效成分的 fluticasone propionate、作为喷射剂的 1,1,1,2-四氟乙烷 HFC134a，且所述组合物中不包含表面活性剂。异议部门认为，最接近的现有技术对比文件 2 公开的 fluticasone propionate 气雾剂中含有可破坏臭氧的喷射剂氟三氯甲烷 CFC11 和二氯二氟甲烷 CFC12。尽管现有技术教导了不破坏臭氧的喷射剂 HFC134a 可作为 CFC12 的替代物，但由于其溶解性，HFC134a 难以用作 CFC11 的替代物。因此本领域技术人员无法显而易见地获得以 HFC134a 替代 CFC11 和 CFC12 且无须添加表面活性剂的技术方案。异议人（上诉申请人）提交了证据 A1 作为最接近的现有技术，其教导了将氟氯烃 CFC 应用于气雾剂的技术已被逐渐淘汰，优选将其替换为氟化烃 HFC134a；证据 A1 还指出在计量型气雾剂中 CFC11 和 CFC12 就是喷射剂的主要成分，已经由 7 家国际制药企业将 HFC134a 用于计量型气雾剂中。因此异议人认为本领域技术人员容易想到将气雾剂中的高压和低压 CFC 喷射剂（如对比文件 2 的 CFC11 和 CFC12）替换为仅使用 HFC134a 以解决技术问题。专利权人则认为对比文件 2 未给出省略表面活性剂的教导。对此，EPO 上诉委员会确定对比文件 2 为最接近的现有技术，其公开的气雾剂中不包含其他添加剂如表面活性剂或共溶剂，该案相对于对比文件 2 实际解决的技术问题是提供不含有破坏臭氧层的以 fluticasone propionate 为有效成分的药用气雾剂。EPO 上诉委员会注意到，证据 A1 教导了 CFC11 和 CFC12 在气雾剂中发挥不同的用途，HFC134a 是高压喷射剂 CFC12 的替代物。因此本领域技术人员不仅需要寻找 CFC12 的替代物，还需要寻找 CFC11 的替代物。证据 A1 还指出，用 HFC134a 替代低压喷射剂 CFC11

被视为解决问题的临时措施，迫切需要开发复合替代系统，这表明彼时并未找到 CFC11 的替代物。并且证据 A1 还教导了如果省略 CFC11，则 HFC134a 制剂中必须添加表面活性剂。据此，EPO 上诉委员会认为该案的技术方案是非显而易见的，具备创造性。

在 T 767/12 中，案件的争议焦点在于确定适应证是否相同。涉案专利涉及花生四烯酸使超昼夜节律回复正常的用途，其权利要求请求保护以花生四烯酸作为部分或全部脂肪酸的甘油三酸酯、花生四烯酸甲酯或花生四烯酸乙酯为活性成分制备具有使超昼夜节律恢复正常和/或促进生理昼夜节律同步活性的药物组合物的用途，所述组合物用于治疗或缓解由于超昼夜节律或生理昼夜节律同步性延迟引发的生理节律失衡。申请人（上诉请求人）认为最接近的现有技术（证据 2）公开的是 DHA 而非花生四烯酸，所要解决的技术问题是促进褪黑激素分泌，与该案所要解决的技术问题是不同的。EPO 上诉委员会认为，证据 2 教导了使用富含花生四烯酸和 DHA 的动物源的磷脂来调节褪黑激素分泌，从而改善睡眠质量不好的患者的夜间睡眠质量、日间清醒度、精神活动表现和学习表现。该案权利要求与证据 2 的区别特征在于脂肪酸结构不同。判断创造性的焦点在于该案的适应证与证据 2 是否不同。对此，EPO 上诉委员会认定，该案的作用机理并不涉及褪黑激素的分泌量的增加，而是通过使有时差的个体（如旅行者和夜间轮班的工人）的褪黑激素分泌快速同步化达到调节生理昼夜节律的效果，即通过使褪黑激素分泌时间曲线的迁移达到与正常睡眠时间相吻合。可见，该案与证据 2 的作用机理不同，该案权利要求与证据 2 的区别特征还在于治疗的适应证不同。该案实际解决的技术问题在于提供能够治疗或缓解因超昼夜节律异常或通过昼夜节律同步化延迟导致的生理节律异常的活性成分。证据 2 实验结果显示，仅喂食花生油（含有花生四烯酸三甘油酯但基本不含有 Ω-3 脂肪酸）的试验组褪黑激素的分泌量较对照组低 32%，；而补充富含 DHA 和花生四烯酸的磷脂的试验组中褪黑激素的分泌量显著提升，较对照组增加 31%，较仅喂食花生油的试验组增加 75.8%。可见证据 2 教导了 Ω-3 脂肪酸尤其是 DHA 可以促进褪黑激素分泌，而花生四烯酸三甘油酯在无 DHA 存在下无法产生上述效果，因此证据 2 并未教导花生四烯酸对同步化褪黑激素分泌的影响，本领域技术人员基于证据 2 无法获得不使用 DHA 而采用花生四烯酸的技术启示。据此，EPO 上诉委员会认为该案具备创造性。

在 T 943/13 中，案件的争议焦点在于对比文件是否就化合物和/或组分与适应证的相关性（因果关系）给出教导。涉案专利涉及低聚糖的用途。其权利要求请求保护一种可溶性膳食纤维在治疗或降低肌肉萎缩和/或慢性肌肉萎缩和/或骨骼肌减少症的发生率的用途，限定所述膳食纤维包含至少 30%（质量分数）的链长为 3～10 个无水单糖单元的低聚糖。异议人质疑涉诉专利创造性的理由在于，异议人认为该案实际解决的技术问题是提供更多用于预防肌肉损失和加速肌肉量恢复的营养组合物，但低聚糖作为益生元的性质是本领域已知的，所述组合物并未产生预料不到的疗效。对此，EPO 上诉委员会认为，权利要求 1 请求保护的是化合物或组合物用于治疗领域的制药用途，因此组合物与药效的因果关系构成权利要求的用途特征（functional feature），构成该案相对于现有技术的技术贡献。判断创造性的关键在于这种因果关系是否是显而易见的，而不仅仅是判断限定的化合物或组合物是否显而易见。就该案而言，与最接近的现有技术对比文件 12 相比，区别特征在于含有至少 30%（质量分数）的低聚糖，其实际解决的技术问题在于提供可实现上述因果关系的方案，即提供更多实现所述疗效的方法。对此，对比文件 12 并未教导如何通过膳食纤维达到该案权利要求限定的药效，相反，对比文件 12 公开了以乳清蛋白而非膳食纤维发挥上述药效。因此 EPO 上诉委员会裁定该案具备创造性。

10.1.6　制备方法的创造性审查

10.1.6.1　参数的优化

欧洲 EPO 上诉委员会判例法指出，消除缺点、优化参数或节约能量、时间等形成本领域技术人员的正常活动基础的常见技术问题，均不具备创造性。为了达到预期目的，通过优化物理维度以在该维度上作用相反的两个效果之间获得可接受的折中的做法，被视为是技术人员常规活动的一部分。

在 T 355/97 中，涉案专利涉及 4-氨基苯酚的制备方法，授权权利要求保护"一种在硫酸溶剂中用氢气和加氢催化剂还原硝基苯合成 4-氨基苯酚的方法，包括用过氧化氢预处理硫酸。"上诉请求人（异议人）则认为最接近的现有技术对比文件 9 使用了试剂级的硫酸，该案并未提供其技术方案与最接近的现有技术的比较试验，其声称的由预处理产生的有益效果缺乏证据支持，故实际解决的技术问题仅能确定为提供更多制备 4-氨基苯酚的方法。而对比文件 5 教导了用过氧化氢处理工业级硫酸从而使硫酸脱色并降低其二氧化硫含量，据此本领域技术人员无须付出创造性劳动即可获得该案的技术方案。异议部和专利权人选定的最接近的现有技术不同，但均确定该案实际解决的技术问题是改善性能指标，即提高反应速率，而不损失选择性。现有技术并未教导通过对硫酸进行预处理以解决该问题。专利权人还指出，该案已载明其工艺可实现改善性能而不损失选择性，因此异议人应承担该案无法实现其效果的举证责任，而异议人在异议阶段提交的补充实施例 2、实施例 3 已表明该案可实现制备方法性能的改善，该改善的效果还可以体现与该案实施例 1 相对于最接近的现有技术对比文件 9 具有更短的反应时间上；现有技术并未教导通过过氧化氢的预处理破坏了所用硫酸中的催化剂毒剂从而改善制备方法。

EPO 上诉委员会首先基于在先判例确定，各方均对其声称的事实承担举证责任。就该案而言，专利权人应承担该案具有在不损失选择性的情况下改善了制备性能的取证责任。由于专利权人仅针对提高制备性能即反应速率提交了答辩意见，故不足以支持该案达到其声称的不损失选择性的技术效果的观点。除是否对硫酸进行预处理外，该案实施例 1 与现有技术的实施例还存在多处可能影响反应时间的参数差异，也不足以支持该案达到其声称的改善制备性能的技术效果的观点。对于异议人提交的补充实验数据，由于对比文件 9 使用的是更高纯度的硫酸，因此补充实施例 2 不足以代表现有技术的水平，专利权人无法依据该补充实验数据证明其声称的改进效果。基于上述分析，EPO 上诉委员会确定该案实施解决的技术问题是提供更多制备 4-氨基苯酚的方法。为解决这类技术问题，本领域技术人员能够采用本领域常规的任意优化手段。例如，采用更高品质的反应溶剂，因此有动机采用对比文件 5 所述的经预处理的硫酸。因此，EPO 上诉委员会裁定该案无效。

在 T 181/09 中，涉案专利涉及生产液态烃的方法。权利要求保护"由烃原料生产通常为液态的烃的方法"，该方法包括以下步骤：（ⅰ）在高温和高压下，使用加压含氧气体部分氧化烃原料，得到合成气；（ⅱ）用下述步骤（ⅲ）中得到的水骤冷和/或冷却步骤（ⅰ）中得到的合成气；（ⅲ）在高温和高压下，将步骤（ⅱ）中获得的合成气混合物的至少一部分催化转化为通常为液态的烃、通常为气态的烃和水；（ⅳ）膨胀和/或燃烧至少部分通常为气态的烃以提供用于压缩和任选分离步骤（ⅰ）中使用的含氧气体的能量，和（ⅴ）任选在步骤（ⅱ）中用作步骤（ⅳ）的膨胀/燃烧方法中的冷却介质之后，引入步骤（ⅲ）中获得的工艺用水；并进一步限定了步骤（ⅰ）中使用的含氧气体是"含有 30% 和 70% 之间的氧气的富氧空气"。

异议人认为，在没有证据表明"含有 30% 和 70% 之间的氧气的富氧空气"的效果的基础上，该案实际解决的问题仅是提供由烃原料生产通常为液体的烃的替代方法。而文献（5）已经教导了在自热重整的原料中，氧气进料流的浓度可以从空气到纯氧变化，因此 30%～70% 氧气含量的富氧空气是本领域技术人员可任意选择的。专利权人则提出，该案实际解决的技术问题是提供一种由烃原料生产通常为液态的烃的方法，该方法使用紧凑的、相对轻质的设备，具有更高的效率、产生更少的二氧化碳并具有良好的功率平衡。

对此，EPO 上诉委员会认为，文献（1）公开了一种包括自热重整步骤 a）和费-托工艺步骤 b）的将轻烃转化为重烃的方法，步骤 a）和 b）分别对应于该案的步骤（ⅰ）和（ⅲ）。文献（1）所要解决的技术问题与该案相似，是提供一种功率要求和资本设备成本降低、向环境排放污染物的水平降低的方法。文献（1）还公开了燃烧来自步骤 b）的尾气以产生燃烧气体，由该燃烧气体产生机械动力以压缩空气进料的步骤 c）、d）和 e），这些步骤对应于该案的步骤ⅳ）。EPO 上诉委员会注意到，该案的说明书并未记载任何实施例，更不用说将所要求保护的方法与文献（1）的方法进行比较的实施例。但本领域技术人员基于普通技术知识可以预期使用富氧空气将使自热重整产生的合成气混合物具有更低的氮气含量和更高的一氧化碳/氢含量，将所述合成气混合物供给至费-托工艺可提高费-托工艺的效率。然而，生产富氧空气所需的空气分离装置本身具有需要相当大的资金成本和功率要求。在没有任何证据表明在部分氧化步骤中使用富氧空气导致费-托工艺设备尺寸减小的有益效果超过了必须额外使用空气分离装置的缺点的情况下，EPO 上诉委员会认为该案声称的其工艺通过使用更紧凑更轻质的设备而具有改进的生产效率和功率平衡的有益效果并未得到证据支持。专利权人也未解释为什么所要求保护的方法能比文献（1）的方法产生更少的二氧化碳。基于上述分析，在缺乏证据支持所声称的有益效果的基础上，EPO 上诉委员会认为应重新确定该案实际解决的技术问题为提供由烃原料生产通常为液体的烃的替代方法。对此，文献（5）明确教导了通过在第一步的部分氧化步骤即自热重整步骤中使用富氧空气作为原料，该案限定的氧气含量落入文献（5）所述"从空气到纯氧"的范围。在没有证据表明该氧气含量的选择带来了预料不到的技术效果的基础上，该技术特征也不能视为解决该案实际解决的技术问题的关键特征或有目的的选择，因此选择该氧气含量是本领域技术人员为提供替代方案作出的常规选择。对于专利权人提出的文献（1）通过指出氧气分离设备需要较高的功率和与之相关的资本成本的缺点而教导了不使用纯空气的主张，EPO 上诉委员会认为在需要解决仅仅是提供替代方法的技术问题时，本领域技术人员会采用任何手段对文献（1）的方法进行改动，即使所述改动具有更高的功率要求和资本成本的方法。当发明是对最接近的现有技术的可预见的不利修改结果时，发明不具备创造性。

10.1.6.2　类似工艺——可预见的产品

在 T 2244/11 案中，涉案专利涉及化合物的不对称合成方法，被异议部无效的权利要求保护

"制备式 I（ⅰ）对映异构体、对映体富集的对映体或其盐的方法

I（ⅰ）

"所述方法包括如下步骤：

"a）将 5-甲氧基-2-[（3,5-二甲基-4-甲氧基-2-吡啶）甲基磺酰基]-1H-苯并咪唑的对映异构混合物或其盐与（S）-樟脑磺酰氯混合以制得 1-（S）-樟脑磺酰-5-甲氧基-2-[（3,5-二甲基-4-甲氧基-2-吡啶）甲基-（R/S）-磺酰基]-1H-苯并咪唑和 1-（S）-樟脑磺酰-6-甲氧基-2-[（3,5-二甲基-4-甲氧基-2-吡啶）甲基-（R/S）-磺酰基]-1H-苯并咪唑的非对映异构体混合物；

"b）经分馏结晶分离步骤 a）制得的非对映异构体混合物；且

"c）通过碱去除分离的非对映异构体的保护基，获得单一对映异构体或富对映异构体的（R）-或（S）-5-甲氧基-2-[（3,5-二甲基-4-甲氧基-2-吡啶）甲基磺酰基]-1H-苯并咪唑[（R）-或（S）-埃索美拉唑]或任选化合物的盐。"

各方认可的最接近的现有技术为文献（1），其公开了将苯并咪唑与特定的手性助剂反应以产生两对非对映体，色谱分离异构体，再通过几个结晶步骤分离非对映体，最后在强酸条件下通过溶剂分解释放目标对映体。

专利权人（上诉请求人）认为文献（1）仅验证了手性助剂苯乙基氯甲醚与苯并咪唑氮的反应，没有考虑其他类型的手性助剂，更未确定手性助剂化学结构的差异对所述工艺的影响；而涉诉专利使用了不同结构的手性助剂樟脑磺酰氯，并通过分级结晶

分离非对映体以避免使用色谱，用碱进行脱保护以避免使用强酸性条件，获得更高产率的(S)-奥美拉唑而不是低产率的(R)-奥美拉唑。可见，区别特征作为整体导致了预料不到的技术效果，这也得到了文献（1）的实施例5、实施例6与该案的实施例1、实施例2、实施例3的佐证。该案实际解决的问题不仅提供替代方法，而且提供"具有较低成本但同时具有较高效率和较高产物产率的优异商业上可行的方法"。对此，文献（20）、文献（21）和文献（1）表明樟脑磺酰氯既非代表性的手性助剂，也不属于有利的手性助剂，因此不足以教导本领域技术人员据此改变文献（1）以解决技术问题。此外，本领域技术人员无法预期分馏结晶足以分离出所需的(S)-奥美拉唑，事实上文献（6）已经教导了分馏结晶无法分离非对映体；文献（6）和文献（10）中公开的胺与樟脑磺酰氯反应的低产率也将阻止本领域技术人员使用该手性助剂。

EPO上诉委员会首先确定权利要求1定义的保护范围不限于从非对映体A或非对映体B中分离的(S)-亚磺酰基形式的化合物，也未排除在步骤（a）和步骤（b）之间存在着如文献（1）的附加分离步骤。所述"预料不到的高(S)-奥美拉唑产率，而非低产率的(R)-奥美拉唑"仅是专利权人声称的技术效果，并不属于权利要求与证据（1）的区别特征。此外，权利要求1不限于(S)-奥美拉唑的制备，而是制备奥美拉唑的一种对映异构体或对映异构体富集形式，由于权利要求中并未载明步骤（b）中分离的是哪些非对映体，因此其可以是(R)-或(S)-奥美拉唑。而文献（1）中载明通过其化合物（I）的外消旋物与手性助剂Rchi-X的反应获得非对映体，其定义合适的Rchi-X为手性构型均一的化合物且其基团Rchi容易被脱去而没有副反应。可见，文献（1）的教导不仅限于特定结构的基团。其次，EPO上诉委员会的在先判例已确定，通过具有改进效果来证明创造性的对比实验数据应足以令人信服地证明所声称的有益效果由区别特征带来。而文献（1）的实施例5、实施例6与该案的实施例1、实施例2、实施例3的差异并非仅限于区别特征，这些额外的参数差异也会影响整体产率，因此该比较试验数据不足以证明产率提高是源于在步骤a）中使用樟脑磺酰氯和在去保护步骤c）中使用碱，更不足以说明上述区别特征产生了协同效果。据此，涉诉专利实际解决的技术问题应被重新确定为提供制备纯对映异构体或对映异构体富集形式的奥美拉唑的替代方法。对于手性试剂的区别特征，樟脑磺酰氯落入文献（1）定义的手性助剂Rchi-X范围，也是胺类化合物旋光拆分的常用手性助剂，其樟脑磺酰基残基在酸性和碱性条件下都可容易地脱除。因此本领域技术人员容易想到在文献（1）的方法中使用樟脑磺酰氯作为手性助剂并在碱性条件下除去樟脑磺酰基以解决上述技术问题。在文献（1）还教导了苯并咪唑类化合物对酸敏感的基础上，本领域技术人员在所用的手性试剂允许不同的条件的情况下更有动机选择尝试在脱保护步骤中选择非酸条件。对于分馏结晶的区别特征，EPO上诉委员会指出，文献（6）无法得出其无法非对映体盐分离是由于手性助剂的共价连接的结论，不足以使本领域技术人员得出分馏结晶无法分离非对映异构体的教导。因此该案不具备创造性。

在T 979/10中，案件的争议焦点在于应整体考虑现有技术公开的内容，为获得本领域技术人员不经事后之见就无法客观推导出的技术启示而将现有技术进行任意割裂的理解是不合理的。涉案专利涉及缬沙坦及其中间体的制备方法。授权权利要求（主请求）保护"一种制备缬沙坦或其可药用盐的方法，其包括使式（Ⅱ）化合物中的噁唑烷酮环开环，

（Ⅱ）

其中，W 是 （四唑基-N-Q）且 Q 为保护基团，或 W 是—CN；

a）当 W 是 （四唑基-N-Q）时，脱除保护基团 Q；或

b）当 W 是—CN 时将其转化为 5-四唑基；

如果需要，将所得缬沙坦转化为药学上可接受的盐"。

作为最接近的现有技术的文献（1）公开了通式（Ⅰ）$R_1-X_1-N-X_3-A-B-R_3$（X_2-R_2）的

联苯化合物及其制备方法，其权利要求 3 具体限定化合物为缬沙坦，并于实施例 16、实施例 37 和实施例 54 载明了制备方案。

异议人（上诉请求人）认为，没有对比试验证明该案具有其说明书第 [0005] 段所述的有益效果，故该案相对于文献（1）实际解决的技术问题是提供一种制备缬沙坦的替代方法。由于权利要求 1 并未被限定为以特定路线制备化合物（Ⅱ）的方法，因此声称涉诉专利减少了制备步骤和废料的观点同样不具有说服力。而为了获得制备缬沙坦的替代方法，本领域技术人员容易想到替换文献（1）实施例 54 的苄酯以获得更多具有保护基团的中间体，并有动机参考涉及保护基的文献如文献（18）。该案相对于文献（1）仅仅交换了反应步骤的顺序，但这是基于如文献（19）所示的使用噁唑烷酮作为制备取代氨基酸的合成中间体的公知技术有动机想到的。专利权人则将实际解决的技术问题确定为提供一种经济上有利的制备缬沙坦的方法。为解决上述问题，该案提出的技术方案使用了较文献（1）更易合成且产生废料更少的中间体。专利权人认为，组合文献（1）与文献（18）或文献（19）属于事后之见，因为文献（1）实施例 54中的最后氢化步骤仅用于脱除苄基保护基，无法从中得出氢解是制备缬沙坦中合适的和公知的最终反应步骤的结论，本领域技术人员也无法从中获得考虑其他与脱除特定的苄基保护基无关的氢化反应的动机；实施例 54 中的最终中间体是叔胺衍生物，而文献（18）制备噁唑烷酮的原料为伯胺，也未教导通过氢化反应开环；文献（18）中噁唑烷酮仅用作要除去的临时保护基，而该案中无须脱除保护基。文献（19）没有公开

氢解以使噁唑烷酮环中的一个键断裂以提供中间体，仅提及氢解以获得初始游离的氨基酸和羧基，这与该案的反应完全不同；文献（19）第 79 页关于氢解的陈述也只是推测，并未提供可再现的教导。

对于实际解决的技术问题，EPO 上诉委员会认为，根据该案的记载，其相对于文献（1）要解决的问题是提供一种改进的缬沙坦工业制备方法，该方法降低了成本，避免了在最后的合成步骤中转化氰基，避免了使用高毒性的丁基锡衍生物。然而该案并未提供证据证明其要求保护的方法相对于文献（1）的制备方案改进了成本、有效性或避免了氰基转化步骤。事实上，由于权利要求 1 并未限定为特定的反应条件，其保护范围中并未排除使用高毒性的丁基锡衍生物来转化氰基。在没有证据充分证明的基础上，无法基于该案所声称的有益效果确定实际解决的技术问题或证明创造性，因此 EPO 上诉委员会认可上诉请求人关于实际解决的技术问题仅为提供更多制备缬沙坦的方法的观点。

对于现有技术的教导，EPO 上诉委员会指出，应整体考虑现有技术公开的内容，为获得本领域技术人员不经事后之见就无法客观推导出的技术启示而将现有技术进行任意割裂的理解是不合理的。①尽管文献（1）实施例 54 通过氢化反应从缬沙坦苄酯除去苄基以制得缬沙坦，但本领域技术人员知晓以不同的氨基酸酯作为起始原料时并不需要使用氢化反应［如文献（1）实施例 16 中的烷基酯］，即文献（1）并未教导氢解反应是制备缬沙坦惯用的最后步骤，本领域技术人员从实施例 54 仅能得出经 Pd/C 催化氢化适于特定的中间体，例如缬沙坦的苄酯中间体。②虽然本领域技术人员在需要替换实施例 54 的苄酯是有动机考虑关于有机合成中的保护基团的标准教科书［如文献（18）］，但本领域技术人员不会寻找任意的替代保护基，而会限于寻找在与实施例 54 相同的反应条件下可被脱除的羧酸保护基。对此，文献（18）并未记载任何可能的通过氢解脱保护基的步骤，无法提供技术启示。③噁唑烷酮和苄基酯并不具有上诉请求人声称的相似结构，其结构差异导致空间位阻和电子环境不同，本领域技术人员无法预期文献（1）实施例 54 中断裂氧和苄基碳之间的链键的条件也适用于断裂氧和缩醛碳之间的环键。④文献（19）是关于合成光学活性 α-氨基酸的教科书，公开了在 α-烷基化过程中使用噁唑烷酮作为氨基酸立体中心的临时保护基团的方法。尽管氨基酸形成其结构的一部分，但缬沙坦不是氨基酸；文献（1）实施例 54 的起始原料缬氨酸也不是氨基酸。另一文献（9）公开的某些噁唑烷酮与三乙基硅烷和三氟乙酸的离子氢解的反应条件与文献（1）实施例 54 完全不同。本领域技术人员没有动机结合上述文献。⑤文献（1）实施例 16 及其余实施例中的起始原料均具有保护基，而文献（22）的起始原料未受保护。因此，本领域技术人员为获得涉诉专利的技术方案，不仅需要逆转反应步骤的顺序，还必须将羧基去保护。但文献（19）中并未教导噁唑烷酮可以在所需位置用氰基硼氢化钠开环得到 N-取代的氨基酸，或证明其为本领域的公知常识。因此，本领域技术人员没有动机考虑调整反应步骤的顺序。综上，EPO 上诉委员会认可该案具备创造性。

10.1.6.3　常规实验

在 T 175/08 中，涉案专利涉及制备 5-羧基苯酞的工艺。授权权利要求（主请求）保护"在开放的、不加压的反应器中制备式（A）所示 5-羧基苯酞的工艺，

$$\text{HOOC} \diagdown \bigcirc \diagdown O \ (A) \qquad \overset{COOH}{\underset{COOH}{\bigcirc}} \qquad (\text{I})$$

所述工艺包括将甲醛和式（Ⅰ）的对苯二酸加入含 SO_3 至少 20%（质量分数）的发烟硫酸中，加热混合物至 120～145℃，分离生成的 5-羧基苯酞"。附加请求权利要求中将"至少 20%（质量分数）"替换为"20%～33%（质量分数）"。异议部门认为，现有技术如证据 3 和证据 4 中的反应介质为液态 SO_3，而该案使用的是发烟硫酸，现有技术对这一区别特征未给出教导，故该案具备。异议人（上诉申请人）以专利权人并未提供证据证明注意反应接枝差异带来了如产率、纯度、再现性、工业规模生产中操作的便利性和避免产生废气方面的改善为由，确定该案实际解决的技术问题仅在于提供更多制备方法。因此，对于主请求的权利要求，由于证据 2 公开了 SO_3 是实现该缩合反应的重要因素，其表Ⅱ比较"30% SO_3-H_2SO_4"和"100% SO_3"的制备效果显示其具有完美的转化率，本领域技术人员可以知晓落入权利要求 1 保护范围的上述发烟硫酸可作为合适的替代品用于证据 2 的反应；证据 4 则公开了具有不同含量的 SO_3，并教导了在 SO_3 介质中进行的反应通常在很宽的反应条件内均不会生成副产物，还教导了为避免生成副产物，避免使用浓度<20% 的 SO_3。因此基于证据 2 或任选证据 4 的教导，以所述发烟硫酸替换液态 SO_3 不具备创造性。20%～33%（质量分数）的浓度是基于证据 2 或证据 4 的教导容易确定的。专利权人在答辩中则认为，以证据 2 为最接近的现有技术，确定该案实际解决的技术问题是提供可实现以高回收率和高纯度制得 5-羧基苯酞，且不产生大量废气、在工业上便于控制且重现性高的制备工艺；为解决上述技术问题，该案采用了在较低温度下在开放的、不加压反应器中反应的技术手段，然而现有技术并未教导反应温度是该反应的重要因素，证据 3 则教导了反应在 150℃ 下在密封的管式反应器中进行。

EPO 上诉委员会认为：①对于主请求权利要求，与证据 3 相比，该案并未在收率、产品纯度等方面体现出因区别特征带来了专利权人所述的改进效果，因此重新确定涉诉专利实际解决的技术问题是提供更多制备 5-羧基苯酞的方法。然而本领域技术人员清楚，每生成 1mol 5-羧基苯酞，即产生 1mol 水，而 SO_3 与水将形成硫酸，故本领域技术人员知晓，在证据 3 的大部分反应进程中，反应介质实际上为发烟硫酸且 SO_3 含量落入权利要求 1 限定的范围。因此本领域技术人员在需要提供更多制备工艺时，容易想到将证据 3 的 SO_3 反应介质替换为高 SO_3 含量的发烟硫酸。证据 2 考察了三种变量，即酸强度、溶剂类型和 SO_3 含量对制备结果的影响，其反应均在 150℃ 下、密封玻璃管中进行，证据 2 并未研究温度和压力对制备结果的影响，本领域技术人员没有

动机将这些反应参数视为在发烟硫酸中制备 5-羧基苯酞的强制性反应参数。因此主请求的权利要求不具备创造性。②对于附加请求权利要求，EPO 上诉委员会查明，证据 2 中"30% SO₃-H₂SO₄"的浓度为摩尔浓度，30%（摩尔分数）对应 26%（质量分数），落入权利要求 1 限定的浓度范围，因此证据 2 更适合作为最接近的现有技术，该申请实际解决的技术问题是在不牺牲产率的情况下提供更简便的制备工艺。为此，该申请的技术方案为在较低的温度和开放的、不加压反应器中进行反应。然而，证据 2 并未教导在权利要求限定的温和反应条件下能实现相似的转化率。而其余现有技术中并未教导使用如权利要求限定的低浓度发烟硫酸，证据 3 或证据 4 并未教导本领域技术人员降低证据 2 的反应温度和反应压力以解决该案实际解决的技术问题。因此附加请求的的权利要求具备创造性。

在 T 2025/12 中，涉案专利涉及铜催化的叠氮化物和炔烃的反应。权利要求保护一种通过催化具有端炔基团的第一反应物和具有叠氮基团的第二反应物之间的点击化学连接反应制备 1,4-二取代的 1,2,3-三唑的方法，所述催化剂为催化量的经还原剂将 Cu(Ⅱ) 原位还原所得的 Cu(Ⅰ)。权利要求与最接近的现有技术文献（3）的区别特征在于产生催化量的 Cu(Ⅰ) 的方式，即通过在还原剂存在下加入 Cu(Ⅱ) 以将所述 Cu(Ⅱ) 原位还原成 Cu(Ⅰ)。

上诉请求人（异议人）认为，用包含 Cu(Ⅱ) 和还原剂的预催化剂体系代替 Cu(Ⅰ) 的任何有利效果仅是额外的效果。现有技术如文献（10）和文献（16）～（29）提供了充足的证据教导本领域技术人员将包含 Cu(Ⅱ) 和还原剂的预催化剂作为 Cu(Ⅰ) 催化剂的替代物。使用预催化剂通过原位还原 Cu(Ⅱ) 获得 Cu(Ⅰ) 对于本领域技术人员是公知的。且已知 Cu(Ⅱ) 化合物比 Cu(Ⅰ) 盐成本更低，并且通常更纯。Glaser 偶合仅在溶液反应中存在，但该案保护的范围还包括固体反应。本领域技术人员能够显而易见地获得该案的技术方案。专利权人认为文献（14）的实验表明，使用 Cu(Ⅱ) 盐和还原剂较直接使用 Cu(Ⅰ) 的反应更有效、更通用、明显更清洁和反应更快。文献（3）清楚地表明 Cu(Ⅱ) 本身不是催化反应性物质，本领域技术人员基于文献（3）没有动机使用不同的催化体系，更无动机使用 Cu(Ⅱ) 化合物的催化体系。而文献（10）和文献（16）～（29）为不同的反应，催化剂不能在不同反应之间简单地调换。

EPO 上诉委员会认为，催化剂是反应的组成部分，不能与反应物和目标产物割裂。该案实际解决的技术问题是提供更多制备 1,4-二取代的 1,2,3-三唑的方法。判断创造性的关键在于判断在所述工艺中使用原位产生的 Cu(Ⅰ) 催化剂对本领域技术人员而言是否显而易见。文献（3）解释了在 Cu(Ⅰ) 催化的 1,3-偶极环化加成的溶液相反应中，端基炔的交叉偶联产物可能由于 Glaser 偶联或 Strauss 偶联而产生副反应。Glaser 偶联是炔属偶联反应，即发生在两个炔烃之间的反应，通常在 Cu(Ⅱ) 存在下发生，Cu(Ⅱ) 通常通过用氧化剂例如氧气氧化 Cu(Ⅰ) 盐获得。本领域技术人员因此将避免向包含炔烃的反应混合物中加入 Cu(Ⅱ) 离子。文献（10）和文献（16）～（29）表明已知几种反应使用源自 Cu(Ⅱ) 的原位生成的 Cu(Ⅰ) 作为催化剂对于几种反应是已知的，但也教导了选择直接加入 Cu(Ⅰ) 催化剂或通过还原剂还原 Cu(Ⅱ) 原位产生 Cu(Ⅰ) 取决于实际反应情况和所用试剂，以及对于特定的反应 Cu(Ⅱ) 的存在如何能够引起副反应。其中部分上述文献中使用的还原剂就是反应物之一或溶剂，无须添加其他反应性化合物。考虑到文献（10）和文献（16）～文献（29）均未涉及以端基炔和叠氮化物的 1,3-偶极环化加成反应，且文献（3）也教导了需考虑在 Cu(Ⅱ) 存在下发生副反应，EPO 上诉委员会认为本领域技术人员没有考虑用原位产生的源自添加 Cu(Ⅱ) 和还原剂的 Cu(Ⅰ) 代替文献（3）的 Cu(Ⅰ) 催化剂。据此，EPO 上诉委员会裁定该案具备创造性。

10.1.6.4　简化复杂工艺

在 T 1728/07 中，涉案专利涉及制备氟苯尼考的中间体的方法。权利要求 1 保护的主题为"一种氟苯尼考的制备方法"，限定其包括将 （Ⅱ）还原制得 （Ⅲ），而后在同一反应容器中将式（Ⅲ）与 R″—N≡C 反应制得 （Ⅰ），式（Ⅰ）进一步被转化为氟苯尼考。异议部门无效该案的理由在于认为该案未体现出优于现有技术的制备效果，因此实施解决的技术问题仅为提供替代的氟苯尼考制备方法。对此，本领域技术人员基于文献（15）即可获得相应的启示。专利权人（上诉请求人）基于该案使用砜而非硫化物作为起始原料、使用"一锅法"而非两锅反应，主张该案实际解决的技术问题是提供改进的、工业上有用的氟苯尼考制备工艺，认为上述两个技术特征提高了反应收率同时减少了反应步骤，并解决了多步反应所需溶剂量大的问题。为此，专利权人还提供了实验数据作为附加证据。而异议人认为附加证据的数据多有矛盾，也与现有技术文献（1）和文献（2）的结论不符，不应被考虑。

对此，EPO 上诉委员会认为，该案保护的方法涉及两个关键步骤，即经还原反应得到氨基二醇砜 ADS，然后形成唑啉。EPO 上诉委员会经粗略估算文献（1）和文献（2）的氟苯尼考产率，确定该案相对于最接近的现有技术文献（1）所实际解决的问题在于提供一种改进的、工业上有用的制备氟苯尼考的方法。为解决该技术问题，该案的技术方案提出如下技术手段，即①用作起始原料的氨基酸是砜而不是硫化物，②还原和环化这两个关键步骤在同一反应容器中进行，即"一锅法"。对于①，EPO 上诉委员会认为专利权人提交的比较实验证明了将文献（1）的起始反应物甲硫醚氨基酸基于文献（15）的教导替换为甲磺酰氨基酸，实际上导致反应收率变差。对于②现有证据涉及的对比文件中并未教导能否调整该类型的反应顺序使其适于"一锅法"并获得令人满意的产率，因此本领域技术人员没有理由期望通过实施这种改进以克服上文所述的 ADS 收率低的问题。此外，EPO 上诉委员会还指出，尽管"一锅法"原则上是本领域技术人员在开发工艺中会考虑的一种理想的策略，但这并不意味着本领域技术人员可以期望任意多步反应均可实现"一锅法"。就该案而言，文献（1）教导了在将氨基二醇送至后续步骤之前，应通过过滤除去还原剂水解后产生的不溶物，现有技术中没有暗示如果省略过滤步骤将获得相当的产率。换句话说，尽管本领域技术人员在组合步骤（a）和（b）时不存在技术障碍，但无法预期这样的步骤组合将获得满意的产率。据此，EPO 上诉委员会裁定该案有效。

10.1.6.5 几个显而易见的步骤

在 T 552/04 中，涉案专利涉及尿素制备工艺，权利要求保护在至少包含一个高压反应区的尿素汽提设备中制备尿素的汽提工艺，限定其至少包括一个尿素反应器（A）、一汽提塔（B）和一氨基甲酸盐浓缩塔（C），还包括提供 $160 \sim 285^{\circ}C$ 且主要由氨和 CO_2 组成的气体料流的步骤，该气体料流来自高压制备三聚氰胺的工艺。异议部门和专利权人认为具备创造性的理由为，与证据 1 或证据 7 相比，权利要求实际解决的技术问题在于提供具有改进的能量利用效率的制备三聚氰胺和尿素的整合系统，为解决该技术问题，涉诉专利分解未转化为尿素的氨基甲酸盐，并以与合成反应器基本相当的压力排出 CO_2 和多余的氨。证据 1 或证据 7 并未教导以汽提工艺制备尿素，证据 10 或证据 14 并未涉及制备尿素和三聚氰胺的整合系统，因此本领域技术人员没有动机结合这两种工艺并预期其效果。异议人（上诉请求人）基于该案的权利要求并未产生技术改进为由，重新确定该案相对于证据 1 实际解决的技术问题为提供证据 1 的替代工艺，解决该技术问题的技术手段在于在相同的反应压力下操作汽提塔和尿素反应器；而证据 10 或证据 14 均公开了在相同的温度下操作尿素反应器、汽提塔甚至压缩塔，据此本领域技术人员能显而易见地获得该案的操作条件。另一异议人指出证据 7 公开了尿素和三聚氰胺的组合制备工艺且其中尿素以汽提工艺生产，区别特征在于未将氨基甲酸盐转化为尿素，并以与合成反应器基本相当的压力排出 CO_2 和多余的氨；确定该案实际解决的技术问题是提供能耗和成本更低的组合制备工艺。而上述区别特征可从证据 10 或证据 14 中获得启示。

对此，EPO 上诉委员会认为，证据 1 公开了以含有来自三聚氰胺合成副产物的氨和 CO_2 的气态混合物制备尿素的工艺。该案提供的两项对比实验数据不足以反映最接近的现有技术的水平，不足以说明其解决了专利权人前述的技术问题。然而，专利权人认为本领域技术人员基于公知常识可以预期汽提工艺较证据 1 的传统工艺的能量利用率更有效。为提高能效，本领域技术人员清楚，对于组合工艺而言，改进部分工艺的能效预期也能影响整体工艺的能效，因此为改进证据 1 的制备工艺容易想到借鉴证据 10 的尿素制备工艺，在证据 10 教导了汽提工艺因其能效高被广泛用于尿素制备工艺的基础上，本领域技术人员有动机改进证据 1 的尿素制备工艺为在反应器相同压力下实施的汽提工艺，从而改进能效，无须克服技术障碍。对于专利权人提出的以现有技术未公开上述工艺的组合证明技术方案非显而易见的理由，EPO 上诉委员会认为次要因素的评价标准仅是判断创造性的辅助方法，不能代替以问题−解决法实施的客观评价。此外，技术方案的显而易见并不要求具有确定的成功预期，本领域技术人员在具有合理的成功预期时既有动机进行相应的改进。

10.2　生物领域

10.2.1　保藏号限定的微生物的创造性

欧洲专利局涉及通过保藏限定微生物的专利申请量不多，通常在具有市场应用前景时才申请专利，对于其创造性的审查，EPO 审查指南以及欧盟《关于生物技术发明的法律保护指令》中没有相应的明确规定，判例法中与之相关的判决也很少。在审查实践中主要采用问题解决法进行评价，其考察的重点不是与已有菌株的分类学是否存在实质性差异，也不是相对已有菌株是否具有预料不到的技术效果，而是现有技术是否给出教导以促使本领域技术人员寻求请求保护的菌株以及在现有技术的基础上是否能够显而易见地得到请求保护的菌株。

在 T 528/11 中，涉案专利涉及作为人体阴道中的益生微生物的乳酸产生细菌，权利要求 1 为：乳杆菌属的分离菌株，其特征在于所述菌株选自以下一组菌株：干酪乳杆菌鼠李糖亚种菌株 LN113，其保藏号为 LMG P-20562；发酵乳杆菌菌株 LN99，其保藏号为 LMG P-20561，其通过阴道给药能够在微生物菌群紊乱的人阴道内定殖并繁殖，即便在月经流注期间，所述菌株定殖是指从开始施用计算至少两个月经周期后阴道中仍有所述菌株存在，所述菌株于 2001 年 6 月 14 日被保藏在比利时微生物协调保藏中心。对于权利要求 1 是否具备创造性，EPO 上诉委员会认为，对比文件 2 公开了从健康妇女阴道内分离得到的几种乳酸菌属菌株，并公开了将其中一种菌株（干酪乳杆菌 rhamnosus GR-1）灌输到阴道微生物菌群紊乱的患者的阴道内以用于治疗，即在阴道内繁殖和定殖以抑制致病细菌的生长，并显示至少一位患者在接受 4 个月的乳酸菌治疗后乳酸菌得以定殖，接下来 5 个月未受感染。该案声称的所要解决的技术问题使提供繁殖能力以及在显示微生物菌群紊乱的人阴道内定殖能力增强的乳酸产生菌株。然而，不存在比较菌株 LN99 和 LN113 与对比文件 2 公开的菌株（尤其是干酪乳杆菌 rhamnosus GR-1）之间的任何测试数据。由于缺乏上述对比数据，该案实际解决的技术问题是提供替代的乳酸菌属菌株用于治疗显示阴道微生物菌群紊乱的患者。从该案说明书公开内容来看，权利要求 1 请求保护的主题能够解决上述问题。而且，现有技术中没有任何文件或者其结合（包括对比文件 2 以及对比文件 2 和对比文件 9 的结合）能够使本领域技术人员通过显而易见的方式获得该案特定的菌株 LN99 和 LN113。没有证据表明菌株 LN99 和 LN113 使用对比文件 2 中采用的体外粘附试验中分离得到，从其他所有可能的乳酸菌属菌株里鉴定和选择上述特定菌株不是显而易见的，而且，对比文件 2 也未提到在患者月经流注期间给药乳酸菌属菌株。这同样适用于对比文件 9，其公开的体外粘附试验仅研究了基于抑制肠内细菌的生长能力筛选、从一个健康妇女的泌尿生殖道中分离出的植物乳杆菌菌株 LB931 的相关性能。因此，权利要求 1 具备创造性。

在 T 1112/10 中，涉案专利涉及新的半乳糖寡糖组合物及其制备，权利要求 1 为：一种双歧杆菌菌株，该菌株于 2003 年 3 月 31 日保藏在英国亚伯丁国立工业和海洋微生物保藏有限公司，保藏号 NCIMB 41171，其能够产生半乳糖苷酶酶活性，该酶活性可将乳糖转化为半乳糖寡糖混合物，该半乳糖寡糖混合物包含 Gal(α1-6)-Gal、Gal(β1-6)-Gal(β1-4)-Glc、Gal(β1-3)-Gal(β1-4)-Glc、Gal(β1-6)-Gal(β1-6)-Gal(β1-4)-Glc 和 Gal(β1-6)-Gal(β1-6)-Gal(β1-6)-Gal(β1-4)-Glc。EPO 上诉委员会认为，最接近的现有技术对比文件 7 为了评估来源于婴儿型双歧杆菌菌株 ATCC 27920 的 α-和 β-半乳糖苷酶制剂的性质，测定了温度对粗酶制剂酶活性的影响以及金属离子和其他试剂对粗酶制剂中 α-和 β-半乳糖苷酶活性的影响。作者没有给出明确结论，其只是推测摄入含有活双歧杆菌菌株（如婴儿型双歧杆菌）的食品可以提供 α-和 β-半乳糖苷酶活性以水解通常不会摄入人类肠道的复杂碳水化合物。该案的技术问题是提供具有 α-和 β-半乳糖苷酶活性的双歧杆菌菌株，其能够转糖化以生产半乳糖寡糖混合物，该半乳糖寡糖混合物包含 Gal(α1-6)-Gal、Gal(β1-6)-Gal(β1-4)-Glc、Gal(β1-3)-Gal(β1-4)-Glc、Gal(β1-6)-Gal(β1-6)-Gal(β1-4)-Glc 和 Gal(β1-6)-Gal(β1-6)-Gal(β1-4)-Glc。采用的技术手段是使用双歧杆菌菌株 NCIMB 41171，从该案公开的内容可知，其解决了上述技术问题。权利要求 1 是否具备创造性的关键在于，基于对比文件 7 本领域技术人员是否可显而易见的得到该案的菌株。尽管对比文件 7 声称了人类起源的双歧杆菌具有 α-和 β-半乳糖苷酶活性，但对比文件 7 仅仅指出将 α-和 β-半乳糖苷酶活性以水解复杂碳水合物的潜在应用。对比文件 7 未提供任何教导以促使本领域技术人员寻找能够转糖化以生产包含 Gal(α1-6)-Gal、Gal(β1-6)-Gal(β1-4)-Glc、Gal(β1-3)-Gal(β1-4)-Glc、Gal(β1-6)-Gal(β1-6)-Gal(β1-4)-Glc 和 Gal(β1-6)-Gal(β1-6)-Gal(β1-6)-Gal(β1-4)-Glc 的半乳糖寡糖混合物的双歧杆菌菌株。因此，本领域技术人员面对发明所要解决的技术问题时，以对比文件 7 公开的技术方案为起点不能显而易见的得到权利要求 1 限定的技术方案，因此，权利要求 1 具备创造性。

10.2.2 基因的创造性

欧洲专利局认为，如果基因编码的蛋白质已经被公众所知，并且本领域技术人员

能够容易获得该基因的核苷酸序列，则该基因序列发明不具备创造性。❶ 此外，在
T 149/93、T 1396/06、T 759/03 案件中，EPO 上诉委员会判例法还认为，在对本领
域技术人员水平考量的基础上，在创造性评价中需要考虑技术结合启示中对成功的合
理预期。如果本领域技术人员带着获得改进的预期，并在结果清晰时即可以合理预期
成功，则相关的技术方案是显而易见的。本领域技术人员即使在采用常规方法试图解
决一个密切相关的技术问题时，也不会有一定能成功的把握。但根据法理学观点，成
功的合理预期不要求一定成功，因而成功的合理预期和确能成功应当是清楚区分开。
尽管生物学实验通常具有不确定性，但在本领域技术人员没有理由采取怀疑的态度时，
而可以采取"试试看"的态度，那么就不能认为等同于没有成功的合理预期。

对于全新的基因，且在现有技术中没有任何教导或暗示其克隆或分离方法，通常
具备创造性。

对于全长序列未知的新基因，根据已知相关基因的序列，如果通过常规的方法可
以分离到，则不具备创造性。其中，物种来源是需要考虑的因素。

T 111/00 涉案专利请求保护一种无内含子的 DNA 分子，其编码由 γ 干扰素
(MIG) 诱导的哺乳动物单核因子，前述 DNA 分子与具有 SEQ ID NO：4 所示序列的
第二条 DNA 分子有至少 90% 的同一性。该申请说明书中描述了使用全长 MIG-1
cDNA 作为探针从人源细胞中分离 MIG-2 cDNA 的方法。对比文件 1 描述了源于单
核/巨噬细胞系的，编码由 γ-IFN 诱导的小鼠细胞因子的 cDNA 分离物 (m119 即该申
请权利要求 1 的 MIG-1 cDNA)。m119 被报道为血小板因子 4(PF4) 家族的细胞因子，
并描述了具体的核苷酸序列。m119 不是任何已知人细胞因子 PF4 家族的同源物。

该发明与对比文件 1 都是关于编码由 γ 干扰素诱导的哺乳动物单核因子，但是具有
不同的物种来源，即人和鼠。EPO 上诉委员会认为对比文件 1 给出了在其他物种中寻找
MIG 的启示，并且从该申请实施例 5 可以看出，人细胞因子 cDNA 的分离物是直接通过
利用对比文件 1 中描述的 m119 cDNA 作为探针选择相关 cDNA 克隆得到的。由于必要的
探针能够从对比文件 1 中获得，因此本领域技术人员获得人 cDNA 克隆属于利用一种
常规手段完成的，且本领域技术人员在实施过程中没有遇到技术问题，因此该发明不
具备创造性。可见 EPO 的观点是，对于基因或多肽家族的新成员，即使它们来自不同
的物种，但如果可以通过常规的方法分离出来，则该基因或多肽不具备创造性。

如果一种基因或者蛋白质难以通过常规方法搜索鉴定出来，需要克服技术困难，
那么想到一种非常规的方法，并克服尝试过程中遇到的诸多困难而成功获得基因或蛋
白质就足以使其具备创造性。❷

在 T 604/04 中，涉案专利请求保护分离的血小板因子 4 超家族受体 (PF4AR) 多

---

❶　魏衍亮. 通过比较欧美生物专利制度的差异简析中国生物专利制度的变革[J]. 上海交通大学
学报(社科版)，2002,10(3)：78－82.

❷　欧阳石文等："生物技术领域特定主题的创造性判断"，国家知识产权局学术 EPO 上诉委员会
2013 年度自主研究项目。

肽，具有图 4 或 5 所示的氨基酸序列。对比文件 2 公开了人白介素-8 受体的结构和功能性表达。IL-8 被定义为嗜中性粒细胞的化学引诱物，属于促炎性细胞因子超家族，也属于 PF4A 超家族。编码 IL-8 受体的 DNA 的克隆是通过使用包括在阳性重组克隆中表达受体的策略而获得的，阳性重组受体是通过它们结合^{125}I-标记的 IL-8 的能力而发现的，即阳性克隆的筛选包括使用受体特异性配体。基于 IL-8 受体序列与其他两个嗜中性粒细胞的化学引诱物的序列的比较，表明 IL-8 受体属于相关的介导促炎性细胞因子的 IL-8 家族的信号的 G 蛋白耦联受体的亚家族。

该案要解决的技术问题是鉴定与 PF4A 家族的细胞因子相互作用的受体，提供的技术方案就是图 4 和图 5 所示的两条多肽。对比文件 2 公开了一种分离 IL-8 受体的方法，使用的是表达克隆策略。EPO 上诉委员会认为，对于本领域技术人员而言，解决上述寻找化学因子的受体的技术问题的显而易见的方法就是按照对比文件 2 的方法进行，使用放射性标记的相关细胞因子的衍生物来寻找哪个重组克隆会与之结合，及哪个重组克隆表达相应的受体。然而申请人选择了用不同的方法来进行，使用 IL-8 cDNA 文库在低严谨杂交条件下来探索用 IL-8 作为化学诱导物的细胞制备的 cDNA 文库。通过该方法，其提供了分离出受体的可能性，无论它们是哪些蛋白的受体。这无疑是难以预料的，除此之外，考虑到杂交的低严谨条件可能导致分离出假阳性 cDNA，其还是充满不确定性的。如果没有选择这个不同的方法取代表达克隆策略，图 4 和 5 所示的两个多肽不会被分离出来。因此，分离请求保护的多肽时运用了创造性技巧，即基于分离相关克隆的方法是不可预料的，认可所述的多肽具备创造性。

在 T 1165/06 中，涉案专利请求保护包含编码成熟 IL-174 多肽的序列的多核苷酸，所述成熟 IL-174 多肽具有 SEQ ID NO：14 所示序列。对比文件 4 公开了 IL-17 细胞因子家族第一个成员 IL-17 的氨基酸序列，而且提供了 IL-20 和另外两个家族新成员 IL-21 和 IL-22 的氨基酸序列。当时已发现了这四个家族成员之间的七个保守结构域。该案所要解决的技术问题是：分离 IL-17 细胞因子家族的另一条多肽和编码该多肽的核苷酸序列。EPO 上诉委员会认为，考虑到已经描述了从鼠和人细胞中分离了若干 IL-17 家族的成员这一事实以及细胞因子的医学相关性，本领域技术人员不仅可能而且会尝试着去分离 IL-17 家族的更多成员，考虑到对比文件 4 以及更多的现有技术文件和/或普通技术知识所提供的信息，本领域技术人员是否会合理地预期分离到编码 IL-17 细胞因子家族新成员的多核苷酸，尤其是包括在 SEQ ID NO：14 中的成熟多肽和编码该多肽的多核苷酸。现有技术中存在 DNA 数据库和在这样的数据库中进行筛选的技术方法，并且进行这样的筛选所需要的技术知识属于本领域技术人员的普通技术知识的一部分，考虑到对比文件 4 关于 IL-17 细胞因子家族已知成员之间同源性结构域的教导，本领域的技术人员会想到该家族的其他未知成员也会具有非常相似的结构域，并且会相应地设计其筛选策略。但是，通过将对比文件 4 披露的同源性结构域与 IL-174 的氨基酸序列中的相应的结构域相比较，明显可见，尽管 IL-174 多肽表现出可以将其归为 IL-17 家族的特征，尤其是半胱氨酸残基的特征性间距，但是却与对比文件 4 中描述的特定结构域的氨基酸序列存在重要的区别，IL-174 中甚至缺少其中一些结构域。这一事实在申请日时既不被本领域技术人员所知晓，也不能被预见，只是在发明人鉴定出 IL-174 的序列后才被揭晓，因而在对比文件 4 提供的结构域信息的基础上所设计的筛选策略很有可能无法"筛出"IL-174 序列。因此，该案具备创造性。

如果专利申请请求保护全长基因，现有技术已经提示了其可能具备的功能，基于现有基因功能验证方法，确认该基因具有现有技术已标引的功能对于本领域技术人员而言是显而易见的。除非该全长基因的获得需克服通常难以预料的技术困难，或者全长基因相对于标引的功能具有预料不到的效果，否则该全长基因不具备创造性。

对于已知的完整的全长基因进行研究，分离或克隆其中部分片段（即截短的基因）的专利申请，除了要考虑本领域技术人员是否能够得知或容易预期该片段具有功能，例如属于保守结构域等，还需要判断是否获得了预料不到的技术效果，如其功能或效果超出本领域技术人员的预期。❶

在 T 889/02 中，涉案专利权利要求 1 请求保护一种作为药物的包含膜辅助蛋白（MCP）的分离的可溶性多肽，其中所述 MCP 缺失跨膜结构域而具有全长氨基酸序列的第 1～251 位氨基酸。对比文件 1 公开了 MCP cDNA 的克隆与测序。对比文件 1 教导了 MCP 的全长和 MCP 跨膜疏水区的特定位置。补体系统的控制被描述为对防止自身组织的破坏至关重要，并且因为其广泛的组织分布和辅因子活性，MCP 被认为是防止自身细胞被补体破坏的重要膜蛋白。

该案相对于对比文件 1 实际解决的技术问题为提供一种用于保护自身细胞不受补体破坏的药物。由于药物制备领域中的技术人员公知，药物组合物可通过使用缺少疏水区（如蛋白的跨膜区，其将天然蛋白锚定于细胞膜上）的可溶性蛋白以一种更为便捷的方式制备，并且对比文件 1 公开了 MCP 的全长和 MCP 跨膜疏水区的特定位置，因此虽然不能排除缺失这一区域的截取的蛋白质将失去全部或部分原始生物学活性，然而当试图解决上述问题时，本领域技术人员能够试图通过缺失其跨膜疏水区使 MCP 可溶化。因此权利要求 1 不具备创造性。可见，EPO 认为，尽管生物实验中经常存在不确定性，但是本领域技术人员基于一般经验能够合理预期缺失疏水区域能够达到可溶的目的且不丧失全部生物活性，因此其是一个值得做的和容易实施的制备可溶性药物的方式，并且在该案中本领域技术人员没有特别的理由预期不能成功。

即使一种新基因的获得并不需要本领域技术人员付出创造性劳动，但只要该新基因的结构特点使其具有预料不到的技术效果，那么该新基因通常具备创造性。

在 T 1074/08 中，涉案专利请求保护一种分离的多核苷酸及其编码的多肽，所述多肽由氨基酸序列组成，该氨基酸序列与全长序列具有至少 85% 的同一性，所述氨基酸序列选自：SED ID NO：4、6、8 和 12，其中编码的多肽保留了产生对 B 族链球菌

---

❶ 欧阳石文等："生物技术领域特定主题的创造性判断"，国家知识产权局学术 EPO 上诉委员会 2013 年度自主研究项目。

具有结合特异性的抗体的能力。

对比文件 1 是最接近的现有技术，其涉及开发针对 B 族链球菌的疫苗，其包含 GBS 细菌病原体的蛋白抗原，并公开了潜在的可能具有免疫原性的多肽，优选的方案是包含 434 个或 409 个氨基酸（SEQ ID NO：39 和 44）的抗原多肽。生物学试验证明了：65 种 B 族链球菌都能产生 GBS 蛋白（SEQ ID NO：39）且其抗原性是高度保守的，该 GBS 蛋白在小鼠中能触发免疫反应，相应于 SEQ ID NO：39 的重组 GBS 蛋白能赋予小鼠对抗来自 8 种不同 B 族链球菌菌株感染的保护能力。

二者的区别特征在于：对比文件 1 并未披露如该案所示的氨基酸序列。该案所要解决的问题是寻求能够提供抗 B 族链球菌感染保护的进一步多肽。由申请文件的内容可知，该技术问题确实已被解决。一方面，对比文件 1 并未公开如该案的多肽序列；另一方面，令人惊讶的是，该案请求保护的多肽片段比对比文件 1 的全长 GBS 蛋白对 B 族链球菌菌株 C388/90 的保护能力相同或更好，而制造包含只有全长 GBS 蛋白一半氨基酸的多肽片段的疫苗显然在技术上更容易、更安全、更可靠、资源浪费更少，基于对比文件 1，本领域技术人员显然无法预期这一技术效果。

在 T 1451/09 中，涉案专利请求保护一种从棒状杆菌中分离的多核苷酸。对比文件 3 涉及使用谷氨酸棒状杆菌生产 L-氨基酸（L-赖氨酸），并公开了通过转化谷氨酸棒状杆菌菌株来过渡表达谷氨酸-脱氢酶基因以提高 L-赖氨酸的产量，其中实施例 1、实施例 2 和实施例 5 中使用的特定菌株是谷氨酸棒状杆菌 DSM5715，其是一种生产 L-赖氨酸的菌株、并来源于谷氨酸棒状杆菌 MH20-22B 菌株，该菌株已经被编码参与 L-赖氨酸生物合成的酶的基因转化。该案所要解决的问题是与在非遗传修饰或非转化谷氨酸棒状杆菌菌株中获得的产量相比，如何提高由谷氨酸棒状杆菌生产 L-赖氨酸的产量。该案为解决上述技术问题所提出的技术方案是采用由 SEQ ID NO：1 的 *pknB* 基因转化并过表达的谷氨酸棒状杆菌菌株，由申请文件的内容可知，该技术方案已解决了上述技术问题。EPO 上诉委员会认为，申请文件中已明确记载了该申请是通过 *pknB* 激酶基因的过表达来提高 L-赖氨酸的产量；并且上诉人后补交的试验证据表明，通过随机诱变获得的 *pknB* 基因转化的 MH20-22B 菌株与未转化的 MH20-22B 菌株相比，其确实能提高 L-赖氨酸的产量，并且这一提高是显著的。因此，在现有技术并未揭示谷氨酸棒状杆菌的 pknB 蛋白激酶可能参与 L-赖氨酸的生物合成，更未揭示 *pknB* 基因在谷氨酸棒状杆菌中的过表达会导致 L-赖氨酸产量的增加时，该案的技术方案是令人惊讶的。

突变体是基因或蛋白专利申请的一种常见类型。现有技术中预测蛋白三级结构的方法已比较成熟，在人工突变基因的创造性判断中，除了要考虑突变位点、突变操作等因素外，还要考虑突变后所达到的技术效果。

对已知基因或其编码的多肽进行简单的或非保守区域的置换、增加或删除（包括末端的截短）已是当前非常成熟的技术，如果经过简单而常规的突变操作获得的仅是功能与已知基因相同或是变劣的基因，则该突变体相对于已知基因并未做出创造性的贡献。

对于涉及对已知基因进行密码子优化的发明，一方面需要考虑现有技术中是否给出了对密码子优化位点、偏爱密码子的选择和组合的技术启示，另一方面还需要关注技术效果及其可预期性。

10.2.3　抗体的创造性

根据抗体制备的原理和方法可分为多克隆抗体、单克隆抗体以及基因工程抗体，在与抗体相关的专利申请中，绝大部分申请的主题集中于单克隆抗体或基因工程抗体。

在欧专局的审查实践中，对于抗体的创造性，通常以相同靶点的抗体作为最接近的现有技术，结合其他对比文件的启示或本领域常规技术手段，遵照问题解决法进行评价，着重考虑技术效果的差异。具体来讲，当一个抗体结合的是新的之前未被鉴定的抗原时，则被认为是非显而易见的，因为抗原是未知的。而对于已知抗原采用免疫或噬菌体展示等常规技术制备的新抗体，如果新抗体仅仅是结合相同抗原的已知抗体的效果类似的替代物，则被认为是显而易见的。

但若请求保护的抗体与现有技术中的抗体在作用机制、性能等方面存在不同或提供了对比试验数据证明了请求保护的抗体的技术效果优于现有技术且达到了预料不到的程度，则即便该抗体可通过常规手段获得，也应认可其创造性。另外，若某项技术存在技术偏见，则不属于"显而易见地尝试且具有成功的合理预期"，本领域技术人员不会显而易见地想到去尝试该技术，应当认可其创造性。

在 T 991/13 中，涉案申请权利要求 1 为：可选择性识别 HPA-5b（人血小板同种异体抗原）的单克隆抗体或片段。对比文件 8 公开了包含特定的血小板同种异体抗体的多克隆人血清并用于 HPA-5b 的表型。该案请求保护的抗体与对比文件 8 公开的抗体的目的相同。对比文件 8 公开的抗体与权利要求 1 请求保护的抗体的区别在于前者是多克隆，后者是单克隆。评定创造性需要回答的问题是本领域技术人员基于对比文件 8 中的多克隆抗 Hpa-5b 抗血清而得到请求保护的特定的抗-HPA-5b 单克隆抗体是否是显而易见的。EPO 上诉委员会认为，为了提供一种检测 HPA-5b 的改进的方法，本领域技术人员会想到寻求 HPA-5b 特定的单克隆抗体，对于生产方法，他们将考虑所有已知的技术来提供抗原和筛选所需的抗体。对于已知的噬菌体显示技术，上诉人基于对比文件 2 的公开内容认为由于纯化得到足够的 HPA-5b 抗原存在困难，因而该方法不能用来生产抗 HPA-5b 单克隆抗体。但 EPO 上诉委员会认为，对比文件 5 公开了纯化上诉抗原的相关内容，由此尚不能表明本领域技术人员能够判断并得知由于缺乏合适的抗原而使噬菌体显示技术不适合筛查 HPA-5b，也没有任何证据表明 HPA-5b 抗原不能采用与 HPA-1a 等其他抗原相同的方式获得。况且，噬菌体展示技术并不是已知的用于筛选抗 HPA 抗体的唯一技术。对比文件 5 还公开了一种用于固定包含 GPIA/IIIa 复合物的 HPA-5 的 MAIPA 分析法。事实上，正是该 MAIPA 分析法，在该案说明书中用来测试是否存在抗 Hpa-5b 抗体。对于为什么本领域技术人员能否考虑并采用 MAIPA 分析法以提供相关抗原和筛选所需抗体，上诉人未发表意见。综上，目前没有证据表明本领域技术人员无法应用已知的常规技术来获得这些抗体。因此，权利要求 1 不具备创造性。

在 T 511/14 中，涉案专利涉及 DKK-1 特异性抗体，权利要求 1 请求保护分离的抗体或其免疫功能片段，所述抗体或其免疫功能片段能够特异性地结合 DKK-1 多肽，并用结构序列对该抗体或其片段进行了限定。对比文件 1 公开了 DKK-1 特异性抗体 11H10，该案请求保护的抗体与对比文件 1 的区别在于抗体序列不同。EPO 上诉委员会认为，相比于对比文件 1 的抗体 11H10，不能认可该案取得了预料不到的技术效果，因此实际解决的技术问题是提供替代的 DKK-1 特异性抗体。DKK-1 是现有技术已知的，现有技术中也公开了该蛋白质的特异性的多克隆抗体和单克隆抗体，并公开了抗体的获得方法。本领域技术人员基于上述教导进一步获得其他替代的抗 DKK-1 抗体是显而易见的，无须付出创造性劳动，获得该案的抗体仅仅是从可能方案中的随意选择。尽管请求人提供了该案抗体 RH2-18 与对比文件 1 抗体 11H10 的对比实验试图证明该案抗体相比对比文件 1 取得了预料不到的技术效果，但 EPO 上诉委员会认为，即便能够接受抗体 RH2-18 相比对比文件 1 抗体 11H10 具有更优异的性能，这些性能也仅针对特定实施例 RH2-18 抗体本身，因为该案以及现有技术都未公开抗体结构与上述更优异性能之间的对应关系。因此，不能推断 RH2-18 抗体的更优异性质也不可避免地是所请求保护的权利要求 1 范围内每个抗体能够具有的性质。因此，权利要求 1 不具备创造性。

在 T 2159/12 中，涉案专利权利要求 1 请求保护一种含有双特异性单链抗体构建体的药物组合物，所述构建体包含特异于人 CD3 和人 CD19 的结合结构域，权利要求 1 中包含所述构建体的域排列的技术特征。对比文件 2 公开了能够特异性结合至人 CD3 和人 CD19 的双特异性抗体构建体，其与权利要求 1 中的构建体的区别仅在于域的排列，对比文件 2 的域排列为：VL(CD19)-VH(CD19)-VH(CD3)-VL(CD3)，权利要求 1 中相应的域排列为 VH(CD19)-VL(CD19)-VH(CD3)-VL(CD3) 或 VH(CD3)-VL(CD3)-VH(CD19)-VL(CD19)。基于该案说明书公开的内容可得知，基于上述区别，该案的抗体构建体相比构建体♯1（代表最接近的现有技术），在一定浓度的抗体下表现出更高的抗表达 CD19 的 NALM6 细胞的细胞毒活性（效应）。因此，EPO 上诉委员会认为权利要求 1 实际解决的技术问题是提供含有双特异性单链特异于人 CD19 和 CD3 的抗体，且该抗体具有改善的细胞毒活性的药物组合物。该案是否具备创造性的关键在于，现有技术是否存在教导指引本领域技术人员重新排列结合结构域的顺序以获得请求保护的抗体构建体的特定顺序并使抗体具有改善的细胞毒活性。对比文件 3 公开了具有与权利要求 1 抗体构建体相同的域排列的单链抗体，但该单链抗体不具有双功能（即特异于人 CD19 和 CD3）。对比文件 1 也公开了与权利要求 1 抗体构建体相同的域排列的抗体构建体，但未公开这些抗体的结合特异性且这些抗体并不是单链。因此，现有技术未给出相应的教导，权利要求 1 具备创造性。

在 T 187/93 中，涉案专利涉及基于膜结合蛋白的疫苗及其制备方法，权利要求 1

为：一种生产截短的［膜结合病毒多肽］单纯疱疹病毒 1 型或 2 型糖蛋白 D（HSV gD）的不与膜结合的衍生物的方法，前述衍生物缺少膜结合结构域，不与前述膜结合，并且具有裸露的抗原决定簇，其提高中和抗体且保护免疫的个体不受病毒［病原体］单纯疱疹病毒 1 型和/或 2 型的体内挑战，前述方法包括在转染有编码 DNA 的稳定真核细胞系中表达前述 DNA。对比文件 A1 报道了将通常锚定于被病毒感染的细胞膜上的病毒蛋白转化为被感染的真核细胞分泌的蛋白的技术。前述技术依赖于在真核细胞中表达编码病毒蛋白的 DNA 序列，其中编码病毒膜蛋白疏水锚定区（如跨膜域）的序列被去除。相对于对比文件 A1，该案要解决的问题为，提供治疗 HSV1 和或 HSV2 亚单位疫苗的抗原。该案提出的解决方案为：将编码截短的（锚定－缺失）HSV1 或 HSV2 的 gD 的衍生物的 DNA 在转染的真核细胞中表达，前述衍生物具有裸露的抗原决定簇，其提高中和抗体且保护免疫的个体不受病毒单纯疱疹病毒 1 型和/或 2 型的体内挑战。基于该案说明书的记载该案解决了前述技术问题。评定创造性的关键在于，本领域技术人员是否能够将对比文件 A1 中描述的技术用于 HSV1 或 HSV2 的 gD，以及是否能够合理预期重组生产的锚定——缺失蛋白能够提供免疫的个体不受病毒单纯疱疹病毒 1 型和/或 2 型的体内挑战的免疫保护。EPO 上诉委员会认为，从对比文件 A1 中可知，可溶性 gD 具有免疫保护性，单价的、无锚定的单体容易通过交联被制成多价的多聚体（并因此更加具有免疫原性）。因而决定性的问题在于在该案最早优先权日以前本领域技术人员是否能够合理预期基于重组生产的，不含其膜结构域的截短的病毒糖蛋白 D 能够展示出体内免疫保护特性。经 EPO 上诉委员会核实，现有技术认为体液免疫（中和抗体）和宿主的 T 细胞应答（细胞介导的免疫）对于免疫保护免疫的宿主不受针对病原体的体内挑战是重要的。体液免疫和细胞介导的免疫均被认为依赖于抗原的接触。这种分子的免疫原的性质与其构型的关联在 EPO 上诉委员会获得的很多文件中提到，其中的一些有关由 HSV 或其糖蛋白 gD 诱发的 T 细胞应答，在该案最早优先权日之前通常认为该应答实际上参与了免疫保护。然而甚至在该案优先权日的 2 个月前也不清楚 gD 介导免疫保护的机理。另外，有证据表明膜结合病毒糖蛋白跨膜区域的缺失可能会影响胞外结构域的构象。综上所述，本领域技术人员无法合理预期截短形式的 gD 蛋白能够产生免疫保护作用从而使宿主免受 HSV1 和/或 2 的免疫挑战，权利要求 1 具有创造性。

在 T 601/05 中，涉案专利权利要求 1 为：一种药物组合物，包含了与 TNFα 结合的人单克隆抗体。对比文件 ID29，公开了与 TNFα 结合的小鼠单克隆抗体 CB00006 进行的 Ⅰ 期临床试验的结果。基于对比文件 ID29，该发明实际解决的技术问题是提供药学上有用的、与 TNFα 结合的人单克隆抗体，其比小鼠单克隆抗体 CB00006 免疫原性低。该案说明书以及在上诉过程中提交的数据表明该申请的人抗体能够抑制脂多糖刺激的人单核细胞系分泌 TNFα，而 TNFα 是败血性休克和免疫疾病过程中分泌的因子之一，这一证据足以证明该抗体具有药学上的利用价值。对于该案采用的技术手段是否显而易见，EPO 上诉委员会则认为，权利要求 1 并非仅仅请求保护包含人单克隆抗体的组合物，而是药物组合物，因此，不仅需要判断制备包含人单克隆抗体的组合物是否显而易见，还需判断提供包含上述抗体的药物组合物是否显而易见。基于现有技术可知，在该案优先权日前，本领域技术人员认为人单克隆抗体将以低亲和力与 TNFα 结合，而本领域技术人员确信低亲和力的抗体不被认为具有任何药用价值，抗体以高亲和力结合到 TNFα 才是药学上有用的。因此，本领域技术人员对于获得该申请请求保护的药物组合物没有合理的成功预期，进而没有动机去尝试获得该案的药物组合物，因此得到上述药物组合物是非显而易见的。

10.2.4 引物的创造性

引物是一段短的单链 RNA 或 DNA 片段，可结合在核酸链上与之互补的区域，其功能是作为核苷酸聚合作用的起始点，核酸聚合酶可由其 3′端开始合成新的核酸链。体外人工设计的引物被广泛用于 PCR、测序和探针合成等，在基因克隆、载体构建、物种鉴定、定量测定等诸多方面。

目前设计引物的思路已非常成熟，如果引物是针对已知基因根据常规设计可以获得的，且没有获得任何特别的效果，则该引物相关发明往往不具备创造性。

多重 PCR 是在同一 PCR 反应体系里加上两对以上引物，同时扩增出多个核酸片段的 PCR 反应。虽然多重 PCR 是已知的技术，但其实验设计远比单个 PCR 复杂，即使在优化了循环条件后，某些基因的扩增产物仍不明显，多重 PCR 反应体系优化经常可以遇到有一个或两个靶位点的扩增产物很少甚至没有扩增产物。如果对比文件并没有公开使用多重 PCR，也未公开引物序列，则获得合适的多重 PCR 引物往往是非显而易见的。

LAMP 即环介导等温扩增技术是 2000 年出现的一种 DNA 扩增技术，该技术根据靶基因的 6 个区域设计出 4 种引物。与常规设计相比，采用 LAMP 设计引物包含了大量的物种获得、验证工作，其需要大量的筛选才能获得退火温度一致、检测灵敏度高的具有特异性的引物，但如果对比文件与发明的特异检测对象相同，且二者引物选取的位置仅有较小的调整，即使对比文件未披露使用 LAMP 技术，该 LAMP 引物也依然可以依据 LAMP 引物的一般设计原则通过 LAMP 引物设计软件合理的得到，且其检测效果完全在本领域技术人员的预测范围之内，则本领域技术人员获得该 LAMP 引物不需要付出创造性劳动。

10.3 计算机领域

10.3.1 发明的技术特性

EPO 上诉委员会判例法认为：要想获得专利权，请求保护的主题必须具有"技术特征"，换句话说就是请求保护的技术主题中包含"技术教导"，能指导技术人员如何使用特定技术手段解决特定的技术问题（参见 T 154/04，OJ 2008，46），具有技术特征是根据 EPC1973 第 52 (1) 条规定的一项"发明"的隐含必要条件。技术特征可以来自于实际的物理特征或技术手段的使用。而包含非技术特征并不必然使技术方案缺乏技术特性（参见 T 641/00 OJ 2003，352）。

EPO 上诉委员会判例法将对技术特性的要求与 EPC1973 第 53 (1) 条的其他要求相分离和独立，尤其是新颖性和创造性，因此在判断时无须依赖于现有技术（参见 T 154/04）。EPC 第 56 条的法律定义应与 EPC 第 52～57 条中其他的可专利性要求内容相结合，这些条款隐含了一般性原则，即所有技术领域的发明都可以被授予专利权，而技术特性是 EPC 所指发明的必要条件（参见 T 931/95，OJ 2001，441；T 935/97，T 1173/97，OJ 1999，609；T 641/00，OJ 2003，352；T 914/02，T 154/04，OJ 2008，46，T 1227/05，OJ 2007，574）。根据 T 208/84，技术特性的一种表现是该方法整体上具有技术效果，如控制一些物理过程。因此，根据 T 258/03，一项发明请求保护的技术方面整体上具有技术特性，即便它是"混合的"（同时具有技术方面和非技术方面）（参见 T 859/07，T 188/11，T 414/12，T 1331/12）。

欧洲专利局认为，对于技术方案的技术性方面的判断是计算机领域普遍面临的一个问题，因为只有其具有技术性了，才能进行创造性的评判。

在 T 914/02 中，EPO 上诉委员会认为技术方面的参与并不足以使一个只能以智力活动的方式实施的方法具有技术特性。可以通过实施该方法的技术提供技术特性，从而使该方法得到有形的技术效果，例如提供物理实体作为产品，或者是非抽象的行为，如通过使用技术手段。EPO 上诉委员会驳回了一项涉及技术因素和包含技术实施方案的发明中的一个权利要求，理由是请求保护的这项发明也可以通过纯粹的智力活动实施，因而排除在 EPC 第 52 (2) (c) 条专利性的范围之外（参见 T 619/02，OJ 2007，63；T 388/04，OJ2007，16）。在 T 388/04 中，EPO 上诉委员会给出了以下观点：被排除在 EPC1973 第 52 (2) 和 (3) 条之外的主题或方法亦是如此，即它们隐含了使用不确定的技术手段的可能性。

10.3.2　创造性评判中对于非技术特征的考量

在计算机领域的申请存在的一个比较普遍的现象就是发明中同时具有技术特征和非技术特征，这种发明被称为混合发明。

在一项权利要求中混合技术特征和"非技术特征"在欧洲专利局是允许的，甚至有时非技术特征形成了要求保护的主题的主要部分（参见 T 26/86，OJ 1988，19；T 769/92，OJ 1995，525；T 641/00，OJ 2003，352；T 531/03；T 154/04，OJ 2008，46；T 1784/06）。在 T 26/86 中，EPO 上诉委员会认为，一项发明必须作为整体进行判断。如果它同时使用了技术手段和非技术手段，非技术手段的使用并不影响整体教导中的技术特性。EPC 不要求一个可授权的发明绝对或主要具有技术性质；换言之，它并不禁止发明专利申请同时包含技术和非技术元素，即使其技术部分并不是发明的主要部分。

当判断这种混合型发明的创造性时，欧洲专利局认为所有对于发明的技术特性有贡献的技术特征都应被考虑在内。这也同样包含了那些当单独考虑时是非技术特征，但是在发明内容部分，整体上对于技术目的产生了技术效果而对发明的技术特性有贡献的技术特征。在判断混合发明的创造性时，要把发明的技术部分作为判断创造性的基础。采用问题解决法进行创造性判断，本质上是以技术作为基础的一个判断过程（参见 T 172/03）。这就需要根据技术问题对发明的技术方案进行分析，区分出发明中的技术特征和非技术特征。

EPC 第 56 条的运用原则是发明的特征没有技术效果，或没有与发明的其他特征协同作用以对发明的技术效果产生贡献时，不能认定其对发明的创造性具有贡献。上述情形不仅包括特征本身没有对发明的技术特性作出贡献（参见 T 641/00，OJ 2003，352；T 258/03，OJ 2004，575；T 531/03；T 456/90；T 931/95；T 27/97；T 258/97；T 1121/02；T 1784/06），也包括特征本身虽然具有一定技术性，但是根据请求保护的发明中无法确认出其具有任何技术效果的情形（参见 T 619/02，OJ 2007，63；T 72/95；T 157/97；T 158/97；T 176/97）。

在 T 641/00 中，EPO 上诉委员会认为，发明中不构成技术问题解决方案的部分的特征，在判断创造性时不予考虑（另见 T 931/95，OJ 2001，441；T 1121/02；T 1543/06；T 336/07；T 859/07；T 859/07）。在 T 531/03 中体现了在 T 641/00 中确定的原则，该判决还指出，在判断创造性时涉及 EPC1973 第 52（2）条规定的非发明的特征（所谓的"非技术特征"）不能支持创造性的存在（另见 T 1543/06）。在 T 258/03 中，EPO 上诉委员会认为判断发明的创造性是基于对于技术特性有贡献的特征，如果某特征做出了技术贡献，则在判断创造性时需要被考虑。

具备创造性只能建立在两个技术因素的基础上：区别技术特征，以及相对于最接近的现有技术请求保护的发明取得的效果（参见 T 641/00，OJ 2003，352；T 619/02，OJ 2007，63）。无论最初的情况怎样，存在创造性的判断不能仅依赖于被排除（非技术）的主题。

在既往判例中，EPO 上诉委员会认为，要求保护的技术主题之中至少一个特征没有落在 EPC 第 52（2）条的范围内，不能被 EPC 第 52（2）和（3）条的规定排除专利性（参见 G 3/08，OJ 2011，10；T 258/03，及 T 424/03，T 313/10）。如果一个特征单独地看属于 EPC 第 52（2）条排除的范畴，但如果这个特征对请求保护的发明具有技术贡献时，则不能在判断创造性的过程中被忽略。这个原则也被称为"贡献法"（参见 T 208/84）。不过需要注意的是，在有些情况下，很难将权利要求的所有特征明确地区分为技术特征和非技术特征，因为发明的技术要点可能隐藏在大量的非技术内容中。

10.3.3 混合发明的创造性审查中问题解决法的运用原则简介

EPO 上诉委员会使用问题解决法以确定发明是否具备创造性。这需要根据技术问题的解决方案对发明进行分析。由于发明的方案和问题都必须具有技术性，当发明包含非技术方面或非技术因素时，问题解决法可能会出现问题。要解决该问题，应当注意界定发明所属的技术领域，该技术领域的技术人员会使用的专业技术、技能的范围，以及对实际解决的技术问题的正确定义（参见 T 1177/97）。当处理"混合"发明时，这种方法必须区分技术特征和非技术特征。

10.3.3.1　Comvik 法

Comvik 方法是问题解决法的传统应用方法，其考虑与最接近的现有技术的区别，只有对发明的技术特性有贡献的区别才在创造性评价中被考虑。

Comvik 方法可能更适合在技术部分更具实质性和/或存在相关现有技术的情况下使用。在运用这种方法时，任何非技术特征都不看作是和现有技术的区别，不需要在后续步骤中考虑，因此也就无须判断它是否具有技术贡献。此外，这种方法并不抽象，因为技术方案中的特征可以基于具体的现有技术进行分析（参见 T 756/06；T 928/03）。因此，当判断此类权利要求主题的创造性时，所有具有技术特性的特征都被考虑在内，而没有形成技术问题解决方案的其他特征无须考虑（参见 T 641/00，OJ 2003，352；T 1344/09；T 1543/06）。EPO 上诉委员会认为如果一个特征并没有产生技术效果，进而没有解决任何技术问题，这样的特征对于创造性的评判是没有意义的。

在 T 1461/12 中，上诉人认为该案中基于 T 641/00 判决所做出的创造性评判以不恰当的方式将 EPC 第 52 条和第 56 条的要求混合在了一起。对此，EPO 上诉委员会指出"贡献法"典型地可以看作一种测试方法，这种方法需要判定请求保护的发明和现有技术之间的区别特征是否完全落入了不可被授予专利权的领域，如果区别特征所反映的内容属于不可授予专利权的领域，则请求保护的发明作为整体不符合 EPC 第 52（2）和（3）条的规定。换句话说，根据贡献法判定发明是否属于 EPC 第 52（2）和（3）条规定的发明时，仅需考虑其对现有技术作出的贡献。不过在 T 1173/97 中却没有使用贡献法来进行判定，因为在这份判决中发现可以通过存在于现有技术中的已知特征来使发明符合 EPC 第 52（2）和（3）条的规定。根据 T 641/00 的方法（Comvik 方法），其涉及在现有技术的基础上判断包含技术特征和非技术特征的发明是否具有创造性。显然相对于现有技术，创造性取决于请求保护的发明相对于现有技术做出的技术贡献。确定该发明所做出的技术贡献对于任何一种判断创造性的方法都是必要步骤，在 T 641/00 中同样包含确认对技术贡献的步骤，但是它不等同于"贡献法"。

EPO 上诉委员会指出，只有发明对现有技术做出"技术贡献"时，其创造性才会被认可（参见 T 38/86，OJ 1990，384；T 1173/97；T 1784/06）。此外，EPO 上诉委员会认为 EPC 第 52（2）和（3）所示例得被排除在可专利性之外的主题都是非技术性的（参见 T 931/95，OJ 2001，441；T 1173/97）。因而，基于 EPC 第 56 条所建立了的创造性评判方法需要参考 EPC 第 52 条，但这么做并不意味着将 EPC 第 56 条和第 52 条的运用混为一谈（参见 T 1784/06，理由第 2.2 条）。与前述上诉人的观点相反，根据 EPC 第 52 条和第 56 条要求的判断仍然是相互独立的。

在 T 528/07 中，发明涉及一种计算机系统，其中包含技术特征和非技术特征的混合。EPO上诉委员会指出，对于这类主题的审查通常会使用"Comvik方法"。上诉人仍然坚持，既然EPC第52（1）条与TRIPS第27（1）条是一致的，则应该按照TRIPS中的目标和本意对EPC第52（1）条进行阐述，因此，需要修改Comvik方法。EPO上诉委员会认为，TRIPS第27（1）条规定只有当发明是新的且具有创造性时才可以被授权，然而TRIPS没有规定如何运用这一要求。TRIPS成员国可以自由设置不同的专利性要求标准，而Comvik法则是EPO实施的专利性评判标准之一。

在T 531/03中，EPO上诉委员会认为在创造性判断中将非技术方面的贡献和技术方面的贡献进行等价考虑的做法与EPC的原则相背离，因为使用这种做法所确立出的创造性可能来自于那些EPC所定义的不能作为发明的特征。

10.3.3.2 非技术特征和技术贡献

EPC第56条要求一个具有创造性的发明所做出的技术贡献对于本领域技术人员来说应该是非显而易见的。专利只能因为技术主题而被授权，结果是证明可以授权的专利具有（非显而易见）的贡献必须具有技术特性。在非技术创新（如组织、管理、商业或数学运算）的基础上认识到创造性的步骤似乎是矛盾的，除了（通常）希望在通用计算机上实现之外没有技术含义。如果一个本质上非技术性的解决方案（该案指数学算法）试图从问题的解决中获得技术特性，那么问题必须是技术性的。否则，该解决方案仍然是非技术性的，不能作为审查创造性时考虑的对象（参见T 566/11）。EPO上诉委员会同意，非技术问题可以有技术性的解决方案。然而，本质上的非技术性的解决方案（数学算法）试图从解决的问题中获得技术特征的情况下，该问题必须是技术性的。上诉人认为请求保护的主题一旦符合EPC第52（1），（2）和（3）条的技术标准，就应该作为一个整体进行创造性审查。上诉人争辩称，EPC1973第56条应该独立于EPC第52（1）、（2）和（3）条使用，因为EPC第52（2）条是独立于EPC第56条使用的。EPO上诉委员会指出，EPC第52（1）条一直被理解为指代技术发明。它还指出，从G 3/08（OJ 2011，10）中的第10.13.1和10.13.2条意见可以看出EPO上诉委员会是支持Comvik方法，而没有提出任何异议。

EPO上诉委员会指出，与EPC第52（2）条排除可授予专利权主题相关的特征通过与技术特征相互作用而对技术主题做出贡献，带来了整体的技术效果，则它们才可能对发明的创造性做出贡献；否则这些特征将不会在创造性评判过程中被考虑（参见T 641/00；T 154/04；T 1143/06）。这一做法也被用在下面两个判决中，第一个是德国联邦法院（BGH）的一份关于主题"信息呈现"的判决（参见BGH，X ZR 3/12，GRUR 2013，275-Routenplanung；BGH，X ZR 27/12，GRUR 2013，909-Fahrzeug导航系统）（这里需要修改格式写到标引处），第二个是英格兰及威尔士上诉法院所处理的"计算机程序"案（参见上诉法院决定，2008年8月8日塞班公司v.专利总审计长[2008] EWCA Civ 1066）（这里需要修改格式写到标引处）。EPO上诉委员会表示，判断一个特征是否具有技术贡献，并不取决于特征本身，而取决于它的技术特性，即将其引入未包含该特征的客体以后使这个客体所产生的效果上的变化（参见T 119/88，OJ

1990，395，理由第 4.1 条）。因此，在判断创造性时，EPO 上诉委员会必须先确定，权利要求的区别特征是否带来了可信的技术效果，并进而解决了技术问题。

在 T 1121/02 中，EPO 上诉委员会认为对技术特性没有贡献的特征不能给发明带来创造性。在 T 258/03（OJ 2004，575）中，EPO 上诉委员会则认为创造性评判只需考虑那些对技术特性有贡献的特征即可。

10.3.3.3　非技术特征及其与技术主题之间的交互作用

在 T 154/04 中，EPO 上诉委员会表示，非技术特征也许会与技术因素交互从而产生技术效果。例如，在解决技术问题的技术方案中运用非技术特征。如果非技术特征不与解决技术问题的技术主题发生交互作用，也就是说非技术特征"本身"不能对现有技术做出技术贡献，那么在新颖性和创造性的评判中就会被忽略。这是 EPO 上诉委员会在 T 154/04（OJ 2008，46）中使用上述方法，在技术和非技术方面紧密交织在混合类型的权利要求中确定出技术特征，这种情况在计算机实施的发明案件中很典型（参见 T 619/02；T 172/03；T 641/00，OJ2003，352；T 1505/05；T 477/08；T 1358/09）。

在 T 603/89（OJ 1992，230）中，EPO 上诉委员会指出，当且仅当非技术因素与已知技术因素相互作用以产生技术效果时，"混合"型权利要求的主题没有被排除在 EPC1973 第 52（2）和（3）条的专利性范围外（参见 T 26/86，OJ 1988，19）。缺乏这样的交互作用的情况下——当技术因素仅仅是用于支持非技术因素，而没有通过其他方式交互作用——则这样的发明并没有使用技术手段，基于这个原因也不能被授权（参见 T 158/88，OJ 1991，566；T 1670/07）。

10.3.4　商业方法专利性的评判

商业方法是指实现各种商业活动和事务活动的方法，是一种对人的社会和经济活动规则和方法的广义解释，如包括证券、保险、租赁、拍卖、广告、服务、经营管理、行政管理、事务安排等。涉及商业方法的发明可分为单纯商业方法发明和商业方法相关发明。商业方法相关发明专利申请是指以利用计算机及网络技术实施商业方法为主题的发明专利申请。

在 T 1952/12 中，EPO 上诉委员会认为，发明只有对现有技术做出了技术贡献才能认可其创造性，因而仅仅是一种新的商业方法不足以建立创造性。因此，就评估发明的创造性价值而言，在确定客观技术问题时所涉及的商业方法特征是否是"在非技术领域中实现的目标"并不重要（参见 T 641/00，OJ 2003，352；T 154/04，OJ 2008，46）。

对于这种包含大量非技术特征的技术方案，在 T 931/95（OJ 2001，441）中遵循的方法中，对权利要求中特征的技术特性进行初步分析，然后仅根据具有技术特性的特征对创造性进行判断。这种方法典型地运用于本质上是商业方法的发明，或多或少地也会运用于众所周知的计算机硬件发明上。然而，根据 T 912/05，EPO 上诉委员会认为在有争议的情况下，没有必要在评价创造性时，从必须被考虑的技术特征中寻求与商业相关而与技术问题的解决方案无关的技术特征。也就是说，在判断商业方法的创造性时，应当尽可能避免一开始就区分商业相关的特征和技术特征。

以下几个判例进一步阐释了 EPO 对于商业方法专利审查的方法及内在逻辑。

在 T 1051/07 中，涉案专利权利要求 1 保护一种给用户提供财务交易服务的交易系统（100），所述交易系统（100）包括：

"一个服务器控制单元（120）处理用户财务交易服务；

"一个用户服务接口（160），用于通过通信网络（200）向用户手机终端提供服务菜单，以及当所述服务菜单选项被选中时，向所述服务控制单元（120）输出（S110；S120）相应的收费或变卖服务请求信息，以提供相应的财务交易服务；

"一个交易服务接口（150），用于将所述服务控制单元（120）通过财务网络（300）连接到至少一个银行结算系统（410；420），结算系统根据所述服务控制单元（120）经由所述财务网络（300）传送的结算请求信息，以处理所述银行结算系统（410；420）开放的财务交易服务的合法主体的银行账户与用户账户间的第一笔转账；

"一个用于存储所述服务控制单元（120）处理数据的数据库（110），所述数据库（110）包括提供财务交易服务的合法主体的服务账户、授权给用户移动终端电话号码的手机账户，其中所述服务控制单元（120）处理财务交易服务合法主体的服务账户与用户手机账户之间的第二笔相应钱数的交易。"

对于上述权利要求，驳回决定认为：与现有技术相比该案的区别在于与用户移动终端的电话号码相关联的"手机账户"，以及进一步详述了"合法主体服务账户"和"合法主体银行账户"的用途。其仅涉及银行管理程序的技术措施，不属于可专利性的范围，对权利要求中的技术特征及技术内容没有影响，因而不具备创造性。

而 EPO 上诉委员会则认为：最接近的现有技术 WO9745814A 公开了一种安全支付系统，允许使用者（支付者）使用如手机等装置并借助于主机为服务提供商（收款人）进行付款，相对于最接近的现有技术，该案要解决的客观问题是提供一种允许使用者将钱放入其手机终端的账户中（或从其账户中曲线）的系统。尽管 EPO 上诉委员会同意重新加载主机账户因缺少必要技术特征根本上构成了一种商业方法。然而虽然银行管理程序缺少技术特性，当前的权利要求 1 没有将银行管理程序与技术实施方法并列限定，仅提供了一种包括关于如何解决重新加载账户这一技术问题的解决方案，因此，该案要求保护的技术方案不是显而易见的，权利要求 1 具备创造性。

欧洲专利申请 EP2153396A2 的权利要求 1 要求保护一种方法，用于在保证客户和记账公司双方安全的同时，由第三方代表客户自动分析来自记账公司的客户账单的错误和使用，将结果通知客户并向发出账单的记账公司提供反馈，所述方法包括：

"（a）由客户获取电子格式账单；

"（b）上传所述电子格式账单至第三方网站系统；

"（c）根据所述记账公司的预存计费计划，分析所述客户账单的错误和使用；

"（d）向客户显示分析公司账单的结果报告。"

欧洲专利局审查员评述意见如下：

"为了评价创造性，必须确定最接近的现有技术。根据说明书的记载，权利要求 1 的主题仅涉及分布式计算机系统。该案中除了提到在硬件部件和软件方面使用常用的通信数据处理工具外并未描述技术细节。因此最接近的现有技术被认为是众所周知的电子数据处理系统，其中通过使用标准网站功能的互联网传输数据。在该案的优先权日之前，这种数据处理系统就是公知的，不需要书面证据证明。权利要求 1 请求保护的主题与最接近的现有技术相比，其区别在于由该数据处理系统执行了与商业有关的步骤和管理方案。在通用电子数据处理系统上实现与商业有关的步骤和管理方法可能会涉及技术目的且可能存在要解决的技术问题。但是，由于申请人并未描述与公知的电子处理数据技术不同的技术细节，因此认定该商业和管理步骤是简单任务因而不具备创造性。"

上述判例给出了发明与现有技术相比区别在于商业方法时发明是否具备创造性的具体判断方式。如果一项权利要求的方案与公知技术相比存在的区别在于由该公知设备执行的商业方法时，尽管可能会存在技术问题，但在其未公布商业方法的技术细节时，无法判断其会对权利要求的整体方案作出的贡献，进而无法得出上述步骤属于技术特征，因此，得出该权利要求不具备创造性的结论。可见，在欧洲专利局的审查实践中，对于发明与现有技术相比区别仅在于商业方法时，需要判断商业方法是否能够解决技术问题，如果不能，则认为商业方法没有给发明作出技术贡献，从而不符合 EPC 关于创造性的规定。

在 T 1102/03 中，涉案专利权利要求 1 要求保护"一种至少含与证券交易有关数据之管理的计算机系统，包括：

"一数据处理系统（1），一输入单元（2），一显示单元（3）以及一数据输入（5），其中，

"显示单元（3）显示一第一屏框，其中，第一屏框具有一格式，允许由输入单元（2）输入特定数据请求，

"如由输入单元（2）输入请求时则读取数据输入（5），

"显示单元（3）显示一含所请求数据之第二屏框，以及

"数据处理系统（1）保留所请求数据达一预定时间期（Tset）之久且如在一预定时间期（Tset）内，交易请求由输入单元（2）加以输入的话，执行与特定数据有关之交易。"

EPO 上诉委员会认为，对比文件 21 公开了一个有关数据管理的计算机系统，其数据管理中至少包含有与证券交易有关的数据，所述系统包括一个数据处理系统（自动交易系统 CATS）、一个输入单元（PC 的某部分）、一个显示单元（PC 的某部分）和一个至少可以接收证券行情数据的数据输入单元。显示单元显示一格式，并通过输入单元输入至少包括证券行情的特定数据请求。如果该行情是通过输入单元输入的，则

输入的数据将被读取，并且显示单元显示出该被请求数据。如果交易请求是在一预设的时间期由输入单元输入的，则数据处理系统能够保留该请求数据达一预设时间期，并且执行一个与该特定数据有关的交易。权利要求1与对比文件21的区别仅在于它们详细描述了显示单元中的方框，该方框在对比文件21中未提及。然而，对于本领域技术人员来说，通过在显示屏幕上利用方框来达到用户友好界面时具有固有的优点是众所周知的，其优点在于可以减少数据输入的出错概率。本领域技术人员为了为交易商提供用户友好界面会在显示单元上涉及方框，因此，本领域技术人员无须创造性劳动通过设计上述方框就能够达到权利要求1的主题，这是显而易见的。权利要求1不具备创造性。

从上述判例可以看出，该案在创造性审查的过程中，将权利要求中存在的技术特征和非技术特征全部与现有技术进行了对比，进而对发明的创造性作出判断。该审查方式并没有刻意对权利要求中的技术特征和非技术特征进行剥离，通过整体与现有技术进行对比的方式确定出区别仅在于公知的技术特征，很容易就可以得出发明不具备创造性的结论，而不必确定区别技术特征特别是相对于现有技术来说那些新的技术特征给该权利要求方案带来的技术效果，因为确定技术效果相对来说是比较困难的。

综上所述，欧洲专利局对于涉及商业方法的发明的创造性的判断方式与普通案件其实没有实质的差别，判断方式都是按照"问题解决"法。对于发明中的商业方法部分，在审查中不会将其从发明中剥离出来，而是将其与发明作为一个整体来判断，特别是要判断商业方法是否解决了技术问题，该问题可能是发明要解决的技术问题也可能是解决发明存在的技术问题时需要解决的其他技术问题，或者判断商业方法对解决发明的技术问题是否能够做出技术贡献，从而，得出是否具备创造性的结论。在审查实践中，重点判断商业方法中是否包含技术内容，然后再对其进行显而易见性的判断，进而才可以得出是否具备创造性的结论。

10.3.5 关于图形界面相关发明的审查

计算机图形学是图形图像技术发展的重要基石，与其相关的产业，如虚拟现实、医学影像处理等发挥着越来越大的社会作用，计算机动画、计算机游戏等也取得了巨大的经济效益。伴随着计算机技术和图形技术的发展，计算机图形学相关发明专利的申请量逐年增多，申请人的数量也在不断增长。

计算机图形学相关专利申请审查工作中存在的难点主要有以下三个方面：①计算机图形技术发展迅速，使得审查员的知识储备相对欠缺，对该类申请的审查经验不足；②存在大量涉及几何算法创新的申请，客体问题不易判断；③技术方案复杂，创造性评述难度较高。

在 T 1143/06 中，涉案专利涉及在屏幕上将认知内容传达给用户的方式的特征。通常而言这种情况没有对技术问题的技术解决做出贡献，但是呈现方式具有让人信服的技术效果的情况例外。关于用户界面的平面设计特征不具有技术效果，因为平面设计不是基于技术方面的考虑，而是基于关于何种设计对用户特别有吸引力的一般的智力考虑。❶ 例如，颜色、形状、尺寸、布局、项目在屏幕上的布局或所显示的消息的信息内容通常不是图形用户界面的技术特征（参见 T 1567/05；T 726/07；T 1734/11；T 677/09；T 823/07；T 1237/07；T 1741/08；T 1214/09；T 643/00，T 1237/10）。这些特征有助于实现特定的技术效果的情况例外（参见 T 1741/08；T 1143/06）。

在 T 1741/08 中，涉案专利涉及将数据输入到数据处理系统中的方法，涉及的问题是技术效果是否可归因于图形用户界面（GUI）的特定布局。EPO 上诉委员会明确表示"降低用户的认知负担"本身不是技术效果。EPO 上诉委员会发现，资源使用的减少将由用户对以特定的方式呈现的视觉信息进行大脑感知和处理而引起的。上诉人申诉时还认为有一系列的效果。但在技术效果方面，这是一个被打断的效果链。EPO 上诉委员会不接受这样的断裂的效果链用作所需整体技术效果的证据。根据已有判例 T 1143/06，EPO 上诉委员会认为 GUI 布局本身是非技术性的，仅仅属于"信息的呈现"。EPO 上诉委员会指出，显示信息或如何显示信息的特定选择是特别清楚、明朗的或"降低了用户的认知负担"不足以表明该选择具有技术效果（另见 T 306/10）。EPO 上诉委员会的判例法完全符合这一原则。不是所有与 GUI 相关的应用都被认为具有创造性，这并不意味着决定之间存在矛盾。

当判断关于信息呈现的特征是否为技术特征时，需要考虑它是否有助于解决技术问题。技术方案中有智力活动的参与这一事实本身并不会使得发明的主题具有非技术性（参见 T 643/00；T 336/14）。然而，如果特征仅仅是解决用户主观偏好方面的问题，则这样的特征并没有解决技术问题（参见 T 1567/05）。

在 T 244/00 中，EPO 上诉委员会表示菜单的平面设计通常不是菜单驱动控制系统的技术特征。所述菜单的实际使用也不是技术人员在作为技术专家时面临的问题。关于问题解决法，所述的问题必须是特定技术领域的技术人员可能已经被要求在优先权日解决的技术问题。因此，EPO 上诉委员会得出结论，在涉案专利中，必须以比在电视屏幕上对角移动光标所声称的优势更有限的方式确定技术问题（参见 T 154/04，OJ 2008，46；T 125/04，T 1143/06）。

在 T 1237/10 中，EPO 上诉委员会指出，权利要求 1 限定的所显示的图像排列，包括其时间变化（日历类型的布局）构成信息的呈现，其"本身"基于 EPC 第 52（2）（d）被排除可专利性。这种信息的呈现对创造性的有利程度，仅到达解决技术问题的权利要求的技术主题相互作用的程度（参见 T 154/04，OJ2008，46；T 1214/09）。请求保护的图像呈现的目的基本上是出于信息目的向用户显示，而不是为了输入图像选择而启用一个新的机制。

EPO 上诉委员会认为，在要求保护的发明的上下文中，将显示区域中显示的图像顺序地替换为分类到相同时间段中的其他图像的想法不是技术性的。处理有限的可用

---

❶ 《EPO 审查指南 2018 版》G—Ⅱ,3.7.1。

空间是用于人类观察的信息显示设计的一部分，因此其本身并不表示技术性。虽然图像大小和分辨率的因素可能在这个想法的实施中发挥作用，但这个想法本身与这些因素无关。因此，要求保护的选择工具所要解决的客观技术问题是为了实现该想法。EPO 上诉委员会得出以下结论，本领域技术人员将通过提供用于顺序替换在每个显示区域中示出的图像的合适的"选择装置"软件来简单地实现所述想法。因此，本领域技术人员将在没有进行创造性活动的情况下实现权利要求 1 的主题，这样的技术方案不具有创造性。

在 T 643/00 中，基于用户指令，基础 GUI 被配置为以低分辨率以并排方式同时显示分层编码的图像数据，使得用户的搜索过程更容易。虽然在解决技术问题的过程中包括人为行为，其活动可能与所寻找的图像的信息内容有关，并且可能受到个人利益和/或其他非技术偏好的激励，但 EPO 上诉委员会认为要求保护的与显示的图片格式有关的特征不是所述的信息的呈现。EPO 上诉委员会注意到，在用户与系统交互的界面的设计和使用中确实存在非技术方面（参见 T 244/00）。实际上，通过用户界面呈现信息，如果唯一相关效果涉及视觉上有吸引力的平面设计和艺术的呈现，则这种呈现不具有技术特性。然而，EPO 上诉委员会在其决定中并未排除通过技术的考虑确定屏幕上菜单项（或图像）的排列的可能性。所述考虑可能旨在使用户能够管理技术任务，诸如以更有效或更快的方式查找和检索存储在图像处理装置中的图像，即使涉及用户在智力水平上的评估。虽然这种评价本身不属于依据 EPC1973 第 52 条规定的"发明"，但智力活动的参与的这一事实并不必然使主题成为非技术性的，因为任何技术方案的最终目的是都是提供服务、协助或取代包括智力活动在内的不同种类的人类活动的工具。EPO 上诉委员会引用 T 1177/97，其中指出在技术系统中使用一条信息或对此目的的使用性可能赋予信息本身技术特性，因为它反映了技术系统的特性，例如，通过特别地格式化或处理。另外，EPO 上诉委员会引用 T 1194/97，其中指出记录在用于图片检索系统中的记录载体上的功能数据（行号、编码图片行、地址和同步）应与编码的认知内容区分开。即使整体信息可以在其他技术或人为环境中以无数不同的方式解释，这并不有损于其在所要求保护的发明的相关内容中的技术功能。最后，现有技术缺乏所要求保护的图片处理功能的组合的任何清楚提示，使得必须认可其创造性。

在 T 336/14 中，涉案专利权利要求 1 涉及一种用于体外血液处理机的用户界面。当事人引用了关于创造性评价的大量决定，特别是关于图像用户界面的信息呈现的问题。EPO 上诉委员会在总结这些决定之后指出，在包括技术和非技术特征（"混合发明"）的权利要求的创造性的评价中，并且其中的非技术特征涉及呈现给图像用户界面（GUI）的用户的认知内容（即涉及呈现的是"什么"而不是"如何"呈现），必须分析 GUI 与可信地呈现的内容是否有助于用户通过持续和/或引导的人机交互过程的方式执行技术任务（与"为什么"呈现该内容相关）。

EPO 上诉委员会注意到，显而易见的是，根据权利要求 1 的特征呈现的信息，即操作指令和相应的统计图表，是在 T 1194/97 的意义上的认知而不是功能数据，因为它们直接涉及使用血液处理机的用户并因此仅对人的智力操作有意义。此外，区别特征与信息的内容相关，即与呈现的是"什么"相关，而不与信息被呈现的方式（即"如何"）相关。接下来，问题是基础用户界面和所呈现的内容是否可靠地辅助用户通过持续和可控的人机交互过程来执行技术任务。所以，这个问题基本上与"为什么"（即"以什么为目的"）的内容相关。换言之，必须确定所呈现的信息是否构成"技术信息"，这能够可靠地使用户正确操作基础技术系统并因此具有技术效果，或者构成"非技术信息"，其目的仅在于将系统用户的智力活动作为最终目标。

在 T 912/05 中，涉案专利权利要求 1 保护一种"使用载体将邮件递送给收件人的方法，该载体使收件人（35）能够将收件人所希望的邮件递送方式通知载体，所述方法包括以下步骤：

"（a）存放载有收件人姓名和实际地址的承运人邮件（11）（13）；

"（b）捕获收件人的姓名和实际地址；

"（c）将收件人的姓名和实际地址翻译成电子邮件地址；

"（d）承运人（27）使用所述电子邮件地址通知收件人（35）存放邮件的可用性；

"（e）响应来自承运人的通知，接收方（35）通知承运人接收方希望邮件发送的方式；

"（f）向收件人（35）发送邮件；

"（f）以收件人指定的方式向承运人（27）提供。"

EPO 上诉委员会指出，该案涉及一种邮件递送方法，使接收者能够告知承运人邮件应该如何递送，这种方法必然包括特征（a）、（b）、（d）、（e）、（f）和（f）。因此，即使假设这些步骤涉及某种技术手段并且在评估创造性步骤时应该被考虑在内，本领域技术人员必然将这些步骤组合包括在用于实现的邮件传递方法中，因此该案为非技术目的，没有产生技术贡献。根据在 T 641/00（OJ 2003，352）决定中提出并在 T 258/03（OJ 2004，575）中确认的原则，根据 EPC 第 52（1）条规定的发明通过仅仅考虑对技术特性有贡献的特征来判断是否具备创造性，而没有产生该贡献的特征不能支持创造性。